x86 汇编语言

编写 64 位多处理器多线程操作系统

李 忠 王晓波 李双圆 著

电子工业出版社

Publishing House of Electronics Industry

北京·BEIJING

图书在版编目（CIP）数据

x86 汇编语言：编写 64 位多处理器多线程操作系统/李忠，王晓波，李双圆著. —北京：电子工业出版社，2024.6

ISBN 978-7-121-47908-3

Ⅰ. ①x⋯　Ⅱ. ①李⋯ ②王⋯ ③李⋯　Ⅲ. ①汇编语言－程序设计　Ⅳ. ①TP313

中国国家版本馆 CIP 数据核字（2024）第 102249 号

责任编辑：缪晓红

印　　刷：北京天宇星印刷厂
装　　订：北京天宇星印刷厂
出版发行：电子工业出版社
　　　　　北京市海淀区万寿路 173 信箱　　邮编：100036
开　　本：787×1092　1/16　印张：33.5　字数：1126 千字
版　　次：2024 年 6 月第 1 版
印　　次：2024 年 6 月第 1 次印刷
定　　价：128.00 元

凡所购买电子工业出版社图书有缺损问题，请向购买书店调换。若书店售缺，请与本社发行部联系，联系及邮购电话：（010）88254888，88258888。

质量投诉请发邮件至 zlts@phei.com.cn，盗版侵权举报请发邮件至 dbqq@phei.com.cn。

本书咨询联系方式：mxh@phei.com.cn。

前　言

十年前，我写了一本书，名字叫《x86 汇编语言：从实模式到保护模式》（已于 2023 年再版）。记得当时我在书里说还要写一本 64 位的下册，但图书出版之后发现学汇编语言的人并没有当初想象中的那么多，以至于心灰意冷，这个下册也就没了下文。非但如此，按原来的计划，在图书出版之后我会提供一份习题答案。但由于我这个人比较懒散，过了没几天，出书的新鲜劲儿一过，对此事的热情大减，习题答案也就没有了下文，所以大家会注意到《x86 汇编语言：从实模式到保护模式》至今没有一套官方的习题答案。

过去十年，我观察到了个人计算机市场上的两个变化。

一是 64 位计算成为个人计算机市场的主流。仿佛一夜之间，市面上的 32 位计算机系统都消失了，64 位处理器、64 位操作系统开始在市场上占据统治地位，应用程序也都变成了 64 位，至少会提供 32 位和 64 位两种版本。

二是多处理器和并行计算开始在桌面（个人）计算机系统上兴起，几乎所有计算机语言和编译器都添加了对多线程和并行计算的支持，甚至连 C 这种古老的语言都在 2011 年添加了多线程和并发的支持，并推出了 ISO/IEC 9899:2011 标准。

那么，在最接近硬件的层面上，以汇编语言的视角来看，64 位的处理器都具有什么样的特点、如何创建多个线程、如何把线程指派到不同的处理器上同时并行执行等这一切又重新激发了我好为人师的兴致，以至于决定重启《x86 汇编语言：从实模式到保护模式》传说中的下册。

决定写这本书的时候我正从事视频创作，所以决定先将它制作成视频，然后整理成书。视频制作花了一年多，接下来就是整理成书了。但这个时候我的新鲜劲儿又过了，又开始变得懒散，去年一年才整理出两章。也就是今年，在出版社编辑缪晓红的催促和鼓励下，我又快马加鞭，仅用两个多月就完成了全部书稿。

一本书，它的名字很重要，得让人一看到书的名字就知道它都讲了些什么内容。如果可能的话，我希望本书的名字叫《x86 汇编语言：编写一个简单的、简易的操作系统雏形，用来演示 64 位环境下的多处理器管理、动态内存分配、多处理器多任务的调度和切换、多处理器多线程的调度和切换、数据竞争和锁，但它不包括文件管理、设备管理等内容》。但诚如你所见，本书的名字并不太长，太长就不成体统了。

本书一开始介绍 64 位 x86 处理器的硬件架构，接着介绍与操作系统相关的内容，包括单处理器的多任务切换、多处理器的多任务切换和多线程切换、数据竞争、原子操作、自旋锁和互斥锁等。

传统上，大家都是在流行的操作系统，比如 Windows 和 Linux 上编写并发程序的，而且只能使用高级语言。这使得多处理器环境下的多任务和多线程调度、原子操作、锁、线程同步等内容对很多人来说是笼统的、抽象的，像隔了层纱一样，看不见本质。相反，如果用汇编语言实现一个简单的操作系统内核，并演示多处理器环境下的多任务、多线程、锁和线程同步，这是可能的吗？我相信没有人会觉得这是简单的事情。但事实上，如果你想来一个简单的，其实也很容易，这本书就能告诉你如何实现它。

这本书并不是零基础可读的，你必须具有保护模式的知识基础，且我强烈建议你先读懂它的上册，即《x86 汇编语言：从实模式到保护模式》一书。

为方便阅读，我把代码都印在书里了。这样做自然会增加书的厚度及成本，但相对于给你带来的便利和时间上的节省来说，还是值得的。

请关注我的个人网站 www.lizhongc.com 以了解我的最新动态或者获取相关的资源，也可以给我发送电子邮件，我的邮箱是 leechung@126.com。

二〇二四年五月

目　　录

第 1 章　基本要求和相关说明

本书不仅是一本 x86 汇编语言教材，也是一本 x86-64 架构的处理器硬件教材，同时也是一本操作系统基本概念的实验教材。一句话，本书是用汇编语言编写了一个简单的 64 位操作系统。

本书并非是零基础可读的。我们的读者应当懂得 x86 处理器的保护模式，最好是读过我写的《x86 汇编语言：从实模式到保护模式》一书。

如果以上要求没有阻止你买下这本书，那么接下来我们就可以看一看，要顺利阅读本书还需要注意些什么。

首先，和《x86 汇编语言：从实模式到保护模式》一样，我们需要一个集成开发环境来帮助我们编写汇编语言源程序并将它们翻译成包含机器指令的程序；

其次，和《x86 汇编语言：从实模式到保护模式》一样，这本书里的程序也只能在裸机上，也就是只有硬件而没有操作系统的计算机上运行。因此，我们需要使用虚拟机，并学习如何将程序写在虚拟硬盘上，让虚拟机启动后直接加载和执行。

这一章主要是解决以上两个问题，为继续学习后面的内容扫清障碍。

1.1　配书代码和工具

本书是注重实践的，因此会结合代码讲解，而且代码还不少。为了方便，我们将所有代码都印在书上，方便对照阅读和学习。在动手实践环节，如果你觉得代码量太大，亲自输入很麻烦的话，也可以到我的个人网站下载，网址是

www.lizhongc.com

往浏览器的地址栏里输入这个网址试试。没错，就是鼠侠网。这名字听起来是不是很厉害？

从我的个人网站上下载的是一个配书文件包，需要解压之后才能使用。它包含了本书的所有源代码，以及相关的软件工具。

1.2　NASM 的下载和安装

为了将汇编语言源程序翻译成包含了机器指令的程序，需要使用汇编语言编译器，或者叫汇编器。在本书中，我们用的是一款名为 NASM 的汇编语言编译器。NASM 的全称是 Netwide Assembler，它是可免费使用的开源软件，其官方网址是

www.nasm.us

从这里可以找到它的帮助和开发文档、源代码，以及适用于各个主流操作系统的 32 位和 64 位安装包。

需要说明的是，你应该下载与自己的计算机平台相适应的版本，而且最好是下载最新版本。如果你是一个 Linux 用户，应该下载 Linux 版本；如果是 Windows 用户，应该下载 Windows 版本。下载时，还要根据你的计算机平台选择 32 位版本或者 64 位版本。

如图 1-1 所示，这是在笔者的机器上下载并安装 NASM。笔者的机器使用 64 位的 INTEL x86 处理器，操作系统是 64 位的 Windows 10，所以选择/2.15.05/win64 目录下的安装程序，即下载并执行 nasm-2.15.05-installer-x64.exe 这个可安装包。

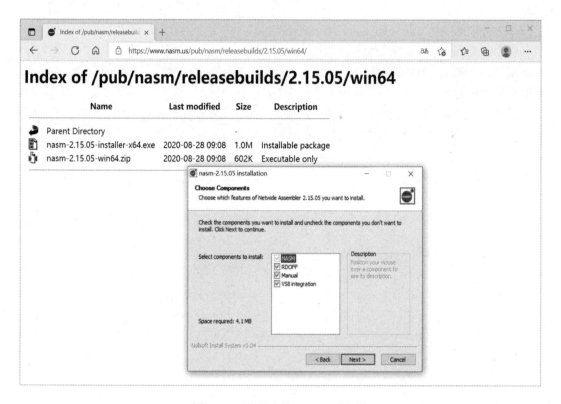

图 1-1　下载并安装 NASM 示意图

如图中所示，在出现的安装界面中，可供选择的组件包括 NASM 汇编（编译）器和反汇编器模块、完整的 NASM 手册和用于将 NASM 集成到 Visual Studio 2008 的配置文件。只选择第一项（基本的程序文件）和第三项（用户手册），或者全部选择都是可以的。

安装好 NASM 之后，还需要将其添加到系统默认的搜索路径中去，这样就可以在任何目录下使用它来编译汇编语言程序，否则只能在 NASM 的安装目录中运行汇编（编译）器来编译你的汇编语言程序。以 Windows 平台为例，如图 1-2 所示，可以在桌面上右击"此电脑"，然后在"高级"选项中单击"环境变量"，并对"Path"进行编辑，将 NASM 的安装目录添加进来。

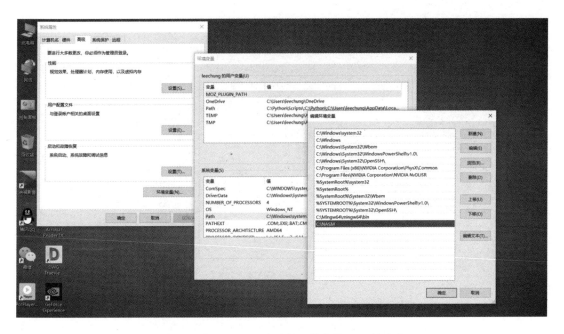

图 1-2　在 Windows 中编辑环境变量 Path 的内容

1.3　NASMIDE 的下载和使用

NASM 可以运行在不同的操作系统平台上，但这本书的讲解无法兼顾所有平台，所以只能以用户较多的 Windows 平台来介绍。对于其他操作系统平台，其实也都大同小异，可以自行参考相关的资料。

在 Windows 平台上，和你已经司空见惯的其他应用程序不同，NASM 在运行之后并不会显示一个图形用户界面。相反，它只能通过命令行使用。

举例来说，假定我们编写了一个汇编语言程序。你可以使用任何文本编辑工具来写程序，比如你可以运行 Windows 记事本软件，在里面写这样一行程序：

```
mov edx, eax
```

写完之后，将这个文件保存在 D 盘的 MyAsm 目录下，文件的名字叫 exam.asm。保存的时候，"保存类型"要选择"所有文本（*.*）"而不是默认的"文本文档（*.txt）"，不然的话就会保存成 exam.asm.txt。作为惯例，汇编语言源程序文件的扩展名是".asm"，不过，你当然可以使用其他扩展名。

一旦有了一个源程序，下一步就是将它的内容编译成机器代码。为此你需要打开一个命令行窗口。比如在 Windows 10 中，你需要从启动菜单中选择"Windows 系统"→"命令提示符"，或者直接按 Windows 徽标键+R，在弹出的"运行"对话框中输入"cmd"并回车。

接着，切换到你的工作目录（汇编语言程序所在的目录）。如图 1-3 所示，因为我们刚才是把源文件 exam.asm 保存在 D 盘的 MyAsm 目录下，那么，编译这个文件的方法很简单，就是切换到这个目录，然后在命令行提示符后输入"nasm -f bin exam.asm -o exam.bin"并按下 Enter 键。

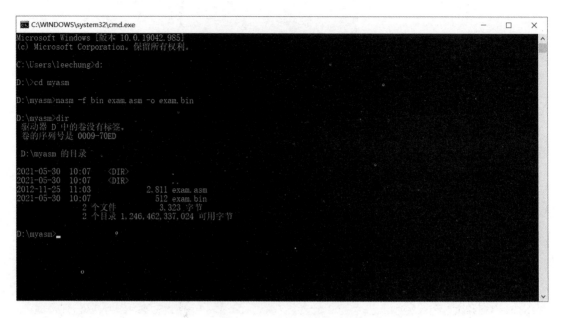

图 1-3　在 Windows 命令行编译汇编语言程序

　　如图中所示，在编译之后我们用 DIR 命令查看文件，发现多一个"exam.bin"，这就是编译器生成的文件，它包含了处理器可以识别和执行的机器指令。

　　NASM 需要一系列参数才能正常工作。

　　-f 参数的作用是指定输出文件的格式（Format）。这样，-f bin 就是要求 NASM 生成的文件只包含"纯二进制"的内容。换句话说，除处理器能够识别的机器代码外，别的任何东西都不包含。这样一来，因为缺少操作系统所需要的加载和重定位信息，它就很难在 Windows、DOS 和 Linux 上作为一个普通的应用程序运行。不过，这正是本书所需要的。

　　紧接着，exam.asm 是源程序的文件名，它是将要被编译的对象。

　　-o 参数指定编译后输出（Output）的文件名。在这里，我们要求 NASM 生成输出文件 exam.bin。

　　编写汇编语言源程序，文本编辑软件的选择也是很重要的。为了方便，我写了一个文本编辑器，可以用来编写汇编语言程序。同时，这个编辑器还可以调用汇编器来编译正在编辑的汇编语言源程序。

　　我编写的这个程序只能在 Windows 上运行。它分为两个版本，一个是 32 位版本，名字叫 Nasmide32，专为 32 位 Windows 而设计；一个是 64 版本，名字叫 Nasmide64，专为 64 位 Windows 而设计。可以在 64 位的 Windows 上运行 32 位和 64 位版本，但 32 位版本只能运行在 32 位 Windows 上。这两个版本的程序就包含在与本书配套的文件包里，不过遗憾的是它们却并非是用汇编语言书写的。

　　软件下载之后就可以运行了。不管你运行的是 Nasmide32.exe 还是 Nasmide64.exe，为了方便，我们以后统称为 Nasmide。如图 1-4 所示，Nasmide 的界面分为三个部分。顶端是菜单，可以用来新建文件、打开文件、保存文件或者调用 NASM 来编译当前文档。

```
NASMIDE-2020-[D:\x64asm\c06\c06_core.asm]                                    —  □  ×
文件(F)  选项(O)  帮助(H)
global_defs.wid  core_utils64.wid  c06_core.asm  c06_shell.asm  c06_userapp.asm  exam.asm
115        mov r15, [rel position]
116        lea rbx, [r15 + _ap_string]
117        call put_string64                    ;位于core_utils64.wid
118
119        swapgs                               ;准备用GS操作当前处理器的专属数据
120        mov qword [gs:8], 0                   ;没有正在执行的任务
121        xor rax, rax
122        mov al, byte [rel ack_cpus]
123        mov [gs:16], rax                      ;设置当前处理器的编号
124        mov [gs:24], rsp                      ;保存当前处理器的固有栈指针
125        swapgs
126
127        inc byte [rel ack_cpus]               ;递增应答计数值
128
129        mov byte [AP_START_UP_ADDR + lock_var], 0;释放自旋锁
130
131        mov rsi, LAPIC_START_ADDR             ;Local APIC的线性地址
132        bts dword [rsi + 0xf0], 8             ;设置SVR寄存器，允许LAPIC
133
134        sti                                   ;开放中断
135

编译完成。

编辑器正在使用的内部编码: utf8    源文件的原始编码: utf8
```

图 1-4　Nasmide 程序的基本界面

中间最大的空白区域是编辑区，用来书写汇编语言源代码。原来的版本只能编辑一个文件，新版可以同时编辑多个文件。

窗口底部那个窄的区域是消息显示区。在编译当前文档时，不管是编译成功，还是发现了文档中的错误，都会显示在这里。

基本上，你现在已经可以在 Nasmide 里书写汇编语言程序了。不过，在此之前你最好先做一件事情。Nasmide 只是一个文本编辑工具，它自己没有编译能力。不过不要紧，它可以在后台调用 NASM 来编译当前文档，前提是它必须知道 NASM 安装在什么地方。

为此，你需要在菜单上选择"选项"→"编译器路径名设置"来打开"选项设置"窗口。如图 1-5 所示，你需要指定 NASM 所在的路径，这个路径就是你在前面安装 NASM 时指定的安装路径，包括可执行文件名 nasm.exe。

```
选项设置                                               ×

NASM编译器路径名：
┌──────────────────────────────────────────────┐ ┌──┐
│C:\NASM\nasm.exe                              │ │..│
└──────────────────────────────────────────────┘ └──┘




            确定                      取消
```

图 1-5　为 Nasmide 指定 NASM 编译器所在路径

不同于其他汇编语言编译器，NASM 最让我喜欢的一个特点是允许在源程序中只包含汇编语言指令，如图 1-6 所示。用过微软公司 MASM 的人都知道，在真正开始书写汇编语言指令前，先要穿靴戴帽，在源程序中定义很多东西，比如代码段和数据段等，弄了半天，实际上连一条指令还没开始写呢。

图 1-6　NASM 允许在源文件中只包含指令

如图 1-4 和 1-6 所示，用 Nasmide 编辑源程序时，它会自动在每行内容的左边显示行号。对于初学者来说，一开始可能会误以为行号也会出现在源程序中。不要误会，行号并非源程序的一部分，保存源程序的时候，也不会出现在文件内容中。

让 Nasmide 显示行号，这是一个聪明的决定。一方面，我在书中讲解源程序时，可以说第几行到第几行是做什么用的；另一方面，当编译源程序的时候，如果发现了错误，错误信息中也会说明是第几行有错。这样，因为 Nasmide 显示了行号，这就很容易快速找到出错的那一行。

在汇编源程序中，可以为每行添加注释。注释是对程序或者指令的解释和说明，比如说明某条指令或者某个符号的含义和作用。注释也是源程序的组成部分，但在编译的时候会被编译器忽略。如图 1-4 所示，为了告诉编译器注释是从哪里开始的，注释需要以半角字母的分号";"开始。

当源程序书写完毕之后，就可以进行编译了，方法是在 Nasmide 中选择菜单"文件"→"编译源文件"。这时，Nasmide 将会在后台调用 NASM 来完成整个编译过程，不需要你额外操心。如图 1-6 所示，即使只有 3 行的程序也能通过编译。编译完成后，会在窗口底部显示一条消息。

1.4　下载和安装 VirtualBox

为了验证程序的运行效果，需要有一台计算机。为了方便，通常都使用虚拟机。主流的虚拟机软件包括 VMWare、Virtual PC 和 VirtualBox 等，但只有 VirtualBox 是开源和免费的。

要使用 VirtualBox，首先必须从网上下载并安装它。这里是它的主页：

www.virtualbox.org

通过这个主页，你可以找到最新的版本并下载它。为了方便，下面给出下载页面的链接：

www.virtualbox.org/wiki/Downloads

安装 VirtualBox 并运行，将出现如图 1-7 所示的 VirtualBox 管理器，在这个界面上可以通过菜单或者直接点击"新建（N）"创建一台虚拟机。通过一个虚拟机创建向导，你可以指定虚拟机的名字，并为它配备相应的"硬件"和"软件"，包括处理器的类型和数量、内存容量等。虚拟机的创建过程不太复杂，如果需要，可以到我的个人网站下载观看配套视频。

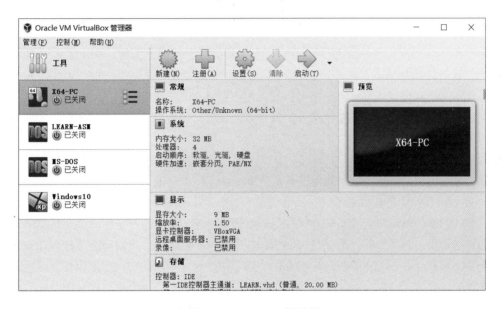

图 1-7　VirtualBox 管理器

和真实的计算机一样，虚拟机也需要一个或几个辅助存储器（磁盘、光盘、U 盘等）才能工作。不过，为它配备的并非真正的盘片，而是一个特殊的文件，故称为虚拟盘。如此一来，当一个运行在虚拟机里的软件程序读写硬盘或者光盘时，虚拟机将把它转换成对文件的操作，而软件程序还以为自己真的是在读写物理盘片。这样的一块磁盘，在需要的时候随时创建，不需要时可以随时删除，这真是非常神奇的磁盘。

前面你已经从网上下载了配套的源码和工具，那是个压缩文件。解压之后，在源代码和工具文件夹里有两个现成的虚拟硬盘文件 LEARN.VHD 和 LEECHUNG.VHD，这是给你额外准备的，而且经过了测试，可以在你无法创建虚拟硬盘的时候派上用场。不管是你自己创建虚拟硬盘，还是选用这个现成的，都应当使虚拟硬盘文件位于源代码所在的文件夹，将来往该虚拟硬盘写数据时比较方便。

注意，如果你要自行创建 VHD 文件，需要注意 VHD 分为两种类型：固定尺寸的和动态分配的。一个固定尺寸的 VHD，它对应的文件尺寸和该虚拟硬盘的容量是相同的，或者说是一次性分配够了的。比如，一个 2GB 的 VHD 虚拟硬盘，它对应的文件大小也是 2GB。注意，本书及本书配套的工具仅支持固定尺寸的 VHD。

一旦完成了全部的准备工作，刚刚创建的虚拟机就会显示在 VirtualBox 管理器中。如图 1-7 所示，我们创建了好几个虚拟机，比如 "X64-PC" 和 "LEARN-ASM"，等等。基本上，你现在就可以单击控制台界面上的 "开始" 来启动这台虚拟机。但是，别忙，你的虚拟硬盘里还没有东西呢。

使用虚拟机和使用真实的计算机几乎没有区别。在虚拟机创建后，你可以为它安装操作系统和软件，然后在它上面工作，就像在真实的计算机上工作一样。

1.5　使用 FixVhdWr 将程序写入虚拟硬盘

本书所需要的虚拟机不需要操作系统，因为我们只在裸机上工作，也就是在只有硬件而没有操作系统的计算机上工作，所以我们只能编写一个主引导程序，将它写入硬盘的主引导扇区，让计算机加电或者复位之后能够执行，即使它只是一个虚拟机。

主引导扇区不大，只有 512 字节，所以还必须编写一个类似于操作系统的内核来演示操作系统的原理和功能。

为了将程序写入虚拟硬盘，需要一个专门针对虚拟硬盘进行读写的工具。我自己写了一个，就在配书源代码和工具里。这个软件工具有两个版本，一个是 FixVhdWr32.exe，适用于 32 位的 Windows；一个是 FixVhdWr64.exe，适用于 64 位的 Windows。注意，32 位的版本可以运行在 32 位或者 64 位 Windows 上，而 64 位的版本只能运行在 64 位的 Windows 上，请注意根据你的实际情况选用。为了方便，不管是 32 位版本，还是 64 位版本，我们以后统称 FixVhdWr。

如图 1-8 所示，这是 FixVhdWr 的界面。第一次运行这个软件时，你需要在界面顶部选择一个虚拟硬盘文件。FixVhdWr 只针对固定尺寸的 VHD，如果选择的是一个合法的 VHD 文件，它将显示该虚拟硬盘的信息。

在软件界面的中间部分，你可以添加要写入虚拟硬盘的数据文件。在这个过程中，会弹出额外的界面，让你指定文件的位置和名称，以及写入时的起始逻辑扇区号，也就是所谓的起始 LBA 扇区号。那么，什么是 LBA 扇区号呢？

通常，一个扇区的尺寸是 512 字节，可以看成一个数据块。所以，从这个意义上来说，硬盘是一个典型的块（Block）设备。

机械硬盘每个盘面上都有一个磁头（Head），而每个盘面被划分为若干磁道（Cylinder），每个磁道又被划分为若干个扇区（Sector）。传统的硬盘读写要指定磁头号、磁道号和扇区号。采用磁头、磁道和扇区这种模式来访问硬盘的方法称为 CHS 模式，但不是很方便。想想看，如果有一大堆数据要写，还得注意磁头号、磁道号和扇区号不要超过界限。所以，后来引入了逻辑块地址（Logical Block Address，LBA）的概念。现在市场上销售的硬盘，无论是哪个厂家生产的，都支持 LBA 模式。

LBA 模式由硬盘控制器在硬件一级上提供支持，所以效率很高，兼容性很好。LBA 模式不考虑扇区的物理位置（磁头号、磁道号），而是把它们全部组织起来统一编号。在这种编址方式下，原先的物理扇区被组织成逻辑扇区，且都有唯一的逻辑扇区号。

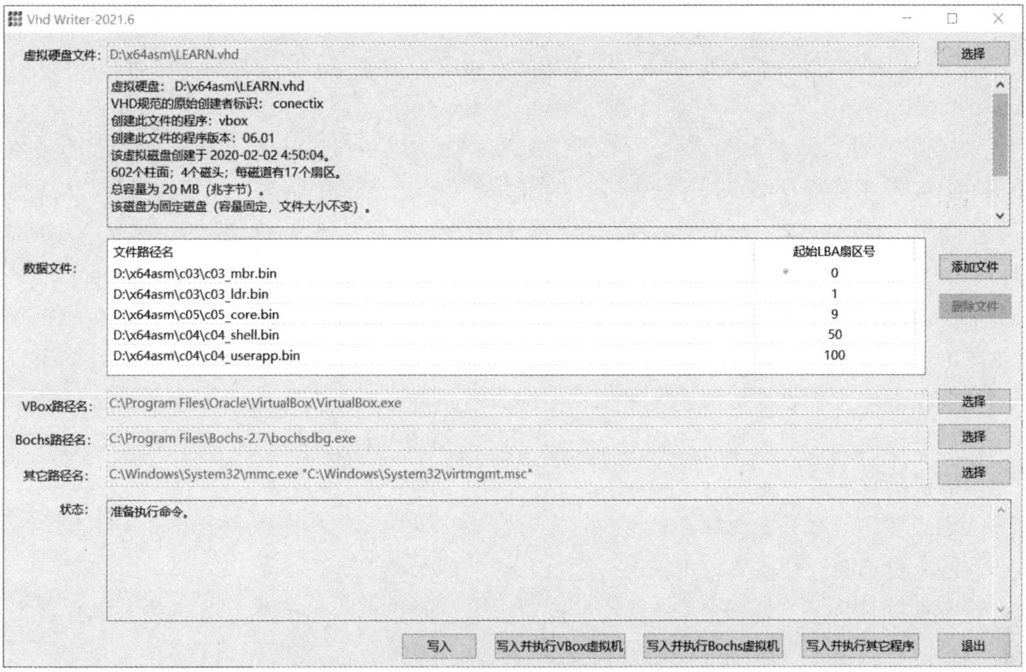

图 1-8　FixVhdWr 的界面

比如，某硬盘有 6 个磁头，每面有 1000 个磁道，每个磁道有 17 个扇区。那么：

逻辑 0 扇区对应着 0 面 0 道 1 扇区；

逻辑 1 扇区对应着 0 面 0 道 2 扇区；

……

逻辑 16 扇区对应着 0 面 0 道 17 扇区；

逻辑 17 扇区对应着 1 面 0 道 1 扇区；

逻辑 18 扇区对应着 1 面 0 道 2 扇区；

……

逻辑 33 扇区对应着 1 面 0 道 17 扇区；

逻辑 34 扇区对应着 2 面 0 道 1 扇区；

逻辑 35 扇区对应着 2 面 0 道 2 扇区；

……

要注意到，扇区在编号时，是以柱面为单位的。即，先是 0 面 0 道，接着是 1 面 0 道，直到把所有盘面上的 0 磁道处理完，再接着处理下一个柱面。之所以这样做，是因为我们讲过，要加快硬盘的访问速度，最好不移动磁头。

因为这里总共有 102000 个扇区，故后一个逻辑扇区的编号是 101999，它对应着 5 面 999 道 17 扇区，这也是整个硬盘上最后一个物理扇区。

这里面的计算方法是：

LBA = C×磁头总数×每道扇区数+H×每道扇区数+(S-1)

这里，LBA 是逻辑扇区号，C、H、S 是想求得逻辑扇区号的那个物理扇区所在的磁道号、磁头号和扇区号。

采用 LBA 模式的好处是简化了程序的操作，使得程序员不用关心数据在硬盘上的具体位置。对于本书来说，VHD 文件是按 LBA 方式组织的，一开始的 512 字节就是逻辑 0 扇区，然后是逻辑 1 扇区；最后一个逻辑扇区排在文件的最后（最后 512 字节除外，那是 VHD 文件的标识部分）。

如图 1-8 所示，FixVhdWr 程序可以选择多个数据文件，这些数据文件最终都会从指定的起始逻辑扇区号开始写入虚拟硬盘。在数据文件添加成功后，会显示在列表框中。如果需要在列表框中去掉某个数据文件，只需要单击选中它，再选择"删除文件"即可。

在软件界面的下部，你可以指定 VirtualBox 虚拟机软件的路径名，但前提是你已经安装了这个虚拟机软件。

上面设置的一系列文件和参数会被保存在配置文件中，当你下次再启动 FixVhdWr 软件时，这些内容都会自动恢复，不需要你再次选择、添加和设置。

在界面的底部是一排按钮，"写入"按钮用来将列表框里的数据文件按指定的位置写入虚拟硬盘。写入虚拟硬盘之后，通常还要在虚拟机中观察运行效果。为了方便，单击"写入并执行 VBox 虚拟机"按钮，以执行数据文件的写入操作，然后启动 VirtualBox 虚拟机软件。

1.6　本书的代码组织

本书的每章都有自己的主题，也都有它自己对应的汇编语言程序。为了科学地组织每章的代码，我们将那些每章都要用到的、内容固定的例程和数据挑出来，放在几个单独的文件中，分别是全局定义文件 global_defs.wid、内核公用例程文件 core_utils64.wid 和用户程序静态库文件 user_static64.lib。

为了方便，我们将本书中用到的汇编语言代码都印在书里。属于每章的代码印在它所在的那一章；以上 3 个文件列印如下。

```
1  ;global_defs.wid:系统全局使用的常量定义。李忠，2021-09-05
2
3  ;定义地址的，至少按16字节对齐!!! 与分页有关的地址必须按4KB对齐!!!
4
5  %ifndef _GLOBAL_DEFS_
6    %define _GLOBAL_DEFS_
7
8    SDA_PHY_ADDR        equ    0x00007e00        ;系统数据区的起始物理地址
9    PML5_PHY_ADDR       equ    0x00009000        ;内核5级头表物理地址
10   PML4_PHY_ADDR       equ    0x0000a000        ;内核4级头表物理地址
11   PDPT_PHY_ADDR       equ    0x0000b000        ;对应于低端2MB的内核页目录指针表物理地址
12   PDT_PHY_ADDR        equ    0x0000c000        ;对应于低端2MB的页目录表物理地址
13   PT_PHY_ADDR         equ    0x0000d000        ;对应于低端2MB的内核页表的物理地址
14   IDT_PHY_ADDR        equ    0x0000e000        ;中断描述符表的物理地址
15   LDR_PHY_ADDR        equ    0x0000f000        ;用于安装内核加载器的起始物理地址
16   GDT_PHY_ADDR        equ    0x00010000        ;全局描述符表GDT的物理地址
17   CORE_PHY_ADDR       equ    0x00020000        ;内核的起始物理地址
18   COR_PDPT_ADDR       equ    0x00100000        ;从这个物理地址开始的1MB是内核的254个
19                                                ;页目录指针表
20   LDR_START_SECTOR    equ    1                 ;内核加载器在硬盘上的起始逻辑扇区号
21   COR_START_SECTOR    equ    9                 ;内核程序在硬盘上的起始逻辑扇区号
22
23   ;虚拟内存空间的高端起始于线性地址 0xffff800000000000
24   UPPER_LINEAR_START  equ    0xffff800000000000
25
26   UPPER_CORE_LINEAR   equ    UPPER_LINEAR_START + CORE_PHY_ADDR   ;内核的高端线性地址
27   UPPER_TEXT_VIDEO    equ    UPPER_LINEAR_START + 0x000b8000      ;文本显示缓冲区的高
28                                                                  ;端起始线性地址
29   UPPER_SDA_LINEAR    equ    UPPER_LINEAR_START + SDA_PHY_ADDR    ;系统数据区的高端线
30                                                                  ;性地址
31   UPPER_GDT_LINEAR    equ    UPPER_LINEAR_START + GDT_PHY_ADDR    ;GDT的高端线性地址
32   UPPER_IDT_LINEAR    equ    UPPER_LINEAR_START + IDT_PHY_ADDR    ;IDT的高端线性地址
33
34   ;与全局描述符表有关的选择子定义，以及与内存管理有关的常量定义
35   CORE_CODE64_SEL     equ    0x0018            ;内核代码段的描述符选择子（RPL=00）
36   CORE_STACK64_SEL    equ    0x0020            ;内核栈段的描述符选择子（RPL=00）
37   RESVD_DESC_SEL      equ    0x002b            ;保留的描述符选择子
38   USER_CODE64_SEL     equ    0x003b            ;3特权级代码段的描述符选择子（RPL=11）
39   USER_STACK64_SEL    equ    0x0033            ;3特权级栈段的描述符选择子（RPL=11）
40
41   PHY_MEMORY_SIZE     equ    32                ;物理内存大小（MB），要求至少3MB
42   CORE_ALLOC_START    equ    0xffff800000200000    ;在虚拟地址空间高端（内核）分配内存
43                                                    ;时的起始地址
44   USER_ALLOC_START    equ    0x0000000000000000    ;在每个任务虚拟地址空间低端分配内存
```

```
45                                                          ;时的起始地址
46
47      ;创建任务时需要分配一个物理页作为新任务的 4 级头表，并分配一个临时的线性地址来初始化这个页
48      NEW_PML4_LINEAR       equ      0xffffff7ffffff000    ;用来映射新任务 4 级头表的线性地址
49
50      LAPIC_START_ADDR      equ      0xffffff7fffffe000    ;LOCAL APIC 寄存器的起始线性地址
51      IOAPIC_START_ADDR     equ      0xffffff7fffffd000    ;I/O APIC 寄存器的起始线性地址
52
53      AP_START_UP_ADDR      equ      0x0000f000            ;应用处理器（AP）启动代码的物理地址
54
55      SUGG_PREEM_SLICE      equ      55                    ;推荐的任务/线程抢占时间片长度（毫秒）
56
57      ;多处理器环境下的自旋锁加锁宏。需要两个参数：寄存器，以及一个对应宽度的锁变量
58      %macro     SET_SPIN_LOCK 2                           ;两个参数，分别是寄存器%1 和锁变量%2
59              %%spin_lock:
60                      cmp %2, 0                            ;锁是释放状态吗？
61                      je %%get_lock                        ;获取锁
62                      pause
63                      jmp %%spin_lock                      ;继续尝试获取锁
64              %%get_lock:
65                      mov %1, 1
66                      xchg %1, %2
67                      cmp %1, 0                            ;交换前为零？
68                      jne %%spin_lock                      ;已有程序抢先加锁，失败重来
69      %endmacro
70
71  %endif
```

```
1  ;core_utils64.wid:供 64 位内核使用的例程集合，支持单处理器和多处理器环境。作者：李忠
2  ;创建时间：2023-12-03 由 2021-11-7 的单处理器版本和 2022 年的多处理器版本合并而成。
3  ;此文件是内核程序的一部分，包含了内核使用的例程，主要是为了减小内核程序的体积，方便内核代
4  ;码的阅读和讲解。在内核程序中，必须用预处理指令%include 引入本文件。
5  ;在多处理器环境中使用时，需在内核程序中定义宏__MP__
6
7  %include "..\common\global_defs.wid"
8
9          bits 64
10
11 ;~~~~~~~~~~~~~~~~~~~~~~~~~~~~~~~~~~~~~~~~~~~~~~~~~~~~~~~~~~~~~~~~~~~~~~~~~~~~
12 %ifdef __MP__
13 _prn_str_locker dq 0                              ;打印锁
14 %endif
15
16 put_string64:                                     ;显示 0 终止的字符串并移动光标
17                                                   ;输入：RBX=字符串的线性地址
18          push rbx
19          push rcx
20
21          pushfq                                   ;-->A
22          cli
23 %ifdef __MP__
24          SET_SPIN_LOCK rcx, qword [rel _prn_str_locker]
25 %endif
26
27   .getc:
28          mov cl, [rbx]
29          or cl, cl                                ;检测串结束标志（0）
30          jz .exit                                 ;显示完毕，返回
31          call put_char
32          inc rbx
33          jmp .getc
34
35   .exit:
36 %ifdef __MP__
37          mov qword [rel _prn_str_locker], 0       ;释放锁
38 %endif
39          popfq                                    ;A
40
41          pop rcx
42          pop rbx
43
44          ret                                      ;段内返回
45
```

```
46  ;~~~~~~~~~~~~~~~~~~~~~~~~~~~~~~~~~~~~~~~~~~~~~~~~~~~~~~~~~~~~~~~~~~~~~~
47  put_char:                               ;在屏幕上的当前光标处显示一个字符并推
48                                          ;进光标。
49                                          ;输入：CL=字符 ASCII 码
50          push rax
51          push rbx
52          push rcx
53          push rdx
54          push rsi
55          push rdi
56
57          ;以下取当前光标位置
58          mov dx, 0x3d4
59          mov al, 0x0e
60          out dx, al
61          inc dx                          ;0x3d5
62          in al, dx                       ;高字
63          mov ah, al
64
65          dec dx                          ;0x3d4
66          mov al, 0x0f
67          out dx, al
68          inc dx                          ;0x3d5
69          in al, dx                       ;低字
70          mov bx, ax                      ;BX=代表光标位置的 16 位数
71          and rbx, 0x000000000000ffff     ;准备使用 64 位寻址方式访问显存
72
73          cmp cl, 0x0d                    ;回车符?
74          jnz .put_0a
75          mov ax, bx
76          mov bl, 80
77          div bl
78          mul bl
79          mov bx, ax
80          jmp .set_cursor
81
82  .put_0a:
83          cmp cl, 0x0a                    ;换行符?
84          jnz .put_other
85          add bx, 80
86          jmp .roll_screen
87
88  .put_other:                             ;正常显示字符
89          shl bx, 1
90          mov rax, UPPER_TEXT_VIDEO       ;在 global_defs.wid 中定义
```

```
91          mov [rax + rbx], cl

93          ;以下将光标位置推进一个字符
94          shr bx, 1
95          inc bx

97  .roll_screen:
98          cmp bx, 2000                        ;光标超出屏幕? 滚屏
99          jl .set_cursor

101         push bx

103         cld
104         mov rsi, UPPER_TEXT_VIDEO + 0xa0    ;小心! 64 位模式下 movsq
105         mov rdi, UPPER_TEXT_VIDEO           ;使用的是 rsi/rdi/rcx
106         mov rcx, 480
107         rep movsq
108         mov bx, 3840                        ;清除屏幕最底一行
109         mov rcx, 80                         ;64 位程序应该使用 RCX
110 .cls:
111         mov rax, UPPER_TEXT_VIDEO
112         mov word[rax + rbx], 0x0720
113         add bx, 2
114         loop .cls

116         pop bx
117         sub bx, 80

119 .set_cursor:
120         mov dx, 0x3d4
121         mov al, 0x0e
122         out dx, al
123         inc dx                              ;0x3d5
124         mov al, bh
125         out dx, al
126         dec dx                              ;0x3d4
127         mov al, 0x0f
128         out dx, al
129         inc dx                              ;0x3d5
130         mov al, bl
131         out dx, al

133         pop rdi
134         pop rsi
135         pop rdx
```

```
136          pop rcx
137          pop rbx
138          pop rax
139
140          ret
141
142 ;~~~~~~~~~~~~~~~~~~~~~~~~~~~~~~~~~~~~~~~~~~~~~~~~~~~~~~~~~~~~~~~~~~~~~~~~~~~
143 ;在指定位置用指定颜色显示 0 终止的字符串，只适用于打印图形字符。由于各程序打印时的坐标位置
144 ;不同，互不干扰，不需要加锁和互斥。
145 %ifdef __MP__
146 _prnxy_locker dq 0
147 %endif
148
149 put_cstringxy64:                            ;输入：RBX=字符串首地址
150                                             ;DH=行，DL=列
151                                             ;R9B=颜色属性
152          push rax
153          push rbx
154          push rcx
155          push rdx
156          push r8
157
158          ;指定坐标位置在显存内的偏移量
159          mov al, dh
160          mov ch, 160                        ;每行 80 个字符，占用 160 字节
161          mul ch
162          shl dl, 1                          ;每个字符（列）占用 2 字节，要乘以 2
163          and dx, 0x00ff
164          add ax, dx                         ;得到指定坐标位置在显存内的偏移量
165          and rax, 0x000000000000ffff
166
167          pushfq                             ;-->A
168          cli
169 %ifdef __MP__
170          SET_SPIN_LOCK r8, qword [rel _prnxy_locker]
171 %endif
172
173          mov r8, UPPER_TEXT_VIDEO           ;显存的起始线性地址
174  .nextc:
175          mov dl, [rbx]                      ;取得将要显示的字符
176          or dl, dl
177          jz .exit
178          mov byte [r8 + rax], dl
179          mov byte [r8 + rax + 1], r9b       ;字符颜色
180          inc rbx
```

```
181         add rax, 2                              ;增加一个字符的位置（2 字节）
182         jmp .nextc
183    .exit:
184         xor r8, r8
185 %ifdef __MP__
186         mov qword [rel _prnxy_locker], 0        ;释放锁
187 %endif
188         popfq                                   ;A
189
190         pop r8
191         pop rdx
192         pop rcx
193         pop rbx
194         pop rax
195
196         ret
197
198 ;~~~~~~~~~~~~~~~~~~~~~~~~~~~~~~~~~~~~~~~~~~~~~~~~~~~~~~~~~~~~~~~~~~~~~~~~~~~~~
199 make_call_gate:                                 ;创建 64 位的调用门
200                                                 ;输入：RAX=例程的线性地址
201                                                 ;输出：RDI:RSI=调用门
202         mov rdi, rax
203         shr rdi, 32                             ;得到门的高 64 位，在 RDI 中
204
205         push rax                                ;构造数据结构，并预置线性地址的位 15~0
206         mov word [rsp + 2], CORE_CODE64_SEL     ;预置段选择子部分
207         mov [rsp + 4], eax                      ;预置线性地址的位 31~16
208         mov word [rsp + 4], 0x8c00              ;添加 P=1，TYPE=64 位调用门
209         pop rsi
210
211         ret
212
213 ;~~~~~~~~~~~~~~~~~~~~~~~~~~~~~~~~~~~~~~~~~~~~~~~~~~~~~~~~~~~~~~~~~~~~~~~~~~~~~
214 make_interrupt_gate:                            ;创建 64 位的中断门
215                                                 ;输入：RAX=例程的线性地址
216                                                 ;输出：RDI:RSI=中断门
217         mov rdi, rax
218         shr rdi, 32                             ;得到门的高 64 位，在 RDI 中
219
220         push rax                                ;构造数据结构，并预置线性地址的位 15~0
221         mov word [rsp + 2], CORE_CODE64_SEL     ;预置段选择子部分
222         mov [rsp + 4], eax                      ;预置线性地址的位 31~16
223         mov word [rsp + 4], 0x8e00              ;添加 P=1，TYPE=64 位中断门
224         pop rsi
225
```

```
226          ret
227
228  ;~~~~~~~~~~~~~~~~~~~~~~~~~~~~~~~~~~~~~~~~~~~~~~~~~~~~~~~~~~~~~~~~~~~~~~~~~~~~~~
229  make_trap_gate:                            ;创建 64 位的陷阱门
230                                             ;输入：RAX=例程的线性地址
231                                             ;输出：RDI:RSI=陷阱门
232          mov rdi, rax
233          shr rdi, 32                        ;得到门的高 64 位，在 RDI 中
234
235          push rax                           ;构造数据结构，并预置线性地址的位 15~0
236          mov word [rsp + 2], CORE_CODE64_SEL ;预置段选择子部分
237          mov [rsp + 4], eax                 ;预置线性地址的位 31~16
238          mov word [rsp + 4], 0x8f00         ;添加 P=1，TYPE=64 位陷阱门
239          pop rsi
240
241          ret
242
243  ;~~~~~~~~~~~~~~~~~~~~~~~~~~~~~~~~~~~~~~~~~~~~~~~~~~~~~~~~~~~~~~~~~~~~~~~~~~~~~~
244  make_tss_descriptor:                       ;创建 64 位的 TSS 描述符
245                                             ;输入：RAX=TSS 的线性地址
246                                             ;输出：RDI:RSI=TSS 描述符
247          push rax
248
249          mov rdi, rax
250          shr rdi, 32                        ;得到门的高 64 位，在 RDI 中
251
252          push rax                           ;先将部分线性地址移到适当位置
253          shl qword [rsp], 16                ;将线性地址的位 23~00 移到正确位置
254          mov word [rsp], 104                ;段界限的标准长度
255          mov al, [rsp + 5]
256          mov [rsp + 7], al                  ;将线性地址的位 31~24 移到正确位置
257          mov byte [rsp + 5], 0x89           ;P=1，DPL=00，TYPE=1001（64 位 TSS）
258          mov byte [rsp + 6], 0              ;G、0、0、AVL 和 limit
259          pop rsi                            ;门的低 64 位
260
261          pop rax
262
263          ret
264
265  ;~~~~~~~~~~~~~~~~~~~~~~~~~~~~~~~~~~~~~~~~~~~~~~~~~~~~~~~~~~~~~~~~~~~~~~~~~~~~~~
266  mount_idt_entry:                           ;在中断描述符表 IDT 中安装门描述符
267                                             ;R8=中断向量
268                                             ;RDI:RSI=门描述符
269          push r8
270          push r9
```

```
271
272          shl r8, 4                              ;中断号乘以 16，得到表内偏移
273          mov r9, UPPER_IDT_LINEAR               ;中断描述符表的高端线性地址
274          mov [r9 + r8], rsi
275          mov [r9 + r8 + 8], rdi
276
277          pop r9
278          pop r8
279
280          ret
281
282 ;~~~~~~~~~~~~~~~~~~~~~~~~~~~~~~~~~~~~~~~~~~~~~~~~~~~~~~~~~~~~~~~~~~~~~~~~~~~~~~~~~~~~
283 init_8259:                                      ;初始化 8259 中断控制器，包括重新设置向量号
284          push rax
285
286          mov al, 0x11
287          out 0x20, al                           ;ICW1：边沿触发/级联方式
288          mov al, 0x20
289          out 0x21, al                           ;ICW2:起始中断向量（避开前 31 个异常的向量）
290          mov al, 0x04
291          out 0x21, al                           ;ICW3:从片级联到 IR2
292          mov al, 0x01
293          out 0x21, al                           ;ICW4:非总线缓冲，全嵌套，正常 EOI
294
295          mov al, 0x11
296          out 0xa0, al                           ;ICW1： 边沿触发/级联方式
297          mov al, 0x28
298          out 0xa1, al                           ;ICW2:起始中断向量-->0x28
299          mov al, 0x02
300          out 0xa1, al                           ;ICW3:从片识别标志，级联到主片 IR2
301          mov al, 0x01
302          out 0xa1, al                           ;ICW4:非总线缓冲，全嵌套，正常 EOI
303
304          pop rax
305          ret
306
307 ;~~~~~~~~~~~~~~~~~~~~~~~~~~~~~~~~~~~~~~~~~~~~~~~~~~~~~~~~~~~~~~~~~~~~~~~~~~~~~~~~~~~~
308 %ifdef __MP__
309 _read_hdd_locker dq 0                           ;读硬盘锁
310 %endif
311
312 read_hard_disk_0:                               ;从硬盘读取一个逻辑扇区
313                                                 ;RAX=逻辑扇区号
314                                                 ;RBX=目标缓冲区线性地址
315                                                 ;返回：RBX=RBX+512
```

```
316         push rax
317         push rcx
318         push rdx
319
320         pushfq                              ;-->A
321         cli
322 %ifdef __MP__
323         SET_SPIN_LOCK rdx, qword [rel _read_hdd_locker]
324 %endif
325
326         push rax
327
328         mov dx, 0x1f2
329         mov al, 1
330         out dx, al                          ;读取的扇区数
331
332         inc dx                              ;0x1f3
333         pop rax
334         out dx, al                          ;LBA 地址 7~0
335
336         inc dx                              ;0x1f4
337         mov cl, 8
338         shr rax, cl
339         out dx, al                          ;LBA 地址 15~8
340
341         inc dx                              ;0x1f5
342         shr rax, cl
343         out dx, al                          ;LBA 地址 23~16
344
345         inc dx                              ;0x1f6
346         shr rax, cl
347         or al, 0xe0                         ;第一硬盘   LBA 地址 27~24
348         out dx, al
349
350         inc dx                              ;0x1f7
351         mov al, 0x20                        ;读命令
352         out dx, al
353
354  .waits:
355         in al, dx
356         ;and al, 0x88
357         ;cmp al, 0x08
358         test al, 8
359         jz .waits                           ;不忙, 且硬盘已准备好数据传输
360
```

```
361        mov rcx, 256                              ;总共要读取的字数
362        mov dx, 0x1f0
363  .readw:
364        in ax, dx
365        mov [rbx], ax
366        add rbx, 2
367        loop .readw
368
369 %ifdef __MP__
370        mov qword [rel _read_hdd_locker], 0       ;释放锁
371 %endif
372        popfq                                     ;A
373
374        pop rdx
375        pop rcx
376        pop rax
377
378        ret
379
380 ;~~~~~~~~~~~~~~~~~~~~~~~~~~~~~~~~~~~~~~~~~~~~~~~~~~~~~~~~~~~~~~~~~~~~~~~~~~~~~~~~~~~
381   _page_bit_map times 2*1024/4/8 db 0xff        ;对应物理内存的前 512 个页面（2MB）
382        times (PHY_MEMORY_SIZE-2)*1024/4/8 db 0   ;对应后续的页面
383   _page_map_len  equ $ - _page_bit_map
384
385 allocate_a_4k_page:                              ;分配一个 4KB 的页
386                                                  ;输入：无
387                                                  ;输出：RAX=页的物理地址
388        xor rax, rax
389  .b1:
390        lock bts [rel _page_bit_map], rax         ;多处理器需要 lock，单处理器不需要
391        jnc .b2
392        inc rax
393        cmp rax, _page_map_len * 8                ;立即数符号扩展到 64 位进行比较
394        jl .b1
395
396        ;对我们这个简单的系统来说，通常不存在页面不够分配的情况。对于一个流行的系统来说，
397        ;如果页面不够分配，需要在这里执行虚拟内存管理，即，回收已经注销的页面，或者执行页
398        ;面的换入和换出。
399
400  .b2:
401        shl rax, 12                               ;乘以 4096（0x1000）
402
403        ret
404
405 ;~~~~~~~~~~~~~~~~~~~~~~~~~~~~~~~~~~~~~~~~~~~~~~~~~~~~~~~~~~~~~~~~~~~~~~~~~~~~~~~~~~~
```

```
406  lin_to_lin_of_pml4e:                    ;返回指定的线性地址所对应的 4 级头表项的线性地址
407                                           ;输入：R13=线性地址
408                                           ;输出：R14=对应的 4 级头表项的线性地址
409        push r13
410
411        mov r14, 0x0000_ff80_0000_0000    ;保留 4 级头表索引部分
412        and r13, r14
413        shr r13, 36                        ;原 4 级头表索引变成页内偏移
414
415        mov r14, 0xffff_ffff_ffff_f000    ;访问 4 级头表所用的地址前缀
416        add r14, r13
417
418        pop r13
419
420        ret
421
422  ;~~~~~~~~~~~~~~~~~~~~~~~~~~~~~~~~~~~~~~~~~~~~~~~~~~~~~~~~~~~~~~~~~~~~~~~~~~~~~~
423  lin_to_lin_of_pdpte:            ;返回指定的线性地址所对应的页目录指针项的线性地址
424                                           ;输入：R13=线性地址
425                                           ;输出：R14=对应的页目录指针项的线性地址
426        push r13
427
428        mov r14, 0x0000_ffff_c000_0000    ;保留 4 级头表索引和页目录指针表索引部分
429        and r13, r14
430        shr r13, 27               ;原 4 级头表索引变成页表索引，原页目录指针表索引变页内偏移
431
432        mov r14, 0xffff_ffff_ffe0_0000    ;访问页目录指针表所用的地址前缀
433        add r14, r13
434
435        pop r13
436
437        ret
438
439  ;~~~~~~~~~~~~~~~~~~~~~~~~~~~~~~~~~~~~~~~~~~~~~~~~~~~~~~~~~~~~~~~~~~~~~~~~~~~~~~
440  lin_to_lin_of_pdte:                      ;返回指定的线性地址所对应的页目录项的线性地址
441                                           ;输入：R13=线性地址
442                                           ;输出：R14=对应的页目录项的线性地址
443        push r13
444
445        mov r14, 0x0000_ffff_ffe0_0000    ;保留 4 级头表索引、页目录指针表索引和页目录表
446                                           ;索引部分
447        and r13, r14
448        shr r13, 18                        ;原 4 级头表索引变成页目录表索引，原页目录指针
449                                           ;表索引变页表索引，原页目录表索引变页内偏移
450        mov r14, 0xffff_ffff_c000_0000    ;访问页目录表所用的地址前缀
```

```
451         add r14, r13
452         pop r13
453
454         ret
455
456 ;~~~~~~~~~~~~~~~~~~~~~~~~~~~~~~~~~~~~~~~~~~~~~~~~~~~~~~~~~~~~~~~~~~~~~~~~~~
457 lin_to_lin_of_pte:                    ;返回指定的线性地址所对应的页表项的线性地址
458                                       ;输入：R13=线性地址
459                                       ;输出：R14=对应的页表项的线性地址
460         push r13
461
462         mov r14, 0x0000_ffff_ffff_f000  ;保留 4 级头表、页目录指针表、页目录表和页表的
463                                       ;索引部分
464         and r13, r14
465         shr r13, 9              ;原 4 级头表索引变成页目录指针表索引，原页目录指针表索引变
466                                ;页目录表索引，原页目录表索引变页表索引，原页表索引变页内偏移
467         mov r14, 0xffff_ff80_0000_0000  ;访问页表所用的地址前缀
468         add r14, r13
469
470         pop r13
471         ret
472
473 ;~~~~~~~~~~~~~~~~~~~~~~~~~~~~~~~~~~~~~~~~~~~~~~~~~~~~~~~~~~~~~~~~~~~~~~~~~~
474 %ifdef __MP__
475 _spaging_locker dq 0
476 %endif
477
478 setup_paging_for_laddr:               ;为指定的线性地址安装分页系统（表项）
479                                       ;输入：R13=线性地址
480         push rcx
481         push rax
482         push r14
483
484         pushfq                        ;-->A
485         cli
486 %ifdef __MP__
487         SET_SPIN_LOCK r14, qword [rel _spaging_locker]
488 %endif
489
490         ;在当前活动的 4 级分页体系中，所有线性地址对应的 4 级头表始终是存在的
491         ;检查该线性地址所对应的 4 级头表项是否存在
492         call lin_to_lin_of_pml4e      ;得到 4 级头表项的线性地址
493         test qword [r14], 1           ;P 位是否为"1"。表项是否存在？
494         jnz .b0
495
```

```
496              ;创建并安装该线性地址所对应的 4 级头表项（创建页目录指针表）
497              call allocate_a_4k_page        ;分配一个页作为页目录指针表
498              or rax, 0x07                   ;添加属性位 U/S=R/W=P=1
499              mov [r14], rax                 ;在 4 级头表中登记 4 级头表项（页目录指针表地址）
500
501              ;清空刚分配的页目录指针表
502              call lin_to_lin_of_pdpte
503              shr r14, 12
504              shl r14, 12                    ;得到页目录指针表的线性地址
505              mov rcx, 512
506      .cls0:
507              mov qword [r14], 0
508              add r14, 8
509              loop .cls0
510  ;----------------------------------------------------------
511      .b0:
512              ;检查该线性地址所对应的页目录指针项是否存在
513              call lin_to_lin_of_pdpte       ;得到页目录指针项的线性地址
514              test qword [r14], 1            ;P 位是否为"1"。表项是否存在？
515              jnz .b1                        ;页目录指针项是存在的，转 .b1
516
517              ;创建并安装该线性地址所对应的页目录指针项（分配页目录表）
518              call allocate_a_4k_page        ;分配一个页作为页目录表
519              or rax, 0x07                   ;添加属性位
520              mov [r14], rax                 ;在页目录指针表中登记页目录指针项（页目录表地址）
521
522              ;清空刚分配的页目录表
523              call lin_to_lin_of_pdte
524              shr r14, 12
525              shl r14, 12                    ;得到页目录表的线性地址
526              mov rcx, 512
527      .cls1:
528              mov qword [r14], 0
529              add r14, 8
530              loop .cls1
531  ;----------------------------------------------------------
532      .b1:
533              ;检查该线性地址所对应的页目录项是否存在
534              call lin_to_lin_of_pdte
535              test qword [r14], 1            ;P 位是否为"1"。表项是否存在？
536              jnz .b2                        ;页目录项已存在，转 .b2
537
538              ;创建并安装该线性地址所对应的页目录项（分配页表）
539              call allocate_a_4k_page        ;分配一个页作为页表
540              or rax, 0x07                   ;添加属性位
```

```
541        mov [r14], rax                        ;在页目录表中登记页目录项（页表地址）
542
543        ;清空刚分配的页表
544        call lin_to_lin_of_pte
545        shr r14, 12
546        shl r14, 12                            ;得到页表的线性地址
547        mov rcx, 512
548  .cls2:
549        mov qword [r14], 0
550        add r14, 8
551        loop .cls2
552 ;-------------------------------------------------
553  .b2:
554        ;检查该线性地址所对应的页表项是否存在
555        call lin_to_lin_of_pte
556        test qword [r14], 1                    ;P位是否为"1"。表项是否存在？
557        jnz .b3                                ;页表项已经存在，转.b3
558
559        ;创建并安装该线性地址所对应的页表项（分配最终的页）
560        call allocate_a_4k_page                ;分配一个页
561        or rax, 0x07                           ;添加属性位
562        mov [r14], rax                         ;在页表中登记页表项（页的地址）
563
564  .b3:
565 %ifdef __MP__
566        mov qword [rel _spaging_locker], 0
567 %endif
568        popfq                                  ;A
569
570        pop r14
571        pop rax
572        pop rcx
573
574        ret
575
576 ;~~~~~~~~~~~~~~~~~~~~~~~~~~~~~~~~~~~~~~~~~~~~~~~~~~~~~~~~~~~~~~~~~~~~~~~~~~~~~
577 %ifdef __MP__
578 _mapping_locker dq 0
579 %endif
580
581 mapping_laddr_to_page:                        ;建立线性地址到物理页的映射
582                                               ;即，为指定的线性地址安装指定的物理页
583                                               ;输入：R13=线性地址
584                                               ;RAX=页的物理地址（含属性）
585        push rcx
```

```
586          push r14
587
588          pushfq
589          cli
590 %ifdef __MP__
591          SET_SPIN_LOCK r14, qword [rel _mapping_locker]
592 %endif
593
594          push rax
595
596          ;在当前活动的 4 级分页体系中，所有线性地址对应的 4 级头表始终是存在的。
597          ;检查该线性地址所对应的 4 级头表项是否存在
598          call lin_to_lin_of_pml4e        ;得到 4 级头表项的线性地址
599          test qword [r14], 1             ;P 位是否为"1"。表项是否存在？
600          jnz .b0
601
602          ;创建并安装该线性地址所对应的 4 级头表项（分配页目录指针表）
603          call allocate_a_4k_page         ;分配一个页作为页目录指针表
604          or rax, 0x07                    ;添加属性位 U/S=R/W=P=1
605          mov [r14], rax                  ;在 4 级头表中登记 4 级头表项（页目录指针表地址）
606
607          ;清空刚分配的页目录指针表
608          call lin_to_lin_of_pdpte
609          shr r14, 12
610          shl r14, 12                     ;得到页目录指针表的线性地址
611          mov rcx, 512
612   .cls0:
613          mov qword [r14], 0
614          add r14, 8
615          loop .cls0
616 ;-------------------------------------------------------
617   .b0:
618          ;检查该线性地址所对应的页目录指针项是否存在
619          call lin_to_lin_of_pdpte        ;得到页目录指针项的线性地址
620          test qword [r14], 1             ;P 位是否为"1"。表项是否存在？
621          jnz .b1                         ;页目录指针项是存在的，转 .b1
622
623          ;创建并安装该线性地址所对应的页目录指针项（分配页目录表）
624          call allocate_a_4k_page         ;分配一个页作为页目录表
625          or rax, 0x07                    ;添加属性位
626          mov [r14], rax                  ;在页目录指针表中登记页目录指针项（页目录表地址）
627
628          ;清空刚分配的页目录表
629          call lin_to_lin_of_pdte
630          shr r14, 12
```

```
631         shl r14, 12                        ;得到页目录表的线性地址
632         mov rcx, 512
633   .cls1:
634         mov qword [r14], 0
635         add r14, 8
636         loop .cls1
637 ;----------------------------------------------------
638   .b1:
639         ;检查该线性地址所对应的页目录项是否存在
640         call lin_to_lin_of_pdte
641         test qword [r14], 1                ;P 位是否为"1"。表项是否存在？
642         jnz .b2                            ;页目录项已存在，转.b2
643
644         ;创建并安装该线性地址所对应的页目录项（分配页表）
645         call allocate_a_4k_page            ;分配一个页作为页表
646         or rax, 0x07                       ;添加属性位
647         mov [r14], rax                     ;在页目录表中登记页目录项（页表地址）
648
649         ;清空刚分配的页表
650         call lin_to_lin_of_pte
651         shr r14, 12
652         shl r14, 12                        ;得到页表的线性地址
653         mov rcx, 512
654   .cls2:
655         mov qword [r14], 0
656         add r14, 8
657         loop .cls2
658 ;----------------------------------------------------
659   .b2:
660         call lin_to_lin_of_pte             ;得到页表项的线性地址
661         pop rax
662         mov [r14], rax                     ;在页表中登记页表项（页的地址）
663
664 %ifdef __MP__
665         mov qword [rel _mapping_locker], 0
666 %endif
667         popfq
668
669         pop r14
670         pop rcx
671
672         ret
673
674 ;~~~~~~~~~~~~~~~~~~~~~~~~~~~~~~~~~~~~~~~~~~~~~~~~~~~~~~~~~~~~~~~~~~~~~~~~~
675   _core_next_linear  dq CORE_ALLOC_START    ;下一次分配时可用的起始线性地址
```

```
676
677 %ifdef __MP__
678    _core_alloc_locker dq 0
679 %endif
680
681 core_memory_allocate:                          ;在虚拟地址空间的高端（内核）分配内存
682                                                ;输入：RCX=请求分配的字节数
683                                                ;输出：R13=本次分配的起始线性地址
684                                                ;     R14=下次分配的起始线性地址
685            pushfq                              ;A-->
686            cli
687 %ifdef __MP__
688            SET_SPIN_LOCK r14, qword [rel _core_alloc_locker]
689 %endif
690
691            mov r13, [rel _core_next_linear]     ;获得本次分配的起始线性地址
692            lea r14, [r13 + rcx]                 ;下次分配时的起始线性地址
693
694            test r14, 0x07                       ;最低 3 位是 000 吗（是否按 8 字节对齐）？
695            jz .algn
696            add r14, 0x08                        ;注：立即数符号扩展到 64 位参与操作
697            shr r14, 3
698            shl r14, 3                           ;最低 3 个比特变成 0，强制按 8 字节对齐。
699
700   .algn:
701            mov [rel _core_next_linear], r14     ;写回。
702
703 %ifdef __MP__
704            mov qword [rel _core_alloc_locker], 0 ;释放锁
705 %endif
706            popfq                                ;A
707
708            push r13
709            push r14
710
711            ;以下为请求的内存分配页。R13 为本次分配的线性地址；R14 为下次分配的线性地址
712            shr r13, 12
713            shl r13, 12                          ;清除掉页内偏移部分
714            shr r14, 12
715            shl r14, 12                          ;too
716   .next:
717            call setup_paging_for_laddr          ;安装当前线性地址所在的页
718            add r13, 0x1000                      ;+4096
719            cmp r13, r14
720            jle .next
```

```
721
722          pop r14
723          pop r13
724
725          ret
726
727  ;~~~~~~~~~~~~~~~~~~~~~~~~~~~~~~~~~~~~~~~~~~~~~~~~~~~~~~~~~~~~~~~~~~~~~
728  user_memory_allocate:                      ;在用户任务的私有空间（低端）分配内存
729                                             ;输入：R11=任务控制块 PCB 的线性地址
730                                             ;      RCX=希望分配的字节数
731                                             ;输出：R13=本次分配的起始线性地址
732                                             ;      R14=下次分配的起始线性地址
733          ;获得本次内存分配的起始线性地址
734          mov r13, [r11 + 24]                 ;获得本次分配的起始线性地址
735          lea r14, [r13 + rcx]                ;下次分配时的起始线性地址
736
737          test r14, 0x07                      ;能够被 8 整除吗（是否按 8 字节对齐）？
738          jz .algn
739          shr r14, 3
740          shl r14, 3                          ;最低 3 个比特变成 0，强制按 8 字节对齐。
741          add r14, 0x08                       ;注：立即数符号扩展到 64 位参与操作
742
743  .algn:
744          mov [r11 + 24], r14                 ;写回 PCB 中。
745
746          push r13
747          push r14
748
749          ;以下为请求的内存分配页。R13 为本次分配的线性地址；R14 为下次分配的线性地址
750          shr r13, 12
751          shl r13, 12                         ;清除掉页内偏移部分
752          shr r14, 12
753          shl r14, 12                         ;too
754  .next:
755          call setup_paging_for_laddr         ;安装当前线性地址所在的页
756          add r13, 0x1000                     ;+4096
757          cmp r13, r14
758          jle .next
759
760          pop r14
761          pop r13
762
763          ret
764
765  ;~~~~~~~~~~~~~~~~~~~~~~~~~~~~~~~~~~~~~~~~~~~~~~~~~~~~~~~~~~~~~~~~~~~~~
```

```
766 %ifdef __MP__
767 _copy_locker dq 0
768 %endif
769
770 copy_current_pml4:                              ;创建新的 4 级头表,并复制当前 4 级头表的内容
771                                                 ;输入：无
772                                                 ;输出：RAX=新 4 级头表的物理地址及属性
773         push rsi
774         push rdi
775         push r13
776         push rcx
777
778         pushfq                                  ;-->A
779         cli
780 %ifdef __MP__
781         SET_SPIN_LOCK rcx, qword [rel _copy_locker]
782 %endif
783
784         call allocate_a_4k_page                 ;分配一个物理页
785         or rax, 0x07                            ;立即数符号扩展到 64 位参与操作
786         mov r13, NEW_PML4_LINEAR                 ;用指定的线性地址映射和访问这个页
787         call mapping_laddr_to_page
788
789         ;相关表项在修改前存在遗留,本次修改必须刷新。
790         invlpg [r13]
791
792         mov rsi, 0xffff_ffff_ffff_f000          ;RSI->当前活动 4 级头表的线性地址
793         mov rdi, r13                            ;RDI->新 4 级头表的线性地址
794         mov rcx, 512                            ;RCX=要复制的目录项数
795         cld
796         repe movsq
797
798         mov [r13 + 0xff8], rax                  ;新 4 级头表的 511 号表项指向它自己
799         invlpg [r13 + 0xff8]
800
801 %ifdef __MP__
802         mov qword [rel _copy_locker], 0
803 %endif
804         popfq                                   ;A
805
806         pop rcx
807         pop r13
808         pop rdi
809         pop rsi
810
```

```
811         ret
812
813 ;~~~~~~~~~~~~~~~~~~~~~~~~~~~~~~~~~~~~~~~~~~~~~~~~~~~~~~~~~~~~~~~~~~~~~~~~~~~~~~~~~~~~~~
814 %ifdef __MP__
815 _cmos_locker dq 0
816 %endif
817
818 get_cmos_time:                           ;从 CMOS 中获取当前时间
819                                          ;输入：RBX=缓冲区线性地址
820         push rax
821
822         pushfq                           ;-->A
823         cli
824 %ifdef __MP__
825         SET_SPIN_LOCK rax, qword [rel _cmos_locker]
826 %endif
827
828   .w0:
829         mov al, 0x8a
830         out 0x70, al
831         in al, 0x71                      ;读寄存器 A
832         test al, 0x80                    ;测试第 7 位 UIP，等待更新周期结束。
833         jnz .w0
834
835         mov al, 0x84
836         out 0x70, al
837         in al, 0x71                      ;读 RTC 当前时间(时)
838         mov ah, al
839
840         shr ah, 4
841         and ah, 0x0f
842         add ah, 0x30
843         mov [rbx], ah
844
845         and al, 0x0f
846         add al, 0x30
847         mov [rbx + 1], al
848
849         mov byte [rbx + 2], ':'
850
851         mov al, 0x82
852         out 0x70, al
853         in al, 0x71                      ;读 RTC 当前时间(分)
854         mov ah, al
855
```

```
856          shr ah, 4
857          and ah, 0x0f
858          add ah, 0x30
859          mov [rbx + 3], ah
860
861          and al, 0x0f
862          add al, 0x30
863          mov [rbx + 4], al
864
865          mov byte [rbx + 5], ':'
866
867          mov al, 0x80
868          out 0x70, al
869          in al, 0x71                          ;读 RTC 当前时间(秒)
870          mov ah, al                           ;分拆成两个数字
871
872          shr ah, 4                            ;逻辑右移 4 位
873          and ah, 0x0f
874          add ah, 0x30
875          mov [rbx + 6], ah
876
877          and al, 0x0f                         ;仅保留低 4 位
878          add al, 0x30                         ;转换成 ASCII
879          mov [rbx + 7], al
880
881          mov byte [rbx + 8], 0                ;空字符终止
882
883 %ifdef __MP__
884          mov qword [rel _cmos_locker], 0
885 %endif
886          popfq                                ;A
887
888          pop rax
889
890          ret
891
892 ;~~~~~~~~~~~~~~~~~~~~~~~~~~~~~~~~~~~~~~~~~~~~~~~~~~~~~~~~~~~~~~~~~~~~~~~~~~~~
893     _process_id          dq 0
894
895 generate_process_id:                          ;生成唯一的进程标识
896                                               ;返回：RAX=进程标识
897          mov rax, 1
898          lock xadd qword [rel _process_id], rax
899
900          ret
```

```
901
902  ;~~~~~~~~~~~~~~~~~~~~~~~~~~~~~~~~~~~~~~~~~~~~~~~~~~~~~~~~~~~~~~~~~~~~~~~~~~~~~~~
903    _thread_id dq 0
904
905  generate_thread_id:                              ;生成唯一的线程标识
906                                                   ;返回：RAX=线程标识
907        mov rax, 1
908        lock xadd qword [rel _thread_id], rax
909
910        ret
911
912  ;~~~~~~~~~~~~~~~~~~~~~~~~~~~~~~~~~~~~~~~~~~~~~~~~~~~~~~~~~~~~~~~~~~~~~~~~~~~~~~~
913    _screen_row        db 8
914
915  get_screen_row:                                  ;返回下一个屏幕坐标行的行号
916                                                   ;返回：DH=行号
917        mov dh, 1
918        lock xadd byte [rel _screen_row], dh
919
920        ret
921
922  ;~~~~~~~~~~~~~~~~~~~~~~~~~~~~~~~~~~~~~~~~~~~~~~~~~~~~~~~~~~~~~~~~~~~~~~~~~~~~~~~
923  get_cpu_number:                                  ;返回当前处理器的编号
924                                                   ;返回：RAX=处理器编号
925        pushfq
926        cli
927        swapgs
928        mov rax, [gs:16]                           ;从处理器专属数据区取回
929        swapgs
930        popfq
931        ret
932
933  ;~~~~~~~~~~~~~~~~~~~~~~~~~~~~~~~~~~~~~~~~~~~~~~~~~~~~~~~~~~~~~~~~~~~~~~~~~~~~~~~
934  memory_allocate:                                 ;用户空间的内存分配
935                                                   ;进入：RDX=期望分配的字节数
936                                                   ;输出：R13=所分配内存的起始线性地址
937        push rcx
938        push r11
939        push r14
940
941        pushfq
942        cli
943        swapgs
944        mov r11, [gs:8]                            ;取得当前任务的 PCB 线性地址
945        swapgs
```

```
946        popfq
947
948        mov rcx, rdx
949        call user_memory_allocate
950
951        pop r14
952        pop r11
953        pop rcx
954
955        ret
956 ;~~~~~~~~~~~~~~~~~~~~~~~~~~~~~~~~~~~~~~~~~~~~~~~~~~~~~~~~~~~~~~~~~~~~~~~~~~~~~~~~~~~~
```

```
1  ;user_static64.lib:用户程序使用的例程库，用来模拟高级语言的静态库。有些功能直接在本文件
2  ;中实现，但有些功能需要通过 syscall 指令使用内核提供的系统调用。
3  ;创建时间：2022-01-30 18:30，李忠
4  ;此文件需要用预处理指令%include 引入用户程序。
5
6  ;~~~~~~~~~~~~~~~~~~~~~~~~~~~~~~~~~~~~~~~~~~~~~~~~~~~~~~~~~~~~~~~~~~~~~~~~~~~~~~~~~~~~
7          bits 64
8  ;~~~~~~~~~~~~~~~~~~~~~~~~~~~~~~~~~~~~~~~~~~~~~~~~~~~~~~~~~~~~~~~~~~~~~~~~~~~~~~~~~~~~
9  bin64_to_dec:                              ;将二进制数转换为十进制字符串。
10                                             ;输入：R8=64 位二进制数
11                                             ;      RBX=目标缓冲区线性地址
12          push rax
13          push rbx
14          push rcx
15          push rdx
16          push r8
17
18          bt r8, 63
19          jnc .begin
20          mov byte [rbx], '-'
21          neg r8
22          inc rbx
23    .begin:
24          mov rax, r8                        ;!!
25          mov r8, 10
26          xor rcx, rcx
27
28    .next_div:
29          xor rdx, rdx
30          div r8
31          push rdx                           ;保存分解的数位
32          inc rcx                            ;递增压栈的次数
33          or rax, rax                        ;商为 0?
34          jz .rotate
35          jmp .next_div
36
37    .rotate:
38          pop rdx
39          add dl, 0x30                       ;数位转换成 ASCII 编码
40          mov [rbx], dl
41          inc rbx
42          loop .rotate
43
44          mov byte [rbx], 0
45
```

```
46          pop r8
47          pop rdx
48          pop rcx
49          pop rbx
50          pop rax
51
52          ret                                    ;段内返回
53
54 ;~~~~~~~~~~~~~~~~~~~~~~~~~~~~~~~~~~~~~~~~~~~~~~~~~~~~~~~~~~~~~~~~~~~~~~~~~~~~~~~~
55 string_concatenates:                            ;将源字符串连接到目的字符串的尾部
56                                                  ;输入：RSI=源字符串的线性地址
57                                                  ;      RDI=目的字符串的线性地址
58          push rax
59          push rsi
60          push rdi
61
62   .r0:
63          cmp byte [rdi], 0
64          jz .r1
65          inc rdi
66          jmp .r0
67
68   .r1:
69          mov al, [rsi]
70          mov [rdi], al
71          cmp al, 0
72          jz .r2
73          inc rsi
74          inc rdi
75          jmp .r1
76
77   .r2:
78          pop rdi
79          pop rsi
80          pop rax
81
82          ret
83
84 ;~~~~~~~~~~~~~~~~~~~~~~~~~~~~~~~~~~~~~~~~~~~~~~~~~~~~~~~~~~~~~~~~~~~~~~~~~~~~~~~~
```

第 2 章　x64 架构的基本执行环境

看到这一章的标题，你可能觉得这一章只是总体介绍，不那么重要，这是不对的。尽管本章是对 x64 架构的一般性、整体性介绍，但所讲的内容非常重要，千万不要以轻视的心态走马观花地学习。

本章有很多基础概念，比如 IA-32 架构、x64 架构、x86-64 架构、INTEL 64 架构、传统模式、兼容模式、64 位模式、长模式、IA-32e 模式等。这些概念在本章和本书的后面中反复出现，一定要搞清楚它们指的是什么，否则你会越学越糊涂。

就像我们进入一座城堡之后要先了解一下城堡的整体布局一样，通过对本章的学习，你会对 x64 架构的组成和执行环境有一个整体性的、轮廓性的了解，包括它和传统的保护模式有什么不同（主要是简化和扩展），这对后续的学习很重要。

本章对 IA-32 和 x64 架构做了一些对比和说明，通过对比，你会知道新架构都有哪些变化，而且也容易掌握这些变化。因此，你需要对传统的 IA-32 架构及保护模式有相当的了解。否则的话，学习本章的内容将会很吃力，后续内容也不能正常跟进。如果本章的内容你看不懂，觉得抽象，不理解，那说明你没有学好保护模式，建议先熟悉一下保护模式再来学习 64 位的内容。

2.1　x64 架构的由来

我们知道，处理器是计算机系统的核心，处理器包含一套寄存器、一套指令集、一套内存访问的寻址方式，还包括不同的工作模式，不同的工作模式决定了指令是如何被解释和执行的。所有这一切，就是处理器的架构。不同的处理器，或者来自不同厂商的处理器可能具有不同的架构，英特尔处理器架构简称 IA——Intel Architecture。

在处理器内部，寄存器和算术逻辑部件的数据宽度决定了处理器的字长，也就是所谓的 16 位处理器、32 位处理器和 64 位处理器。32 位处理器拥有 32 位的寄存器和算术逻辑部件。从 1985 年的 INTEL 80386 开始，32 位的计算机的历史已经有几十年。这期间诞生了很多不同型号的处理器，但都是 32 位处理器。这些处理器的性能和功能不断增强，但维持和延续了相同的基本架构，并与前面的处理器保持兼容。历史上，这些 32 位的处理器架构简称 IA-32。

IA-32 架构的处理器拥有 32 根数据线、至少 32 根地址线，支持 4GB 或者超过 4GB 的物理内存，支持分段内存模型和平坦内存模型，支持分页内存管理，并提供了虚拟内存管理的手段；在操作模式上，支持系统管理模式、实模式、保护模式和虚拟 8086 模式。

就处理器的硬件结构和功能而言，IA-32 架构的处理器提供了分段、分页和虚拟内存管理、内存访问保护、浮点处理、多媒体处理、硬件任务切换、中断和异常的处理、高速缓存控制、电源和温度管理、处理器性能监视和控制、程序调试支持、高级可编程中断控制器、多处理器和多线程支持、虚拟机扩展及复杂的指令集和寻址方式。

你可能会问，这些功能在 64 位处理器上还有吗？还支持吗？答案是肯定的，甚至还有所增强。但是，我们的任务和目标是掌握处理器内部最基础最核心的部分，而且要对日后用高级语言进行程序开发有帮助。因此，在本书中，我们依然是有选择性地介绍其中一部分内容，比如 IA-32e 模式的 64 位子模式、4 级和 5 级分页、多处理器管理和初始化、多处理器多任务和任务切换、多处理器多线程和线程切换、高速缓存，以及与多线程有关的原子操作、锁、线程同步等。这些内容很重要，在用高级语言，写并行程序的时候，这些底层的知识通常是需要了解的。

IA-32 架构已经有很长的历史了，随着技术的进步，处理器的寄存器需要加宽，以提高运算速度和运算效率，同时也能为访问更大的内存提供支持。另外，从软件开发的角度来看，由于提供了分页功能，传统的分段模型和内存访问机制需要裁剪和简化，以减轻系统软件和应用软件开发的负担。因此，64 位处理器应运而生。

从 INTEL 8086 开始的 x86 处理器是向下兼容的，即使处理器升级换代，也能执行以前的程序和软件，也就是保持兼容。这一点非常重要，当初购买软件是花了钱的，如果因为换了新的处理器就不能再用这些老的软件，谁也不会乐意。

在 IA-32 的时代，随着 x86 处理器的更新换代，兼容的负担越来越重，使得处理器内部的结构越来越复杂，但这是无法摆脱的，因为你不能抛弃老的用户和老的程序，用时髦的话说，你要维护好现有的软件生态，不然就会被市场抛弃。

但是 IA-32 时代的兼容负担实在是太重了，INTEL 公司决定扔掉这个包袱，开辟新天地。他们决定推出一个全新的 64 位 INTEL 架构 IA-64，又称 INTEL 安腾架构（Intel Itanium）。如图 2-1 所示，IA-64 是全新的架构，和 IA-32 不兼容，所以，传统的 32 位程序无法在这个新架构的处理器上运行。

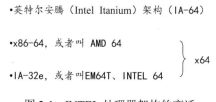

图 2-1　INTEL 处理器架构的变迁

第一款 IA-64 架构的处理器推出之后，市场反应惨淡。原因很简单，我们前面说过，当初购买软件是花了钱的，而且现在还需要继续使用。如果因为换了新的处理器就不能再用这些老的软件，那还得花钱再买新软件，谁也不会乐意。

与此同时，INTEL 公司的老对手 AMD 公司则反其道而行之，开发了与 IA-32 架构兼容的 64 位处理器。一开始，它们称之为 x86-64，这个名字意味它是 x86 系列产品的 64 位扩展，后来又改为 AMD 64。因为兼容以前的 32 位处理器架构 IA-32，老软件可以正常运行，所以推出之后大受欢迎。

这边厢，INTEL 公司一看势头不对，只好也跟着开发了与 IA-32 架构兼容的 64 位处理器，并称之为 IA-32 的扩展，即 IA-32e。e 是 Extension，扩展的意思。几个星期之后，他们又称之为 EM64T。

这是几十年来，INTEL 公司第一次在与 AMD 公司的竞争中成了跟跑者，而不是领跑者。EM64T 并不是一个理想的名称，所以后来 INTEL 公司又将其正式命名为 INTEL 64。至于 IA-32e，在后面我们将看到，它变成了一种处理器工作模式的名称。

不管是 AMD 公司的 AMD 64 架构，还是 INTEL 公司的 INTEL 64 架构，两者在绝大多数方面是一致的，兼容的，因此，业界习惯于使用一个中立的名字：x64。这个称呼涵盖了两个方面的内容，一是指 x86 系列；二是指 64 位。即，64 位的 x86 处理器架构。

了解了这段历史，当你看到 x86-64、AMD 64、EM64T、INTEL 64 或者 x64 的时候，应当意识到它们其实是一回事，都是指 64 位的 x86 处理器架构。

对于 AMD 公司来说，目前正式使用的名称是 AMD 64 架构，对于 INTEL 公司来说，目前正式使用的名称是 INTEL 64 架构。对于本书来说，我们也使用 x64 架构这个称呼以保持中立，这一点需要注意。

2.2　物理地址、有效地址和线性地址

在继续后面的内容之前，我们需要就一些基本概念达成一致。先来说一说什么是物理地址。我们知道处理器有地址线，通过地址总线连接物理内存。每个处理器的地址线在数量上都是固定的，地址线的数量决定了处理器最多可以访问多少字节的物理内存。

比如说，8086 处理器有 20 根地址线，则它最多可以访问 1MB 的内存；80386 有 32 根地址线，则最多可以访问 4GB 的内存。当然，实际安装的物理内存数量可能没有这么多。

处理器通过地址线发出的地址叫物理地址，如果物理内存足够大，每个物理地址都会对应于这个内存中的一字节。实际上我们知道，在发出物理地址时，可以指定连续访问的字节数，这样就可以从指定的物理地址处取出一字节、字、双字或者四字。

再来说一说什么是有效地址。在我们用汇编语言编写程序来访问内存的时候，需要给出地址。x86 处理器是分段的（即使有时候只能分一个段），在我们编写指令时，不需要指定段地址，段地址是提前指定的，需要用传送指令将段地址提前加载到段寄存器，比如 CS、DS、SS、ES、FS 和 GS 等。

所以，我们在指令中只需要指定一个段内偏移量。但是这个段内偏移量如何给出，取决于指令的形式，有时候还要经过计算。无论如何，为了方便，这个通过计算得到的段内偏移量叫作有效地址。在实际访问内存时，是用段的基地址加上有效地址。

来看几个例子：

```
mov dx, [data]
mov eax, [ebx]
add eax, [0x7c08]
mov esi, [eax + edi * 2 + 8]
```

以上，在第一条指令中，有效地址来自标号 data，是标号代表的汇编地址；在第二条指令中，有效地址来自寄存器 EBX，是 EBX 的内容；在第三条指令中，有效地址是一个直接给出的数值 0x7c08；在第四条指令中，有效地址来自寄存器 EAX 的内容加上寄存器 EDI 的内容乘以 2 的值，再加 3。

接着我们说一说什么是逻辑地址，逻辑地址是分段模型下的一种地址形式。我们学过实地址模式，在实地址模式下，逻辑地址由逻辑段地址和有效地址组成，访问内存时使用的物理地址是由处理器将逻辑段地址左移 4 位，加上有效地址得到的。

在保护模式及我们后面要讲的 IA-32e 模式下，逻辑地址由段选择子和有效地址组成。在访问内存时，处理器用段选择子到描述符表中选择一个描述符，用描述符中的段地址加上有效地址。

最后我们讲一讲什么是线性地址，线性地址也叫虚拟地址。我们知道，处理器内部有段部件和页部件。在保护模式和 IA-32e 模式下，段部件输出的地址是用描述符中的段基地址加上有效地址生成的，而描述符是用段选择子从描述符表中取出的。

无论如何，在保护模式和 IA-32e 模式下，段部件输出的地址都叫线性地址。如果没有开启分页功能，段部件输出的线性地址就是物理地址，直接用于访问物理内存；如果开启了分页功能，段部件输出的线性地址是虚拟地址，用来访问虚拟内存，这个对应于虚拟内存空间的地址还要送到页部件，由页部件转换成物理地址。

2.3　x64 架构的工作模式

2.3.1　x86 处理器的工作模式

在《x86 汇编语言：从实模式到保护模式》这本书中，我们学的是 IA-32 架构，IA-32 架构的处理器支持三种工作模式，分别是实地址模式（也叫 8086 模式）、保护模式和系统管理模式。实地址模式和保护模式我们已经讲过了，你应该比较熟悉，这里不多说。

系统管理模式我们没有讲过，但是也不准备多讲。不讲的原因是，对于我写这两本书的目的来说，大家并不需要了解它。在这里我们可以简单地介绍一下：处理器有一个引脚叫作 SMI#，用来接收一个低电平有效的系统管理模式中断信号。通过给这个引脚发送一个低电平，不管处理器当前位于什么工作模式，在执行什么代码，都会保存当前的执行状态并进入一个分离的、独立的地址空间执行。典型地，它用来执行一个特殊的操作系统或者特殊的代码，以实现特殊的目的，比如电源管理和系统安全管理。从系统管理模式退出之后，处理器恢复之前被中断的状态并继续执行原来的程序和任务，这一切都是透明的，甚至不会感知到这个过程的存在。

再来看 x64 架构，x64 架构的处理器兼容 IA-32 架构，所以支持实地址模式，可以运行很早以前的 16 位操作系统和应用程序，此时它就是一个非常快速的 8086 处理器。

x64 架构的处理器也支持保护模式，可以运行 32 位的操作系统和应用程序。比如说，可以运行 32 位的 Windows 或者 Linux 操作系统，并在这些操作系统上运行 32 位的应用程序。此时，它就是一个非常快速的 32 位处理器。

当然，x64 架构的处理器还支持系统管理模式。

对于 x64 架构来说，实地址模式和保护模式统称为传统模式。

既然是新的架构，x64 引入了自己独有的工作模式，AMD 公司称之为长模式（Long Mode），INTEL 公司称之为 IA-32e 模式（即 IA-32 增强模式）。在这种工作模式下，可以发挥 64 位处理器的优势，比如可以使用 64 位的线性地址，可以使用 64 位的寄存器，以及其他一些新增的强大功能。现在市面上那些基于 x86 处理器的 64 位操作系统，比如 64 位的 Windows 和 Linux，都工作在这种模式下。

在 x64 架构的处理器上，可以安装并运行传统的 16 位操作系统，并在这些操作系统上运行传统的 16 位应用程序。对于这些老的 16 位操作系统来说，它们以为处理器还是 16 位处理器，比如 8686 和 80286。为了支持传统的 16 位操作系统和应用程序，64 位处理器必须依然支持实地址模式和 16 位保护模式，以及 16 位的寄存器等基础硬件。

在 x64 架构的处理器上，还可以安装并运行传统的 32 位操作系统，比如 32 位的 Windows 和 Linux，并在这些操作系统上运行传统的 16 位或者 32 位应用程序。对于这些老的 32 位操作系统来说，它们以为处理器还是 32 位处理器。为了支持传统的 32 位操作系统和 16 位、32 位应用程序，64 位处理器必须依然支持 32 位时代的保护模式，以及 32 位处理器的段寄存器、通用寄存器、描述符等基础硬件和基础数据结构。

2.3.2　IA-32e 模式及其子模式

x64 架构的处理器毕竟是 64 位的处理器，所以还可以安装并运行 64 位的操作系统，比如时下流行的最新版 Windows 和 Linux，而这些操作系统可以执行 64 位的应用程序。但是，如果 64 位的新操作系统不能运行传统的保护模式程序，就不那么完美了。

请想象一下，如果你安装了一个新版的 Windows，它是 64 位的，只能运行新推出的 64 位应用程序而不能运行以前的老程序，要运行这些老程序，你还得重新安装一个 32 位的操作系统，你会有多愤怒、多失望。这个问题很重要，我们前面所说的 INTEL 安腾架构就是缺乏这种兼容性而导致了失败。

好在 x64 架构的处理器解决了这个问题。如果安装了 64 位的操作系统，则我们既可以在这个操作系统上运行 64 位的应用程序，也可以运行传统的 16 或者 32 位应用程序。那么，这是怎么办到的呢？这并不完全是操作系统的功劳，处理器的支持尤为重要。

当初开发 x64 架构就是为了能够兼容以前的 IA-32 架构。所以 IA-32e 模式包含了两种子模式，它们是兼容模式和 64 位模式。

兼容模式类似于 32 位保护模式，允许多数 16 位或者 32 位程序不用重新修改和编译就可以直接运行在 64 位操作系统上，除了那些使用硬件任务切换的程序和工作在虚拟 8086 模式的程序。在 IA-32e 模式下，不支持硬件任务切换，也不支持虚拟 8086 模式。

一句话：传统模式相互之间不能共存，也不能和 IA-32e 模式共存，而 IA-32e 模式可以让保护模式和 64 位模式共存，并且无缝切换。

64 位模式用来运行 64 位的操作系统和应用程序。相对于传统的保护模式，这种模式有很多新特点，而且这种模式也是我们这本书的重点。

那么，作为 IA-32e 模式的两个子模式，它们是如何并存的呢？如图 2-2 所示，计算机启动后，处理器需要从实地址模式进入保护模式，再从保护模式进入并激活 IA-32e 模式。我们知道，无论什么时候处理器总是在一个代码段内执行。所以，激活之后，它当前正在执行的那个代码段的描述符决定了它可能位于哪个子模式。

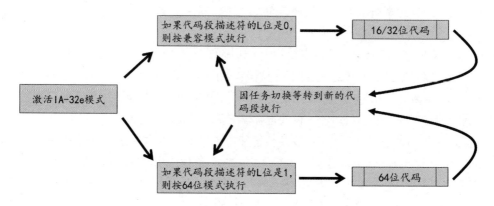

图 2-2　IA-32e 模式下的子模式切换

如果代码段描述符的 L 位是 0，则按兼容模式执行，典型地，执行的是 16 位或者 32 位的保护模式代码；如果代码段描述符的 L 位是 1，则按 64 位模式执行，典型地，执行的是 64 位代码。

无论是执行保护模式程序，还是执行 64 位程序，如果因任务切换等原因，导致处理器转到新的代码段执行，则继续根据代码段描述符的 L 位来决定是按哪种模式执行。

从本章一开始到现在，你也学了不少知识，掌握了不少概念。下面的是非判断题用来检验你是否真的搞清了我讲的内容（答案去 www.lizhongc.com 中寻）：

（1）未开启分页时，线性地址就是物理地址。（　　）

（2）如果段的基地址为 0，则有效地址等于线性地址。（　　）

（3）开启分页后，线性地址是虚拟地址，对应于虚拟内存空间里的某个位置。（　　）

（4）实地址模式属于传统模式。（　　）

（5）保护模式只能在 IA-32 架构的处理器上执行。（　　）

（6）x64 架构也支持保护模式。（　　）

（7）保护模式是 IA-32e 模式的子模式。（　　）

（8）传统模式不包括 64 位模式。（　　）

（9）IA-32e 模式包括保护模式和 64 位模式。（　　）

（10）IA-32e 模式和 Long mode 在本质上是同一种模式。（　　）

（11）当我们说"兼容模式"时，也意味着处于 IA-32e 模式。（　　）

（12）x64 架构的保护模式相当于将处理器看成是传统的 32 位处理器；兼容模式相当于是将处理器看成是 64 位处理器，但是按照保护模式来执行（但不支持硬件任务切换和虚拟 8086 模式）。（　　）

2.4　x64 架构的寄存器

2.4.1　x64 架构对通用寄存器的扩展

在 x86 处理器从 32 位进化到 64 位的过程中，它们的通用寄存器也做了扩展，从原先的 32 位扩展到 64 位，并增加了 8 个新的通用寄存器，下面我们来看一看这些通用寄存器是如何扩展的。

如图 2-3 所示，首先，32 位的 EAX 扩展到 64 位的 RAX，比特编号从 0 到 63。其中，低 32 位还是原先的 EAX，低 16 位还是原先的 AX，原先的 AH 和 AL 依然可用。

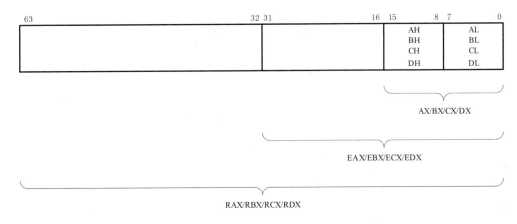

图 2-3　寄存器的扩展（一）

32 位的 EBX 扩展到 64 位的 RBX，比特编号从 0 到 63。其中，低 32 位还是原先的 EBX，低 16 位还是原先的 BX，原先的 BH 和 BL 依然可用。

32 位的 ECX 扩展到 64 位的 RCX，比特编号从 0 到 63。其中，低 32 位还是原先的 ECX，低 16 位还是原先的 CX，原先的 CH 和 CL 依然可用。

32 位的 EDX 扩展到 64 位的 RDX，比特编号从 0 到 63。其中，低 32 位还是原先的 EDX，低 16 位还是原先的 DX，原先的 DH 和 DL 依然可用。

如图 2-4 所示，32 位的 ESI 扩展到 64 位的 RSI，比特编号从 0 到 63。其中，低 32 位还是原先的 ESI，低 16 位还是原先的 SI。在以前的 32 位处理器上，低 8 位不可用，但是在 64 位处理器上是可用的，但也只能在 64 位模式下使用，叫作 SIL。

32 位的 EDI 扩展到 64 位的 RDI，比特编号从 0 到 63。其中，低 32 位还是原先的 EDI，低 16 位还是原先的 DI。在以前的 32 位处理器上，低 8 位不可用，但是在 64 位处理器上是可用的，但也只能在 64 位模式下使用，叫作 DIL。

32 位的 EBP 扩展到 64 位的 RBP，比特编号从 0 到 63。其中，低 32 位还是原先的 EBP，低 16 位还是原先的 BP。在以前的 32 位处理器上，低 8 位不可用，但是在 64 位处理器上是可用的，但也只能在 64 位模式下使用，叫作 BPL。

32 位的 ESP 扩展到 64 位的 RSP，比特编号从 0 到 63。其中，低 32 位还是原先的 ESP，低 16 位还是原先的 SP。在以前的 32 位处理器上，低 8 位不可用，但是在 64 位处理器上是可用的，但也只能在 64 位模式下使用，叫作 SPL。

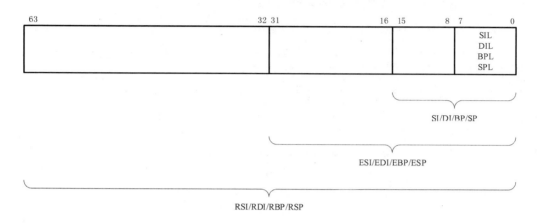

图 2-4　寄存器的扩展（二）

如图 2-5 所示，在 x64 架构的处理器上新增加了 8 个通用寄存器 R8～R15。这些寄存器都是 64 位的，可直接按 64 位来访问。

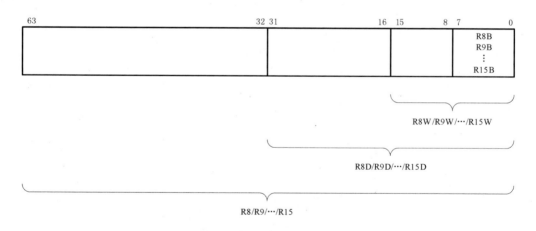

图 2-5　新增加的寄存器

同时，这些寄存器的低 8 位可以当成长度为字节的寄存器来用，分别叫作 R9B、R10B、R11B、R12B、R13B、R14B 和 R15B；

这些寄存器的低 16 位可以当成长度为字的寄存器来用，分别叫作 R9W、R10W、R11W、R12W、R13W、R14W 和 R15W；

这些寄存器的低 32 位可以当成长度为双字的寄存器来用，分别叫作 R9D、R10D、R11D、R12D、R13D、R14D 和 R15D。

2.4.2　x64 架构的通用寄存器访问规则

x64 架构扩展了原有的通用寄存器，也增加了新的通用寄存器，所以指令集也需要进行扩充。由于 x86 处理器原有的指令集已经非常庞大，受指令编码方式的限制，只能根据处理器工作模式的不同，来决定哪些寄存器可以使用，哪些不可以使用。

对于我们当前讨论的 x64 架构来说，如果处理器工作在保护模式或者兼容模式，则它可以使用以下传统的 8 位、16 位、32 位通用寄存器：

8 位：AH、AL、BH、BL、CH、CL、DH 和 DL。

16 位：AX、BX、CX、DX、SI、DI、BP 和 SP。

32 位：EAX、EBX、ECX、EDX、ESI、EDI、EBP 和 ESP。

这里有几个保护模式和兼容模式的例子：

```
bits 32                ;要求编译器按保护模式或者 IA-32e 兼容模式编码以下指令

mov r8b, sil           ;非法
mov ah, al
sub bx, cx
xor esi, edi
add rax, rdx           ;非法
```

首先需要说明一下，伪指令 bits 并不是用来改变处理器的工作模式的，它只是用来告诉编译器按照指定的模式来生成机器指令。处理器在执行你写的那些指令时是处于什么工作模式，你自己是清楚的，但编译器不清楚，所以你必须用伪指令 bits 告诉编译器，让它知道后面的指令必须采用哪种格式来编码。

比如这里的 bits 32，它指示后面的指令都按 32 位模式来编码。32 位模式包括保护模式和 IA-32e 兼容模式，所以是要求编译器按保护模式或者 IA-32e 兼容模式编码以下指令。

因为 bits 指令是你自己指定的，所以，这意味着，在执行后面的这些指令时，是你假定的处理器已经处于保护模式或者 IA-32e 兼容模式。

综上所述，在 32 位模式下，或者说，在保护模式和 IA-32e 兼容模式下，只能使用传统的8 位、16 位和 32 位寄存器，而不能使用 x64 架构新增的寄存器。

因此，以上的第一条指令是非法的，因为它使用了新的 r8b 和 sil；最后一条指令也是非法的，因为它使用了新的 64 位寄存器 rax 和 rdx。其他指令都是合法的，用的都是我们以前熟悉的寄存器。

如果处理器工作在 64 位模式，则它可以使用以下通用寄存器：

8 位：AH、AL、BH、BL、CH、CL、DH、DL、SIL、DIL、BPL、SPL、R8B～R15B

16 位：AX、BX、CX、DX、SI、DI、BP、SP、R8W～R15W

32 位：EAX、EBX、ECX、EDX、ESI、EDI、EBP、ESP、R8D～R15D

64 位：RAX、RBX、RCX、RDX、RSI、RDI、RBP、RSP、R8～R15

这里有几个 64 位模式的例子：

```
bits 64                ;按 64 位模式编码以下指令

mov ah, r8b            ;非法：不能在指令中同时使用传统的高字节
                       ;寄存器和新增的字节寄存器
sub ah, sil            ;非法：不能在指令中同时使用传统的高字节
                       ;寄存器和新增的字节寄存器
mov ah, al             ;合法：传统的高字节寄存器和传统的低字节
                       ;寄存器依然可以同时使用
add ax, dx             ;合法：依然可以使用传统的寄存器
xor rax, rdx           ;合法：可以使用 64 位寄存器
```

伪指令 bits 64 要求编译器将下面的指令按 64 位工作模式进行编码。这意味着，在执行下面这些指令前，你要确保处理器已经工作在 64 位模式。

在 64 位模式下，对字节长度的寄存器有一些使用上的限制，寄存器的访问限制起源于 64 位模式下的指令编码规则。比如，不能在指令中同时使用传统的高字节寄存器和新增的字节寄存器。所以前两条指令是非法的。

但是，传统的高字节寄存器和低字节寄存器依然可以同时使用，比如第 3 条指令。

除以上限制外，64 位模式可以使用传统的寄存器，不管它们的长度是字节、字还是双字。在 64 位模式下，当然可以使用新增的 64 位寄存器，比如最后一条指令。

2.5 x86 处理器的物理地址空间

现在看来，INTEL x86 处理器的演进过程实际上分为三个阶段。第一个阶段是 16 位处理器，如 8086 和 80286；第二个阶段是 IA-32 架构，从 80386 开始，此后生产了众多型号的 32 位处理器，并最终形成一个具有代表性的体系和架构。第三个阶段就是从 IA-32 架构上扩展出 x64 架构，这也是我们这本书的内容。

这一节的目标是了解处理器的地址空间，而处理器的地址空间由处理器的地址线数量决定，但需要明确的是，处理器的地址线数量与处理器架构无关，这就好比是你有两条腿和两只眼睛，和你是男是女没有关系。

还需要明确的是，在任何时候，程序可以访问的物理内存数量与架构有关，因为程序访问内存需要用段地址和有效地址，但处理器架构决定了段地址的长度和有效地址的长度。

我们已经学过保护模式的课程，回忆一下，8086 有 20 根地址线，最多可以访问 1MB 字节的物理内存；80286 处理器有 24 根地址线，最多可以访问 16MB 的物理内存；80386 处理器有 32 根地址线，可以发出 32 位的物理地址，访问 4GB 的物理内存。

在 80386 的时代，4GB 内存是非常大的，但是随着时间的推移和技术的进步，4GB 内存慢慢变得不足。所以后来的处理器陆续拥有 36 根、40 根和 52 根地址线。

36 根地址线最多可以访问 64GB 的物理内存，这很容易算出来。那么 40 根地址线呢？答案是 1TB；而 52 根地址线则最多可以访问 4PB 的物理内存。在这里出现了 TB 和 PB 这两个单位，基本的换算关系是

```
1 EB = 1024 PB
1 PB = 1024 TB
1 TB = 1024 GB
```

你可能会问，为什么不干脆安装 64 根地址线呢？我们现在还生产不出 64 根地址线可以访问的那么多物理内存，技术进步是渐进的，产品的普及总是落后于技术发展速度的。跑得太快既用不上，还增加制造成本，市场也不容易接受。而且较少的地址线可以节省占用的芯片面积，少集成一些用于寻址的晶体管。

那么，如何知道处理器的物理地址位数呢？你可以把处理器取出来数一数。但是，如果想要编写程序获取物理地址的数位，该怎么办呢？我们可以通过执行 CPUID 指令，用功能号 0x80000008 来获取：

```
mov eax, 0x80000008
cpuid
```

CPUID 指令执行后，处理器用寄存器 EAX 的位 0 到位 7，也就是低字节，返回物理地址的位数。

2.6　传统模式的内存访问

2.6.1　传统模式下的线性地址和物理地址

我们说过，x64 架构的处理器兼容实地址模式，当它工作在实地址模式的时候，就相当于一个快速的 8086 处理器。在实地址模式下，访问内存之前需要先加载逻辑段地址到段寄存器。

如图 2-6 所示，逻辑段地址是 16 位的，处理器将它乘以 16，形成 20 位的段地址。访问内存的时候，处理器用这个段地址加上指令中的 16 位有效地址，形成 20 位的地址，并在左侧加 0 扩展到 32 位。

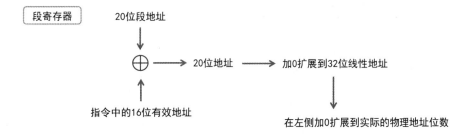

图 2-6　实地址模式的内存访问

在输出物理地址时，如果实际的物理地址位数大于 32，则左侧加 0，扩展到实际的物理地址位数。物理地址多少位，取决于执行当前程序的处理器，可能是 32 根、36 根或者更多。不管 x64 架构的处理器实际上多少根地址线，在实地址模式下，通常来说只能访问 1MB 物理内存。

x64 架构的处理器兼容保护模式，当它工作在保护模式的时候，就相当于一个快速的 32 位处理器。如图 2-7 所示，在保护模式下，段寄存器用来选择一个段描述符，然后从描述符中取出段的 32 位线性基地址。

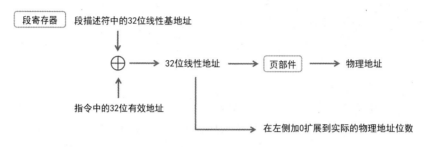

图 2-7　保护模式下的内存访问

访问内存的时候，处理器用这个 32 位的线性基地址加上指令中的 32 位有效地址，形成 32 位的线性地址。如果处理器没有开启分页，则线性地址就是物理地址。但是我们已经知道，处理器的地址线可能多于 32 根。此时，处理器输出这个地址时，左侧加 0，扩展到实际的物理地址位数。当然，如果处理器本身只有 32 根地址线，则不用扩展。

如果处理器开启了分页功能，则 32 位线性地址还要经页部件转换才能得到物理地址。我们已经学过传统的 4KB 分页模式，这是最简单、最基本的分页模式。技术在进步，处理器也在更新换代。为了访问更大的内存空间，分页功能也在不断变化，即使是在传统的保护模式下，也已经从最早的 4KB 分页模式变成现在的多种分页模式。这些新的分页模式我们还没有学过，没有关系，从下一节开始，我们先回顾最早的 4KB 分页模式，然后了解这些新的分页模式。

2.6.2　传统模式下的 32 位 4KB 分页技术

在传统的保护模式下，段部件输出 32 位的线性地址。如果开启了分页，则还需要用页部件将线性地址转换为物理地址。

页部件支持多种分页方式，比如我们已经学过 32 位 4KB 分页方式。如图 2-8 所示，在这种分页方式下，32 位线性地址可以转换为 32 位物理地址。

传统的 32 位 4KB 分页技术是两级的，分为两个层次和级别，也就是通过页目录表和页表来完成。页目录表和页表都必须各自占用一个 4KB 的物理页。换句话说，页目录表和页表的尺寸都是 4KB。

在处理器内，控制寄存器 CR3 保存着当前任务的页目录表的物理地址。在进行地址转换时，处理器通过 CR3 找到当前任务的页目录表。

在页目录表内，每个表项叫作页目录项，长度是 32 位的，4 字节。所以，在页目录表内可以包含 1024 个页目录项。为了完成地址转换，处理器用线性地址的高 10 位乘以 4 作为表内偏移，从页目录表中选择一个页目录项。

通过页目录项，可以生成并得到 32 位的页表物理地址。有了这个物理地址，处理器就可以找到并访问页表。在页表内，每个表项叫作页表项，长度是 32 位，4 字节，所以在页表内可以包含 1024 个页表项。于是，处理器用线性地址的中间 10 位乘以 4 作为表内偏移，从页表中选择一个页表项。

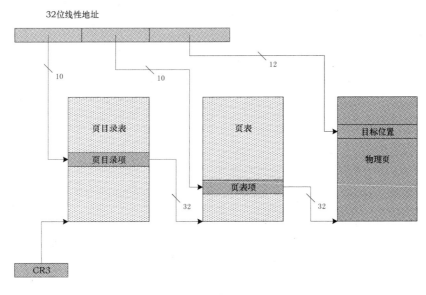

图 2-8　32 位 4KB 分页方式

通过页表项，可以生成并得到 32 位的物理页地址，我们要访问的代码和数据就包含在这个物理页中，线性地址的低 12 位就是代码或者数据在页内的偏移位置。于是，处理器用 32 位的页地址，加上 12 位的页内偏移，就是转换后的 32 位物理地址。

显然，转换后的物理地址和转换前的线性地址一样，都是 32 位的。这意味着，即使处理器拥有超过 32 根的地址线，拥有超过 4GB 的物理内存，在这种分页方式下也只能使用物理内存最低端的 4GB。

2.6.3　传统模式下如何利用超过 4GB 的物理内存

我们很清楚，受处理器架构的影响，在保护模式下也只能生成 32 位的线性地址。这是 IA-32 架构的天然局限性，不可改变。

在开启分页的情况下，线性地址用于访问虚拟内存。由于线性地址是 32 位的，所以虚拟内存是 4GB。当然了，在进行实际的内存访问之前，我们必须用页目录表和页表建立虚拟内存和物理内存之间的映射。也就是将虚拟内存中的段拆分，并映射到物理内存中的页。

映射关系建立之后，段部件发出 32 位线性地址，用于访问虚拟内存中的数据。但是实际上，这个线性地址被送往页部件，并转换为数据在物理内存中的地址。

在早期的处理器上，只有 32 根地址线。所以页部件的转换是一对一的，输入 32 位的线性地址，输出 32 位的物理地址。此时，虚拟内存和物理内存是一样大的，都是 4GB。

这里还有另一个方面的问题：在保护模式下，每个任务都有自己独立的 4GB 虚拟内存空间，但是要通过分页机制映射到同一个物理内存。物理内存只有 4GB，不可能将所有任务的 4GB 虚拟内存都完整地映射到 4GB 物理内存。相反，这种映射是按需进行的，并且还要用磁盘来执行页面的换入换出，这就是我们已经学过并且非常熟悉的虚拟内存管理技术。

问题在于，随着任务越来越多，越来越大，4GB 物理内存开始捉襟见肘。毕竟，用 4GB 物理内存来映射所有任务的 4GB 虚拟内存，肯定是越来越吃力，磁盘交换肯定是越来越频繁。于是后面的处理器增加了地址线，使处理器的物理内存容量大大增加。地址线的增加不需要太多，比如增加到 36 根或者 40 根就足够了，实际可以访问的物理内存是巨大的。

但是，IA-32 架构决定了线性地址只能是 32 位的，每个任务的虚拟内存也只能是 4GB。即使增加了物理内存，也不可能提升每个任务可以访问的物理内存数量。

注意，我们的目标并不是为了解决单个任务的内存限制问题，每个任务还是只能使用 32 位的线性地址，还是只能访问 4GB 的虚拟内存，并且充其量也只能映射为 4GB 的物理内存。

但是，为所有任务服务的物理内存容量增加了。如此一来，就可以最大限度地将每个任务的虚拟内存映射到物理内存，甚至，在任务很少的时候，每个任务的 4GB 虚拟内存都可以完整地映射到物理内存，从而大大降低磁盘交换的频次。

最终，页部件的任务是，将 32 位线性地址转换为大于 4GB 的物理地址，或者说转换为大于 32 位的物理地址。只有这样，任务的虚拟内存才能映射到物理内存中的任意位置，而不是只能映射到低端 4GB。

显然，处理器需要使用新的分页技术，新的分页技术可以将每个任务的 4GB 虚拟内存映射到物理内存中的任意位置，即使物理内存远大于 4GB。

2.6.4　传统模式下的 32 位 4MB 分页技术

为了将每个任务的 4GB 虚拟内存映射到物理内存中的任意位置，即，将 32 位线性地址转换为 36 位或者 40 位物理地址，我们需要使用传统模式下的 32 位 4MB 分页技术。如图 2-9 所示，这种分页技术只使用一个页目录表，而不再使用页表。

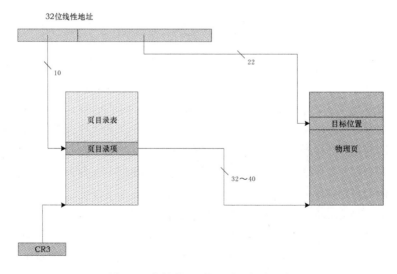

图 2-9　传统的 32 位 4MB 分页方式

在页目录表内，每个页目录项依然是 32 位的，4 字节。所以，在页目录表内可以包含 1024 个页目录项。为了完成地址转换，处理器用线性地址的高 10 位乘以 4，作为表内偏移，从页目录表中选择一个页目录项。

32 位 4MB 分页方式下的页目录项可以生成一个与处理器地址线匹配的物理地址，长度可以是 32 位或者一直到 40 位。最典型的通常是 36 位或者 40 位。

生成的物理地址用来访问最终的物理页，它包含了我们要访问的代码和数据，线性地址的低 22 位就是代码或者数据在页内的偏移位置。2 的 22 次方正好是 4MB，所以线性地址的低 22 位做页内偏移正好合适。

到这一步，你可能非常疑惑，新的页目录项有什么特殊，居然可以生成超过 32 位的物理地址呢？

来看一下传统 32 位 4MB 分页技术的页目录项，如图 2-10 所示。和从前一样，P 是存在位，为 0 表示当前页目录项无效，为 1 表明有效；RW 是读写特权位；U/S 位是管理员和用户位；PWT 是页级通写位；PCD 是页级高速缓存禁止位；A 是已访问位；D 是脏位，指示该表项是否已经被处理器引用过；G 是全局位，以后再说；PAT 与内存类型有关，以后再说。

注：灰色部分是保留位；M是最大物理地址

图 2-10　32 位 4MB 分页方式的页目录项

在这里面，我们重点关注页物理地址。在这幅图中，位 21 是保留的。但实际上保留位的数量并不固定，是可以改变的，所以并不一定只有位 21，这要取决于处理器的最大物理地址 M。

举个例子来说，如果处理器有 36 根地址线，那么，M 等于 36，在这个表项中，从位 21 到位 17 都是保留的，剩下的位 16 到位 13，存放页物理地址的位 35 到位 32。

页物理地址的位 31 到 22 保存在表项的位 22 到 31。那么，剩余的低 22 位在哪里指定呢？由于页的尺寸是 4MB，所以，页的物理地址必须是 4MB 对齐的。这样的话，页物理地址的低 22 位必须为全 0。既然为全 0，就不需要在页目录项中指定，处理器在生成页物理地址时，自动用 0 补全即可。

最后，我们要看到这种分页方式的局限性。在页目录项中，位 13 到位 20 的这一段长度有限，最多只能提供 8 个比特。所以，最大只能生成 40 位的物理地址。要知道，后面的处理器有 52 根地址线，这种分页方式又落后了。

2.6.5　传统模式下的 32 位 PAE 分页技术

截至目前，我们应该已经明白了 32 位分页技术发展的目标，目标就是充分利用物理内存，让更多的物理内存为更多的任务服务。虽然每个任务只有 4GB 虚拟内存，也只能映射为 4GB

物理内存，但映射之后的页面却可以分布在物理内存中的任意位置。如此一来物理内存就可以为更多的任务服务。

我们知道，32 位 4MB 分页技术只能使用最多 40 根地址线，最多只能利用 1TB 的物理内存。由于新的处理器拥有超过 40 根地址线，比如有 52 根地址线，这就需要发明新的分页技术。

先来回顾一下 32 位 4KB 和 4MB 分页方式，这两种分页方式都有页目录表和页表，页目录项和页表项的长度是 32 位的，折合 4 字节。同时，页目录表和页表的尺寸都是固定的 4KB。所以，页目录表和页表都只能容纳 1024 个表项。

为了访问全部的页目录项，需要使用线性地址中的 10 个比特，因为 2 的 10 次方正好是 1024；为了访问全部的页表项，同样需要使用线性地址中的另外 10 个比特。

但是，这种分页方式的问题在于，页目录项和页表项只有 32 位，无法容纳更大的物理地址。为此，IA-32 架构引入了物理地址扩展（Physical Address Extension，PAE）技术。

在 PAE 分页方式下，每个页目录项和页表项扩展到 64 位，也就是 8 字节。但是，页目录表和页表的尺寸是固定的，4KB，只能占用一个自然页。如此一来，在页目录表和页表内，都只能有 512 个表项。512 个表项，只需要线性地址中的 9 个比特就能访问。

2.6.6　传统模式下的 32 位 PAE-4KB 分页技术

现在我们来看传统模式下的 32 位 PAE-4KB 分页技术。之所以称之为传统的 32 位分页技术，是因为被转换的线性地址是 32 位的。如图 2-11 所示，这种分页方式用来管理 4KB 的页面，所以，和往常一样，32 位线性地址的低 12 位是页内偏移。

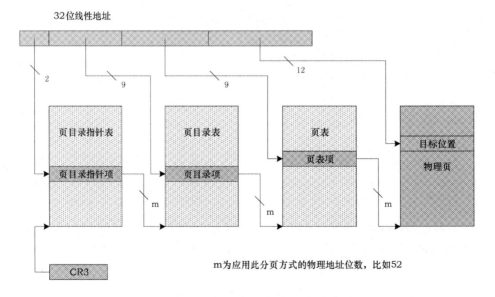

图 2-11　传统的 32 位 PAE-4KB 分页技术原理

和往常一样，在页表内，页表项用来指定页的物理地址及属性。我们说过，在 PAE 分页方式下，页表项的长度是 64 位的，用来指定和生成 m 位的页物理地址。在这里，m 是应用此分页方式的处理器的物理地址位数，比如 52。如果处理器有 52 根地址线，则可以用页表项生成一个 52 位的物理地址。用此地址加上 12 位页内偏移量，就可以访问页内的代码和数据。

和往常一样，页目录表内的页目录项用来指定和生成 m 位的页表物理地址。由于页目录项和页表项的尺寸都是 64 位的，所以，在页目录表和页表内都只能容纳 512 个表项，各自需要用线性地址中的 9 位来选择页表项以及页目录项。9 加 9 加 12 一共是 30 个比特，在 32 位线性地址中还剩下 2 个比特。

为此，PAE 分页方式引入另一个表，叫作页目录指针表。它只有 4 个表项，叫作页目录指针项。顾名思义，每个表项都相当于一个指针，指向不同的页目录表。换句话说，每个页目录指针项都用来保存页目录表的 m 位物理地址。

来看一下传统 32 位 PAE-4KB 分页方式下的页目录指针项，如图 2-12 所示。页目录指针项长 64 位，我们分成两段显示。

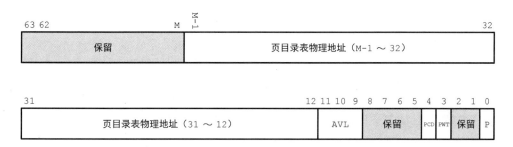

图 2-12　传统 32 位 PAE-4KB 分页方式的页目录指针项

在图中，M 是应用此分页方式的处理器的物理地址位数。在表项中，位 M 到位 63 是保留的，保留位有多少，取决于 M 的数值。如果处理器有 52 根地址线，则保留位是从位 52 到 63。

在表项中，从位 12 到位 M-1 的这一部分，是页目录表物理地址的位 M-1 到位 12。那么页目录表物理地址的位 0 到位 11 在哪里呢？在这里没有体现。原因很简单，页目录表在内存中必须是 4KB 对齐的，所以其物理地址的低 12 位是全 0，用不着在这里登记。

再来看传统 32 位 PAE-4KB 分页方式下的页目录项，如图 2-13 所示。页目录项长 64 位，我们分成两段显示。其中，AVL 是软件可用的位；NX 是执行禁止位，若是 1，则禁止从此表项关联的页中取指令和执行指令。

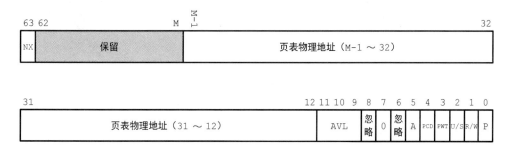

图 2-13　传统 32 位 PAE-4KB 分页方式的页目录项

在表项中，从位 12 到位 M−1 的这一部分是页表物理地址的位 M−1 到位 12。M 是应用此分页方式的处理器的物理地址位数。页表物理地址的位 0 到位 11 没有在表中体现，页表在内存中必须是 4KB 对齐的，所以其物理地址的低 12 位是全 0，不用在这里登记。

最后来看传统 32 位 PAE-4KB 分页方式下的页表项，如图 2-14 所示。页表项是 64 位的，我们分成两段显示。在表项中，从位 12 到位 M−1 的这一部分是页物理地址的位 M−1 到位 12，M 是应用此分页方式的处理器的物理地址位数。页物理地址的位 0 到位 11 没有在表中体现，页在内存中必须是 4KB 对齐的，所以其物理地址的低 12 位是全 0，没有，也用不着在这里登记。

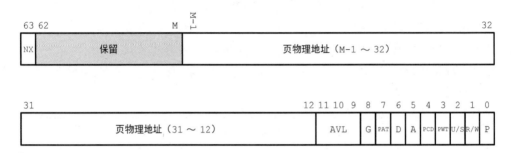

图 2-14　传统 32 位 PAE-4KB 分页方式的页表项

2.6.7　传统模式下的 32 位 PAE-2MB 分页技术

这一课我们来看传统模式下的 32 位 PAE-2MB 分页技术。之所以称之为传统的 32 位分页技术，是因为被转换的线性地址依然是 32 位的。

如图 2-15 所示，这种分页方式用来管理 2MB 的页面，所以需要使用 32 位线性地址的低 21 位作为页内偏移。如此一来，32 位线性地址还剩下 11 位。其中，高 2 位用来访问页目录指针表，中间 9 位用来访问页目录表。换句话说，在这种分页方式下，只使用页目录指针表和页目录表，不需要页表。

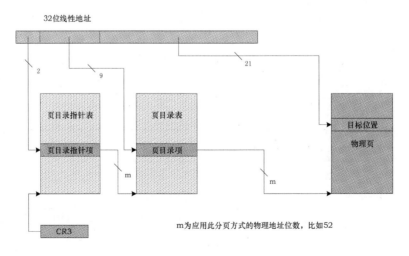

图 2-15　传统的 32 位 PAE-2MB 分页技术原理

在页目录指针表内，最多可以有 4 个页目录指针项，每个页目录指针项是 64 位的，用来指定和生成 m 位的页目录表物理地址。在这里，m 是应用此分页方式的处理器的物理地址位数。如果处理器有 52 根地址线，则生成 52 位的页目录表物理地址。

在页目录表内最多可以有 512 个页目录项，每个页目录项的长度是 64 位，用来指定和生成 m 位的页物理地址。如果处理器有 52 根地址线，则生成 52 位的页物理地址。

传统 32 位 PAE-2MB 分页方式下的页目录指针项和 PAE-4KB 分页方式下的页目录指针项相同，没有变化（见图 2-12）。

来看传统 32 位 PAE-2MB 分页方式下的页目录项，如图 2-16 所示。页目录项是 64 位的，我们分成两段显示。其中，AVL 是软件可用的位，被处理器忽略；NX 是执行禁止位，若是 1，则禁止从此表项关联的页中取指令和执行指令。

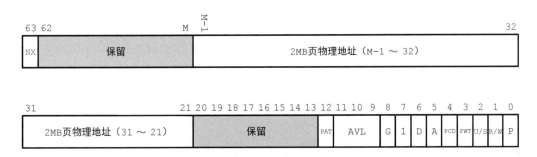

图 2-16　传统 32 位 PAE-2MB 分页方式的页目录项

在表项中，从位 21 到位 M-1 的这一部分是 2MB 页物理地址的位 M-1 到位 21。M 是应用此分页方式的处理器的物理地址位数。页物理地址的位 0 到位 20 没有在表中体现，原因很简单，页是 2MB 的，低 21 位必须是全 0，这样就可以用线性地址的低 21 位当页内偏移。既然页物理地址的低 21 位都是 0，就用不着在这里登记。

2.7　IA-32e 模式的内存访问

2.7.1　x64 架构的线性地址空间

回顾一下，x64 架构兼容传统的 32 位保护模式。在保护模式下，可以拥有 32 位的线性地址空间，或者叫虚拟地址空间。32 位的线性地址要通过分页转换为物理地址，可以使用 32 位 4KB 分页方式、32 位 4MB 分页方式、32 位 PAE-4KB 分页方式和 32 位 PAE-2MB 分页方式。

x64 架构有自己新增的 IA-32e 模式，这种模式具有 64 位的线性地址空间，或者叫虚拟地址空间。为了将 64 位线性地址转换为物理地址，还引入了新的 4 级和 5 级分页方式。

在 IA-32e 模式下，段部件输出的是 64 位线性地址。而且，在 IA-32e 模式下，必须开启分页，分页功能并不是可选的，而是必须开启的，这是硬性要求。所以，这 64 位的线性地址也是虚拟地址，对应着虚拟内存空间。

64 位的线性地址，其范围是从 0 到 0xFFFF FFFF FFFF FFFF（16 个 F），一共是多大的虚拟内存空间呢？答案是 16EB，非常巨大，在可以预见的将来根本用不完，所以需要考虑处理器的制造成本。将 64 位虚拟地址转换为物理地址，我们的分页系统会很复杂，至少需要 6 个转换表（见图 2-17）。

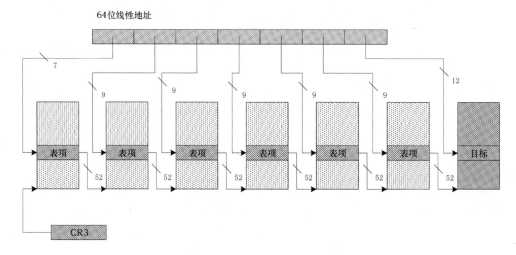

图 2-17　技术（理论）层面上的 64 位 4KB 分页原理

假定我们要实现一个 64 位的 4KB 分页系统，那么，如图 2-17 所示，64 位线性地址的最低 12 位用来充当页内偏移。

在任何一种形式的分页系统中，每个表格的尺寸都是标准的 4KB。为了生成指向下一个表格的 52 位物理地址，它们的表项至少有 64 位。因此，每个表格只能有 512 个表项，需要使用线性地址中的 9 比特来定位每个表项。

如此一来，就至少需要 6 个表格，这样的分页系统很复杂。既然我们用不到那么大的线性地址空间，而且制造这样复杂的分页系统成本很高，需要设计复杂的电路，那就不如节省一点，简化一下。

2.7.2　扩高（Canonical）地址

为了平衡处理器的制造成本、硬件复杂性和当时业界对内存的实际需求，对于 x64 架构的处理器来说，64 位的线性地址不需要全都使用，实际有效的部分只有 48 位。换句话说，在 64 位线性地址中，只有低 48 位（位 0 到位 47 这一部分）是有效的。这是一个特别选择的长度，兼顾了处理器的制造成本、硬件复杂性和当时业界对内存的实际需求。即使是只有 48 位的线性地址，也将提供 256 TB 的虚拟地址空间，并且只需要 4 个级别的分页系统表格。在未来的许多年内，即使是最强大的电脑也用不上如此巨大的内存空间。

既然 64 位线性地址的低 48 位是有效的，那么，高 16 位是什么呢？原则上可以不用管它，它们可能是一些随机值。但是处理器实际上不是这样设计的，它要求 64 位线性地址必须符合扩高（Canonical）形式。

扩高形式要求线性地址的高 16 位必须是最高有效位的扩展。因为 64 位的线性地址只有低

48 位有效，最高有效位是第 48 位，或者说位 47。所以，线性地址的高 16 位必须是位 47 的扩展。如果位 47 是 0，则将这个 0 扩展到高 16 位；如果位 47 是 1，则将这个 1 扩展到高 16 位。

这里有两个例子，如图 2-18 所示，这是两个 64 位的线性地址。在图中，上面这个线性地址的位 47 是 0，要将这一位扩展到高 16 位，所以高 16 位是全零。这个线性地址用十六进制表示，是 0x00003FE0012F72D8。

图 2-18　扩高地址的例子

相反，在图中，下面这个线性地址的位 47 是 1，要将这一位扩展到高 16 位，所以高 16 位是全 1。这个线性地址用十六进制表示，是 0xFFFFBFE0012F72D8。

那么，为什么非得使用扩高地址呢？在设计 x64 架构时，AMD 公司的工程师们本可以让处理器忽略线性地址的高 16 位。但是，程序员都是一些喜欢探索、无孔不入的人，他们中的有些人肯定会利用这个位置来保存某些信息。

但是，如果未来的新处理器决定将地址空间扩展到更多位，这些小聪明和小技巧就不好使了。如果这些软件用在很重要的场合，就会导致严重的问题。为了防止这种情况，工程师们决定引入扩高地址，线性地址的高 16 位必须和位 47 相同。

扩高地址是强制性的，处理器在进行地址转换时，会检查一个线性地址是否符合扩高形式。如果一个线性地址不是扩高形式，将引发一般保护异常。

2.7.3　扩高地址的特点和处理器检查

如图 2-19 所示，由于扩高地址的特点，它把整个 64 位线性地址空间分成了三部分。从 0 到 0x0000 7FFF FFFF FFFF 的这一部分线性地址是规范的，毕竟高 16 位都是位 47 的扩展，是合法的线性地址范围，所以这一部分线性地址空间是可用的。

但是，从 0x0000 8000 0000 0000 到 0xFFFF 7FFF FFFF FFFF 的这一部分线性地址是不符合要求的，高 16 位并不是位 47 的扩展，是非法的线性地址范围。所以这一部分线性地址空间是不能用的。

再往上，从 0xFFFF 8000 0000 0000 到 0xFFFF FFFF FFFF FFFF 的这一部分，又是符合要求的，高 16 位都是位 47 的扩展，是合法的线性地址范围，所以这一部分线性地址空间是可用的。

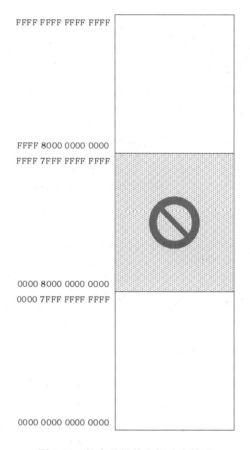

图 2-19　扩高地址的空间分布特点

　　像保护模式下的虚拟内存管理一样，在 x64 架构中，每个任务都有自己独立的 64 位线性地址空间。在实际的编程工作中，我们可以把所有任务共有的全局部分放在图 2-19 的上面这一部分，把每个任务私有的部分放在图 2-19 的下面这一部分，在本书中我们就是这样做的。

　　顺便说一下为什么将 Canonical 翻译成"扩高"。这个单词通常被翻译成"规范的"和"标准的"。我原先想翻译成"教条""规范"或者"标准"，但是都不贴切。如果要表达这些意思，还有更好的英语单词，而不必使用 Canonical。正因如此，很多中文书里都回避翻译这个词，而是直接使用它的英文单词。

　　实际上，在很多时候，使用这个单词其实是要表达"非二选一"的意思。就是说，因势利导，而不是在两种之间选一个。

　　那么，对于线性地址，非二选一是什么意思呢？为了防止程序员自作聪明，线性地址的高 16 位必须是一样的。在这种情况下，如果要二选一，线性地址的高 16 位可以统一设置为全 0，线性地址的范围是从 0x0000 0000 0000 0000 到 0x0000 FFFF FFFF FFFF；当然，可以统一设置为全 1，线性地址的范围是 0xFFFF 0000 0000 0000 到 0xFFFF FFFF FFFF FFFF。

　　实际上，这里并不是二选一的，而是根据最高有效位进行扩展。所以，官方使用这个单词，就是要表达这样一种情况。

那么，如何翻译才能表达"非二选一"呢？很难，几乎找不到合适的中文词组。我就在想，Canonic，读音听起来像"克闹"，又与"扩高"接近。扩高！扩展高位，扩展最高有效位！"扩高"就这么来的。这是一种音译，用发音来翻译，还能准确表达意思。

2.7.4　兼容模式的内存访问

前面说过，x64 架构支持传统模式，但它还有自己新增的 IA-32e 模式。我们在前面说过，IA-32e 模式包括两个子模式：兼容模式和 64 位模式。需要说明的是，在 IA-32e 模式下分页不是可选的，是必须开启的，而且只能使用 4 级或者 5 级分页。

先来看兼容模式下的内存访问过程，如图 2-20 所示。兼容模式用于运行传统的保护模式程序。在兼容模式下，段寄存器用来选择一个段描述符，然后从描述符中取出段的 32 位线性基地址。

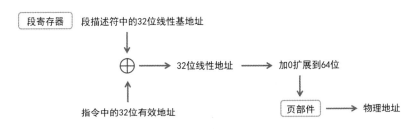

图 2-20　兼容模式下的内存访问

访问内存的时候，处理器用这个 32 位的线性基地址加上指令中的 32 位有效地址，形成 32 位的线性地址。进一步地，段部件将这个 32 位线性地址左侧加 0，扩展到 64 位，然后送到页部件，由页部件转换为物理地址。物理地址的长度取决于处理器。

从这个转换过程可以看出，由于是将 32 位线性地址左侧加 0 扩展到 64 位，所以，在兼容模式下，只能访问 4GB 的虚拟内存，这和传统的保护模式是一样的。

注意，在兼容模式下，页部件使用新的 4 级分页机制来转换 64 位的线性地址，而不是传统的分页机制。分页机制的变化不会对程序的运行有任何影响，毕竟如何分页是操作系统和处理器的事情，应用程序工作在操作系统之上，对底层使用什么分页方式没有任何感知。

2.7.5　64 位模式的内存访问

最后来看 64 位模式，如图 2-21 所示。在 64 位模式下分段功能被禁止，但并不是完全禁止，而是只分一个段。因为不再分段，所以整个 64 位的线性地址空间被整体使用。换句话说，在 64 位模式下，由处理器硬件强制使用平坦模型。

在 64 位模式下，除了 FS 和 GS，其他段寄存器，包括 CS、DS、ES 和 SS，它们的基地址和段界限部分都被忽略，处理器直接将它们的基地址看成 0。因此，除非是在指令中使用了段超越前缀 FS 和 GS，访问内存的时候，处理器直接用 0 作为段的线性基地址，加上指令中的 64 位有效地址，形成 64 位的线性地址，送到页部件转换为物理地址。物理地址的长度取决于处理器。

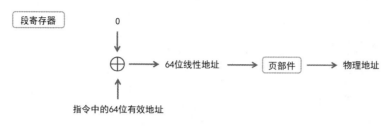

图 2-21　64 位模式下的内存访问

显然，在 64 位模式下，段部件输出的线性地址等于指令中指定的有效地址。而且需要注意的是，64 位线性地址必须符合扩高形式，否则将产生一般保护异常。线性地址的转换是使用 4 级或者 5 级分页将扩高形式的 64 位线性地址转换为物理地址。有关 4 级或者 5 级分页机制的细节，我们将在后面详细介绍。

2.7.6　x64 架构的段寄存器

和 IA-32 架构的处理器一样，x64 架构的处理器依然有 6 个段寄存器，分别是 CS、DS、ES、FS、GS 和 SS。其中，CS 用来执行代码；SS 用来执行栈操作；其他 4 个段寄存器 DS、ES、FS 和 GS 用来访问数据。和 IA-32 架构一样，在每个段寄存器的后面，还有一个隐藏的部分，叫作段描述符高速缓存器，保存着段的线性基地址、界限值和属性。

x64 架构的处理器兼容实地址模式。在实地址模式下，段寄存器用于加载一个 16 位的逻辑段地址，处理器将这个段地址左移 4 位，形成 20 位的地址，并加 0 扩展到 32 位，保存在段寄存器的隐藏部分，用于后续的内存访问。

x64 架构的处理器兼容保护模式。在保护模式和兼容模式下，段寄存器用于加载一个 16 位的段选择子。处理器用段选择子到描述符表中选择一个段描述符，将描述符的内容加载到段寄存器的隐藏部分，其中包括段的 32 位线性地址和长度。

在兼容模式下，段寄存器的使用方法和保护模式一样，不再重复；在 64 位模式下，强制使用平坦模型，分段功能被禁止，但不是完全禁止，段部件还起作用，其特点如下。

在 64 位模式下，段寄存器 CS 的基地址部分被忽略并视为 0，段界限及很多属性都被忽略并不再检查（除了 DPL、L 和 D 等标志），但是要检查有效地址是否为扩高形式。在指令中，段超越前缀 "CS:" 不起作用。例如：

```
mov rax, cs: [mydata]    ;等效于 mov rax, [mydata]
```

在 64 位模式下，段寄存器 DS、ES 和 SS 不再使用。因此，相关的指令，比如 lds 和 pop es 等，不再有效。如果访问内存时使用了这些段寄存器，则按段的基地址为 0 来对待，而且不检查段界限和属性，只检查生成的虚拟地址是否符合扩高形式。在指令中使用这些段寄存器作为段超越前缀不起作用。例如

```
mov rax, es: [mydata]     ;等效于 mov rax, [mydata]
```

在 64 位模式下，段寄存器 FS 和 GS 的基地址部分依然用于地址计算，而不是直接看成 0，而且它们的基地址部分用特殊的方法扩展到 64 位。常规的段寄存器加载指令，比如 mov fs, ax

或者 pop gs，只能操作基地址的低 32 位，高 32 位被自动清零，因此只能使用特殊的方法才能加载全部的 64 位段基地址。具体是什么方法，我们以后再讲。使用这两个段寄存器访问内存时，不检查界限值和属性，但是要检查生成的线性地址是否符合扩高形式。

2.7.7　x64 架构的代码段描述符

我们已经学过保护模式的课程，在保护模式下采用分段的内存访问机制，段描述符用来对代码段和数据段进行管理。

如图 2-22 所示，这是代码段描述符的格式，因描述符较长，分为两个双字。高双字在上，低双字在下。在代码段描述符中，S 位，也就是高双字的位 12，是 1，表明这是一个存储器的段描述符；X 位，也就是高双字的位 11，是 1，表明段是可执行的。

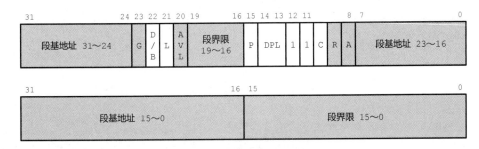

图 2-22　代码段描述符

在传统的保护模式下，高双字的位 21 是保留的，没有使用，要求为 0。但是在 x64 架构新增的 IA-32e 模式下，这一位叫 L 位，被用作长模式（Long mode）的标志。只在当处理器运行在 IA-32e 模式的时候，才能识别和利用这一位。在传统模式看来，L 位是无用的，应当为 0。

在 IA-32e 模式下，如果代码段描述符的 L 位是 0，则处理器运行在兼容模式下，执行保护模式的代码。在兼容模式下，处理器对代码段描述符的解释和执行的动作与传统的保护模式相同，不再赘述。如果代码段描述符的 L 位是 1，则处理器按 64 位模式执行。在 64 位模式下，分段功能被禁止，但不是完全禁止。代码段寄存器 CS 依然被用于取指令和执行指令，与之相关的代码段描述符依然是需要的，但很多内容已经被忽略。

如图 2-22 所示，在 64 位模式下访问内存时，灰色部分不再使用。不过，在加载段寄存器 CS 时，这些内容依然会被加载到段描述符高速缓存器，而且要检查高双字的位 12 和位 11，这两位必须是"11"，代表代码段描述符。但是，段基址和段界限被忽略，段基址被直接视为 0，段的长度被扩展到整个线性地址空间，所以不再检查段界限，而且 G 位也被忽略。

和从前一样，代码段中的 D 位是默认操作尺寸，用来指定处理器执行当前代码段时默认使用的操作尺寸。这一位在保护模式下是有效的，在兼容模式下，即，在 L=0 的情况下也是有效的。

但是在 64 位模式下，D 位必须始终为 0。L=1 和 D=0 的组合使得在 64 位模式下默认的操作尺寸为 32 位，默认的地址尺寸为 64 位，这是 64 位模式的执行特点；L=1 和 D=1 的组合留给将来使用。

2.7.8　x64 架构的数据段描述符

如图 2-23 所示，这是数据段描述符的格式。因为段描述符较长，所以这里将其分为两个双字。高双字在上，低双字在下。在描述符中，高双字的位 12 是 1，表明这是一个存储器的段描述符；高双字的位 11 是 0，表明段不可执行，不可执行就是只能用来访问数据。因此，高双字的位 12 和位 11 合起来是"10"，表明这是一个数据段描述符。

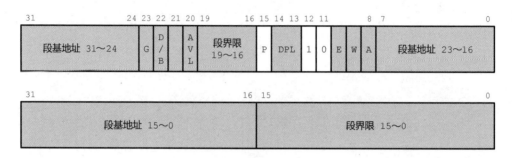

图 2-23　数据段描述符

在兼容模式下，处理器对数据段描述符的解释和使用与传统的保护模式相同，不再赘述；在 64 位模式下，分段功能被禁止（但不是完全禁止，只不过只分一个段），所以如图 2-23 所示，灰色的部分不再使用。

在 64 位模式下，对于通过段寄存器 DS、ES 和 SS 的内存访问来说，描述符中的段基地址部分被忽略，直接用 0 作为段基地址；不再检查段界限，所以界限值和 G 位被忽略；B、E、W 和 A 位被忽略，不再使用；DPL 字段被忽略，并且针对数据段访问的特权级检查也不再执行，系统软件可以使用页保护机制来防止未经授权的数据访问。

在 64 位模式下，对于通过段寄存器 FS 和 GS 的内存访问来说，描述符中的段基地址不会被忽略，而是依然用于虚拟地址计算。我们知道，在 IA-32 模式下，使用 64 位的线性地址，或者说虚拟地址，但是 FS 和 GS 只能从数据段描述符中得到 32 位的基地址，无法得到全部的 64 位基地址。要想指定 64 位的段基地址，必须通过特殊的方法，我们在本书的后面再聊这个话题。

需要特别说明的是，在 64 位模式下，栈段不再是一个特殊的段，系统强制我们用普通的数据段（向上扩展的段）作为栈段，而且段的基地址为 0，不检查段界限。但是，栈的操作机制没有改变，也不会改变，栈依然是向下推进的。在 64 位模式下，栈操作的尺寸是 64 位的。

2.7.9　x64 架构的 4 级和 5 级分页

在前面我们已经回顾了 32 位分页机制，在今天看来，32 位的线性地址空间和物理地址空间都已经严重不足，所以在 x64 架构的 IA-32e 模式下使用 4 级和 5 级分页机制。在 4 级分页机制下，支持多个尺寸的物理页面。我们以 4KB 的物理页为例，如图 2-24 所示，因为最终的物理页是 4KB 的，所以，要用线性地址的最低 12 位作为页内偏移。

4 级分页机制的特点是，被转换的线性地址只有 48 位。48 位已经用了 12 位，还剩 36 位。

这 36 位分成 4 个 9 位，分别用来访问 4 个表格内的表项。这 4 个表格是页表、页目录表、页目录指针表和 4 级头表。每个表只能占用一个 4KB 的自然页面，表项的尺寸是 64 位的。这样一来，在每个表内只能有 512 个表项，正好用线性地址中的 9 个比特来定位全部表项。

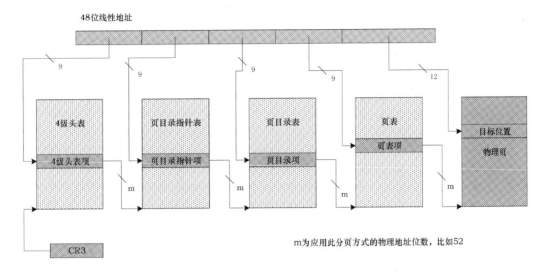

图 2-24　IA-32e 模式的 4 级分页示意图

如图 2-24 所示，线性地址的转换过程是这样的：CR3 指向 4 级头表，在 48 位线性地址中，先用第一个 9 比特从 4 级头表中选择对应的 4 级头表项，从中得到页目录指针表的物理地址。

然后，再从 48 位线性地址中取出第二个 9 比特，从页目录指针表中选择对应的页目录指针项，从中得到页目录表的物理地址。

接着，再从 48 位线性地址中取出第三个 9 比特，从页目录表中选择对应的目录项，从中得到页表的物理地址。

最后，从 48 位线性地址中取出第四个 9 比特，从页表中选择对应的页表项，从中得到最终要访问的那个页的物理地址。

目前，在 IA-32e 模式下普遍采用的是 4 级分页机制。但是截至本书开始创作时，已经出现了可以支持 5 级分页机制的处理器。比如，最新的 INTEL 至强第三代"冰湖"处理器支持 5 级分页，AMD 公司也在它们的下一代霄龙 7004 处理器中提供 5 级分页支持。

在处理器中，控制寄存器 CR4 的位 12 叫作 LA57（意思是 57 位线性地址），为 0 表明处理器采用 4 级分页，为 1 表明处理器采用 5 级分页。这一位不可修改，而且只能在 64 位模式下读取。

通过 5 级分页，虚拟地址从 48 位扩展到 57 位，虚拟内存从 256 TB 增加到 128 PB，处理器的物理地址增加到 52 位，这种 5 级分页支持对于当今日益强大且内存密集型的服务器非常重要。

如图 2-25 所示，这就是 5 级分页示意图，其实是在 4 级分页的基础上增加了一个 5 级头表，被转换的线性地址是 57 位的，其他方面没有什么变化。

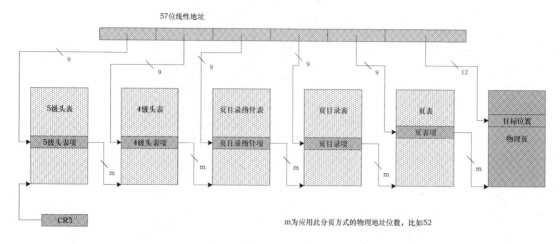

图 2-25　IA-32e 模式的 5 级分页示意图

2.8　x64 架构的系统表和系统描述符

我们学过保护模式，所以知道在 IA-32 架构的处理器上需要四个系统表，分别是全局描述符表 GDT、中断描述符表 IDT、局部描述符表 LDT 和系统状态段 TSS。在 x64 架构的处理器上，依然支持这四个系统表，而且它们的尺寸没有变化，但是功能和用法上略有出入。

首先来看全局描述符表 GDT，在 x64 架构下，全局描述符表 GDT 的尺寸和功能与传统的 IA-32 架构一致。全局描述符表 GDT 只有一个，用来保存关乎系统全局功能的描述符。

接着来看局部描述符表 LDT，在 x64 架构下，局部描述符表 LDT 的尺寸和功能与传统的 IA-32 架构一致，而且每个任务都有一个，用来保存每个任务自己的段描述符。

再来看中断描述符表 IDT，在 x64 架构下，中断描述符表 IDT 的尺寸和功能与传统的 IA-32 架构一致。中断描述符表在整个系统中只有一个，在保护模式下用来保存中断门、陷阱门和任务门。在 IA-32e 模式下不再支持硬件任务切换，所以不再支持任务门。

最后来看任务状态段 TSS，在 x64 架构下，任务状态段 TSS 的尺寸与传统的 IA-32 架构一致。在保护模式下，TSS 用来保存每个任务自己的状态，并用于任务切换；在 IA-32e 模式下，TSS 的功能被简化，仅用于中断和特权级转移时的栈切换。

我们学过描述符的分类，描述符分存储器的段描述符和系统描述符。存储器的段描述符包括代码段描述符和数据段描述符；系统描述符包括系统的段描述符和门描述符。系统的段描述符包括 LDT 描述符和 TSS 描述符，而门描述符则包括调用门、中断门、陷阱门和任务门。

在 x64 架构下，存储器的段描述符都有哪些变化，前面已经做了说明，现在重点介绍一下系统描述符的变化情况。

在 x64 架构的 IA-32e 模式下，有些系统描述符被扩展到 64 位，也就是从原来的 8 个字节扩展到 16 字节，以容纳和提供 64 位的线性地址。

具体来说，LDT 描述符和 TSS 描述符在兼容模式下保持不变（与保护模式相同），但是在 64 位模式下扩展到 64 位；调用门、中断门和陷阱门在 IA-32e 模式（包括兼容模式和 64 位模式）

下，扩展到 64 位。

在 IA-32e 模式（包括兼容模式和 64 位模式）下，不再支持任务门，因为不再支持硬件任务切换。

有关 64 位系统描述符是如何扩展的，包括它们的组成细节，后面用的时候再详细介绍。

2.8.1　x64 架构的 GDTR

我们知道，GDT 是全局描述符表，它位于内存中，是一个非常重要的数据结构，用来保存各种描述符。在 x64 架构下，GDT 依然是需要的，而且依然非常重要。同时，处理器内部的 GDTR 寄存器依然用来指向 GDT。

我们知道，GDTR 由两部分组成，分别是表基地址部分和表界限部分。表基地址部分保存着 GDT 的线性基地址；表界限部分保存着 GDT 的长度。在传统的 IA-32 架构下，表基地址部分是 32 位的。但是，如图 2-26 所示，在 x64 架构下，GDT 的表基地址部分已经扩展到 64 位。不过，表界限部分依然是 16 位的，所以，GDT 的最大尺寸依然是 64KB，这一点没有改变。

图 2-26　x64 架构的 GDTR 和 IDTR

x64 架构的处理器兼容保护模式。在传统的保护模式下，只能使用表基地址的低 32 位。原因很简单，传统的老程序，包括老的操作系统，依然是按 32 位保护模式执行的，以这些老程序的视角看来，GDTR 还是那个老的 GDTR，表基地址部分只有 32 位。

相反，在 IA-32e 模式下，使用全部的 64 位表基地址，这样就可以在 64 位线性地址空间中的任何位置安装 GDT。注意，为了在访问 GDT 时不损失性能，GDT 的线性基地址最好按 8 字节对齐，也就是这个地址能够被 8 整除。

GDTR 在 x64 架构下的扩展对运行在兼容模式下的老程序没有任何影响，因为它们并不直接与 GDT 和 GDTR 打交道。GDT 和 GDTR 由操作系统设置，操作系统和处理器会处理好底层的一切。

GDTR 很简单，只包括表基地址部分和表界限部分。为了加载 GDTR，需要使用 lgdt 指令从指定的内存位置加载这两部分数据即可。相反，sgdt 将 GDTR 中的基地址和界限值保存到指定的内存位置。

但是，在处理器的不同工作模式下，这两条指令的执行效果也不相同：在任何 16 位或者 32 位模式（如实地址模式、保护模式和兼容模式）下，加载或者保存的是 32 位的基地址和 16 位的界限值，总共 6 字节；在 64 位模式下，加载或者保存的是 64 位的基地址和 16 位的界限值，总共 10 字节。注意，在 64 位模式下，加载的基地址必须符合扩高形式，否则产生一般保护异常#GP。

2.8.2　x64 架构的 IDTR

我们知道，IDT 是中断描述符表，它位于内存中，是一个非常重要的数据结构，用来保存中断门、陷阱门和任务门。任务门在 IA-32e 模式下不再支持。在 x64 架构下，IDT 依然是需要的，而且依然非常重要。同时，处理器内部的 IDTR 寄存器依然用来指向 IDT。

我们知道，IDTR 由两部分组成，分别是表基地址部分和表界限部分。表基地址部分保存着 IDT 的线性基地址；表界限部分保存着 IDT 的长度。

在传统的 IA-32 架构下，表基地址部分是 32 位的，但是，如图 2-26 所示，在 x64 架构下，表基地址部分已经扩展到 64 位。不过，表界限部分依然是 16 位的，所以，IDT 的最大尺寸依然是 64KB，这一点没有改变。

x64 架构的处理器兼容并支持传统的保护模式。在传统的保护模式下，只能使用表基地址的低 32 位。原因很简单，传统的老程序，包括老的操作系统，依然是按 32 位保护模式执行，以这些老程序的视角看来，IDTR 还是那个老的 IDTR，表基地址部分只有 32 位。

相反，在 IA-32e 模式下，使用全部的 64 位表基地址，这样就可以在 64 位线性地址空间中的任何位置安装 IDT。注意，为了在访问 IDT 时不损失性能，IDT 的线性基地址最好按 8 字节对齐，也就是这个地址能够被 8 整除。

IDTR 在 x64 架构下的扩展对运行在兼容模式下的老程序没有任何影响，因为它们并不直接与 IDT 和 IDTR 打交道。IDT 和 IDTR 由操作系统设置，操作系统和处理器会处理好底层的一切。

IDTR 很简单，只包括表基地址部分和表界限部分。为了加载 IDTR，需要使用 lidt 指令从指定的内存位置加载这两部分数据即可。相反，sidt 将 IDTR 中的基地址和表界限保存到指定的内存位置。

但是，在不同的处理器工作模式下，这两条指令的执行效果也不相同：在任何 16 位或者 32 位模式（如实地址模式、保护模式和兼容模式）下，加载或者保存的是 32 位的基地址和 16 位的界限值，总共 6 字节；在 64 位模式下，加载或者保存的是 64 位的基地址和 16 位的界限值，总共 10 字节。注意，在 64 位模式下，加载的基地址必须符合扩高形式，否则产生一般保护异常#GP。

2.8.3　x64 架构的 LDT 描述符和 LDTR

我们知道，LDT 是局部描述符表，它位于内存中，是一个非常重要的数据结构，用来保存每个任务自己的段描述符。在 x64 架构下，LDT 依然是需要的。同时，处理器依然用自己内部的 LDTR 寄存器指向当前任务的 LDT。

我们知道，LDTR 是 16 位的，用来保存 LDT 描述符的选择子。同时，在它背后还有三个不可见的部分，分别是 LDT 基地址部分、LDT 界限部分和 LDT 属性部分。一旦改变了 LDTR 中的选择子，则处理器从全局描述符表 GDT 中选择对应的 LDT 描述符，并将相关内容加载到 LDT 基地址、LDT 界限和 LDT 属性这三个不可见的部分，这样就可以快速地访问指定的 LDT。

在传统的 IA-32 架构下，表基地址部分是 32 位的，但是，如图 2-27 所示，在 x64 架构下，表基地址部分已经扩展到 64 位。不过，其他部分则保持原来的长度，没有改变。

LDTR	LDT选择子		LDT基地址	LDT界限	LDT属性
TR	TSS选择子		TSS基地址	TSS界限	TSS属性

图 2-27　x64 架构的 LDTR 和 TR

x64 架构的处理器兼容保护模式。在保护模式下，只能使用表基地址的低 32 位。原因很简单，传统的老程序，包括老的操作系统，依然是按 32 位保护模式执行的，以这些老程序的视角看来，LDTR 还是那个老的 LDTR，表基地址部分只有 32 位。

相反，在 IA-32e 模式下，使用全部的 64 位表基地址，这样就可以在 64 位线性地址空间中的任何位置安装 LDT。注意，为了在访问 LDT 时不损失性能，LDT 的线性基地址最好按 8 字节对齐，也就是这个地址能够被 8 整除。

操作 LDTR 寄存器的指令是 lldt 和 sldt。lldt 指令用来向 LDTR 寄存器加载一个 LDT 描述符选择子，这导致处理器从 GDT 中找到指定的 LDT 描述符，并从描述符中加载基地址、界限值和属性这三部分内容到 LDTR 的隐藏部分。最后，LDTR 就指向 LDT。

在保护模式和兼容模式下，lldt 指令从 GDT 中加载传统的 32 位 LDT 描述符；在 64 位模式下，lldt 指令从 GDT 中加载 64 位 LDT 描述符，而且描述符中的 LDT 线性基地址必须符合扩高形式，否则产生一般保护异常#GP。

sldt 指令将 LDTR 寄存器中的 16 位 LDT 描述符选择子保存到指定的通用寄存器或指定的内存位置。

2.8.4　x64 架构的 TSS 描述符和 TR

我们知道，TSS 是任务状态段，它位于内存中，在传统的保护模式下用来保存每个任务自己的状态数据，并用来支持硬件任务切换。在新的 IA-32e 模式下，硬件任务切换不再支持，但是 TSS 依然存在，依然是需要的。同时，处理器依然用自己内部的任务寄存器 TR 指向 TSS。

我们知道，任务寄存器 TR 是 16 位的，用来保存 TSS 描述符的选择子。同时，在它背后还有三个不可见的部分，分别是 TSS 基地址部分、TSS 界限部分和 TSS 属性部分。一旦改变了 TR 中的选择子，则处理器从全局描述符表 GDT 中选择对应的 TSS 描述符，并将相关内容加载到 TSS 基地址、TSS 界限和 TSS 属性这三个不可见的部分，这样就可以快速地访问当前任务的任务状态段 TSS。

在传统的 IA-32 架构下，表基地址部分是 32 位的，但是，如图 2-27 所示，在 x64 架构下，表基地址部分已经扩展到 64 位。不过，其他部分则保持原来的长度，没有改变。

x64 架构的处理器兼容保护模式。在保护模式下，只能使用表基地址的低 32 位。原因很简单，传统的老程序，包括老的操作系统，依然是按 32 位保护模式执行，以这些老程序的视角看来，TR 还是那个老的 TR，表基地址部分只有 32 位。

相反，在 IA-32e 模式下，使用全部的 64 位表基地址，这样就可以在 64 位线性地址空间中的任何位置安装 TSS。注意，为了在访问 TSS 时不损失性能，TSS 的线性基地址最好按 8 字节对齐，也就是这个地址能够被 8 整除。

操作 TR 寄存器的指令是 ltr 和 str。ltr 指令用来向 TR 寄存器加载一个 TSS 描述符选择子，这导致处理器从 GDT 中找到指定的 TSS 描述符，并从描述符中加载基地址、界限值和属性这三部分内容到 TR 的隐藏部分。最后，TR 就指向 TSS。

在保护模式和兼容模式下，ltr 指令从 GDT 中加载传统的 32 位 TSS 描述符；在 64 位模式下，ltr 指令从 GDT 中加载 64 位 TSS 描述符，而且描述符中的 TSS 线性基地址必须符合扩高形式，否则产生一般保护异常#GP。

str 指令将 TR 寄存器中的 16 位 TSS 描述符选择子保存到指定的通用寄存器或指定的内存位置。

2.9　x64 架构的标志寄存器和指令指针寄存器

在 16 位处理器的时代，标志寄存器是 16 位的，叫作 FLAGS；在 32 位处理器的时代，或者说，在 IA-32 架构下，标志寄存器是 32 位的，叫作 EFLAGS；在 64 位处理器的时代，或者说在 x64 架构下，标志寄存器扩展到 64 位，叫作 RFLAGS。

在 x64 架构下，尽管标志寄存器已经扩展到 64 位，但是高 32 位是保留不用的，被处理器和软件忽略。

来回顾一下 RFLAGS 寄存器的低 32 位，如图 2-28 所示，从右往左，分别是进位标志 CF；奇偶标志 PF；辅助进位标志 AF；零标志 ZF；符号标志 SF；陷阱标志 TF；中断标志 IF；方向标志 DF；溢出标志 OF；IO 特权级 IOPL；任务嵌套标志 NT；恢复标志 RF；虚拟 8086 模式标志 VM；对齐检查标志 AC；虚拟中断标志 VIF；虚拟中断挂起标志 VIP；CPUID 指令支持标志 ID。

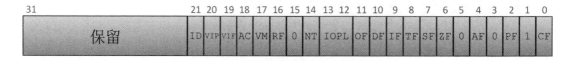

图 2-28　标志寄存器的低 32 位

其中，加框的部分是保留的，包括位 1、位 3、位 5、位 15、位 22～31。这里只是低 32 位，刚才我们说了，整个高 32 位也都是保留的。

下面我们分标志来看。

CF 是进位标志，置位表明整数的加减运算，比如 add 和 sub，产生了进位或者借位；加一指令 inc 或者减一指令 dec 不影响这个标志位；数位移动指令，比如 shl 等，将导致移出的比特进入 CF 标志；逻辑操作指令，比如 or、and、xor，清除这个标志；比特测试指令，比如 btc 等，将会用被测试的那个比特来设置 CF 标志。

PF 是奇偶标志，如果计算结果的最低有效字节中有偶数个 1，PF 标志被置位；否则硬件将其清零。

AF 是辅助进位标志，如果计算结果的位 3 产生了进位或者借位，则设置此位；否则硬件将其清零。

ZF 是零标志，如果最近一次算术操作的结果是 0，则设置此标志；否则，硬件将其清零。比较和测试指令也影响此标志。

SF 是符号标志，如果最近一次算术操作的结果是负值，则设置此标志；否则，硬件将其清零。

DF 是方向标志，用于串操作。软件可将此标志设置为 1，以指示在后面的串操作指令执行过程中，数据指针是递减的；如果将此位清零，则数据指针是递增的。

OF 是溢出标志，如果最近一次的有符号整数运算导致结果的符号位与两个操作数的符号位不同，则硬件设置此标志；否则，硬件将其清零。逻辑运算指令清除此标志。

TF 是陷阱标志，如果软件将此位置 1，则软件调试的过程中将允许单步模式；否则将禁止单步模式。如果在一条指令执行前单步模式处于允许状态，则这条指令执行后，将产生一个调试异常#DB，并转入对应的中断处理过程。在任何中断和异常（包括调试异常）发生后，TF 标志被自动清零。

IF 是中断标志，如果软件将此位置 1，则允许处理器响应可屏蔽中断；否则，处理器忽略可屏蔽的中断。对不可屏蔽中断，比如 NMI、软中断指令和异常，不受此标志影响。

IOPL 是 I/O 特权级字段，用来指定当前任务或程序的输入输出特权级，也就是指定它可以访问哪些硬件端口。

NT 是任务嵌套标志，用于硬件任务切换，指示当前任务是否嵌套在另一个任务中。在保护模式里，很少有软件使用硬件任务切换，IA-32e 模式不支持硬件任务切换，所以这一位用处不大。

RF 是恢复标志，将其设置为 1，可临时禁止指令断点起作用，从而防止重复引发调试异常#DB。调试程序时，设置断点是很常用的操作，断点地址寄存器 DR0～DR3 用来设定断点地址。如果处理器在执行一条指令前，检测到它的地址符合设定的断点地址，则引发指令断点异常，并转入异常处理过程执行。

我们知道，有些异常属于故障（Faults），有些异常属于陷阱（Traps）。如果是故障，则从中断处理过程返回时，是返回到引起故障的指令；如果是陷阱，则返回到下一条指令。由指令断点引发的调试异常属于故障类型，在指令执行前引发，并在这个异常被处理之后重新执行原来的指令。如果在异常处理程序中没有移除这个指令断点，则指令重新执行时，处理器必将再次检测到这个指令断点，并再次引发调试异常，从而围绕这个指令断点形成一个循环。

为防止发生这种情况，IA-32 和 x64 架构的处理器提供了 RF 标志位，软件可以根据需要设置该标志，让处理器忽略指令断点。其原理是这样的：

我们知道，在进入中断和异常处理过程时，除了压入 CS 和指令指针寄存器的内容，还要压入标志寄存器的内容，并在执行中断返回指令时被弹回。平时 RF 标志为零，在进入异常处理过程时，对指令断点要做特殊处理。如果是指令断点引发的异常，则软件需要修改栈中的 RF 标志，将其置 1。如此一来，当执行中断返回指令并从栈中恢复标志寄存器的内容后，RF 是 1，就可阻止断点调试异常再次发生。

VM 是虚拟 8086 模式标志，此位只在保护模式下有用。在保护模式下，通过将此位设置为 1 或者清零，来决定是否允许在保护模式下执行实地址模式的程序。在 IA-32e 模式下不再支持虚拟 8086 模式，所以对此位的修改将被忽略。

AC 是对齐检查标志，在控制寄存器 CR0 的 AM 位是 1 时，软件将此位置 1 以允许自动对齐检查。如果此位是 1 且当前特权级是 3，不对齐的内存操作将导致对齐检查异常#AC。

VIF 是虚拟中断标志；VIP 是虚拟中断挂起标志，这两个标志用于 8086 虚拟机，所以没有详细了解的必要。

ID 是 cpuid 指令支持标志，如果软件可以修改这一位，表明当前处理器支持 cpuid 指令。

再来看指令指针寄存器，处理器用它来取指令并加以执行。

在 16 位处理器上，指令指针寄存器是 16 位的，叫作 IP；在 IA-32 架构上，指令指针寄存器扩展到 32 位，叫作 EIP；在 x64 架构上，指令指针寄存器扩展到 64 位，叫作 RIP。

指令指针寄存器的内容不能直接访问和修改，只能通过 jmp、call、syscall、sysret 等转移指令，或者通过调用门、中断等方式间接改变。

在 x64 架构上，对指令指针寄存器的使用取决于处理器的工作模式。比如，在实地址模式下只能使用低 16 位部分 IP；再比如，在 32 位保护模式下只能使用低 32 位部分 EIP。在 64 位模式下，使用全部的 64 位 RIP。

2.10 x64 架构的寻址方式

2.10.1 x64 架构下传统模式的寻址方式

有些指令执行时需要再次访问内存以取得实际的操作数。在段部件和页部件之前的工作是生成有效地址，即，处理器根据指令计算有效地址。

x86 处理器的寻址方式非常复杂，但并不是没有规律。x86 的寻址方式可以追溯到 16 位处理器的时代，16 位处理器从实地址模式开始，然后引入 16 位保护模式。在实地址模式和 16 位保护模式下，生成 16 位有效地址，而且有一套指定和计算有效地址的方法，这就是传统的 16 位寻址方式。

如图 2-29 所示，16 位寻址方式是用 BX 或者 BP 加上 SI 或者 DI，再加上一个 8 位或者 16 位的距离得到的。实际上，这三个部分并不需要全都存在。

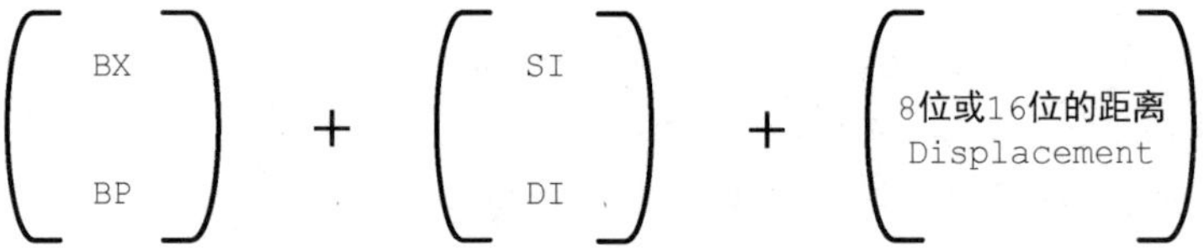

$$\begin{pmatrix} BX \\ BP \end{pmatrix} + \begin{pmatrix} SI \\ DI \end{pmatrix} + \begin{pmatrix} \text{8位或16位的距离} \\ \text{Displacement} \end{pmatrix}$$

图 2-29 传统的 16 位寻址方式

如果省略前两个部分，则有效地址来自 16 位的距离，我们称之为绝对地址，比如

```
mov ax, [0x7c00]
```

如果省略后两个部分，则有效地址来自 BX 或者 BP，比如

```
add ax, [bx]
```

如果省略第三个部分，则有效地址来自第一部分的 BX 和 BP，加上第二部分的 SI 和 DI，比如

```
mov bx, [bx + si]
```

如果指令中指定了全部的三个部分，则有效地址来自这三个部分的相加，比如

```
add bx, [bp + si + 0x7c08]
```

时间过得很快，转眼到了 32 位处理器的时代。32 位处理器兼容 16 位处理器，所以也兼容 16 位处理器的寻址方式。但是，32 位处理器的主要特色是引入了 32 位保护模式。在 32 位保护模式下，生成 32 位有效地址，而且也有一套指定和计算有效地址的方法，这就是传统的 32 位寻址方式。

如图 2-30 所示，32 位寻址方式是用 32 位的通用寄存器，加上 32 位通用寄存器乘以倍率，再加上一个 8 位或者 32 位的距离，来得到 32 位的有效地址。实际上，这四个部分并不需要全都存在。

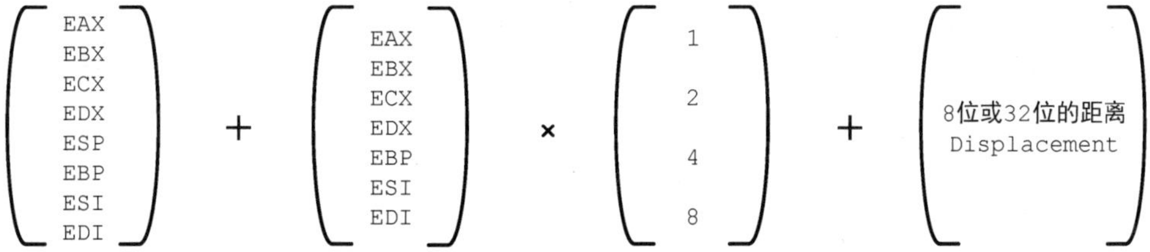

图 2-30　32 位寻址方式

如果省略前三个部分，则有效地址来自 32 位的距离，叫作绝对地址，比如

```
mov eax, [0x7c00]
```

如果省略后三个部分，则有效地址来自 8 个 32 位通用寄存器之一，比如

```
add eax, [ecx]
```

如果省略倍率和距离，则有效地址来自第一部分和第二部分的相加，比如

```
mov ebx, [eax + ebx]
```

此时，可以认为倍率是 1，即，在这里是 ebx 乘 1；
如果省略了距离，则有效地址来自前三个部分，比如

```
add ebx, [eax + ecx * 2]
```

如果指令中指定了全部的四个部分，则有效地址来自第一部分加第二部分乘以倍率，再加上距离，比如

```
mov edx, [eax + ebx * 2 + 0x7c08]
```

2.10.2　x64 架构下 IA-32e 模式的寻址方式

对于 x64 架构的处理器，由于它兼容传统模式，所以它依然支持我们前面所讲的寻址方式，前提是工作在传统模式（实地址模式、16 位保护模式或者 32 位保护模式）下。

x64 架构的处理器有自己独立的 IA-32e 模式，IA-32e 模式有两个子模式，分别是兼容模式和 64 位模式。在 IA-32e 的兼容模式下运行传统的 16 位或者 32 位保护模式程序，并依然采用对应的 16 位或者 32 位寻址方式，生成的有效地址是 16 位或 32 位的，加 0 扩展到 64 位，这是因为 IA-32e 模式使用 64 位线性地址；在 IA-32e 的 64 位模式下，生成 64 位有效地址，而且有一套计算有效地址的方法，即，64 位寻址方式。

如图 2-31 所示，64 位模式的寻址方式是用 64 位的通用寄存器，加上 64 位通用寄存器乘以倍率，再加上一个 8 位或者 32 位的距离，来得到 64 位的有效地址。注意，第二部分不包括 RSP，这和 32 位寻址方式类似。

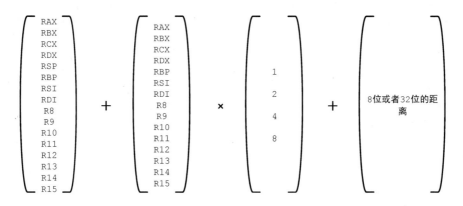

图 2-31　64 位寻址方式

和传统的 16 位、32 位寻址方式一样，实际上，这四个部分并不需要全都存在。如果省略前三个部分，则有效地址来自 32 位的距离，叫作绝对地址，比如

```
mov al, [0x7c00]
```

如果省略后三个部分，则有效地址来自 64 位通用寄存器之一，比如

```
add dx, [rax]
```

下面这条指令指定了全部的四个部分，它是用 r8 加上 r15 乘以 8，再加上 66：

```
add rax, [r8 + r15 * 8 + 0x66]
```

2.10.3　64 位模式的 RIP 相对寻址方式

顾名思义，RIP 相对寻址是相对于 64 位的指令指针 RIP 来寻址的，这种寻址方式只能在 64 位模式下使用。看过《x86 汇编语言：从实模式到保护模式》一书的人都知道并能够体会程序的浮动会影响指令的执行，所以程序加载后还要进行重定位。在平坦模型下，程序不再分段，程序中的任何内容之间都有确定的相对距离。因此，64 位模式引入 RIP 相对寻址方式，以适应这种变化。对于深受程序重定位之苦的人来说，RIP 相对寻址是他们梦寐以求的寻址方式。

在分段模型下，程序的重定位很简单，因为指令中的有效地址也是段内偏移量，我们只需要将程序加载的位置确定为段地址就可以了。但是，在 64 位模式下是不分段的，处理器强制程序采用平坦模型，而且段的基地址都强制为 0，在程序加载后，无法再用设定段地址的方式来实现程序重定位，而必须修改程序中的指令，将指令中的有效地址修改为实际的线性地址，这是一件非常麻烦的工作。

来看一个例子，如图 2-32 所示，这是一个汇编语言程序，在程序中声明了标号 data 并开辟一个双字，这个双字的初始值为 0，不过初始值并不重要。

```
;这里是一些指令和数据

data dd 0

;这里是一些指令和数据

mov [data], eax

;这里是一些指令和数据
```

图 2-32　汇编程序的例子

在程序中，指令

```
mov [data], eax
```

用来将寄存器 EAX 的内容保存到 data 这里。这条指令的前后还有其他一些指令和数据，但与我们讨论的主题无关，予以省略。

假定标号 data 距离程序开头的偏移量是 0x3f8，所以标号 data 代表的数值是 0x3f8。这条 mov 指令编译后，标号 data 将被替换为 0x3f8。

事实确实如此。在 64 位模式下，这条指令编译后，机器码为 89 04 25 f8 03 00 00。最后 4 字节是采用低端字节序存放的 64 位有效地址 0x000003f8。

要执行编译后的程序，必须先将其加载到内存里。如图 2-33 所示，假定程序是从线性地址 0x3000000 开始加载的，那么标号 data 定义的双字则位于线性地址 0x30003F8，上述汇编语言指令所对应的机器指令 89 04 25 F8 03 00 00 位于哪个线性地址并不重要，所以没有显示。

我们知道，程序在加载和执行前，需要重定位。在分段内存管理的时代，需要先确定段地址。在这里，段地址可以确定为 0x3000000。那么，上述 mov 指令执行时，是用段地址 0x3000000 加上指令中的有效地址 0x3F8，得到线性地址 0x30003F8，并将 EAX 的内容写入这个地址。

但是，在 64 位模式下是不分段的，处理器强制程序采用平坦模型，而且段地址被视为 0。既然是不分段的，我们就不能利用段地址来实现程序的浮动和重定位，而只能通过修改指令的机器码 89 04 25 F8 03 00 00，将它的有效地址部分从 F8 03 00 00 修改为实际的有效地址 F8 03 00 03。显然，在平坦模型下，程序的重定位更困难、更麻烦。

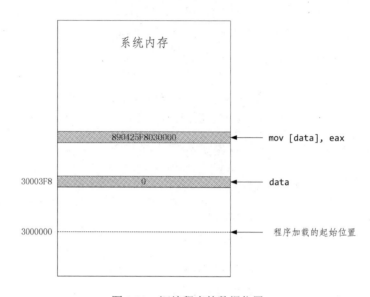

图 2-33　汇编程序的数据位置

但是，请考虑一下，如果我们在指令中不使用标号 data 的绝对汇编地址，而是使用当前这条 mov 指令和标号 data 的相对距离，会怎样呢？

很好，因为这个相对距离在程序编译时是固定的，在程序加载后也是固定的，所以再也不用考虑程序重定位的问题，不管程序加载到什么位置，都不需要修改这条指令，处理器根据这个相对值就能找到要访问的目标位置，这就是 RIP 相对寻址的原理。使用 RIP 相对寻址方式，上述 mov 指令就可以写成

```
mov [rel data], eax
```

注意，为了在指令中使用相对距离，我们使用了关键字 rel，它是相对的意思。

使用 RIP 相对寻址，有效地址是用 RIP 的当前内容加上指令中指定的距离得到的。请注意，在任何时候，RIP 的内容实际上是下一条指令的地址，因为在指令执行的同时，处理器自动增加 RIP 的值使其指向下一条指令。

在使用 RIP 寻址方式的指令中，指定的距离只有 32 位，而且是有符号数。所以，使用 RIP 相对寻址方式，可以访问的地址范围是以下一条指令为中心的前后 2GB。有关 RIP 相对寻址方式的具体使用方法，后面将结合程序代码做详细的说明和演示。

2.10.4　64 位模式下的指令变化情况

在 64 位模式下，如果指令的目的操作数部分是通用寄存器，而且执行的是 32 位的操作，

那么，32 位的操作结果将零扩展到整个 64 位的目的寄存器。例如：

```
bits 64
mov eax,0x12345678          ;RAX = 0x0000000012345678
```

这条指令很简单，是将立即数 0x12345678 传送到寄存器 EAX。此操作结束后，寄存器 EAX 的值是 0x12345678。但是，与此同时，RAX 的高 32 位被清零，所以 64 位的 RAX 是 0x0000000012345678。

注意，以上规则不影响 8 位和 16 位操作，8 位和 16 位操作像往常一样保留未写入的高位部分。

在 64 位模式下，支持使用 64 位偏移量的间接绝对近转移。这里有两个例子。

```
bits 64
call near [dest]        ;RIP=dest 处的 64 位数据
jmp rsi                 ;RIP=RSI
```

在第一条指令中，标号 dest 指示的内存位置处保存着目标位置的 64 位偏移量。指令执行时，从 dest 处取得这个偏移量，并修改指令指针 RIP 即可完成转移。在第二条指令中，目标位置的偏移量来自寄存器 RSI。指令执行时，用 RSI 的内容来改变指令指针 RIP 即可完成转移。

在 64 位模式下，支持使用 32 位或者 64 位偏移量的间接绝对远转移。这里有两个例子。

```
bits 64
call far qword [dest1]      ;目标=16:64
jmp far dword [dest2]       ;目标=16:32
```

在第一条指令中，标号 dest1 指示的内存位置处保存着目标位置的 16 位选择子和 64 位偏移量，因为内存操作数是用 qword 修饰的。指令执行时，如果选择子是门描述符的选择子，则 64 位偏移量从门描述符中取出，并用来修改指令指针 RIP。如果选择子是一般的代码段选择子，则指令指针要用从 dest1 处取得 64 位偏移量来修改，完成转移。

在第二条指令中，标号 dest2 指示的内存位置里保存着目标位置的 16 位选择子和 32 位偏移量，因为内存操作数是用 dword 修饰的。指令执行时，如果选择子是门描述符的选择子，则 64 位偏移量从门描述符中取出，并用来修改指令指针 RIP。如果选择子是一般的代码段选择子，则从 dest2 处取得的 32 位偏移量被零扩展到 64 位，再用来修改指令指针 RIP，完成转移。

在 64 位模式下，不再支持直接绝对远转移。比如下面这条指令，在 64 位模式下是非法的。不过我们可以用间接绝对远转移来完成相同的操作。

```
bits 64
jmp far 0x0008:0x00000000       ;非法，不支持。
```

在 64 位模式下，使用 64 位的栈指针，不受栈段描述符 B 位的影响（再说栈段寄存器 SS 已经不用），也不受指令前缀的影响。这意味着，在 64 位模式下，始终使用 64 位的栈指针寄存器 RSP。

在 64 位模式下，栈操作的尺寸只能是 16 位或者 64 位的，比如 push rax 和 push ax；相反需要注意的是，32 位的栈操作是非法的，比如 push eax。

在 64 位模式下，可以用 push 指令压入字节、字、双字和四字长度的立即数，比如 push byte 0x08，不足 64 的立即数会在压栈前符号扩展到 64 位。

在 64 位模式下，除了 FS 和 GS，其他段寄存器的入栈和出栈操作都是非法的，比如 push cs 和 push es。对于 FS 和 GS，段寄存器的内容先零扩展到 64 位再压入栈中。

在 64 位模式下，有些指令是无效的，比如 daa、das、into、lds、les、pop ds、pop es、pop ss、popa、popad、push cs、push ds、push es、push ss、pusha、pushad 等。

2.11　IA-32e 模式下的中断和异常处理概述

在 IA-32e 模式下，一旦发生中断和异常，将导致处理器进入 64 位模式，清楚这一点很重要。换句话说，在 IA-32e 模式下，中断和异常的处理程序必须是 64 位代码。

在 IA-32e 模式下，中断描述符表 IDT 内必须包含 64 位的中断门和陷阱门，但不包括任务门，因为 IA-32e 模式不支持硬件任务切换。在 IA-32e 模式下，要引用中断描述符表内的中断门和陷阱门，需要用中断号乘以 16，而不是像传统模式下那样乘以 8。

在 IA-32e 模式下，对中断和异常的处理是在 64 位模式下进行的，所以处理器在保护现场时的每个压栈操作都是按 8 字节进行。

和传统模式一样，在 IA-32e 模式下，因中断和异常而转入中断处理程序时，如果特权级发生变化，则需要切换栈。

在传统模式下，只有在特权级发生变化时，处理器才会压入段寄存器 SS 和栈指针寄存器，但是在 IA-32e 模式下，是无条件压入 SS 和 RSP 的。

在传统模式下，任务状态段 TSS 主要用于任务切换。当然，如果因中断或者系统调用而发生了特权级之间的转移，还要切换栈。新栈的段选择子和栈指针是从当前任务的任务状态段 TSS 中获取的。

如图 2-34 所示，这是传统模式下的任务状态段 TSS，当中断和异常发生时，如果特权级发生了改变，则从当前任务的 TSS 中选择一个适当的栈段选择子与栈指针，TSS 中的其他内容用于硬件任务切换。

在 IA-32e 模式下，不再支持硬件任务切换，但 TSS 依然有用，依然要用于中断和异常的处理及系统调用。同时，TSS 的布局发生了变化，大部分内容被废弃。

如图 2-35 所示，在 IA-32e 模式下，原先的三个特权级栈指针被保留，但扩展到 64 位，分别是 RSP0、RSP1 和 RSP2，取消了三个栈段选择子。这是因为在 IA-32e 模式下，中断和异常处理程序必须是 64 位的，在 64 位模式下，不再使用栈段寄存器 SS，栈基地址始终为 0。

如果发生了栈的切换，需要根据目标特权级从 RSP0、RSP1 和 RSP2 选择一个栈指针。但是还可以用另外一种机制来选择栈指针，这种新的机制叫作中断栈表（Interrupt Stack Table，IST）。引入中断栈表的基本想法是，为一些特殊的中断，比如不可屏蔽中断 NMI、双重错异常等提供可以信任的栈。

在 TSS 中，一共定义了 7 个可以使用的中断栈表指针，分别是 IST1 到 IST7。如果中断栈表机制是开启的，则因中断和异常而发生栈切换时，可以从中选择一个作为栈指针。

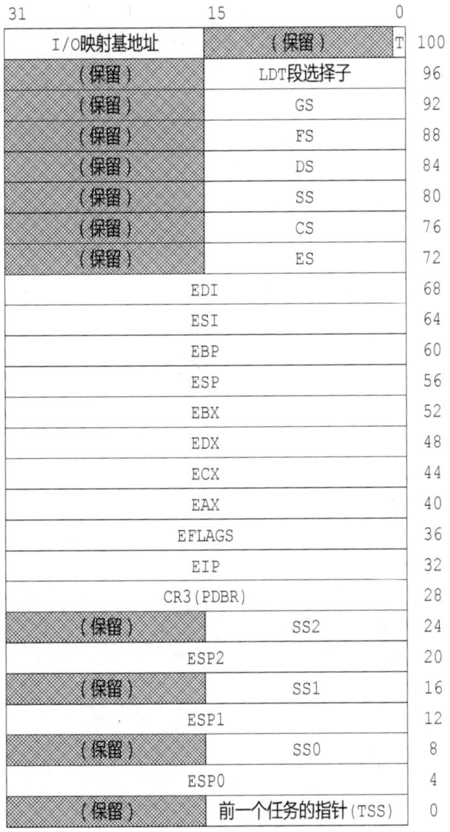

31	15	0	
I/O映射基地址	（保留）	T	100
（保留）	LDT段选择子		96
（保留）	GS		92
（保留）	FS		88
（保留）	DS		84
（保留）	SS		80
（保留）	CS		76
（保留）	ES		72
EDI			68
ESI			64
EBP			60
ESP			56
EBX			52
EDX			48
ECX			44
EAX			40
EFLAGS			36
EIP			32
CR3(PDBR)			28
（保留）	SS2		24
ESP2			20
（保留）	SS1		16
ESP1			12
（保留）	SS0		8
ESP0			4
（保留）	前一个任务的指针(TSS)		0

图 2-34　保护模式下的任务状态段 TSS

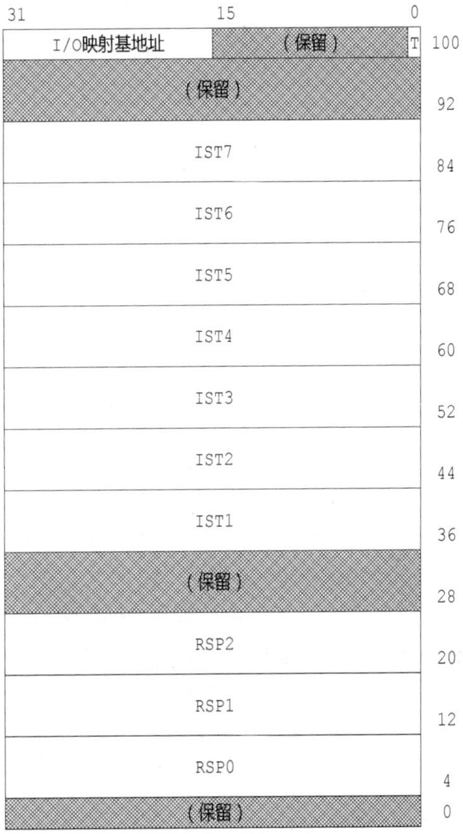

31	15	0	
I/O映射基地址	（保留）	T	100
（保留）			
			92
IST7			
			84
IST6			
			76
IST5			
			68
IST4			
			60
IST3			
			52
IST2			
			44
IST1			
			36
（保留）			
			28
RSP2			
			20
RSP1			
			12
RSP0			
			4
（保留）			0

图 2-35　IA-32e 模式下的任务状态段 TSS

第 3 章　进入 IA-32e 模式

x64 架构的处理器支持多种工作模式，包括实地址模式、保护模式、虚拟 8086 模式、系统管理模式和 IA-32e 模式，可以让处理器从一种模式进入另一种模式，但这些模式之间不能共存。

实地址模式和保护模式我们已经学过，虚拟 8086 模式是为了在保护模式下运行实地址模式的程序。系统管理模式是一个特殊的模式，不管处理器当前工作在哪种模式下，正在干什么，只要 SMI 引脚出现了信号，就进入系统管理模式，以执行特殊的软件和系统，完成特殊的工作。完成了这些工作后，可以返回到从前的工作模式和工作状态。只要进入系统管理模式的时间足够短，就能够以不易察觉的方式完成特殊工作，比如加解密。

尽管 x64 架构的处理器支持这么多工作模式，但是实际上，实地址模式和虚拟 8086 模式已经被淘汰，已经很难找到正在运行这种程序的计算机系统。随着整个计算机产业逐步完成从 32 位到 64 位的过渡，保护模式也已经过时，取而代之的是 IA-32e 模式。不过，所谓的保护模式已经过时，仅仅意味着这种处理器工作模式已经被 IA-32e 模式取代，但并不意味着业界可以在一夜之间将所有的保护模式程序换掉，换成 IA-32e 模式的程序，这是不可能的，因为这需要人力、时间和金钱方面的成本，这就是为什么 x64 架构的处理器要兼容保护模式的原因。这种兼容是以两种方式实现的。

其一，x64 架构的处理器支持保护模式。这样它就可以运行以前的 32 位操作系统，这些操作系统工作在保护模式下，能运行传统的保护模式程序。

其二，x64 架构的处理器新增了 IA-32e 模式，可以运行最新的 64 位操作系统，这些操作系统工作在 64 位模式下，可以执行 64 位程序，也可以执行传统的保护模式程序。换句话说，保护模式和 64 位模式可以在 IA-32e 模式下共存。

在这本书里，我们主要关注 IA-32e 模式，而且要演示 IA-32e 模式下的多处理器管理和初始化、多处理器多任务和任务调度、多处理器多线程和线程调度、数据竞争和互斥锁等相关主题，而本章的任务是演示如何从加电开机，一直到进入 64 位模式的整个过程。

3.1　如何进入 IA-32e 模式

在前面我们已经介绍了 x64 架构的处理器所支持的各种工作模式。当处理器加电或者复位之后，处理器工作在实地址模式下。从实地址模式可以切换到保护模式，从保护模式可以返回实地址模式。

进一步地，从保护模式可以进入 IA-32e 模式，从 IA-32e 模式也可以返回保护模式。如图 3-1 所示，在开机或者重启后，64 位处理器工作在实地址模式下。将控制寄存器 CR0 的 PE

位置 1，处理器进入保护模式。在保护模式下，通过开启 IA-32e 模式、开启物理地址扩展 PAE 功能，然后开启分页，就进入了 IA-32e 模式。

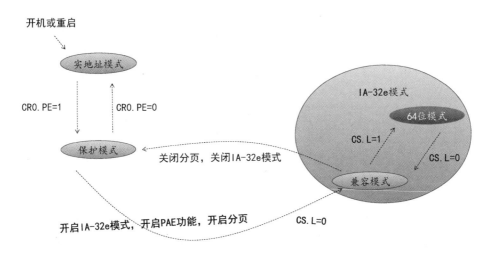

图 3-1　64 位 x86 处理器各工作模式之间的切换

需要注意的是，如果在保护模式下已经开启了分页，则必须先关闭分页功能。这是因为保护模式下用的是传统的分页方式，而 IA-32e 模式必须使用 4 级或者 5 级分页，所以只能先关闭分页，初始化 4 级或者 5 级分页，最后再开启或者重新开启分页，从而最终激活 IA-32e 模式。

刚进入 IA-32e 模式时，是进入 IA-32e 的兼容模式。这是因为在保护模式下代码段描述符和代码段寄存器的 L 位是保留的，必须置 0。因此，进入 IA-32e 模式后，代码段寄存器的 L 位依然是 0，自然就工作在兼容模式下。

通过执行一个描述符的 L 位是 1 的代码段，可以从兼容模式切换到 64 位模式；如果再执行一个 L 位是 0 的代码段，则切换到兼容模式。

要想从 IA-32e 模式返回保护模式，必须工作在兼容模式下，这是为了保证代码段寄存器的 L 位是 0。换句话说，如果处理器工作在 64 位模式下，必须先切换到兼容模式。在兼容模式下，关闭分页，再关闭 IA-32e 模式，就回到了保护模式。

从这一章开始，我们将完整地演示从加电开机一直到进入 64 位模式的整个过程，其总体执行流程如下。

首先，开机或者重启之后，执行我们的程序。在我们的程序中，先判断当前处理器是否为 x64 架构的处理器，如果不是，则显示信息并停机。本书是讲 64 位的处理器，所以你的处理器必须是 64 位的，这是基本要求。

如果是 64 位的处理器，则我们获取处理器的物理地址线数量和虚拟地址位数。这个虚拟地址位数通常是 48，未来将支持 57 位的虚拟地址。

接下来，我们创建全局描述符表 GDT 并安装必要的段描述符，然后进入保护模式。进入保护模式后，创建初始的 4 级分页结构，因为 IA-32e 模式要求必须开启分页，而且必须使用 4 级或者 5 级分页机制。

做好了准备工作之后，我们进入 IA-32e 模式。最开始的时候，一定是在兼容模式下执行，所以我们最终会从兼容模式进入 64 位模式。

3.2 本章代码清单

本章有配套的汇编语言源程序，并围绕这些源程序讲解如何进入 IA-32e 模式，请对照阅读。

源文件 c03_mbr.asm：本章的主引导程序；

源文件 c03_ldr.asm：本章的内核加载器程序；

源文件 c03_core.asm：本章的内核程序。

由于我们是直接在硬件上运行程序，和往常一样，要在主引导扇区编写启动代码。计算机启动后，先执行基本输入输出系统 BIOS，再由 BIOS 加载主引导扇区，然后开始执行主引导扇区的代码。

主引导扇区的长度只有 512 字节，如果仅仅是为了演示如何进入 64 位模式，这个长度足够了。也就是说，只用一个主引导扇区就可以。但是从长远来看，我们这本书不但要演示如何进入 64 位模式，还要演示多任务切换和多线程切换。

因此，和《x86 汇编语言：从实模式到保护模式》这本书一样，我们需要模拟一个操作系统内核，还要模拟操作系统如何加载和执行用户程序。因此，在文件组织上，我们决定从一开始就做长远的规划，这样就可以确保整本书的内容和文件组织有条不紊。

在这一章里，内核对应着程序文件 c03_core.asm。内核程序是随着教学的深入而不断改进的，最开始很简单，只用来演示如何进入 64 位模式。随着教学的深入，在后面的章节里还要为它添加更多的代码和更复杂的功能。

为了加载内核，我们需要一个内核加载程序，或者叫内核加载器。这是因为主引导扇区太小，只有区区 512 字节，太紧张了，所以我们需要一个功能完善的内核加载器，这就是我们的程序文件 c03_ldr.asm，用来完成内核的加载工作，然后跳转到内核执行。

最后，我们的主引导程序文件是 c03_mbr.asm，它只包含少量代码，这些代码的工作是从硬盘上读取内核加载器，然后跳转到内核加载器执行。

```
1  ;c03_mbr.asm
2  ;主引导扇区程序
3  ;2021-08-31，李忠
4
5  ;-------------------------------------------------------------------------------
6  %include "..\common\global_defs.wid"
7  ;-------------------------------------------------------------------------------
8  SECTION  mbr  vstart=0x00007c00
9          xor ax, ax
10         mov ds, ax
11         mov es, ax
12         mov ss, ax
13         mov sp, 0x7c00
14
15         ;以下从硬盘逻辑 1 扇区装入内核加载器
16         push dword 0
17         push dword LDR_START_SECTOR    ;传输的起始逻辑扇区号（1）
18         push word LDR_PHY_ADDR >> 4    ;压入缓冲区的逻辑段地址
19         push word 0                    ;压入缓冲区的起始偏移量
20         push word 0x0001               ;传输的扇区数
21         push word 0x0010               ;地址结构尺寸及保留字节
22         mov si, sp
23         mov ah, 0x42                   ;INT 13H 扩展读功能
24         mov dl, 0x80                   ;主盘
25         int 0x13                       ;成功则 CF=0,AH=0；失败则 CF=1 且 AH=错误代码
26         mov bp, msg0
27         mov di, msg1 - msg0
28         jc go_err                      ;读磁盘失败，显示信息并停机
29
30         push ds
31
32         mov cx, LDR_PHY_ADDR >> 4      ;切换到加载器所在的段地址
33         mov ds, cx
34
35         cmp dword [0], 'lizh'          ;检查加载器有效标志
36         mov bp, msg1
37         mov di, mend - msg1
38         jnz go_err                     ;加载器不存在，显示信息并停机
39
40         ;以下判断整个程序有多大
41         mov eax, [4]                   ;核心程序尺寸
42         xor edx, edx
43         mov ecx, 512                   ;512 字节每扇区
44         div ecx
45
```

```
46          or edx, edx
47          jnz @1                          ;未除尽，因此结果比实际扇区数少 1
48          dec eax                         ;已经读了一个扇区，扇区总数减 1
49      @1:
50          or eax, eax                     ;考虑实际长度≤512 个字节的情况
51          jz go_ldr                       ;EAX=0 ？
52
53          ;读取剩余的扇区
54          pop ds                          ;为传递磁盘地址结构做准备
55
56          mov word [si + 2], ax           ;重新设置要读取的逻辑扇区数
57          mov word [si + 4], 512          ;重新设置下一个段内偏移量
58          inc dword [si + 8]              ;起始逻辑扇区号加一
59          mov ah, 0x42                    ;INT 13H 扩展读功能
60          mov dl, 0x80                    ;主盘
61          int 0x13                        ;成功则 CF=0,AH=0；失败则 CF=1 且 AH=错误代码
62
63          mov bp, msg0
64          mov di, msg1 - msg0
65          jc go_err                       ;读磁盘失败，显示信息并停机
66
67      go_ldr:
68          mov sp, 0x7c00                  ;恢复栈的初始状态
69
70          mov ax, LDR_PHY_ADDR >> 4
71          mov ds, ax
72          mov es, ax
73
74          push ds
75          push word [8]
76          retf                            ;进入加载器执行
77
78      go_err:
79          mov ah, 0x03                    ;获取光标位置
80          mov bh, 0x00
81          int 0x10
82
83          mov cx, di
84          mov ax, 0x1301                  ;写字符串，光标移动
85          mov bh, 0
86          mov bl, 0x07                    ;属性：常规黑底白字
87          int 0x10                        ;显示字符串
88
89          cli
90          hlt
```

```
91
92 ;-----------------------------------------------------------------------------
93       msg0            db "Disk error.",0x0d,0x0a
94       msg1            db "Missing loader.",0x0d,0x0a
95       mend:
96 ;-----------------------------------------------------------------------------
97       times 510-($-$$) db 0
98                       db 0x55,0xaa
```

```
1  ;c03_ldr.asm:内核加载器，李忠，2021-7-18
2  ;-------------------------------------------------------------------------
3  %include "..\common\global_defs.wid"
4  ;=========================================================================
5  section loader
6    marker        dd "lizh"                      ;内核加载器有效标志    +00
7    length        dd ldr_end                     ;内核加载器的长度      +04
8    entry         dd start                       ;内核加载器的入口点    +08
9
10   msg0          db "MouseHero x64 course learning.",0x0d,0x0a
11
12   arch0         db "x64 available(64-bit processor installed).",0x0d,0x0a
13   arch1         db "x64 not available(64-bit processor not installed).",0x0d,0x0a
14
15   brand_msg     db "Processor:"
16      brand      times 48  db 0
17                 db  0x0d,0x0a
18
19   cpu_addr      db "Physical address size:"
20      paddr      times 3 db ' '
21                 db ","
22                 db "Linear address size:"
23      laddr      times 3 db ' '
24                 db 0x0d,0x0a
25
26   protect       db "Protect mode has been entered to prepare for IA-32e mode.",0x0d,0x0a,0
27
28    ia_32e       db "IA-32e mode(aka,long mode) is active.Specifically,"
29                 db "compatibility mode.",0x0d,0x0a,0
30 ;-------------------------------------------------------------------------
31  no_ia_32e:
32          mov ah, 0x03                           ;获取光标位置
33          mov bh, 0x00
34          int 0x10
35
36          mov bp, arch1
37          mov cx, brand_msg - arch1
38          mov ax, 0x1301                         ;写字符串，光标移动
39          mov bh, 0
40          mov bl, 0x07                           ;属性：红底亮白字
41          int 0x10                               ;显示字符串
42
43          cli
44          hlt
45
```

```
46    start:
47          mov ah, 0x03                          ;获取光标位置
48          mov bh, 0x00
49          int 0x10
50
51          mov bp, msg0
52          mov cx, arch0 - msg0
53          mov ax, 0x1301                        ;写字符串，光标移动
54          mov bh, 0
55          mov bl, 0x4f                          ;属性：红底亮白字
56          int 0x10                              ;显示字符串
57
58          mov eax, 0x80000000                   ;返回处理器支持的最大扩展功能号
59          cpuid
60          cmp eax, 0x80000000                   ;支持大于 0x80000000 的功能号？
61          jbe no_ia_32e                         ;不支持，转 no_ia_32e 处执行
62
63          mov eax, 0x80000001                   ;返回扩展的签名和特性标志位
64          cpuid                                 ;EDX 包含扩展特性标志位
65          bt edx, 29                            ;EDX 的位 29 是 IA-32e 模式支持标志
66          ;注意：在 VirtualBox 虚拟机上，操作系统的版本如果不选择 64 位，则此标志检测失败。
67          jnc no_ia_32e                         ;不支持，转 no_ia_32e 处执行
68
69          mov ah, 0x03                          ;获取光标位置
70          mov bh, 0x00
71          int 0x10
72
73          mov bp, arch0
74          mov cx, arch1 - arch0
75          mov ax, 0x1301                        ;写字符串，光标移动
76          mov bh, 0
77          mov bl, 0x07                          ;属性：黑底白字
78          int 0x10                              ;显示字符串
79
80          ;显示处理器商标信息
81          mov eax, 0x80000000
82          cpuid                                 ;返回最大支持的扩展功能号
83          cmp eax, 0x80000004
84          jb .no_brand
85
86          mov eax, 0x80000002
87          cpuid
88          mov [brand + 0x00], eax
89          mov [brand + 0x04], ebx
90          mov [brand + 0x08], ecx
```

```
91          mov [brand + 0x0c], edx
92
93          mov eax, 0x80000003
94          cpuid
95          mov [brand + 0x10], eax
96          mov [brand + 0x14], ebx
97          mov [brand + 0x18], ecx
98          mov [brand + 0x1c], edx
99
100         mov eax, 0x80000004
101         cpuid
102         mov [brand + 0x20], eax
103         mov [brand + 0x24], ebx
104         mov [brand + 0x28], ecx
105         mov [brand + 0x2c], edx
106
107         mov ah, 0x03                         ;获取光标位置
108         mov bh, 0x00
109         int 0x10
110
111         mov bp, brand_msg
112         mov cx, cpu_addr - brand_msg
113         mov ax, 0x1301                       ;写字符串，光标移动
114         mov bh, 0
115         mov bl, 0x07                         ;属性：黑底白字
116         int 0x10                             ;显示字符串
117
118  .no_brand:
119         ;获取当前系统的物理内存布局信息（使用 INT 0x15,E820 功能。俗称 E820 内存）
120         push es
121
122         mov bx, SDA_PHY_ADDR >> 4            ;切换到系统数据区
123         mov es, bx
124         mov word [es:0x16], 0
125         xor ebx, ebx                         ;首次调用 int 0x15 时必须为 0
126         mov di, 0x18                         ;系统数据区内的偏移
127  .mlookup:
128         mov eax, 0xe820
129         mov ecx, 32
130         mov edx, 'PAMS'
131         int 0x15
132         add di, 32
133         inc word [es:0x16]
134         or ebx, ebx
135         jnz .mlookup
```

```
136
137         pop es
138
139         ;获取和存储处理器的物理/虚拟地址尺寸信息
140         mov eax, 0x80000000                      ;返回最大支持的扩展功能号
141         cpuid
142         cmp eax, 0x80000008
143         mov ax, 0x3024                           ;设置默认的处理器物理/逻辑地址位数
144         jb .no_plsize
145
146         mov eax,0x80000008                       ;处理器线性/物理地址尺寸
147         cpuid
148
149  .no_plsize:
150         ;保存物理和虚拟地址尺寸到系统数据区
151         push ds
152         mov bx, SDA_PHY_ADDR >> 4                ;切换到系统数据区
153         mov ds, bx
154         mov word [0], ax                         ;记录处理器的物理/虚拟地址尺寸
155         pop ds
156
157         ;准备显示存储器的物理地址尺寸信息
158         push ax                                  ;备份 AX（中的虚拟地址部分）
159
160         and ax, 0x00ff                           ;保留物理地址宽度部分
161         mov si, 2
162         mov bl, 10
163  .re_div0:
164         div bl
165         add ah, 0x30
166         mov [paddr + si], ah
167         dec si
168         and ax, 0x00ff
169         jnz .re_div0
170
171         ;准备显示处理器的虚拟地址尺寸信息
172         pop ax
173
174         shr ax, 8                                ;保留线性地址宽度部分
175         mov si, 2
176         mov bl, 10
177  .re_div1:
178         div bl
179         add ah, 0x30
180         mov [laddr + si], ah
```

```
181             dec si
182             and ax, 0x00ff
183             jnz .re_div1
184
185         ;显示处理器的物理/虚拟地址尺寸信息
186             mov ah, 0x03                          ;获取光标位置
187             mov bh, 0x00
188             int 0x10
189
190             mov bp, cpu_addr
191             mov cx, protect - cpu_addr
192             mov ax, 0x1301                        ;写字符串，光标移动
193             mov bh, 0
194             mov bl, 0x07                          ;属性：黑底白字
195             int 0x10                              ;显示字符串
196
197         ;以下开始进入保护模式，为 IA-32e 模式做必要的准备工作
198             mov ax, GDT_PHY_ADDR >> 4             ;计算 GDT 所在的逻辑段地址
199             mov ds, ax
200
201         ;跳过 0#号描述符的槽位
202         ;创建 1#描述符，保护模式下的代码段描述符
203             mov dword [0x08], 0x0000ffff          ;基地址为 0, 界限 0xFFFFF, DPL=00
204             mov dword [0x0c], 0x00cf9800          ;4KB 粒度, 代码段描述符, 向上扩展
205
206         ;创建 2#描述符，保护模式下的数据段和堆栈段描述符
207             mov dword [0x10], 0x0000ffff          ;基地址为 0, 界限 0xFFFFF, DPL=00
208             mov dword [0x14], 0x00cf9200          ;4KB 粒度, 数据段描述符, 向上扩展
209
210         ;创建 3#描述符，64 位模式下的代码段描述符。为进入 64 位提前作准备，其 L 位是 1
211             mov dword [0x18], 0x0000ffff          ;基地址为 0, 界限 0xFFFFF, DPL=00
212             mov dword [0x1c], 0x00af9800          ;4KB 粒度, L=1, 代码段描述符, 向上扩展
213
214
215         ;记录 GDT 的基地址和界限值
216             mov ax, SDA_PHY_ADDR >> 4             ;切换到系统数据区
217             mov ds, ax
218
219             mov word [2], 31                      ;描述符表的界限
220             mov dword [4], GDT_PHY_ADDR           ;GDT 的线性基地址
221
222         ;加载描述符表寄存器 GDTR
223             lgdt [2]
224
225             in al, 0x92                           ;南桥芯片内的端口
```

```
226          or al, 0000_0010B
227          out 0x92, al                              ;打开 A20
228
229          cli                                       ;中断机制尚未工作
230
231          mov eax, cr0
232          or eax, 1
233          mov cr0, eax                              ;设置 PE 位
234
235          ;以下进入保护模式... ...
236          jmp 0x0008: dword LDR_PHY_ADDR + flush     ;16 位的描述符选择子: 32 位偏移
237                                                     ;清流水线并串行化处理器
238          [bits 32]
239  flush:
240          mov eax, 0x0010                           ;加载数据段(4GB)选择子
241          mov ds, eax
242          mov es, eax
243          mov fs, eax
244          mov gs, eax
245          mov ss, eax                               ;加载堆栈段(4GB)选择子
246          mov esp, 0x7c00                           ;堆栈指针
247
248          ;显示信息，表明我们正在保护模式下为进入 IA-32e 模式做准备
249          mov ebx, protect + LDR_PHY_ADDR
250          call put_string_flat32
251
252          ;以下加载系统核心程序
253          mov edi, CORE_PHY_ADDR
254
255          mov eax, COR_START_SECTOR
256          mov ebx, edi                              ;起始地址
257          call read_hard_disk_0                     ;以下读取程序的起始部分（一个扇区）
258
259          ;以下判断整个程序有多大
260          mov eax, [edi]                            ;核心程序尺寸
261          xor edx, edx
262          mov ecx, 512                              ;512 字节每扇区
263          div ecx
264
265          or edx, edx
266          jnz @1                                    ;未除尽，因此结果比实际扇区数少 1
267          dec eax                                   ;已经读了一个扇区，扇区总数减 1
268  @1:
269          or eax, eax                               ;考虑实际长度≤512 个字节的情况
270          jz pge                                    ;EAX=0 ？
```

```
271
272        ;读取剩余的扇区
273        mov ecx, eax                              ;32 位模式下的 LOOP 使用 ECX
274        mov eax, COR_START_SECTOR
275        inc eax                                   ;从下一个逻辑扇区接着读
276    @2:
277        call read_hard_disk_0
278        inc eax
279        loop @2                                   ;循环读，直到读完整个内核
280
281    pge:
282        ;回填内核加载的位置信息（物理/线性地址）到内核程序头部
283        mov dword [CORE_PHY_ADDR + 0x08], CORE_PHY_ADDR
284        mov dword [CORE_PHY_ADDR + 0x0c], 0
285
286        ;准备打开分页机制。先确定分页模式（4 级或者 5 级）
287        ;cmp [sda_phy_addr],57                     ;要求使用 5 级分页吗？
288        ;jz to_5level_page                         ;转 5 级分页代码
289
290        ;以下为内核创建 4 级分页系统，只包含基本部分，覆盖低端 1MB 物理内存
291
292        ;>>>>>>>>>>>>>>>>>>>>>>>>>1.创建内核 4 级头表>>>>>>>>>>>>>>>>>>>>>>>>>
293        mov ebx, PML4_PHY_ADDR                    ;4 级头表的物理地址
294
295        ;4 级头表的内容清零
296        mov ecx, 1024
297        xor esi, esi
298    .cls0:
299        mov dword [ebx + esi], 0
300        add esi, 4
301        loop .cls0
302
303        ;在 4 级头表内创建指向 4 级头表自己的表项
304        mov dword [ebx + 511 * 8], PML4_PHY_ADDR | 3 ;添加属性位
305        mov dword [ebx + 511 * 8 + 4], 0
306
307        ;在 4 级头表内创建与低端 2MB 内存对应的 4 级头表项。
308        ;即，与线性地址范围：0x0000000000000000--0x00000000001FFFFF 对应的 4 级头表项
309        ;此表项为保证低端 2MB 物理内存（含内核）在开启分页之后及映射到高端之前可正常访问
310        mov dword [ebx + 0 * 8], PDPT_PHY_ADDR | 3    ;页目录指针表的物理地址及属性
311        mov dword [ebx + 0 * 8 + 4], 0
312
313        ;将页目录指针表的内容清零
314        mov ebx, PDPT_PHY_ADDR
315
```

```
316        mov ecx, 1024
317        xor esi, esi
318    .cls1:
319        mov dword [ebx + esi], 0
320        add esi, 4
321        loop .cls1
322
323        ;在页目录指针表内创建与低端 2MB 内存对应的表项。
324        ;即, 与线性地址范围: 0x0000000000000000--0x00000000001FFFFF 对应的表项
325        mov dword [ebx + 0 * 8], PDT_PHY_ADDR | 3        ;页目录表的物理地址及属性
326        mov dword [ebx + 0 * 8 + 4], 0
327
328        ;将页目录表的内容清零
329        mov ebx, PDT_PHY_ADDR
330
331        mov ecx, 1024
332        xor esi, esi
333    .cls2:
334        mov dword [ebx + esi], 0
335        add esi, 4
336        loop .cls2
337
338        ;在页目录表内创建与低端 2MB 内存对应的表项。
339        ;即, 与线性地址范围: 0x0000000000000000--0x00000000001FFFFF 对应的表项
340        mov dword [ebx + 0 * 8], 0 | 0x83                ;2MB 页的物理地址及属性
341        mov dword [ebx + 0 * 8 + 4], 0
342
343
344        ;在 4 级头表内创建与线性地址范围 0xFFFF800000000000--0xFFFF8000001FFFFF 对应的
345        ;4 级头表项, 将内核映射到高端。内核进入 IA-32e 模式后应当工作在线性地址高端。
346        mov ebx, PML4_PHY_ADDR
347
348        mov dword [ebx + 256 * 8], PDPT_PHY_ADDR | 3    ;页目录指针表的物理地址及属性
349        mov dword [ebx + 256 * 8 + 4], 0
350
351        ;在 4 级头表的高一半预先创建额外的 254 个头表项
352        mov eax, 257
353        mov edx, COR_PDPT_ADDR | 3                       ;从这个地址开始是内核的 254 个页目录指针表
354    .fill_pml4:
355        mov dword [ebx + eax * 8], edx
356        mov dword [ebx + eax * 8 + 4], 0
357        add edx, 0x1000
358        inc eax
359        cmp eax, 510
360        jbe .fill_pml4
```

```
361
362              ;将预分配的所有页目录指针表都统统清零
363              mov eax, COR_PDPT_ADDR
364      .zero_pdpt:
365              mov dword [eax], 0                          ;相当于将所有页目录指针项清零
366              add eax, 4
367              cmp eax, COR_PDPT_ADDR + 0x1000 * 254 ;内核所有页目录指针表的结束位置
368              jb .zero_pdpt
369
370              ;令 CR3 寄存器指向 4 级头表（保护模式下的 32 位 CR3）
371              mov eax, PML4_PHY_ADDR                      ;PCD=PWT=0
372              mov cr3, eax
373
374              ;开启物理地址扩展 PAE
375              mov eax, cr4
376              bts eax, 5
377              mov cr4, eax
378
379              ;设置型号专属寄存器 IA32_EFER.LME，允许 IA_32e 模式
380              mov ecx, 0x0c0000080                        ;指定型号专属寄存器 IA32_EFER
381              rdmsr
382              bts eax, 8                                  ;设置 LME 位
383              wrmsr
384
385              ;开启分页功能
386              mov eax, cr0
387              bts eax, 31                                 ;置位 CR0.PG
388              mov cr0, eax
389
390              ;打印 IA_32e 激活信息
391              mov ebx, ia_32e + LDR_PHY_ADDR
392              call put_string_flat32
393
394              ;通过远返回方式进入 64 位模式的内核
395              push word 0x0018                            ;已定义为常量 CORE_CODE64_SEL
396              mov eax, dword [CORE_PHY_ADDR + 4]
397              add eax, CORE_PHY_ADDR
398              push eax
399              retf
400
401   ;----------------------------------------------------------------------
402   ;带光标跟随的字符串显示例程。只运行在 32 位保护模式下，且使用平坦模型。
403   put_string_flat32:                                    ;显示 0 终止的字符串并移动光标
404                                                         ;输入：EBX=字符串的线性地址
405
```

```
406          push ebx
407          push ecx
408
409  .getc:
410          mov cl, [ebx]
411          or cl, cl                          ;检测串结束标志（0）
412          jz .exit                           ;显示完毕，返回
413          call put_char
414          inc ebx
415          jmp .getc
416
417  .exit:
418          pop ecx
419          pop ebx
420
421          ret                                ;段内返回
422
423  ;--------------------------------------------------------------------
424  put_char:                                  ;在当前光标处显示一个字符,并推进光标。
425                                             ;仅用于段内调用
426                                             ;输入：CL=字符 ASCII 码
427          pushad
428
429          ;以下取当前光标位置
430          mov dx, 0x3d4
431          mov al, 0x0e
432          out dx, al
433          inc dx                             ;0x3d5
434          in al, dx                          ;高字
435          mov ah, al
436
437          dec dx                             ;0x3d4
438          mov al, 0x0f
439          out dx, al
440          inc dx                             ;0x3d5
441          in al, dx                          ;低字
442          mov bx, ax                         ;BX=代表光标位置的 16 位数
443          and ebx, 0x0000ffff                ;准备使用 32 位寻址方式访问显存
444
445          cmp cl, 0x0d                       ;回车符?
446          jnz .put_0a
447          mov ax, bx
448          mov bl, 80
449          div bl
450          mul bl
```

```
451         mov bx, ax
452         jmp .set_cursor
453
454  .put_0a:
455         cmp cl, 0x0a                        ;换行符?
456         jnz .put_other
457         add bx, 80
458         jmp .roll_screen
459
460  .put_other:                                ;正常显示字符
461         shl bx, 1
462         mov [0xb8000 + ebx], cl
463
464         ;以下将光标位置推进一个字符
465         shr bx, 1
466         inc bx
467
468  .roll_screen:
469         cmp bx, 2000                        ;光标超出屏幕? 滚屏
470         jl .set_cursor
471
472         push ebx
473
474         cld
475         mov esi, 0xb80a0                    ;小心! 32 位模式下 movsb/w/d
476         mov edi, 0xb8000                    ;使用的是 esi/edi/ecx
477         mov ecx, 960
478         rep movsd
479         mov ebx, 3840                       ;清除屏幕最底一行
480         mov ecx, 80                         ;32 位程序应该使用 ECX
481  .cls:
482         mov word[0xb8000 + ebx], 0x0720
483         add ebx, 2
484         loop .cls
485
486         pop ebx
487         sub ebx, 80
488
489  .set_cursor:
490         mov dx, 0x3d4
491         mov al, 0x0e
492         out dx, al
493         inc dx                              ;0x3d5
494         mov al, bh
495         out dx, al
```

```
496         dec dx                            ;0x3d4
497         mov al, 0x0f
498         out dx, al
499         inc dx                            ;0x3d5
500         mov al, bl
501         out dx, al
502
503         popad
504
505         ret
506 ;-------------------------------------------------------------
507 read_hard_disk_0:                         ;从硬盘读取一个逻辑扇区
508                                           ;EAX=逻辑扇区号
509                                           ;EBX=目标缓冲区地址
510                                           ;返回：EBX=EBX+512
511         push eax
512         push ecx
513         push edx
514
515         push eax
516
517         mov dx, 0x1f2
518         mov al, 1
519         out dx, al                        ;读取的扇区数
520
521         inc dx                            ;0x1f3
522         pop eax
523         out dx, al                        ;LBA 地址 7~0
524
525         inc dx                            ;0x1f4
526         mov cl, 8
527         shr eax, cl
528         out dx, al                        ;LBA 地址 15~8
529
530         inc dx                            ;0x1f5
531         shr eax, cl
532         out dx, al                        ;LBA 地址 23~16
533
534         inc dx                            ;0x1f6
535         shr eax, cl
536         or al, 0xe0                       ;第一硬盘　LBA 地址 27~24
537         out dx, al
538
539         inc dx
540                                           ;0x1f7
```

```
541        mov al, 0x20                         ;读命令
542        out dx, al
543
544  .waits:
545        in al, dx
546        test al, 8
547        jz .waits                            ;不忙，且硬盘已准备好数据传输
548
549        mov ecx, 256                         ;总共要读取的字数
550        mov dx, 0x1f0
551  .readw:
552        in ax, dx
553        mov [ebx], ax
554        add ebx, 2
555        loop .readw
556
557        pop edx
558        pop ecx
559        pop eax
560
561        ret
562
563  ;-------------------------------------------------------------------------------
564  section trail
565    ldr_end:
```

```
1  ;c03_core.asm:简易内核，李忠，2021-9-3
2
3  %include "..\common\global_defs.wid"
4
5  ;==============================================================================
6  section core_header                        ;内核程序头部
7    length        dd core_end               ;#0: 内核程序的总长度（字节数）
8    init_entry    dd init                    ;#4: 内核入口点
9    position      dq 0                       ;#8: 内核加载的虚拟（线性）地址
10
11 ;==============================================================================
12 section core_data                          ;内核数据段
13   welcome      db "Executing in 64-bit mode.", 0x0d, 0x0a, 0
14
15 ;==============================================================================
16 section core_code                          ;内核代码段
17
18 %include "..\common\core_utils64.wid"      ;引入内核用到的例程
19
20         bits 64
21
22 ;~~~~~~~~~~~~~~~~~~~~~~~~~~~~~~~~~~~~~~~~~~~~~~~~~~~~~~~~~~~~~~~~~~~~~~~~~~~~~~~~~
23 general_interrupt_handler:                 ;通用中断处理过程
24         iretq
25
26 ;~~~~~~~~~~~~~~~~~~~~~~~~~~~~~~~~~~~~~~~~~~~~~~~~~~~~~~~~~~~~~~~~~~~~~~~~~~~~~~~~~
27 general_exception_handler:                 ;通用异常处理过程
28                                            ;在 24 行 0 列显示红底白字的错误信息
29         mov r15, [rel position]
30         lea rbx, [r15 + exceptm]
31         mov dh, 24
32         mov dl, 0
33         mov r9b, 0x4f
34         call put_cstringxy64               ;位于 core_utils64.wid
35
36         cli
37         hlt                                ;停机且不接受外部硬件中断
38
39   exceptm       db "A exception raised,halt.", 0   ;发生异常时的错误信息
40
41 ;~~~~~~~~~~~~~~~~~~~~~~~~~~~~~~~~~~~~~~~~~~~~~~~~~~~~~~~~~~~~~~~~~~~~~~~~~~~~~~~~~
42 general_8259ints_handler:                  ;通用的 8259 中断处理过程
43         push rax
44
45         mov al, 0x20                       ;中断结束命令 EOI
46         out 0xa0, al                       ;向从片发送
```

```
47          out 0x20, al                        ;向主片发送
48
49          pop rax
50
51          iretq
52
53  ;~~~~~~~~~~~~~~~~~~~~~~~~~~~~~~~~~~~~~~~~~~~~~~~~~~~~~~~~~~~~~~~~~~~~~~~~~~~~
54  init:      ;初始化内核的工作环境
55
56          ;将 GDT 的线性地址映射到虚拟内存高端的相同位置。
57          ;处理器不支持 64 位立即数到内存地址的操作，所以用两条指令完成。
58          mov rax, UPPER_GDT_LINEAR           ;GDT 的高端线性地址
59          mov qword [SDA_PHY_ADDR + 4], rax   ;注意：必须是扩高地址
60
61          lgdt [SDA_PHY_ADDR + 2]             ;只有在 64 位模式下才能加载 64 位线性地址部分
62
63          ;将栈映射到高端，否则，压栈时依然压在低端，并和低端的内容冲突。
64          ;64 位模式下不支持源操作数为 64 位立即数的加法操作。
65          mov rax, 0xffff800000000000         ;或者加上 UPPER_LINEAR_START
66          add rsp,rax                         ;栈指针必须转换为高端地址且必须是扩高地址
67
68          ;准备让处理器从虚拟地址空间的高端开始执行（现在依然在低端执行）
69          mov rax, 0xffff800000000000         ;或者使用常量 UPPER_LINEAR_START
70          add [rel position], rax             ;内核程序的起始位置数据也必须转换成扩高地址
71
72          ;内核的起始地址 + 标号.to_upper 的汇编地址 = 标号.to_upper 所在位置的运行时扩高地址
73          mov rax, [rel position]
74          add rax, .to_upper
75          jmp rax                             ;绝对间接近转移，从此在高端执行后面的指令
76
77  .to_upper:
78          ;初始化中断描述符表 IDT，并为 32 个异常及 224 个中断安装门描述符
79
80          ;为 32 个异常创建通用处理过程的中断门
81          mov r9, [rel position]
82          lea rax, [r9 + general_exception_handler];得到通用异常处理过程的线性地址
83          call make_interrupt_gate            ;位于 core_utils64.wid
84
85          xor r8, r8
86  .idt0:
87          call mount_idt_entry                ;位于 core_utils64.wid
88          inc r8
89          cmp r8, 31
90          jle .idt0
91
92          ;创建并安装对应于其他中断的通用处理过程的中断门
```

```
 93          lea rax, [r9 + general_interrupt_handler];得到通用中断处理过程的线性地址
 94          call make_interrupt_gate             ;位于 core_utils64.wid
 95
 96          mov r8, 32
 97  .idt1:
 98          call mount_idt_entry                 ;位于 core_utils64.wid
 99          inc r8
100          cmp r8, 255
101          jle .idt1
102
103          mov rax, UPPER_IDT_LINEAR            ;中断描述符表 IDT 的高端线性地址
104          mov rbx, UPPER_SDA_LINEAR            ;系统数据区 SDA 的高端线性地址
105          mov qword [rbx + 0x0e], rax
106          mov word [rbx + 0x0c], 256 * 16 - 1
107
108          lidt [rbx + 0x0c]                    ;只有在 64 位模式下才能加载 64 位线性地址部分
109
110          ;初始化 8259 中断控制器，包括重新设置中断向量号
111          call init_8259
112
113          ;创建并安装 16 个 8259 中断处理过程的中断门，向量 0x20--0x2f
114          lea rax, [r9 + general_8259ints_handler] ;得到通用 8259 中断处理过程的线性地址
115          call make_interrupt_gate             ;位于 core_utils64.wid
116
117          mov r8, 0x20
118  .8259:
119          call mount_idt_entry                 ;位于 core_utils64.wid
120          inc r8
121          cmp r8, 0x2f
122          jle .8259
123
124          sti                                  ;开放硬件中断
125
126          ;在 64 位模式下显示的第一条信息！
127          mov r15, [rel position]
128          lea rbx, [r15 + welcome]
129          call put_string64                    ;位于 core_utils64.wid
130
131  .halt:
132          hlt
133          jmp .halt
134
135
136 ;~~~~~~~~~~~~~~~~~~~~~~~~~~~~~~~~~~~~~~~~~~~~~~~~~~~~~~~~~~~~~~~~~~~~~~~~~~~~~~~~~~~
137 core_end:
```

3.3 执行主引导程序

3.3.1 NASM 的文件包含

现在我们来看主引导程序 c03_mbr.asm。

第 6 行的%include 是一个预处理器指令。所谓预处理器指令，是在进行实际的编译工作前需要预先处理的指令，但这些指令并不对应机器指令，而是用来指导编译器工作的伪指令。换句话说，是提前做一些处理，为后面的编译做准备。

所有预处理指令都以百分号开始，预处理器指令%include 是文件包含指令，用来将另一个文件的内容包含进来，它类似于 C 语言的文件包含指令# include。

在这里，被包含的文件是 global_defs.wid，它的位置在上一级目录下面的 common 子目录。

与本书配套的文件需要从我的个人网站 www.lizhongc.com 下载，下载的是一个经过压缩的文件，包含了本书的所有源文件和工具。下载并解压缩之后，在 x64asm 目录下是一些工具软件。其中，Nasmide64.exe 用来编辑和编译汇编语言源程序；fixvhdw64.exe 用来将编译后的二进制文件写入虚拟硬盘，这两个程序都只能在 64 位的 Windows 上运行。

目录 x64asm\c03 对应于本章，保存着本章使用的源文件，一共有三个，分别是前面已经介绍过的 c03_mbr.asm、c03_ldr.asm 和 c03_core.asm。

目录 x64asm\common 存放的是公用的文件，也可以称之为公用的程序模块，包括我们刚才所提到的 global_defs.wid。尽管这个文件的扩展名不是.asm，但它本质上还是一个.asm 文件，包含了汇编语言代码，可以用任何文本编辑软件打开。wid 的意思是小组件，小插件。其实扩展名并不重要，你甚至可以将扩展名也设置成.asm，这都无所谓。

global_defs.wid，顾名思义，这是一个全局定义文件。这个文件的内容是有关系统全局的常量定义，比如内核 5 级头表的物理地址、内核 4 级头表的物理地址、中断描述符表的物理地址、全局描述符表的物理地址，等等。本书每章的源文件都会用到这些常量，为避免在每个文件中都重复定义这些常量，可以将它们定义在一个独立的文件中，而其他程序文件只需要用文件包含指令%include 引入这个文件即可。

使用预处理指令%include 包含另一个文件的内容可以减少重复劳动，使程序文件的组织结构化、条理化。但是，若不注意，文件可能会被多次重复包含。举例来说，如图 3-2 所示，文件 a.asm、b.asm 和 c.asm 都用%include 指令包含了文件 global_defs.wid，这是很自然很正常的。

图 3-2　文件的重复包含

除此之外，文件 c.asm 还需要包含文件 a.asm 和 b.asm，因为它需要使用这两个文件中定义的数据和例程。如此一来，在文件 c.asm 中，同一个文件 global_defs.wid 被重复包含了三次。这就是说，文件 global_defs.wid 会在文件 c.asm 中重复插入三次。在程序中出现重复的内容是危险的，这将导致编译时出现错误。

和 C 语言一样，如果要求一个文件中只能包含另一个文件一次，那就需要在被包含的文件中添加条件判断指令。以我们的全局定义文件 global_defs.wid 为例，用文本编辑工具打开它，你会发现有这两行：

```
%ifndef _GLOBAL_DEFS_
    %define _GLOBAL_DEFS_
```

在这个文件的末尾，还有一个配对的

```
%endif
```

上述第一行的%ifndef 是预处理指令，即 if not define，意思是"如果没有定义"。如果没有定义什么呢？如果没有定义后面的符号_GLOBAL_DEFS_。它是一个宏，或者也可称之为符号常量。符号常量的名字可以随意，这都无所谓。显然，这一行是判断指定的符号常量是否已经定义。

在某个文件内直接或者间接地包含全局定义文件 global_defs.wid 时，如果是第一次包含，这个符号常量肯定是没有定义的。所以，预处理指令

```
%ifndef _GLOBAL_DEFS_
```

判断的结果是确实没有定义。此时，从本行开始，一直到末尾的%endif，中间这部分内容是有效的，会参与编译。若其中有其他预处理指令和常量定义，也将执行这些常量定义和预处理指令。因此，预处理指令

```
%define _GLOBAL_DEFS_
```

会被执行，从而定义了符号常量_GLOBAL_DEFS_。

接下来，如果再次直接或者间接地包含全局定义文件 global_defs.wid，将再次执行上述过程。这一次预处理指令%ifndef 判断的结果是符号常量_GLOBAL_DEFS_已经定义，所以，从本行开始，一直到预处理指令%endif，中间这部分内容被编译器忽略。

在主引导程序 c03_mbr.asm 内的第 6 行，这条预处理指令会首先被处理，编译器用指定的那个文件的内容替换当前这条预处理指令，即，将文件 global_defs.wid 的内容插入当前文件。

3.3.2　主引导程序的说明

为方便引用主引导程序内的数据，我们定义了段 mbr，并用 vstart 子句指定段的虚拟起始地址为 0x7c00。

主引导程序是由基本输入输出系统 BIOS 加载到内存的，位置是物理地址 0x7c00，我们通常认为这个位置的逻辑段地址为 0，偏移地址是 0x7c00。

第 9～13 行初始化各个段寄存器，以及栈指针寄存器 SP。显然，栈是从 0x7c00 开始向下推进的，也就是往主引导程序相反的方向推进。它们以 0x7c00 为界，但互不影响。

接下来的任务是从硬盘上读取内核加载器，然后将控制权交给内核加载器。我们规定内核加载器起始于硬盘的逻辑 1 扇区。这就意味着，内核加载器程序编译后，必须从硬盘的逻辑 1 扇区开始连续写入。

按照标准，主引导扇区包括两个部分：前面是主引导程序，后面是一个分区表，最后还有 2 字节的主引导扇区有效标志 0x55 和 0xaa。一个硬盘可以有 4 个主分区，而硬盘分区表则记录了这 4 个分区的详细信息，包括每个分区的起始位置、结束位置和相关属性，比如分区的类型，以及是否为活动分区。主引导程序必须从活动分区加载操作系统的自举代码，并转移到自举代码执行，自举代码用来完成操作系统的加载和初始化工作。因为主引导扇区太小，不可能用来完成操作系统的加载和初始化工作。

我们从来没有用过分区表，也没有创建过分区表，这是因为我们不需要。毕竟我们不是在编写一个真正的操作系统。但是，我们最好是给分区表留出空间，这样符合规范。而且这样还有一个好处，如果你以后想写一个操作系统的话，也能预留出足够的空间。

所以，我们必须精简程序，程序在主引导扇区里占用的空间越小越好。要想节省空间，最好是利用现成的基础设施。在计算机启动并执行到主引导程序时，基本输入输出系统 BIOS 已经可以使用，而且还提供了现成的硬盘读写功能，我们最好利用这些功能。

3.3.3　用 BIOS 硬盘扩展读加载内核加载器

我们目前的任务是从硬盘上读取内核加载器，但我们也说了，主引导扇区空间有限，最好是充分利用 BIOS 提供的服务，即，使用 BIOS 扩展硬盘读。所谓扩展，是因为以前的硬盘读写功能使用 CHS 方式，也就是需要指定磁头、柱面和扇区。这种方式很麻烦，所以人们又发明了 LBA 方式，也就是逻辑块地址。使用逻辑块地址，只需要指定逻辑扇区号就行了。为此，基本输入输出系统 BIOS 也扩展了原来的功能，增加了一些新的硬盘读写接口，这就是扩展硬盘读写功能。

如图 3-3 的左侧所示，BIOS 提供的扩展硬盘读功能需要通过软中断 int 0x13 进入，而且必须用寄存器传入需要的参数。其中，必须用 AH 传入 0x42，表明我们是要读硬盘；必须用 DL 传入我们要读写的那个磁盘驱动器的编号。0x80 是第一硬盘的编号。另外，还必须传入一个数据结构，这个数据结构里包含了一些地址信息，所以我们称之为地址结构。这个地址结构一定是位于数据段中的，所以用段寄存器 DS 传入段地址，用 SI 传入它的段内偏移。

如图 3-3 的右侧所示，地址结构的长度是 16 字节，在这个地址结构内，偏移为 0 的地方是当前这个地址结构自己的长度，以字节计，固定为 16；偏移为 1 的地方是保留字节，固定为 0；偏移为 2 的地方是本次传输或者说读写的扇区数。

读写硬盘时需要指定一个缓冲区，用来存放读出或者写入的数据。为此，在地址结构内偏移为 4 的地方是数据缓冲区所在的段内偏移量；偏移为 6 的地方是数据缓冲区所在的逻辑段地址。最后，偏移为 8 的地方用来指定本次读写的起始逻辑扇区号，长度为 8 字节。

回到主引导程序中，我们用栈来构造一个地址结构，这样比较方便，省得额外寻找地方。因为栈是向下推进的，从高地址往低地址推进，与正常的内存访问方向相反，所以要先压入起始的逻辑扇区号，最后压入的是当前地址结构的尺寸。

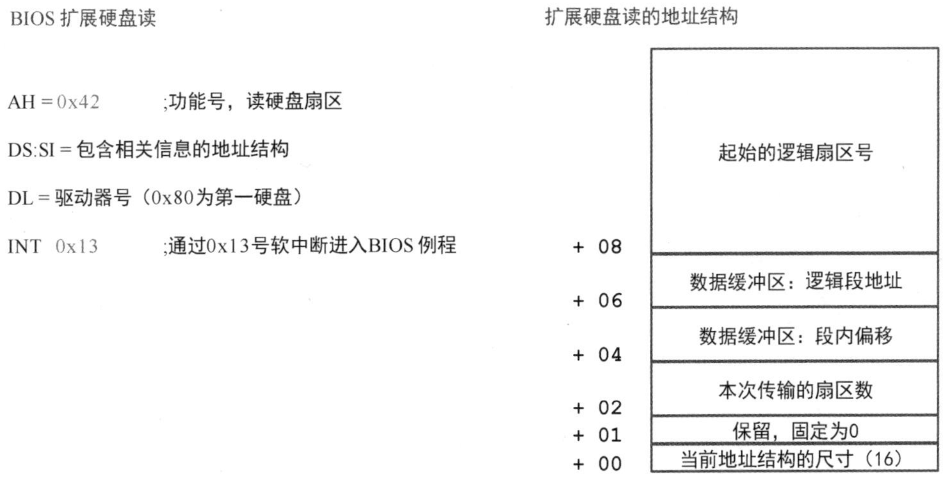

BIOS 扩展硬盘读　　　　　　　　　　　　　扩展硬盘读的地址结构

AH = 0x42　　　　;功能号，读硬盘扇区

DS:SI = 包含相关信息的地址结构

DL = 驱动器号（0x80为第一硬盘）

INT　0x13　　　　;通过0x13号软中断进入BIOS例程

+ 08	起始的逻辑扇区号
+ 06	数据缓冲区：逻辑段地址
+ 04	数据缓冲区：段内偏移
+ 02	本次传输的扇区数
+ 01	保留，固定为0
+ 00	当前地址结构的尺寸（16）

图 3-3　BIOS 扩展硬盘读和相关的地址结构

　　内核加载器在硬盘上的起始逻辑扇区号是 LDR_START_SECTOR，这是一个常量，在全局定义文件 global_defs.wid 里被定义为数值 1，即，内核加载器起始于硬盘的逻辑 1 扇区。定义常量有一个好处，那就是，如果将来改变了常量的数值，其他程序文件不需要修改就能使用修改后的数值。

　　再回到主引导程序，地址结构中的起始逻辑扇区号是 64 位的，8 字节，但是实地址模式下没有指令可以操作 64 位数据，只能按两个 32 位进行操作，所以是压入两个双字（第 16~17 行）。x86 处理器是低端字节序的，所以先压入高双字。内核加载器在硬盘上的位置比较靠前，可以将它的高 32 位看成零，所以我们先压入一个双字长度的 0，再压入双字长度的 LDR_START_SECTOR。两条 push 指令执行后，它们合起来组成一个 64 位的数值。

　　缓冲区的逻辑段地址是用表达式 LDR_PHY_ADDR >> 4 指定的，LDR_PHY_ADDR 是在文件 global_defs.wid 中定义的常量，等于 0x0000F000，是用于安装内核加载器的起始物理地址。如果你对这个地址感到茫然，可以看一下图 3-4，这是本书所使用的内存布局。显然，这个物理地址位于物理内存的低端 1MB 范围内。从这个地址开始一直到 0x10000 的 64KB 先用于安装内核加载器的代码，内核加载器的代码用于加载内核，等内核加载完成后，这段代码就没用了，后续用于安装多处理器初始化代码。这个物理地址是按 16 字节对齐的，因为只有这样的物理地址才能转换为逻辑段地址来用。两个大于号 ">>" 是比特右移运算符，它将 LDR_PHY_ADDR 右移 4 次，也就是向右移动 4 比特。你可以想象一下，假定我们是把常量 LDR_PHY_ADDR 装入一个 32 位的寄存器，然后右移 4 次，右边挤出来的比特被丢弃，左边空出来的比特用 0 来填充。因为常量 LDR_PHY_ADDR 是一个物理地址，所以，右移 4 次，其结果是得到了一个实地址模式下的逻辑段地址。

　　需要特别强调的是，这个表达式是在程序编译时计算的，而不是在指令执行时计算的，这一点需要注意。换句话说，第 18 行实际上压入一个 16 位的立即数，这个立即数是在编译期间用这个表达式计算出来的。

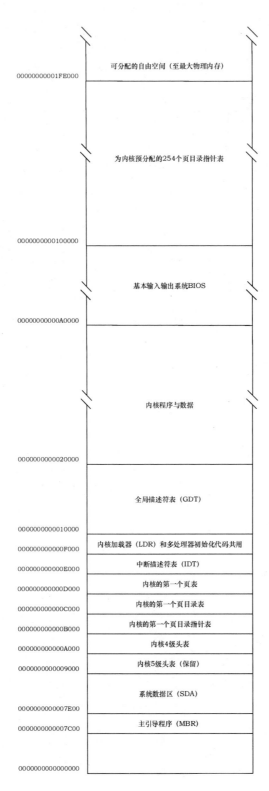

图 3-4　本书的整体内存布局

实际上，像"＞＞"这样的运算符 NASM 还有很多，分别用于编译时的数值运算。具体都还有哪些运算符，请参考 NASM 的手册，它是一个 PDF 文件，在 NASM 的安装目录下。

在主引导程序中，第 20 行，压入数字 1，也就是读取一个扇区。为什么是一个扇区呢？是我们规定内核加载器只占用一个扇区吗？

不是的，内核加载器程序的长度原则上不作限制，我们的用意是先读取一个扇区，然后从这个扇区中获得内核加载器程序的实际长度。

来看一下内核加载器程序 c03_ldr.asm，这个程序一开始就定义了很多数据。在它的起始处，也就是程序内偏移量为 0 的地方，是一个双字，填充的是 4 个字符"lizh"。这是一个标志，表明内核加载器是有效的。就像主引导扇区的有效标志 0x55 和 0xAA 一样，我们只知道内核加载器程序开始于硬盘的逻辑 1 扇区，但是，它有没有真的被写入硬盘，有没有真的被写入这个地方，需要判断一下，免得我们傻傻地以为读出的内容一定就是内核加载器程序。为此，我们设置了这个标志，用来确保读出的内容确实是内核加载器程序。

在偏移为 4 的地方，是内核加载器程序的长度，以字节计，它取自内核加载器程序的最后一个标号 ldr_end，是这个标号的汇编地址。因为它是本程序最后一个标号，所以它的汇编地址就是本程序的长度。

再回到主引导程序，在这里，我们的用意是先读取第一个扇区，从中取出内核加载器程序的总长度，就知道到底要读几个扇区才能全部读完。

3.3.4　通过数据段访问栈中的数据结构

地址结构是在栈中构造的，段寄存器 SS 专门用来访问栈段，但 BIOS 例程要求我们用数据段寄存器 DS 和通用寄存器 SI 指向这个地址结构。这个问题其实不难。不管是栈段还是普通的数据段，本质上都一样，都是内存里的一段空间，只是访问的方式不同。

栈是从高地址方向往低地址方向推进的，也就是从上往下推进。当我们用压栈指令创建地址结构后，栈指针寄存器 SP 指向地址结构的起始处。对于栈段来说，SP 指向栈顶，而对于数据段来说，SP 指向地址结构的起始处。访问普通的数据段不能用 SP，所以，第 22 行，我们将 SP 的值传送给 SI，以后就用 SI 充当段内偏移量来访问这个地址结构。

第 25 行，用 int 指令发出 0x13 号软中断，进入 BIOS 例程，执行磁盘扩展读。BIOS 例程使用我们指定的参数读硬盘，读取一个扇区，然后传送到指定的位置。读磁盘可能会失败，比如读一个不存在的磁盘，或者读的是一个老式的软盘驱动器，但驱动器里没有插入盘片。

无论如何，当中断返回后，如果读写成功，则标志寄存器的进位标志 CF 清零，而且通用寄存器 AH 的值为 0；否则，进位标志 CF 被置位，而且在 AH 里包含了错误代码。错误代码是一个数字，用来表示出现错误的原因。对于我们当前的目标来说，如果读硬盘失败，那就没有选择，只能显示错误信息，然后停机。同样是为了节省主引导扇区空间，我们采用 BIOS 提供的字符串显示功能来显示错误信息。

BIOS 服务并不是本章和本书的重点，它很古老，而且只能在实地址模式下调用，不值得我们过多地了解。我们只需要知道，这个字符串显示功能通过软中断 0x10 进入，功能号为 0x13，通过 AH 传入。如果寄存器 AL 是 1，意味着带光标跟随的写，颜色属性通过寄存器 BL 来指定；

寄存器 BH 用于指定页号，在文本模式下直接设置为 0 即可；寄存器 BL 用来指定颜色属性，它决定了文本的前景色和背景色；寄存器 CX 用来指定字符串的长度；DH 和 DL 用来指定起始的坐标，DH 用来指定行号，DL 用来指定列号；字符串的位置用段寄存器 ES 和通用寄存器 BP 来指定，分别是字符串所在的逻辑段地址和段内偏移量。

回到主引导程序中，错误信息是在第 93 行定义的，是字符串"Disk error."，以及回车和换行。显然，用标号 msg1 减去 msg0，就得到了这个字符串的长度，也就是字节数或者字符数。

第 26 行，我们将标号 msg0 代表的汇编地址传送到寄存器 BP，这是字符串所在的段内偏移量。主引导程序所在的段地址和偏移量分别是 0x0000 和 0x7C00，而这个字符串在这个段内的偏移量是多少呢？当然是 0x7C00 加上该字符串相对于主引导程序起始处的偏移量，在数值上等于 msg0 的汇编地址。但是注意了，主引导程序被定义为一个段，而且在段定义中有 vstart=0x7c00 子句。这意味着，段内所有标号的汇编地址都是相对于段的起始处，从 0x7C00 开始计算的，而不是从 0 开始计算的。所以，标号 msg0 所代表的汇编地址是从 0x7C00 开始累计的，本身就代表它实际的段内偏移量。

第 27 行，我们用标号 msg1 减去 msg0，得到字符串的长度，并传送到寄存器 DI。按照要求，应该是传送到寄存器 CX，但是 CX 在后面会被占用，所以临时用 DI 保存。

紧接着，第 28 行 jc 指令判断标志寄存器的进位标志 CF，如果进位，则表明磁盘读写失败，转到标号 go_err 处执行，显示错误信息并停机，因为这种错误需要重置磁盘驱动器并重新开机。为了显示错误信息，需要先用另一个 BIOS 中断服务来获取光标位置。

要返回光标位置，可以通过 0x10 号软中断调用 BIOS 服务，功能号是 3，通过寄存器 AH 传入。同时，还需要用 BH 指定页号，文本模式下，将页号设置为 0 就可以了。在标准的 VGA 文本模式下，每屏可以显示 25 行文本，每行可以显示 80 个字符，BIOS 例程用 DH 和 DL 返回光标在文本方式下的行列位置，用 CH 和 CL 返回光标所在扫描线的开始和结束位置。

回到程序中，第 79～81 行用于返回光标当前所在的位置。我们只使用 DH 和 DL 中返回的文本行和文本列，不使用 CH 和 CL 返回的数值。

紧接着，第 83 行，我们将 DI 中的字符串长度传送到 CX。从这里就可以看出为什么要用 DI 来传递字符串长度，而不是使用 CX，因为 CX 会被刚才的 BIOS 服务例程破坏。

最后，我们设置 BH 和 BL，然后调用 BIOS 服务例程显示字符串。为字符指定的颜色数值是 0x07，也就是黑底白字。显示错误信息之后，用 cli 指令关闭外部硬件中断，然后用 hlt 指令停机。

3.3.5　读取内核加载器程序的剩余部分

按照预先确定的程序执行流程，如果读磁盘成功则继续往下执行，开始判断读出的内容里有没有加载器有效标志，从这个标志可以知道加载器程序是否真的存在于硬盘，是否真的已经写入硬盘。

现在，我们要访问内核加载器所在的段，它的物理地址是 LDR_PHY_ADDR，这个地址是 16 字节对齐的，将它右移 4 位，就得到了逻辑段地址，内核加载器的有效标志就位于这个段内偏移为 0 的地方。

为此，第 30～33 行，我们先将段寄存器 DS 压栈保存，然后将 LDR_PHY_ADDR 右移 4次，得到逻辑段地址，再传送到 DS，这就将 DS 切换到内核加载器所在的段。

在内核加载器里，偏移为 0 的地方是有效标志"lizh"，4 字节，可以用 cmp 指令执行一个双字长度的比较操作（第 35 行）。在这条指令中，源操作数是一个字符常量。这应该是我们第一次在指令中使用字符常量，在程序编译时，这 4 个字符的编码被转换为一个双字参与比较。

如果比较的结果是不相等，则用 jnz 指令转到标号 go_err 处执行。在此之前的第 36 和 37行已经把错误信息的偏移地址传送到 BP，把字符串的长度传送到 DI。错误信息来自标号 msg1，它位于主引导程序的后面。和前面的 msg0 一样，标号 msg1 代表的偏移地址是相对于主引导程序的起始处，并且是从 0x7C00 开始累计的。

如果成功检测到内核加载器的有效标志，则继续往下执行，第 41～44 行判断整个内核加载器有多大，有多少字节。我们目前只是读取了一个扇区，所以需要知道接下来还得读取几个扇区才能把内核加载器程序完全装入内存。

来看一下内核加载器程序 c03_ldr.asm，在这个文件内偏移为 4 的位置记录了内核加载器的总大小，以字节计，它取自当前文件的最后一个标号 ldr_end，我们前面讲过，这里不再多说。

回到主引导程序 c03_mbr.asm，第 41 行访问数据段，从段内偏移为 4 的地方取出内核加载器程序的总字节数并传送到 EAX。接下来，第 43 行将它除以 512，得到内核加载器占用的扇区数，512 是每个扇区的字节数。我们采用 64 位除法，按照处理器的要求，被除数在 EDX 和 EAX中，EDX 是被除数的高 32 位，EAX 是被除数的低 32 位。内核加载器程序的总长度在 EAX，我们只需要将 EDX 清零即可（第 42 行）。

准备好了被除数，第 43～44 行将 512 传送到 ECX 中作为除数，然后做除法。这将在 EAX中得到商，也就是扇区数。但是，这个扇区数可能比实际的扇区数少一，因为内核加载器程序的长度不见得一定是 512 的整数倍，这个除法可能会有余数，余数在 EDX 中。为此，第 46 行用 or 指令检查 EDX 是否为零。如果 EDX 不为零，则我们求出来的扇区数实际上少了一个。但是我们在前面已经读了一个，正好抵消，EAX 的值就是我们还要再继续读取的扇区数，所以转到标号 @1 处执行。

如果 EDX 的值为零，则意味着内核加载器的总大小正好是 512 的倍数。但是前面已经读过一个扇区，所以还必须用 dec 指令将 EAX 减一才能得到还需要读取的扇区数，然后也转到标号 @1 处执行。

无论如何，一旦程序的执行到达标号 @1 处，EAX 的值就是我们还要继续读取的扇区数。这条 or 指令判断 EAX 的值是否为零。如果为零，说明内核加载器程序很小，只占用一个扇区，而且我们已经读过了，可直接转到标号 go_ldr 处执行。在那里，我们将处理器的控制权交给内核加载器，也就是进入内核加载器执行。

相反，如果 EAX 的值不为零，则我们继续读取内核加载器程序的剩余部分。读扇区还是要调用 BIOS 扩展磁盘读，还需要使用前面定义的地址结构。这个地址结构是在栈中构造的，但可以使用数据段来访问。为此，第 54 行的 pop 指令弹出我们原先的数据段地址到 DS 中，地址结构就位于 DS 指向的段中，段内偏移量在寄存器 SI 中，这是我们在前面设置的，一直没有改变过。

由于寄存器 SI 指向这个地址结构，那么，在 si+2 的地方是本次传输的扇区数，第 56 行将它修改为内核加载器剩余的扇区数。剩余的逻辑扇区数在 EAX 中，但实际上它的数值很小，所以只使用 AX 就行。

在 si+4 的地方是数据缓冲区的段内偏移。因为已经读了一个扇区，所以第 57 行将这个地址修改为 512。实际上，这条 mov 指令也可以改成加法指令 add，直接将 512 加到原先的段内偏移量上。

在 si+8 的地方是起始的逻辑扇区号，因已经读了一个扇区，所以第 58 行将起始的逻辑扇区号加一（采用 inc 指令），这是我们下一次读硬盘时所用的起始逻辑扇区号。

最后，第 59~61 行，在 AH 里设置功能号，在 DL 里设置硬盘编号，发出 0x13 号软中断，进入 BIOS 例程读磁盘并传送数据到指定位置。

第 63~65 行，和前面一样，如果读磁盘失败，则转到标号 go_err 这里执行，显示错误信息并停机；如果读磁盘成功，则继续往下执行，到达标号 go_ldr 这里。

在标号 go_ldr 这里，我们调整栈指针到最开始的位置 0x7c00，手工恢复栈平衡。内核加载器已经位于内存中，它的物理地址是 LDR_PHY_ADDR。第 70~72 行，我们将它右移 4 位生成逻辑段地址，并传送到 DS 和 ES。

再来看一下内核加载器程序 c03_ldr.asm，在它内部偏移为 8 的地方保存着入口点的位置信息，它取自标号 start，是标号 start 代表的汇编地址。该标号位于段 loader 内，而且在这个段的定义中没有 vstart 子句，所以，标号 start 代表的汇编地址是它相对于程序起始处的距离。

3.3.6　转入内核加载器执行

回到主引导程序 c03_mbr.asm。

将内核加载器读入内存之后，我们将离开主引导程序，进入内核加载器执行。为此可以使用跳转指令，但我们用的是一个非常规的方法，那就是使用 retf 指令以远过程返回的方式进入内核加载器。在实地址模式下，远过程返回是处理器自动从栈中弹出偏移地址到指令指针寄存器 IP，从栈中弹出逻辑段地址到代码段寄存器 CS 来完成转移。

为此，第 74 行，我们先压入段寄存器 DS 的内容，这就是内核加载器所在的段；然后，第 75 行访问这个段，从偏移为 8 的地方取出内核加载器的入口点并压入栈中。

第 76 行的 retf 指令执行时，处理器自动从栈中弹出刚才压入的入口点地址到指令指针寄存器 IP；接着又弹出我们刚才压入的段地址到代码段寄存器 CS，从而转移到目标位置执行，也就是进入内核加载器执行。

3.4　执行内核加载器

来看内核加载器程序 c03_ldr.asm，它的入口点位于第 46 行，也就是标号 start 所在的位置。从这里开始，我们先获取光标位置，然后显示字符串。此时，处理器依然工作在实地址模式下，依然可以使用 BIOS 例程来显示字符串。

第 47~49 行获取光标位置；第 51~56 行显示字符串，其方法和从前一样，所以不需要多讲。字符串是在第 10 行的标号 msg0 处定义的，它的意思是"鼠侠 x64 学堂"。就像每个系统都有一个名字一样，我们这个小系统也需要一个名字。我想象着自己和亲爱的读者们一起共同学习 x64 架构，这就组成了鼠侠 x64 学堂。字符串的长度是用标号 arch0 减去 msg0 得到的，以字节计，或者说以字符计。

第 51 行将字符串所在的段内偏移量传送到寄存器 BP，但是要访问这个字符串还需要一个段地址，还要让段寄存器 DS 指向字符串所在的段。实际上在这个时候，段寄存器 DS 正指向字符串所在的段。原因很简单，回到主引导程序 c03_mbr.asm，在进入内核加载器之前，第 70～72 行，我们已经设置了 DS 和 ES，DS 和 ES 的内容是内核加载器物理地址右移 4 位的结果，所以，DS 和 ES 所指向的段就是内核加载器程序所在的段。

3.4.1　检测处理器是否支持 IA-32e 模式

回到内核加载器程序 c03_ldr.asm，注意我们这套课程的目标，我们是要学习 x64 架构的处理器，所以当前所使用的处理器必须是一个 x64 架构的处理器，不然后面的程序就无法执行。为此，我们必须检测当前处理器是不是一个 x64 架构的处理器。

要想知道处理器是否支持 x64 架构，可以用功能号 0x80000001 执行 cpuid 指令，这个功能号要求处理器返回扩展的处理器签名和特性标志。指令执行后，处理器用 EDX 返回扩展特性和标志，它的位 29 用于指示处理器是否为 x64 架构，或者说是否支持 IA-32e 模式。

但是，很多老的处理器不一定支持 0x8000 0001 号功能，特别是那些不支持 x64 架构的处理器。为此，需要首先检测处理器是否支持 0x8000 0001 号功能。要想知道处理器是否支持 0x8000 0001 号功能，需要返回处理器能够支持的最大扩展功能号，并比较这个最大扩展功能号是不是大于 0x8000 0001 即可。

第 58～59 行，我们先在 EAX 中指定 0x8000 0000 号功能，然后执行 cpuid 指令。这个功能号用于返回处理器所支持的最大扩展功能号。此时，处理器用 EAX 返回它所支持的最大扩展功能号。

接着，我们用 cmp 指令将返回的最大扩展功能号与 0x8000 0000 进行比较。如果小于或者等于关系成立，则意味着处理器不支持 0x8000 0001 号功能，同时也意味着处理器不支持 x64 架构，所以转到标号 no_ia_32e 处执行。这个标号在前面不远处，第 31 行。

在标号 no_ia_32e 这里，我们先获取光标位置，然后显示字符串。字符串是在第 13 行定义的，它的意思是"x64 不可用（未安装 64 位处理器）"。字符串显示之后，紧接着清中断，然后停机。这是可以理解的，如果当前处理器不支持 x64 架构，程序也就没有必要往下执行了，你需要换一台计算机再继续学习。

相反，如果处理器支持 0x8000 0001 号功能，则继续往下执行，用 0x8000 0001 号功能执行 cpuid 指令。此时，处理器用 EDX 返回扩展特性和标志，它的位 29 用来表明当前处理器是否为 x64 架构，是否支持 ia-32e 模式。

3.4.2　位测试指令 BT

为了检测 EDX 的位 29，我们需要用位测试指令 bt。bt 不是变态，是 bit test，意思是位测试，这个指令的目的操作数用来指定一个位串，这个位串包含了我们要测试的那个比特。以下是 bt 指令的两种格式。

```
bt r/m, r
bt r/m, imm8
```

位串可以在寄存器里，也可以用内存地址来指定，所以目的操作数部分用 *r/m* 表示；源操作数用来指定要测试的比特，可以用寄存器来指定（用 *r* 表示），也可以用 8 位立即数来指定（用 *imm8* 表示）。

无论如何，在找到被测试的比特后，处理器将它原样传送到标志寄存器的 CF 标志位。然后，通过进位标志 CF 就知道被测试的比特是 0 还是 1。

回到程序中，位串在 EDX 中，我们要测试位 29，所以，第 65 行执行后，被测试的比特被传送到标志寄存器的进位标志 CF。

接下来，第 67 行，如果进位标志是 0，也就是没有进位，则意味着当前处理器不支持 x64 架构，不支持 IA-32e 模式，那就没什么好说的，只能转到 no_ia-32e 这里执行，显示提示信息并停机。相反，如果当前处理器支持 x64 架构，则这条 jnc 指令不发生转移，而是往下执行。下面的第 69～78 行用来显示信息，表明处理器支持 x64 架构。信息依然是用 BIOS 功能调用来显示的，显示的内容是在第 12 行定义的，意思是 "x64 可用（64 处理器已经安装）"。

需要特别注意的是，在 VirtualBox 虚拟机上有一个奇怪的问题，虚拟机的处理器是否支持 x64 架构，居然和你选择的操作系统类型有关，不知道是有意的，还是一个缺陷。具体地说，如果你在安装虚拟机时选择的操作系统不是 64 位的，则上述代码将测试出你的处理器不支持 x64 架构。

因此，在创建 VirtualBox 虚拟机时，系统的"类型"一栏应选择 "Other"，而版本则应当选择 "Other/Unknown(64-bit)"。

3.4.3　获取处理器的商标和地址尺寸

一旦确定当前处理器属于 x64 架构，则继续往下执行，显示处理器商标信息。商标信息是一串字符，固化在处理器内部，需要用 cpuid 指令分 3 次才能全部取出，所使用的功能号分别是 0x8000 0002、0x8000 0003 和 0x8000 0004。但是在此之前，按照标准的做法，需要先判断处理器是否支持这些功能号。

所以，第 81～84 行，我们首先返回当前处理器支持的最大扩展功能号，判断它是否小于 0x8000 0004。如果小于关系成立，则意味着当前处理器不支持获取商标信息，于是转到标号.no_brand 这里执行，实际上是跳过商标信息的获取和显示，继续往后面执行其他功能。

第 86～105 行，如果处理器支持获取商标信息，则我们连续用 0x8000 0002、0x8000 0003 和 0x8000 0004 号功能分 3 次获取商标信息，最终形成一个完整的字符串。这没有什么好说的，在《x86 汇编语言：从实模式到保护模式》这本书里我们已经讲过。商标信息一共 48 个字符，从标号 brand（第 16 行）开始定义了 48 字节的空间来保存这个商标字符串，初始值都为 0。

回顾一下，在进入内核加载器之后，数据段寄存器 DS 指向哪里？从内核加载器开始的位置，是一个独立的段，段寄存器 DS 就指向这个段。同时，标号 brand 代表的数值是它相对于这个段起始处的偏移量。商标信息的写入是以 4 字节为一组的，每组字符所在的段内偏移量分别是 brand+0、brand+4、brand+8 等。

一旦获取了当前处理器的商标信息，第107～116 行调用 BIOS 例程予以显示。显示的内容来自标号 brand_msg，但这个字符串实际上是由第15～17 行合并而成的。

显示了商标信息之后，程序的执行来到标号.no_brand。在前面，如果处理器不支持获取商标信息，同样会来到标号.no_brand，所以这是一个汇合点。从这里（第 118 行）开始一直到第137 行，我们要获取当前系统的物理内存布局信息。实际上，这部分指令及用这部分指令获取的信息对本章和下一章是无用的，只在多处理器环境下有用，所以我们跳过这一部分，留到第5 章再详细介绍。

接下来，从第 140 行开始，我们要获取当前处理器所支持的虚拟（线性）地址尺寸和物理地址尺寸。有关虚拟地址和物理地址，我们在第 2 章里已经详细做了说明。获取虚拟地址尺寸和物理地址尺寸有助于我们创建分页系统的相关表项。

要获取物理地址和虚拟地址尺寸，可以用功能号 0x8000 0008 调用 cpuid 指令。指令执行后，EAX 的位 0 到位 7 是物理地址尺寸；位 8 到位 15 是虚拟地址尺寸，或者叫线性地址尺寸。

首先，我们需要判断当前处理器是否支持获取地址尺寸信息。第 140～144 行，我们用功能号 0x8000 0000 执行 cpuid 指令，返回最大支持的扩展功能号，然后比较功能号是否小于 0x8000 0008。如果确实小于 0x8000 0008，则表明处理器不支持返回地址尺寸的功能，所以要转到标号.no_plsize 处执行。由于没能获取到物理地址和线性地址尺寸，所以在转移之前要先指定一个默认的地址尺寸。默认的物理地址尺寸为 36（0x24），默认的线性地址尺寸为 48（0x30）。

如果处理器支持功能号 0x8000 0008，那么，第 146～147 行用来获取实际的物理地址尺寸和线性地址尺寸。

无论如何，程序的执行都将来到标号.no_plsize 这里。此时，寄存器 AX 中保存着物理地址尺寸和线性地址尺寸，我们要把它保存到系统数据区留作后用，系统数据区用来保存整个系统全局的数据。

如图 3-4 所示，系统数据区在主引导程序的上面，物理地址是 0x00007e00。为了方便，我们在全局定义文件 global_def.asm 里将它定义为符号常量 SDA_PHY_ADDR。

访问系统数据区是临时性的动作，所以要用第 151 行的 push 指令保存 DS 以便将来恢复。接着，第 152～153 行，将 DS 切换到系统数据区。这是在实地址模式下，要将系统数据区的物理地址右移 4 位，得到逻辑段地址。如图 3-5 所示，这是系统数据区的布局，最低 2 字节分别是处理器的物理地址宽度和线性地址宽度。第 154 行，将 AX 中的地址数据保存到系统数据区内偏移为 0 的字内；第 155 行，恢复段寄存器 DS 的原始内容。

接下来，我们还要在屏幕上显示地址尺寸信息。如果只是在屏幕上显示数字，肯定让看的人觉得莫名其妙，所以还必须告诉屏幕前的人，显示的数字是物理地址尺寸和线性地址尺寸。为此，我们在内核加载器程序的前面构造了一个跨越多行的字符串。这个字符串的第一部分是从第 19 行的标号 cpu_addr 开始，其内容为 "Physical address size:"，意思是 "物理地址尺寸"。

图 3-5　系统数据区的内存布局

接着，从标号 paddr 开始，定义了 3 字节的空间，并初始化为空格字符。处理器的物理地址尺寸不可能超过 3 位数，通常是两位数，比如 36 根地址线。物理地址尺寸是一个二进制数字，只有 1 字节，我们要将它转换为可打印的数字字符填写在这里。

接下来，我们又用伪指令 db 定义了一个字节的逗号，接着是另一个字节串"Linear address size:"，意思是"线性地址尺寸"。

在标号 laddr 这里，定义了 3 字节的空间，并初始化为空格字符。这里用来填写处理器的线性地址尺寸，线性地址尺寸是一个二进制数字，只有 1 字节，我们要将它转换为可打印的数字字符填写在这里。

以上，我们用 6 行组成一个完整的字符串，字符串用回车和换行（第 24 行的 0x0d 和 0x0a）结束。在这个字符串中，paddr 处的 3 字节，以及 laddr 处的 3 字节是需要在程序中填写的。

第 158～169 行，我们先将物理地址尺寸转换为数字字符，填写在前面的字符串中，转换和填写的工作是用一个循环来完成的。物理地址尺寸和线性地址尺寸保存在 AX 中，我们先处理物理地址尺寸，在这个过程中将破坏 AX 的内容，所以先用第 158 行的 push 指令将 AX 压栈保存。接着，第 160 行的 and 指令清除 AX 的高 8 位，这将在 AL 中保留物理地址尺寸数据，AH 的内容为 0。第 163～169 行是一个循环，我们用除以 10 取余数的方法分解数位并转换为数字字符。在循环之前，第 162 行在 BL 中设置除数 10。

在循环体中，我们每次先将 AX 除以 BL 中的 10。这是 16 位除法，商在 AL 中，余数是我们分解出来的数位，在 AH 里。分解出来的数位要加上 0x30 转换为数字字符，然后写入标号 paddr 这里。写入的位置实际上是 paddr+si，SI 的初值是 2，每循环一次，就用 dec 指令减一，所以是从 paddr 这里从后往前写的。之所以倒着写，是因为在分解数位时先分解出个位上的数字，然后分解出十位上的数字。

每次循环的结尾，都要用第 168 行的 and 指令将 AX 的高 8 位，也就是 AH 清零，只保留 AL 中的商，用于在下一次循环中继续分解剩余的数位。如果 AL 中的商为零，则 and 指令执行后 AX 的内容肯定为零，意味着可以结束分解，此时，第 169 行的 jnz 指令不发生转移，直接往下执行。

接下来要将线性地址尺寸转换为数字字符填写在前面的字符串中。转换和填写的工作也是用循环来完成的，和前面是一样的。首先，第 172 行，从栈中恢复 AX，恢复后的 AX 包含了物理地址尺寸和线性地址尺寸。第 174 行的 shr 指令将 AX 右移 8 位，如此一来，AH 用零填充，AH 里原先是线性地址尺寸，被移动到 AL。第 177～183 行是一个循环，和前一个循环相同，只不过是将分解出来的数位保存到 laddr 这里。

数位分解之后，就可以显示了。字符串的显示依然是用 BIOS 例程来完成的，先是设置光标位置，接着调用字符串显示例程。字符串的地址来自标号 cpu_addr，字符串的长度是用表达式 protect-cpu_addr 将两个标号相减得到的。

最后假定处理器的物理地址是 36 位的，而线性地址是 40 位的，则这段代码在屏幕上的显示效果是这样的：

```
Physical address size: 36,Linear address size: 48
```

现在请思考一下，在内核加载器程序里，为什么标号 paddr 和 laddr 处的 3 字节都初始化为空格字符？

3.5　进入保护模式

从现在开始我们将进入保护模式，为进入 IA-32e 模式做必要的准备工作，毕竟我们前面说过，要进入 IA-32e 模式，必须先进入保护模式。和往常一样，要进入保护模式，必须先创建并初始化全局描述符表 GDT。要创建和初始化 GDT，就必须先确定它的内存位置。

回头看一下图 3-4 的系统内存布局，明确一下 GDT 的位置。为了方便，我们在全局定义文件 global_defs.wid 中将这个地址定义为常量 GDT_PHY_ADDR。

为了创建和初始化 GDT，需要将 GDT 所在的位置当成一个段来访问。第 198～199 行，我们将 GDT 的物理地址右移 4 次，生成一个逻辑段地址，然后传送到 DS。于是，GDT 就起始于这个段内偏移为 0 的地方。

接下来，我们在 GDT 内安装段描述符。按照处理器的要求，第一个描述符，也就是 0 号描述符，必须是空描述符，我们直接跳过这个表项或者说槽位；1 号描述符是保护模式下的代码段描述符。这个段的基地址为 0，界限值为 0xfffff，粒度为 4KB，显然，段长度是 4GB；2 号描述符是保护模式下的数据段和栈段描述符，这个段的基地址为 0，界限值为 0xfffff，粒度为 4KB，显然，段长度也是 4GB。在保护模式下，栈段也可以使用普通的、向上扩展的数据段。我们让数据段和栈段使用同一个描述符，只要栈操作和普通的数据访问不发生冲突就行。栈段在访问时向下推进，数据段在访问时向上推进，互不干扰。

描述符的格式我们应该比较熟悉了，所以这里不再详细解释。要进入保护模式，有这两个段描述符就足够了。从这两个描述符我们可以看出，进入保护模式后，系统将工作在平坦模型下。平坦模型用起来非常简单，也方便程序的编写。

最后一个段描述符并不是在保护模式下使用的，而是为 IA-32e 模式及其 64 位子模式提前准备的。我们的最终目标是进入 64 位模式，所以需要提前准备这样一个代码段描述符。在 64 位模式下，段描述符的大部分内容都不再使用，所以段基地址、段界限、粒度等都不再起作用。唯一需要注意的是，这个段描述符的 L 位是 1。一旦进入这个代码段执行，处理器将切换到 64 位模式。

按照流程，接下来应该用 lgdt 指令加载全局描述符表寄存器 GDTR。lgdt 指令需要从内存里取得 GDT 的界限值和基地址，为此，我们需要首先把 GDT 的界限值和基地址保存在某个内存位置。

如图 3-5 所示，GDT 的界限值和基地址保存在系统数据区。在系统数据区内偏移为 02 的地方是全局描述符表 GDT 的界限值，长度是 1 个字；在偏移为 04 的地方是全局描述符表 GDT 的基地址，长度是 1 个双字。

我们知道，系统数据区的物理地址被定义为常量 SDA_PHY_ADDR，需要将它作为一个段才能访问。为此，第 216～217 行将系统数据区的物理地址 SDA_PHY_ADDR 右移 4 位，生成一个逻辑段地址，并用这条指令传送到段寄存器 DS，然后就可以用 DS 访问系统数据区了。

第 219 行，将 GDT 的界限值 31 传送到系统数据区内偏移为 2 的地方。全局描述符表中一共有 4 个段描述符，每个描述符 8 字节，一共是 32 字节，32 减 1 就是界限值。

第 220 行，将 GDT 的基地址 GDT_PHY_ADDR 传送到系统数据区内偏移为 4 的地方保存起来。

以上两条指令执行之后，第 223 行的 lgdt 指令加载全局描述符表寄存器 GDTR。这条指令访问段寄存器 DS 所指向的系统数据区，从偏移为 2 的地方取出 GDT 的界限值和基地址并传送到 GDTR。

一旦完成了全局描述符表的初始化，接下来，第 225～235 行，打开处理器的第 21 根地址线 A20，并通过设置控制寄存器 CR0 的位 1 来开启保护模式。这段代码你应该非常熟悉，不再多说。

现在我们已经进入保护模式，但是需要刷新代码段寄存器 CS。像往常一样，第 236 行的 jmp 指令清空流水线并串行化处理器。指令执行时，用描述符选择子 0x0008 从 GDT 中选择第二个描述符，并用描述符的内容刷新 CS 的描述符高速缓存器。在这里，段描述符选择子 0x0008

选择的是基地址为 0 的代码段，而后面的 LDR_PHY_ADDR+flush 是段内偏移量。但，为什么偏移量是 LDR_PHY_ADDR+flush 呢？

如图 3-6 所示，目标代码段的基地址为 0，指向物理内存起始处；内核加载器程序起始于物理地址 LDR_PHY_ADDR。在内核加载器程序中，标号 flush 代表的汇编地址是它相对于内核加载器程序开头的偏移。如此一来，标号 flush 相对于目标代码段起始处的偏移量就是 LDR_PHY_ADDR+flush。

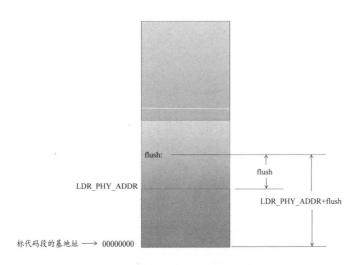

图 3-6　远转移指令的目标位置

从这里开始，后面的指令都是用 bits 32 编译的，只能在 32 位保护模式下执行。第 240～246 行，依次向 DS、ES、FS、GS 和 SS 加载平坦模型下的 4GB 数据段选择子，然后将栈指针设置为 0x7c00。如图 3-4 所示，这个位置紧挨着主引导程序，但它是向下推进的。初始化数据段寄存器时使用的段描述符选择子是 0x0010，它选择的是一个 4GB 的段，段的线性基地址为 0，这和代码段寄存器是一样的。换句话说，我们当前是在保护模式下采用平坦模型执行的。

进入保护模式后，我们准备显示一条信息。因为已经工作在保护模式下，无法再调用 BIOS 例程来显示字符串，毕竟 BIOS 例程只能在实地址模式下调用。为此，我们特意准备了一个保护模式下的字符串显示例程 put_string_flat32，它位于第 403 行。

这是一个带光标跟随的字符串显示例程，只运行在 32 位保护模式下，而且只工作在平坦模型下。这个例程我们并不陌生，这是我们在学习保护模式的时候使用的例程，所以不准备多说，只是简单回顾一下。

这个例程显示 0 终止的字符串并移动光标，在平坦模型下不需要传入段地址，只要求用 EBX 传入字符串的起始线性地址。和从前一样，字符串显示例程从字符串中取出每个字符，然后调用子例程 put_char。在子例程 put_char 内，获取光标位置，在光标处打印字符，根据需要执行回车、换行或者屏幕滚动，最后要重新设置光标并返回到调用者。

回到当前程序的最前面，第 26 行，要显示的字符串从标号 protect 这里开始定义，这个字符串的意思是"已经进入保护模式为 IA-32e 模式做准备。"

回到第 249～250 行，字符串的显示是用这两条指令完成的。在此之前，我们刚刚初始化了所有的数据段寄存器，在平坦模型下，它们都指向同一个段，段的基地址为 0，要显示的字符串就位于这个段中。我们首先将字符串的线性地址 protect + LDR_PHY_ADDR 传送到 EBX，但这个线性地址为什么是 protect + LDR_PHY_ADDR 呢？

如图 3-7 所示，在平坦模型下，所有段寄存器都指向同一个 4GB 的段，都指向物理内存的最低端。在这个段中，内核加载器程序的起始物理地址为 LDR_PHY_ADDR。在内核加载器中，字符串起始于标号 protect，标号 protect 代表的汇编地址是相对于内核加载器程序起始处的距离或者说偏移量。

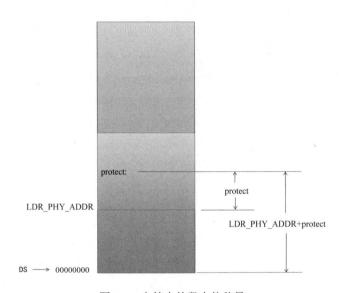

图 3-7　字符串的段内偏移量

尽管字符串位于内核加载器程序中，但是在打印的时候我们把它放在整个 4GB 的内存段中，由于在平坦模型下段的基地址为 0。所以字符串的段内偏移量是内核加载器的起始地址 LDR_PHY_ADDR 加上 protect。我们用 protect + LDR_PHY_ADDR 得到字符串的段内偏移量，传送到 EBX，然后调用 put_string_flat32 来打印它。

3.6　加载内核程序

一旦进入保护模式并显示了一条信息，接下来，我们要加载内核程序。我们在保护模式下使用平坦的内存访问模型，这对于加载内核来说比较方便。

先来看一下我们的内核程序 c03_core.asm。这个内核程序比较简单，目前还缺少大部分必要的功能，比如内存分配、用户程序的加载和创建、任务和线程调度等。不过没有关系，我们当前的目标是说明如何加载内核并进入 64 位模式，所以只需要有一个简单的内核就行，不需要它很复杂。

在内核程序的开头也包含了全局定义文件 global_defs.wid，因为内核程序也需要用到它定义的常量。这个文件里全都是常量定义和宏定义，所以不占用任何内存空间。

内核程序工作在 IA-32e 的 64 位模式下，而在 64 位模式下是不分段的，处理器强制采用平坦模型。但是，这个内核程序依然是分段的，定义了若干个段。这些段的定义只具有形式上的意义，只用来分隔程序中的指令和不同类型的数据，使程序的内容组织在视觉上显得更清楚，仅此而已。

一般来说，分段的意义在于决定标号的汇编地址如何计算。正如我们已经知道的，如果在段的定义中有 vstart 或者 vfollows 子句，则段内标号的汇编地址从指定的数值开始计算。如果在段的定义中没有任何子句，就像本章内核程序中的这些段定义一样，只有关键字 section 及段的名字，则在每个段内，标号的汇编地址都延续自上一个段，都是它们相对于整个内核程序起始处的距离。

在内核程序中，第一个段是 core_header，从名字上表明它是内核头部段。在段的定义中没有任何子句，而且这个段是整个程序中的第一个段，在这个段内，标号 length 的汇编地址是 0；在标号 length 这里，用伪指令 dd 定义了一个双字，所以，下一个标号 init_entry 的汇编地址是 4；在标号 init_entry 这里，也用伪指令 dd 字义了一个双字，所以，下一个标号 position 的汇编地址是 8。

再来看第二个段，第二个段是 core_data，从名字上表明它是内核数据段。在这个段的定义中没有使用任何子句，所以，段内标号的汇编地址是延续自上一个段。

在上一个段中，最后一个标号 position 的汇编地址是 8，从这里开始用 dq 定义了一个 4 字的数据，共 8 字节。因此，在第二个段内，标号 welcome 的汇编地址就是延续自第一个段，它的汇编地址是 0x10，也就是 16。

后面的段 core_code 也是如此，在这个段的定义中没有使用任何子句，所以，段内标号的汇编地址也是延续自上一个段。

通过以上分析可知，虽然内核程序分了段，但是，由于在每个段内，标号的汇编地址都延续自上一个段，或者说，在整个程序中，所有标号的汇编地址都是从程序的起始处开始计算的，所以，内核程序虽然是分段的，但是相当于没有分段，分段只是形式上的。

内核加载器的任务是将内核读入内存并进行重定位。那么，我们应该将内核加载到内存中的什么位置呢？

如图 3-4 所示，从物理地址 0x20000 到 0xA0000 的这一部分用来存放内核。这一段空间不大，只有将近 600KB，对于 Windows 和 Linux 等流行的操作系统来说不值一提，根本就不够它们用的。在保护模式下可以访问 4GB 物理内存，这些流行的操作系统会将自己加载到 1MB 以上的内存空间，而且将占用更多的内存空间。不过，我们的内核非常小，这几百 KB 还用不完。所以，我们将内核加载到 1MB 以内的这一部分空间。当然了，如果你以后想写一个完善的操作系统，那又是另一回事了。

回到内核加载器程序 c03_ldr.asm。

为了加载内核程序，我们编写了一个例程 read_hard_disk_0。这个例程是从第 507 行开始的，用来读硬盘。读过《x86 汇编语言：从实模式到保护模式》这本书的同学肯定非常熟悉，所以也就不准备详细介绍，它无非就是访问硬盘控制器，通过端口向硬盘控制器发送读写命令，再通过端口把硬盘上的数据读入内存。

进入例程时，用 EAX 指定逻辑扇区号，用 EBX 指定目标缓冲区的地址，也就是用来指定把读取的数据放在哪里。注意，这个例程工作在平坦模型下，不需要传入段地址。在平坦模型下，无论什么时候，包括在调用这个例程之前和之后，所有段寄存器都指向同一个 4GB 的段，段的基地址为 0。所以，只需要用 EBX 指定 4GB 段内的偏移量即可。

另外需要注意的是，和从前一样，这个例程每次读一个逻辑扇区，而且在返回时要把 EBX 的内容在原来的基础上增加 512。

前面已经说过，内核被加载的位置是物理地址 0x20000。为了方便，我们在全局定义文件 global_defs.wid 中将它定义为常量 CORE_PHY_ADDR。

在平坦模型下，段的基地址为 0，内核被加载的物理地址就是 4GB 段内的线性地址或者说偏移量，我们将它传送到 EDI（第 253 行）保存，然后在调用 read_hard_disk_0 之前从 EDI 传送给 EBX（第 256 行）。同时，我们还要将内核程序在硬盘上的起始逻辑扇区号 COR_START_SECTOR 传送至 EAX。符号 COR_START_SECTOR 是一个常量，也是在全局定义文件 global_defs.wid 中定义的。

准备好内核的起始逻辑扇区号，以及用于加载内核程序的起始线性地址后，我们调用例程 read_hard_disk_0 读取内核程序的第一个扇区。在这个扇区里包含了内核程序的长度信息，我们需要根据这个长度信息来决定还需要再读几个扇区才能把内核程序全部读完。

来看一下内核程序 c03_core.asm，在程序的一开始包含了 global_defs.wid 文件，但这个文件里全都是常量定义和宏定义，所以不占用任何内存空间。

内核程序是分段的，但我们说过，这些段只具有形式上的意义，在本质上和不分段没有区别，程序内的所有标号，它们的汇编地址都是从整个程序的起始处开始计算的。正因如此，在程序的最后，标号 core_end 所代表的汇编地址就是它相对于整个程序开头的偏移量，而且等于整个内核程序的长度，以字节计。

在程序的一开始，偏移为 0 的地方，是标号 length，在这里定义了一个双字并初始化为标号 core_end 的汇编地址。也就是说，这个双字记录了内核程序的总长度，以字节计。

回到内核加载器程序 c03_ldr.asm。

接下来，我们需要取出内核程序的长度，然后换算成扇区数，就知道还需要再读几个扇区才能把内核程序全部读出来。

我们当前正在使用平坦模型，段的基地址为 0，所以，用来加载内核的物理地址也是 4GB 段内的偏移量。内核加载的物理地址是 CORE_PHY_ADDR，位于 EDI 中。内核的一开始就是内核的长度数据，第 260 行的指令访问 4GB 的数据段，从偏移为 EDI 的地方取出内核程序的长度数据。

接下来，第 261～263 行，我们用 64 位除法，用内核程序的长度除以每个扇区的字节数 512，得到扇区数。被除数在 EDX 和 EAX，除数在 ECX 中，商在 EAX，余数在 EDX。

和往常一样，第 265～267 行是根据余数是否为 0 来判断实际还需要再读几个扇区。如果余数为零，说明内核程序的长度正好是 512 的整数倍，jnz 指令不发生转移，而是执行后面的 dec 指令，将还需要读的扇区数减一，这是因为前面已经读了一个扇区。如果余数不为零，说明扇区数少了一个。但是前面已经读了一个扇区，正好抵消，可直接用 jnz 指令转到后面执行。

无论如何，在标号@1 这里，EAX 中就是还需要再读取的扇区数。如果第 269 行的 or 指令检测到它为零，说明不需要再读了，整个内核程序就只有一个扇区，可转到标号 pge 执行。当然了，内核只有一个扇区的可能性几乎不存在，但在程序中必须做这样的检测。

如果内核程序剩余的扇区数不为零，第 273～279 行读取这些剩余的扇区。第 273 行将 ECX 设置为需要读取的扇区数，用来控制循环的次数；第 274 行设置起始的逻辑扇区号到 EAX，但是这个扇区我们在前面已经读过了，那么第 275 行的 inc 指令将 EAX 加一。

扇区的读取是用 loop 指令组成的循环完成的，每次读硬盘之后都将 EAX 递增以指定下一个逻辑扇区号。

内核程序加载之后，还需要将内核程序在平坦模型下的起始线性地址回填到内核程序头部。在内核程序 c03_core.asm 内偏移为 8 的地方是标号 position，此处用来记录内核加载的起始线性地址，长度为一个四字。这个地址信息非常有用，基本上解决了 64 位模式下的程序重定位问题，我们后面再详细解释。

我们知道，用于加载内核的物理地址已经被定义为常量 CORE_PHY_ADDR，在平坦模型下，段的基地址为 0，内核被加载的物理地址 CORE_PHY_ADDR 就是平坦模型下的线性地址，可直接用常量 CORE_PHY_ADD 代替标号 position 后面的"0"。这样做没有任何问题，但是，我们不是这么做的。

回到内核加载器程序 c03_ldr.asm。

我们不怕麻烦，我们是用两条指令（第 283～284 行）来手工填写内核被加载的起始线性地址到内核程序的头部的。之所以用了两条指令，是因为在保护模式下，指令的操作数不能是64 位的，只能分成两个双字进行。所以，我们只能将内核程序中的这个四字分成两个双字来访问，第一个双字的偏移为 0x08，第二个双字的偏移为 0x0C。

与此同时，由于内核的线性地址 CORE_PHY_ADDR 在数值上很小，可以看成 64 位的，高双字为 0，低双字还是 CORE_PHY_ADDR。

因为 x86 是低端字节序的，高双字数据在高地址，低双字数据在低地址，第 283 行将低双字保存在内核程序头部中偏移为 8 的第一个双字中。访问内存时，是访问基地址为零的段，段内偏移量为 CORE_PHY_ADDR+8，写入的数值是 CORE_PHY_ADDR。

紧接着，第 284 行将数值 0 填写在段内偏移为 CORE_PHY_ADDR+0x0c 的地方，这是高双字。

3.7　为进入 IA-32e 模式准备 4 级分页

我们现在已经进入保护模式并加载了内核程序，但我们的目标是进入 64 位模式，让内核在 64 位模式下执行。要进入 64 位模式，必须先进入 IA-32e 模式，要进入 IA-32e 模式则必须开启分页，所以我们准备打开分页机制。但是在此之前，需要先确定分页模式，确定是采用 4 级分页还是 5 级分页。

64 位处理器当然是支持 4 级分页的，但是它是否支持 5 级分页，需要检测。为了检测处理器是否支持 5 级分页，可以将 EAX 设置为 0x07，ECX 设置为 0，然后执行 cpuid 指令。指令执行后，如果 ECX 的位 16 为 1，表明处理器是支持 5 级分页的。此时，就可以通过将控制寄存器 CR4 的位 12 设置为 1 来开启 5 级分页。当然，如果 ECX 的位 16 为 0，则表明处理器不支持 5 级分页，只能使用 4 级分页。

控制寄存器 CR4 的位 12 叫作 LA57，在 IA-32e 模式下，如果这一位是 0，表明处理器使用 4 级分页机制转换 48 位线性地址；如果这一位是 1，表明处理器使用 5 级分页转换 57 位线性地址。

除了使用刚才的方法，还可以直接用我们获取的线性地址宽度来判断应该使用哪种分页机制。比如我们可以将获取的线性地址宽度和 57 比较，如果相等，则意味着可以使用 5 级分页，否则使用 4 级分页。

注意，在内核加载器程序 c03_ldr.asm 中，第 287～288 的这两条指令被注释掉了，这是考虑到现在还没有什么处理器支持 5 级分页，因此我们直接使用 4 级分页。如果在以后 5 级分页成了主流，我们再做修改。

我们在前面已经简单介绍过 4 级分页，回顾一下第 2 章的图 2-24，4 级分页使用 48 位线性地址。当然了，在处理器内部，线性地址的长度是 64 位的，但只有低 48 位有效，而且必须是一个扩高地址。48 位线性地址被分成五个部分，分别用来访问 4 级头表、页目录指针表、页目录表、页表和物理页。

如图 3-8 所示，首先，控制寄存器 CR3 提供了 4 级头表的物理地址。在整个 4 级分页的体系结构中，4 级头表只有一个，它包含了 512 个表项，每个表项都用来定位一个页目录指针表。

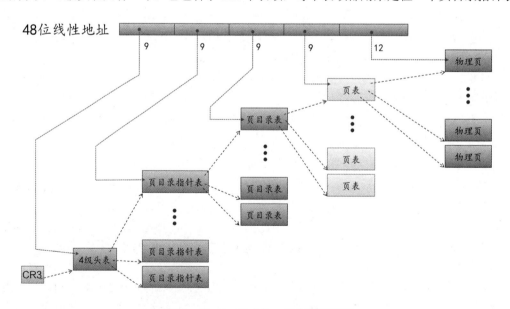

图 3-8　IA-32e 模式的 4 级分页示意图

在线性地址中，第一个 9 比特用来从 4 级头表中选择一个表项。9 比特可以表示的数值范围是 0 到 511，正好可以访问全部的 512 个表项。选择了一个表项，就等于指定了一个页目录指针表。

在每个页目录指针表中，有 512 个表项，每个表项都用来定位一个页目录表。在线性地址中，第二个 9 比特用来从页目录指针表中选择一个表项。选择了一个表项，就等于指定了一个页目录表。

在每个页目录表中，有 512 个表项，每个表项都用来定位一个页表。在线性地址中，第三个 9 比特用来从页目录表中选择一个表项。选择了一个表项，就等于指定了一个页表。

在每个页表中，有 512 个表项，每个表项都用来定位一个物理页。线性地址中的第四个 9 比特用来从页表中选择一个表项。选择了一个表项，就等于指定了一个物理页。物理页是我们最终要访问的页面。此时，用线性地址的低 12 位作为页内偏移，就可以得到我们要访问的数据或者指令。

3.7.1　2MB 和 1GB 页面的 4 级分页方式

刚才所讲的 4 级分页是标准的 4KB 分页方式，它需要一个 4 级头表，若干个页目录指针表，若干个页目录表，若干个页表，页表内的每个表项都指向一个 4KB 的物理页。

事实上，4 级分页方式还支持 2MB 和 1GB 的大页面。也就是说，4 级分页方式的物理页面并不局限于 4KB，而且还可以是 2MB 或者 1GB。

先来看 2MB 的 4 级分页方式，在这种分页方式下，物理页面的尺寸是 2MB。因为最终的物理页变大了，变成了 2MB，所以，就要用 48 位虚拟地址的低 21 位作为页内偏移，用来定位页内的每个字节。如此一来就不再需要页表，只需要 4 级头表、页目录指针表和页目录表，而且页目录表的每个表项都直接指向最终的物理页。48 位虚拟地址的前三个 9 比特和往常一样，分别用来访问 4 级头表、页目录指针表和页目录表。显然，页目录表的表项一定有特殊的标记，这样才能知道它是直接指向物理页呢，还是指向一个页表。不用着急，我们马上就会讲到。

再来看 1GB 的 4 级分页方式，在这种分页方式下，物理页面的尺寸是 1GB。因为最终的物理页变大了，变成了 1GB，所以，就要用 48 位虚拟地址的低 30 位作为页内偏移，用来定位页内的每个字节。如此一来就不再需要页目录表和页表，只需要 4 级头表和页目录指针表即可，而且页目录指针表的每个表项都直接指向最终的物理页。48 位虚拟地址的前两个 9 比特和往常一样，分别用来访问 4 级头表和页目录指针表。显然，页目录指针表的表项一定有特殊的标记，这样才能知道它是直接指向物理页呢，还是指向一个页目录表。不用着急，我们马上就会讲到。

注意，4 级分页可以混合使用多种页面尺寸。换句话说，在同一个分页系统中，多种页面尺寸可以同时存在。比如在图 3-9 所示的分页系统中，页目录指针表的某个表项直接指向一个 1GB 的物理页，还有个表项指向一个页目录表；在页目录表内，有个表项直接指向一个 2MB 的物理页，还有个表项指向一个页表。在页表内，每个表项都指向一个 4KB 的物理页。

最后需要说明的是，不是所有处理器都支持 1GB 的物理页。处理器是否支持 1GB 的大页面，可以用 cpuid 指令来检测。将 EAX 置为 0x8000 0001，然后执行 cpuid 指令。此指令执行后，如果 EDX 的位 26 等于 1，表明处理器支持 1GB 页面；如果为 0，则表明不支持。

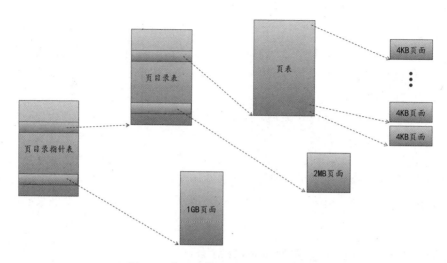

图 3-9 多尺寸物理页混合使用示意图

3.7.2 4 级头表的格式

现在我们先来看一下 4 级头表项的格式。

如图 3-10 所示，4 级头表项的长度是 64 位的，比特编号从 0 到 63。为了方便，我们将其分成两个双字，下面是低双字，比特编号从位 0 到位 31；上面是高双字，比特编号是从位 32 到 63。

图 3-10 4 级头表项的格式

4 级头表项的位 12 到位 51 用来保存页目录指针表的物理地址。所有与分页有关的表都占用一个自然页，所以页目录指针表的物理地址是 4KB 对齐的，其低 12 位都是 0，不需要在表项中给出，只需要保存它的位 12 到位 51。换句话说，去掉页目录指针表物理地址的低 12 位，然后保存在这一部分。

需要说明的是，不同型号的处理器具有不同的物理地址位数，所以，不是所有处理器的物理地址都具有 52 位。没有关系，如果处理器的物理地址位数小于 52，则先在左侧加 0 扩展到 52 位，再保存到这里。

在这个表项中，有很多属性位，比如 U/S、R/W、P 等。在学习保护模式的时候我们已经讲过这些属性位的含义，而且它们的含义在 4 级和 5 级分页系统中也没有变化。这些属性位不是该表项独有的，在其他与分页有关的表项中也存在，而且含义也相同。为了方便，我们统一进行说明。

在所有与分页有关的表项中，P 位是存在位。P 位等于 0 的表项是无效的，不指向任何有效的下一级页转换表或者物理页；如果 P 等于 1，则它指向有效的下一级页转换表或者物理页，而且下一级页转换表或者物理页已经位于内存中。P 位用于虚拟内存管理，当处理器试图访问 P 位是 0 的表项所指向的下一级页转换表或者物理页时，将引发页故障异常。在内存空间紧张时，操作系统应当接管这个异常，并从外部磁盘读入对应的表或者页，再将其对应表项的 P 位置 1 以实现内存管理。

R/W 是读写位，如果是 1，表明允许写入与该表项有关的全部物理页；否则这些物理页只能读取——换句话说，该表项映射的物理页是只读的。

需要注意的是，控制寄存器 CR0 的位 16 叫作写保护位 WP。如果这一位是 0，即使页面是只读的，也可以用超级用户模式的访问写入。在开机后，WP 位默认是 0。超级用户模式的访问通常是指：1，当前特权级 CPL 为 0、1 或者 2 的内存访问；2，处理器为加载段描述符而访问 GDT 或者 LDT；为处理中断和异常而访问中断描述符表 IDT；或者为了执行硬件任务切换而访问任务状态段 TSS，等等。这些都是处理器内部的例行操作，与当前特权级 CPL 无关，所以也是超级用户模式的访问。

U/S 是用户和超级用户位。如果为 0，只有 0、1 和 2 特权级的程序才可以访问与该表项有关的全部物理页，3 特权级的程序不能访问这些物理页。如果 U/S 位是 1，则所有特权级的程序都可以访问这些物理页。如果分页结构表项的 U/S 位等于 0，则该表项映射的所有物理页都是超级用户页（Supervisor Page），否则，通过该表项映射的所有物理页都是用户页（User Page）。

PWT 是页级通写位，它指定用何种内存类型来访问该表项所指向的下一级页转换表或者物理页。这一位目前可以清零。

PCD 是页级高速缓存禁止位。它指定是否可以缓存该表项所指向的下一级页转换表或者物理页中的内容。为 0 允许缓存；为 1 则禁止缓存。

A 位是已访问位。它指示该表项所指向的下一级页转换表或者物理页是否已经被处理器访问过。这一位由处理器在通过该表项访问下一级页转换表或者物理页时自动置 1，但处理器从来不将它清零。对它的清零由操作系统完成。操作系统可以通过监视这一位被置 1 的频次来跟踪下级页转换表或者物理页的访问频度，这对于虚拟内存管理特别有用。内存紧张时，操作系统可通过这一位来统计哪些页较少使用，并将它们换出到外部磁盘以腾出空间给当前需要的程序使用。

XD 是禁止执行位，它控制与该表项相关联的物理页中的代码是否可以执行。如果这一位是 0，这些物理页中的代码可以执行；如果为 1，则禁止执行这些页中的代码。如果没有特殊要求，将这一位清零即可。执行禁止位 XD 是受型号专属寄存器 IA32_EFER 的位 11 控制的。所谓型号专属寄存器，是指只有某些型号的处理器才有的寄存器。有些型号专属寄存器具有很重要的作用，至于如何访问它们，后面将会讲到。

型号专属寄存器 IA32_EFER 的位 11 叫作执行禁止允许位 NXE。如果这一位是 1，则分页结构中的 XD 位是起作用的，否则不起作用，被当成保留位。在开机后，NXE 位默认是 0。

在表项中，位 7 必须清零。另外需要注意的是，AMD 公司和 INTEL 公司对位 8 的要求不一样，INTEL 公司的处理器规定位 8 到位 11 被忽略；AMD 公司的处理器要求位 8 必须为 0。为保险起见，所有被忽略的位建议全部清零。

3.7.3　页目录指针项的格式

我们知道，每个 4 级头表项都指向一个页目录指针表，页目录指针表的表项叫作页目录指针项。我们曾经说过，页目录指针项可以指向页目录表，也可以直接指向一个最终的物理页，所以这两种情况下的页目录指针项是不一样的。

我们先来看指向页目录表的页目录指针项。如图 3-11 所示，页目录指针项的位 12 到位 51 用来保存页目录表的物理地址。页目录表的物理地址是 4KB 对齐的，其低 12 位都是 0，不需要在表项中给出，只需要保存它的位 12 到位 51。换句话说，去掉页目录表物理地址的低 12 位，然后保存在这一部分。

不是所有处理器的物理地址都具有 52 位，所以在一个现实的系统中，页目录表的物理地址可能小于 52 位。没有关系，可以在页目录表物理地址的左侧加 0 扩展到 52 位，去掉低 12 位，再保存到这里。

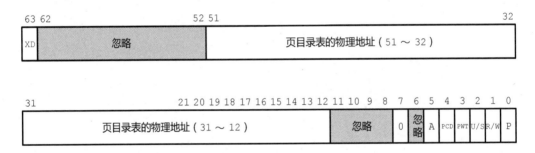

图 3-11　页目录指针项的格式

可以看出，页目录指针项的格式和 4 级头表项相同，而且属性位也一样，各属性位的含义也是一样的，不再多说。

页目录指针项可以指向页目录表，也可以直接指向一个 1GB 的物理页。如果是直接指向一个物理页，则它的格式有所变化，如图 3-12 所示。

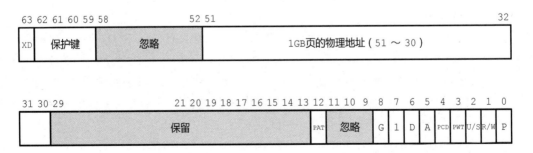

图 3-12　指向 1GB 物理页的页目录指针项

首先，指向物理页时，位 7 必须置 1。相反，指向页目录表时，位 7 是 0。这是一个特殊的标志，处理器用它来区分这两种页目录指针项。

表项的位 30 到位 51 用来填写 1GB 物理页的地址。这个物理页必须是按 1GB 对齐的，所以它的低 30 位必然为全零，需要去掉它的低 30 位，再填写到这里。

在指向 1GB 物理页时，页目录指针项的位 59 到位 62 用来组成一个 4 比特的数字，叫作保护键，它用来决定对该表项所映射的物理页实施何种内存访问保护。保护键的工作机制相对复杂，考虑到本书的主要目标，目前还不需要花篇幅详细解释。因此，除非是实施非常精细和严格的内存访问管理，否则我们不需要保护键，也不需要详细了解它。以后如果有机会的话，再详细说明。

分页结构表项中的保护键是否起作用，取决于控制寄存器 CR4 的位 22 和位 24，它们分别叫作保护键允许位 PKE 和保护键超级用户访问允许位 PKS。当它们为 1 时，分页结构中的保护键部分才有意义。在开机之后，如果没有重新设置，这两个比特都是 0。所以，在开机后的默认状态下，分页结构表项中的保护键部分是没有意义的，不起作用。在本书中，这两位都保持默认状态，因为我们不使用保护键。

在指向 1GB 物理页的页目录指针项中，位 12 是页属性表位 PAT，它用来决定此表项所映射的物理页的内存类型。即，对这些物理页采用何种高速缓存策略。如果这一位是 0，则物理页的高速缓存策略由 PCD 和 PWT 决定；如果这一位是 1，则它和 PCD、PWT 一起共同决定此表项所映射的物理页的高速缓存策略。显然，如果 PAT 位是 0，则它是不起作用的。由于我们还没有介绍内存类型和高速缓存的话题，所以暂时不使用 PAT 机制，这一位是直接清零的。

表项中的 G 位是全局位。如果 G 位是 1，则通过此表项映射的物理页是全局页面。我们知道，在页部件工作时，转换速查缓冲器 TLB 用来缓存经常使用的表项。如果重新设置了控制寄存器 CR3，或者发生了硬件任务切换，TLB 的内容也会被置为无效。但是，如果一个页面是全局页，则 TLB 中的相关条目不会因上述情况的发生而失效，这样可以降低任务切换时的系统开销。

表项中的 G 位是否起作用，还要受控制寄存器 CR4 的位 7 控制，这一位叫作页全局允许位 PGE。如果 PGE 为 0，则表项中的 G 位不起作用；如果 PGE 为 1，表项中的 G 位才有效果。在开机之后，如果没有重新设置，PGE 位默认是 0。

表项中的 D 位是脏位。它指示此表项所映射的物理页是否已经被写过。此位由处理器在写入此表项所映射的页面时自动置 1，但处理器从不将它清零，对这一位的清零通常由操作系统完成。通过监视这一位被处理器置 1 的次数，操作系统就可以跟踪物理页被写入的频度，这对于虚拟内存管理来说特别有用。

3.7.4　页目录项和页表项的格式

在前面我们曾经说过，页目录项可以指向一个页表，也可以直接指向一个最终的 2MB 物理页，所以这两种情况下的页目录项是不一样的。如图 3-13 所示，我们先来看指向页表的页目录项。

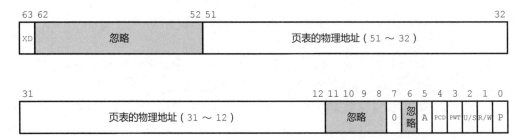

图 3-13　指向页表的页目录项

显然，如果是指向页表，则页目录项的格式和 4 级头表项相同，也和指向页目录表的页目录指针项相同。而且，它们的位 7 都是 0，说明它们指向下一级分页结构的表。

在指向页表的页目录项中，位 12 到位 51 用来保存页表的物理地址。页表的物理地址是 4KB 对齐的，其低 12 位都是 0，不需要在表项中给出，只需要保存它的位 12 到位 51。换句话说，去掉页表物理地址的低 12 位，然后保存在这一部分。不是所有处理器的物理地址都具有 52 位，所以在一个现实的系统中，页表的物理地址可能小于 52 位。没有关系，可以在页表物理地址的左侧加 0 扩展到 52 位，去掉低 12 位，再保存到这里。

页目录项可以指向页表，也可以直接指向一个 2MB 的物理页。如果是直接指向一个物理页，则它的格式有所变化，如图 3-14 所示。

首先，指向物理页时，位 7 必须置 1。相反，指向页表时，位 7 是 0。这是一个特殊的标志，处理器用它来区分这两种页目录项。

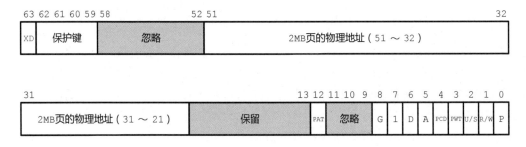

图 3-14　指向 2MB 物理页的页目录项

表项的位 21 到位 51 用来填写 2MB 物理页的地址。这个物理页必须是按 2MB 对齐的，所以它的低 21 位必然为全零，需要去掉它的低 21 位再填写到这里。

在指向 2MB 物理页时，页目录项的格式和指向 1GB 物理页的页目录指针项相同，都包含了保护键、PAT、G 位和 D 位。

最后来看一下页表项的格式，如图 3-15 所示。页表是 4 级或者 5 级分页结构中的最后一级，页表内的每个条目叫作页表项，页表用来指向最终的 4KB 物理页。

在页表项中，PAT 位被安排在位 7，其他属性位的位置没有变化，这一点需要注意。页表项的位 12 到位 51 用来保存 4KB 物理页的物理地址，但只保存页物理地址的位 12 到位 51，因为我们知道，物理页都是按 4KB 对齐的，其低 12 位都是 0。

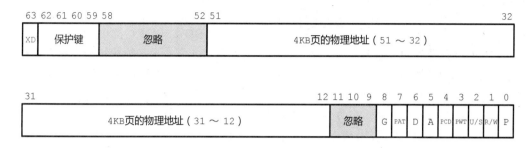

图 3-15 页表项的格式

最后，我们来总结一下分页结构表项的特点。

1．如果是指向分页结构中的下一级表格，表项中包含执行禁止位 XD、下一级表格的物理地址、A 位、PCD、PWT、U/S、R/W 和 P 位；

2．如果是直接指向物理页，表项中包含执行禁止位 XD、保护键、页的物理地址、PAT、G、D、A、PCD、PWT、U/S、R/W 和 P 位。

3.7.5 4 级头表的创建和初始化

我们现在的任务是让内核工作在分页模式下，这就要为它创建分页系统，而且必须是 4 级分页系统。4 级分页系统由大量的表格组成，它就像一棵树，树根就是 4 级头表，它相当于一套文献资料的总目录，所以十分重要。为此，我们必须首先创建内核的 4 级头表。

为了创建内核的 4 级头表，需要分配一块 4KB 的内存，而且这块内存的地址必须是 4KB 对齐的。由于整个系统还处于初始化阶段，还没有内存分配功能，无法动态分配内存，所以只能为 4 级头表指定一个固定的、预先分配的内存位置。

我们指定的位置是 PML4_PHY_ADDR，这是一个在全局定义文件 global_defs.wid 中定义的常量，它等于 0x0000 a000。回头看一下图 3-4，可以加深对这个内存位置的印象。

这是一块预先分配的内存，但里面的原始内容不确定，需要将这块内存区域清零。清零之后，所有 4 级头表项都是全零，包括它们的 P 位，也就是存在位，都是零。P 位等于 0 的表项是无效的，而这正是所有 4 级头表项应有的初始状态。

与分页有关的每个系统表都占用一个自然页，大小都是 4KB，4 级头表也不例外。4 级头表的大小是 4KB，等于 1024 个双字。在保护模式下，我们可以用一个循环，从 4 级头表的起始处开始依次写入 1024 个双字长度的 0。

回到内核加载器程序 c03_ldr.asm。

第 293 行，我们先将 4 级头表的物理地址 PML4_PHY_ADDR 传送到 EBX。我们现在是工作在平坦模型下，段的基地址为 0，EBX 中的 4 级头表物理地址实际上就是 4GB 段内的偏移量。

第 296～297 行，我们用 ECX 指定循环的次数为 1024；用 ESI 提供表内每个双字的偏移，它的初值为 0。

第 298～301 行是个循环，在这个循环中，每次向 EBX+ESI 的位置写入一个双字长度的 0，然后将 ESI 加 4，指向表内的下一个双字；loop 指令完成最终的循环。循环结束后，4 级头表的内容就被清零。

3.7.6 创建指向 4 级头表自身的 4 级头表项

创建 4 级头表是为开启分页做准备，为了开启分页，我们需要在表中填充一些基本的表项，满足开启分页的最低要求。在开启分页之后，还会因为内存分配而随时添加新的表项。

但是，一旦开启分页，在程序中访问 4 级头表就不能像现在这样使用物理地址，而必须使用线性地址或者说虚拟地址。为了通过线性地址访问 4 级头表自身，需要在这个表中添加一个指向 4 级头表自身的表项。这种策略我们并不陌生，在《x86 汇编语言：从实模式到保护模式》一书里讲分页时，我们也用过这种方法来访问页目录表自身。

按照我们的习惯，这个表项是 4 级头表内的最后一个表项，此表项包含 4 级头表自身的物理地址。4 级头表内总共有 512 个表项，索引号从 0 到 0x1FF，这个表项的索引号就是 0x1FF，每个表项占用 8 字节，所以这个表项在表内的偏移是 0xFF8。

回到内核加载器程序 c03_ldr.asm。

第 304～305 行用来创建 4 级头表内的最后一个表项，让它指向 4 级头表自身。在这两条指令执行之前，EBX 的内容是 4 级头表的线性地址，其实也是它的物理地址，所以，第一条指令中，ebx+511*8 就是最后一个表项的线性地址，这条指令写入的是此表项的低双字，这个双字是用 4 级头表自身的物理地址 PML4_PHY_ADDR 和数字 3 逻辑或的结果，这里的 3 实际上是属性位。在这里，一个竖线表示逻辑或操作，不过这个操作是在程序编译期间完成的，而不是在指令执行时进行的。

我们现在是在保护模式下，4 级头表的物理地址是 32 位的。同时，由于 4 级头表的物理地址是 4KB 对齐的，其低 12 位是全零。数字 3 的二进制是 11，所以，与数字 3 逻辑或之后，这个 32 位地址的最低两位是 11。因此，当我们把这个 32 位的结果写入表项的低双字后，前面就是 4 级头表物理地址的位 12 到位 31，低 12 位自动变成了属性位，而且最低两位是 11。即，P 位是 1，R/W 位是 1，其他属性位都是 0。

在当前的环境下，我们只能使用 32 位的物理地址，所以，在表项的高双字中，禁止执行位 XD 通常不用管，直接为 0，所以高双字是全 0。正因如此，在程序中，第 305 行将下一个双字的内容设置为 0。至此，就完成了最后一个表项的安装工作。至于说如何用这个表项来访问 4 级头表自身，其实并不难理解，在本书的后面进行内存分配时，再详细解释。不过你现在就应该能够理解，毕竟我们学过《x86 汇编语言：从实模式到保护模式》一书。

3.7.7 准备映射物理内存的低端 2MB 空间

我们以前学过保护模式下的分页，所以应该知道，在开启分页功能之前和之后，程序的执行应当不失连续性。

处理器当前正在执行内核加载器程序，内核加载器程序在内存中的位置是固定的，每条指令的地址也是固定的。我们来看开启分页前后的指令，第 388 行：

```
mov cr0, eax
```

这条指令用来开启分页，假定它的物理地址是 0xF0C2。由于没有开启分页，这个地址由段部件发出，直接作为物理地址取出这条指令并加以执行。紧接着，处理器的段部件发出下一个地址 0xF0C5，取下一条指令：

```
mov ebx, ia_32e + LDR_PHY_ADDR
```

由于刚刚开启分页，处理器的页部件被激活，0xF0C5 不再是物理地址，而是被看成虚拟地址，要经过页部件转换。可以想象，如果分页系统不存在相关表项，无法完成转换，或者可以转换，但转换后的地址不是 0xF0C5，那就麻烦了。

显然，为确保内核加载器程序正常执行，必须保证两件事：第一，内核加载器程序所在的内存区域必须提前映射到分页系统，在分页系统中的表中安装对应的表项；第二，尽管这个区域内的物理地址在开启分页后被当成虚拟地址，但是在转换后必须保持不变。即，虚拟地址必须和转换后的物理地址相同。

在开启分页前后，让程序的执行不失连续性，这并不是我们唯一的目标，我们的目标还包括让整个系统的工作变得简单，保证内核在开启分页后能够直接继续工作而不用做太多修改。因此，为了省事，我们将物理内存的低端 2MB 完整地做了映射，因为这部分空间里包含了内核使用的代码和数据。

物理内存最低端 2MB 部分的物理地址范围是 0 到 0x1FFFFF。在开启分页前，内存访问使用物理地址，段部件发出的地址就是物理地址，直接用于访问内存。所以，如果处理器发出的地址介于 0 和 0x1FFFFF 之间，那么它访问的就是这段内存空间。

在开启分页后，处理器使用虚拟地址，要经过页部件转换才能输出物理地址。所以，如果段部件发出的地址介于 0 和 0x1FFFFF 之间，那么，经页部件转换后的物理地址必须和转换前相同，才能保证访问的依然是这段内存空间。

现在的问题是，如何设置分页系统，让它能够将一个虚拟地址转换为在数值上相同的物理地址呢？

4 级分页系统使用 48 位线性地址，所以，如果只保留低 48 位，那么，刚才所讲的地址范围就是从 0 到 0x1FFFFF。对于这个范围内的地址，我们统一转换成二进制的形式，并按照 4 级分页的要求划分成五个部分。前四个部分都是 9 比特，最后一个部分是 12 比特。前四个部分分别用来访问 4 级头表、页目录指针表、页目录表和页表，最后一个部分是页内偏移。

现在我们发现，这个地址范围内的所有地址，第一个 9 比特全都是 0。这意味着，它们对应着 4 级头表的第一个表项，也就是索引号为 0 的表项。所以，我们应当创建一个页目录指针表，将它的物理地址填写到这个表项。

同时，这个地址范围内的所有地址，第二个 9 比特也全都是 0。这意味着，它们对应着我们刚才创建的页目录指针表的第一个表项。所以，我们应当创建一个页目录表，将它的物理地址填写到这个表项。

我们还发现，这个地址范围内的所有地址，第三个 9 比特还全都是 0。这意味着，它们对应着我们刚才创建的页目录表的第一个表项。所以，我们应当创建一个页表，将它的物理地址填写到这个表项。

现在，我们发现，在这个地址范围内，第四个 9 比特不一样了，它们是递增的，从 0 递增到 0x1FF。这意味着什么呢？这意味着，对于这个地址范围内的每个地址，都在我们刚才创建的页表中有一个表项。所以，这个页表是满的，是完全被使用的。

我们知道，在物理内存中，第一个页的物理地址是 0，第二个页的物理地址是 0x1000；第三个页的物理地址是 0x2000；第四个页的物理地址是 0x3000，后面依次类推。

在这个页表中，第一个页表项填写第一个物理页的地址，即，0x0000；第二个表项填写第二个物理页的地址，即，0x1000；第三个表项填写第三个物理页的地址，即，0x2000；后面依次类推，最后一个表项填写的物理页地址为 0x1FF000，这是 2MB 内存中最后一个物理页的地址。

至此，除了已经创建的 4 级头表，我们为低端 2MB 内存创建了三个表，分别是页目录指针表、页目录表和页表，这样就完成了低端 2MB 的映射，就可以将低端 2MB 范围内的虚拟地址转换为相同的物理地址。

现在，我们以虚拟地址 0x20C5 为例，来看一看它如何转换为数值上相同的物理地址。如图 3-16 所示，我们先把这个虚拟地址变成 48 位二进制形式，同时按照 4 级分页的要求，分成五个部分。

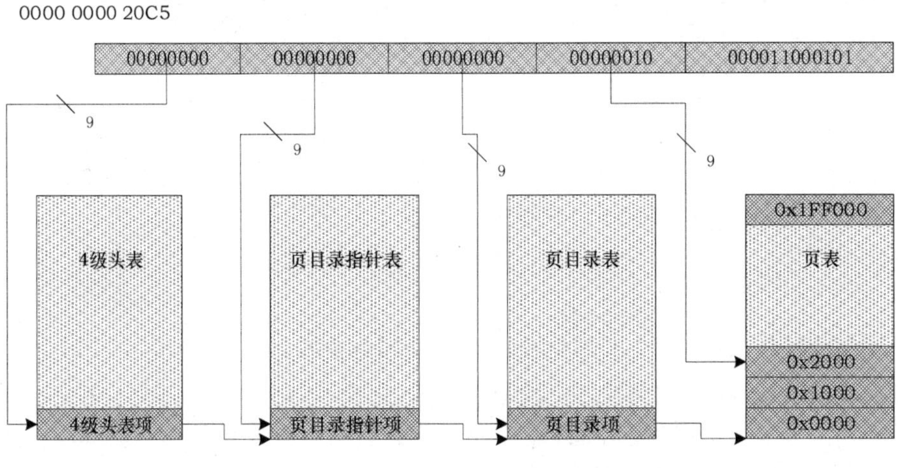

图 3-16　将线性地址转换为同数值的物理地址

第一部分 9 比特，为全 0，指向 4 级头表的第一个表项，这个表项指向一个页目录指针表；第二部分为 9 比特，为全 0，指向页目录指针表的第一个表项，这个表项指向一个页目录表；第三部分为 9 比特。为全 0，指向页目录表的第一个表项，这个表项指向一个页表；第四部分为 9 比特，其数值是 2，指向页表的第三个表项，也就是索引号为 2 的表项。这个表项包含了物理页的地址 0x2000。

虚拟地址的低 12 位是页内偏移，数值为 0xC5。我们用物理页地址 0x2000 加上页内偏移 0xC5，就得到最终的物理地址 0x20C5。至此，我们将虚拟地址 0x20C5 转换为数值上相同的物理地址 0x20C5。

传统上，不管是哪种分页方式，都支持最基本的 4KB 物理页。但是我们说过，4 级分页还可以支持大页面，比如 2MB 的物理页。因为最终的物理页变大了，变成了 2MB，所以，48 位虚拟地址的低 21 位是页内偏移，用来定位页内的每个字节。如此一来就不再需要页表，只需要 4 级头表、页目录指针表和页目录，而且页目录表的表项直接指向最终的物理页。我们的目标是映射物理内存最低端的 2MB，正好可以使用 4 级分页的这个特性，直接用一个页目录项来映射一个 2MB 的页面，覆盖物理内存最低端的 2MB，而且可以省掉一个页表。

3.7.8　创建与低端 2MB 物理内存对应的分页系统表项

回到内核加载器程序 c03_ldr.asm。

首先在 4 级头表中安装第一个表项，也就是索引号为 0 的表项，它是与低端 2MB 内存对应的 4 级头表项，对应的线性地址范围是 0～0x001F FFFF，此表项为保证低端 2MB 物理内存（含内核）在开启分页之后及映射到高端之前可正常访问。

要安装的这个表项指向一个页目录指针表。在开启分页前，这个表的位置只能预先分配，我们为它指定的物理地址为 PDPT_PHY_ADDR，它是在全局定义文件 global_defs.wid 中定义的常量。看一下这个常量的定义，再结合图 3-4 就可以对这个表的物理位置有一个直观的印象。

在程序中，第 310～311 行用来安装索引号为 0 的表项。首先安装表项的低双字，4 级头表的物理地址在 EBX 中，0 是表项的索引号，要乘以每个表项的字节数 8。

在保护模式下，页目录指针表的物理地址是 32 位的，而且它是 4KB 对齐的，低 12 位都是 0。在用页目录指针表的物理地址构造 4 级头表项时，这低 12 位作为属性部分，逻辑或操作"|"将属性值的低 2 位设置成 11（十进制数字 3）。至此，我们就得到了 4 级头表项的低双字。

接着安装 0 号表项的高双字，它的位置是 ebx+0*8+4，这很好理解。这个表项的高双字被设置为 0，这是因为页目录指针表的高位部分是 0，而且执行禁止位 XD 也是 0。

刚才安装的这个表项指向一个页目录指针表，我们需要将这个页目录指针表清零，然后安装一个索引号为 0 的表项，再创建一个页目录表，将页目录表的物理地址登记在这个索引号为 0 的表项中。

第 314～321 行用来将页目录指针表清零。页目录指针表的尺寸是 4KB，我们的方法是从表的起始处往后依次写入 1024 个数值为 0 的双字。

页目录指针表的物理地址是 PDPT_PHY_ADDR，放在 EBX 中方便使用；循环的次数由 ECX 控制，一共是 1024 次；页内的偏移量由 ESI 提供，其初值由 xor 指令设置为 0。每次写入一个双字时，其线性地址用 ebx+esi 得到。在保护模式的平坦模型下，所有段的基地址为零，所以计算得到的线性地址就是物理地址。每写入一个双字后，将 ESI 增加 4，得到下一个双字的位置。循环结束后，整个页目录指针表就被清零。

接下来，我们在页目录指针表内安装索引号为 0 的表项，它是与低端 2MB 内存对应的表项，即，与线性地址范围 0～0x001F FFFF 对应的页目录指针项。

要安装的这个表项指向一个页目录表。在开启分页前，这个表只能预先分配，我们为它指定的物理地址为 PDT_PHY_ADDR，这是在全局定义文件 global_defs.wid 中定义的常量。看一下这个常量的定义，再结合图 3-4 就可以对这个表的物理位置有一个直观印象。

在程序中，第 325～326 行用来在页目录指针表内安装索引号为 0 的表项。首先安装表项的低双字，这个低双字的内存地址是 ebx + 0 * 8。其中，EBX 是页目录指针表的物理地址，0

是索引号，每个表项占用 8 字节。

页目录指针项的低双字是用表达式 PDT_PHY_ADDR | 3 计算的，这是将页目录表的物理地址扩展到 32 位，并且低 12 位自动成为属性部分，再用数字 3 设置属性部分的最低两位。页目录指针项的格式我们前面讲过，必要的话可以参照一下。

在保护模式下，页目录指针表的物理地址是 32 位的，所以，该表项的高双字可以直接设置为 0。

至此，我们在页目录指针表内安装了索引号为 0 的表项，它指向一个页目录表。接下来需要将刚刚创建的页目录表清零，然后安装一个索引号为 0 的表项，而且这个表项并不是指向一个页表，而是直接指向一个 2MB 的物理页。

第 329～336 行用来将页目录表清零。页目录表的尺寸是 4KB，我们的方法是从表的起始处往后依次写入 1024 个数值为 0 的双字。页目录表的物理地址是 PDT_PHY_ADDR，放在 EBX 中方便使用；循环的次数由 ECX 控制，一共是 1024 次；页内的偏移量由 ESI 提供，其初值由 xor 指令设置为 0。

每次写入一个双字时，其线性地址用 ebx+esi 得到。在保护模式的平坦模型下，所有段的基地址为零，所以计算得到的线性地址就是物理地址。

每写入一个双字后，将 ESI 增加 4，得到下一个双字的位置。循环结束后，整个页目录表就被清零。

在页目录表清零之后，我们在页目录表内创建与低端 2MB 内存对应的表项，即，与线性地址范围 0～0x001F FFFF 对应的表项。这个表项的索引号为 0，但不是指向页表，而是直接指向一个 2MB 的物理页。

页目录表的物理地址在 EBX 中，第 340～341 行分别安装这个表项的低双字和高双字。低双字的线性地址是 ebx + 0 * 8，高双字的线性地址是 ebx + 0 * 8 + 4。在保护模式的平坦内存模型下，线性地址就是物理地址。

低双字的内容是用表达式 0 | 0x83 得到的，0 是页的物理地址。因为我们是要映射物理内存最低端的 2MB，所以，这个物理页的地址是 0；后面的 0x83 是表项中的属性部分。为什么是 0x83 呢？

来看一下图 3-14 所示的指向 2MB 物理页的页目录项。首先，XD 位默认是不起作用的，为 0；保护键部分默认也是不起作用的，为 0；页的物理地址是 0，保存在位 21～52 的这一部分；PAT 位不使用，默认是 0；G 位默认是 0；位 7 是 1；A、PCD、PWT 和 U/S 位都是 0，R/W 为 1，P 位也是 1。这样算来，属性部分是 0x83。

回到程序中，表项的低双字是用页的物理地址 0 和数字 0x83 逻辑或的结果，这个表达式是在程序编译时计算的，而不是在指令执行时计算的。表项的高双字是 0。

3.7.9 将物理内存低端的 2MB 映射到线性地址空间的高端

经过上述映射之后，低端 2MB 物理内存的线性地址和物理地址是一样的，这 2MB 内存空间是归内核所有的，但是按照惯例，在开启分页后，内核工作在线性地址的高端。

如图 3-17 所示，在多任务环境下，每个任务都有自己独立的 64 位线性地址空间，线性地址范围是从 0 一直到 0xFFFF FFFF FFFF FFFF。但是，这个 64 位线性地址空间分为三个部分，顶端的部分是所有任务共有的，从 0xFFFF 8000 0000 0000 一直到 0xFFFF FFFF FFFF FFFF；中间的部分因为不是扩高地址，所以是无效区间；低端是每个任务独有的、私有的，从 0 到 0x0000 7FFF FFFF FFFF。

　　开启分页后，线性地址空间也是虚拟地址空间。在虚拟内存空间的低端，从线性地址 0 到 0x1F FFFF，是 2MB 虚拟内存空间，我们已经将它映射到物理内存的低端 2MB，物理地址是 0 到 0x1F FFFF。

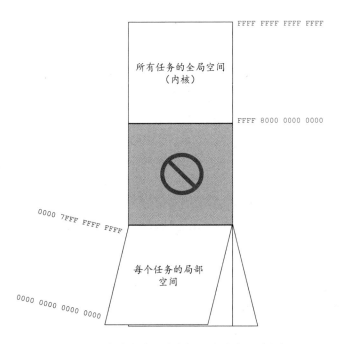

图 3-17　任务的全局空间和局部空间示意图

　　这个映射的特点是线性地址与物理地址相同，映射的方法是，如图 3-18 所示，在 4 级头表内，用索引号为 0 的表项，指向一个页目录指针表；在页目录指针表内，用索引号为 0 的表项，指向一个页目录表；在页目录表内，用索引号为 0 的表项指向物理内存最低端的 2MB 物理页。在前面我们已经完成了这个映射过程，但这个映射只是临时的，是为了做开启分页前的准备工作。在开启分页之后，内核必须工作在线性地址的高端。所以现在的任务是将内核映射到线性地址的高端，即，映射到 0xFFFF 8000 0000 0000～0xFFFF 8000 001F FFFF 的这 2MB 部分。

　　注意这个地址范围的特点，同原来的地址范围相比，它只是高位部分不同，其他部分都一样。但是，映射之后，要求这个线性地址范围依然对应着物理内存低端的 2MB，因为内核实际上就位于这个区域。即，这个线性地址范围对应着物理地址范围 0 到 0x1F FFFF。这就需要在 4 级头表内添加一个表项，让它也指向这个页目录指针表。那么，这个新添加的页目录指针项，它的索引号是多少呢？

　　观察地址范围 0xFFFF 8000 0000 0000～0xFFFF 8000 001F FFFF，用来定位 4 级头表项的 9

比特是 1 0000 0000，这是个二进制数，等于十进制数 256。换句话说，我们需要在 4 级头表内添加一个索引号为 256 的表项，它和索引号为 0 的表项一起，指向同一个页目录指针表。如我们前面所讲的，在页目录指针表内，索引号为 0 的表项指向一个页目录表；在页目录表内，索引号为 0 的表项指向物理内存最低端的 2MB 物理页。

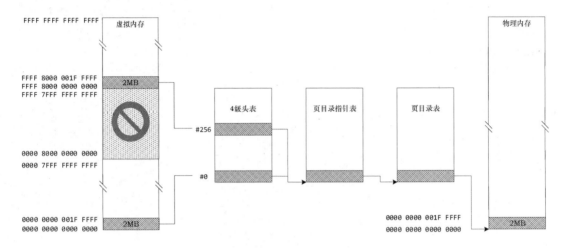

图 3-18　将低端 2MB 物理内存映射到虚拟内存的高端

回到内核加载器程序 c03_ldr.asm 中，按照刚才的规划，我们要在 4 级头表内创建与线性地址范围 0xFFFF 8000 0000 0000～0xFFFF 8000 001F FFFF 对应的 4 级头表项，将内核映射到高端。内核进入 IA-32e 模式后应当工作在线性地址高端。

首先，第 346 行，将 4 级头表的物理地址传送到 EBX，准备访问 4 级头表；然后，第 348 和 349 行安装一个表项。就如我们刚才所说的，表项的索引号为 256，这个表项指向页目录指针表，所以它的低双字是用页目录指针表的物理地址 PDPT_PHY_ADDR 和数字 3 逻辑或生成的。

3.7.10　为多任务环境准备必要的 4 级头表项

在多任务环境下，所有任务共享同一个全局空间，而每个任务又有自己独立的局部空间。那么，这种地址空间的划分是如何实现的呢？

首先，每个任务都有自己独立的 4 级头表。但是，在所有任务的 4 级头表中，高一半具有完全相同的内容，或者说具有完全相同的表项，都指向同一套分页结构的表，即，都指向内核的页目录指针表、页目录表和页表，并最终指向完全相同的物理页。

相反，在每个任务的 4 级头表中，低一半的内容都是互不相同的。比如，在任务 1 的 4 级头表中，低一半的表项指向任务 1 自己的页目录指针表、页目录表、页表和物理页；在任务 2 的 4 级头表中，低一半的表项指向任务 2 自己的页目录指针表、页目录表、页表和物理页；在任务 n 的 4 级头表中，低一半的表项指向任务 n 自己的页目录指针表、页目录表、页表和物理页。

那么，每个任务的 4 级头表是怎么来的呢？很简单，我们目前正在内核加载器中执行，正在创建初始的分页系统。内核加载之后，这个初始的分页系统就归内核使用，而这个分页系统的 4 级头表就是内核的 4 级头表。将来只需要在创建每个任务时，将内核的 4 级头表复制一份，作为新任务的 4 级头表即可。

比如，创建任务 1 的时候，将内核的 4 级头表复制一份给任务 1，保留高一半的表项，因为它们指向内核所在的全局空间，低一半的表项清空之后归任务 1 自己使用；创建任务 2 的时候，将内核的 4 级头表复制一份给任务 2，保留高一半的表项，因为它们指向内核所在的全局空间，低一半的表项清空之后归任务 2 自己使用；同样地，创建任务 n 的时候，将内核的 4 级头表复制一份给任务 n，保留高一半的表项，因为它们指向内核所在的全局空间，低一半的表项清空之后归任务 n 自己使用。

截至目前，在内核的 4 级头表中，高一半的大部分表项是空的。高一半的表项对应着内核的空间，随着程序的执行，根据需要，会在内核的地址空间里分配内存，并在内核的 4 级头表的高一半安装新的表项。但是，这些表项不会自动更新到现有任务的那些 4 级头表中，所以，每当内核的 4 级头表的高一半增加了新的表项时，还必须在每个任务的 4 级头表中安装相同的表项。这样做不是不可以，但是很麻烦，因为还要跟踪已创建的任务，并执行 4 级头表项的复制工作。

为了方便起见，在开启分页，以及创建第一个任务之前，我们在内核的 4 级头表的高一半安装全部表项，并让它们指向预先分配的页目录指针表。如此一来，无论什么时候创建任务，新任务的 4 级头表的高一半自动指向内核的页目录指针表；在内核的地址空间里分配内存时，由于所需要的 4 级头表项已经存在，只需要通过对应的 4 级头表项修改下级的页目录指针表、页目录表和页表，但这些修改对所有任务来说都是可见的，因为每个任务的 4 级头表的高一半都指向内核的页目录指针表。

3.7.11　为多任务环境预分配 254 个页目录指针表

我们说过，在开启分页，以及创建第一个任务之前，需要预分配一些页目录指针表，并在 4 级头表的高一半安装相关表项以指向这些页目录指针表。

在 4 级分页结构中，所有的表，包括 4 级头表、页目录指针表、页目录表和页表，都是 4KB。采用 4 级或者 5 级分页时，在每个表内，表项的长度都是 8 字节，也就是两个双字。所以，在每个表内，都只允许 512 个表项，索引号是从 0 到 511。

回忆一下，在初始的 4 级头表中，高一半已经安装了两个表项。索引号为 256 的表项用来映射物理内存最低端的 2MB，这个工作我们刚刚完成；索引号为 511 的表项用来指向 4 级头表自身，你应该也没有忘记。

如此一来，在初始的 4 级头表中，高一半还剩余 254 个表项。按照我们的设想，必须预先分配 254 个页目录指针表，并让这 254 个表项指向这些页目录指针表。

在继续往下讲之前，先做一个阶段性的测试。通过做这几道测试题，可以有助于理解我们当前正在讲的这一部分内容。

一、分页结构中的表和表项用来将线性地址转换为物理地址，在 4 级头表中，每个表项都对应着一个线性地址范围。那么，

1、哪个线性地址范围内的地址（要求使用扩高形式）在转换为物理地址时，需要使用索

引号为 260 的 4 级头表项？

2、线性地址 0xFFFF A000 305B 000C 在转换为物理地址时，需要使用索引号为多少的 4 级头表项？

二、我们当前的任务是在内核 4 级头表的高一半安装 254 个表项，并指向预分配的 254 个页目录指针表。那么，根据你自己的理解，说一说为什么要在内核 4 级头表的高一半安装 254 个表项，并指向预分配的 254 个页目录指针表？

刚才说了，要预分配 254 个页目录指针表。既然是预分配，它们的物理地址是固定的。那么，这些页目录指针表位于什么地方呢？请回头看一下图 3-4。显然，这 254 个页目录指针表是连在一起的，位于基本输入系统 BIOS 的上面。

既然已经预分配了 254 个页目录指针表，那么接下来就在内核的 4 级头表中安装 254 个表项以指向这些页目录指针表。即，正如第 351 行的注释所说，在 4 级头表的高一半预先创建额外的 254 个头表项。

预分配的页目录指针表是连在一起的，一个挨着一个。第一个预分配的页目录指针表的物理地址为 COR_PDPT_ADDR，这也是在全局定义文件 global_defs.wid 中定义的常量。

表项的安装是用第 354～360 行的循环来完成的。在循环开始前，4 级头表的物理地址已经保存在 EBX 中，用于访问 4 级头表。

第 352 行指定第一个要安装的表项，它的索引号是 257，把它保存在 EAX 中，用于生成表项在 4 级头表内的偏移量。在循环过程中，每安装一个表项，都用这条指令递增 EAX 中的索引号。

按照我们前面的经验，每个表项的低双字可以用它所对应的页目录指针表的物理地址和属性值生成，高双字可直接设置为 0。

在循环开始前，首先用第 353 行生成索引号为 257 的表项的低双字并保存在 EDX，它是用第一个预分配的页目录指针表的物理地址和数字 3 逻辑或的结果。

因为所有预分配的页目录指针表都是连在一起的，前后两个页目录指针表的物理地址相差 4096 字节。所以，如果知道一个表项的低双字，那么，只需要将它加上 4096，就可以得到下一个表项的低双字。其中的原理很简单，如果还不明白，可以自己按照 4 级头表项的格式画一画，推演一下。

所以，在循环体中，每安装一个表项，就将 EDX 的值加上 0x1000（也就是十进制的 4096），生成下一个表项的低双字。

在循环体中，第 355 行安装指定表项的低双字。EBX 保存着 4 级头表的物理地址；EAX 是表项的索引号，而且每个表项 8 字节，所以，ebx + eax * 8 是表项低双字的线性地址。现在是位于保护模式的平坦内存模型下，而且没有开启分页，线性地址就是物理地址。表项的高双字直接设置为 0，这是第 356 行的工作。

在开始下一轮循环前，先将 EAX 中的索引号递增，以指定下一个表项；再将 EDX 加上 0x1000，用下一个页目录指针表的物理地址生成它对应的 4 级头表项的低双字。

第 359 行的 cmp 指令和第 360 行的 jbe 指令判断 EAX 中的索引号是否大于 510。如果大于 510，则意味着所有表项都安装完毕，可退出循环；否则，转到标号.fill_pml4 那里继续下一轮循环。

在 4 级头表内安装了 254 个表项之后，还需要清空它们对应的 254 个页目录指针表，这是为了让所有页目录指针表的表项变得无效。毕竟我们只是预分配了页目录指针表，但并没有分配下层的页目录表、页表和物理页，不能用于地址转换。

页目录指针表的清零工作也是用循环完成的。在循环开始前，先用 EAX 保存第一个页目录指针表的物理地址 COR_PDPT_ADDR。以后，只需要将 EAX 加上 0x1000（也就是十进制的 4096），就可得到下一个页目录指针表的物理地址。

其实我们并不是逐个将页目录指针表清零的。相反，由于所有页目录指针表都是连在一起的，所以，可以将它们看成一个完整的内存区域来清零。这个内存区域起始于第一个预分配页目录指针表的物理地址 COR_PDPT_ADDR，终止于最后一个预分配页目录指针表，这个最后的地址可以用表达式 COR_PDPT_ADDR + 0x1000 * 254 得到。

在循环中，每次都用第 365 行的指令将 EAX 所指向的双字清零，然后将 EAX 加 4 以指向下一个双字的位置。接着，用 cmp 和 jb 指令比较 EAX 中的地址，看是否已经到达内存区域的最后。如果是，则退出循环；如果不是，则转到标号.zero_pdpt 继续下一轮循环。

3.7.12　进程上下文标识 PCID

在前面，我们为开启分页系统做了很多准备工作。那么接下来，我们要做最后的收尾工作，让控制寄存器 CR3 指向 4 级头表。控制寄存器 CR3 保存着 4 级头表的物理地址，处理器通过它可以找到 4 级头表，进而找到页目录指针表、页目录表和页表，完成从线性地址到物理地址的转换。

在多任务的环境下，每个任务都有自己独立的分页结构表格，也就是都有自己独立的 4 级头表、页目录指针表、页目录表和页表。任务切换时，通过改变 CR3 的内容，让它指向新任务的 4 级头表，就可以从一个任务的地址空间转到另一个任务的地址空间。

控制寄存器 CR3 的长度是 64 位的，但它的内容格式取决于控制寄存器 CR4。控制寄存器 CR4 的位 17 叫进程上下文标识允许位 PCIDE。这是一个缩写，即 PCID Enable。PCID 也是一个缩写，即 Process Context Identifier，翻译过来就是进程上下文标识。这里所说的进程，和我们一直说的任务是一个意思。在 CR4 中，如果位 17 等于 0，表明禁止 PCID 功能；如果是 1，允许 PCID 功能。这一位是 0 还是 1，即，是否允许 PCID 功能，决定了控制寄存器 CR3 的内容格式。

PCID 的意思是进程上下文标识，从第 1 代酷睿开始，x86 处理器就具有这个特性。我们知道，分页结构中的各种表都位于内存中，在将线性地址转换为物理地址时，如果页部件直接到物理内存中去查表，则速度很慢。为此，处理器内部集成了转换速查缓冲器 TLB，用来缓存分页结构中的表项，以加快地址转换速度。

在多任务的环境下，每个任务都有自己独立的线性地址空间，也都有自己独立的分页结构表格。因此，在任务切换时，必须用新任务的分页结构表项刷新 TLB。否则的话，新任务的线性地址就会被转换为错误的物理地址，这是显而易见的。

但是，因任务切换而刷新 TLB 会导致性能损失，因为处理器不得不从物理内存调取分页结构表项来填充 TLB。TLB 的填充是在任务的运行过程中进行的，访问到哪个表项就缓存哪个表项，存在一个预热的过程。如果任务执行的时间足够长，预热之后，TLB 才能稳定地发挥作用。但现实是，这个预热过程还在进行，或者刚刚结束，就发生了新的任务切换，从而造成 TLB 的颠簸效应。

我们知道，所有任务共用同一个全局空间。不管是哪个任务，当它进入内核态执行时，访问的是内核的空间。因此，无论任务如何切换，在 TLB 中，与内核有关的分页结构表项都是一样的，与内核有关的分页结构表项实际上不需要刷新。为此，正如我们已经讲过的，在分页结构的表项中增加了全局位，也就是 G 位。如果 G 位是 1，则该表项在任务切换时不需要从 TLB 中清掉。

不过，为了克服 TLB 的颠簸效应，只是增加一个 G 位是不够的，因为处理器仍然需要刷新 TLB 中与每个任务私有空间对应的部分。如何让多个任务的分页结构表项在 TLB 中共存而不会因任务切换而反复清除和填充呢？处理器引入了进程上下文标识特性 PCID。PCID 是一个数字，每个任务都有属于自己的一个 PCID。在 TLB 中，每个被缓存的分页结构条目不单单包含线性地址、对应的物理地址，还包含一个 PCID，以指示该条目对应于哪个任务。如此一来，当处理器使用 TLB 进行地址转换时，只是线性地址匹配还不够，它的 PCID 必须与当前任务的 PCID 相匹配才行。

显然，通过使用 PCID，当任务切换时，TLB 中的分页结构条目就不必刷新，多个任务的分页结构条目可以共存，从而克服了颠簸效应。

表面上看起来很好，但是这项技术也是有副作用的。典型地，如果我们要修改分页结构表项，或者删除了某些分页结构表项，那么，就必须主动从 TLB 中清除掉相关的表项。

在单处理器环境下，这可能不是什么问题。但是，在多处理器环境下，一个任务可能会在不同的处理器之间调度。由于每个处理器都有自己的 TLB，这样一来，同一个任务的分页结构条目会出现在很多处理器上，这就需要从所有处理器的 TLB 中清除相关条目，这个过程十分费时，而且很复杂。所以，分页结构表项的 G 位，以及 PCID 特性的使用，可能并不如我们想象中的广泛。据我所知，Linux 在 2017 年才真正全面使用 PCID。

3.7.13　控制寄存器 CR3 的内容格式

讲完了 PCID 之后，我们就可以讲一讲控制寄存器 CR3 的内容格式，因为它与 PCID 是有关联的。在 4 级或者 5 级分页体系中，控制寄存器 CR3 是 64 位的。为了方便，我们将其分成两个双字来描述。如图 3-19 所示，下面是低双字，比特编号从 0 到 31；上面是高双字，比特编号从 32 到 63。

低双字的位 0 到位 11，这部分的格式取决于控制寄存器 CR4 的 PCIDE 标志。如果控制寄存器 CR4 的 PCIDE 标志为 0，则位 0 到位 2 是不使用的；位 3 是 PWT，位 4 是 PCD。这两位决定了所有下级分页结构表项的缓存特性；位 5 到位 11 的这一部分不使用。

如果 CR4 的 PCIDE 标志为 1，则从位 0 到位 11 的这一部分用来指定一个 12 位的进程上下文标识。

在 CR3 中，从位 12 开始，一直至位 51，这一部分用来保存 4 级头表物理地址的位 12 到位 51。4 级头表的物理地址必须是按 4KB 对齐的，其低 12 位必然为 0，不用保存。如果现实处理器的物理地址不足 52 位，则需要将 4 级头表的物理地址左侧加 0 扩展到 52 位，去掉低 12 位，再保存到这里。CR3 的位 52 到位 63 是保留的，这一部分必须为 0。

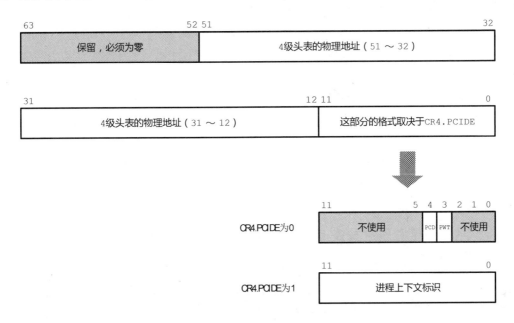

图 3-19　控制寄存器 CR3 的格式

需要说明的是：

1. 开机之后，如果没有特别设置，CR4.PCIDE 默认为 0，只有在 IA-32e 模式下才允许将 CR4.PCIDE 设置为 1；

2. 不是所有处理器都支持开启 PCIDE 特性。可以用功能号 1 执行 cpuid 指令探测处理器是否支持将 CR4.PCIDE 设置为 1；

3. 如果 CR4.PCIDE 等于 1，操作系统可以为每个任务指定一个不为 0 的 12 位进程上下文标识，并保存在每个任务的 CR3 副本中；

4. 只能在开启 PCID 特性（CR4.PCIDE=1）后，才能指定非零的 PICD。如果关闭 PCID 特性，则当前的 PCID 始终为 0，且 TLB 中的缓存内容全部失效。

3.7.14　设置控制寄存器 CR3 并开启物理地址扩展功能

现在我们回到程序中设置控制寄存器 CR3，令 CR3 指向 4 级头表，这是开启分页前的必要准备工作。

我们现在仍处于保护模式，而在保护模式下只能访问传统意义上的 CR3。即，只能使用 CR3 的低 32 位而不能访问 64 位的 CR3，只有在 64 位模式下才能访问 CR3 的全部内容。现在还没有开启分页，在开启分页前，是不可能开启 PCID 特性的。因此，不管是在保护模式下还是在 IA-32e 模式下，CR3 的低 32 位都具有相同的格式。

回到内核加载器程序 c03_ldr.asm 中。

第 371～372 行，将 4 级头表的物理地址 PML4_PHY_ADDR 传送到 CR3 的低 32 位，毕竟这是在保护模式下，只能使用 CR3 的低 32 位。设置 CR3 时，mov 指令的源操作数必须是通用寄存器，所以，我们先将 4 级头表的物理地址 PML4_PHY_ADDR 传送到 EAX，再从 EAX 传送到 CR3。

在保护模式下，4 级头表的物理地址只有 32 位，而且这个物理地址是按照 4KB 对齐的，所以低 12 位都是 0，并且自动变成属性部分，这使得 PCD 和 PWT 都为 0。

进入 IA-32e 模式后，使用 64 位的 CR3，而且它的高 32 位默认为零。这是没有问题的，即使我们现在可以设置 CR3 的高 32 位，也会将它设置为零。

按照要求，开启 4 级或者 5 级分页，必须先开启物理地址扩展，即，开启 PAE。要开启 PAE，则必须将控制寄存器 CR4 的位 5 置 1。

为此，第 375～377 行，我们先将 CR4 传送到 EAX，再用 bts 指令将它的位 5 置 1，置 1 后再写回 CR4，这就开启了 PAE。

3.7.15　型号专属寄存器 IA32_EFER 的设置和分页的开启

设置了控制寄存器 CR3 并开启了物理地址扩展 PAE 之后，接下来就可以开启 IA-32e 模式。IA-32e 模式的开关位于一个特殊的寄存器 IA32_EFER。这个寄存器之所以特殊，是因为它被归类于型号专属寄存器。那么，什么是型号专属寄存器呢？

所谓型号专属寄存器，是指那些与处理器型号相关的寄存器，或者说只有特定型号的处理器才有的寄存器。但是，有些寄存器虽然被归类于型号专属寄存器，但它们存在于绝大多数的处理器型号中。型号专属寄存器的数量非常庞大，不方便规范命名，通常只能用数字来指定它们。

要进入 IA-32e 模式，需要设置型号专属寄存器 IA32_EFER。如图 3-20 所示，这是一个 64 位的寄存器，编号是 0xC000 0080。

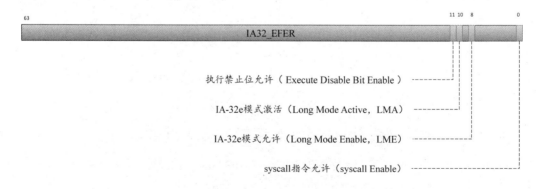

图 3-20　型号专属寄存器 IA32_EFER

型号专属寄存器 IA32_EFER 的位 0 是 syscall 指令允许位。这一位是可读可写的，用来决定当前处理器是否支持 syscall 和 sysret 指令。传统上，从低特权级进入高特权级需要通过调用门。但是通过调用门进行控制转移非常耗时，效率不高。为此 IA-32e 模式引入了 syscall 和 sysret

指令来代替调用门。

位 8 是 IA-32e 模式允许位，简称 LME。这一位是可读可写的，应该由我们在开启分页前设置为 1。如此一来，开启分页后，处理器就进入 IA-32e 模式。这就是说，设置这一位并不会立即导致处理器进入 IA-32e 模式。

处理器是否工作在 IA-32e 模式，是由位 10 来指示的，这一位是 IA-32e 模式的活动标志，简称 LMA。这一位是只读的，由处理器设置。如果这一位是 1，表明处理器当前处于 IA-32e 模式。

位 11 是执行禁止位允许。这一位是可读可写的，用来决定分页系统的执行禁止位 XD 是否有效。分页系统的执行禁止位 XD 我们前面已经讲过。

回到内核加载器程序 c03_ldr.asm。

第 380～383 行，我们设置型号专属寄存器 IA32_EFER.LME，允许 IA_32e 模式。先用 ECX 指定寄存器的编号 0xC000 0080，然后执行 rdmsr 指令读这个寄存器。读出的内容是 64 位的，高 32 位在 EDX，低 32 位在 EAX。接着，我们用 bts 指令设置 EAX 的位 8，也就是 LME 位，允许 IA-32e 模式，EDX 的内容保持不变。最后，再将 EDX 和 EAX 的内容写回型号专属寄存器。

最后，第 386～388 行，我们设置控制寄存器 CR0 的位 31，开启分页。控制寄存器 CR0 的位 31 是 PG 位，将它设置为 1 就开启了分页功能，我们在《x86 汇编语言：从实模式到保护模式》这本书里说过，这里不再重复。

3.8　进入 IA-32e 的兼容模式执行

我们已经在保护模式下开启了 4 级分页，并设置了型号专属寄存器 IA32_EFER 的 LME 位，所以呢，从现在开始，处理器已经工作在 IA-32e 模式下了。尽管如此，段寄存器 CS 还保留着保护模式下的内容，而且它的 L 位是 0。

在 IA-32e 模式下，代码段描述符中的 L 位决定了处理器是工作在兼容模式下，还是工作在 64 位模式下。所以，尽管我们现在已经处于 IA-32e 模式下，但实际上是工作在兼容模式下，这是 IA-32e 模式的子模式。

回到内核加载器程序 c03_ldr.asm。

第 391～392 行，我们调用保护模式下的字符串打印例程 put_string_flat32 显示 IA-32e 的激活信息。进入保护模式后，我们已经调用过这个例程。我们现在处于兼容模式下，实际上就是在按保护模式工作，自然也能调用这个例程。

这个例程工作在平坦模型下，只需要用 EBX 提供字符串的线性地址即可，而我们现在也正是工作在平坦模型下。要打印的字符串在哪里呢？在当前文件的开头，第 28 行，其标号为 ia-32e。这个字符串的意思是"IA-32e 模式（又叫长模式）已经激活。准确地说，是工作在兼容模式下"。

内核加载器程序在内存里的物理地址是 LDR_PHY_ADDR，标号 ia-32e 是在内核加载器程序中定义的，它代表字符串距离内核加载器程序开头的偏移量。所以，字符串在内存中的物理地址是 ia_32e + LDR_PHY_ADDR。

我们现在已经开启了 4 级分页，只能使用线性地址。既然我们将这个物理地址通过 EBX 传递给例程 put_string_flat32，就表明我们把这个物理地址看成线性地址。这是没有问题的，我们是工作在平坦的内存模型下，所有段的基地址为 0。而且，我们已经映射了物理内存低端的 2MB，访问这部分内存时，线性地址会转换为相同的物理地址。所以，可以把这个字符串的物理地址当成线性地址，而且最终会转换为数值上相同的物理地址。这就可以保证字符串显示例程 put_string_flat32 能够找到字符串并显示出来。

3.9　进入 64 位模式的内核执行

打印了 IA-32e 模式的激活信息之后，接下来就进入内核执行。在开启分页之前，内核程序就已经加载了，现在只需要转到内核执行即可。

先来看一下内核程序 c03_core.asm。

表面上看，内核程序是分段的，但实际上是不分段的，这些段定义只具有形式上的意义，只是为了分隔不同的内容，比如代码和数据。

可以看出，内核的指令都是用 bits 64 编译的，所以，内核是 64 位的，只能以 64 位模式来执行。64 位模式是最能发挥 64 位处理器效能的工作模式，也是本书的主角，所以我们决定让内核工作在 64 位模式。

回到内核加载器程序 c03_ldr.asm。

别忘了，处理器正工作在兼容模式，这是 IA-32e 模式的两个子模式之一，但我们需要从兼容模式进入 64 位模式，来执行内核程序。这是一个整体动作，进入内核的过程，也是从兼容模式进入 64 位模式的过程。

在 IA-32e 模式下，兼容模式和 64 位模式可以无缝切换。无论当前是兼容模式还是 64 位模式，在转到一个新的代码段执行时，如果这个代码段描述符的 L 位是 0，处理器将工作在兼容模式下；如果这个代码段描述符的 L 位是 1，则处理器工作在 64 位模式下。

因此，要从兼容模式进入 64 位模式，只需要转到一个新的代码段执行，并且这个代码段描述符的 L 位是 1。因此，尽管内核程序已经加载，而且位于当前代码段，但我们必须重新构造一个代码段来访问它。

回忆一下，当初我们创建全局描述符表 GDT 的时候已经安装了一个代码段描述符。这是 GDT 中的 3 号描述符，而且是一个代码段描述符，是为进入 64 位模式准备的，其 L 位是 1。

这个描述符描述了一个代码段，基地址为 0，向上扩展。实际上，它指定的基地址和段界限在 64 位模式下都被忽略，毕竟 64 位模式强制使用平坦模型。注意，这个描述符的索引号是 3，而且是在 GDT 中，所以它的选择子是 0x0018。为了方便，我们在全局定义文件 global_defs.wid 中将这个代码段的选择子定义成常量 CORE_CODE64_SEL。

回到内核加载器程序 c03_ldr.asm。

有多种方式可以转移到 64 位的代码段执行，我们采用的方法是模拟远过程返回，这种策略我们以前用过很多次。要通过远返回指令实施控制转移，必须按照处理器的要求，在栈中压入目标代码段的选择子，以及目标代码在段内的偏移量。在这里，目标代码就是内核的入口点。

首先，第 395 行压入目标代码段的选择子，这个选择子就是我们刚才所说的 0x0018。当然，由于它已经被定义为常量 CORE_CODE64_SEL，可以将 0x0018 改成这个常量。

接下来压入内核的入口点。在内核程序 c03_core.asm 中，入口点位于标号 init，而且已经填写到内核头部的 init_entry 这里，这个位置距离内核程序开头的偏移量是 4。注意，这个位置的长度是一个双字，是用伪指令 dd 定义的。这里填写的是标号 init 相对于内核程序开头的偏移量。要想得到内核入口点的绝对地址，需要用内核本身的绝对地址加上这个偏移量。

回到内核加载器程序 c03_ldr.asm。

第 396 行，取出内核入口点相对于内核程序开头的偏移量。CORE_PHY_ADDR 是内核加载的物理地址，所以 CORE_PHY_ADDR+4 也是一个物理地址。但是，现在已经开启了分页，只能使用线性地址。所以，这是把物理地址当成线性地址。我们是工作在平坦的内存模型下，所有段的基地址为 0。而且，我们已经映射了物理内存低端的 2MB，访问这部分内存时，线性地址会转换为相同的物理地址。所以，这条指令执行时，段部件把物理地址 CORE_PHY_ADDR+4 当成线性地址，而且最终会转换为数值上相同的物理地址。

一旦取得内核入口点相对于内核程序开头的偏移量，还需要再加上内核程序本身的物理地址，才能得到内核入口点的物理地址，这就是第 397 行的工作。

紧接着，第 398 行，我们用 push 指令压入这个段内偏移量。

最后，第 399 行，远过程返回指令 retf 从栈中弹出刚才压入的代码段选择子和段内偏移量，从而转到内核执行。此时，因为同样的原因，尽管这个段内偏移量是内核入口点所在的物理地址，但它被当成基地址为 0 的代码段内的偏移量，并转换为数值上相同的物理地址，从而能够转移到正确的位置执行。

3.10　让内核工作在线性地址空间的高端

从现在开始，处理器的执行流程已经转到内核。

来看内核程序 c03_core.asm。

内核的入口点位于标号 init 这里，从这里开始初始化内核的执行环境，然后在显示一条信息后停机。本章的工作是讲解如何进入 64 位模式，所以内核比较简单。

初始化工作的第一步是让内核工作在线性地址空间的高端，为本书后面的多任务做准备，毕竟线性地址空间的低端是每个任务的私有部分，高端才是所有任务共有的内核部分。

回头看一下图 3-18，我们以前说过，在物理内存中，内核的基本部分位于低端 2MB 以内，这是它的物理位置。但是在分页模式下，处理器使用虚拟内存和线性地址。进入内核后，处理器依然工作在线性地址空间的低端，不管是取指令，还是在指令执行时访问内核数据，它发出的线性地址都位于 0 和 0x1F FFFF 之间，经 4 级头表的 0 号表项、页目录指针表的 0 号表项，以及页目录表的 0 号表项，最终访问物理内存最低端的 2MB。但是在进入内核前，我们已经将线性地址 0xFFFF 8000 0000 0000～0xFFFF 8000 001FFFFF 的这一部分虚拟内存也映射到了物理内存低端的 2MB。如此一来，我们就可以将内核基本部分的线性地址范围移到高端，移到 0xFFFF 8000 0000 0000 和 0xFFFF 8000 001FFFFF 之间。但是，这个范围内的地址经 4 级头表的 256 号表项、页目录指针表的 0 号表项，以及页目录表的 0 号表项，最终访问物理内存最低端的 2MB。

因此，所谓让内核转到线性地址空间的高端执行，实际上就是让处理器在取指令和访问数据时，发出的线性地址位于高端的这一部分。但是你也看到了，最终访问的其实是同一块物理内存。

以上只是将内核的基本部分作特殊处理，将它移到线性地址空间的高端。对于线性地址空间高端的剩余部分，同样属于内核，同样由内核使用，但不再作这样的特殊映射，而是使用动态内存分配将它们映射到物理内存中的任意页面。

3.10.1 启用 GDT 和栈区的高端线性地址

我们已经解释了内核在高端执行的原理，而且所有的准备工作都已经完成了，现在的任务就是让处理器使用高端线性地址来执行程序并访问数据。首先是重新加载全局描述符表寄存器 GDTR。在开启分页后，处理器访问 GDT 也要使用线性地址，所以我们要启用全局描述符表 GDT 的高端线性地址。

全局描述符表 GDT 的高端线性地址是 UPPER_GDT_LINEAR，它是一个常量，是在全局定义文件 global_defs.wid 里定义的。在这个文件里，也指定了虚拟内存空间的高端起始于线性地址 0xFFFF 8000 0000 0000，且已经被定义为常量 UPPER_LINEAR_START。由于 GDT 的物理地址 GDT_PHY_ADDR 也是它的低端线性地址，所以，GDT 的高端线性地址是 UPPER_LINEAR_START + GDT_PHY_ADDR，我们必须用这个高端地址重新加载全局描述符表寄存器 GDTR。

加载全局描述符表寄存器 GDTR 需要用到系统数据区。如图 3-5 所示，在系统数据区内从偏移为 02 的地方开始，首先是 GDT 的界限值，然后是 GDT 的线性基地址。注意，GDT 的线性基地址是 64 位的，在保护模式下只能使用低 32 位，只有在 64 位模式下才能使用全部的 64 位。现在，我们需要将 GDT 的高端线性地址保存到系统数据区内偏移为 04 的位置，这个地址必须是 64 位的扩高地址。

来看内核程序 c03_core.asm。

第 58～59 行，我们将 GDT 的高端线性地址 UPPER_GDT_LINEAR 传送到 RAX，再从 RAX 传送到系统数据区内偏移为 4 的地方。这里有两点说明：

第一，系统数据区位于内核的基本部分，现在内核依然工作在虚拟内存的低端。在平坦模型下，直接使用系统数据区的物理地址 SDA_PHY_ADDR 作为线性地址就可以访问它自己；

第二，在 64 位模式下，如果 mov 指令的目的操作数是内存地址，则源操作数不能是 64 位的立即数。因此，我们必须通过 RAX 中转。UPPER_GDT_LINEAR 是一个 64 位的立即数，先传送到 RAX，再从 RAX 传送到线性地址为 SDA_PHY_ADDR + 4 的内存区域。这条指令中的 qword 是不必要的，可以省略，因为源操作数 RAX 已经暗示了操作尺寸。

第 61 行，我们用 lgdt 指令加载全局描述符表寄存器 GDTR。这条指令执行时，从线性地址为 SDA_PHY_ADDR + 2 的地方取出 GDT 的界限值和线性地址地址，传送到 GDTR。

在保护模式下，lgdt 指令只能加载 16 位的界限值和 32 位的线性基地址；在 64 位模式下，加载 16 位的界限值和 64 位线性基地址，而且这个线性地址必须是扩高地址，否则将引发处理器异常。

除了 GDT，我们还必须将栈映射到高端。在平坦模型下，栈段的基地址同样为 0，所以栈的位置只取决于栈指针。要将栈映射到高端，只需要将 64 位模式下的 RSP 加上高端的起始线性地址 0xFFFF 8000 0000 0000 即可。由于在 64 位模式下不能直接加上 64 位立即数，所以这个加法是通过 RAX 间接进行的。

3.10.2　使用 RIP 相对寻址方式计算内核的高端线性地址

接下来的工作是让处理器从虚拟内存空间的高端开始执行，但这并不需要修改 GDT 里定义的段描述符。原因很简单，在 64 位模式下，强制使用平坦模型，段描述符的基地址部分被处理器忽略，直接按基地址为 0 处理。

还记得吗，在进入内核之前，我们已经将内核的起始线性地址保存在内核的头部，也就是内核程序中的标号 position 处。这个位置是用伪指令 dq 定义的，长度是 4 个字，用来保存内核加载的线性地址。在进入内核之前，这里保存的是内核的低端线性地址，而不是高端地址。我们在后面需要使用内核的高端线性地址，所以必须将这个 4 字的内容加上虚拟内存高端的起始线性地址 0xFFFF 8000 0000 0000。

你可能会问，内核的起始物理地址是 CORE_PHY_ADDR，既然是个固定的地址，而且已经被定义为常量，还需要从内核头部取得吗？问题在于，对常量 CORE_PHY_ADDR 的定义不是必需的，如果没有这个常量定义，也不影响内核加载器加载内核，但是内核却不知道自己被加载到哪里了。正因如此，才会在内核程序头部开辟 4 字节的空间来保存内核自己的起始地址。换句话说，我们现在就是假定内核不知道自己的低端线性地址，所以需要从内核程序的头部位置取得。

但是，要想访问标号 position 这里的 4 字数据，也不容易。因为标号 position 代表的数值是它相对于内核程序开头的偏移量，要想访问这个位置，必须用这个偏移量加上内核程序的起始线性地址，得到这个位置本身的线性地址，但我们现在就是为了从这个位置取得内核程序加载的起始线性地址，所以就陷入了矛盾之中。

在 32 位处理器的时代，解决这个问题的办法是在进入内核的时候，通过寄存器传入内核加载的起始线性地址。但我们没有这样做，因为 64 位处理器提供了更好的办法，那就是 RIP 相对寻址方式。

在 32 位处理器上，绝大多数指令在访问内存时使用有效地址。但是，目标位置的有效地址受程序加载位置的影响，这是显而易见的。所以，我们在编写程序时，必须根据当前程序的实际加载位置实施重定位，通过重定位来确定目标位置的有效地址。这个过程非常考验程序员的耐心和细心程度，学过保护模式课程的同学应该深有感触。

话虽这么说，但是在 32 位处理器上，为了方便，个别指令采用相对寻址方式。比如我们熟悉的相对短跳转 jmp short、相对近跳转 jmp near、相对近调用 call near 和 loop。以上指令不需要提供目标位置的有效地址，只使用到目标位置的相对距离。因此，这些指令在执行时，处理器用指令指针寄存器的当前值加上这个相对距离就能得到目标位置的有效地址。

使用相对距离而不是绝对地址的优势在于地址的计算很简单，不必考虑程序被加载到什么位置，不依赖于程序的重定位。毕竟，不管程序被加载到什么位置，到目标位置的相对距离是不变的。

刚才我们说过，在 32 位处理器上，绝大多数指令并不支持这种相对寻址。相对寻址的优势如此明显，我相信熟悉汇编语言的人都曾经渴望拥有它。好消息是，在 64 位模式下，普通的指令也可以使用相对寻址。这里有个例子，假定在程序中定义了标号 dest 并保存了 4 字长度的数据。为了将这个 64 位的数据传送到寄存器 RDX，可以使用这条指令

```
mov rdx, [rel dest]
```

在这条指令中，像往常一样，标号 dest 用来指定目标位置，但前面有关键字 rel，它是单词 relative 的缩写，意思是"相对的"。这条指令编译时，机器指令中的地址部分是一个相对值，是用目标位置的汇编地址减去当前指令之后的汇编地址得到的。

为什么是减去当前指令之后的汇编地址呢？这是因为在指令的执行阶段，指令指针寄存器已经自动增加并指向当前指令之后，所以在程序编译时也要考虑这个因素。

在指令执行这条 mov 指令时，指令指针寄存器已经指向当前指令之后。处理器用指令指针寄存器的内容加上指令中的相对距离值，就得到了目标位置的线性地址。

注意，只有在 64 位模式下才能使用这种新的寻址方式。在 64 位模式下，使用指令指针寄存器 RIP，所以这种新的寻址方式叫 RIP 相对寻址。

回到内核程序 c03_core.asm 中。

第 69 行，我们首先将虚拟内存高端的起始线性地址 0xffff 8000 0000 0000 传送到 RAX。当然，可以使用我们之前定义的常量 UPPER_LINEAR_START。

紧接着，第 70 行的 add 指令将 RAX 的值加到标号 position 处的 4 字数据上。在标号 position 这里原先是内核的低端线性地址，加完之后，就变成了内核的高端线性地址。需要注意的是，这条 add 指令使用了 RIP 相对寻址。内核程序一经编译，这条 add 指令之后的位置到标号 position 的距离是不变的，不管内核程序被加载到什么地方，只使用这个相对距离就能找到目标位置。

3.10.3　让处理器转到内核程序对应的高端位置继续执行

继续来看内核程序 c03_core.asm。

我们已经将内核的起始线性地址修改为高端地址，但是这个修改只是让后续的指令使用高端线性地址访问内核数据，而处理器依然在虚拟内存空间的低端取指令，或者说，处理器依然在虚拟内存的低端执行。所以，我们还必须让处理器使用高端线性地址来继续执行当前程序。

在 64 位模式下，处理器使用指令指针寄存器 RIP 来取指令。由于 64 位模式强制使用平坦内存模型，在平坦模型下，段的基地址为 0，所以，处理器在取指令时，RIP 的内容就等于指令的线性地址。所以，为了让处理器转移到线性地址空间的高端执行，就必须修改指令指针寄存器 RIP，将它改为下一条指令的高端线性地址。但是，指令指针寄存器 RIP 是不允许直接修改的，只能通过控制转移来间接修改，比如通过跳转指令或者过程返回指令来间接修改。

如果是通过跳转指令来修改指令指针寄存器 RIP，则我们需要指定转移的目标。在当前程

（第 3 章　进入 IA-32e 模式）

序中，转移的目标是标号.to_upper 这里，也就是下一条指令。标号不占用任何存储空间，它只是下一条指令的标记，代表这条指令的位置。

刚才我们说过，在平坦模型下，段的基地址为 0，指令指针寄存器 RIP 的内容就是线性地址。因此，我们只需要用跳转指令将 RIP 的内容修改为标号.to_upper 这里的高端线性地址即可。

我们知道，标号.to_upper 所代表的数值是它相对于内核程序开头的偏移量，所以，我们需要用内核的高端线性地址加上这个偏移量。

因此，第 73 行，我们首先访问内核头部，从标号 position 这里取得内核加载的起始线性地址，并传送到 RAX。这个线性地址是内核的高端线性地址，是我们不久前才设置的。注意，这条指令使用了 RIP 相对寻址。

紧接着，第 74 行将标号.to_upper 代表的偏移量加到 RAX。如此一来，我们就在 RAX 中得到了标号.to_upper 所在位置的线性地址，而且是一个扩高地址。

最后，第 75 行，我们将这条 jmp 指令转移到标号.to_upper 对应的高端位置执行。这是一条绝对间接近转移指令。在 64 位模式下，如果关键字 jmp 后面是通用寄存器，则必须是 64 位的寄存器，以提供 64 位扩高地址。这条指令执行时，处理器不改变段地址，段地址始终为 0，只是用 RAX 中的扩高地址修改指令指针寄存器 RIP，从而转到目标位置执行。

3.11　初始化 IA-32e 模式下的中断系统

接下来的任务是初始化中断系统，毕竟中断随时都在发生，需要尽可能早地接管中断的处理工作，而且本书后面的多任务、多线程管理和调度也需要依赖于中断系统。

3.11.1　IA-32e 模式下的中断门和陷阱门

在 IA-32e 模式下，中断和异常的处理依然使用中断描述符表 IDT，且这个表内必须包含 64 位中断门和陷阱门，即，门描述符的长度是 16 字节。IA-32e 模式不支持硬件任务切换，所以废除了任务门。在 IA-32e 模式下，中断和异常的处理代码必须是 64 位的。

如图 3-21 所示，在 IA-32e 模式下，门的长度是 16 字节。为了方便，我们将它分成 4 个双字来描述，这几个双字在门内的偏移分别是 0、4、8 和 12。

通过门，处理器要找到中断和异常的处理过程，包括代码段选择子和段内偏移量。目标代码段的描述符选择子在第一个双字的位 16 到位 31。

对中断和异常的处理是在 64 位模式下进行的，在 64 位模式下，段的基地址为 0，所以目标例程的段内偏移量实际上就是目标例程的线性地址，而且必须是 64 位的扩高地址。这个地址保存在门内第一个双字的位 0 到位 15、第 2 个双字的位 16 到位 31，以及第三个双字。第四个双字是保留的，没有使用。

在第二个双字中，P 位用来指示当前描述符是否有效；DPL 是门的特权级，实际上只对软中断有效。如果是异常，或者硬件中断，则 DPL 是不使用的，被处理器忽略；如果是通过软中断指令引起的中断处理，则当前特权级 CPL 必须小于或者等于 DPL，这个限制是为了防止 3 特权级的软件通过软中断访问重要的代码和数据。

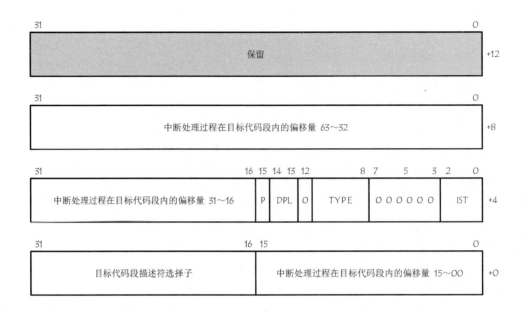

TYPE=1110（0x0E）：64位中断门
TYPE=1111（0x0F）：64位陷阱门

图 3-21　IA-32e 模式下的中断门和陷阱门

TYPE 是类型字段，如果是 1110，即，十六进制的 0x0E，则表明这个门是中断门；如果是 1111，即，十六进制的 0x0F，则表明这个门是陷阱门。

IST 是中断栈表。我们知道，对中断和异常的处理有可能需要切换栈，这个字段就与栈的切换有关。如第 2 章里的图 2-35 所示，在 IA-32e 模式下，任务状态段 TSS 的内容已经改变。开始部分是 3 个特权级的栈指针 RSP0、RSP1 和 RSP2，但没有栈段选择子，因为在 64 位模式下，段的基地址始终为 0，不需要在这里提供。注意，在中断栈表中，3 个特权级的栈指针都是 64 位的。在中断和异常处理时，如果特权级发生了改变，可以像传统的方式一样，从 TSS 的 RSP0、RSP1 和 RSP2 中选择一个与目标特权级对应的栈指针，从而实现栈切换。但是，传统方式的栈切换不那么安全，毕竟，只要目标代码段的特权级相同，就会切换到同一个栈。所以，对于比较重要的中断和异常，有可能希望提供专用的栈。为此，在 IA-32e 模式下，TSS 的剩余部分被用来提供 7 个这样的专用栈，实际上用来保存 7 个栈指针 IST1～IST7，这就是中断栈表 IST。

中断门和陷阱门的第 2 个双字的位 0 到位 2 用来指定一个中断栈表的索引号。如果这个索引号不为 0，则栈切换时，处理器用这个索引号到 TSS 中选择一个栈指针。比如说，如果这里的索引号是 1，则选择 TSS 中的 IST1 作为栈指针。当然了，如果索引号为 0，则表明不使用 IST，依然使用传统方式的栈切换，即，选择 RSP0、RSP1 或者 RSP2。

3.11.2　IA-32e 模式下的中断处理过程

当中断或者异常发生时，处理器用中断向量号为索引，到中断描述符表 IDT 中取出中断门或者陷阱门。和保护模式一样，中断描述符表 IDT 的线性地址是由中断描述符表寄存器 IDTR

提供的。

　　接下来，处理器保护现场，并转到中断门或者陷阱门指定的目标位置执行中断服务例程。所有中断服务例程都是 64 位代码，在 64 位模式下执行；保护现场时执行的压栈操作都是按 64 位（8 字节）进行的。

　　如果中断门和陷阱门的 IST 字段非零，则无条件地以该字段的值为索引号，从任务寄存器 TR 指向的 TSS 的中断栈表中取得一个栈指针并传送到 RSP（即，无条件切换栈）。否则，和保护模式一样，是否切换栈，取决于中断处理时当前特权级 CPL 是否改变。

　　和保护模式不同的是，无论特权级是否改变，保护现场时，都无条件压入旧的 SS（从 16 位扩充到 64 位）和旧的栈指针（压入 RSP）。

　　中断服务例程执行在 64 位模式下，不使用 SS，也不需要从 TSS 中获取栈段选择子。不过，如果发生了栈切换，处理器会将 SS 清零。

　　保护现场时，处理器还将压入标志寄存器 RFLAGS。接下来，标志寄存器 RFLAGS 的 TF、NT 和 RF 标志位被清零。如果中断处理是通过中断门进行的，IF 标志位清零；如果是陷阱门，则 IF 标志位不变。

　　被中断程序的 CS（从 16 位扩充到 64 位）和 RIP 都被压入栈中；如果有错误代码，则错误代码也将扩充到 64 位压入栈中。

　　中断返回时，按相反的顺序弹出原始 CS、RIP、SS 和 RSP，这将返回到被中断的地方执行。

　　最后来看一下因中断而发生控制转移后的栈状态。如图 3-22 所示，首先压入扩充到 64 位的 SS，接着是压入 RSP 和 RFLAGS，以及扩充到 64 位的 CS，最后压入 RIP。如果发生异常时有错误代码，则压入 RIP 之后还要压入扩充到 64 位的错误代码。

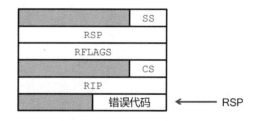

图 3-22　因中断而发生控制转移后的栈状态

　　因此，如果没有错误代码，刚进入中断服务例程时，RSP 指向栈中的 RIP 位置；如果有错误代码，则刚进入中断服务例程时，RSP 指向错误代码的位置。

3.11.3　通用的中断和异常处理策略

　　x64 架构的处理器允许 256 个中断和异常，向量号从 0 到 255。其中，向量号 0～21 属于异常；22～31 是 INTEL 保留的，不能使用；从 32 开始到 255，可以由硬件制造商和软件程序使用。

　　原则上，每种类型的中断和异常都需要处理，而且要完善地加以处理。但是，我们正在开发的这个小系统不具备完整的操作系统功能，不可能处理所有的中断和异常。我们的目标是保证不要发生异常，尽管有些异常是有好处的。比如，缺页异常可以用来执行虚拟内存管理，但我们的系统没有完善的虚拟内存管理功能，所以要避免出现这类异常。

正因如此，我们不准备为每种异常都提供单独的处理过程，而是为全部的 32 种异常提供一个通用的处理过程。如果发生异常的话，就说明系统无法继续运行，直接显示错误信息并停机。

同样，对于硬件中断，我们也只是使用一两个，多数是不用的，因此，也不准备为每种中断提供单独的处理过程，而是为剩余的 224 个中断提供一个通用的处理过程。

接着来看内核程序 c03_core.asm。

通用的中断处理过程从第 23 行开始，名字叫 general_interrupt_handler。这个处理过程很简单，就一条中断返回指令 iretq。要想从中断返回，必须使用中断返回指令。中断处理过程必须工作在 64 位模式下，保护现场时统一按照 64 位长度执行压栈操作。所以在中断返回时，也必须按 64 位长度执行出栈操作。在 64 位模式下，iretq 将按照 64 位长度执行出栈和恢复现场的操作。

通用的异常处理过程是从第 27 行开始的，名字叫 general_exception_handler。通用的异常处理过程也不太复杂，主要的工作是在屏幕上的指定位置显示一条错误信息，然后清中断，并停机。显示错误信息要调用另一个例程 put_cstringxy64，这个例程不在当前程序文件中，而是在另一个程序文件 core_utils64.wid 里。这个文件是供 64 位内核使用的，包含了内核使用的例程。在本书里，每章的内核文件都不太相同，我们把内核里那些不变的例程挑出来单独放在一个文件里，方便阅读和讲解。在内核程序的第 18 行用预处理指令%include 引入了本文件。

3.11.4 通用异常服务例程的工作过程

异常的通用服务例程是 general_exception_handler，如果发生了异常，说明问题很严重，但我们也没有能力纠正错误，只能显示错误信息并停机。用来显示错误信息的例程位于内核工具文件 core_utils64.wid，名叫 put_cstringxy64。

来看内核工具文件 core_utils64.wid。

先看一下文件顶部的注释，这个文件是供 64 位内核使用的例程集合，支持单处理器和多处理器环境。此文件是内核程序的一部分，包含了内核使用的例程，主要是为了减小内核程序的体积，方便内核代码的阅读和讲解。

例程 put_cstringxy64 起始于第 149 行，它是在指定的位置用指定颜色显示 0 终止的字符串，只适用于打印图形字符，不能识别回车、换行等控制字符。进入例程时，需要用 RBX 传入字符串首地址，这个地址是线性地址，毕竟在 64 位模式下段地址为 0，字符串所在的段内偏移量其实就是它的线性地址。

寄存器 DH 和 DL 用来指定屏幕上的行列位置，寄存器 CL 来指定颜色属性，颜色属性包括字符颜色和背景颜色。

在屏幕上写字符串就是写显存，字符串在显存内的写入位置是用传入的行列坐标计算的，这是第 159~165 行的工作。字符在显存内的偏移量如何计算，已经在《x86 汇编语言：从实模式到保护模式》一书里讲得很详细了，这里只是简单地描述一下。

每个字符在显存里占用 2 字节，在标准的文本显示模式下，每行 80 个字符，所以每行占用 160 字节。首先，用行坐标乘以每行所占用的字节数 160，乘积在 AX 中。

接着，用列坐标乘以 2，得到剩余字符所占用的字节数。用左移指令 shl 左移 1 次就相当于乘以 2。

最后，将 AX 和 DX 相加，得到指定坐标位置在显存内的偏移量。后面要使用 64 位的寻址方式，所以将这个偏移量放在 64 位寄存器 RAX 中，但只需要保留低 16 位。为此，第 165 行的 and 指令将 RAX 的高 48 位清零。

接下来，第 167～168 行压栈保存标志寄存器 RFLAGS，并用 cli 指令关闭硬件中断，这是必要的。在多任务和多线程的环境下，任务和线程也是用中断来切换的。如果允许硬件中断，那么，当一个任务或者线程正在打印文本的时候，发生了执行任务或者线程切换的中断，并切换到另一个任务或者线程，而另一个任务或者线程也调用当前例程在相同的位置打印字符，则打印的内容就会互相覆盖甚至错乱。为此，在打印文本之前，必须先关闭硬件中断。标志寄存器的 IF 标志位决定了是否允许处理器响应硬件中断，但我们不知道它原先的状态。在这种情况下，最好的办法就是压栈保存标志寄存器的内容，然后用 cli 指令清除它的 IF 标志位。在 64 位模式下需要用 pushfq 指令压栈保存 64 位的 RFLAGS，一次性压入 8 字节。打印工作完成后，还必须出栈恢复 RFLAGS（第 188 行）。

截至目前，我们在编程时都假定系统中只有一个处理器。但是要不了多久，我们就得考虑在一个系统中有多个处理器的情况，即，多处理器环境。为了防止多个任务或者线程同时调用当前例程 put_cstringxy64 打印文本，在单处理器环境下只需要清除 RFLAGS 寄存器的 IF 标志位关闭硬件中断即可，这样就可以防止在打印的过程中切换到其他任务或者线程。

但是，关闭硬件中断只是防止当前处理器上的任务或者线程切换，而不能阻止其他处理器上的任务或者线程也调用当前例程 put_cstringxy64 在同一个位置打印文本。为此，就必须使用锁。第 170 行是一个宏，展开之后是一段加锁的代码。如果来自不同处理器上的任务或者线程都调用当前例程打印文本，它们都会执行这一段加锁代码，但只有一个任务或者线程加锁成功，而且只有加锁成功的任务或者线程才能继续往下执行，这样就达到同一时间只允许一个任务或者线程执行打印操作的效果。加锁成功的任务或者线程在完成打印操作后，还会在后面的第 186 行释放锁，以允许其他任务或者线程加锁。加锁不成功的任务或者线程将一直反复执行加锁代码尝试加锁，直至成功加锁，这就保证了所有要打印文本的任务或者线程一个一个地轮流执行打印操作。

第 170 行的宏是如何展开的，展开后的代码是如何加锁的，我们现在不讲，到后面讲多处理器的时候再详细解释。唯一需要说明的是在目前的单处理器环境下不需要加锁，所以也就不需要这个宏。为此，预处理器指令

```
%ifdef __MP__
```

判断是否定义了常量__MP__。

%ifdef 和与之配对的%endif 用来实施条件编译，即，根据条件来决定是否编译某些汇编代码。%ifdef 的意思是"如果定义了……"，后面是一个常量的名字。如果指定的常量已经定义，则编译%ifdef 和%endif 之间的代码，否则忽略这些代码。

在这里，如果定义了宏__MP__，则意味着现在是多处理器环境下，预处理器指令%ifdef 和%endif 之间的内容是有效的，参与编译；否则就被忽略，就跟不存在一样。

在我们已经讲过的内容里从来没定义过常量__MP__，毕竟我们现在只使用单处理器工作，所以，第 170 行的这个宏在编译时被忽略。到后面讲多处理器的时候，我们会显式地定义常量__MP__。

接下来开始显示字符，但只知道显示位置在显存内的偏移量是不够的，还需要知道显存的起始线性地址。我们知道，文本模式下的显存起始于物理地址 0xB8000，在平坦模型下也是显存的起始线性地址。由于低端 2MB 物理内存已经映射到高端，显存的高端线性地址是 0xFFFF 8000 000B 8000。为方便引用，我们已经在全局定义文件 global_defs.wid 中将它定义为常量 UPPER_TEXT_VIDEO。第 173 行，我们将这个地址传送到寄存器 R8。

接下来，我们用一个循环来反复写显存。在循环体中，先用 RBX 中的线性地址取得要写入的字符，然后用 or 指令判断这个字符的编码是否为 0。因为字符串是 0 终止的，如果要写入的字符为 0，意味着字符串已经全部写完，可以退出循环，转到标号.exit，恢复寄存器并返回调用者。否则，我们将字符写入显存，指定的有效地址是用显存的起始线性地址 R8 加上字符在显存内的偏移量 RAX 得到的。在 64 位模式下，段的基地址为 0，所以它就是字符写入的线性地址。

写完字符的编码之后，紧接着，我们在 r8+rax+1 的位置写入字符的颜色属性。

当前的字符写完之后，递增 RBX 以取得字符串中的下一个字符，将 RAX 加 2 以得到下一个字符写入时的线性地址。

循环的末尾是 jmp 指令，转到循环的起始处取下一个字符并予以显示。这是一个无限循环，但是没有关系，第 177 行的 jz 指令可以判断是否到了字符串的末尾，这就足够了。

字符串显示完毕之后，如果是在多处理器环境下，需要在第 186 行释放锁，以允许其他任务或者线程获取锁。和加锁的时候一样，这里也使用了条件汇编技术，根据是否已经定义了常量__MP__来决定是否编译这条释放锁的指令。

由于在字符串打印期间关闭了硬件中断，第 188 行的 popfq 指令从栈中恢复 RFLAGS 的原始内容，实质上是恢复了它的 IF 标志位。

现在，在屏幕上的指定位置打印字符串这一工作就完成了，就可以用 ret 指令返回到调用者。

3.11.5　加载有效地址指令 LEA

回到内核程序 c03_core.asm。

继续来看通用异常服务例程 general_exception_handler。第 29～33 行是为打印错误信息准备参数。要显示的错误信息就在当前这个异常服务例程的下面，是在标号 exceptm 这里定义的。这个位置是处理器执行不到的地方，它的前面是停机指令。

打印这个错误信息时，需要知道它的线性地址。标号 exceptm 代表的是它相对于当前程序开头的偏移量，我们用内核加载的起始线性地址加上这个偏移量，就得到了错误信息的线性地址。为此，我们先用第 29 行取得内核加载的起始线性地址。我们知道，内核加载的起始线性地址保存在标号 position 处，所以还必须知道标号 position 处的线性地址。既然已经有了 RIP 相对寻址，就不用这么麻烦了，我们用 RIP 相对寻址方式访问标号 position 这里，从中取得内核加载的起始线性地址，传送到 R15。

接下来，第 30 行的 lea 指令计算 R15 和标号 exceptm 相加的结果。你可能对 lea 指令很陌生，但是这个指令早在 8086 处理器上就有了，只是我们从来没有用过。lea 指令的功能是加载有效地址（Load Effective Address，LEA），其格式为：

```
lea  r16, m
lea  r32, m
lea  r64, m
```

lea 指令的目的操作数可以是 16 位、32 位或者 64 位的寄存器，分别用 r16、r32 和 r64 来表示；源操作数是一个内存地址，用 m 来表示。这个 m 用来计算有效地址，必须按 x86 寻址方式指定。指令执行时并不是用 m 来访问内存的，相反，是用 m 计算出一个有效地址并传送到目的寄存器。

为什么要引入 lea 指令，这里有一个例子。假定我们需要调用一个例程 procedure，此例程要求用 RAX 传入一个字符串的线性地址。某个程序想调用此例程，但字符串的线性地址需要通过计算才能得到，计算方法是 r8 + r9 * 8 + 0x0c，该怎么办呢？

其实很简单，先将 R8 的内容传送到 RAX，然后将 R9 左移 3 次，左移 3 次相当于乘以 8；接着将 RAX 和 R9 相加，再将 RAX 和 0x0c 相加，最后调用 procedure：

```
mov rax, r8
shl r9, 3
add rax, r9
add rax, 0x0c
call procedire
```

显然，这个计算过程很麻烦。为了方便，处理器引入了 lea 指令。用 lea 指令，就可以用这种方法计算有效地址并传送到 rax：

```
lea rax, [r8 + r9 * 8 + 0x0c]
call procedure
```

这条指令在执行时，处理器计算源操作数的值，用源操作数计算一个有效地址，但并不用这个地址访问内存，而是直接将这个有效地址传送给目的操作数。尽管 lea 指令的源操作数并不用来访问内存，但它毕竟是用来计算有效地址，所以，lea 指令的源操作数部分必须是用有效的寻址方式指定的。作为一个例子，下面这条 lea 指令就是非法的，因为它的源操作数并未采用有效的寻址方式：

```
lea rax, [r11 - r12 * 3 - r15]
```

显然，

```
lea rax, [r8 + r9 * 8 + 0x0c]
```

在功能上类似于

```
mov rax, r8 + r9 * 8 + 0x0c
```

只是这样的 mov 指令并不合法！

回到程序中，内核加载的起始线性地址已传送到 R15，lea 指令也已经将 R15 中的线性地址和标号 exceptm 相加，标号 exceptm 是它相对于内核程序起始处的距离。相加后，结果传送到 RBX。此时，RBX 就是字符串的线性地址。

再往下，我们将行坐标 24 和列坐标 0 传送到 DH、DL，再将字符的颜色属性传送到 CL，最后调用例程 put_cstringxy64。错误信息显示完毕之后，用 cli 关闭中断响应，hlt 指令执行停机动作。因此，当异常发生后，异常服务例程是不返回的，而且处理器停机。

3.11.6　创建通用异常处理过程的中断门

在我们的系统中有通用的中断处理例程和通用的异常处理例程，接下来的任务就是创建中断门，让我们的中断和异常服务例程发挥作用。换句话说，让我们的系统能够处理中断和异常。

进入内核程序后，从第 77 行开始，后面的任务是初始化中断描述符表 IDT，并为 32 个异常及 224 个中断安装门描述符。

首先是为 32 个异常创建通用处理过程的中断门，这要用通用异常处理过程的线性地址创建中断门。创建中断门是通过调用例程 make_interrupt_gate 完成的，这个例程也位于内核工具文件 core_utils64.wid。

转到内核工具文件 core_utils64.wid。

第 214 行，例程 make_interrupt_gate 用来创建 64 位的中断门，要用 RAX 传入中断服务例程的线性地址，返回时，用 RDI 和 RSI 联合返回中断门的高 64 位和低 64 位。

寄存器 RAX 保存的是中断服务例程的线性地址，我们将它传送到 RDI，再将 RDI 右移 32次，就得到了中断门的高 64 位。

回顾一下 64 位中断门和陷阱门的格式（见图 3-21）就可以理解刚才的操作。将 RAX 右移32 次，就得到了保留的双字，以及中断服务例程线性地址的位 63 到位 32。

接下来构造中断门的低 64 位。为了方便，我们利用栈来构造它。首先，我们将 RAX 压入栈中，即，将中断服务例程的线性地址压入栈中。如图 3-23 所示，我们将栈中的 64 位数据分成 4 个字，栈指针寄存器 RSP 指向栈顶的那个字。

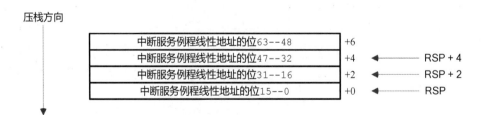

图 3-23　RAX 压栈之后的状态

第 221 行，我们向 rsp+2 的位置写入内核代码段选择子 CORE_ CODE64_SEL，长度是一个字。

第 222 行，我们向栈中 rsp+4 的位置写入 EAX 的内容。EAX 的内容是中断服务例程线性地址的低 32 位。本次操作是为了在栈中预置中断服务例程线性地址的位 31 到 16，但是位 15 到 0 是不需要的，是门的属性值，所以紧接着又修改 rsp+4 处的字，设置门的属性值 0x8e00，这个属性值指定 P 的值为 1，门的类型是 64 位中断门。

以上操作完成后，栈中的内容已经变成图 3-24 的样子，我们用 pop 指令从栈中弹出 64 位数值到 RSI 中，这就是中断门的低 64 位。至此，RDI 包含了中断门的高 64 位，RSI 包含了中断门的低 64 位。

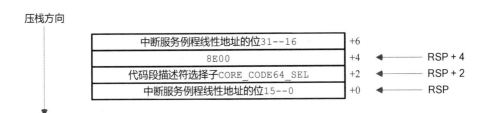

图 3-24　修改压栈之后的数据

最后，ret 指令返回到调用者。

3.11.7　安装通用异常处理过程的中断门

既然 32 个异常都使用同一个服务例程来处理，那么，我们就使用这个通用的服务例程来创建中断门，但是必须得到通用异常服务例程的线性地址，这就要用内核的起始线性地址加上例程在内核程序中的偏移量得到。

回到内核程序 c03_core.asm。

首先，第 81 行取得内核的起始线性地址。内核的起始线性地址保存在标号 position 这里，我们用 RIP 相对寻址方式从标号 position 这里取得，传送到 R9。

接着，第 82 行用 lea 指令得到通用异常处理过程的线性地址并传送到 RAX。在这里，标号 general_exception_handler 代表的是通用异常服务例程相对于内核程序起始处的偏移量。

现在，我们就可以调用我们上一课所讲的 make_interrupt_gate 来创建中断门。例程返回后，RDI 和 RSI 就是门描述符的高 64 位和低 64 位。

接下来，我们将这个门安装在中断描述符表 IDT 中，一共安装 32 次，对应着 32 个异常的向量。安装过程是用一个循环来完成的，寄存器 R8 控制循环次数，而且它也用来指定中断向量，或者说门在中断描述符表内的索引号，循环开始前用 xor 指令清零。

在循环中，首先调用 mount_idt_entry 在中断描述符表 IDT 内安装指定的中断门。安装之后，将 R8 递增，然后将 R8 的值和 31 进行比较。我们一共要安装 32 个异常的门，从 0 到 31，所以，如果 R8 的值小于或者等于 31，就转到标号 .idt0 处继续安装下一个门；否则就退出循环，继续往下执行。

例程 mount_idt_entry 位于内核工具文件 core_utils64.wid 中的第 266 行，这个例程在中断描述符表 IDT 中安装门描述符，进入例程时，要用 R8 传入中断向量号，并用 RDI 和 RSI 共同传入门描述符。

既然是在中断描述符表内安装门，就必须知道中断描述符表的位置。如图 3-4 所示的内存布局，在内核的第一个页表上面就是中断描述符表 IDT，其物理地址为 0xE000。为了方便，我们在全局定义文件 global_defs.wid 中将中断描述符表的物理地址定义为常量 IDT_PHY_ADDR。这个位置位于低端 2MB 物理内存，但现在已经开启分页，要访问中断描述符表，必须使用线性地址。同时，低端 2MB 物理内存已被映射到虚拟内存的高端，而内核也正在虚拟内存的高端执行，所以也必须使用 IDT 在虚拟内存高端的线性地址，这个高端线性地址等于虚拟内存高端的起始线性地址加上中断描述符表自身的物理地址。

为了方便，我们同样定义了一个常量 UPPER_IDT_LINEAR，它就是中断描述符表 IDT 的高端线性地址，它等于虚拟内存高端的起始线性地址 UPPER_LINEAR_START 加上中断描述符表的物理地址 IDT_PHY_ADDR。以后，我们只需要用 UPPER_IDT_LINEAR 就可以访问中断描述符表。

回到例程 mount_idt_entry，先将中断向量号乘以 16，得到门在表内的偏移量，因为每个门的长度是 64 位的，16 字节。乘法操作是用左移进行的，将 R8 左移 4 次，就相当于乘以 16。

接着，我们将中断描述符表 IDT 的高端线性地址 UPPER_IDT_LINEAR 传送到 R9；然后将 RSI，也就是中断门的低 64 位，传送到线性地址 R9+R8 处。R9 是中断描述符表的线性地址，R8 是表内偏移量，相加之后，就得到要安装的中断门的线性地址。

最后，第 275 行安装中断门的高 64 位。至此，门描述符安装完毕，ret 指令返回到调用者。

3.11.8　安装通用中断处理过程的中断门

安装了 32 个异常的中断门之后，接下来，还要安装剩余的 224 个中断的中断门，向量号从 32 到 255，这些中断都使用同一个中断服务例程 general_interrupt_handler。

回到内核程序 c03_core.asm。

首先，第 93 行，我们用 lea 指令得到通用中断服务例程的线性地址，这里也使用了 RIP 寻址方式。接下来，就可以调用例程 make_interrupt_gate 创建中断门。

创建中断门之后，我们将它安装在中断描述符表中，一共安装 224 次，对应的中断号从 32 开始，一直到 255。

在程序中，我们用 R8 保存起始的中断向量号 32，然后调用例程 mount_idt_entry 将刚才创建的中断门安装在中断描述符表中的指定位置。安装之后，递增 R8 中的向量号，判断是否小于等于 255。如果小于等于 255 成立，则意味着还要继续安装，转到标号 .idt1 处继续下一轮循环。否则，退出循环往下执行。

至此，我们已经在中断描述符表中安装了全部的 256 个门，对应着 256 个异常或者中断。接下来，需要加载中断描述符表寄存器 IDTR，让它指向中断描述符表。当中断或者异常发生时，处理器才能找到中断描述符表，并通过它调用中断服务例程。

加载中断描述符表寄存器的指令是 lidt，它需要一个内存地址作为操作数，用来指定一个数据结构，这个数据结构包含了中断描述符表的线性地址和界限值。

回看一下图 3-5，在系统数据区内偏移为 0x0C 的地方，用来保存中断描述符表的界限值；在偏移为 0x0E 的地方，用来保存中断描述符表的线性基地址。

在程序中，第 103～104 行将中断描述符表的高端线性地址 UPPER_IDT_LINEAR 传送到 RAX，将系统数据区的高端线性地址 UPPER_SDA_LINEAR 传送到 RBX。

UPPER_SDA_LINEAR 是在全局定义文件 global_defs.wid 中定义的一个常量，它是用虚拟内存空间的高端起始线性地址 UPPER_LINEAR_START 加上系统数据区的物理地址 SDA_PHY_ADDR 得到的。由于低端 2MB 物理内存已经做了特殊映射，通过这个高端线性地址 UPPER_SDA_LINEAR 就可以访问系统数据区。

第 105～106 行，首先将 RAX 中的中断描述符表高端线性地址传送到系统数据区内偏移为 0x0e 的位置，长度是 4 字；然后将中断描述符表的界限值传送到系统数据区内偏移为 0x0c 的位置。界限值就是中断描述符表的总字节数减一，所以是 256 * 16 - 1。

接下来是执行 lidt 指令，这条指令需要数据结构的起始线性地址，它是用系统数据区的起始线性地址加上偏移量 0x0C 得到的。至此，处理器就有能力处理中断和异常了。

3.11.9　初始化 8259 中断控制器

加载了中断描述符表寄存器 IDTR 之后，现在的任务是初始化可编程中断控制器 8259，包括重新设置中断向量号。

8259 芯片我们并不陌生，所以闲话就不多说了。8259 芯片是一个中介，用来收集外部硬件的中断信号，并传递给处理器。它可以提供 16 个中断向量，而且这些中断向量是可以改变的。

在计算机启动后，BIOS 会设置初始的中断向量，但是前 8 个向量和处理器本身的异常向量重叠。所以，在程序中，第 111 行，我们调用例程 init_8259 来初始化 8259，并重新设置中断向量号。这个例程位于内核工具文件 core_utils64.wid 内的第 283 行。这个例程很简单，就是设置主片和从片的级联方式及工作方式，具体的设置过程不准备多说，可以参考《x86 汇编语言：从实模式到保护模式》一书。

需要注意的是，我们重新设置了主片和从片的中断向量范围。主片从 0x20 开始，即，主片的中断向量范围是 0x20 到 0x27。换算成十进制，范围是 32 到 39；从片的中断向量被设置为从 0x28 开始，即，从片的中断向量范围是 0x28 到 0x2F。换算成十进制，范围是 40 到 47。

再回到内核程序 c03_core.asm。

处理来自 8259 的中断时，需要发送中断结束命令 EOI，所以为它们准备了专门的中断服务例程，这个服务例程就是第 42 行的 general_8259ints_handler，它就是通用的 8259 中断处理过程。这个例程很简单，向 8259 的主片和从片发送中断结束命令 EOI，然后执行 64 位的中断返回指令 iretq。

第 114～122 行，创建并安装 16 个 8259 中断处理过程的中断门，对应的中断向量号是 0x20～0x2f。实际上，我们前面已经安装过与向量 0x20 到 0x2f 的中断门，这次安装将覆盖这一部分已经安装的中断门。

第 114 行，这条 lea 指令得到 8259 通用中断服务例程的线性地址，它是用内核加载的起始线性地址加上该例程在内核中的偏移量得到的。然后，调用 make_interrupt_gate 创建中断门。

接下来，再用一个循环将门安装在中断描述符表中。这些门在中断描述符表内的索引号从 0x20 开始，到 0x2f 结束。

至此，整个中断系统就完全设置完毕。一旦执行了第 124 行的 sti 指令，处理器就开始响应中断并进行中断处理。

3.11.10　打印 64 位模式下的第一条信息

在完成了中断系统的初始化之后，现在，我们在 64 位模式下显示一条信息。这条信息是在内核程序第 13 行的标号 welcome 处定义的，其意思是正在 64 位模式下执行。这个字符串是 0 终止的。

在内核程序中，第 127 行，得到内核加载的起始线性地址并传送到 R15。紧接着，lea 指令用内核加载的起始线性地址加上字符串在内核文件中的偏移量，得到字符串本身的线性地址，然后调用例程 put_string64 显示这个字符串。

例程 put_string64 用来显示字符串，它位于内核工具文件 core_utils64.wid 中的第 16 行，用来显示 0 终止的字符串并移动光标。如何打印字符串，我们在《x86 汇编语言：从实模式到保护模式》一书里讲过，你应该有很深刻的印象。这个例程只工作在 64 位模式下，此时强制使用平坦内存模型，进入例程时，只需要用 RBX 传入字符串的线性地址即可。

进入例程时，先用 pushfq 指令压栈保存标志寄存器的状态（实际上是保存了中断标志位 IF），再用 cli 指令关闭中断。在多任务环境下，一个任务正在打印字符串的时候，很可能会被执行任务切换的中断信号打断，并切换到另一个任务执行。如果另一个任务也打印字符串，则将出现多个任务交叉打印的情况，而且会使打印的内容产生混乱。所以，打印前先关中断，字符串完整打印之后再恢复标志寄存器的内容（主要是 IF 标志位）。

但是，关闭硬件中断只是防止当前处理器上的任务或者线程切换，而不能阻止其他处理器上的任务或者线程也调用 put_string64 打印文本，所以必须使用锁。就如我们前面曾讲过的那样，第 23～25 行是条件编译指令，根据是否定义了常量 __MP__ 来决定是否启用加锁代码。在多处理器环境下，如果来自不同处理器上的任务或者线程都调用当前例程打印文本，它们都会执行这一段加锁代码，但只有一个任务或者线程加锁成功，而且只有加锁成功的任务或者线程才能继续往下执行，这样就达到同一时间只允许一个任务或者线程执行打印操作的效果。加锁不成功的任务或者线程将一直反复执行加锁代码尝试加锁，直至成功加锁，这就保证了所有要打印文本的任务或者线程一个一个地轮流执行打印操作。

加锁成功的任务或者线程在完成打印操作后还必须解锁，以允许其他任务或者线程加锁，第 36～38 行的条件编译指令用来解锁。

至于宏 SET_SPIN_LOCK 是如何展开的，展开后的代码是如何加锁的，我们现在仍然不讲，到后面第 5 章讲多处理器的时候再详细解释。我们现在是单处理器环境，尚未定义常量 __MP__，所以上述加锁和解锁的代码在编译时被忽略。到后面讲多处理器的时候，我们会显式地定义常量 __MP__。

和保护模式一样，例程 put_string64 负责从字符串中取出每个字符，然后调用另一个例程 put_char 打印单个字符。第 29 行用来取字符，这条指令用的是 64 位寻址方式，因为它的有效地址来自 RBX。64 位模式不使用数据段寄存器，有效地址就是线性地址。

例程 put_char 在当前光标处显示一个字符并推进光标。调用时，用 CL 传入被打印字符的编码。

在例程 put_char 内部，第 58～70 行用来访问光标寄存器取得光标位置。光标的位置数据在 BX 中，但现在是 64 模式，在本例程的后面是用 RBX 来访问显存显示字符的，所以要用第 71 行的 and 指令将 RBX 的高 48 位清零。

接下来要判断被打印的字符是普通字符，还是回车符和换行符。如果是回车符，就执行回车动作，把光标移到当前行的行首；如果是换行符，就执行换行动作，把光标移到下一行的当前列。

如果是普通字符，就在光标位置打印字符。由于光标位置并不代表字符在显存里的偏移量，必须将光标位置数值乘以 2 才是字符在显存里的偏移量，所以要用 shl 指令将光标位置乘以 2，左移 1 次就相当于乘以 2。注意，这个左移操作是针对 BX 的，只影响 BX，并不影响整个 RBX 的高 48 位。换句话说，被移出的比特并不会跑到 RBX 的高位部分。

打印字符需要访问显存，而且要用显存的高端线性地址 UPPER_TEXT_VIDEO。第 91 行写显存，字符在显存的位置是用显存的高端起始线性地址 RAX 加上字符在显存内的偏移量 RBX 得到。

不管是普通字符，还是控制字符，打印之后要向后移动光标，光标的新位置可能超出屏幕，这就需要滚动屏幕，第 97～114 行就是用来滚动屏幕的内容。

在 64 位模式下，滚屏操作使用了 movsq 指令，每次传送 4 个字。传送时，传送的次数由 RCX 指定，源串和目的串的线性地址分别由 RSI 和 RDI 指定。滚屏之后，和往常一样，需要重新设置光标位置，这是第 119～131 行的工作。

回到内核程序 c03_core.asm。

打印了 64 位模式下的第一条信息之后，就暂时无事可做了。为了保证机器能够正常运行，我们用一个循环让处理器工作在半梦半醒之间。

首先，我们用 hlt 指令让处理器停机，这样可以降低功耗。但是，处理器的睡眠会随时被外部中断信号打断。当 8259 芯片送来中断信号时，处理器就会恢复执行，先是响应这个中断，执行中断处理过程，然后回来执行 jmp 指令，将控制转到标号.halt，重新执行停机指令，就这样形成一个循环。

3.12　本章代码的编译和运行

启动 NASMIDE 程序，打开并编译本章的主引导程序 c03_mbr.asm、内核加载器程序 c03_ldr.asm 和内核程序 c03_core.asm。

启动 FixVhdWr 程序，如图 3-25 所示，添加编译后的 3 个二进制文件。主引导程序的起始逻辑扇区号是 0；内核加载器的起始逻辑扇区号为 1；内核的起始逻辑扇区号为 9。

添加数据文件后，可单击"写入并执行 VBox 虚拟机"观察执行效果，正常情况下，执行的效果如图 3-26 所示。

图 3-25　向虚拟硬盘写入本章程序

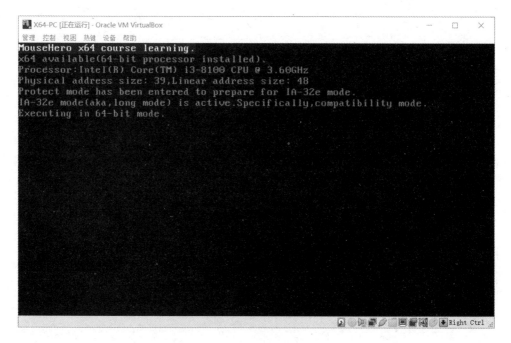

图 3-26　本章程序的执行效果示意图

第 4 章　单处理器环境下的多任务管理和调度

　　上一章的任务是让处理器进入 64 位模式执行，这是最能发挥 INTEL 64 位处理器效能的工作模式。在 64 位模式下我们应该做什么呢？学习汇编语言这么多年，我有一个感受，那就是现代处理器受操作系统的影响越来越大，越来越像是为操作系统设计的，是为操作系统服务的，不断地为操作系统提供更强有力的支持。我估计流行的操作系统厂商一定经常游说处理器厂家，要求他们的处理器为操作系统提供工作模式和指令集方面的支持。这就是说，处理器的改进和升级一定会受到操作系统厂商的影响。

　　正是因为处理器的设计有操作系统的影子，所以，要想把处理器讲明白，讲透彻，最好的方法就是编写一个简单的操作系统，然后模拟程序的加载和执行。在上一章里，我们已经编写了一个内核，那么这一章将完善这个内核。

　　每个操作系统内核都没有界面，都是不可见的。你可能说了，Linux 和 Windows 都是操作系统，它们都有界面啊。你错了，你看到的界面并不是操作系统内核，而是运行在操作系统内核之上的一个特殊任务，这个任务是由内核在初始化完成之后自动创建的，它会显示一个窗口来和用户打交道，这个窗口就是用户接口或者说用户界面。典型地，Linux 的用户接口就是控制台窗口，你可以在控制台窗口里输入命令来完成工作。Windows 的用户接口就是 Windows 桌面或者命令行窗口，你可以通过在桌面上双击图标，或者在 Windows 命令行窗口输入命令来完成不同的工作。

　　总之，这个特殊的任务用来和用户打交道，它像果实的外壳一样，位于操作系统内核的外面，显示一个界面，和计算机用户打交道，接收用户的输入。正因如此，这个特殊的任务叫作外壳任务。

　　在本书里，所谓任务，实际上就是其他图书或者教程里所说的进程。因此，外壳任务也叫外壳进程。在本书里，任务和进程可能会交替使用，但它们是一个意思。

　　刚才说了，操作系统内核在完成自身的初始化之后自动创建外壳任务。外壳任务的工作是和用户打交道，接受用户的命令。典型地，用户会运行一个程序，比如在 Windows 桌面双击一个程序的图标来运行这个程序。此时，外壳任务会加载这个程序，并将其创建为一个任务。在多任务系统中，用户可以通过外壳任务创建更多的任务。在这一章里，我们的外壳任务不能接收用户输入，但它会假装接收用户的请求，创建三个普通任务。

　　所有任务，包括外壳任务，它们的执行是由操作系统内核统一调度的。如果系统中只有一个处理器，那么，所有任务都将轮流执行。如图 4-1 所示，在本章里，操作系统内核在完成自身的初始化之后首先创建外壳任务，外壳任务又会创建另外三个任务。

　　在创建了三个任务之后，外壳任务的工作是不断地显示当前时间，而由外壳任务创建的三个任务则完成相同的工作，都从 1 加到 10 万并动态显示累加过程。

图 4-1　本章代码的执行效果

这里有 4 个任务，但任务调度的时间间隔是 1 秒。也就是说，每个任务可以连续执行一秒，然后切换到下一个任务。由于任务切换的时间间隔较长，可以很清楚地看到它们的轮流执行效果。

总之，通过本章的学习，你将了解到以下内容：

1，任务（进程）的创建过程；

2，什么是任务控制块 PCB，如何创建 PCB 链表，内核是如何用 PCB 链表对任务实施管理和调度的；

3，在单处理器环境下实施任务切换的过程；

4，系统调用和快速系统调用指令，如何通过系统调用从 3 特权级的用户态进入 0 特权级的内核态；

5，动态内存分配的原理和过程。

4.1　本章代码清单

这一章继续使用上一章的主引导程序 c03_mbr.asm；同时，继续使用上一章的内核加载器程序 c03_ldr.asm。以下程序是本章独有的，请对照阅读：

源文件 c04_core.asm：本章的内核程序；

源文件 c04_shell.asm：本章的外壳程序；

源文件 c04_userapp.asm：本章的用户（应用）程序。

和上一章相比，本章的内核程序在框架上没有改变，特别是它的头部没有改变。头部用来告诉内核加载器如何加载自己，既然内核加载器还是以前的 c03_ldr.asm，那么内核的头部也不能随意改变。

```
1  ;c04_core.asm: 单处理器多任务内核，李忠，2022-01-20
2
3  %include "..\common\global_defs.wid"
4
5  ;================================================================
6  section core_header                         ;内核程序头部
7    length         dd core_end                ;#0: 内核程序的总长度（字节数）
8    init_entry     dd init                    ;#4: 内核入口点
9    position       dq 0                       ;#8: 内核加载的虚拟（线性）地址
10
11 ;================================================================
12 section core_data                           ;内核数据段
13   welcome        db "Executing in 64-bit mode.", 0x0d, 0x0a, 0
14   tss_ptr        dq 0                       ;任务状态段 TSS 从此处开始
15   sys_entry      dq get_screen_row
16 dq get_cmos_time
17                  dq put_cstringxy64
18 dq create_process
19                  dq get_current_pid
20 dq terminate_process
21   pcb_ptr        dq 0                       ;进程控制块 PCB 首节点的线性地址
22   cur_pcb        dq 0                       ;当前任务的 PCB 线性地址
23
24 ;================================================================
25 section core_code                           ;内核代码段
26
27 %include "..\common\core_utils64.wid"       ;引入内核用到的例程
28
29        bits 64
30
31 ;~~~~~~~~~~~~~~~~~~~~~~~~~~~~~~~~~~~~~~~~~~~~~~~~~~~~~~~~~~~~~~~~~~
32 general_interrupt_handler:                  ;通用中断处理过程
33        iretq
34
35 ;~~~~~~~~~~~~~~~~~~~~~~~~~~~~~~~~~~~~~~~~~~~~~~~~~~~~~~~~~~~~~~~~~~
36 general_exception_handler:                  ;通用异常处理过程
37                                             ;在 24 行 0 列显示红底白字的错误信息
38        mov r15, [rel position]
39        lea rbx, [r15 + exceptm]
40        mov dh, 24
41        mov dl, 0
42        mov r9b, 0x4f
43        call put_cstringxy64                 ;位于 core_utils64.wid
44
45        cli
```

```
46          hlt                                     ;停机且不接受外部硬件中断
47
48  exceptm      db "A exception raised,halt.", 0      ;发生异常时的错误信息
49
50  ;~~~~~~~~~~~~~~~~~~~~~~~~~~~~~~~~~~~~~~~~~~~~~~~~~~~~~~~~~~~~~~~~~~~~~~~~~~~~~~~~
51  general_8259ints_handler:                       ;通用的 8259 中断处理过程
52          push rax
53
54          mov al, 0x20                            ;中断结束命令 EOI
55          out 0xa0, al                            ;向从片发送
56          out 0x20, al                            ;向主片发送
57
58          pop rax
59
60          iretq
61
62  ;~~~~~~~~~~~~~~~~~~~~~~~~~~~~~~~~~~~~~~~~~~~~~~~~~~~~~~~~~~~~~~~~~~~~~~~~~~~~~~~~
63  rtm_interrupt_handle:                           ;实时时钟中断处理过程（任务切换）
64          push r8
65          push rax
66          push rbx
67
68          mov al, 0x20                            ;中断结束命令 EOI
69          out 0xa0, al                            ;向 8259A 从片发送
70          out 0x20, al                            ;向 8259A 主片发送
71
72          mov al, 0x0c                            ;寄存器 C 的索引。且开放 NMI
73          out 0x70, al
74          in al, 0x71                             ;读一下 RTC 的寄存器 C，否则只发生一次中断
75                                                  ;此处不考虑闹钟和周期性中断的情况
76          ;以下开始执行任务切换
77          ;任务切换的原理是，它发生在所有任务的全局空间。在任务 A 的全局空间执行任务切换，切换
78          ;到任务 B，实际上也是从任务 B 的全局空间返回任务 B 的私有空间。
79
80          ;从 PCB 链表中寻找就绪的任务。
81          mov r8, [rel cur_pcb]                   ;定位到当前任务的 PCB 节点
82    .again:
83          mov r8, [r8 + 280]                      ;取得下一个节点
84          cmp r8, [rel cur_pcb]                   ;是否转一圈回到当前节点？
85          jz .return                              ;是。未找到就绪任务（节点），返回
86          cmp qword [r8 + 16], 0                  ;是就绪任务（节点）？
87          jz .found                               ;是。转任务切换
88          jmp .again
89
90    .found:
```

```
 91        mov rax, [rel cur_pcb]              ;取得当前任务的 PCB（线性地址）
 92        cmp qword [rax + 16], 2             ;当前任务有可能已经被标记为终止。
 93        jz .restore
 94
 95        ;保存当前任务的状态以便将来恢复执行
 96        mov qword [rax + 16], 0             ;置任务状态为就绪
 97        ;mov [rax + 64], rax                ;不需设置，将来恢复执行时从栈中弹出
 98        ;mov [rax + 72], rbx                ;不需设置，将来恢复执行时从栈中弹出
 99        mov [rax + 80], rcx
100        mov [rax + 88], rdx
101        mov [rax + 96], rsi
102        mov [rax + 104], rdi
103        mov [rax + 112], rbp
104        mov [rax + 120], rsp
105        ;mov [rax + 128], r8                ;不需设置，将来恢复执行时从栈中弹出
106        mov [rax + 136], r9
107        mov [rax + 144], r10
108        mov [rax + 152], r11
109        mov [rax + 160], r12
110        mov [rax + 168], r13
111        mov [rax + 176], r14
112        mov [rax + 184], r15
113        mov rbx, [rel position]
114        lea rbx, [rbx + .return]
115        mov [rax + 192], rbx               ;RIP 为中断返回点
116        mov [rax + 200], cs
117        mov [rax + 208], ss
118        pushfq
119        pop qword [rax + 232]
120
121  .restore:
122        ;恢复新任务的状态
123        mov [rel cur_pcb], r8               ;将新任务设置为当前任务
124        mov qword [r8 + 16], 1              ;置任务状态为忙
125
126        mov rax, [r8 + 32]                  ;取 PCB 中的 RSP0
127        mov rbx, [rel tss_ptr]
128        mov [rbx + 4], rax                  ;置 TSS 的 RSP0
129
130        mov rax, [r8 + 56]
131        mov cr3, rax                        ;切换地址空间
132
133        mov rax, [r8 + 64]
134        mov rbx, [r8 + 72]
135        mov rcx, [r8 + 80]
```

```
136          mov rdx, [r8 + 88]
137          mov rsi, [r8 + 96]
138          mov rdi, [r8 + 104]
139          mov rbp, [r8 + 112]
140          mov rsp, [r8 + 120]
141          mov r9, [r8 + 136]
142          mov r10, [r8 + 144]
143          mov r11, [r8 + 152]
144          mov r12, [r8 + 160]
145          mov r13, [r8 + 168]
146          mov r14, [r8 + 176]
147          mov r15, [r8 + 184]
148          push qword [r8 + 208]              ;SS
149          push qword [r8 + 120]              ;RSP
150          push qword [r8 + 232]              ;RFLAGS
151          push qword [r8 + 200]              ;CS
152          push qword [r8 + 192]              ;RIP
153
154          mov r8, [r8 + 128]                 ;恢复 R8 的值
155
156          iretq                             ;转入新任务局部空间执行
157
158    .return:
159          pop rbx
160          pop rax
161          pop r8
162
163          iretq
164
165  ;~~~~~~~~~~~~~~~~~~~~~~~~~~~~~~~~~~~~~~~~~~~~~~~~~~~~~~~~~~~~~~~~~~~~~~~~~~~~~~~~
166  append_to_pcb_link:                       ;在 PCB 链上追加任务控制块
167  ;输入: R11=PCB 线性基地址
168          push rax
169          push rbx
170
171          cli
172
173          mov rbx, [rel pcb_ptr]             ;取得链表首节点的线性地址
174          or rbx, rbx
175          jnz .not_empty                    ;链表非空, 转.not_empty
176          mov [r11], r11                     ;唯一的节点: 前驱是自己
177          mov [r11 + 280], r11               ;后继也是自己
178          mov [rel pcb_ptr], r11             ;这是头节点
179          jmp .return
180
```

```
181    .not_empty:
182          mov rax, [rbx]                          ;取得头节点的前驱节点的线性地址
183          ;此处，RBX=头节点；RAX=头节点的前驱节点；R11=追加的节点
184          mov [rax + 280], r11                    ;前驱节点的后继是追加的节点
185          mov [r11 + 280], rbx                    ;追加的节点的后继是头节点
186          mov [r11], rax                          ;追加的节点的前驱是头节点的前驱
187          mov [rbx], r11                          ;头节点的前驱是追加的节点
188
189    .return:
190          sti
191
192          pop rbx
193          pop rax
194
195          ret
196
197 ;~~~~~~~~~~~~~~~~~~~~~~~~~~~~~~~~~~~~~~~~~~~~~~~~~~~~~~~~~~~~~~~~~~~~~~~~~~
198 get_current_pid:                                  ;返回当前任务（进程）的标识
199          mov rax, [rel cur_pcb]
200          mov rax, [rax + 8]
201
202          ret
203
204 ;~~~~~~~~~~~~~~~~~~~~~~~~~~~~~~~~~~~~~~~~~~~~~~~~~~~~~~~~~~~~~~~~~~~~~~~~~~
205 terminate_process:                                ;终止当前任务
206          cli                                      ;执行流改变期间禁止时钟中断引发的任务切换
207
208          mov rax, [rel cur_pcb]                    ;定位到当前任务的 PCB 节点
209          mov qword [rax + 16], 2                   ;状态=终止
210
211          jmp rtm_interrupt_handle                  ;强制任务调度，交还处理器控制权
212
213 ;~~~~~~~~~~~~~~~~~~~~~~~~~~~~~~~~~~~~~~~~~~~~~~~~~~~~~~~~~~~~~~~~~~~~~~~~~~
214 create_process:                                   ;创建新的任务
215 ;输入：R8=程序的起始逻辑扇区号
216          push rax
217          push rbx
218          push rcx
219          push rdx
220          push rsi
221          push rdi
222          push rbp
223          push r8
224          push r9
225          push r10
```

```
226          push r11
227          push r12
228          push r13
229          push r14
230          push r15
231
232          ;首先在地址空间的高端（内核）创建任务控制块 PCB
233          mov rcx, 512                          ;任务控制块 PCB 的尺寸
234          call core_memory_allocate            ;在虚拟地址空间的高端（内核）分配内存
235
236          mov r11, r13                          ;以下，R11 专用于保存 PCB 线性地址
237
238          mov qword [r11 + 24], USER_ALLOC_START    ;填写 PCB 的下一次可分配线性地址域
239
240          ;从当前活动的 4 级头表复制并创建新任务的 4 级头表。
241          call copy_current_pml4
242          mov [r11 + 56], rax                   ;填写 PCB 的 CR3 域，默认 PCD=PWT=0
243
244          ;以下，切换到新任务的地址空间，并清空其 4 级头表的前半部分。不过没有关系，我们正
245          ;在地址空间的高端执行，可正常执行内核代码并访问内核数据，毕竟所有任务的高端（全
246          ;局）部分都相同。同时，当前使用的栈位于地址空间高端的栈。
247          mov r15, cr3                          ;保存控制寄存器 CR3 的值
248          mov cr3, rax                          ;切换到新 4 级头表映射的新地址空间
249
250          ;清空当前 4 级头表的前半部分（对应于任务的局部地址空间）
251          mov rax, 0xffff_ffff_ffff_f000       ;当前活动 4 级头表自身的线性地址
252          mov rcx, 256
253   .clsp:
254          mov qword [rax], 0
255          add rax, 8
256          loop .clsp
257
258          mov rax, cr3                          ;刷新 TLB
259          mov cr3, rax
260
261          mov rcx, 4096 * 16                    ;为 TSS 的 RSP0 开辟栈空间
262          call core_memory_allocate            ;必须是在内核的空间中开辟
263          mov [r11 + 32], r14                   ;填写 PCB 中的 RSP0 域的值
264
265          mov rcx, 4096 * 16                    ;为用户程序开辟栈空间
266          call user_memory_allocate
267          mov [r11 + 120], r14                  ;用户程序执行时的 RSP。
268
269          mov qword [r11 + 16], 0               ;任务状态=就绪
270
```

```
271              ;以下开始加载用户程序
272              mov rcx, 512                                  ;在私有空间开辟一个缓冲区
273              call user_memory_allocate
274              mov rbx, r13
275              mov rax, r8                                   ;用户程序起始扇区号
276              call read_hard_disk_0
277
278              mov [r13 + 16], r13                           ;在程序中填写它自己的起始线性地址
279              mov r14, r13
280              add r14, [r13 + 8]
281              mov [r11 + 192], r14                          ;在 PCB 中登记程序的入口点线性地址
282
283              ;以下判断整个程序有多大
284              mov rcx, [r13]                                ;程序尺寸
285              test rcx, 0x1ff                               ;能够被 512 整除吗?
286              jz .y512
287              shr rcx, 9                                    ;不能? 凑整。
288              shl rcx, 9
289              add rcx, 512
290      .y512:
291              sub rcx, 512                                  ;减去已经读的一个扇区长度
292              jz .rdok
293              call user_memory_allocate
294              ;mov rbx, r13
295              shr rcx, 9                                    ;除以 512, 还需要读的扇区数
296              inc rax                                       ;起始扇区号
297      .b1:
298              call read_hard_disk_0
299              inc rax
300              loop .b1                                      ;循环读, 直到读完整个用户程序
301
302      .rdok:
303              mov qword [r11 + 200], USER_CODE64_SEL        ;新任务的代码段选择子
304              mov qword [r11 + 208], USER_STACK64_SEL       ;新任务的栈段选择子
305
306              pushfq
307              pop qword [r11 + 232]
308
309              call generate_process_id
310              mov [r11 + 8], rax                            ;记录当前任务的标识
311
312              call append_to_pcb_link                       ;将 PCB 添加到进程控制块链表尾部
313
314              mov cr3, r15                                  ;切换到原任务的地址空间
315
```

```
316            pop r15
317            pop r14
318            pop r13
319            pop r12
320            pop r11
321            pop r10
322            pop r9
323            pop r8
324            pop rbp
325            pop rdi
326            pop rsi
327            pop rdx
328            pop rcx
329            pop rbx
330            pop rax
331
332            ret
333  ;~~~~~~~~~~~~~~~~~~~~~~~~~~~~~~~~~~~~~~~~~~~~~~~~~~~~~~~~~~~~~~~~~~~~~~~~~~~~~~~
334  syscall_procedure:                          ;系统调用的处理过程
335            ;RCX 和 R11 由处理器使用，保存 RIP 和 RFLAGS 的内容；RBP 和 R15 由此例程占用。如
336            ;有必要，请用户程序在调用 syscall 前保存它们，在系统调用返回后自行恢复。
337            mov rbp, rsp
338            mov r15, [rel tss_ptr]
339            mov rsp, [r15 + 4]              ;使用 TSS 的 RSP0 作为安全栈
340
341            sti
342
343            mov r15, [rel position]
344            add r15, [r15 + rax * 8 + sys_entry]
345            call r15
346
347            cli
348            mov rsp, rbp                    ;还原到用户程序的栈
349            o64 sysret
350  ;~~~~~~~~~~~~~~~~~~~~~~~~~~~~~~~~~~~~~~~~~~~~~~~~~~~~~~~~~~~~~~~~~~~~~~~~~~~~~~~
351  init:    ;初始化内核的工作环境
352
353            ;将 GDT 的线性地址映射到虚拟内存高端的相同位置。
354            ;处理器不支持 64 位立即数到内存地址的操作，所以用两条指令完成。
355            mov rax, UPPER_GDT_LINEAR       ;GDT 的高端线性地址
356            mov qword [SDA_PHY_ADDR + 4], rax   ;注意：必须是扩高地址
357
358            lgdt [SDA_PHY_ADDR + 2]         ;只有在 64 位模式下才能加载 64 位线性地址部分
359
360            ;将栈映射到高端，否则，压栈时依然压在低端，并和低端的内容冲突。
```

```
361                 ;64 位模式下不支持源操作数为 64 位立即数的加法操作。
362         mov rax, 0xffff800000000000            ;或者加上 UPPER_LINEAR_START
363         add rsp,rax                            ;栈指针必须转换为高端地址且必须是扩高地址
364
365         ;准备让处理器从虚拟地址空间的高端开始执行（现在依然在低端执行）
366         mov rax, 0xffff800000000000            ;或者使用常量 UPPER_LINEAR_START
367         add [rel position], rax                ;内核程序的起始位置数据也必须转换成扩高地址
368
369         ;内核的起始地址+标号.to_upper 的汇编地址=标号.to_upper 所在位置的运行时扩高地址
370         mov rax, [rel position]
371         add rax, .to_upper
372         jmp rax                                ;绝对间接近转移，从此在高端执行后面的指令
373
374  .to_upper:
375         ;初始化中断描述符表 IDT，并为 32 个异常及 224 个中断安装门描述符
376
377         ;为 32 个异常创建通用处理过程的中断门
378         mov r9, [rel position]
379         lea rax, [r9 + general_exception_handler]    ;得到通用异常处理过程的线性地址
380         call make_interrupt_gate               ;位于 core_utils64.wid
381
382         xor r8, r8
383  .idt0:
384         call mount_idt_entry                   ;位于 core_utils64.wid
385         inc r8
386         cmp r8, 31
387         jle .idt0
388
389         ;创建并安装对应于其他中断的通用处理过程的中断门
390         lea rax, [r9 + general_interrupt_handler]    ;得到通用中断处理过程的线性地址
391         call make_interrupt_gate               ;位于 core_utils64.wid
392
393         mov r8, 32
394  .idt1:
395         call mount_idt_entry                   ;位于 core_utils64.wid
396         inc r8
397         cmp r8, 255
398         jle .idt1
399
400         mov rax, UPPER_IDT_LINEAR              ;中断描述符表 IDT 的高端线性地址
401         mov rbx, UPPER_SDA_LINEAR              ;系统数据区 SDA 的高端线性地址
402         mov qword [rbx + 0x0e], rax
403         mov word [rbx + 0x0c], 256 * 16 - 1
404
405         lidt [rbx + 0x0c]                      ;只有在 64 位模式下才能加载 64 位线性地址部分
```

```
406
407            ;初始化 8259 中断控制器，包括重新设置中断向量号
408            call init_8259
409
410            ;创建并安装 16 个 8259 中断处理过程的中断门，向量 0x20--0x2f
411            lea rax, [r9 + general_8259ints_handler] ;得到通用 8259 中断处理过程的线性地址
412            call make_interrupt_gate              ;位于 core_utils64.wid
413
414            mov r8, 0x20
415  .8259:
416            call mount_idt_entry                  ;位于 core_utils64.wid
417            inc r8
418            cmp r8, 0x2f
419            jle .8259
420
421            sti                                   ;开放硬件中断
422
423            ;在 64 位模式下显示的第一条信息！
424            mov r15, [rel position]
425            lea rbx, [r15 + welcome]
426            call put_string64                     ;位于 core_utils64.wid
427            ;-------------------------------------------------------------------
428            ;安装系统服务所需要的代码段和栈段描述符
429            sub rsp, 16                           ;开辟 16 字节的空间操作 GDT 和 GDTR
430            sgdt [rsp]
431            xor rbx, rbx
432            mov bx, [rsp]                         ;得到 GDT 的界限值
433            inc bx                                ;得到 GDT 的长度（字节数）
434            add rbx, [rsp + 2]
435            ;以下，处理器不支持从 64 位立即数到内存之间的传送！！！
436            mov dword [rbx], 0x0000ffff
437            mov dword [rbx + 4], 0x00cf9200       ;数据段描述符，DPL=00
438            mov dword [rbx + 8], 0                ;保留的描述符槽位
439            mov dword [rbx + 12], 0
440            mov dword [rbx + 16], 0x0000ffff      ;数据段描述符，DPL=11
441            mov dword [rbx + 20], 0x00cff200
442            mov dword [rbx + 24], 0x0000ffff      ;代码段描述符，DPL=11
443            mov dword [rbx + 28], 0x00aff800
444
445            ;安装任务状态段 TSS 的描述符
446            mov rcx, 104                          ;TSS 的标准长度
447            call core_memory_allocate
448            mov [rel tss_ptr], r13
449            mov rax, r13
450            call make_tss_descriptor
```

```
451         mov qword [rbx + 32], rsi              ;TSS 描述符的低 64 位
452         mov qword [rbx + 40], rdi              ;TSS 描述符的高 64 位
453
454         add word [rsp], 48                     ;4 个段描述符和 1 个 TSS 描述符的总字节数
455         lgdt [rsp]
456         add rsp, 16                            ;恢复栈平衡
457
458         mov cx, 0x0040                         ;TSS 描述符的选择子
459         ltr cx
460
461     ;为快速系统调用 SYSCALL 和 SYSRET 准备参数
462         mov ecx, 0x0c0000080                   ;指定型号专属寄存器 IA32_EFER
463         rdmsr
464         bts eax, 0                             ;设置 SCE 位，允许 SYSCALL 指令
465         wrmsr
466
467         mov ecx, 0xc0000081                    ;STAR
468         mov edx, (RESVD_DESC_SEL << 16) | CORE_CODE64_SEL
469         xor eax, eax
470         wrmsr
471
472         mov ecx, 0xc0000082                    ;LSTAR
473         mov rax, [rel position]
474         lea rax, [rax + syscall_procedure]     ;只用 EAX 部分
475         mov rdx, rax
476         shr rdx, 32                            ;使用 EDX 部分
477         wrmsr
478
479         mov ecx, 0xc0000084                    ;FMASK
480         xor edx, edx
481         mov eax, 0x00047700                    ;要求 TF=IF=DF=AC=0; IOPL=00
482         wrmsr
483
484     ;以下安装用于任务切换的实时时钟中断处理过程
485         mov r9, [rel position]
486         lea rax, [r9 + rtm_interrupt_handle]   ;得到中断处理过程的线性地址
487         call make_interrupt_gate               ;位于 core_utils64.wid
488
489         cli
490
491         mov r8, 0x28                           ;使用 0x20 时，应调整 bochs 的时间速率
492         call mount_idt_entry                   ;位于 core_utils64.wid
493
494     ;设置和时钟中断相关的硬件
495         mov al, 0x0b                           ;RTC 寄存器 B
```

```
496        or al, 0x80                            ;阻断 NMI
497        out 0x70, al
498        mov al, 0x12                           ;设置寄存器 B，禁止周期性中断，开放更
499        out 0x71, al                           ;新结束后中断，BCD 码，24 小时制
500
501        in al, 0xa1                            ;读 8259 从片的 IMR 寄存器
502        and al, 0xfe                           ;清除 bit 0（此位连接 RTC）
503        out 0xa1, al                           ;写回此寄存器
504
505        sti
506
507        mov al, 0x0c
508        out 0x70, al
509        in al, 0x71                            ;读 RTC 寄存器 C，复位未决的中断状态
510
511        ;以下开始创建系统外壳任务（进程）
512        mov r8, 50
513        call create_process
514
515        mov rbx, [rel pcb_ptr]                 ;得到外壳任务 PCB 的线性地址
516        mov rax, [rbx + 56]                    ;从 PCB 中取出 CR3
517        mov cr3, rax                           ;切换到新进程的地址空间
518
519        mov [rel cur_pcb], rbx                 ;设置当前任务的 PCB。
520        mov qword [rbx + 16], 1                ;设置任务状态为"忙"。
521
522        mov rax, [rbx + 32]                    ;从 PCB 中取出 RSP0
523        mov rdx, [rel tss_ptr]                 ;得到 TSS 的线性地址
524        mov [rdx + 4], rax                     ;在 TSS 中填写 RSP0
525
526        push qword [rbx + 208]                 ;用户程序的 SS
527        push qword [rbx + 120]                 ;用户程序的 RSP
528        pushfq
529        push qword [rbx + 200]                 ;用户程序的 CS
530        push qword [rbx + 192]                 ;用户程序的 RIP
531
532        iretq                                  ;返回当前任务的私有空间执行
533
534 ;~~~~~~~~~~~~~~~~~~~~~~~~~~~~~~~~~~~~~~~~~~~~~~~~~~~~~~~~~~~~~~~~~~~~~~~~~~~~~~~
535 core_end:
```

```
1    ;c04_shell.asm:系统外壳程序，2022-1-19。用于模拟一个操作系统用户接口，比如 Linux 控制台
2
3    ;================================================================================
4    section shell_header                        ;外壳程序头部
5      length        dq shell_end                ;#0: 外壳程序的总长度（字节数）
6      entry         dq start                    ;#8: 外壳入口点
7      linear        dq 0                        ;#16: 外壳加载的虚拟（线性）地址
8
9    ;================================================================================
10   section shell_data                          ;外壳程序数据段
11     shell_msg     db "OS SHELL-"
12     time_buff     times 32 db 0
13
14   ;================================================================================
15   section shell_code                          ;外壳程序代码段
16
17   %include "..\common\user_static64.lib"
18
19   ;~~~~~~~~~~~~~~~~~~~~~~~~~~~~~~~~~~~~~~~~~~~~~~~~~~~~~~~~~~~~~~~~~~~~~~~~~~~~~~~~~~~~
20           bits 64
21
22   main:
23           ;这里可显示一个界面，比如 Windows 桌面或者 Linux 控制台窗口，用于接收用户输入的
24           ;命令，包括显示磁盘文件、设置系统参数或者运行一个程序。我们的系统很简单，所以不
25           ;提供这些功能。
26
27           ;以下，  模拟按用户的要求运行 3 个程序......
28           mov r8, 100
29           mov rax, 3
30           syscall
31           syscall
32           syscall                             ;用同一个副本创建 3 个任务
33
34           mov rax, 0
35           syscall                             ;可用显示行，DH=行号
36           mov dl, 0
37           mov r9b, 0x5f
38
39           mov r12, [rel linear]
40   _time:
41           lea rbx, [r12 + time_buff]
42           mov rax, 1
43           syscall
44
45           lea rbx, [r12 + shell_msg]
```

```
46          mov rax, 2
47          syscall
48
49          jmp _time
50
51  ;~~~~~~~~~~~~~~~~~~~~~~~~~~~~~~~~~~~~~~~~~~~~~~~~~~~~~~~~~~~~~~~~~~~~~~~~~~~~~~~
52  start:    ;程序的入口点
53          call main
54  ;~~~~~~~~~~~~~~~~~~~~~~~~~~~~~~~~~~~~~~~~~~~~~~~~~~~~~~~~~~~~~~~~~~~~~~~~~~~~~~~
55  shell_end:
```

```
1  ;c04_userapp.asm:应用程序，李忠，2022-2-2
2
3  ;================================================================================
4  section app_header                      ;应用程序头部
5    length        dq app_end              ;#0: 用户程序的总长度（字节数）
6    entry         dq start                ;#8: 用户程序入口点
7    linear        dq 0                    ;#16: 用户程序加载的虚拟（线性）地址
8
9  ;================================================================================
10 section app_data                        ;应用程序数据段
11   app_msg       times 128 db 0          ;应用程序消息缓冲区
12   pid_prex      db "Process ID:", 0     ;进程标识符前缀文本
13   pid           times 32 db 0           ;进程标识符的文本
14   delim         db " doing 1+2+3+...+", 0  ;分隔文本
15   addend        times 32 db 0           ;加数的文本
16   equal         db "=", 0               ;等于号
17   cusum         times 32 db 0           ;相加结果的文本
18
19 ;================================================================================
20 section app_code                        ;应用程序代码段
21
22 %include "..\common\user_static64.lib"
23
24 ;~~~~~~~~~~~~~~~~~~~~~~~~~~~~~~~~~~~~~~~~~~~~~~~~~~~~~~~~~~~~~~~~~~~~~~~~~~~~~~~~~~~~
25         bits 64
26
27 main:
28         mov rax, 0                      ;确定当前程序可以使用的显示行
29         syscall                         ;可用显示行, DH=行号
30
31         mov dl, 0
32         mov r9b, 0x0f
33
34         mov r12, [rel linear]           ;当前程序加载的起始线性地址
35
36         mov rax, 4                      ;获得当前程序（进程）的标识
37         syscall
38         mov r8, rax
39         lea rbx, [r12 + pid]
40         call bin64_to_dec               ;将进程标识转换为字符串
41
42         mov r8, 0                       ;R8 用于存放累加和
43         mov r10, 1                      ;R10 用于提供加数
44   .cusum:
45         add r8, r10
46         lea rbx, [r12 + cusum]
```

```
47          call bin64_to_dec                  ;本次相加的结果转换为字符串
48          xchg r8, r10
49          lea rbx, [r12 + addend]
50          call bin64_to_dec                  ;本次的加数转换为字符串
51          xchg r8, r10
52
53          lea rdi, [r12 + app_msg]
54          mov byte [rdi], 0
55
56          lea rsi, [r12 + pid_prex]
57          call string_concatenates           ;字符串连接，和 strcat 相同
58          lea rsi, [r12 + pid]
59          call string_concatenates
60          lea rsi, [r12 + delim]
61          call string_concatenates
62          lea rsi, [r12 + addend]
63          call string_concatenates
64          lea rsi, [r12 + equal]
65          call string_concatenates
66          lea rsi, [r12 + cusum]
67          call string_concatenates
68
69          mov rax, 2                          ;在指定坐标显示字符串
70          mov rbx, rdi
71          syscall
72
73          inc r10
74          cmp r10, 100000
75          jle .cusum
76
77          ret
78
79  ;~~~~~~~~~~~~~~~~~~~~~~~~~~~~~~~~~~~~~~~~~~~~~~~~~~~~~~~~~~~~~~~~~~~~~~~~~~~~
80  start:   ;程序的入口点
81
82          ;这里放置初始化代码，比如初始化全局数据（变量）
83
84          call main
85
86          ;这里放置清理代码
87
88          mov rax, 5                          ;终止任务
89          syscall
90
91  ;~~~~~~~~~~~~~~~~~~~~~~~~~~~~~~~~~~~~~~~~~~~~~~~~~~~~~~~~~~~~~~~~~~~~~~~~~~~~
92  app_end:
```

4.2 初始化快速系统调用环境

既然本章沿用上一章的主引导程序和内核加载器程序，那我们就可以直接从内核开始讲解。来看本章的内核程序 c04_core.asm。

内核程序的入口点位于标号 init（第 351 行），从这里开始初始化内核的工作环境。从这一行开始，一直到第 426 行，这部分内容没有变化，和上一章相同。后面的内容是这一章新加的，我们就从这里开始讲起。

在显示了 64 位模式下的第一条信息（第 424～426 行）之后，接下来，我们安装系统服务所需要的代码段和栈段描述符。

我们知道，为了安全起见，内核运行在 0 特权级，为整个系统提供服务，而普通任务运行在 3 特权级，不能执行特权指令，也不能直接控制硬件。因此，它可能需要使用内核提供的服务。

在 32 位时代，系统服务通常是以软中断和调用门来实现的。3 特权级的应用程序用软中断或者调用门让处理器离开自己，进入 0 特权级的内核执行服务代码，这就是从用户态进入内核态。内核代码执行完毕，再返回到应用程序，这就从内核态进入用户态。

在 64 位模式下，中断门和调用门依然是存在的，但已经做了修改，扩展到 64 位。尽管如此，由于要进行一系列的加载和检查工作，比如要加载新的描述符到段寄存器，要检查描述符是否有效，要检查描述符是否在表的边界之内，要检查调用者和被调用者的特权级别，等等，整个过程将花费很多时间，导致控制转移过程变得很慢。

正因如此，64 位处理器引入了一对新的指令，它们是 syscall 和 sysret。前者用来从 3 特权级的普通任务进入 0 特权级的内核，即，从用户态进入内核态；后者用来从 0 特权级的内核返回 3 特权级的普通任务，即，从内核态返回用户态。使用快速系统调用，从用户态进入内核态所花费的时间不到传统方式的四分之一。

4.2.1 快速系统调用的原理

快速系统调用指令 syscall 用来调用一个 0 特权级的操作系统例程。指令执行时，处理器自动用 RCX 保存 RIP（它已经指向 syscall 的下一条指令），用 R11 保存 RFLAGS 的当前内容。对用户程序的编写者来说，如有必要，可以在执行 syscall 指令之前保存 RCX 和 R11 的内容，并在快速系统调用返回后予以恢复。

快速系统调用是远转移，伴随着 CS 和 RIP 的改变。由于这也是一个不同特权级之间的转移和返回，甚至需要切换栈。

快速系统调用的返回使用 sysret 指令。此时，处理器自动将 RCX 代入 RIP，将 R11 代入 RFLAGS，返回到调用前的位置继续执行。

快速系统调用指令没有操作数，控制转移时所使用的参数是由 3 个型号专属寄存器提供的，它们是：IA32_STAR、IA32_LSTAR 和 IA32_FMASK。注意，STAR 不是星星，它是一个缩写，是 SYSCALL/SYSRET TARGET，意思是快速系统调用的目标参数。

快速系统调用是远转移，而且伴随着特权级的改变。进入时需要从 3 特权级的代码段切换到 0 特权级的代码段，返回时再从 0 特权级的代码段切换到 3 特权级的代码段。在任何时候，栈段的特权级必须和当前特权级一致，因此，从 3 特权级进入 0 特权级的时候还需要从 3 特权级的栈段切换到 0 特权级的栈段，返回时再从 0 特权级的栈段切换到 3 特权级的栈段。因此，整个过程要用到 2 个代码段选择子和 2 个栈段选择子，这些选择子在型号专属寄存器 IA32_STAR 中指定。

如图 4-2 所示，IA32_STAR 是 64 位的寄存器，低 32 位保留不用，位 32 到位 47 是 syscall 指令使用的段选择子；位 48 到位 63 是 sysret 指令使用的段选择子。

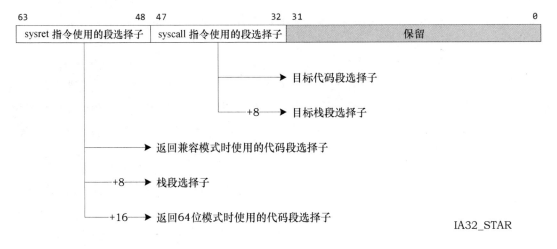

图 4-2　型号专属寄存器 IA32_STAR

执行 syscall 指令时，要从 IA32_STAR 的位 32～47 取出段选择子作为目标代码段的选择子。然后，再将这个选择子加 8，作为目标栈段的选择子。将选择子加 8，实际上是指向描述符表中的下一个描述符。换句话说，这两个描述符是紧挨着的。

执行 sysret 指令时，要从 IA32_STAR 的位 48～63 取出段选择子，如果是返回到兼容模式，就用这个选择子作为目标代码段的选择子；如果是返回到 64 位模式，则需要将取出的选择子加上 16，作为目标代码段的选择子。不管是返回到哪种模式下，将取出的选择子加上 8，就是栈段的选择子。显然，在描述符表中，这三个描述符是紧挨着的。

为了加深印象，搞清楚快速系统调用所要求的描述符顺序，来看图 4-3，这是快速系统调用所需要的描述符在描述符表内的布局示意图。当 syscall 指令执行时，从型号专属寄存器 IA32_STAR 里取出段描述符选择子，然后从描述符表中选择一个描述符，这个描述符就是目标代码段的描述符，DPL 字段为 0。而在它之后，偏移量大 8 字节的位置，是目标栈段的描述符，DPL 字段为 0。

当 sysret 指令执行时，从 IA32_STAR 中取出相应的段描述符选择子。这个选择子所对应的描述符是兼容模式下的代码段描述符，DPL 为 3；按照要求，从这个描述符开始，偏移量大 8 字节的位置，是目标栈段的描述符，DPL 字段为 3；再往上，偏移量大 16 字节的位置，是 64 位目标代码段的描述符，DPL 字段为 3。

尽管 syscall 和 sysret 指令要求我们指定段选择子，而且对段描述符的位置和顺序有要求，但是，这种指定和要求只是形式上的，没有实质性的意义和作用。这是因为在 64 位模式下，所有段的基地址都强制为 0，段界限被忽略。因此，在段描述符中，唯一有意义的部分只是它们的 DPL 字段，但也只是对 CS 和 SS 来说有意义，用于控制转移时的特权级检查。

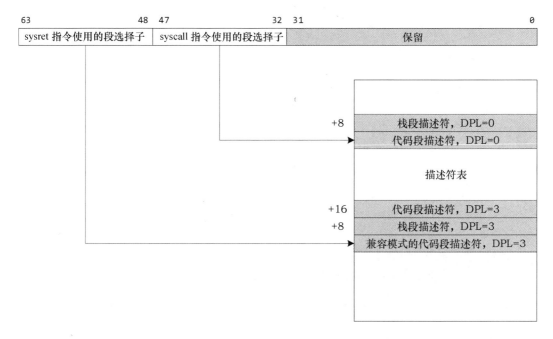

图 4-3　快速系统调用的描述符布局示意图

由此，当 syscall 和 sysret 指令执行时，处理器并不会真的从描述符表中取出段描述符。相反，它只是用固定的内容来填充 CS 和 SS 的描述符高速缓存器。同时，还要修改 CS 和 SS 的 RPL 字段以适应当前特权级别（比如，在使用 syscall 指令进入内核时将 CS 和 SS 的 RPL 字段置为 0；在使用 sysret 指令返回时将 CS 和 SS 的 RPL 字段置为 3）。

即使如此，在描述符表中安装这些段描述符，是软件（特别是操作系统软件）的责任和义务。

4.2.2　为快速系统调用安装段描述符

快速系统调用服务所需的段描述符都安装在全局描述符表 GDT 中，而为了安装这些描述符，首先需要知道 GDT 的位置和大小，这就需要使用 sgdt 指令。sgdt 指令将 GDT 的位置和界限值保存在指定的位置。

那么保存在哪里呢，在程序中，为了方便，我们在栈中开辟一段空间。在 64 位模式下，栈段、数据段和代码段都是相同的。

回到内核程序 c04_core.asm。

在栈中开辟空间的方法很简单，第 429 行，只需要用减法指令将 RSP 减去 16。即，调整栈顶的位置，仿佛压入了 16 字节的数据一样。接着，用 sgdt 指令取得 GDT 的线性地址和界限值，保存的位置是用 RSP 的当前值指定的。在 64 位模式下，取出的线性地址是 64 位的扩高地址，界限值是 16 位的。因此，栈中的数据实际上如图 4-4 所示，在 RSP 指向的位置，是 GDT 的界限值，长度为一个字。再往上，从 RSP+2 的位置开始，是 GDT 的线性地址。

执行 sgdt 指令之后，我们用 xor 指令将 RBX 清零，然后，第 432 行，用 RSP 的值作为有效地址从栈中取出 GDT 的界限值传送到 BX。刚才说了，RSP 指向的位置保存着 GDT 的界限值。

图 4-4　sgdt 指令在栈中保存的数据

接下来，将 BX 加一，得到 GDT 的总字节数，这是因为 GDT 的界限值比它的总字节数小一。

第 434 行，这条 add 指令将 GDT 的线性地址和界限值相加，就得到了要安装的那个描述符的线性地址。相加时，GDT 的线性地址是从 RSP+2 的位置取出的。刚才我们已经看到了，GDT 的线性地址就保存在这里。

一旦我们知道从哪个线性地址开始安装新的描述符，那么，下面就来添加新的段描述符。第 436～443 行的指令用于在 GDT 中添加新的段描述符，一共添加 4 个段描述符。

如图 4-5 所示，在进入 64 位模式后，我们已经在 GDT 中安装了 4 个段描述符，它们分别是空描述符、保护模式的代码段描述符、保护模式的数据段描述符，以及 64 位的代码段描述符。

64 位模式的代码段描述符，DPL=3	+0x38，选择子：0x003B(RPL=3)
栈/数据段描述符，DPL=3	+0x30，选择子：0x0033(RPL=3)
保留	+0x28，选择子：0x002B(RPL=3)
栈/数据段描述符，DPL=0	+0x20，选择子：0x0020(RPL=0)
64 位模式的代码段描述符，DPL=0	+0x18，选择子：0x0018(RPL=0)
保护模式的数据段描述符，DPL=0	+0x10，选择子：0x0010
保护模式的代码段描述符，DPL=0	+0x08，选择子：0x0008
空描述符	+0x00，选择子：0x0000

图 4-5　GDT 内安装的段描述符

重点来看这个 64 位的代码段描述符，我们当初用它进入 64 位模式，现在呢，可以用于快速系统调用，它的目标特权级 DPL 是 0。这个描述符的选择子是 0x0018（请求特权级 RPL 为 0），已经在全局定义文件 global_defs.wid 中定义为常量 CORE_CODE64_SEL，你应该还记得。

那么，按照快速系统调用指令的要求，在它上面应该是一个数据段描述符，用来作为进入内核后的栈段。在内核程序中，第 436～437 行用来安装这个数据段描述符。在 64 位模式下，描述符中的多数内容不起作用，只要将类型字段和 DPL 字段填写正确即可。这个数据段描述符在表内的偏移量是 0x20，用来引用一个 0 特权级的数据段，所以它的 DPL 字段是 0。这个描述符的选择子是 0x0020（请求特权级 RPL 为 0），为了方便，我们在全局定义文件 global_defs.wid 中将其定义为常量 CORE_STACK64_SEL，作为内核栈段的描述符选择子。

接下来安装的描述符用于从快速系统调用返回。首先需要安装一个兼容模式下的代码段描述符，但是，我们的系统不支持兼容模式，所以，快速系统调用从来不会返回到兼容模式。但是，这个描述符的位置应当保留，所以，我们安装了一个所有比特都是 0 的描述符（第 438～439 行）。这个数据段描述符在表内的偏移量是 0x28，用来引用一个 3 特权级的数据段。这个描述符的选择子是 0x002B（请求特权级 RPL 为 3），为了方便，我们在全局定义文件 global_defs.wid 中将其定义为常量 RESVD_DESC_SEL，作为保留的描述符选择子。

第 440～441 行，我们安装一个 3 特权级的数据段描述符，实际上用作栈段。这个描述符在表内的偏移量是 0x30，用来引用一个 3 特权级的数据段，所以它的 DPL 字段是 3。这个描述符的选择子是 0x0033（请求特权级 RPL 为 3），为了方便，我们在全局定义文件 global_defs.wid 中将其定义为常量 USER_STACK64_SEL，作为 3 特权级栈段的描述符选择子。

第 442～443 行，我们安装一个 3 特权级的 64 位代码段描述符。这个描述符在表内的偏移量是 0x38，用来引用一个 3 特权级的 64 位代码段，所以它的 DPL 字段是 3。这个描述符的选择子是 0x003B（请求特权级 RPL 为 3），为了方便，我们在全局定义文件 global_defs.wid 中将其定义为常量 USER_CODE64_SEL，作为 3 特权级代码段的描述符选择子。

至此，快速系统调用所需要的段描述符全部安装完毕。

既然现在是往 GDT 里安装描述符，那就干脆把这一章用到的所有描述符都添加上，这样比较省事。于是，第 446～467 行创建任务状态段 TSS 的描述符，并安装在 GDT 中。由于添加 TSS 描述符的过程涉及动态内存分配，内容很多，而我们正在讲快速系统调用，所以先跳过这一段指令，回头再说。

4.2.3　为快速系统调用准备段选择子

快速系统调用指令 syscall 和 sysret 不是什么时候都能用的，它有个开关，这个开关位于型号专属寄存器 IA32_EFER。这个寄存器我们讲过，它的编号是 0xC000 0080。型号专属寄存器 IA32_EFER 的位 0 叫 SCE，即，syscall 允许位。这一位可读可写，如果将这一位置 1，则允许执行 syscall 和 sysret 指令；如果清零，则不允许执行，若非要执行，将引发异常。

继续来看内核程序 c04_core.asm。

第 462～465 行，我们将型号专属寄存器 IA32_EFER 的内容读出，读出的内容是 64 位的，我们用 bts 指令将它的位 0 置 1，然后写回，这样就可以执行 syscall 和 sysret 指令了。

快速系统调用所需要的段描述符已经被安装在 GDT 内了，下一步的工作是将这些描述符的选择子写入型号专属寄存器 IA32_STAR。

第 467～470 行，我们将段选择子写入型号专属寄存器 IA32_STAR，这个型号专属寄存器的编号是 0xC000 0081。如图 4-4 所示，这两个选择子分别是 0x0018 和 0x002B，并且它们已经在全局定义文件 global_defs.wid 里被定义为常量 CORE_CODE64_SEL 和 RESVD_DESC_SEL。

实际写入时，按照要求，用 ECX 指定型号专属寄存器的编号；再将 RESVD_DESC_SEL 左移 16 位，右边空出 16 比特的位置。这个 16 比特的位置用 CORE_CODE64_SEL 填充，这样就在 EDX 中形成了 IA32_STAR 寄存器的高 32 位。竖线 "|" 是逻辑或，我们前面讲过的。注意，这个表达式是在指令编译时计算的，而不是在指令执行时计算的。型号专属寄存器 IA32_STAR 的低 32 位由 EAX 提供，而 EAX 的内容是用 xor 指令清零的，因为这个寄存器的低 32 位是保留的。最后，wrmsr 指令执行实际的写入操作。

4.2.4　设置快速系统调用的入口点

执行快速系统调用指令时，处理器从型号专属寄存器 IA32_STAR 取出段选择子，再用段选择子从 GDT 内取得目标代码段的描述符。但是，光有段是不够的，还需要知道目标位置在目标代码段内的偏移量，即，入口点。

快速系统调用的入口点毫无疑问是在内核中，因为它是内核提供的服务。是的，这个入口点位于内核程序 c04_core.asm 的第 334 行，对应着例程 syscall_procedure。这个例程本身并不复杂，但它调用了很多别的例程。快速系统调用的处理过程我们后面再讲，现在只是确定它的入口点位于这个地方。

入口点要求一个线性地址，但标号 syscall_procedure 只代表它相对于内核程序起始处的偏移量。为此，第 473～474 行，用 RIP 相对寻址方式取得内核加载的起始线性地址，再加上标号 syscall_procedure 代表的汇编地址，就得到了快速系统调用入口点自身的线性地址。

快速系统调用入口的线性地址不是在 syscall 指令中提供的，而是要预先写入一个型号专属寄存器 IA32_LSTAR。这是一个 64 位的寄存器，编号是 0xC000 0082，专门用于保存目标例程的 64 位入口地址。在执行快速系统调用时，它用来提供指令指针寄存器 RIP 的新值，而且必须是一个扩高地址。LSTAR 的意思是 Long mode syscall/sysret target，即，长模式下的快速系统调用目标。

写入过程是这样的：第 472 行，我们用 ECX 指定型号专属寄存器 IA32_LSTAR，其编号是 0xC000 0082。快速系统调用入口点的线性地址是 64 位的，但是，型号专属寄存器的写入要分成两个 32 位，即，EDX 和 EAX。为此，需要将 RAX 传送到 RDX。接着，将 RDX 右移 32 次。此时，EDX 就是 64 位线性地址的高 32 位，EAX 就是 64 位线性地址的低 32 位。准备工作完成后，wrmsr 指令将 EDX 和 EAX 的值联合写入 IA32_LSTAR。

4.2.5　快速系统调用时的 RFLAGS 和栈切换

在 64 位模式下，所有段的基地址都强制为 0。所以，快速系统调用的段切换没有实质上的意义，而仅仅是特权级的改变。

和通过调用门、中断门的控制转移不同，快速系统调用并不会自动切换栈。但是为了安全起见，应当在通过 syscall 指令进入内核后自行切换到一个良好的栈。在平坦内存模型下，栈段的切换没有实质意义，栈与栈之间的区别仅在于栈顶的线性地址不同，栈的切换实际上是 RSP 的改变。

在切换到新栈之前，需要自行保存 RSP 的旧值并在执行 sysret 指令之前恢复。在自行实施栈切换期间需要禁止中断，否则在栈切换期间发生了中断，还得用旧栈来处理，栈切换就失去了意义。

在通过 syscall 指令进入内核时，可以自行决定标志寄存器 RFLAGS 各位的状态。为此引入了型号专属寄存器 IA32_FMASK，即，标志寄存器的掩码寄存器。这是个 64 位的寄存器，编号为 0xC000 0084。在 syscall 指令执行时，位 0 至位 31 的状态，决定了 EFLAGS 中对应标志位的状态。如果 IA32_FMASK 中的某一位是 0，意味着保留 RFLAGS 中的对应标志位；如果为 1，意味着清除 RFLAGS 中的对应标志位。

在内核程序中，第 479～482 行，首先用 ECX 指定型号专属寄存器 IA32_FMASK，其编号为 0xC000 0084。然后清除 EDX，这部分对应着型号专属寄存器的高 32 位。接着，将 EAX 设置为 0x0004 7700，这部分对应着型号专属寄存器的低 32 位。最后，用指令 wrmsr 写入指定的值。那么，0x0004 7700 意味着什么呢？

如图 4-6 所示，我们将 0x0004 7700 变成二进制形式，与 EFLAGS 相对应，可知，是要将标志位 TF、IF、DF、IOPL 和 AC 清零，其他标志位保持不变。

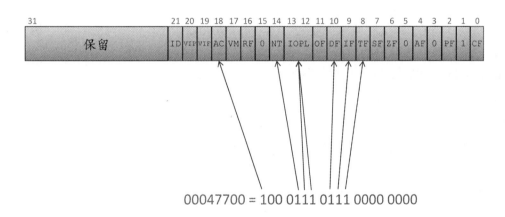

图 4-6　标志寄存器 RFLAGS 的低 32 位

在这里，将 IF 清零是重要的，毕竟在通过快速系统调用进入内核时需要切换栈，将 IF 清零就可以保证处理器在栈切换期间不会响应中断。

4.3　动态内存分配

回忆一下，在全局描述符表 GDT 内安装快速系统调用所需要的段描述符之后，还安装了任务状态段 TSS 的描述符。由于这个话题比较复杂，当初没有讲，现在回过头来讲一讲这部分内容。

这是一个多任务的系统，会执行任务切换，但是在 IA-32e 模式下，处理器不再支持硬件任务切换。正因如此，在 IA-32e 模式下，任务状态段 TSS 的内容已经改变，不再用于保存任务状态，而是用于保存控制转移时使用的栈指针。

既然任务状态段不再用于保存任务状态，也就不必为每个任务都准备一个独立的 TSS。这是一个单处理器的系统，只需要配备一个 TSS 即可。这个 TSS 只有在通过调用门和中断门实施控制转移时才使用。

任务状态段是一段内存空间，基本的长度是 104 字节，而且只需要一个。原则上可以在内核数据段保留这样一段空间，但是我们没有这样做，我们用的是动态内存分配，通过调用例程 core_memory_allocate 来分配一段内存空间。动态内存分配的特点是按需分配，而且分配的位置不是固定的，而是随机的。

例程 core_memory_allocate 是在所有任务的公共或者说全局空间里分配内存。因为这一部分空间属于内核，所以也被认为是在内核的地址空间里分配的。由于内核是所有任务的公共部分，所以，在这部分地址空间里分配的内存也属于所有任务，位于每个任务的地址空间的高一半，因此，在所有任务内都可以访问。

4.3.1 内核空间的分配策略

在上一章里我们说过，多任务环境下的每个任务都有自己独立的 64 位线性地址空间，线性地址范围是从 0 一直到 0xFFFF FFFF FFFF FFFF。但是，如图 4-7 所示，这个线性地址空间的高端部分是所有任务的全局共有部分，从 0xFFFF 8000 0000 0000 一直到 0xFFFF FFFF FFFF FFFF；中间部分因地址不是扩高形式，所以是不能用的；低端才是每个任务独有的、私有的，从 0 到 0x7FFF FFFF FFFF。注意，尽管地址是 64 位的，但分页系统只使用它的低 48 位。

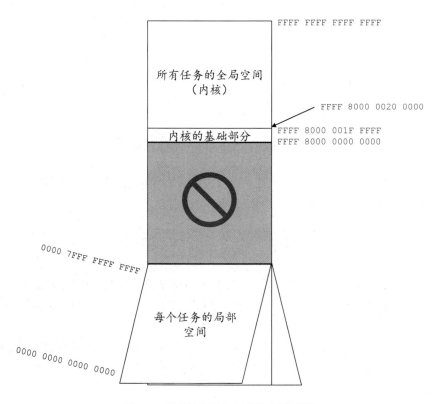

图 4-7　任务的全局和局部空间示意图

无论如何，在全局空间里，从 0xFFFF 8000 0000 0000 到 0xFFFF 8000 001F FFFF 的这一部分，是内核的基础部分，内核已经被映射到这一部分，我们在前面已经讲过。正因如此，在内核中分配内存时，需要从下一个线性地址 0xFFFF 8000 0020 0000 开始，这是我们首次在内核中分配内存时的起始线性地址。此后，每当我们分配一块内存，就将它加上所分配的字节数，得到下一次内存分配的起始线性地址。

每次内存分配时，会得到一个起始的线性地址，我们所要求的内存空间就从这个地址开始。但是，这只是一个虚拟地址，或者说线性地址，还需要为它分配物理页，并在分页结构表格中安装对应的表项，比如，在页目录指针表中安装对应的页目录指针项；在页目录表中安装对应的页目录项；在页表中安装对应的页表项。当然，如果这些表不存在，还必须先创建对应的表。只有这样，才算真正完成了本次内存分配，也只有这样，当我们访问分配来的内存时，处理器的页部件才能按照相反的过程，通过分页结构表格将这个线性地址转换为物理地址，才能访问到最终的物理内存。

4.3.2　内核可用线性地址的获取和更新

我们知道，要创建和安装 TSS 描述符必须先创建 TSS。要创建 TSS 必须先分配内存，而且要在内核所在的全局空间里分配，这就要调用例程 core_memory_allocate 来完成分配工作，这个例程专门用于全局空间的内存分配。

例程 core_memory_allocate 是在内核工具例程文件 core_utils64.wid 中的第 680 行定义的，它在虚拟地址空间的高端（内核）分配内存。进入时，要求用 RCX 传入请求分配的字节数。当例程返回时，用 R13 返回本次分配的起始线性地址，用 R14 返回下次分配时的起始线性地址。

内存分配的本质是分割线性地址空间，如果分配成功，就可以领到一个线性地址范围，就可以用这个范围内的地址去访问内存。线性地址空间是有限的，而且已经分配出去的线性地址不能重复分配，所以在内核中必须记录哪些线性地址已经被分配，哪些线性地址还没有分配。

来看内核工具文件 core_utils64.wid。

线性地址空间是连续分配的，每次分配内存时，从标号_core_next_linear 这里获取一个数值，这个数值就是本次内存分配的起始线性地址，或者说本次分配来的内存是从这个线性地址开始的。同时，根据本次分配的内存数量，可以得到下一次内存分配时使用的线性地址并填写到标号_core_next_linear 这里代替它原来的数值，为下一次内存分配做准备。

第 675 行，在标号_core_next_linear 这里用伪指令 dq 定义了一个四字数据，用来保存下一次内存分配时可用的起始线性地址。保存的数据只有例程 core_memory_allocate 才会使用，将数据定义在它的使用者旁边，这样比较直观。

这个四字数据被初始化为常量 CORE_ALLOC_START，它是第一次进行内存分配时使用的起始线性地址。常量 CORE_ALLOC_START 是在全局定义文件 global_defs.wid 中定义的，其数值为 0xFFFF 8000 0020 0000。

在多任务环境中，当某个任务正在调用此例程分配内存时，当前处理器可能因任务切换而执行另一个任务，而新任务可能也恰好调用此例程分配内存。或者，当某个任务正在调用此例程分配内存时，其他处理器上的任务也正好调用此例程分配内存。

问题在于，内存分配是一个连续的、复杂的过程，不能由多个任务同时操作，不然就会导致混乱。为此，第 685～686 行，先压栈保存标志寄存器，然后清中断。这个操作只能禁止当前处理器因中断而发生任务切换，但不能禁止另一个处理器上的任务也来分配内存。不用担心，第 688 行是一个宏，展开之后是一段加锁的代码。如果来自不同处理器上的任务和线程都调用当前例程分配内存，它们都会执行加锁代码，但只有一个任务或者线程加锁成功，而且只有加锁成功的任务和线程才能继续往下执行，这样就达到同一时间只允许一个任务或者线程执行内存分配的效果。加锁成功的任务和线程在完成内存分配后，还会在后面的第 704 行释放锁，以允许其他任务和线程加锁。加锁不成功的任务和线程将一直反复执行加锁代码尝试加锁，直至加锁成功。这就保证了所有要执行内存分配的任务和线程一个一个地轮流执行。

第 688 行的宏是如何展开的，展开后的代码是如何加锁的，我们现在不讲，到后面讲多处理器的时候再详细解释。唯一需要说明的是，我们当前工作在单处理器环境下，不需要加锁，也不需要这个宏和后面的解锁指令。为此，加锁和解锁指令是用条件编译指令围住的，只在定义了常量 __MP__ 的情况下才有效。

在我们已经讲过的内容里从来没定义过常量 __MP__，毕竟我们现在只使用单处理器工作，所以，第 688 行的宏和第 704 行的解锁指令就跟不存在一样。到后面讲多处理器的时候，我们会显式地定义常量 __MP__。

继续来看内存分配的过程。

第 691～692 行，我们先用 RIP 相对寻址方式，从标号 _core_next_linear 这里取得一个线性地址，这就是本次分配的起始线性地址。然后，再用本次分配的线性地址和本次分配的字节数相加，得到下次分配的起始线性地址。

但是，我们要求每次分配的线性地址必须是按照 8 字节对齐的，这样可以提高内存访问的效率。按照 8 字节对齐的地址有个特点，那就是其二进制形式的最低 3 位都是 0。为此，第 694 行，我们用 test 指令测试这个线性地址的最低 3 位。test 指令执行逻辑与操作，数字 7 用来测试 R14 的最右边三比特，因其二进制形式的最右边三比特都是 1。如果测试的结果是 0，意味着 R14 的最右边三比特是 0，这个地址是按照 8 字节对齐的，直接转到标号 .algn 执行。否则，需要将 R14 中的线性地址对齐。

对齐的方法是将 R14 的最右边三比特变成 0，但是，这样做会使下一次分配的线性地址落在本次分配的内存空间里，从而造成重叠。为此，第 696～698 行，我们先将 R14 的内容加 8，然后右移 3 次，挤掉右边的三比特，再左移 3 次，用 3 个 0 作为最右边的三比特。

无论如何，当程序的执行到达第 701 行时，R14 中的线性地址是按照 8 字节对齐的。这条指令将 R14 的内容写回标号 _core_next_linear 这里，作为下一次内存分配时使用的线性地址。注意，这条指令使用了 RIP 相对寻址方式。在 64 位模式下，这种寻址方式确实非常方便。

4.3.3 立即数在 64 位模式下的长度限制

注意，第 696 行的这条 add 指令有个注释"立即数符号扩展到 64 位参与操作"，这是什么意思呢？这里涉及一些我们以前没有明确说明的规定。

首先，只有在 64 位模式下才能执行 64 位操作。

除 mov 指令外，64 位处理器不支持在指令中使用 64 位立即数作为源操作数。在 mov 指令中，如果目的操作数是 64 位的，则源操作数可以是 64 位的立即数。比如

```
mov rax, 0x1122334455667788
```

这条指令是合法的，将 64 位立即数传送到 64 位寄存器。

对于其他指令，即使目的操作数是 64 位的，源操作数也不允许是 64 位立即数，但可以使用 32 位（有些还可以使用 8 位）的立即数。此时，立即数被符号扩展到 64 位参与操作。例如

```
add rdx, 0x07f8
```

这条指令是合法的，源操作数是 0x07f8，被看成 32 位的立即数，而且符号扩展至 64 位参与相加操作。

再比如这条指令

```
sub r15, 0x1122334455667788
```

这条指令是非法的，sub 指令的源操作数是立即数，但长度超过了 32 位。

正因如此，要执行 64 位操作，需要采用迂回的方法。例如，可以将指令

```
and rdx, 0xffff00000000000f    ;非法
```

修改为

```
mov r15, 0xffff00000000000f
and rdx, r15
```

回到程序中，实际上，不仅是这条 add 指令，还有第 694 行的 test 指令，它们的目的操作数是 64 位的，但源操作数是立即数。此时，立即数不允许超过 32 位，并且，这个立即数被符号扩展到 64 位。

4.3.4　计算本次内存分配涉及的线性地址范围

现在，我们已经得到本次内存分配的起始线性地址，在 R13；也已经得到下一次内存分配时使用的线性地址，而且是按照 8 字节对齐的，在 R14。同时，我们已经将下次内存分配时使用的线性地址写回到标号_core_next_linear 这里。

在当前例程返回时，要将 R13 和 R14 的内容返回给调用者，但是在例程返回前还要使用它们，所以先将它们压栈保存（第 708～709 行），例程返回前再予以恢复。

分配内存时，仅仅分配一个线性地址是不够的，还必须分配对应的物理页，而且必须要在分页系统的表格中填写对应的表项。只有这样，用分配来的线性地址访问内存时，才能完成从线性地址到物理地址的转换。

我们知道，每个线性地址都落在一个物理页内。因此，我们需要用线性地址来检查它对应的物理页是否已经存在，不存在则分配物理页，并安装对应的分页系统表项，这个工作是通过调用例程 setup_paging_for_laddr 来完成的。

每次分配内存时，如果分配的字节数比较多，则它可能落在一个以上的物理页内，需要分配多个物理页。不过没关系，我们可以用一个循环来分配这些物理页。

在循环开始前，我们先用逻辑左移和逻辑右移指令将 R13 和 R14 的低 12 位清零（第 712～715 行）。我们的系统使用 4KB 分页，所以线性地址的低 12 位是页内偏移，在分配物理页的过程中用不上，最好直接清零。首先，将 R13 右移 12 次，挤掉低 12 比特；再左移 12 次，原先被挤掉的比特又用 0 填充。对于 R14，也是如此。此时，R13 是本次内存分配的起始线性地址，不包括页内偏移部分；R14 是下次内存分配时使用的线性地址，也不包括页内偏移。在这里，R14 的内容被当成本次内存分配的最后一个线性地址。

在循环体中，首先用 R13 作为参数调用例程 setup_paging_for_laddr 为指定的线性地址分配物理页并安装相关的分页系统表项。如果物理页和相关的分页系统表项已经存在则直接返回。

物理页分配之后，将 R13 和立即数 0x1000 相加，得到下一个线性地址。0x1000 等于十进制数 4096，所以这是加上一个 4KB 页面的大小。所以，相加之后，得到一个新的线性地址，而且这个线性地址对应着下一个物理页。

刚才说了，R14 的内容被当成本次内存分配的最后一个线性地址。所以，第 719 行的 cmp 指令判断新的线性地址是否等于 R14。如果小于等于，则转到标号.next 处继续分配物理页并安装相关的分页系统表项；如果大于，则离开循环往下执行。

在例程的尾部，我们弹出原先压入的 R13 和 R14，返回到调用者，完成本次内存分配。

4.3.5 获取与指定线性地址对应的 4 级头表项的线性地址

与线性地址对应的分页系统表项，比如 4 级头表项、页目录指针项、页目录项和页表项是通过调用例程 setup_paging_for_laddr 来安装的，该例程位于第 478 行。

例程 setup_paging_for_laddr 为指定的线性地址安装分页系统表项。进入时，需要用 R13 传入一个线性地址，我们就是为这个线性地址安装分页系统表项。和从前一样，为防止当前处理器或者其他处理器上的任务或者线程同时进入本例程，需要保存标志寄存器、关中断并加锁（第 484～488 行），在例程返回前还要解锁（第 565～567 行）。加锁和解锁的内容我们在多处理器部分介绍。

内存分配总是在当前活动的分页系统中进行的。换句话说，内存分配总是依托当前正在使用的 4 级头表进行的。因此，可以保证这个表始终是存在的。

每个线性地址都对应着一个 4 级头表项，它可能存在，也可能不存在，如果不存在则必须安装它。如何知道对应的 4 级头表项是否存在呢？方法是判断这个表项的 P 位（存在位）是否为 1。

在开启分页后，访问任何东西都需要一个线性地址，即使是访问 4 级头表或者访问 4 级头表内的 4 级头表项。为此，我们必须先根据 R13 中的线性地址获得它对应的 4 级头表项的线性地址，这就需要调用例程 lin_to_lin_of_pml4e。

例程 lin_to_lin_of_pml4e 返回指定的线性地址所对应的 4 级头表项的线性地址，它位于 406 行。进入时，要用 R13 传入指定的线性地址；例程返回时，用 R14 返回对应的 4 级头表项的线性地址。

我们传入的是 64 位扩高地址，它的内容不确定，所以，每个比特用问号表示，这里一共有 64 个问号。其中，低 48 位是 4 级分页使用 48 位线性地址，高 16 位是位 47 的扩展。

如图 4-8 所示，在 48 位线性地址中，最高的 9 比特是 4 级头表的索引号，指向一个 4 级头表项，我们的任务就是返回这个 4 级头表项的线性地址。

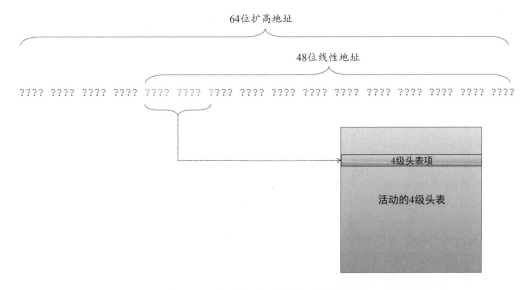

图 4-8　4 级头表索引号所在位置示意图

注意，这 9 比特所代表的数字这只是一个索引号，每个表项占用 8 字节，所以将索引号乘以 8，就是表项在 4 级头表内的偏移量。

在程序中，我们先将 R14 设置成位模式 0x0000_ff80_0000_0000，很容易看出，它就是用来保留线性地址中与 4 级头表项索引号对应的 9 比特的。

然后，将 R13 中的线性地址和 R14 的位模式进行逻辑与操作。这样一来，我们就把 R13 中的无关部分清零，只保留中间的这 9 比特，它就是 4 级头表的索引。

接下来，我们将 R13 右移 36 次。右移之后，上述 9 比特位于右侧，它的右边还有三个 0。这说明什么呢？这说明右移之后我们在 R13 中得到了索引号乘以 8 的结果，它就是 4 级头表项在 4 级头表内的偏移量。至此，我们在 R13 中得到的线性地址具有如下的二进制形式：

```
0000 0000 0000 0000 0000 0000 0000 0000 0000 0000 0000 0000 0000 ???? ???? ?000
```

再往下，我们将 R14 设置成 0xffff ffff ffff f000，这是访问 4 级头表时所使用的地址前缀。实际上，这是 4 级头表自身的线性地址。我们用 add 指令将 R14 和 R13 相加，就得到了 4 级头表项的线性地址。

至此，根据指定的线性地址，我们就在 R14 中得到了它所对应的那个 4 级头表项的线性地址，它具有如下的二进制形式：

```
1111 1111 1111 1111 1111 1111 1111 1111 1111 1111 1111 1111 1111 ???? ???? ?000
```

在例程的最后，ret 指令返回到调用者。

现在，我们可以反过来验证一下这个地址是否正确。首先，64 位扩高地址的高 16 位不用管，它是位 47 的扩展。

首先，48 位线性地址的最高 9 比特用来在 4 级头表内选择一个 4 级头表项。9 比特全是 1，意味着它指向 4 级头表内的最后一个表项，这个表项包含了页目录指针表的物理地址。回忆一下，在开启分页前，我们已经将这个表项的内容设置为 4 级头表自身的物理地址，所以这个表项指向 4 级头表自身。换句话说，通过这个表项得到的页目录指针表还是 4 级头表。

线性地址的第二个 9 比特用来在页目录指针表内选择一个页目录指针项。9 比特全是 1，意味着它指向页目录指针表内的最后一个表项，这个表项包含了页目录表的物理地址。但是，页目录指针表就是 4 级头表，所以，其最后一个表项所指向的页目录表实际上还是 4 级头表。换句话说，通过这个表项得到的页目录表还是 4 级头表。

线性地址的第三个 9 比特用来在页目录表内选择一个页目录项。9 比特全是 1，意味着它指向页目录表内的最后一个表项，这个表项包含了页表的物理地址。但是，页目录表就是 4 级头表，所以，其最后一个表项所指向的页表实际上还是 4 级头表。换句话说，通过这个表项得到的页表还是 4 级头表。

线性地址的第四个 9 比特用来在页表内选择一个页表项。9 比特全是 1，意味着它指向页表内的最后一个表项，这个表项包含了页的物理地址。但是，页表就是 4 级头表，所以，其最后一个表项所指向的页实际上还是 4 级头表。换句话说，通过这个表项得到的物理页还是 4 级头表。

线性地址的低 12 位是页内偏移，它在数值上等于 4 级头表项的索引号乘以 8。因为最终要访问的页就是 4 级头表，所以，访问的是这个索引号对应的 4 级头表项。

4.3.6　页面分配与页映射位串

现在我们回到例程 setup_paging_for_laddr。

调用例程 lin_to_lin_of_pml4e 之后，该例程用 R14 返回该线性地址所对应的 4 级头表项的线性地址，用这个线性地址，就可以访问对应的 4 级头表项。

因此，我们用 test 指令测试这个 4 级头表项的 P 位，也就是位 0。如果这一位是 1，表明这个表项是有效的，以前就安装过，这次不用再安装，而且它指向一个已经存在的页目录指针表。此时，jnz 指令发生转移，转到标号.b0 处做后续的工作。

如果 P 位是 0，意味着这个 4 级头表项是无效的，我们需要安装这个 4 级头表项。因为 4 级头表项用来指向一个页目录指针表，所以还必须先创建一个页目录指针表。此时，jnz 指令不发生转移，直接往下执行，创建并安装该线性地址所对应的 4 级头表项，但是首先要创建页目录指针表。为此我们调用例程 allocate_a_4k_page 分配一个物理页。

例程 allocate_a_4k_page 位于第 385 行，这个例程用来分配一个 4KB 的页。例程返回时，用 RAX 返回页的物理地址。

如何分配物理页，我们在《x86 汇编语言：从实模式到保护模式》里讲过，而且在保护模式的课程里也有这样一个例程。

我们知道，在分页模式下，物理内存是以页为单位分配的，每次分配一个页，页的大小至少是 4KB。物理页是由内核统一管理、统一分配的。

　　如图 4-9 所示，我们将物理内存划分为 4KB 的物理页。页是连续的，第一个页的物理地址是 0，第二个页的物理地址是 0x1000，第三个页的物理地址是 0x2000，第四个页的物理地址是十六进制的 0x3000，后面的页以此类推。无论如何，页的物理地址都是 4KB 对齐的。

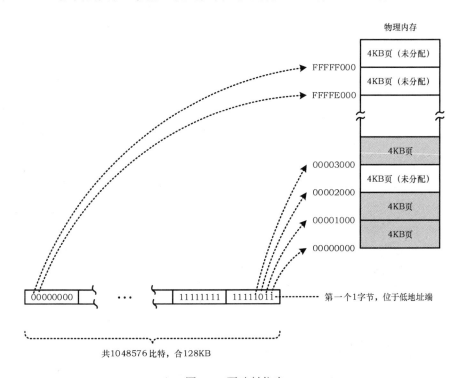

图 4-9　页映射位串

　　内核可以用一个长的比特串，叫作页映射位串，来指示每个页的位置及分配情况。位串是在内存中构造的，而内存是按照字节来组织的，因此，我们实际上是用连续的字节来构造一个位串。

　　每个比特在位串中的位置决定了它所映射的页在哪里。位 0 对应的是物理地址为 0 的页，位 1 对应的是物理地址为 0x1000 的页，位 2 对应的是物理地址为 0x2000 的页，等等。

　　假如物理内存有 4GB，那么，可以分成 1048576 个页，也就需要 1048576 比特来管理它们。即，这个比特串的长度是 1048576 比特，折合 128KB。最后一个比特对应着物理地址为 0xFFFFF000 的页。

　　除用比特所在的位置决定页的位置外，比特的值决定了页的分配情况。如果某比特为 0，表示它所对应的页未分配，是可以分配的空闲页；否则就表明那个页已经被占用了，不能再分配给任何程序。

4.3.7　页映射位串的定义和空闲页的查找

　　本着就近的原则，我们把页映射位串定义在例程 allocate_a_4k_page 之上，这个位串起始于

标号 _page_bit_map（第 381 行）。

还记得吗，物理内存的低 2MB 已经被内核的基本部分占用，不能再用于分配，所以必须先定义这部分物理内存在页映射位串中的比特。

低 2MB 物理内存换算成千字节，是 2*1024 千字节。每个页面是 4KB，那么一共是 2*1024/4 个页面。一个页面对应一个比特，所以这也是所需要的比特数。比特数再换算成字节，则对应的字节数是 2*1024/4/8。

很好，从标号 _page_bit_map 开始，我们用伪指定 times 和 db 定义了 2*1024/4/8 字节，每字节都是 0xff。这些字节的每比特都是 1，表明它们对应的页已经分配。

低 2MB 以上的物理内存尚未分配，但这部分内存有多少呢？可以自行定义，但应当根据虚拟机的内存大小来设定。比如在我的虚拟机上，指定的内存容量是 32MB。为了方便，在全局定义文件 global_defs.wid 中定义了一个常量 PHY_MEMORY_SIZE，用来指定物理内存的大小，以兆字节为单位，要求至少是 3MB，这是因为内核的基本部分已经占用了 2MB，至少还得保留 1MB 可用空间。在这里我把它定义为 32MB，即，物理内存的总大小是 32MB，可根据你的实际情况修改这个数值。

接下来，第 382 行，我们定义与可用物理内存对应的比特串，这个比特串是用若干个数值为 0 的字节来定义的，字节的所有比特为 0 意味着它们对应的页尚未分配。

那么，这个比特串包含几字节呢？我们用物理内存的容量 PHY_MEMORY_SIZE 减去为内核基本部分保留的 2MB，得到可用的内存数量，再乘以 1024 换算成千字节，除以 4 换算成页面数量，再除以 8，结果就是这些页面对应的字节数。由这些字节组成的比特串对应物理内存中后续的页面。

第 383 行用伪指令 equ 定义常量 _page_bit_map，这个常量被定义为页映射位串的字节数，它是用当前位置（符号 $ 所在的位置）的汇编地址减去标号 _page_bit_map 代表的汇编地址得到的。

现在回到例程 allocate_a_4k_page。在例程中，首先将 RAX 清零。因为我们要从页映射位串的第一个比特开始搜索一个为 0 比特，那么就需要用 RAX 来指定这个比特在位串里的序号，这个序号是从 0 开始的。

接下来，我们用 bts 指令测试并设置位串中的指定比特。这条指令将选定的比特传送到标志寄存器的进位标志 CF，然后，位串中的这个比特被置 1，而不管它原来是什么。注意，这条指令的目的操作数部分采用了 RIP 相对寻址方式来指定页映射位串的地址，源操作数是 RAX，用来指定要测试的那个比特在位串里的序号。

请想象一下，假定处理器 A 上的任务或者线程正在调用此例程分配物理页，此时，处理器 B 上的另一个任务或者线程也调用此例程分配物理页。此时，两个任务或者线程都发现并试图锁定页映射位串里的同一个比特，都认为自己获得了该比特对应的物理页。

为防止这种情况的发生，理论上应当使用锁，只有成功加锁的任务或者线程才能执行 bts 指令。但是，使用锁的代价太大，如果不使用锁也能避免任务或者线程之间的内存访问冲突，肯定是最好不过了。

好在 x86 处理器允许我们在某些访问内存的指令前添加 lock 前缀，而 bts 就属于这样的指令。添加了 lock 前缀的指令在执行时会封锁系统总线，这样就可以防止来自其他处理器上的指令也访问内存。在程序中，我们为这条 bts 指令添加了 lock 前缀，无论哪个任务或者线程抢先执行了这条 bts 指令，处理器都会封锁总线，即使其他处理器也在执行 bts 指令，但因为它们晚了一步，所以只能等待总线释放后才能继续执行。

有关 lock 前缀，以及相关的数据竞争和原子操作等话题，我们将在第 5 章和第 6 章里详细阐述。

回到例程 allocate_a_4k_page。

接下来，通过判断标志寄存器的进位标志 CF 是 0 还是 1，就知道被测试的比特是 0 还是 1。如果被测试的比特原来是 0，则 jnc 指令转到标号.b2 处。在这里，将 RAX 中的比特编号左移 12 次，相当于乘以 4096 或者 0x1000，得到页的物理地址。

如果被测试的比特原来是 1，则这条 jnc 指令不发生转移，则我们转到标号.b1 处重新测试下一个比特。在此之前，需要用这条 inc 指令递增 RAX 中的比特编号，并判断它是否已经到达比特串的尾部。

比特串的长度是_page_map_len，它是比特串的字节数，必须换算成比特数。每字节包含 8 比特，所以是_page_map_len*8。第 393 行的 cmp 指令用 RAX 中的比特编号和比特串包含的比特总数进行比较，如果未达到比特串的尾部，则转到标号.b1 处继续测试下一个比特。

但是，如果已经到达比特串尾部，说明未找到可以分配的空闲页面，需要在下面对这个问题进行处理。对我们这个简单的系统来说，通常不存在页面不够分配的情况。对于一个流行的操作系统来说，如果页面不够分配，需要在这里执行虚拟内存管理，即，回收已经注销的页面，或者执行页面和外部磁盘的换入换出。

最后，页面分配之后，RAX 中就是页的物理地址，ret 指令返回到调用者。

4.3.8　获取与指定线性地址对应的页目录指针项的线性地址

回到例程 setup_paging_for_laddr。

物理页分配之后，例程 allocate_a_4k_page 用 RAX 返回页的物理地址。第 498 行，我们用 or 指令为它添加属性位，这样就生成了一个 4 级头表项。属性 0x07 指定 U/S 位、R/W 位和 P 位都是 1。

紧接着，第 499 行将生成的 4 级头表项写入 4 级头表。R14 中保存着 4 级头表项自己的线性地址。

由于该 4 级头表项所指向的页目录指针表是刚刚分配来的，它的内容不确定，即使是一个无效的表项，它的 P 位也可能恰好是 1，所以，必须将整个表清零。

要清空页目录指针表，就必须知道它的线性地址。别忘了我们的总体目标，我们的总体目标是为指定的线性地址安装分页系统表项。那么，这个线性地址肯定对应一个页目录指针表，而且这个页目录指针就位于刚刚分配的页目录指针表中。因此，我们只需要根据 R13 中的线性地址得到它所对应的页目录指针项的线性地址，再将低 12 位清零，就是页目录指针表的线性地址。毕竟，线性地址的低 12 位是页内偏移，在这里是页目录指针表的表内偏移。

为此我们调用例程 lin_to_lin_of_pdpte 来获得与 R13 中的线性地址对应的页目录指针项的线性地址。现在，我们转到例程 lin_to_lin_of_pdpte，来看一下它是如何工作的。

例程 lin_to_lin_of_pdpte 位于第 423 行，用于返回指定的线性地址所对应的页目录指针项的线性地址。进入时，用 R13 传入指定的线性地址；例程返回时，用 R14 返回对应的页目录指针项的线性地址。

我们传入的是 64 位扩高地址，它的内容不确定，所以，如图 4-10 所示，每个比特用问号表示，这里一共有 64 个问号。其中，低 48 位是 4 级分页使用 48 位线性地址，高 16 位是位 47 的扩展。

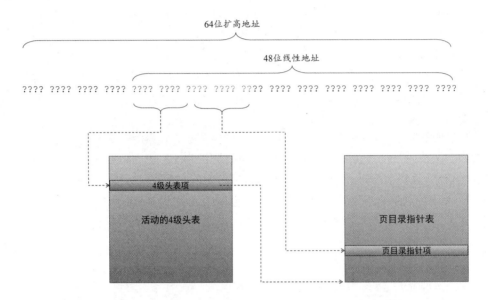

图 4-10　4 级头表索引号和页目录指针表索引号所在位置示意图

我们知道，在 48 位线性地址中，第一个 9 比特用来在 4 级头表中选择一个 4 级头表项，这个 4 级头表项指向一个页目录指针表。于是，第二个 9 比特用来在页目录指针表中选择一个页目录指针项，我们的任务就是返回这个页目录指针项的线性地址。

在程序中，我们先将 R14 设置成位模式 0x0000_ffff_c000_0000。很容易看出，它就是要保留线性地址中的那两个 9 比特。

然后，将 R13 中的线性地址和 R14 的位模式进行逻辑与操作。这样一来，我们就把 R13 中的无关部分清零，只保留中间的 18 比特。

接下来，我们将 R13 右移 27 次。右移之后，这 18 比特位于右侧。现在，R13 中的线性地址具有如下的二进制形式：

```
0000 0000 0000 0000 0000 0000 0000 0000 0000 0000 000? ???? ???? ???? ???? ?000
```

再往下，我们将 R14 设置成 0xffff_ffff_ffe0_0000，这是访问页目录指针表所用的地址前缀。

最后，我们用 add 指令将 R14 和 R13 相加，就在 R14 中得到了页目录指针项的线性地址，它具有如下的二进制形式：

```
1111 1111 1111 1111 1111 1111 1111 1111 1111 1111 111? ???? ???? ???? ???? ?000
```

在例程的最后，ret 指令返回到调用者。

现在，我们反过来验证一下这个地址是否正确。首先，64 位扩高地址的高 16 位不用管，它是位 47 的扩展。

48 位线性地址的第一个 9 比特用来在 4 级头表内选择一个 4 级头表项，这 9 比特全是 1，意味着它指向 4 级头表内的最后一个表项。这个表项包含了页目录指针表的物理地址。在开启分页前，我们已经将这个表项的内容设置为 4 级头表自身的物理地址，所以这个表项指向 4 级头表自身。换句话说，通过这个表项得到的页目录指针表还是 4 级头表。

线性地址的第二个 9 比特用来在页目录指针表内选择一个页目录指针项，这 9 比特全是 1，意味着它指向页目录指针表内的最后一个表项。这个表项包含了页目录表的物理地址，但是，页目录指针表就是 4 级头表，所以，其最后一个表项所指向的页目录表实际上还是 4 级头表。换句话说，通过这个表项得到的页目录表还是 4 级头表。

线性地址的第三个 9 比特用来在页目录表内选择一个页目录项。9 比特全是 1，意味着它指向页目录表内的最后一个表项，这个表项包含了页表的物理地址。但是，页目录表就是 4 级头表，所以，其最后一个表项所指向的页表实际上还是 4 级头表。换句话说，通过这个表项得到的页表还是 4 级头表。

线性地址的第四个 9 比特用来在页表内选择一个页表项。这 9 比特来自线性地址中的 4 级头表索引，指向一个页表项，这个表项包含了页的物理地址。但是，页表就是 4 级头表，所以，这实际上访问的是一个 4 级头表项。既然是把 4 级头表当成页表，那么，也就等于把这个 4 级头表项所指向的页目录指针表当成最终的物理页。

线性地址的低 12 位是页内偏移，它恰好是原线性地址中的页目录指针表索引号乘以 8。换句话说，这低 12 位就是页目录指针项在页目录指针表内的偏移。至此，我们就找到了最终要访问的这个页目录指针项。

4.3.9　检查与指定线性地址对应的页目录指针项是否存在

回到例程 setup_paging_for_laddr。

第 502 行调用例程 lin_to_lin_of_pdpte 返回页目录指针项的线性地址。这个线性地址的低 12 位是这个页目录指针项在页目录指针表内的偏移，因此，将 12 位清零，就得到了页目录指针表的线性地址。

第 503 行，将 R14 右移 12 次，将右边 12 比特挤掉。接着，再将 R14 左移 12 次，将挤掉的比特用 0 填充，这就把 R14 的低 12 位清零了。

接下来，我们用一个循环将页目录指针表清空。清空的方法是将每个页目录指针项都设置为全零。页目录指针表内可容纳 512 个表项，所以我们先将 512 传送到 RCX。

在循环内，我们先将 R14 所指向的页目录指针项清零（第 507 行）。虽然 R14 是页目录指针表的线性地址，但这个地址实际上也是表内第一个页目录指针项的线性地址。所以我们将 R14 加 8，得到下一个页目录指针项的线性地址。loop 指令重复以上操作，直到 RCX 为 0。即，直至将所有表项都清零。

我们的目标是为指定的线性地址安装分页系统表项，当程序的执行到达标号.b0 时，已经可以确保对应的 4 级头表项和页目录指针表是存在的。但是，对应的页目录指针表项是否存在，还不确定。

为此，在标号.b0 这里，我们调用例程 lin_to_lin_of_pdpte 获取指定线性地址所对应的页目录指针项的线性地址。例程返回后，第 514 行，我们用 test 指令检查该线性地址处的页目录指针项是否有效。即，它的 P 位是否为 1。

如果 P 位是 1，说明对应的页目录指针项是有效的，并且指向一个已经存在的页目录表。此时，jnz 指令发生转移，转到标号.b1 处做后续的处理。

否则，如果 P 位是 0，意味着这个页目录指针项是无效的，我们需要安装这个页目录指针项。因为页目录指针项用来指向一个页目录表，所以还必须先创建一个页目录表。此时，jnz 指令不发生转移，直接往下执行，在这里分配一个物理页作为页目录表。

4.3.10　分配页目录表并安装与线性地址对应的页目录指针项

第 518 行，调用例程 allocate_a_4k_page 分配一个物理页作为页目录表。例程返回之后，RAX 中包含了页的物理地址。和前面一样，我们用 or 指令为返回的物理地址添加属性位，这样就生成了一个页目录指针项。第 520 行，我们将这个页目录指针项安装到页目录指针表内。登记时，使用的是页目录指针项自身的线性地址，由 R14 提供。

为安全起见，新分配的页目录表必须清空，这就必须知道它的线性地址。为此，我们首先调用例程 lin_to_lin_of_pdte 获得与指定线性地址对应的页目录项的线性地址，再将它的低 12 位清零，就是页目录表的线性地址。

来看一下例程 lin_to_lin_of_pdte，它位于第 440 行，该例程返回指定的线性地址所对应的页目录项的线性地址。进入时，用 R13 传入指定的线性地址；返回时，用 R14 返回对应的页目录项的线性地址。

在例程中，第 445～447 行用于保留线性地址中的 4 级头表索引、页目录指针表索引和页目录表索引部分。接着，第 448 行通过右移将原 4 级头表索引变成页目录表索引，原页目录指针表索引变页表索引，原页目录表索引变页内偏移。最后，第 450～451 行，再加上地址前缀 0xffff_ffff_c000_0000，就得到了最终的页目录项的线性地址。

这个例程的工作和前面的 lin_to_lin_of_pdpte 及 lin_to_lin_of_pml4e 相似，所以这里不准备多讲。现在，请你参照前面的内容详细分析一下，为什么用我们在 R14 中得到的线性地址可以访问到指定的页目录项，这个访问的过程是怎样的。

回到第 523 行。例程 lin_to_lin_of_pdte 用 R14 返回与指定线性地址对应的页目录项的线性地址。第 524～525 行，我们通过右移和左移，将 R14 的低 12 位清零，就得到了页目录表的线性地址。接下来，第 526～530 行通过循环，将整个页目录表清零。

4.3.11　安装与指定线性地址对应的页目录项、页表项和页面

从标号.b1 开始，我们检查与指定线性地址对应的页目录项是否存在。首先，第 534 行调用例程 lin_to_lin_of_pdte 返回与指定线性地址对应的页目录项的线性地址。页目录项的线性地址用 R14 返回，我们用 test 指令测试它的 P 位，如果这个表项是已经存在的，jnz 指令转到标号.b2

处执行；如果不存在，则继续往下执行。由于页目录项包含了页表的物理地址，所以，如果页目录项不存在，必须先调用例程 allocate_a_4k_page 分配一个物理页作为页表。

页面分配后，我们用 or 指令为它的物理地址添加属性位，使之成为一个目录项。接着，第 541 行将这个目录项写入页目录表。写入时，用的是页目录项自己的线性地址，这是用 R14 提供的。

由于页表是新分配的，必须将它清空，这就需要知道页表的线性地址。同样，我们可以先得到与指定线性地址对应的页表项的线性地址，然后将这个线性地址的低 12 位清零，就是页表的线性地址。

为此，我们调用例程 lin_to_lin_of_pte 来得到与指定线性地址对应的页表项的线性地址。这个例程位于第 457 行，用于返回指定的线性地址所对应的页表项的线性地址。进入时要求用 R13 传入指定的线性地址；返回时，用 R14 返回对应的页表项的线性地址。

第 462～464 行，我们首先保留线性地址中的 4 级头表索引、页目录指针表索引、页目录表和页表索引部分，再将它右移 9 次。

右移后，原 4 级头表索引变成页目录指针表索引，原页目录指针表索引变成页目录表索引，原页目录表索引变成页表索引，原页表索引变成页内偏移。最后，再加上专用的地址前缀 0xffff_ff80_0000_0000，就在 R14 中得到了页表项的线性地址。

现在，请你参照前面的内容详细分析一下，为什么用我们在 R14 中得到的线性地址可以访问到指定的页表项，这个访问的过程是怎样的。

回到第 544 行。例程 lin_to_lin_of_pte 用 R14 返回与指定线性地址对应的页表项的线性地址。然后我们将 R14 右移 12 次，再左移 12 次，就得到与指定线性地址对应的页表的线性地址。紧接着，我们用第 547～551 行的循环将页表清空。

从标号.b2 开始，我们检查与指定线性地址对应的页表项是否存在。

首先，调用例程 lin_to_lin_of_pte 返回与指定线性地址对应的页表项的线性地址。这个例程我们刚讲过，这里不再重复。

页表项的线性地址用 R14 返回，我们用 test 指令测试它的 P 位，如果这个表项是已经存在的，那就意味着它指向一个已经存在的页面，jnz 指令转到标号.b3 处执行，并从这里返回到调用者，完成本次内存分配。

如果指定的页表项不存在，则继续往下执行。由于页表项包含了页的物理地址，所以，如果页表项不存在，必须先调用例程 allocate_a_4k_page 分配一个物理页，这就是我们最终要访问的页。

页面分配后，第 561～562 行，先用 or 指令为它的物理地址添加属性位，使之成为一个页表项，然后将这个页表项写入页表。写入时，用的是页表项自己的线性地址，这是用 R14 提供的。

至此，与指定线性地址对应的每个分页系统表项，以及相关的表都安置妥当，本次内存分配结束。

4.4　创建并安装 TSS 描述符

讲完了动态内存分配的全过程，我们回到内核程序 c04_core.asm。

第 446~447 行，调用例程 core_memory_allocate 在线性地址空间的高端，也就是内核中分配内存，分配内存的目的是创建一个任务状态段 TSS，本次内存分配一共分配了 104 字节。内存分配后，用 R13 返回所分配内存的起始线性地址，用 R14 返回下次内存分配时的起始线性地址。为了能够随时找到这个 TSS，第 448 行，我们将它的起始线性地址保存在标号 tss_ptr 这里。这个标号位于内核程序的前面，在第 14 行。注意，为了访问标号 tss_ptr 所在的内存位置而又不用计算它的线性地址，我们使用了 RIP 相对寻址方式。

既然知道了 TSS 的线性基地址，接下来的任务是创建这个 TSS 的描述符，这是通过调用例程 make_tss_descriptor 来完成的。这个例程要求用 RAX 传入 TSS 的线性基地址，所以在此之前，我们先将 R13 中的 TSS 线性基地址传送到 RAX 作为参数。

4.4.1 LDT 和 TSS 描述符的格式

现在，我们来看一下 64 位 LDT 和 TSS 描述符的格式。在保护模式下，TSS 和 LDT 的描述符是 64 位的，两个双字。但是，在 64 位模式下，由于线性地址部分的扩充，这两个描述符的长度已经扩展到 128 位，折合 16 字节，或者 4 个双字。为了方便，我们称之为 64 位的 TSS 和 LDT 描述符。

如图 4-11 所示，64 位的 TSS 和 LDT 描述符在格式上是一样的，为方便讲解，我们将其分成 4 个双字，这 4 个双字相对于整个描述符起始处的偏移分别是 0、4、8 和 12。

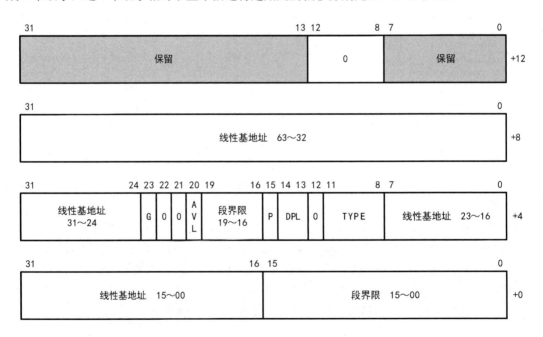

TYPE=1001（0x09）：64位TSS描述符
TYPE=0010（0x02）：LDT描述符

图 4-11　64 位 LDT 和 TSS 描述符的格式

第一个双字包含了 TSS 或者 LDT 线性基地址的位 0 到位 15，以及段界限的位 0 到位 15；

第二个双字包含了 TSS 或者 LDT 线性基地址的位 16 到位 23，位 24 到位 31，以及段界限的位 16 到位 19，粒度位 G，软件可用位 AVL，存在位 P，目标特权级 DPL，以及类型字段 TYPE。如果类型字段是二进制的 1001，则该描述符是 64 位的 TSS 描述符，如果类型字段是二进制的 0010，则该描述符是 64 位的 LDT 描述符。在这个双字中，位 12、位 21、位 22 都是 0；

第三个双字包含了 TSS 或者 LDT 线性基地址的位 32 到位 63；

第四个双字的大部分内容是保留的，但位 8 到位 12 必须填写为全零。

4.4.2　创建和安装 64 位的 TSS 描述符并加载任务寄存器 TR

现在我们转入例程 make_tss_descriptor，它起始于内核例程文件 core_utils64.wid 中的第 244 行，用来创建 TSS 描述符。

回顾一下 64 位 TSS 描述符的格式，你会发现它还是挺复杂的。复杂的原因在于线性地址和段界限被分成好几个部分，需要一点一点拼凑和组合。

不过，描述符的高 64 位很简单，第四个双字直接清零，第三个双字只包含 TSS 线性基地址的位 32 到位 63，也很好处理。

在程序中，我们先生成 TSS 描述符的高 64 位。将 RAX 中的线性基地址传送到 RDI，再将它右移 32 次，就在 RDI 中得到描述符的高 64 位，它包含了 TSS 线性基地址的位 32 到位 63。

正如我们刚才所说的，描述符的低 64 位很复杂，为了方便起见，我们在栈中进行操作。为此，我们用 push 指令将 RAX 中的 TSS 线性基地址压入栈中。

由于压栈后，栈指针寄存器 RSP 指向被压入的数据，我们可直接用 RSP 对栈中的数据进行修改，使之最终变成 TSS 描述符的低 64 位。操作过程我们不作过多解释，把它当成作业由你按照指令的执行顺序在纸上画一画就清楚了。

TSS 描述符的低 64 位组合出来之后，再用第 259 行的 pop 指令弹出到 RSI。至此，TSS 描述符的创建工作就完成了。

回到内核程序 c04_core.asm。

第 451～452 行，我们将生成的 TSS 描述符安装在全局描述符表 GDT 中。

如图 4-12 所示，进入 64 位模式后，对 GDT 的修改主要是增加了 5 个描述符，分别是 DPL 字段为 0 的数据段描述符，用作栈段；保留的全 0 描述符；DPL 字段为 3 的数据段描述符，用作栈段；DPL 字段为 3 的 64 位代码段描述符；以及我们刚刚添加的 64 位 TSS 描述符。

在 IA-32e 模式下，不同描述符的长度是不一样的。比如，段描述符的长度还是 8 字节，但 64 位 TSS 描述符的长度变成 16 字节。但是，描述符在表内的索引（序列）依然是按照 8 字节编排的。即，处理器在用索引号选择描述符时，16 字节的描述符占用两个索引号。在这里，64 位 TSS 描述符的索引号是 8，下一个描述符的索引号是 10，而不是 9。

回到程序中，我们当初是用 sgdt 指令（第 430 行）将 GDT 的线性地址和界限值读入栈中，此次修改新增了 5 个描述符，GDT 的长度实际上增加了 48 字节。第 454 行，我们将 48 加到 GDT 原来的界限值上，就得到了新的界限值。第 455 行，用 lgdt 指令将 GDT 的线性地址和新的界限值加载到全局描述符表寄存器 GDTR，使修改生效。

64位TSS描述符	+0x40，选择子：0x0040(RPL=0)
64位模式的代码段描述符，DPL=3	+0x38，选择子：0x003B(RPL=3)
栈/数据段描述符，DPL=3	+0x30，选择子：0x0033(RPL=3)
保留	+0x28，选择子：0x002B(RPL=3)
栈/数据段描述符，DPL=0	+0x20，选择子：0x0020(RPL=3)
64位模式的代码段描述符，DPL=0	+0x18，选择子：0x0018(RPL=3)
保护模式的数据段描述符，DPL=0	+0x10，选择子：0x0010
保护模式的代码段描述符，DPL=0	+0x08，选择子：0x0008
空描述符	+0x00，选择子：0x0000

图 4-12　当前的 GDT 内容布局

最后，我们用 ltr 指令加载任务寄存器 TR。ltr 指令的操作数在 CX 中，它是 64 位 TSS 描述符的选择子 0x0040。在单处理器的系统中，这个 TSS 要为所有任务服务。

4.5　初始化实时时钟中断

我们此前的主要任务是设置与系统调用有关的型号专属寄存器，中间还有一个安装 TSS 描述符的小插曲。无论如何，按照内核的执行流程，接下来是初始化用于任务切换的实时时钟中断。

这一章的主题是任务切换，而任务切换通常是使用一个无条件发生的定时器或者时钟中断进行的。中断发生时，将剥夺当前任务的执行权并交给另一个任务，这称为抢占。

回到内核程序 c04_core.asm。

实时时钟中断的处理过程是第 63 行的 rtm_interrupt_handle，它的工作是寻找下一个处于就绪（空闲）状态的任务，在保存当前任务的状态之后转到这个新任务执行。由于 IA-32e 模式不支持硬件任务切换，所以整个切换过程都是我们自己完成的。

在内核程序里，第 485～487 行创建此例程的中断描述符。先用 RIP 相对寻址方式从标号 position 这里取得内核加载的起始线性地址，再用 lea 指令用内核加载的起始线性地址和例程相对于内核起始处的偏移量 rtm_interrupt_handle 相加，得到例程自身的线性地址，再调用 make_interrupt_gate 创建它的中断门。

前面已经设置了 8259 中断控制器，主片的中断向量范围是从 0x20 到 0x27，从片的中断向量范围是从 0x28 到 0x2f。实时时钟接在从片的第一个引脚，此引脚对应的中断向量是 0x28。所以，第 491～492 行在中断描述符表 IDT 中安装 0x28 号中断的中断门。安装中断门之前需要先用 cli 指令关闭中断响应，以免在改动期间因中断处理而发生错乱。

中断门安装之后，接下来设置和时钟中断相关的硬件，首先要设置实时时钟芯片的寄存器 B，允许它产生更新周期结束中断；然后读一下寄存器 C，复位未决的中断状态。更新周期结束中断是每秒发生一次，用它来执行任务切换的话，每个任务的执行时间是 1 秒，或者说分给每个任务的时间片是 1 秒。这部分指令是从《x86 汇编语言：从实模式到保护模式》里搬过来的，如果记不太清楚的话可参考此书。

到这个时候，每秒一次的定时中断就开始发生了，只不过现在还没有任务，未执行任务切换。接下来，第 512～513 行用来创建第一个任务，这个任务叫作外壳任务。什么是外壳任务呢？

4.6　创建外壳任务

对计算机用户来说，内核是不可见的，它在后台工作，对各种系统资源，比如处理器、内存、硬盘、打印机、键盘、鼠标、网卡、显卡及程序和文件进行管理。

那么，计算机是为人类服务的，需要将计算机的资源呈现给用户，同时，从用户那里接收管理命令并传递给内核，这就需要一个特殊的任务来完成这个中间人的角色，这个程序就是外壳任务。

外壳任务是一个特殊的任务，它的位置介于内核与用户之间。在有些系统中，外壳任务与内核是一体的，在另一些系统中，外壳任务是独立于内核的程序。但无论如何，它都像水果的外皮一样，位于内核的外层，所以叫外壳任务。

外壳任务是内核与用户的接口，它会显示一个界面，接收用户命令并传递给内核。外壳任务的典型例子是 Windows 桌面，或者 Windows 命令行，还有就是 Linux 控制台。就以 Windows 桌面为例，我们可以浏览文件、运行程序，对计算机进行设置。在 Windows 控制台，我们也可以输入命令并运行程序。

4.6.1　准备创建外壳任务

本章的外壳任务是用外壳程序 c04_shell.asm 创建的，因为只是模拟一个操作系统的用户接口，所以很简单。从表面上看，外壳程序是分段的，但实际上这些段只是形式上的，只起到分隔的作用，用来分隔数据和代码。因此，在程序中，所有标号都是从整个程序的起始处计算汇编地址的。

为了告诉加载器如何加载自己，任何程序都有一个头部。外壳程序的头部很简单，在程序的一开始，即，程序内偏移为 0 的位置，是外壳程序的总长度；偏移为 8 的地方是外壳程序的入口点；偏移为 16 的地方是外壳程序加载的线性地址。

外壳程序编译之后，写入硬盘，内核就可以从硬盘上加载它并创建为外壳任务。在我们这里，要求编译后的外壳程序必须从逻辑 50 扇区写入硬盘。

回到内核程序 c04_core.asm。

当内核完成自身的初始化，就开始创建第一个任务。在我们系统中，不管任何时候创建任务，都需要调用例程 create_process，而且需要用 R8 传入程序在硬盘上的起始逻辑扇区号。

刚才我们说了，内核初始化之后首先创建外壳任务，这是第 512～513 行的工作。编译后的外壳程序是从硬盘的逻辑 50 扇区开始存放的，所以传入的是 50。

来看一下例程 create_process，它位于内核程序的第 214 行，用于创建新任务。但是从名字上看，应该是创建新进程。不过没关系，在本书中，进程和任务是一回事。

例程进入时，要求用 R8 传入程序的起始逻辑扇区号。例程访问硬盘，从指定的逻辑扇区号开始加载程序，并创建为任务或者说进程。

相对于保护模式，在 64 位模式下，任务的创建变得非常简单。这种简单性受益于处理器在多个方面的改进，可以在本章接下来的内容里可以慢慢体会。

4.6.2　为新任务创建任务控制块 PCB

现在，我们进入例程 create_process 创建新的任务。进入时，寄存器 R8 传入程序的起始逻辑扇区号。在例程的一开始，我们保存这个例程要用到的寄存器，这是常规操作，没什么好讲的。

每个任务都有一个任务控制块 PCB，用来记录任务的相关信息，内核通过任务控制块来跟踪和识别任务，并对任务进行管理和控制。任务控制块是一小块内存区域，但这块内存区域必须位于所有任务的全局空间，或者说内核空间。只有这样，才能确保任何时候都可以访问到任务控制块。

因此，我们调用例程 core_memory_allocate 在内核空间分配 512 字节的内存，它的起始线性地址是用 R13 返回的，在这里，将它传送到 R11。从现在开始，R11 专用于保存新任务 PCB 的线性地址。

接下来我们就可以填写任务控制块，记录任务的相关信息了。每个任务都有自己的局部地址空间，在任务运行时，可以在自己的私有空间分配内存。内存分配实际上是线性地址空间的分割，所以需要记录下次内存分配时从哪个线性地址开始，已经分配的线性地址是不能再分配的。

来看一下任务控制块 PCB 的组成。如图 4-13 所示，它类似于一个表格，每个格子的长度是 8 字节，或者说 4 字。我们这是一个多任务系统，每个任务都有自己的任务控制块 PCB，所有 PCB 连接在一起，形成一个链表。

为了方便，我们采用双向链表。因此，在 PCB 中，第一个 4 字用来保存上一个节点，即前驱节点的线性地址；最后一个 4 字用来保存下一个节点，即，后继节点的线性地址。

每个任务都有一个数字编号，叫作任务标识，记录在 PCB 中；每个任务都有自己的运行状态，也用一个数字来表示并记录在 PCB 中。比如 0 代表就绪；2 代表任务已经终止。

每个任务在运行时可以根据需要申请并分配内存，但通常是在任务自己的局部空间里分配。为了在任务的局部空间里分配内存，需要在 PCB 中记录下次内存分配时是从哪个线性地址开始的。每次内存分配后，都要更新这个地址。

我们知道，从用户态进入内核态时，需要切换栈。为此，RSP0、RSP1 和 RSP2 就用于提供栈切换时的栈指针。在 64 位模式下采用平坦内存模型，所以不需要栈段选择子，只需要栈指针即可。

在任务切换时，需要保存任务的状态以便下次执行时恢复，主要是寄存器的内容。因此，后面的内容用来保存各个寄存器的状态，包括通用寄存器、段寄存器和标志寄存器。

PCB 中的剩余部分是为后面的章节保留的，现在没有用。注意，为了将来扩充，虽然 PCB 的长度是 296 字节，但我们申请了 512 字节的内存。

回到例程 create_process，第 238 行用来填写 PCB 中的下一次可分配线性地址域。填写的数值来自常量 USER_ALLOC_START，这是在全局定义文件 global_defs.wid 中定义的常量，在每个任务自己私有的空间内分配内存时，就从这个地址开始。

下一个（后继）PCB节点的线性地址	+280
为后续课程保留	
RFLAGS	+232
GS. Base	+224
FS. Base	+216
SS	+208
CS	+200
RIP	+192
R15	+184
R14	+176
R13	+168
R12	+160
R11	+152
R10	+144
R9	+136
R8	+128
RSP	+120
RBP	+112
RDI	+104
RSI	+96
RDX	+88
RCX	+80
RBX	+72
RAX	+64
CR3	+56
RSP2	+48
RSP1	+40
RSP0	+32
下一次内存分配时可用的起始线性地址	+24
任务状态（0：就绪；1：忙；2：终止）	+16
任务（进程）标识	+8
上一个（前驱）PCB节点的线性地址	+0

图 4-13　任务控制块 PCB 的结构

4.6.3　为新任务创建 4 级头表

接下来的工作是为新任务创建一个 4 级头表。新任务有自己独立的虚拟地址空间，为了分配这样一个空间，就需要给新任务创建一个独立的分页系统，而且首先必须创建一个 4 级头表。

在多任务系统中，尽管每个任务都有自己独立的虚拟内存空间，但它们的高一半是相同的，都对应着内核部分。虚拟内存空间是通过分页系统实现的，所以，尽管每个任务都有自己的 4 级头表，但 4 级头表的高一半是相同的，都指向内核的页目录指针表。

既然 4 级头表的高一半是相同的，为了方便，我们可以通过拷贝复制当前正在使用的 4 级头表来创建新任务的 4 级头表。为此，我们调用例程 copy_current_pml4 来完成拷贝复制工作。

例程 copy_current_pml4 位于内核工具例程文件 core_utils64.wid 里的第 770 行，用来创建新的 4 级头表，并复制当前 4 级头表的内容。这个例程不需要参数，但是会用 RAX 返回新 4 级头表的物理地址，而且已经添加了属性位。

在多任务环境中，此例程关键部分的执行是排他性的。若某个任务或者线程正在执行此例程，就要防止其他任务或者线程也进入此例程内部执行。因此和往常一样需要先压栈保存标志寄存器，然后关闭中断响应。

和从前一样，还要判断是否定义了常量__MP__。如果定义了此常量，说明当前是在多处理器环境下，需要执行加锁和解锁操作。至于加锁的代码是如何工作的，我们现在不讲，到后面讲多处理器的时候再详细解释。由于目前还是在单处理器环境下工作，未定义常量__MP__，加锁和解锁的代码不会参与编译。

进入例程后，首先调用 allocate_a_4k_page 分配一个物理页，并且 RAX 返回页面的物理地址。紧接着，我们用 or 指令为它添加属性位。

在分页模式下不能使用物理地址而只能使用线性地址，所以，为了访问这个页面，我们使用了一个特殊的线性地址 NEW_PML4_LINEAR。这是一个常量，是在全局定义文件 global_defs.wid 中定义的。那么，为什么要选择这样一个线性地址，这个线性地址有什么特点呢？

这是一个 64 位的扩高地址，4 级分页只使用低 48 位。48 位线性地址的第一个 9 比特是 4 级头表索引，用来在 4 级头表中选择一个 4 级头表项。这 9 比特是 1111 1111 0，换算成十进制是 510，所以选择的是 4 级头表内的倒数第二个表项，即，510 号表项。顺便说一句，最后一个表项是指向 4 级头表自身的。

在 4 级头表内，倒数第二个表项指向一个页目录指针表。如果这个页目录指针表不存在，需要先创建。

48 位线性地址的第二个 9 比特用来在页目录指针表内选择一个页目录指针项。这 9 比特全是 1，选择表内最后一个表项，这个表项指向一个页目录表。如果这个页目录表不存在，需要先创建。

48 位线性地址的第三个 9 比特用来在页目录表内选择一个页目录项。这 9 比特全是 1，选择表内最后一个表项，这个表项指向一个页表。如果这个页表不存在，则需要先创建它。

48 位线性地址的第四个 9 比特用来在页表内选择一个页表项。这 9 比特全是 1，选择表内最后一个表项，这个表项指向一个物理页。此时需要注意，我们刚才已经分配了一个物理页作为新任务的 4 级头表，那么，这个页表项必须指向刚刚分配的物理页。如此一来，这个线性地址就是用来访问这个物理页的线性地址，线性地址的低 12 位是页内偏移。

以上只是表明我们可以用这个线性地址来访问这个物理页，但是，要让它变成现实，还需要建立这一系列映射关系。

那么，这个线性地址对应虚拟内存空间的什么位置呢？实际上，这个线性地址所访问的位置，就是 4 级头表内倒数第二个表项所映射的虚拟内存中的最后一个 4KB，这是我们特意选择的位置。

4.6.4 将指定的线性地址映射到指定的物理页

仅仅是分配一个物理页作为新任务的 4 级头表，并为这个物理页指定一个线性地址，并不意味着就真的可以用这个线性地址访问这个物理页，我们必须为它安装分页系统表项。只有如此，处理器的页部件才能用这个线性地址访问这个物理页。

正因如此，我们需要调用例程 mapping_laddr_to_page 将线性地址和物理地址作一个映射。这个例程同样位于内核工具文件 core_utils64.wid，位置在第 581 行，这个例程类似于我们前面讲的另一个例程 setup_paging_for_laddr，只有一点点不同。

在例程中，首先检查该线性地址对应的 4 级头表项是否存在，如果不存在，就安装这个表项，当然还必须先分配一个页目录指针表。

接着，检查该线性地址对应的页目录指针项是否存在，如果不存在，就安装这个表项，当然还必须先分配一个页目录表。

再往下，检查该线性地址对应的页目录项是否存在，如果不存在，就安装这个表项，当然还必须先分配一个页表。

截至这一步，程序的内容和例程 setup_paging_for_laddr 完全一样。但是从这里开始就不一样了。在这里，我们得到该线性地址对应的页表项，但是页表项所指向的物理页并不是现分配的，而是当前例程的调用者传入的，在 RAX 中，而且已经包含了属性部分。在这里，是直接将 RAX 作为页表项登记在页表中。

至此，我们就完成了线性地址和物理页的映射。注意，为防止多个任务或者线程同时执行本例程而互相干扰，和前面一样，采用了条件编译技术，如果是在多处理器环境下则插入加锁和解锁的代码。我们当前是在单处理器环境下，所以这些代码不会生效，到后面讲多处理器的时候再回头解释。

回到例程 copy_current_pml4。

我们已经分配了一个物理页来作为新任务的 4 级头表，这个页面是挂靠在当前活动的分页系统中的，可以用线性地址 NEW_PML4_LINEAR 来访问。

但是你要注意了，线性地址 NEW_PML4_LINEAR 是一个高端线性地址，它出现在所有任务的全局空间。如果我们不是第一次调用例程 create_process 来创建任务，以前已经调用过此例程，那么，在当前任务的分页系统中已经安装了相关表项，本次映射只是为线性地址 NEW_PML4_LINEAR 安装了一个新的物理页作为新任务的 4 级头表。

同时可以想象，在处理器内部，页部件的转换速查缓冲器 TLB 已经缓存了这个线性地址的相关表项，但它指向替换前的物理页，即，指向上一次创建任务时分配的物理页。虽然本次映射已经修改了相关的分页系统表项，但 TLB 中的条目没有修改，如果贸然访问，访问的必然是以前的物理页。为此，必须用 invlpg 指令刷新转换速查缓冲器 TLB 中与此线性地址相关的条目（第 790 行）。

4.6.5 复制当前活动 4 级头表的内容给新任务的 4 级头表

经过前面的努力，现在可以用线性地址 NEW_PML4_LINEAR 访问新任务的 4 级头表。在多任务系统中，每个任务都有自己的 4 级头表，而且它们的高一半是相同的，具有完全相同的表项，都指向全局空间，即，指向内核的地址空间。

为此，我们需要将当前活动的 4 级头表的内容复制到新任务的 4 级头表，这就是两个内存区块之间的批量数据传送。批量数据传送可以使用 movsq 指令，每次传送 4 字。在 64 位模式下，传送的次数由 RCX 指定，在这里是 512 次，因为要传送 512 个表项。

传送时，要指定源位置和目标位置。按照指令的要求，源位置的线性地址由 RSI 指定，它就是当前活动 4 级头表的线性地址，这个地址是 0xffff ffff ffff f000，我们以前讲过。

按照指令的要求，目标位置的线性地址由 RDI 指定，它就是新任务的 4 级头表，它的线性地址在 R13 中，从 R13 传送到 RDI 即可。

除此之外，按照指令的要求，还必须指定传送的方向。如果是正方向，则 movsq 指令执行时，每传送一次，RSI 和 RDI 自动加 8；如果是反方向传送，每传送一次，RSI 和 RDI 自动减 8。

传送的方向是用标志寄存器的 DF 标志位指定的，0 是正方向，1 是反方向。我们采用正向传送，所以用 cld 指令将标志寄存器的方向标志 DF 清零。

最后，movsq 指令执行传送操作，但它只执行一次。为了连续执行，需要添加重复前缀，比如 repe，意思是相等则重复，它需要 RCX 和标志寄存器的零标志位 ZF 都不为零才能重复执行。如果 RCX 为零，或者标志寄存器的零标志 ZF 为零，就不再执行。

数据复制完成后，还有最后一项工作，而且这项工作很容易被忽略，我当初就忽略了这个步骤，导致程序运行不正常。

我们知道，在每个 4 级头表中，最后一个表项用来指向 4 级头表自身，这个新任务的 4 级头表自然也不例外。为此，我们修改新 4 级头表的最后一个表项，让它指向 4 级头表自己。新 4 级头表的线性地址在 R13 中，这个表项在表内的偏移是 0xff8，为什么是 0xff8 呢？你用 511 乘以 8，再转换为十六进制，就是 0xff8。用 R13 加上 0xff8，就是最后一个表项的线性地址，我们将 RAX 中的 4 级头表物理地址写入这个表项。

至此，新任务的 4 级头表就完成了创建和初始化工作，ret 指令返回到调用者。

4.6.6　切换到新任务的地址空间并清空 4 级头表的前半部分

例程 copy_current_pml4 返回之后，在 RAX 中返回新任务 4 级头表的物理地址，我们将它登记在新任务的任务控制块 PCB 中。

回到内核程序 c04_core.asm。

第 242 行，登记的位置是 PCB 内偏移为 56 的地方，这个位置标记为 CR3。任务切换时，要将 4 级头表的物理地址传送到控制寄存器 CR3，所以这位置标记为 CR3。

既然新任务已经有了自己的 4 级头表，那么接下来就要切换到新任务的地址空间，这样做是为了加载新任务的代码和数据到它自己的私有空间。

本次切换是临时切换，新任务创建完成后，还要恢复到当前任务的地址空间。所以我们先用 R15 保存当前任务 4 级头表的物理地址，即保存 CR3 的当前值。

接着，将新任务 4 级头表的物理地址传送到控制寄存器 CR3，这就临时切换到新任务的地址空间。此时，当前活动的 4 级头表就是新任务的 4 级头表。

新任务地址空间的高一半是全局部分，对应着新任务 4 级头表的高一半，不用动；新任务地址空间的低一半是私有部分，对应着新任务 4 级头表的低一半，需要清空。内存的访问依赖于分页系统的地址转换，清空当前 4 级头表的低一半会影响当前的程序执行吗？

没有关系，我们正在地址空间的高端执行，可正常执行内核代码并访问内核数据，毕竟所有任务的高端（全局）部分都相同。同时，当前使用的栈是位于地址空间高端的栈，栈操作也是不受影响的。

清空的操作是通过一个循环来完成的。由于是清空 4 级头表的低一半，所以只涉及 256 个表项，为此，将 256 传送到 RCX，以控制循环的次数。在此之前，我们用 RAX 指定 4 级头表的线性地址。由于新任务的 4 级头表已经变成当前活动的 4 级头表，所以，它的线性地址是 0xffff ffff ffff f000。

接着，我们通过将 0 写入每个表项来完成清空工作，表项的线性地址用 RAX 指定。清空一个表项后，用 add 指令将 RAX 加 8，得到下一个表项的线性地址。loop 指令连续执行循环，直到 RCX 变成 0 就完成了清空操作。

活动 4 级头表的前一半清空之后，还必须刷新转换速查缓冲器 TLB，因为它缓存着清空前的表项记录。刷新操作是用常规方式进行的，即，将 CR3 的内容读出，再重新写回。

4.6.7　为新任务分配 0 特权级使用的栈空间

切换到新任务的虚拟地址空间之后，就可以在新任务自己的地址空间里分配内存。首先分配的是两个栈空间，一个位于新任务地址空间的高端，即，位于内核空间，或者说位于所有任务地址空间的全局部分；一个位于新任务地址空间的低端（私有部分）。

在 64 位模式下，使用平坦内存模型，段的线性基地址为 0，栈的位置由栈指针寄存器 RSP 体现。如果 RSP 的值是一个高端线性地址，则访问的是位于地址空间高端的栈；如果 RSP 的值是一个低端线性地址，则访问的是位于地址空间低端的栈。

那么，为什么需要两个栈呢？首先，每个任务都需要一个私有栈，这是可以理解的，它通常位于任务地址空间的低端，访问这个栈时，当前特权级为 3。

为了使用内核提供的服务，经常需要从用户态进入内核态，为安全起见，需要切换栈，这就需要一个新栈。原则上，新栈的位置并不重要，可以位于任务地址空间的低端，也可以位于高端。

但是，在我们的系统中，有时候会出现这样的情况，即，从用户态进入内核态之后，任务的局部空间无法访问。从用户态进入内核态会切换栈，如果新栈位于任务的局部空间，则新栈也是不能使用的。

为防止这种情况的发生，我们要求用于特权级转移的栈必须位于任务虚拟内存空间的高端，即，位于内核空间。毕竟，所有任务共有的全局空间始终可以访问。

你可能说了，举个例子呗？那好，此时此刻就是最好的例子。

我们当前正在执行的例程 create_process 用来创建一个新任务。这是一个内核例程，所有用户任务都可以从用户态进入内核态来调用这个例程。即，我们通常是在一个正在运行的任务中创建另一个任务。

由于从用户态进入内核态需要切换栈，所以，进入这个例程之前，必然已经切换到一个新栈，这就是我们目前正在使用的栈。

在前面我们看得很清楚，创建任务时，会分配一个 4 级头表，然后复制当前任务 4 级头表的内容给新的 4 级头表，然后切换到新的 4 级头表，并清空这个表的前半部分。

切换到新的 4 级头表意味着改变了地址空间，切换到新任务的地址空间。由于新任务 4 级头表的低一半已经清空，所以它的私有空间是不可访问的。如果此时进行栈操作，而且栈指针寄存器 RSP 的值是一个低端线性地址，则处理器无法使用 4 级头表的低一半进行地址转换，必然出错。

具体到我们的程序，为了给新任务分配内存，完成后续的创建工作，需要调用内存分配例程 core_memory_allocate 和 user_memory_allocate，例程调用指令 call 执行时需要进行隐式的栈操作，而此时任务的局部空间是不可用的。

因此，执行当前例程 create_process 时使用的栈必须位于全局空间，而我们现在所做的就是为新任务分配一个这样的栈。当这个新任务下次从用户态进入内核态时，就使用我们现在分配的栈。

在程序中，我们调用例程 core_memory_allocate 在全局空间，或者说内核空间分配内存，分配的数量是 4096 * 16，即，16 个 4KB，总共是 64KB。

内存分配之后，用 R14 返回下一次分配时使用的起始线性地址。由于是在平坦模型下，而且我们使用向上扩展的段作为栈段，所以，下一次内存分配时使用的线性地址就是栈顶的位置，是栈指针寄存器 RSP 的初始值。

这个栈用于特权级之间的控制转移，是从 3 特权级的用户态进入 0 特权级的内核态时使用的，需要先登记在任务控制块 PCB 中的 RSP0 域。登记的位置是任务控制块 PCB 内偏移为 32 的地方。

4.6.8 为新任务分配 3 特权级使用的栈空间

接下来还要分配一个栈，这个栈是用户任务的固有栈。当任务工作在 3 特权级时使用这个栈。同样，这个栈可以位于地址空间的高端，也可以位于低端。不过，它通常应该位于地址空间的低端。即，位于每个任务的私有空间。

为此，我们需要调用另一个例程 user_memory_allocate 来分配内存作为栈空间。这个例程位于内核工具文件 core_utils64.wid 的第 728 行，用来在用户任务的私有空间（低端）分配内存。进入时，要求用 R11 传入任务控制块 PCB 的线性地址；用 RCX 传入希望分配的字节数。例程返回时，用 R13 返回本次内存分配所使用的起始线性地址；用 R14 返回下次内存分配时使用的起始线性地址。

全局空间只有一个，但每个任务都有自己的局部空间。对于每个任务自己的局部空间来说，每次内存分配时使用的起始线性地址记录在每个任务自己的任务控制块 PCB 中。在任务控制块 PCB 内偏移为 24 的地方，是下一次内存分配时可用的起始线性地址。

在例程中，我们首先从任务控制块 PCB 内偏移为 24 的地方取出本次内存分配使用的起始线性地址，传送到 R13。由于已经知道本次内存分配的起始线性地址和分配的字节数，就可以得到下次内存分配时使用的起始线性地址，它是用 R13 和 RCX 相加得到的。

这个地址未必是按照 8 字节对齐的，但我们要求它必须按 8 字节对齐。第 737～741 行用来执行对齐操作。接着，要将对齐之后的线性地址写回到任务控制块 PCB 中，用于下一次内存分配。

再往下，要安装与指定线性地址对应的分页系统表项。事实上，从地址对齐，到安装分页系统表项，这一部分指令我们并不陌生，因为它和另一个例程 core_memory_allocate 基本相同。

回到内核程序 c04_core.asm 中。

第 265～266 行，我们调用例程 user_memory_allocate 在新任务自己的私有空间分配内存，分配的数量也是 64KB。

内存分配之后，用 R14 返回下一次分配时使用的起始线性地址。栈是向下推进的，现在是采用平坦模型，而且我们使用向上扩展的段作为栈段，所以，下一次内存分配时使用的线性地址就是栈顶位置，是栈指针寄存器 RSP 的初始值。这个栈是用户任务在 3 特权级执行时使用的栈，需要登记在任务控制块 PCB 中的 RSP 域。登记的位置是任务控制块内偏移为 120 的地方。

4.6.9 从硬盘上加载用户程序

继续来看内核程序 c04_core.asm。

在为新任务分配了两个栈空间之后，第 269 行，我们在任务控制块 PCB 中将新任务的状态设置为"就绪"。处于就绪态状态的任务是随时可以准备执行的任务。

接下来的工作是加载用户程序，一个任务没有对应的程序是不可思议的，如果没有对应的程序，任务如何执行呢？对不对？

在进入例程 create_process 时，已经用 R8 传入了程序的起始逻辑扇区号。那么我们只需要从这个逻辑扇区号开始读取就行了。但是，需要读几个扇区，什么时候停止呢？和往常一样，需要先读第一个扇区，它包含了文件头部，这个头部里有文件的长度信息。

首先，第 272～276 行，在新任务的私有空间分配 512 字节，然后读用户程序的第一个扇区到分配的空间。内存分配时，是用 R13 返回本次内存分配的起始线性地址，所以，它也是用户程序加载的起始线性地址。这个地址需要填写在用户程序头部内偏移为 16 的地方。

第 278 行的这条指令很有意思，访问用户程序头部需要使用 R13，但同时我们的目的是把 R13 填写在头部内偏移为 16 的地方。

在用户程序中偏移为 8 的地方是入口点相对于程序起始处的偏移，取出它需要使用线性地址 R13+8。在此之前，需要将程序加载的起始线性地址从 R13 复制到 R14。

事实上，我们需要的是入口点自身的线性地址，而不是它相对于程序开头的偏移，所以从 R13+8 处取出的偏移量被加到 R14 上，从而在 R14 中得到入口点的线性地址，这是第 280 行的工作。接着，第 281 行将入口点的线性地址保存到任务控制块 PCB 中偏移为 192 的位置。

在用户程序中，偏移为 0 的位置保存着用户程序的总大小，总字节数。我们先读出这个数值，并使之能够被 512 整除，因为我们还要在后面将它转换为扇区数。知道了用户程序的总字节数，就可以在任务的私有空间分配内存，然后读剩余的硬盘扇区。这个过程很简单，从《x86 汇编语言：从实模式到保护模式》一书开始到本书，这个过程就反复讲了不知道多少遍，所以第 284～300 行的这段代码就不讲那么细。

4.6.10　生成任务标识

继续来看内核程序 c04_core.asm。

程序加载之后，任务的创建工作就基本完成了。不过你可能会问，段描述符还没有创建呢，再说，程序不需要重定位吗？

这都是不需要的。在 64 位模式下，使用平坦的内存模型，除了段的类型不同、段描述符的特权级不同，段的线性基地址和段的其他属性都相同。所以，我们不需要为每个任务定义独立的段描述符。在前面，我们为系统调用准备段描述符的时候已经创建了 3 特权级的代码段和栈段描述符，所有任务都可以使用这两个段描述符。

所以，在程序中，新任务可直接使用前面定义的 3 特权级代码段和 3 特权级栈段。在 64 位模式下，数据段描述符是不需要的。既然如此，我们只需要将这两个描述符的选择子填写到任务控制块 PCB 中即可。

第 303～304 行，我们先把 3 特权级代码段的选择子保存到新任务 PCB 中偏移为 200 的地方，然后，把 3 特权级栈段的选择子保存到 PCB 中偏移为 208 的位置。新任务开始执行时，就使用以上段选择子来初始化代码段寄存器和栈段寄存器。同时，还需要初始化标志寄存器。新任务开始执行时，标志寄存器的内容可以来自它此时此刻的一个快照。为此，我们先用 pushfq 压入标志寄存器的当前内容，长度为 4 字。然后，再用 pop 指令弹出到任务控制块 PCB 内偏移为 232 的位置。

为了区分每个任务，还需要给它们编号，这个编号叫作任务标识，或者进程标识，也可以叫任务 ID 或者进程 ID。所有任务都是统一编号的，所以这就需要一个专门用于编号的例程。在本系统中，这个例程就是 generate_process_id，即，生成进程标识。

这个例程位于内核工具文件 core_utils64.wid 中的第 895 行，用来生成唯一的进程标识或者说任务标识，例程返回时，用 RAX 返回进程标识或者说任务标识。

这个例程很简单，真的是非常简单。在例程上边，用标号_process_id 定义了一个 4 字数据并初始化为 0，这就是整个系统起始的任务标识。

原则上，生成任务标识的过程是这样的：从标号_process_id 这里取出一个值作为任务标识，然后将_process_id 处的值加一，如果后面再创建新任务，这就是新任务的标识。

以上两个动作是连续的，需要作为一个整体连续执行。在多任务系统中，这两个动作中间很可能发生任务切换。如果多个任务都在生成任务标识，则将发生混乱，因此需要关闭中断响应。同时还要判断是否定义了常量__MP__，若定义了此常量，说明当前是在多处理器环境下，所以还必须加锁。

但是，使用锁代价很大，会降低系统性能，能不用最好不用。在程序中，我们只用了一条带有 lock 前缀的 xadd 指令就解决了问题。

xadd 是交换并相加指令，其格式为

    xadd r/m, r

它有两个操作数：目的操作数是用寄存器或者内存地址指定的，用 r/m 表示；源操作数必

须是用寄存器指定的，用 *r* 表示。目的操作数和源操作数的长度必须一致，都可以是 8 位、16
位、32 位或者 64 位。指令执行时，先交换目的操作数和源操作数的值，然后将两个操作数相
加的和保存到目的操作数。

来看一个例子：

```
xadd r8, r11
```

如果 r8 为 2，R11 为 3，则此指令执行时，先将 r8 和 r11 的值交换。r8 为 3，r11 为 2。然
后，将 r8 和 r11 相加，结果为 5，保存到 r8。指令执行后，r8 为 5，r11 为 2。

回到程序中，第 898 行的这条 xadd 指令在执行时，会先将 RAX 和_process_id 处的值交换，
然后将 RAX 和_process_id 处的值相加，结果保存到_process_id 处。由于在上一条指令中已经
将 RAX 设置为 1，所以 xadd 指令执行后会在 RAX 中得到_process_id 原来的值，用于返回给调
用者；同时，将_process_id 处的值加一，这就是下一个任务的标识。

使用 xadd 指令可以防止同一个处理器上的不同任务都来操作任务标识，因为处理器只在完
整地执行完一条指令后才会响应和处理中断。但如果是在多处理器环境下，多个处理器都在执
行 xadd 指令，对任务标识的操作还是会互相干扰，这就是我们为它添加 lock 前缀的原因。

添加了 lock 前缀的指令在执行时会封锁系统总线，这样就可以防止来自其他处理器上的指
令也访问内存。在程序中，我们为 xadd 指令添加了 lock 前缀，无论哪个任务或者线程抢先执
行了这条 xadd 指令，处理器都会封锁总线，即使其他处理器也在执行 xadd 指令，但因为它们
晚了一步，所以只能等待总线释放后才能继续执行。

有关 lock 前缀，以及相关的数据竞争和原子操作等话题，我们将在第 5 章和第 6 章里详细
阐述。

回到内核程序 c04_core.asm 中，第 310 行，任务标识生成并返回后，我们将它保存到任务
控制块 PCB 内偏移为 8 的位置。

4.6.11　将新任务的 PCB 添加到 PCB 链表

生成任务标识之后，新任务的创建工作就完成了。对于学过《x86 汇编语言：从实模式到
保护模式》一书的同学来说，在 64 位模式下，任务的创建过程非常简单。

新任务创建过程的最后一步是将它的任务控制块 PCB 加入系统的 PCB 链表，系统中的每个
任务都必须加入这个链表。反过来，通过这个链表可以找到系统中的每个任务并对其进行管理。

将 PCB 加入 PCB 链表是通过调用例程 append_to_pcb_link 完成的，这个例程位于内核程序
c04_core.asm 的第 166 行。

修改 PCB 链表是排他性的操作，在多任务系统中，如果一个任务正在修改链表，此时发生
任务切换，切换到另一个任务，另一个任务也修改链表，则链表的修改将发生错乱。为此我们
需要在进入例程后先用 cli 指令关闭中断，关闭中断也就不会发生任务切换。你可能说了，cli
只能阻止当前处理器上的任务切换，如果是多处理器环境呢？这一章讲的是单处理器多任务，
当前的内核程序只适用于单处理器环境，咱们不考虑多处理器环境。

那么，链表在哪里呢？如何找到这个链表呢？为此，我们定义了标号 pcb_ptr，它是在内核

文件的前面定义的。从标号 pcb_ptr 开始，用伪指令 dq 定义了一个 4 字，并将其初始化为 0。这是可以理解的，刚开始的时候链表为空。当我们创建第一个任务时，要创建这个任务的 PCB 并加入链表。此时，它就是链表的第一个节点，或者叫首节点，这个节点的线性地址被填写在 pcb_ptr 这里。换句话说，标号 pcb_ptr 指向链表的首节点，保存着链表首节点的线性地址。如果它为 0，意味着链表为空。

在 PCB 链表中，每个 PCB 都是一个节点。如图 4-14 所示，我们以节点 PCB_2 为例，它的上一个节点 PCB_1 叫作前驱节点，简称前驱；它的后一个节点 PCB_3 叫作后继节点，简称后继。由 pcb_ptr 所指向的节点，是链表的第一个节点，或者叫首节点。

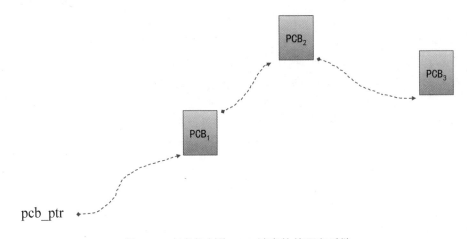

图 4-14　任务控制块 PCB 链表的前驱和后继

回头看一下任务控制块 PCB 的结构，在每个任务控制块 PCB 中，偏移为 0 的 4 字是上一个 PCB 节点的线性地址。换句话说，这个 4 字指向当前节点的前驱节点；偏移为 280 的 4 字是下一个 PCB 节点的线性地址。换句话说，这个 4 字指向当前节点的后继节点。

显然，在我们的系统中，这个链表是双向的，是一个双向链表。双向链表的优点是，通过任意一个节点既可以找到它的前驱，也可以找到它的后继。如果链表是单向的，则只能找到它的后继，而不能找到它的前驱。如此一来，操作链表时就很不方便。

如果链表中只有一个节点 PCB_1，则 pcb_ptr 指向这个节点。因为链表只有一个节点，所以，PCB_1 的前驱是 PCB_1 自身；PCB_1 的后继也是 PCB_1 自身。

相反，如图 4-15 所示，如果链表中有三个节点 PCB_1、PCB_2 和 PCB_3，则 pcb_ptr 指向链表首节点 PCB_1。PCB_1 的前驱是 PCB_3，后继是 PCB_2；PCB_2 的前驱是 PCB_1，后继是 PCB_3；PCB_3 的前驱是 PCB_2，后继是 PCB_1。在这幅图中没有用箭头画出前驱和后继的指向关系，我把它当成作业由你来画一画。

接下来，我们在这个链表中追加 PCB 节点。第 173 行，我们用 RIP 相对寻址方式从标号 pcb_ptr 这里取得链表首节点的线性地址，传送到 RBX。

接下来的 or 指令影响标志寄存器 RFLAGS 的零标志 ZF，如果 RBX 不为 0，意味着链表非空，jnz 指令转到标号.not_empty 执行。如果 RBX 为零，说明链表是空的，jnz 指令不发生转移。

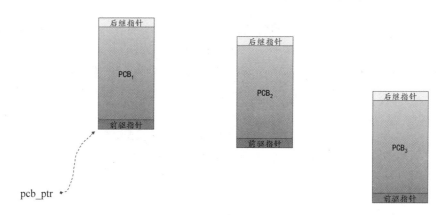

图 4-15　双向链表中各节点的前驱和后继

　　如果链表为空，那么要追加的节点就是链表上唯一的节点，它的前驱是它自己，所以第 176 行将它自己的线性地址保存到它自己内部偏移为 0 的地方。同时，它的后继也是它自己，所以第 177 行将它自己的线性地址保存到它自己内部偏移为 280 的地方。最后，还要让 pcb_ptr 直接指向这个节点，第 178 行将它自己的线性地址保存到 pcb_ptr 这里。设置工作完成后，jmp 指令转到标号.return 这里，开中断并返回到调用者。

　　再来看，如果链表非空，要从标号.not_empty 这里执行，在链表尾部追加节点。先取得头节点的前驱节点的线性地址，此前驱节点实际上是链表的尾节点。

　　第 184 行，将此尾节点的后继设置为追加的节点；第 185 行，将追加的节点的后继设置为头节点；第 186 行，将追加的节点的前驱设置为头节点的前驱；第 187 行，将头节点的前驱设置为追加的节点。

　　到此，新节点的追加工作就完成了。节点追加完成后，开放中断并返回到调用者。在我们当前的讲解流程中，是返回到任务创建例程 create_process。返回任务创建例程后，第 314 行，切换到原来的地址空间。即，切换到创建任务前的地址空间。这里是任务创建例程的末尾，执行第 332 行的 ret 指令后就从任务创建例程返回了。

4.6.12　设置外壳任务的状态

　　按照当前的讲解流程，任务创建例程返回后，是返回到内核的初始化部分。原先是调用例程 create_process 创建外壳任务，例程返回后，外壳任务只是被创建，但还没有开始运行，我们当前依然是在内核中执行的，依然是在内核的初始化过程中。

　　我们原先是在内核程序 c04_core.asm 的第 512～513 行调用任务创建例程，这也是系统启动以来第一次调用 create_process，所以，外壳任务是系统中的第一个任务。而且我们可以肯定，外壳任务的 PCB 一定是 PCB 链表中的第一个节点，pcb_ptr 指向这个节点，它保存着外壳任务 PCB 的线性地址。

　　现在，第 515～517 行，通过 RIP 相对寻址方式从 pcb_ptr 这里取出外壳任务 PCB 的线性地址传送到 RBX。然后，从 PCB 内偏移为 56 的位置取出外壳任务 4 级头表的物理地址传送到 RAX，再从 RAX 传送到 CR3。这个传送操作直接导致地址空间的切换，切换到外壳任务的地址空间。但是没有关系，这对当前的执行流程没有影响，当前是在内核中执行的，而内核位于所有任务地址空间的高端，所有任务地址空间的高端都是一样的。

在内核程序中有一个标号 cur_pcb，它是在当前内核文件的前面定义的（第 22 行）。在多任务系统中，它用来保存当前任务的 PCB 线性地址，通过它可以找到当前正在执行的任务的 PCB。在系统中，外壳任务是第一个任务，而且马上就会成为当前任务，所以在现阶段 cur_pcb 指向外壳任务，第 519 行将外壳任务 PCB 的线性地址保存到 cur_pcb 这里。

接着，我们将数字 1 保存到外壳任务 PCB 内偏移为 16 的位置。这个位置保存的是任务状态，1 表明任务为忙，也就是正在执行。

4.7　设置任务状态段 TSS

在我们的系统中只有一个任务状态段 TSS，所有任务都共用这个 TSS。在 64 位模式下，任务状态段 TSS 不再用于任务切换，而只是用于保存控制转移时的栈指针。

和保护模式一样，通过调用门和中断实施控制转移时，如果特权级发生了变化，需要切换栈。通过快速系统调用指令 syscall 从 3 特权级进入 0 特权级时，虽然处理器不自动切换栈，但建议手工切换。

和保护模式一样，栈切换依赖于任务状态段 TSS。但是，在 IA-32e 模式下使用平坦内存模型，TSS 中只提供 0、1 和 2 特权级的栈指针而不需要段选择子。

对于特别重要的中断处理（比如 NMI），可以提供专门的栈指针。可以提供 7 个专门的栈指针，这 7 个栈指针以表格的形式存在于 TSS 中，叫作中断栈表。

回看一下第 2 章里的图 2-35，这是 64 位的任务状态段 TSS。在这个表格中，小的格子是 32 位长度，大的格子是 64 位长度。在 TSS 内，偏移为 0 的双字是保留的，没有使用；偏移为 4 的 4 字是转移到 0 特权级时使用的栈指针 RSP0；偏移为 12 的 4 字是转移到 1 特权级时使用的栈指针 RSP1；偏移为 20 的 4 字是转移到 2 特权级时使用的栈指针 RSP2。偏移为 28 的 4 字是保留的，没有使用。

从偏移为 36（0x24）的 4 字开始到偏移为 84（0x54）的 4 字是中断栈表 IST，提供了 7 个栈指针，从 IST1 到 IST7。

偏移为 92 的 4 字是保留的，偏移为 100 的字也是保留的，偏移为 102 的字是 I/O 映射位图基地址。I/O 映射位图的功能和保护模式是一样的，不再多说。

我们以前讲过 64 位的中断门和陷阱门，在门内的第 2 个双字中有 IST 字段，这个字段用于从 TSS 的中断栈表中选择一个栈指针。如果这个字段的值为 0，表明在特权级之间转移时不使用中断栈表，而是从 RSP0、RSP1 或者 RSP2 中选择一个栈指针。如果此字段的值非 0，则用它的数值作为索引到中断栈表中选择一个对应的栈指针。

4.8　转到外壳任务的局部空间执行

我们知道，在 64 位模式下，TSS 只用来保存控制转移时使用的栈指针。在我们的系统中只有一个任务状态段 TSS，所有任务都共用这个 TSS。这里有一个问题，TSS 中的栈指针只用来指示栈顶位置，栈空间在哪里呢？很简单，在多任务系统中，哪个任务是正在执行的当前任务，栈空间就位于这个任务的内存空间。

所以，如果 TSS 中的栈指针是一个固定值，那么，栈空间也必须位于每个任务的地址空间的相同位置，这是可以理解的。但是，让栈空间位于所有任务的地址空间的相同位置可能不是很方便，我们更愿意为每个任务动态分配栈空间。此时，栈的位置并不是固定的。

正因如此，TSS 中的栈指针也不是固定的，而是要随着任务的切换而改变。当一个任务因任务切换而变成当前任务时，也必须在 TSS 中填写这个任务自己的栈指针。

如此一来，当这个任务通过调用门将控制转移到更高的特权级时，或者因中断而将控制转移到更高的特权级时，处理器就可以自动从 TSS 中选择这个栈指针并执行栈切换。

我们已经创建了外壳任务，而且我们正在将外壳任务作为当前任务，所以，TSS 中的 0 特权级栈指针 RSP0 必须由外壳任务来提供。

继续来看内核程序 c04_core.asm。

首先，第 522 行，从外壳任务的 PCB 中偏移为 32 的地方取出 RSP0 传送到 RAX。第 523 行，从标号 tss_ptr 这里取得 TSS 的线性地址，传送到 RDX。这条指令使用了 RIP 相对寻址方式。第 524 行，将 RAX 中的 RSP0 传送到 TSS 中偏移为 4 的地方。

我们现在是在内核中执行的，内核是所有任务共有的全局部分。正因如此，既然我们已经创建了外壳任务，那就可以认为当前是在外壳任务的全局部分执行，不过现在必须转到外壳任务的私有部分执行。

如何转到外壳任务的私有部分执行呢？我们将采用中断返回的方式。通过这种方式需要做一些准备工作，而要理解这些准备工作的原理，需要了解 64 位模式下的中断处理。

当一个任务正在执行时，不管它是在全局部分执行，还是在私有部分执行，如果此时发生了中断，则转入中断处理。

在 IA-32e 模式下，中断处理过程的代码必须是 64 位代码，在 64 位模式下执行。在转入中断处理过程执行时，不管当前特权级 CPL 是否改变，都无条件压入栈段寄存器 SS 和栈指针寄存器 RSP，这一点与保护模式是不同的。

接下来，要压入标志寄存器 RFLAGS、代码段寄存器 CS 和指令指针寄存器 RIP。如果发生了异常，而且有错误代码，则还会压入错误代码。

以上内容在压入时都使用 64 位的固定尺寸，不足 64 位的，0 扩展到 64 位。执行完压栈操作后，和保护模式一样，处理器要根据中断号从中断描述符表 IDT 中取出中断门，从中取出中断处理过程的入口地址，然后转去执行中断处理过程的代码。注意，在 IA-32e 模式下使用 64 位的中断门和陷阱门。

此时，如果特权级 CPL 改变，还需要切换栈。如果中断门或者陷阱门描述符的 IST 字段为 0，则从 TSS 的 RSP0、RSP1 或者 RSP2 选择一个对应的栈指针代入栈指针寄存器 RSP。如果 IST 字段非 0，则从 TSS 的中断栈表中选择一个对应的栈指针代入 RSP。

中断返回使用 iret 指令，在 64 位模式下使用 iretq。iretq 从栈中依次弹出 RIP、CS、RFLAGS、RSP 和 SS，这样就可以恢复到中断之前的状态和位置执行。

在内核程序中，我们使用中断返回指令 iretq 返回到外壳任务的局部空间执行，为此需要在栈中构造一个中断栈帧。

第 526～530 行用来构造中断栈帧。此时，RBX 指向外壳任务的任务控制块 PCB。

首先，将 PCB 内偏移为 208 的 4 字压入栈中，这是用户程序的栈段选择子；然后，将 PCB 内偏移为 120 的 4 字压入栈中，这是用户程序的栈指针；接着，用 pushfq 指令压入标志寄存器 RFLAGS 的当前值；最后，我们分别压入用户程序的代码段选择子和入口点的线性地址。

第 532 行的 iretq 指令执行中断返回，从栈中弹出以上内容到 RIP、CS、RFLAGS、RSP 和 SS，这将返回到外壳任务的入口点执行。

来看外壳程序 c04_shell.asm。

外壳程序的入口点是标号 start 这里，进入这里时，段寄存器 CS 和 SS 的 RPL 字段为 3，所以此时是在 3 特权级执行。

进入外壳程序后，立即用 call 指令调用例程 main，这样做是为了向 C 语言靠拢。一个 C 语言程序在执行时，也是从入口点进入，做一些初始化工作，然后调用它的 main 函数。

外壳任务是一个特殊的任务，用来模拟一个操作系统用户接口。一般来说，我们需要显示一个界面，比如 Windows 桌面或者 Linux 控制台窗口，用于接收用户输入的命令，包括显示磁盘文件、设置系统参数或者运行一个程序。我们的系统很简单，所以它的外壳程序不提供这些功能，但是它会模拟按用户的要求运行 3 个程序，实际上这将创建 3 个任务。

要想创建任务，必须使用系统服务，毕竟内核提供了任务创建功能。对于内核来说，可以通过调用门、中断或者快速系统调用来提供服务，我们这个系统是通过快速系统调用来提供系统服务的。

4.9　快速系统调用的进入和返回

快速系统调用是通过指令 syscall 发起的，此前作过介绍，你不应该感到陌生。在内核的初始化部分，我们为快速系统调用做了一些准备工作，包括用 64 位代码段选择子设置型号专属寄存器 IA32_STAR；用内核服务例程 syscall_procedure 的线性地址设置型号专属寄存器 IA32_LSTAR；在型号专属寄存器 IA32_FMASK 中设置标志寄存器 RFLAGS 的掩码。

快速系统调用的应用场景是从 3 特权级的用户态通过 syscall 指令进入 0 特权级的内核态，此指令执行时，处理器用 R11 备份 RFLAGS，用 RCX 备份 RIP，然后按照以前讲过的方法获得 0 特权级的 CS、SS、RFLAGS 和指令指针。sysret 指令从 0 特权级的内核态返回到 3 特权级的用户态，此指令执行时，处理器将 RCX 代入 RIP，将 R11 代入 RFLAGS，从而返回到调用前的位置继续执行。

用 syscall 指令从 3 特权级进入 0 特权级时，处理器不切换栈。为安全起见，内核应当自行切换到一个可靠的栈。

和处理器自动切换栈不一样，如果是我们手工切换栈，就必须防止在栈切换期间产生中断而导致数据被压入旧栈，这就失去了栈切换的意义。为此，可以让标志寄存器的 IF 标志位在通过快速系统调用进入内核态时清零（即，禁止中断）。在内核程序中，我们当初就是通过型号专属寄存器 IA32_FMASK 使标志寄存器的 IF 位在进入内核态时清零的。

4.9.1　为快速系统调用指定功能号

快速系统调用是通过 syscall 指令进入的，但是，内核会提供很多不同的服务，如何让内核知道我们请求的是哪种服务呢？

一个比较好的办法是在调用 syscall 指令前，用 RAX 来指定功能号。这样一来，进入内核后，内核就可以根据传入的功能号知道应该提供哪种服务。

对于任何一个操作系统来说，它必须公布和公开一个文档，让程序员们知道它都提供了什么服务，以及如何使用这些服务。为此，我们的内核也必须公开这样一个文档，程序员根据这个文档就可以知道如何使用我们这个内核的服务。

如表 4-1 所示，这是本章的内核所提供的系统调用功能表，在功能号一列是传送到寄存器 RAX 的值。进入内核之后，内核根据功能号执行不同的服务。

表 4-1　本章内核提供的系统调用（syscall）功能表

功能号	功 能 说 明	参　　　数
0	返回下一个可用的屏幕行坐标	返回：DH=行坐标
1	返回当前时间	参数：RBX=存放时间字符串的缓冲区线性地址
2	在指定的坐标位置打印字符串	参数：RBX=字符串的线性地址 DH:DL=屏幕行、列坐标 R9B=颜色属性
3	创建任务（进程）	参数：R8=起始逻辑扇区号
4	返回当前进程的标识	返回：RAX=进程标识
5	终止当前进程	-

4.9.2　根据功能号计算内核例程的线性地址

快速系统调用的入口是在内核中，当初设置型号专属寄存器 IA32_LSTAR 的时候，指定的是例程 syscall_procedure，这是系统调用的处理过程。因此，执行 syscall 指令后，就进入这个例程执行。

转到内核程序 c04_core.asm，例程 syscall_procedure 位于第 334 行。

进入例程后，RCX 和 R11 由处理器使用，保存 RIP 和 RFLAGS 的内容；RBP 和 R15 由此例程占用。因此，如果必要的话，用户程序应当在调用 syscall 指令之前保存它们，在快速系统调用返回后自行恢复。

由于我们在标志寄存器的掩码中将 IF 位清零，进入例程后，硬件中断是禁止的，此时可以切换栈。在这里，我们用 RBP 保存旧的栈指针 RSP，然后，用 RIP 相对寻址方式从标号 tss_ptr 这里取得任务状态段 TSS 的线性地址。接着访问 TSS，从中取出 0 特权级使用的栈指针 RSP0 并传送到 RSP，完成栈的切换。

栈切换之后，用 sti 指令开放中断。

接下来，我们要根据功能号来完成不同的功能。如表 4-1 所示，我们目前提供了 5 个功能，这些功能对应着内核中的不同例程。

在内核中，我们可以用比较指令判断寄存器 RAX 中的功能号，根据不同的功能号转去调用不同的例程。但是，这样做不是很方便，所以我们使用跳转表。跳转表类似于高级语言中的数组，它是在内核程序的第 15 行构造的，可以通过标号 sys_entry 引用。

从标号 sys_entry 这里开始，我们用很多伪指令 dq 定义一系列的 4 字，并分别用例程的名字来初始化。在这里，例程 get_screen_row 用来获取屏幕上的一个可用的行坐标；例程 get_cmos_time 用来获取当前时间；例程 put_cstringxy64 我们前面早就讲过，用来在屏幕上的指定位置打印字符串；例程 create_process 我们也讲过，用来创建一个任务或者说进程；例程 get_current_pid 用来返回当前任务的标识；例程 terminate_process 用来终止当前任务。

这些例程有些讲过，有些没讲过，没讲过的我们后面会慢慢讲到，不用着急。这些例程的名字所代表的数值是它们相对于内核程序开头的偏移量，所以，在标号 sys_entry 这里填写的实际上是这些例程相对于内核程序起始处的偏移量。用内核的起始线性地址加上这里的偏移量，就是这些例程的线性地址。

回到例程 syscall_procedure，第 343 行，我们用 RIP 相对寻址方式从 position 这里取得内核加载的起始线性地址，传送到 R15。

标号 sys_entry 代表的是它相对于内核程序起始处的偏移，所以，用 sys_entry 加上内核的起始线性地址 R15，就是标号 sys_entry 处的线性地址。从这个线性地址开始，保存的是上述那些例程的地址，每个地址的长度是 8 字节。

第 344 行，用 RAX 中保存的功能号乘以 8，再加上 sys_entry，再加上 R15，就得到一个线性地址。用这个地址取出的例程地址只是例程相对于内核程序起始处的偏移，所以还要将它用 add 指令加到 R15，就在 R15 中得到例程的线性地址。

如此一来，我们就可以在 call 指令中直接将 R15 作为操作数。这是一个直接绝对近转移，转移的目标位置是直接给出的，在 R15，而且是一个线性地址而不是相对地址。指令执行时，处理器直接将 R15 的值传送到指针寄存器 RIP，从而发生转移。

4.9.3　快速系统调用的返回和指令前缀 REX

使用 syscall 指令进入内核时，是从 3 特权级的用户态进入 0 特权级的内核态。在内核程序中，第 345 行的 call 指令转到指定的例程执行。例程返回后，系统调用的工作也就完成了，就可以从内核态返回用户态。在返回前，需要关闭中断响应并切换回原来的栈，这是第 347～348 行的工作。栈切换之后，需要执行 sysret 指令从 0 特权级的内核态返回 3 特权级的用户态。

快速系统调用指令 syscall 用来从 3 特权级的用户态进入 0 特权级的内核态，它只能在 64 位模式下执行，而不能在兼容模式或者保护模式下执行。换句话说，快速系统调用的代码是 64 位的，它工作在 0 特权级的 64 位模式。

但是，取决于处理器在系统调用前的工作状态，快速系统调用返回时，既可以返回兼容模式的程序，也可以返回到 64 位模式的程序。这种设计是因为 IA-32e 模式具有 64 位模式和兼容模式这两种子模式。这两种子模式之间可以无缝切换，并且都可以通过快速系统调用进入内核。在内核中执行的是 64 位代码，从内核可以返回到原来的 64 位模式，或者切换回原来的兼容模式。对于 64 位操作系统来说，它需要能够兼容执行传统的保护模式程序，这很重要。

问题在于，到底是返回到兼容模式呢，还是返回到 64 位模式？处理器无法从当前的执行环境做出判断，所以，64 位处理器的设计者为 sysret 指令设计了两种机器码，一种用于返回兼容模式，另一种用于返回 64 位模式。

在 64 位模式下，如果需要，可以为指令添加 REX 前缀，用来指定 64 位的寄存器宽度、64 位的操作尺寸和扩展的控制寄存器。对很多指令来说这个前缀是没有意义的，在这种情况下会被处理器忽略。

如图 4-16 所示，REX 前缀的长度是 1 字节，或者说 8 比特。其中，高 4 比特是固定的 0100，低 4 比特各有各的含义。

W=0：指令的操作尺寸由CS.D确定；W=1：指令的操作尺寸是64位的

R、X、B用来扩充和扩展指令的寻址方式

图 4-16　REX 前缀

其中，位 3 是 W 位，用来确定指令的操作尺寸。如果 W=0，指令的操作尺寸由段寄存器 CS 的 D 位确定；W=1，指令的操作尺寸是 64 位的。

在 64 位模式下新增了寻址方式，机器指令中原有的寻址方式部分可能不够长，R、X、B 用来扩充和扩展指令的寻址方式。

来看 sysret 指令。这条指令很简单，不存在操作数，也不存在寻址方式。如果没有 REX 前缀，则它的机器指令是十六进制的 0F 07。指令执行时，处理器就知道应当返回到兼容模式。如果是返回到 64 位模式，则必须添加 REX 前缀。由于 sysret 指令不存在操作数，也不存在寻址方式，因此只有 W 位是有用的，要求 W 位必须是 1，记为 REX.W。

REX 前缀的高 4 位是固定值 0100，我们已要求 W 位是 1，而 R、X、B 位无意义，都记为 0，所以这个前缀的二进制形式为 0100 1000，即，十六进制的 48。执行这个带前缀的 sysret 指令时，处理器就知道要返回到 64 位模式。

按照习惯，为了生成不带前缀的机器指令，应当使用汇编助记符 sysret，为了生成带有前缀的机器指令，应当使用汇编助记符 sysretq。但是 nasm 汇编语言不是这样做的，它要求在 sysret 前面用一个 "o" 来指定操作尺寸。o32 表明用 32 位操作尺寸编译 sysret 指令；o64 表示用 64 位操作尺寸编译 sysret 指令。

为此，要返回到 64 位模式下，我们在程序中必须用 o64 sysret。

4.10　利用实时时钟中断执行任务切换

转到外壳程序 c04_shell.asm。

在外壳程序中，第 28～32 行，我们用同样的参数执行了 3 次 syscall 指令，从指定的功能号来看，这是用同一个程序创建了 3 个任务，程序的起始逻辑扇区号为 100。既然是用同一个程序创建的，这 3 个任务执行相同的操作。

在创建了 3 个任务之后，外壳任务会继续往下执行。除了这个执行流，在我们这个系统中还有别的执行流，比如因中断而发生的执行流，其中就包括实时时钟中断，这个中断每秒发生一次。

实时时钟中断的中断向量是 0x28，它的处理过程是 rtm_interrupt_handle，位于内核程序 c04_core.asm 里的第 63 行，用来执行任务切换。自从当初进入内核并完成了中断系统的初始化之后，这个中断就每秒发生一次，试图执行任务切换。之所以说是试图切换，是因为，如果只有一个任务，切换过程实际上不会发生。

转到内核程序 c04_core.asm 并定位到第 63 行。

在例程一开始，第 68～74 行，先向 8259A 芯片发送中断结束命令 EOI，然后读一下 RTC 的寄存器 C，否则只发生一次中断。这一段代码执行的操作与中断控制器 8259 和实时时钟芯片 RTC 有关，已经在《x86 汇编语言：从实模式到保护模式》这本书里讲过了，这里不再多说。

4.10.1　查找处于就绪状态的任务

实时时钟中断用于任务切换，现在我们来看一下任务切换的全过程。任务切换是在内核里进行的，从一个任务切换到另一个任务，需要切换地址空间并恢复寄存器的内容。既然任务切换发生在所有任务的全局空间，地址空间的切换不会影响到内核。从任务 A 切换到任务 B，全局空间还是那个全局空间，但从逻辑上来说，已经从任务 A 的全局部分切换到任务 B 的全局部分。

明白了原理之后，接下来从 PCB 链表中寻找就绪的任务。为了对任务进行管理，所有任务的任务控制块 PCB 都连接在一起，形成一个双向链表。如果有新任务加入，也只是添加到链表的末端。最简单的任务切换策略就是轮流执行，所以，只需要沿着链表依次寻找并切换到下一个任务即可。

这就是说，我们只需要从 PCB 链表中找到当前正在执行的任务，并且从这个节点开始寻找下一个就绪任务，并切换到这个就绪任务即可。

对于当前正在执行的任务，其 PCB 的线性地址保存在标号 cur_pcb 这里，可以直接用第 81 行的这条指令通过 RIP 相对寻址方式取得，并传送到 R8 中。

我们用一个循环来寻找下一个就绪任务的 PCB 节点。在 PCB 内偏移为 280 的地方保存着下一个 PCB 的线性地址。所以，在每轮循环开始的时候，我们用第 83 行的这条指令取得下一个 PCB 的线性地址并传送到 R8。

由于我们采用双向链表，而且是一个环形的链表，所以很可能转一圈又回到当前任务的 PCB 节点。为此，要用这条指令判断下一个 PCB 节点是否为当前任务的 PCB 节点，判断的方法是比较它们的线性地址是否相同。

如果相同，意味着两种可能。第一种，系统中只有一个任务，那就是当前任务，所以链表中只有一个节点，这个节点的后继是它自己，前驱也是它自己。此时，不需要执行任务切换。

第二种可能是，系统中虽然有多个任务，但除当前任务外，所有任务都已经终止运行。此时，不需要执行任务切换。

第三种可能是，系统中有多个任务，但都在同时执行。这种情况只会在多处理器的环境下发生，而我们现在是单处理器环境，所以不可能出现这种情况。

无论如何，如果没有找到就绪任务，第 85 行的 jz 指令发生转移，转到标号.return 处执行，在这里用中断返回指令 iretq 返回。

相反，如果下一个节点不是当前任务自己，则可以判断它是否就绪。其方法是判断该任务控制块内偏移为 16 的数值是否为 0。

如果找到了就绪任务，则 jz 指令将控制转到标号.found 处，准备执行任务切换。否则 jmp 指令转移标号.again 这里，执行下一轮循环，处理下一个节点。

4.10.2　任务切换的执行过程

找到了当前任务的 PCB 和下一个就绪任务的 PCB 之后，现在可以开始执行任务切换。具体的切换过程分为两步，第一步是保存旧任务的状态；第二步是恢复新任务的状态。不过第一步可能是不需要的，旧任务的状态可能并不需要保存。为什么呢？

原因是，在我们这个系统中，实时时钟中断并不是任务切换的唯一触发因素，另一个因素是某个任务完成了自己的工作并终止执行。由于这个任务已经无事可做，它会在作为当前任务执行时主动调用例程 rtm_interrupt_handle 切换到另一个任务，而且将来也不需要切换回来，因为它已经终止，所以也就不需要保存当前任务的状态。

正因如此，在执行任务切换前，还必须先判断当前任务的状态，看它是否已经被标记为终止。

第 91～93 行，我们通过 RIP 相对寻址方式从标号 cur_pcb 这里取得当前任务的 PCB 的线性地址，然后判断 PCB 内偏移为 16 的 4 字数据是否为 2。如果为 2，则意味着当前任务已经被标记为终止，不需要保存状态，jz 指令直接转到标号.restore 处执行，恢复新任务的状态。否则，直接往下执行，保存当前任务的状态以便将来恢复执行。

首先，我们将旧任务，也就是当前任务的状态设置为就绪，再将所有通用寄存器的内容都保存到任务控制块 PCB。

注意，我们正在为当前执行环境拍一个快照。在 PCB 内偏移为 192 的位置，用于保存指令指针寄存器 RIP 的内容，以便将来恢复执行。但是这个域需要特殊设置，不能直接使用 RIP 的当前值。

尽管是在执行任务切换，但实际上也是位于旧任务的中断处理过程中。将来旧任务恢复执行时，应当是从中断返回并继续执行。中断处理过程的返回点是标号.return 这里，将来应该从这里开始恢复执行。所以，必须将这个标号所在位置的线性地址保存在 PCB 中，而不是保存指令指针寄存器 RIP 的当前值，这一点非常重要。

问题在于，标号.return 只是代表它相对于内核程序起始处的偏移，而我们需要的是一个线性地址。这很简单，首先，第 113 行，通过 RIP 相对寻址方式从标号 position 这里取得内核加载的起始线性地址。然后，第 114 行，再用 lea 指令加上标号.return 所代表的汇编地址，就得到了该标号所在位置的线性地址。第 115 行将这个线性地址保存到 PCB 中偏移为 192 的 RIP 指针域。

最后，我们保存段寄存器 CS 和 SS 的当前值，并用 pushfq 和 pop 指令将标志寄存器压入并弹出到 PCB 中偏移为 232 的 RFLAGS 域。至此就完成了旧任务的保存工作。

从标号.restore 开始，恢复新任务的状态。首先，第 123 行，将新任务的 PCB 的线性地址保存到标号 cur_pcb 这里，因为它即将成为当前任务。接着，第 124 行，将任务的状态设置为 1，即设置为忙。

接下来，第 126～131 行，从 PCB 中取出 0 特权级的栈指针 RSP0，将它写入任务状态段 TSS 的 RSP0 域。再从 PCB 中取出新任务的 4 级头表的物理地址，传送到 CR3，完成地址空间的切换。

紧接着，第 133～147 行，恢复所有通用寄存器的内容。

为了恢复新任务的执行，需要转到它原先被中断的位置。为了方便，我们通过模拟中断返回来进入。

中断返回需要一个特殊的中断栈帧。为此，我们从新任务的 PCB 中取出新任务执行时所需要的 SS、RSP、RFLAGS、CS 和 RIP，并依次压入栈中。最后，iretq 指令执行中断返回，从栈中弹出以上内容到对应的寄存器，并转移到指定位置执行。

注意，为了恢复新任务的状态，我们用 R8 来临时操作数据。但 R8 本身也需要恢复原先的内容。所以，在 iretq 指令执行前，我们先从 PCB 中恢复 R8 的内容。

4.11　外壳任务的执行过程

现在我们回到外壳程序 c04_shell.asm。

前面说，在外壳任务中，我们用同一个程序创建了三个任务。这三个任务都做什么工作，我们以后再说。现在要说的是，任务切换是随时发生的，一旦任务链表中至少有两个任务，任务切换就开始了。所以，在第一个 syscall 返回之前，任务切换就有可能开始了。

4.11.1　通过系统调用获取屏幕上可用的显示行坐标

除了创建别的任务，外壳任务还有其他工作。在我们这里，外壳任务的主要工作是显示当前时间。

在标准的文本模式下，屏幕上有 25 行。在内核初始化期间已经显示了一些信息，占用了一些文本行，我们计划将剩余的文本行分配给所有任务使用。首先，我们不会创建太多的任务，而且每个任务通常只占用一个屏幕行来显示自己的信息。

但是，每个任务使用屏幕上的哪一行，需要统一调配。系统调用的 0 号功能就是用来返回一个可用的屏幕行坐标。每个任务应当先用 0 号功能获得一个屏幕行坐标，以后就固定在这一行上显示信息。

为了获得一个可用的屏幕行坐标，外壳任务用功能 0 执行 syscall 指令，通过快速系统调用进入内核。

转到内核程序 c04_core.asm。

观察内核程序的第 15 行，功能 0 最终调用的例程是 get_screen_row。这个例程位于内核例程文件 core_utils64.wid 的第 915 行。

转到内核例程文件 core_utils64.wid。

例程 get_screen_row 很简单，只有 5 条指令，返回时，用 DH 返回屏幕上可用坐标行的行号。在例程的上面，标号_screen_row 这里定义了一字节，并初始化为 8。这是因为内核的初始化信息占用了屏幕顶端的 8 行，从行 0 到行 7，在屏幕上，从行 8 开始是可用的。

原则上，生成屏幕行坐标的过程是这样的：从标号_screen_row 这里取出一个数值作为返回的行坐标，然后将_screen_row 这里的行坐标数据加一。

以上两个动作是连续的，需要作为一个整体连续执行。在多任务系统中，这两个动作中间很可能发生任务切换。如果多个任务都在获取行坐标，则将发生混乱。因此，在单处理器环境下需要关闭中断响应，在多处理器环境下不但要关闭中断响应，还必须加锁。

但是，使用锁会降低系统性能。我们介绍过 xadd 指令，也介绍过 lock 前缀，和前面一样，我们使用了一条带有 lock 前缀的 xadd 指令就解决了问题，连保存标志寄存器和清中断的指令都省了，毕竟处理器只在完整地执行完一条指令后才会响应和处理中断，这条指令在执行时是不会被打断的。

回到外壳程序 c04_shell.asm。

第 35 行的 syscall 指令执行后，在 DH 里得到可用的行坐标，外壳任务就用这一行来显示信息。

在外壳任务中，剩下的工作是不停地显示当前时间。这个时间是从哪里来的呢？是通过快速系统调用获取的，使用的功能号为 1。进入的时候，需要用 RBX 传入一个缓冲区的线性地址。这个缓冲区位于标号 time_buff，长度是 32 字节。由于是用来保存时、分、秒的信息，32 字节足够了。

问题在于，标号 time_buff 在数值上等于它相对于外壳程序起始处的偏移量，但我们需要缓冲区的线性地址。没有关系，在外壳任务加载时，内核已经将外壳任务加载的起始线性地址保存到标号 linear 这里。我们取出这个线性地址，加上 time_buff 的汇编地址，就得到了这个缓冲区的起始线性地址。

第 39～43 行，我们先用 RIP 相对寻址方式从 linear 这里取得外壳程序加载的起始线性地址，传送到 R12，再用 lea 指令将 R12 和标号 time_buff 相加，就在 RBX 中得到缓冲区的线性地址。最后，我们用 1 号功能执行快速系统调用指令 syscall。

4.11.2　通过系统调用获取当前时间

用 1 号功能执行快速系统调用时，在内核中对应的例程是 get_cmos_time，它位于内核工具文件 core_utils64.wid 中的第 818 行。这个例程用来从 CMOS 电路里取得当前时间，有关这方面的知识，我们在《x86 汇编语言：从实模式到保护模式》一书里已经讲过，在这里再简单回忆一下。

我们知道，CMOS RAM 是计算机主板上的一块存储芯片，容量不大，其中保存了日期和时间信息，并由实时时钟芯片 RTC 周期性更新。当前的时、分、秒的信息分别保存在该存储器内偏移为 4、2、0 的位置；偏移为 0x0A～0x0D 的部分不是普通的存储单元，而是 4 个寄存器，并且用它们的偏移地址来命名，分别叫作寄存器 A、寄存器 B、寄存器 C 和寄存器 D，这 4 个寄存器用于设置实时时钟电路的参数和工作状态。

要访问 CMOS RAM 的数据，需要先通过 0x70 号端口指定偏移量或者叫索引，然后通过 0x71 号端口将数据读出。

端口 0x70 的最高位用来禁止不可屏蔽中断，所以通常应该置 1。这样一来，秒的索引号就是 0x80，而不是 0x00。同样，分的索引号是 0x82，而不是 0x02。

CMOS RAM 默认采用二进制形式的十进制编码，即 BCD 编码来保存日期和时间。要想说明什么是 BCD 编码，最好的办法是举个例子。比如十进制数 25，其二进制形式是 00011001。但是，如果采用 BCD 编码的话，则一字节的高 4 位和低 4 位分别独立地表示一个 0 到 9 之间的数字。因此，十进制数 25 对应的 BCD 编码是 00100101。

在多任务环境中，多个任务可能同时调用此例程，它们来自同一处理器，或者来自不同处理器。为此，和往常一样，需要先压栈保存标志寄存器，然后关闭中断响应。同时，还要用条件编译指令引入加锁和解锁代码，它们分别位于第 824～826 行和第 883～885 行。

我们知道，只在定义了常量 __MP__ 的情况下才会编译生成加锁和解锁的代码，但我们现在是单处理器环境下，从来没定义过常量 __MP__。到后面讲多处理器的时候，我们会显式地定义常量 __MP__，到时再详细解释加锁和解锁代码。

CMOS 中的时间和日期信息每秒更新一次，在更新的时候不允许访问。因此，要安全地读取时间，必须等待更新周期结束。第 828～833 行，我们首先读寄存器 A，并判断它的最高位是否为 1。如果是 1，表明更新周期已经结束，可以访问。否则，重新转到标号.w0 继续等待。

接下来，第 835～847 行，我们从 CMOS 读取小时的数字到 AL 中。小时的数字是两位的，比如 18 点。读取的数字是采用 BCD 编码的，需要转换成数字字符并存放到缓冲区。首先将 AL 复制一份给 AH，将 AH 右移 4 次，左 4 位清零后加上 0x30，就得到小时数的第一个数字字符，然后写入缓冲区中由 RBX 指向的字节位置。接下来，再将 AL 的高 4 位清零，再加上 0x30，就得到了小时数的第二个数字字符，写入缓冲区中由 RBX+1 指向的字节位置。

紧接着，第 849 行，在缓冲区内 RBX+2 的位置写入一个时间分隔符 ":"。

后面的内容都一样，分别是读取并转换分和秒。最后，还要在时间信息的后面保存一个数字 0，作为字符串的结束标志。

4.11.3 在外壳任务中显示当前时间

随着系统调用的返回，继续来看外壳程序 c04_shell.asm。

一旦通过快速系统调用获取了当前时间，就可以在屏幕上予以显示，这需要使用快速系统调用的 2 号功能。该功能需要用 RBX 传入字符串的线性地址，用 DH 和 DL 传入屏幕的行列坐标，字符串就从指定的坐标处开始显示。字符串的颜色，包括前景色和背景色，由 R9B 指定。

在程序中，要显示的字符串是在标号 shell_msg 处定义的。这个字符串本身很简单，就是文本 "OS SHELL-"，意思是操作系统外壳。但是，它和缓冲区 time_buff 是连接在一起的，它们组成一个更大的字符串，这个字符串的前一部分是 "OS SHELL-"，后一部分是当前时间的文本。显示效果如图 4-1 所示。

外壳程序的第 45 行，用 lea 指令将外壳程序加载的起始线性地址与标号 shell_msg 相加，得到字符串本身的线性地址。第 46～47 行执行系统调用的 2 号功能打印字符串，按要求，用 DH 指定行坐标，这个行坐标是用上一个系统调用返回的；用 DL 指定列坐标，已经在前面清零；用 R9B 指定字符颜色，已经在前面设置为 0x5f。

执行 syscall 指令后，进入内核。在内核中执行的例程是 put_cstringxy64。这个例程用来在指定的坐标位置用指定的颜色打印字符串。这个例程我们以前讲过的，这里不再多说。

快速系统调用返回后，外壳任务可以做别的事情，但我们没有为它安排别的事情，所以无事可做，只能是转移到标号_time 重复显示时间。重复显示时间是必要的，因为时间是在不停变化的嘛。

在一个真正的操作系统中，外壳任务是很复杂的，要做的事情很多。但我们这个外壳任务非常简单，非常简陋，而且不能终止，只能一直运行。

4.12　用户任务的创建和执行

回忆一下，我们在外壳任务里创建了三个用户任务。这三个用户任务是用同一个程序创建的，它就是 c04_userapp.asm。

用户程序 c04_userapp.asm 在结构上和外壳程序是一样的，毕竟内核需要用相同的方法加载所有程序，结构不一样是不行的。因此，和外壳程序一样，用户程序也有文件头，而且文件头的布局也是一样的，也包括 3 个四字，它们是程序的总长度、入口点，以及用户程序加载的起始线性地址。在入口点这里填写的是用户程序入口点相对于用户程序开头的偏移量或者说距离；用户程序加载的起始线性地址由内核在加载完用户程序后回填。

从头部可以看出，用户程序的入口点在标号 start（第 80 行），在入口点这里可以放置初始化代码。不过我们的程序很简单，没什么可初始化的，直接调用例程 main，这一点类似于 C 语言程序。实际上我们是在模拟一个 C 语言程序。

在例程 main 中，我们先用 0 号功能执行快速系统调用，取得一个可用的屏幕行坐标，当前任务就在这一行显示自己的信息。第 31～32 行，用于显示文本的列坐标设置为 0，颜色设置为 0x0f。

如果不知道用户任务的主要工作，不知道它要干什么，再往下讲你可能会迷糊。所以我们先来看一下用户任务的主要工作，它要做什么事情。

用户任务的工作其实很简单，就是在屏幕上显示从 1 加到 100000 的过程，显示效果如图 4-1 所示。每个用户任务显示的内容以文本 "Process ID:" 开始，后面跟着当前任务的标识。不同的任务具有不同的任务标识。

紧接着，动态显示从 1 加到 100000 的过程，相加的数字是动态变化的，相加的结果也是动态变化的。当然，相加过程结束后，最后一个相加的数字和相加的结果也就确定并不再改变。

由于这一行文本中包含了不确定的内容，所以，不可能定义成一个字符串，只能用几个小的字符串进行拼接。

在程序中，标号 pid_prex 定义了字符串 "Process ID:"。

标号 pid 这里是缓冲区，用于存放任务标识的文本。任务标识要通过快速系统调用请求内核分配，然后转换为文本存放在这里用于显示。

标号 delim 定义了字符串 " doing 1+2+3+...+"。

标号 addend 是一个缓冲区，在从 1 加到 100000 的过程中要显示加数，我们把加数转换成文本存放在这里用于显示。

标号 equal 定义了字符串 "="。

标号 cusum 是一个缓冲区，在从 1 加到 100000 的过程中要显示中间结果，我们把中间结果转换成文本存放在这里用于显示。

定义了以上字符串之后，我们就可以将它们串联起来形成一个完整的字符串并在屏幕上予以显示。

首先，第 34 行，我们用 RIP 相对寻址方式从标号 linear 这里取出当前程序加载的起始线性地址并传送到 R12。那么，这个地址是在什么时候，由谁设置的呢？请你回答一下。

4.12.1 当前任务标识的获取

由于用户任务的输出信息中包含任务标识，所以，接下来我们先获取当前任务的任务标识。

回忆一下，任务标识是在任务创建的时候分配的，用来代表这个任务。任务标识保存在每个任务的任务控制块 PCB 中，不同的任务具有不同的任务标识。任务控制块 PCB 是由内核管理的，在用户程序中无法访问，需要通过快速系统调用取得。

继续来看用户程序 c04_userapp.asm。

如表 4-1 所示，快速系统调用的 4 号功能用于返回当前任务（进程）的标识，进程的标识是用 RAX 返回的。为此，在用户程序的第 36～37 行通过系统调用的 4 号功能返回当前任务的任务标识。

在内核中，快速系统调用的 4 号功能对应着例程 get_current_pid。这个例程位于内核程序的第 198 行，它非常简单。

转到内核程序 c04_core.asm。

第 199～200 行，用 RIP 相对寻址方式从标号 cur_pcb 这里取得当前任务的 PCB 的线性地址，然后，从 PCB 内偏移为 8 的地方取出任务标识。

注意，在这个例程内没有采取任何措施来防止多个任务同时获取任务标识，既没有关闭和开放中断响应的指令，也没有加锁和解锁的指令，这是为什么呢？

4.12.2 用户程序例程库的介绍

再随着快速系统调用的返回转到用户程序 c04_userapp.asm。

任务标识只是一个数字，并不是字符，必须转换成字符串才能打印和显示。数字转字符串是常用的功能，为此，我们将它做成一个例程，名字叫 bin64_to_dec。从名字上看，它用来将一个 64 位的二进制数字转换为字符串形式的十进制数字。

将数字转换为字符串的功能可以放在内核里，也可以放在内核工具例程文件里，但我们没有这样做，我们觉得没有必要，我们认为这种简单俗气的功能就不应该放在内核里面。同时，这个例程也不在用户程序中，而是在另外一个文件 user_static64.lib 中。熟悉 C 语言的同学发现了，这个文件的扩展名是.lib，有点像 C 语言的静态库。

没错，这就是用户程序使用的例程库，用来模拟高级语言的静态库，此文件需要用预处理指令%include 引入用户程序。

需要注意的是，高级语言的静态库通常都是二进制的，但我们这个库实际上是一个文本文件，只包含汇编语言代码，所以它只是借用了库的概念和文件扩展名。

为了使用静态库的功能，在用户程序 c04_userapp.asm 的第 22 行用伪指令%include 引入这个源码库，文件名是 user_static64.lib。

4.12.3　将 64 位二进制数转换为十进制字符串

在用户程序里，我们已经获取了当前任务的标识，任务标识是用 RAX 返回的。任务标识是一个数值，不能直接在屏幕上显示，必须转换为一串数字字符才行，即，转换为一个字符串，转换工作是用例程 bin64_to_dec 完成的。

我们转到文件 user_static64.lib。

在这个文件中，第一个例程就是 bin64_to_dec。进入例程时，要求用 R8 传入 64 位的二进制数字；用 RBX 传入目标缓冲区的线性地址，转换后的字符串就保存在这个缓冲区里。

将二进制数转换为十进制形式的字符串，第一步的工作是分解出它对应的十进制数字的每个数位。对此，我们一直采用的方法是除 10 取余，一直到商为零。由于被转换的数值是 64 位的，所以必须使用 128 位的除法。

我们曾经学过 div 指令，它是无符号数除法指令。在 64 位处理器上，这条指令可以执行128 位的无符号除法操作，即

```
div r/m64。
```

在这里，被除数是 128 位的，高 64 位在 RDX，低 64 位在 RAX；除数是 64 位的，可以来自寄存器，也可以来自内存，用 r/m64 来表示。相除之后，商是 64 位的，在 RAX；余数也是64 位的，在 RDX。这里有个例子：

```
xor rdx, rdx      ;RDX <- 0
mov rax, 686      ;至此，被除数为 686
mov rbx, 10       ;除数为 10
div rbx           ;RAX = 68（商）,RDX = 6（余数）
```

继续来看例程 bin64_to_dec，第 18 行，先用 bt 指令测试 R8 的最高位，如果这一位是 1，表明要转换的是一个负数；否则是一个正数。bt 指令将被测试的比特传送到标志寄存器的 CF位，所以可根据 CF 标志位来判断被测试的比特是 0 还是 1。

第 19 行，如果被测试的比特是 0，即，要转换的数字是正数，则转到标号.begin 处直接开始转换；否则这条 jnc 指令不发生转移，往下执行第 20 行，在 RBX 所指向的缓冲区里写入一个负号"-"。

第 21 行，用 neg 指令将 R8 中的内容取反，即，将它从负数变成对应的正数。举个例子来

说，将-88 变成 88。第 22 行，将 RBX 加一，使其指向缓冲区的下一个字符位置。

接下来，我们先将要转换的数值从 R8 传送到 RAX，用 R8 保存除数 10。转换操作是不停地用上一次的商除以 10，将余数压栈。由于被转换的数值是 64 位的，而我们用的是 128 位除法，所以每次相除之前必须将 RDX 清零。

每做一次除法，就分解出一个数位，并压入栈中。为了记录压栈的次数，或者说分解出来的数位个数，我们用 RCX 来记数。在数位分解前将 RCX 清零，然后，在分解的过程中，每分解出一个数位，就将 RCX 递增。

数位的分解是反向进行的，即，先分解出个位数，然后分别是十位数、千位数等，这与我们的书写和打印顺序相反。所以我们是先将数位压栈，压栈的好处是将来可以按相反的顺序出栈。

第 37～42 行，我们用一个循环将栈中的每个数位弹出。出栈的次数就是 RCX 的值，正好 loop 指令是由 RCX 控制的，所以我们用 loop 指令组成一个循环执行出栈操作。每次出栈时，数值被弹出到 RDX。由于弹出的是数位，所以只使用低 8 位 DL 即可。我们将 DL 加上 0x30，转换为对应的字符编码，或者说转换为数字字符，再将它保存到由 RBX 指向的缓冲区内。每循环一次，就将 RBX 加一，指向缓冲区内的下一个字符位置。

一旦将所有数位都转换为数字字符并保存在缓冲区内，最后的工作就是在缓冲区的末尾添加一个数值 0（第 44 行），作为字符串的结束标志。至此，从数值到字符串的转换工作全部完成。

4.12.4　在每轮相加中将结果和加数转换为字符串

现在我们转回用户程序 c04_userapp.asm。

我们已经获取了当前任务的标识，为了将任务标识转换为可以显示和打印的字符串，需要调用例程 bin64_to_dec，这个例程需要我们传入一个缓冲区的线性地址。

保存任务标识字符串的缓冲区是在标号 pid 处定义的（第 13 行），标号 pid 代表的数值是它相对于当前程序开头的偏移量，但是我们需要知道缓冲区的线性地址，它等于用户程序加载的起始线性地址加上标号 pid。

在内核加载用户程序并创建用户任务时，已经把用户程序加载的起始线性地址回填到标号 linear 这里（第 7 行），不过我们已经将这个线性地址取出来了，在 R12 里，这是我们在第 34 行用 RIP 相对寻址方式从标号 linear 这里取出的。

为了将任务标识转换为可以显示和打印的字符串，第 38～40 行，我们将任务标识的数值从 RAX 传送到 R8，将 R12 和标号 pid 相加，就在 RBX 中得到保存任务标识字符串的缓冲区的线性地址。接着，调用 bin64_to_dec 完成数值到字符串的转换。

用户任务的主要工作是从 1 加到 100000，这个工作其实很简单，但是要在屏幕上显示相加过程，可能就稍微复杂一点。

首先，第 42 行，我们用 R8 存放累加的结果，这个结果一开始为 0。

既然是从 1 加到 100000，那么，初始的数字是 1，然后依次递增，这个加数用 R10 来存放（第 43 行）。

接下来是一个循环（第 44～75 行），在每轮循环中，首先将 R10 加到 R8 中，得到本次相加的结果。这个结果要显示在屏幕上，所以要调用 bin64_to_dec 转换为字符串。用来保存相加结果字符串的缓冲区是在标号 cusum 处定义的（第 17 行）。

接下来，还要将本次的加数转换为字符串。由于例程 bin64_to_dec 用 R8 作为参数，所以我们先交换 R8 和 R10 的内容（第 48 行），然后执行转换工作。用来保存加数字符串的缓冲区是在标号 addend 处定义的（第 15 行）。转换工作完成后，还要将 R8 和 R10 再换回来（第 51 行）。

回顾一下我们的目标，如图 4-1 所示，在每轮相加的循环中，我们都要显示一个完整的字符串。现在，我们已经准备好了这个字符串的所有子串，剩下的工作就是生成这个总的字符串。为了容纳这个大的字符串，我们在程序中定义了一个缓冲区，这个缓冲区可以通过标号 app_msg 来引用（第 11 行）。

为了显示一个动态的累加过程，字符串的拼接是重复进行的，在每轮循环中都需要重新执行字符串的连接过程。而每次在执行字符串的连接之前，需要将缓冲区 app_msg 里的内容设置为空字符串。

缓冲区 app_msg 的线性地址是用 R12 和标号 app_msg 相加得到（第 53 行）。和 C 语言一样，我们将它的第一个字符设置为 0（第 54 行），这就使得缓冲区里的字符串为空串。

接下来，第 56～67 行，我们反复调用例程 string_concatenates 来完成字符串的连接工作，最终生成一个总的、完整的大字符串。

4.12.5　字符串的连接和显示

例程 string_concatenates 位于用户程序静态库 user_static64.wid 中的第 55 行，用来连接两个字符串。这两个字符串，一个叫目的串，一个叫源串，连接操作是将源字符串连接到目的字符串的尾部。所以，这个例程类似于 C 语言的库函数 strcat。进入例程时，要用 RSI 传入源字符串的线性地址；用 RDI 传入目的字符串的线性地址。必须要注意的是，这两个字符串都必须是空字符 0 终止的。

从指令的数量上来看，这个例程并不复杂。由于 RDI 指向目的字符串，而且我们是把源串添加在目的串的尾部，所以，首先需要定位到目的串尾部的空字符 0。

在例程中，第 62～66 行的循环寻找目的串尾部的 0。cmp 指令判断目的串中由 RDI 指向的字符，如果它是 0，则转到标号.r1 执行字符串连接工作；如果不是零，则递增 RDI，然后转到标号.r0 继续判断下一个字符。

无论如何，当程序的执行到达标号.r1 时，寄存器 RDI 是指向目的串尾部的空字符 0 的。第 69～70 行，先将源串中由 RSI 指向的字符取出，传送到 AL，再从 AL 传送到目的串中由 RDI 指向的字符位置。

显然，向目的串追加的第一个字符会将目的串尾部的空字符替换。然后，源串中的字符会陆续被追加到目的串中。

最后一个被追加的字符一定是空字符，第 71 行的 cmp 指令用来判断这种情况。如果这种情况属实，就可以结束连接操作，转到标号.r2 返回。

如果追加的字符并不是空字符，则继续追加下一个字符。此时，需要递增 RSI 和 RDI，让它们分别指向源串和目的串中的下一个字符位置，然后用 jmp 指令转到标号.r1 处继续操作。

回到用户程序 c04_userapp.asm。

第 54 行将字符串 app_msg 设置为空串。然后，第 56～67 行追加所有子串，最终形成一个完整的字符串。第 69～71 行，用功能号 2 在指定坐标位置显示这个字符串。

4.12.6　用户任务的终止

用户任务的主要工作是完成一个累加过程并显示这个过程。累加过程是通过一个循环来完成的，R10 用来提供参与累加的数字。每完成一次累加，就将 R10 递增得到下一个参与累加的数字（第 73 行）。

累加过程什么时候结束，取决于第 74 行的 cmp 指令。在这里，将 R10 的内容与 100000 进行比较，如果小于等于 100000，就继续执行累加过程，否则就终止累加。显然，我们不一定非得是从 1 加到 100000，也可以从 1 加到任何数值，只需要改一下这个数值即可。

在每轮的累加中，我们先完成计算，然后将参与累加的数转换为字符串，将本次累加的结果也转换为字符串，然后将所有字符串连接起来，形成一个大的字符串并予以显示。如此一来，就在屏幕上看到一个动态的累加过程。

累加过程结束后，例程 main 就返回了。返回点是在指令 call main 之后，这里可以放置一些清理代码以完成退出前的清理工作。是的，我们现在就要退出程序，终止任务。

如表 4-1 所示，快速系统调用的 5 号功能是终止当前任务。所以在用户程序的第 88～89 行用 5 号功能执行快速系统调用，它对应着一个内核例程 terminate_process。

例程 terminate_process 位于内核程序 c04_core.asm 里的第 205 行，用来终止当前任务。它很简单，指令很少，其工作原理是将当前任务的状态设置为终止，然后主动发起任务切换，切换到其他任务。

在例程中，我们先用 RIP 相对寻址方式从标号 cur_pcb 这里取得当前任务的 PCB 的线性地址，然后将它的任务状态域设置为终止。任务状态位于任务状态段 PCB 内偏移为 16 的位置，而数字 2 代表任务已经终止。任务状态设置完毕，立即用 jmp 指令跳转到实时时钟中断处理过程 rtm_interrupt_handle 强制执行任务调度。

再回顾一下任务切换的过程，在执行任务切换时，虽然当前任务已经被标记为终止状态，但是，它只是被标记为终止，实际上并没有终止，还是当前正在执行的任务。因此，就像我们以前说过的那样，在取得当前任务的 PCB 后，如果当前任务的状态是被标记为终止的，则，任务切换时并不保存这个任务的状态，而是直接恢复新任务的状态。

任务切换过程是不允许重入的。即，因中断而发生任务切换时，如果这个切换过程没有结束，不允许再次执行任务切换过程，否则将发生混乱。所以，因硬件中断而进入中断处理过程时，标志寄存器的中断标志 IF 由处理器自动清零，中断返回时自动恢复，这样就可以防止重入。

但是，任务终止时是主动调用例程 rtm_interrupt_handle 的，所以，必须先执行 cli 指令关闭中断，执行流改变期间禁止时钟中断引发的任务切换。

现在我们有两个问题：

1. 这里已经用 cli 指令关闭了中断，任务切换之后必须开放中断。中断是什么时候开放的呢？

2. 因硬件中断而调用例程 rtm_interrupt_handle 时，处理器会自动压栈保存中断返回的地址和标志寄存器的内容。例程因执行 iretq 指令而返回时，处理器将恢复原先保存的内容。在这里，我们同样调用了 rtm_interrupt_handle，由于是手工调用，处理器不会自动保存返回地址和标志寄存器的内容，我们也没有手动保存。为什么我们没有这样做呢？

4.13　本章程序的编译和执行

在介绍完本章的所有程序之后，我们启动 Nasmide 打开并编译这些程序。编译完成后再启动 Fixvhdwr 将编译生成的二进制文件写入虚拟硬盘。

如图 4-17 所示，本章依然使用上一章的主引导程序，其编译后的文件 c03_mbr.bin 依然写入虚拟硬盘的逻辑 0 扇区；

本章依然使用上一章的内核加载器程序，其编译后的文件 c03_ldr.bin 依然写入虚拟硬盘的逻辑 1 扇区；

本章内核程序编译后的文件 c04_core.bin 写入虚拟硬盘的逻辑 9 扇区；

本章外壳程序编译后的文件 c04_shell.bin 写入虚拟硬盘的逻辑 50 扇区；

本章用户程序编译后的文件 c04_userapp.bin 写入虚拟硬盘的逻辑 100 扇区。

写入完成后，单击"写入并执行 VBox 虚拟机"，就将启动 VirtualBox 管理器。然后按照以前的方法启动你已经配置好的虚拟机，就可以观察到执行结果了。

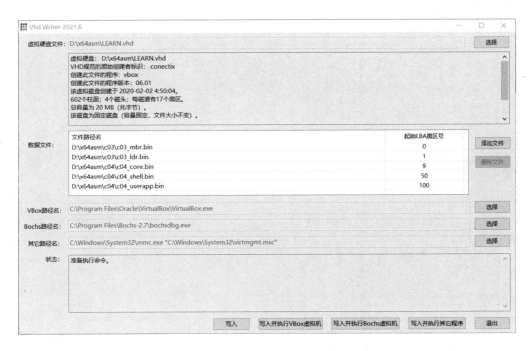

图 4-17　写入编译后的结果并启动虚拟机

在本章里，任务切换是由 1 秒发生一次的实时时钟中断触发的。由于这个切换速度很慢，从程序的实际运行效果来看，所有任务确实是轮流执行的，间隔是一秒。要想加快任务切换的速度，就必须使用更快的中断信号。

　　除实时时钟芯片 RTC 外，在我们的系统中还有一个 8254 系统计时器芯片，它的第一个计时器，也就是计时器 0，连接在 8259A 主片的第一个中断输入引脚 IR0 上，每秒发生 18.2 次中断。如果想加快任务切换速度，可以使用这个中断信号。

　　在本章的内核程序中，已经将 8259 主片的中断向量设置为 0x20～0x27；将从片的中断向量设置为 0x28～0x2f。因此，8254 系统计时器 0 对应的中断向量是 0x20。

　　打开内核程序 c04_core.asm 并定位到 491 行，将 0x28 改为 0x20，重新编译并写入虚拟硬盘，启动虚拟机就可以看到效果了。可以看出，如果任务切换的速度很快，其效果就像所有任务都在同时执行，即使它们是轮流执行的。

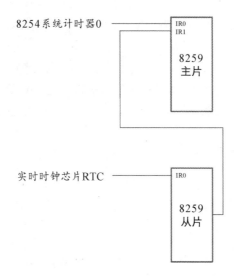

图 4-18　8254 系统计时器 0 的连接示意图

第 5 章　多处理器和 APIC 的初始化

上一章的内容是单处理器上的多任务管理和切换，而且处理器工作在现今流行的 64 位模式下，这是比较出彩的地方。但是，现今的计算机都拥有多个处理器（核心），如果能让它们同时执行各自的任务，或者将一个任务分成多个可并行执行的部分，分配到多个处理器（核心）上同时执行，将能大大提高工作效率。

问题在于，多处理器（核心）的计算机系统并不是单纯地增加几个处理器那么简单。相比于单处理器的计算机系统，多处理器的计算机系统有更复杂的组成，而且需要更多的初始化和设置工作。

从这一章开始，我们将逐步改造内核程序，使之可以管理多个处理器（核心），并在这些核心上实施多任务、多线程的管理和调度。为了便于读者理解，我们将这个改造过程分为几个阶段，在本章和随后的几章里逐步实现。这一章的任务只是带领大家认识多处理器系统的基础硬件设施，包括：

1．同时多线程和对称多处理器系统；

2．什么是 Local APIC 和 I/O APIC，它们的功能和组成；

3．如何获取处理器的数量和标识信息；

4．Local APIC 定时器的测量；

5．多处理器环境下的中断分发机制。

为了使读者对多处理器环境下的中断分发机制有一个感性认识，我们还采用不同的中断源和不同的中断投递方式来执行任务切换。

5.1　多处理器环境概述

我相信读这本书人的都有一台电脑，而这台电脑的处理器一定是多核的。换句话说，多核是普遍的，而传统的单核已经是过去时。

在 20 世纪 90 年代之前，一块半导体芯片只对应一个处理器。处理器制造的最后阶段是连线和封装，而且要插入主板上的插槽才能使用。所以，在这个阶段，一个处理器对应于一个物理封装，或者一个物理插槽。在这个阶段，技术进步的主要方向是提高晶体管密度和时钟频率，并改进处理器的设计架构，这样就可以不断提升处理器的速度和性能。

除了硬件上的进步，计算机在生产和生活中的应用也在深化和扩大，而且在一些领域对并行计算的需求也在增加。比如一个网站的服务器，它所运行的软件用来处理来自外部的网络请求。对于每个独立的网络请求，都可以对应着服务器内部的一个独立的处理过程，而且可以同时处理。换句话说，针对不对的网络请求，有并行处理的可行性和可能性。

在这个阶段，实现并行处理的手段是采用多个单一芯片的处理器，每个处理器都采用独立的封装，安装在独立的插槽上，它们共同组成一个对称多处理器系统，简称 SMP 系统。对称多处理器系统具有以下特点：

1．具有两个以上的处理器且它们具有可比的性能；

2．这些处理器共享内存；

3．这些处理器共享 I/O 设备；

4．所有处理器可以执行相同的功能，因此说是对称的；

5．整个系统由一个统一的操作系统控制，该操作系统对这些处理器及其相关的进程、文件等之间的交互和协作进行管理。

可以想到，在这种系统中，所有处理器可以同时执行各自的代码流。不过，处理器之间需要通信，以协调它们对内存和输入/输出设备的访问。

几十年来，微处理器的性能经历了一个稳定的提升过程，既得益于硬件技术包括制造工艺的提升，也得益于处理器架构设计方面的改进。但是，这种发展方向已经遇到了瓶颈。

首先，晶体管的尺寸越来越小，迟早会接近物理极限；其次，为了追求性能，提高处理器的速度，势必在单位面积上集成更多的晶体管并提高时钟频率。如此一来，功耗将大大增加，发热问题很难克服。

于是，设计师们发现，与其增加单个芯片的晶体管数量，不如在单个芯片上组装多个同样的处理器，这样效率更高，性能更好。利用不断发展的硬件来提升性能，最好是将多个处理器及高速缓存放在单个芯片上，每个处理器所在的部分叫作一个核心（core）。

换句话说，这种多处理器系统是位于同一块芯片内的，使用同一个封装或者说位于同一个插槽。所有处理器或者说核心也共享内存和 I/O 设备。利用多核技术，每个核心可以是一个完整的处理器，但也可能不完全是这样，关于这个话题，我们后面再讲。

5.2　同时多线程和 INTEL 超线程技术

发明多核是因为单处理器的研发已经接近物理极限，只依靠提高晶体管数量和时钟频率已经无法提升性能。

在任何计算机上，都不太可能只执行一个程序。如果只有一个处理器，就只能让所有程序在同一个处理器上轮流执行，效率很低。相反，使用多处理器和多核，就能够并行执行多个程序，也就等于提高了效率。

不过，用这种堆积处理器数量的方法来提高效率，未免过于简单。因此，不能只是数量上的堆积，也必须包含设计上的改进，比如采用同时多线程技术。

"线程"这个词我们都不陌生，经常听说，它是一个操作系统的概念，比如 Linux 线程和 Windows 线程。我们平时所说的线程是与进程相关的，是进程的一个或者多个并行执行单位。即，一个进程包含一个或者多个线程，它们共享同一个进程的资源和地址空间。

但是，我们今天所说的线程与进程无关，是广义的线程。本章的这一部分里所说的线程，仅仅是指一个用来完成特定功能的、独立的执行单位，一个独立的执行流。

在《x86 汇编语言：从实模式到保护模式》一书中我们讲过流水线技术。即，指令可以拆分成微操作，并放入流水线中同时执行。这样的话，多条指令就可以同时执行。但是，如果流水线中存在气泡周期，则硬件的利用率就会变低。

什么是气泡周期呢？举个例子来说，如果一个微操作需要的数据在高速缓存中，则它可以立即取得并进行操作；如果高速缓存未命中，则必须先访问内存取得操作数。访问内存是一个费时的操作，必然导致微操作处于停顿状态。处于停顿状态的这段时间就是白白浪费的时间，叫作气泡周期。

再举个例子，如果一个微操作需要另一条指令的执行结果，则它也只能停顿等待，从而插入气泡周期。

由于气泡周期的存在，如果本来能够在一个时钟周期并行执行 6 条指令，而实际上只能执行 3 条指令，处理器的硬件利用率只有一半。

想象一下，处理器可以同时启动并执行多个互不相干的代码流，或者说广义的线程。通过混杂执行多个线程的指令，就可以减少气泡周期，提高整体的运行效率。这种混杂执行多个线程的指令的运行方式叫作同时多线程（Simultaneous Multi-Threading，SMT）。

同时多线程是一个技术名称，具体实现的时候可能是另外的名称。比如，在 INTEL 公司的处理器上，同时多线程是通过 INTEL 超线程技术架构来实现的。

首先，如图 5-1 所示，在一个物理封装内可以有多个核心；每个核心可以有两个逻辑处理器，这两个逻辑处理器并不是完全独立的，因为它们共用同一个执行引擎。

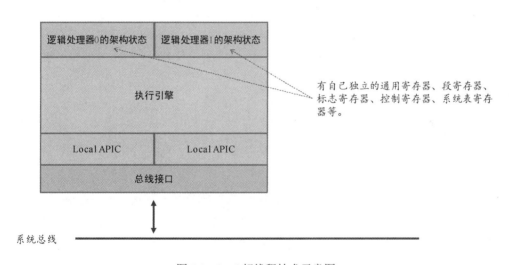

图 5-1　Intel 超线程技术示意图

但是，每个逻辑处理器有自己的架构状态。即，有自己独立的通用寄存器、段寄存器、标志寄存器、控制寄存器、系统表寄存器等。

每个逻辑处理器还有自己的高级可编程中断控制器 APIC，用来处理中断信号，并与其他处理器通信。

最后，两个逻辑处理器共用一个总线接口，用来访问内存和外部设备。

显然，每个逻辑处理器都有自己的执行流，即，各自执行独立的线程。但是，由于只有一个执行引擎，它的流水线混杂执行来自两个线程的指令。

5.3 高级可编程中断控制器 APIC

多处理器系统包括具有多个插槽或者物理封装的多处理器系统，以及在一个物理封装内包含多个核心的多处理器系统。

即使是在多处理器系统中，每个处理器也必须响应和处理中断。先来回顾一下传统的中断控制器，比较典型的就是我们已经学过的 8259A 可编程中断控制器，它收集多个外部来的中断请求，然后用一个输出线发送给处理器。

在多处理器环境下，中断发生时，根据中断的类型和用途，可以让所有处理器都响应和处理这个中断，也可以让一部分处理器响应和处理这个中断，甚至可以指定某一个处理器来处理这个中断。但是，传统的中断控制器是为单处理器环境设计的，不具有处理器的筛选和路由功能，不能通过编程来指定应当把中断信号发送给哪些或者哪个处理器。

非但如此，在多处理器环境下，处理器之间也需要通信，以协调它们之间的动作和功能。处理器之间的通信是个随机事件，或者说是个异步事件，所以要使用中断来进行，即，是通过处理器间中断来传递消息的。但是，传统的中断控制器不具备在多个处理器之间传送中断消息的功能。

正因如此，多处理器环境引入了高级可编程中断控制器，简称 APIC。如图 5-2 所示，在多处理器系统中，不管这些处理器是独立封装的，还是位于同一个物理封装内的多核处理器，每个处理器都有自己的高级可编程中断控制器 APIC。

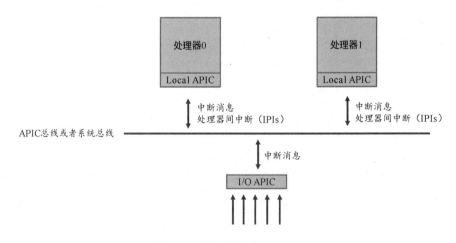

图 5-2 每个处理器上的 APIC

对于每个处理器来说，它是自己私有的本地 APIC，所以叫 Local APIC。在多处理器系统发展的早期，Local APIC 是独立的芯片，但现在都和处理器集成在一起。

在处理器之外，比如计算机的主板上，还有至少一个高级可编程中断控制器，用来接收外部设备来的中断信号，这个高级可编程中断控制器叫 I/O APIC。I/O APIC 从外部设备接受中断信号，然后将它发送给处理器。通过对 I/O APIC 的编程，可以指定将哪些中断信号发送给哪一个或者哪些处理器。

所有 Local APIC 和 I/O APIC 通过 APIC 总线或者系统总线连接在一起，I/O APIC 从外部设备接收中断信号，向指定的处理器发送中断消息。处理器之间也能够以中断的形式进行通信，处理器之间的中断叫作处理器间中断，简称 IPI。处理器间中断有很多用途，在后面，为了给某个处理器指派进程或者线程，就必须使用处理器间中断消息。

那么，在多处理器系统中，传统的 8259 或者类似于 8259 的中断控制器还有用吗？还需要吗？

原则上是不需要的，但事实上它一直存在。在多处理器系统中，所有处理器并不是一开始就能同时工作的。在加电启动或者复位之后，所有处理器执行一个内部算法，选举出一个自举处理器，简称 BSP。自举处理器负责完成后续的初始化工作，执行 BIOS，并最终启动操作系统。此时，剩余的处理器都自动成为应用处理器，简称 AP。应用处理器完成初始化后停机，但是在需要的时候可以用中断唤醒。

换句话说，多处理器系统在加电复位后，除非是经过特殊设置的，否则，只有一个处理器在工作，即，只有自举处理器 BSP 工作，类似于单处理器系统。

如图 5-3 所示，如果只有自举处理器在工作，那么，自举处理器可以接收来自 I/O APIC 的中断消息，也可以给其他处理器发送处理器间中断 IPI 以唤醒它们。此时，如果系统中存在 8259 芯片，或者类似于 8259 的中断控制器，它们也可以收集硬件中断，并发送给自举处理器 BSP。当然，它也可以像一个普通的设备中断那样，将中断信号发送到 I/O APIC，由 I/O APIC 通过中断消息转发给自举处理器 BSP。

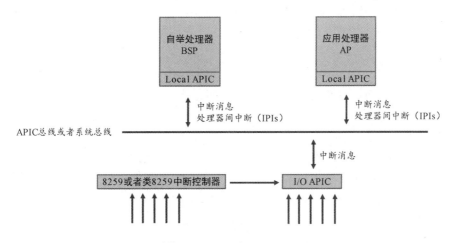

图 5-3　APIC 和 I/O APIC

但是，为了不出现问题，比如为了保证同一个中断信号不被处理两次，这两种方式只能选择一种。即，要么使用 8259 芯片，要么使用 I/O APIC。

在真正的多处理器环境中，即，BSP 和 AP 都同时工作的情况下，8259 或者类 8259 芯片只能将中断信号发送给 I/O APIC。

5.3.1　中断引脚、中断类型和中断源

如图 5-4 所示，现代的 x86 处理器有三个中断引脚，分别是 LINT0、LINT1，以及一个用来传递中断消息的引脚。

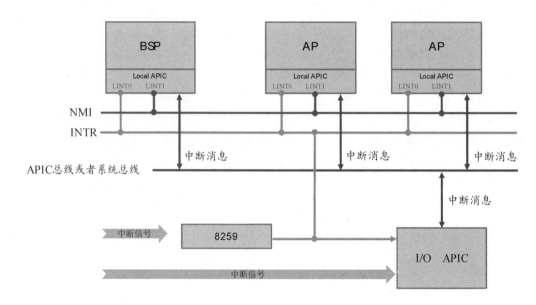

图 5-4　多处理器环境下的中断系统

LINT0 和 LINT1 用来连接本地的 I/O 设备，这些设备通过这两个引脚向处理器发送中断信号。L 是 Local，本地的意思，INT 是 Interrupt，中断的意思。

实际上，在多处理器系统中，所有处理器的 LINT1 都用来接收不可屏蔽中断 NMI；所有处理器的 LINT0 都用来接收 8259 或者类 8259 的中断输出 INTR。

在多处理器系统中，连接到 I/O APIC 的设备叫作外部连接的 I/O 设备，这些设备发送中断信号给 I/O APIC，再由 I/O APIC 通过 APIC 总线或者系统总线，以中断消息的形式发送给一个或者多个处理器。

在多处理器系统中，处理器之间也通过 APIC 总线或者系统总线，以中断消息的形式去打断其他处理器，这叫作处理器间中断。

前面说过，8259 和类 8259 中断控制器收集外部设备的中断信号，可直接发送到所有处理器的 LINT0 引脚，也可以发送到 I/O APIC，由 I/O APIC 以中断消息的形式发往指定的处理器。

现在我们已经认识了以下中断源：

1．本地连接的 I/O 设备；

2．外部连接的 I/O 设备；

3．处理器间中断。

请问：以上中断源各自通过什么方式和途径传送中断？

5.3.2　本地中断源和本地向量表

我们已经知道，本地连接的 I/O 设备通过 LINT0 和 LINT1 向 Local APIC 发送中断信号。当然了，LINT0 通常连接 8259 芯片，而 LINT1 通常连接不可屏蔽中断 NMI。

除此之外，如图 5-5 所示，奔腾 4 和至强处理器内部封装了温度传感器，这个内部的温度传感器可以在温度较高时，给处理器自己发送一个中断。

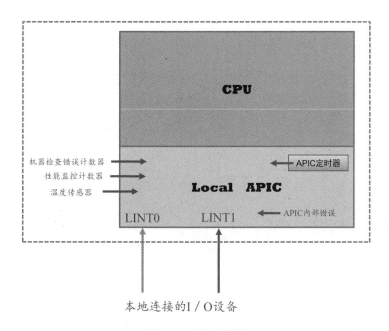

图 5-5　本地中断源

P6 处理器家族，奔腾 4，以及至强处理器可以在性能监控计数器溢出时，给它关联的处理器发送一个中断信号。

INTEL 至强 5500 处理器引入了机器检查架构，可以在机器检查错误计数器溢出时向处理器发送一个中断信号。

在 Local APIC 内部集成了一个定时器，它可以工作在三种模式下。无论如何，这个定时器可以通过编程，在达到指定的计数值时，向它关联的处理器发送一个中断信号。

如果 Local APIC 内部发生错误，比如试图访问一个不存在或者说未实现的 APIC 寄存器，则我们可以通过编程，让 APIC 给它关联的处理器发送一个中断信号。

现在，LINT0、LINT1、APIC 定时器、性能监视器、温度传感器、APIC 内部错误，这些中断源统称本地中断源。

为了方便通过编程来指定如何将本地中断投递到处理器，Local APIC 提供了本地向量表，简称 LVT。如图 5-6 所示，本地向量表由若干寄存器组成，每个寄存器对应一个本地中断源。比如，APIC 定时器的中断输入对应的寄存器是 LVT 定时器；机器检查错误计数器的中断输入对应的寄存器是 LVT CMCI，等等。

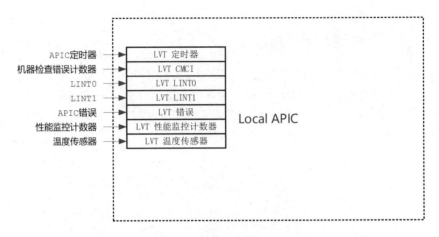

图 5-6　Local APIC 的本地向量表

以上，每个寄存器用来指定中断号、投递状态、投递模式、引脚电平、触发模式、是否被屏蔽等。具体的细节，我们在后面用到的时候再讲。

5.3.3　APIC 的工作模式和 APIC ID

为了互相传递中断消息，APIC 之间需要互相识别。为此，需要给每个 APIC 都分配一个数字标识，叫作 APIC ID。APIC ID 不是固定的，而是动态分配的，是在加电之后由系统硬件根据系统拓扑生成的。即，根据每个 APIC 在系统中所在的位置生成，比如这个 APIC 位于哪个封装或者说插槽内的哪一个核心。

在多处理器系统中，APIC ID 也是它所在的处理器的 ID，是每个处理器的标识或者说身份证。基本输入输出系统 BIOS 和操作系统用这个 ID 对处理器进行管理。

在每个 APIC 中都有一个寄存器，用来保存当前 APIC 的 ID。APIC ID 的长度决定了这个系统中可以有多少个处理器。比如，如果 APIC ID 的长度是 8 位的，则可以有 255 个处理器，处理器 ID 从 0 到 0xfe，0xff 用来广播消息。

在上世纪，从 80486 处理器开始，要组成一个多处理器系统，需要使用外置的高级可编程中断控制器，比如 82489DX 芯片，它使用 8 位的 APIC ID，在这种系统中最多可以支持 255 个处理器。

接下来，从奔腾和 P6 开始，APIC 被内置在处理器当中，叫作 Local APIC。最初，也许是对多核系统的规模估计不足，他们使用了 4 位的 APIC ID，在这种系统中最多可以支持 15 个处理器。后来又对 Local APIC 进行扩展，将 APIC ID 从 4 位扩展到 8 位，这就形成了 xAPIC。这种模式使用 8 位的 APIC ID，在这种系统中最多可以支持 255 个处理器。

xAPIC 模式一直工作到现在，但最近又继续扩展，扩展到 x2APIC 模式。x2APIC 模式使用 32 位的 APIC ID，在这种系统中最多可以支持 $2^{32}-1$ 个处理器，并引入了新的特性和新的访问方式。

x2APIC 是比较新的架构，不是很普遍，但它保持了对 xAPIC 的兼容性。系统复位后工作在 xAPIC 模式，但可以进一步切换到 x2APIC 模式。一般来说，出于兼容性的考虑，只在处理器的数量大于 255 时才有必要使用 x2APIC 模式，而且 xAPIC 是系统启动后的初始模式，本书以 xAPIC 为基础。

在 xAPIC 模式下，对于 P6 家族和奔腾处理器，APIC ID 的长度是 4 位的，占据了 Local APIC ID 寄存器的位 24 到位 27，可用来标识 15 个不同的处理器；对于奔腾 4 处理器、至强处理器，以及后续的处理器，APIC ID 的长度是 8 位的，占据了 Local APIC ID 寄存器的位 24 到位 31，可用来标识 255 个不同的处理器。

在 x2APIC 模式下，APIC ID 的长度是 32 位的，用 Local APIC ID 寄存器的所有比特来标识不同的处理器。

高级可编程中断控制器 APIC 是多处理器时代的产物，所以在早期的处理器上是不存在的。对于现代的 x86 处理器来说，每个处理器都有自己的 Local APIC。为可靠起见，在使用 Local APIC 功能之前，软件应当检测当前处理器是否带有 Local APIC。

前面说过，从 P6 处理器开始才有了片上的 APIC，即 Local APIC。因此，从 P6 处理器族开始，是否存在一个片上的 Local APIC，可以用 cpuid 指令检测。将 EAX 置 1，然后执行 cpuid 指令，会用 EDX 的位 9 返回 Local APIC 的存在性。0 意味着不存在，1 表明是存在的。

由于多处理器系统已经非常普遍了，我们用的也都是多核处理器，所以在本书里是直接假定每个处理器都有 Local APIC 的，没有对它进行检测。

5.3.4　组成 Local APIC ID 的处理器拓扑

前面说过，APIC ID 是在加电之后由硬件根据系统拓扑生成的。因此，要理解 APIC ID 是如何生成的，要先了解处理器的拓扑。

如图 5-7 所示，在现代的计算机中，每个物理处理器都是一个独立的封装，每个物理封装都插入主板上的插槽中。因此，封装和插槽都是一个物理处理器的代名词。

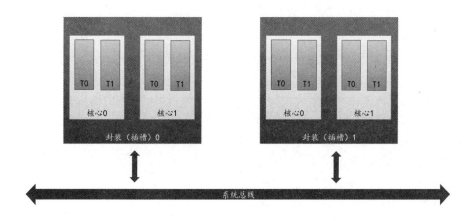

图 5-7　组成 APIC ID 的各部分的拓扑关系

在计算机的系统总线上，可以有多个物理处理器，每个物理处理器都有一个唯一的、从 0 开始的编号，比如封装或者插槽 0、封装或者插槽 1 等。

在每个封装内，可以有多个核心，或者叫处理器内核。核心是一个具有专门功能的电路，用来解码、执行指令并在当前封装内的特定子系统之间传输数据。在每个封装内，每个核心都有一个从 0 开始的编号，比如核心 0、核心 1 等。

典型地，在每个核心内，可以利用气泡周期混杂执行两个独立的代码流，这就是同时多线程技术。同时多线程技术使用两个逻辑处理器，每个逻辑处理器执行一个线程。因此，这两个逻辑处理器也都从 0 开始编号，分别是 T0 和 T1。

现在，我们再来关注 APIC ID，APIC ID 包含了以上的层次信息。典型地，APIC ID 至少可以由三个部分组成，分别是封装或者插槽 ID、核心 ID，以及同时多线程 ID。同时多线程 ID 简称 SMT ID，实际上也是逻辑处理器 ID。

显然，通过枚举和分析一个计算机系统中的所有 Local APIC ID，就可以知道处理器的层次结构，比如说某个逻辑处理器位于哪个封装内的哪个核心，再比如哪些逻辑处理器共享同一个核心，哪些逻辑处理器位于不同的核心内。由于涉及某些执行资源的共享，如果要精细地对处理器进行管理，想要实现高性能的任务和线程调度，就有必要了解处理器的位置信息。当然，如果没有这么高的要求，这些工作也不是必需的。

那么，在一个 Local APIC ID 中，封装 ID、核心 ID 和 SMT ID 各自占用几比特呢？这并不是固定的，不同的处理器是不一样的，需要先用 cpuid 指令获取每个部分的宽度。

举个例子，假定 Local APIC ID 是 0x0F，而且 SMT ID 占 1 比特，核心 ID 占 3 比特，剩余的 4 比特都用作封装 ID。那么，0x0F 的二进制形式为 0000 1111。显然，SMT ID 是 1，核心 ID 是 7，封装 ID 是 0。在这个系统中，至少有一个物理处理器，该处理器至少有 8 个核心，每个核心至少两个逻辑处理器。

5.3.5　Local APIC 的地址映射

对于高级可编程中断控制器 APIC 及它的功能我们已经有所了解。在必要时，我们需要访问 APIC 来设置与中断有关的功能。APIC 内部有很多寄存器，访问 APIC 实际上就是读写这些寄存器。

虽然 Local APIC 是集成在处理器内部的，但相对于处理器自身来说，它依然应该算是一种外部设备。截至目前，我们都是通过端口来访问外部设备的。端口就是寄存器，是处理器和外部设备之间的数据中转站。使用端口来访问外部设备需要付出一些额外的代价，比如需要特殊的总线来连接处理器和所有端口，而且要使用专门的端口访问指令 in 和 out。

但是，除了端口，访问外设的另一种方法是使用内存映射。所谓内存映射，顾名思义，就是把外部设备的存储器或者寄存器映射为内存的一部分，于是我们就可以用访问内存的方法和指令来访问设备。

内存映射的一个典型例子是文本模式下的显存。显存本来位于显卡上，但是为了能够像访问内存一样访问显存，要把显存映射为内存的一部分。即，映射到处理器的地址空间。映射之后，访问特定的内存地址时，访问的并不是物理内存，而是显存。

我们说过，要访问 Local APIC，和它打交道，方法是读写它内部的寄存器。这些寄存器被映射到处理器的物理地址空间内的一个 4KB 的区域，起始地址为 0xFEE0 0000，并且要求这个内存区域已经被标记为强不可缓存。所谓强不可缓存，是指完全不使用任何缓存机制，可以通过与分页有关的表项来设置。

物理地址 0xFEE0 0000 是 32 位的，从这个地址开始的 4KB 区域对应于 Local APIC 的寄存器，而不是物理内存。

我们知道，每个处理器核心或者逻辑处理器都有自己对应的 Local APIC。为了访问内存，处理器会发出物理地址。如果发出的物理地址位于 0xFEE0 0000 到 0xFEE0 0FFF 的范围内，那么，访问的实际上是当前处理器的 Local APIC。相反，如果处理器发出的物理地址不在这个范围内，则将发送到外部的地址总线，去访问物理内存。正因如此，在多处理器系统中，即使每个处理器都用相同的地址访问 Local APIC，都不会发生冲突，因为它们最终访问的都是自己的 Local APIC，而不是物理内存。

5.3.6　I/O APIC 的地址映射

我们说过，Local APIC 的寄存器被映射到处理器的物理地址空间内的一个 4KB 的区域，起始地址为 0xFEE0 0000。不过，对于奔腾 4、至强和 P6 家族的处理器，这个起始地址是可以修改的。即，可以修改为其他物理地址，这样就可以避免地址冲突。有时候，某些系统会将这个地址分配给其他硬件，这样就会发生冲突，此时应该重新映射 Local APIC 的物理地址。

我们已经讲过型号专属寄存器，也学过如何用 rdmsr 和 wrmsr 这两条特殊的指令来读写型号专属寄存器。在 INTEL x86 处理器中有大量的型号专属寄存器，今天我们要讲的这个型号专属寄存器叫 IA32_APIC_BASE，它的编号是 0x1B。

这个寄存器是 64 位的，位 0 到位 7 是保留的，目前没有使用；位 8 是 BSP 位。如果这一位是 1，表明当前处理器是自举处理器 BSP；如果这一位是 0，表明当前处理器是应用处理器 AP。

位 9 和位 10 也是保留的，目前没有使用。

位 11 是 APIC 全局允许/禁止位，只适用于奔腾 4、至强和 P6 家族。如果这一位被清零，则当前处理器在功能上相当于不存在片上的 Local APIC。如果在此之前已经对 Local APIC 作过某些设置和初始化，则这些设置和状态都将丢失，并恢复到加电或者复位时的状态。

位 12 到位 M–1 用来保存省略了低 12 位的 APIC 物理地址，M 是处理器的最大物理地址宽度。比如，对于具有 36 根地址线的处理器，M 的值是 36。由于 APIC 的物理地址是按 4KB 对齐的，低 12 位是全零，故可以省略后保存在这里。在处理器加电或者复位后，这个字段的值是 0xFEE0 0000。在计算机启动时，基本输入输出系统 BIOS 和操作系统可能会改变这个地址。

再来看 I/O APIC。

I/O APIC 是系统总线（比如 PCI 总线）上的设备。和 Local APIC 一样，每个 I/O APIC 也都被映射到内存地址空间。在个人计算机上通常只有一个 I/O APIC，而且默认的映射地址为 0xFEC0 0000。但是，取决于主板上实际使用的芯片组，也可能是其他物理地址。在后面我们将通过高级配置和电源管理接口（ACPI）来获取这个物理地址。

5.3.7　多处理器的初始化过程和 MP 规范

现在来看多处理器系统的初始化，即，在从加电启动到进入操作系统的过程中应该完成哪些工作，每个处理器都是如何初始化的。当然，这是一个大致的过程，如果有必要的话，某些细节还会在后面详细解释。

总体上，多处理器系统的初始化过程如下。

1. 加电复位后，基于总线拓扑，系统总线上的每个处理器都被赋予一个唯一的 APIC ID，并被写入该处理器的 Local APIC ID 寄存器。这个寄存器我们以前讲过。

2. 所有处理器都各自执行一个内置的自测（Build-In Self Test，BIST），以保证处理器的可用性。

3. 所有处理器通过 APIC 仲裁机制选出自举处理器 BSP。自举处理器将其型号专属寄存器 IA32_APIC_BASE 的 BSP 位置 1，表明当前处理器是自举处理器。

4. 自举处理器开始从物理地址 0xFFFF FFF0 获取并执行 BIOS 自举代码；所有应用处理器都处于"等待 SIPI 消息"的状态。我们知道，处理器之间要使用中断消息来通信，这就是处理器间中断 IPI。SIPI 是处理器间中断消息的一种，即 Start-up IPI，通常由自举处理器发送给应用处理器，通知它们执行一个初始化过程。即，从指定的物理地址开始取指令和执行指令。

5. 自举处理器执行 BIOS 初始化代码。BIOS 初始化代码除了用于完成常规的初始化，还要在内存里创建 ACPI 表和（或）MP 表，并将自举处理器的 APIC ID 填写到表中。

在这里，ACPI 表是 BIOS 在执行的过程中根据 ACPI 规范创建的表格；MP 表是 BIOS 在执行的过程中根据 MP 规范创建的表格。MP 规范实际上是多处理器规范，可以视为一个技术标准，它具有以下特点：①该规范所定义的多处理器系统基于的是 PC/AT 平台的扩展（PC/AT 是最持久的计算机工业标准，最新的个人计算机都兼容于它）；②该规范针对的是由多个在 INTEL 架构的指令集上互相兼容的处理器所组成的对称多处理系统（SMP）；③描述了由 APIC 组成的对称 I/O 中断处理机制；④描述了 BIOS 为多处理器系统提供的最小化支持；⑤描述了 MP 配置表——这些表格是可选的，由 BIOS 创建，用来为操作系统提供处理器、Local APIC 和 I/O APIC 方面的信息。

继续来看多处理器的初始化过程。

6. 自举处理器 BSP 广播 SIPI 消息给所有应用处理器 AP，要求它们从指定的物理地址开始执行初始化代码（方便起见，这段初始化代码叫作 AP 初始化代码）。

7. AP 初始化代码将用来初始化每个应用处理器，并用一个全局变量来统计应用处理器的数量。每个应用处理器都将此变量的值加一，并将自己的 APIC ID 填写到 ACPI 表和（或）MP 表中，最后执行 cli 指令并停机。

8. 一旦所有应用处理器 AP 都完成了上述初始化过程，自举处理器 BSP 继续执行剩余的 BIOS 代码，然后执行操作系统的自举和启动代码。

9. 操作系统启动后，可以基于时间片或者负载平衡策略，周期性地用中断消息给逻辑处理器分配广义上的线程。

5.3.8 高级的配置和电源接口（ACPI）规范

上面讲到了高级的配置和电源接口，这是一个规范，同样是非常重要的。这个规范的全称是 Advanced Configuration and Power Interface (ACPI) specification。它是在 20 世纪 90 年代中期由英特尔、微软、东芝、凤凰等公司联合创立的，克了服由 BIOS 提供电源管理服务和硬件配置管理的局限性。

　　在开发 ACPI 之前，一直是由基本输入输出系统 BIOS 为操作系统提供电源管理和硬件设备的发现与配置服务的。由于 BIOS 对设备的配置是硬编码的，缺乏弹性而且没有统一标准，操作系统使用这些服务可能造成不恰当的行为，比如错误地把一个本应是正常工作的设备置为休眠状态。

　　ACPI 引入计算机架构无关的电源管理和配置框架，而且是作为一个子系统并入主机上的操作系统。它定义了电源的状态，比如待机、休眠和苏醒等。

　　制定 ACPI 的基本意图是将它作为系统固件（BIOS）和操作系统之间的接口层，克服操作系统直接访问 BIOS 的系统配置和电源管理功能的局部性，现在的计算机都支持 ACPI 规范。

　　在配书文件包里有 ACPI 规范第 6 版的文档，发布于 2019 年，有一千多页，其内容包括 ACPI 硬件规范、ACPI 软件编程模型、设备配置、电源和性能管理、处理器的配置和控制、电源和电源测量设备、温度管理，等等。

　　需要说明的是，ACPI 规范定义的内容需要由系统固件 BIOS、主板芯片组，以及操作系统这三方协作来实现。其中，一个很重要的环节是由 BIOS 创建一些表格，这些表格包含了硬件设备信息，也包含了系统性能资料，比如可以支持的电源状态等，可以由操作系统使用，同时也为操作系统提供了一些控制这些特性的方法。

　　幸运的是，ACPI 的表格涵盖了多处理器和 APIC 方面的信息。这就是说，我们不需要使用 MP 规范定义的表格，只需要从 ACPI 的表格中获取多处理器方面的信息。在前面我们讲了多处理器系统的初始化，在这个过程中的第 5 步要创建 ACPI 表和（或）MP 表并将自举处理器的 APIC ID 填写到表中。MP 表是可选的，可能创建，也可能不会创建。不过没有关系，我们刚才说了，从 ACPI 表中也可以获得多处理器方面的信息。

5.4　本章代码清单

　　在本章的前面讲了很多理论，现在我们结合本章的程序，通过实际操作来加深对多处理器和 APIC 的感性认识。

　　本章继续沿用第 3 章的主引导程序 c03_mbr.asm 和内核加载器程序 c03_ldr.asm；继续沿用第 4 章的外壳程序 c04_shell.asm 和用户程序 c04_userapp.asm。

　　本章有自己的内核程序 c05_core.asm。和上一章相比，本章的内核程序有些变化，但总体上变化不大，主要是添加了多处理器方面的内容。

```
1  ;c05_core.asm:支持多处理器和高级可编程中断控制器的内核
2  ;李忠, 2020-7-6
3
4  %include "..\common\global_defs.wid"
5
6  ;===============================================================================
7  section core_header                          ;内核程序头部
8    length        dd core_end                  ;#0: 内核程序的总长度（字节数）
9    init_entry    dd init                      ;#4: 内核入口点
10   position      dq 0                         ;#8: 内核加载的虚拟（线性）地址
11
12 ;===============================================================================
13 section core_data                            ;内核数据段
14   acpi_error    db "ACPI is not supported or data error.", 0x0d, 0x0a, 0
15
16   num_cpus      db 0                         ;逻辑处理器数量
17   cpu_list      times 256 db 0               ;Local APIC ID 的列表
18   lapic_addr    dd 0                         ;Local APIC 的物理地址
19
20   ioapic_addr   dd 0                         ;I/O APIC 的物理地址
21   ioapic_id     db 0                         ;I/O APIC ID
22
23   clocks_1ms    dd 0                         ;处理器在 1ms 内经历的时钟数
24
25   welcome       db "Executing in 64-bit mode.", 0x0d, 0x0a, 0
26   tss_ptr       dq 0                         ;任务状态段 TSS 从此处开始
27
28   sys_entry     dq get_screen_row
29                 dq get_cmos_time
30                 dq put_cstringxy64
31                 dq create_process
32                 dq get_current_pid
33                 dq terminate_process
34
35   pcb_ptr       dq 0                         ;进程控制块 PCB 首节点的线性地址
36   cur_pcb       dq 0                         ;当前任务的 PCB 线性地址
37
38 ;===============================================================================
39 section core_code                            ;内核代码段
40
41 %include "..\common\core_utils64.wid"        ;引入内核用到的例程
42
43         bits 64
44
45 ;~~~~~~~~~~~~~~~~~~~~~~~~~~~~~~~~~~~~~~~~~~~~~~~~~~~~~~~~~~~~~~~~~~~~~~~~~~~~~~~~~~~
```

```
46  general_interrupt_handler:                    ;通用中断处理过程
47          iretq
48
49  ;~~~~~~~~~~~~~~~~~~~~~~~~~~~~~~~~~~~~~~~~~~~~~~~~~~~~~~~~~~~~~~~~~~~~~~~
50  general_exception_handler:                    ;通用异常处理过程
51                                                ;在 24 行 0 列显示红底白字的错误信息
52          mov r15, [rel position]
53          lea rbx, [r15 + exceptm]
54          mov dh, 24
55          mov dl, 0
56          mov r9b, 0x4f
57          call put_cstringxy64                  ;位于 core_utils64.wid
58
59          cli
60          hlt                                   ;停机且不接受外部硬件中断
61
62    exceptm       db "A exception raised,halt.", 0    ;发生异常时的错误信息
63
64  ;~~~~~~~~~~~~~~~~~~~~~~~~~~~~~~~~~~~~~~~~~~~~~~~~~~~~~~~~~~~~~~~~~~~~~~~
65  general_8259ints_handler:                     ;通用的 8259 中断处理过程
66          push rax
67
68          mov al, 0x20                          ;中断结束命令 EOI
69          out 0xa0, al                          ;向从片发送
70          out 0x20, al                          ;向主片发送
71
72          pop rax
73
74          iretq
75
76  ;~~~~~~~~~~~~~~~~~~~~~~~~~~~~~~~~~~~~~~~~~~~~~~~~~~~~~~~~~~~~~~~~~~~~~~~
77  rtm_interrupt_handle:                         ;实时时钟中断处理过程（任务切换）
78          push r8
79          push rax
80          push rbx
81
82          ;mov al, 0x20                         ;中断结束命令 EOI
83          ;out 0xa0, al                         ;向 8259A 从片发送
84          ;out 0x20, al                         ;向 8259A 主片发送
85
86          mov al, 0x0c                          ;寄存器 C 的索引。且开放 NMI
87          out 0x70, al
88          in al, 0x71                           ;读一下 RTC 的寄存器 C，否则只发生一次中断
89                                                ;此处不考虑闹钟和周期性中断的情况
90
```

```
 91          ;除非是 NMI、SMI、INIT、ExtINT、SIPI 或者 INIT-Deassert 引发的中断，中断处理过程必
 92          ;须包含一条写 EOI 寄存器的指令
 93          mov r8, LAPIC_START_ADDR                ;给 Local APIC 发送中断结束命令 EOI
 94          mov dword [r8 + 0xb0], 0
 95
 96          ;以下开始执行任务切换
 97          ;任务切换的原理是，它发生在所有任务的全局空间。在任务 A 的全局空间执行任务切换，
 98          ;切换到任务 B，实际上也是从任务 B 的全局空间返回任务 B 的私有空间。
 99
100          ;从 PCB 链表中寻找就绪的任务。
101          mov r8, [rel cur_pcb]                   ;定位到当前任务的 PCB 节点
102          cmp r8, 0                               ;系统中尚未确立当前任务？
103          jz .return                              ;是。未找到就绪任务（节点），返回
104   .again:
105          mov r8, [r8 + 280]                      ;取得下一个节点
106          cmp r8, [rel cur_pcb]                   ;是否转一圈回到当前节点？
107          jz .return                              ;是。未找到就绪任务（节点），返回
108          cmp qword [r8 + 16], 0                  ;是就绪任务（节点）？
109          jz .found                               ;是。转任务切换
110          jmp .again
111
112   .found:
113          mov rax, [rel cur_pcb]                  ;取得当前任务的 PCB（线性地址）
114          cmp qword [rax + 16], 2                 ;当前任务有可能已经被标记为终止。
115          jz .restore
116
117          ;保存当前任务的状态以便将来恢复执行
118          mov rbx, cr3
119          mov [rax + 56], rbx
120
121          mov qword [rax + 16], 0                 ;置任务状态为就绪
122          ;mov [rax + 64], rax                    ;不需设置，将来恢复执行时从栈中弹出
123          ;mov [rax + 72], rbx                    ;不需设置，将来恢复执行时从栈中弹出
124          mov [rax + 80], rcx
125          mov [rax + 88], rdx
126          mov [rax + 96], rsi
127          mov [rax + 104], rdi
128          mov [rax + 112], rbp
129          mov [rax + 120], rsp
130          ;mov [rax + 128], r8                    ;不需设置，将来恢复执行时从栈中弹出
131          mov [rax + 136], r9
132          mov [rax + 144], r10
133          mov [rax + 152], r11
134          mov [rax + 160], r12
135          mov [rax + 168], r13
```

```
136        mov [rax + 176], r14
137        mov [rax + 184], r15
138        mov rbx, [rel position]
139        lea rbx, [rbx + .return]
140        mov [rax + 192], rbx                    ;RIP 为中断返回点
141        mov [rax + 200], cs
142        mov [rax + 208], ss
143        pushfq
144        pop qword [rax + 232]
145
146    .restore:
147        ;恢复新任务的状态
148        mov [rel cur_pcb], r8                    ;将新任务设置为当前任务
149        mov qword [r8 + 16], 1                   ;置任务状态为忙
150
151        mov rax, [r8 + 32]                       ;取 PCB 中的 RSP0
152        mov rbx, [rel tss_ptr]
153        mov [rbx + 4], rax                       ;置 TSS 的 RSP0
154
155        mov rax, [r8 + 56]
156        mov cr3, rax                             ;切换地址空间
157
158        mov rax, [r8 + 64]
159        mov rbx, [r8 + 72]
160        mov rcx, [r8 + 80]
161        mov rdx, [r8 + 88]
162        mov rsi, [r8 + 96]
163        mov rdi, [r8 + 104]
164        mov rbp, [r8 + 112]
165        mov rsp, [r8 + 120]
166        mov r9, [r8 + 136]
167        mov r10, [r8 + 144]
168        mov r11, [r8 + 152]
169        mov r12, [r8 + 160]
170        mov r13, [r8 + 168]
171        mov r14, [r8 + 176]
172        mov r15, [r8 + 184]
173        push qword [r8 + 208]                    ;SS
174        push qword [r8 + 120]                    ;RSP
175        push qword [r8 + 232]                    ;RFLAGS
176        push qword [r8 + 200]                    ;CS
177        push qword [r8 + 192]                    ;RIP
178
179        mov r8, [r8 + 128]                       ;恢复 R8 的值
180
```

```
181         iretq                              ;转入新任务局部空间执行

182

183   .return:
184         pop rbx
185         pop rax
186         pop r8

187

188         iretq

189

190 ;~~~~~~~~~~~~~~~~~~~~~~~~~~~~~~~~~~~~~~~~~~~~~~~~~~~~~~~~~~~~~~~~~~~~~~
191 append_to_pcb_link:                        ;在 PCB 链上追加任务控制块
192                                            ;输入：R11=PCB 线性基地址
193         push rax
194         push rbx

195

196         cli

197

198         mov rbx, [rel pcb_ptr]             ;取得链表首节点的线性地址
199         or rbx, rbx
200         jnz .not_empty                     ;链表非空，转.not_empty
201         mov [r11], r11                     ;唯一的节点：前驱是自己
202         mov [r11 + 280], r11               ;后继也是自己
203         mov [rel pcb_ptr], r11             ;这是头节点
204         jmp .return

205

206   .not_empty:
207         mov rax, [rbx]                     ;取得头节点的前驱节点的线性地址
208         ;此处，RBX=头节点；RAX=头节点的前驱节点；R11=追加的节点
209         mov [rax + 280], r11               ;前驱节点的后继是追加的节点
210         mov [r11 + 280], rbx               ;追加的节点的后继是头节点
211         mov [r11], rax                     ;追加的节点的前驱是头节点的前驱
212         mov [rbx], r11                     ;头节点的前驱是追加的节点

213

214   .return:
215         sti

216

217         pop rbx
218         pop rax

219

220         ret

221

222 ;~~~~~~~~~~~~~~~~~~~~~~~~~~~~~~~~~~~~~~~~~~~~~~~~~~~~~~~~~~~~~~~~~~~~~~
223 get_current_pid:                           ;返回当前任务（进程）的标识
224         mov rax, [rel cur_pcb]
225         mov rax, [rax + 8]
```

```
226
227         ret
228
229  ;~~~~~~~~~~~~~~~~~~~~~~~~~~~~~~~~~~~~~~~~~~~~~~~~~~~~~~~~~~~~~~~~~~~~~~~~~
230  terminate_process:                       ;终止当前任务
231         cli                               ;执行流改变期间禁止时钟中断引发的任务切换
232
233         mov rax, [rel cur_pcb]            ;定位到当前任务的 PCB 节点
234         mov qword [rax + 16], 2           ;状态=终止
235
236         jmp rtm_interrupt_handle          ;强制任务调度，交还处理器控制权
237
238  ;~~~~~~~~~~~~~~~~~~~~~~~~~~~~~~~~~~~~~~~~~~~~~~~~~~~~~~~~~~~~~~~~~~~~~~~~~
239  create_process:                          ;创建新的任务
240                                           ;输入：R8=程序的起始逻辑扇区号
241         push rax
242         push rbx
243         push rcx
244         push rdx
245         push rsi
246         push rdi
247         push rbp
248         push r8
249         push r9
250         push r10
251         push r11
252         push r12
253         push r13
254         push r14
255         push r15
256
257         ;首先在地址空间的高端（内核）创建任务控制块 PCB
258         mov rcx, 512                      ;任务控制块 PCB 的尺寸
259         call core_memory_allocate         ;在虚拟地址空间的高端（内核）分配内存
260
261         mov r11, r13                      ;以下，R11 专用于保存 PCB 线性地址
262
263         mov qword [r11 + 24], USER_ALLOC_START  ;填写 PCB 的下一次可分配线性地址域
264
265         ;从当前活动的 4 级头表复制并创建新任务的 4 级头表。
266         call copy_current_pml4
267         mov [r11 + 56], rax               ;填写 PCB 的 CR3 域，默认 PCD=PWT=0
268
269         ;以下，切换到新任务的地址空间，并清空其 4 级头表的前半部分。不过没有关系，我们正
270         ;在地址空间的高端执行，可正常执行内核代码并访问内核数据，毕竟所有任务的高端（全
```

```
271          ;局）部分都相同。同时，当前使用的栈位于地址空间高端的栈。
272          mov r15, cr3                          ;保存控制寄存器 CR3 的值
273          mov cr3, rax                          ;切换到新 4 级头表映射的新地址空间
274
275          ;清空当前 4 级头表的前半部分（对应于任务的局部地址空间）
276          mov rax, 0xffff_ffff_ffff_f000        ;当前活动 4 级头表自身的线性地址
277          mov rcx, 256
278    .clsp:
279          mov qword [rax], 0
280          add rax, 8
281          loop .clsp
282
283          mov rax, cr3                          ;刷新 TLB
284          mov cr3, rax
285
286          mov rcx, 4096 * 16                    ;为 TSS 的 RSP0 开辟栈空间
287          call core_memory_allocate            ;必须是在内核的空间中开辟
288          mov [r11 + 32], r14                   ;填写 PCB 中的 RSP0 域的值
289
290          mov rcx, 4096 * 16                    ;为用户程序开辟栈空间
291          call user_memory_allocate
292          mov [r11 + 120], r14                  ;用户程序执行时的 RSP。
293
294          mov qword [r11 + 16], 0               ;任务状态=就绪
295
296          ;以下开始加载用户程序
297          mov rcx, 512                          ;在私有空间开辟一个缓冲区
298          call user_memory_allocate
299          mov rbx, r13
300          mov rax, r8                           ;用户程序起始扇区号
301          call read_hard_disk_0
302
303          mov [r13 + 16], r13                   ;在程序中填写它自己的起始线性地址
304          mov r14, r13
305          add r14, [r13 + 8]
306          mov [r11 + 192], r14                  ;在 PCB 中登记程序的入口点线性地址
307
308          ;以下判断整个程序有多大
309          mov rcx, [r13]                        ;程序尺寸
310          test rcx, 0x1ff                       ;能够被 512 整除吗？
311          jz .y512
312          shr rcx, 9                            ;不能？凑整。
313          shl rcx, 9
314          add rcx, 512
315    .y512:
```

```
316          sub rcx, 512                          ;减去已经读的一个扇区长度
317          jz .rdok
318          call user_memory_allocate
319          ;mov rbx, r13
320          shr rcx, 9                            ;除以 512，还需要读的扇区数
321          inc rax                               ;起始扇区号
322    .b1:
323          call read_hard_disk_0
324          inc rax
325          loop .b1                              ;循环读，直到读完整个用户程序
326
327    .rdok:
328          mov qword [r11 + 200], USER_CODE64_SEL    ;新任务的代码段选择子
329          mov qword [r11 + 208], USER_STACK64_SEL   ;新任务的栈段选择子
330
331          pushfq
332          pop qword [r11 + 232]
333
334          call generate_process_id
335          mov [r11 + 8], rax                    ;记录当前任务的标识
336
337          call append_to_pcb_link               ;将 PCB 添加到进程控制块链表尾部
338
339          mov cr3, r15                          ;切换到原任务的地址空间
340
341          pop r15
342          pop r14
343          pop r13
344          pop r12
345          pop r11
346          pop r10
347          pop r9
348          pop r8
349          pop rbp
350          pop rdi
351          pop rsi
352          pop rdx
353          pop rcx
354          pop rbx
355          pop rax
356
357          ret
358  ;~~~~~~~~~~~~~~~~~~~~~~~~~~~~~~~~~~~~~~~~~~~~~~~~~~~~~~~~~~~~~~~~~~~~~~~~~~~~~~~~~
359  syscall_procedure:                            ;系统调用的处理过程
360          ;RCX 和 R11 由处理器使用，保存 RIP 和 RFLAGS 的内容；RBP 和 R15 由此例程占用。如
```

```
361             ;有必要，请用户程序在调用 syscall 前保存它们，在系统调用返回后自行恢复。
362             mov rbp, rsp
363             mov r15, [rel tss_ptr]
364             mov rsp, [r15 + 4]                    ;使用 TSS 的 RSP0 作为安全栈
365
366             sti
367
368             mov r15, [rel position]
369             add r15, [r15 + rax * 8 + sys_entry]
370             call r15
371
372             cli
373             mov rsp, rbp                          ;还原到用户程序的栈
374             o64 sysret
375 ;~~~~~~~~~~~~~~~~~~~~~~~~~~~~~~~~~~~~~~~~~~~~~~~~~~~~~~~~~~~~~~~~~~~~~~~~~~~~~~~~~~~
376 init:       ;初始化内核的工作环境
377
378             ;将 GDT 的线性地址映射到虚拟内存高端的相同位置。
379             ;处理器不支持 64 位立即数到内存地址的操作，所以用两条指令完成。
380             mov rax, UPPER_GDT_LINEAR             ;GDT 的高端线性地址
381             mov qword [SDA_PHY_ADDR + 4], rax     ;注意：必须是扩高地址
382
383             lgdt [SDA_PHY_ADDR + 2]               ;只有在 64 位模式下才能加载 64 位线性地址部分
384
385             ;将栈映射到高端，否则，压栈时依然压在低端，并和低端的内容冲突。
386             ;64 位模式下不支持源操作数为 64 位立即数的加法操作。
387             mov rax, 0xffff800000000000           ;或者加上 UPPER_LINEAR_START
388             add rsp,rax                           ;栈指针必须转换为高端地址且必须是扩高地址
389
390             ;准备让处理器从虚拟地址空间的高端开始执行（现在依然在低端执行）
391             mov rax, 0xffff800000000000           ;或者使用常量 UPPER_LINEAR_START
392             add [rel position], rax               ;内核程序的起始位置数据也必须转换成扩高地址
393
394             ;内核的起始地址+标号.to_upper 的汇编地址=标号.to_upper 所在位置的运行时扩高地址
395             mov rax, [rel position]
396             add rax, .to_upper
397             jmp rax                               ;绝对间接近转移，从此在高端执行后面的指令
398
399   .to_upper:
400             ;初始化中断描述符表 IDT，并为 32 个异常及 224 个中断安装门描述符
401
402             ;为 32 个异常创建通用处理过程的中断门
403             mov r9, [rel position]
404             lea rax, [r9 + general_exception_handler];得到通用异常处理过程的线性地址
405             call make_interrupt_gate              ;位于 core_utils64.wid
```

```
406
407            xor r8, r8
408    .idt0:
409            call mount_idt_entry                  ;位于 core_utils64.wid
410            inc r8
411            cmp r8, 31
412            jle .idt0
413
414            ;创建并安装对应于其他中断的通用处理过程的中断门
415            lea rax, [r9 + general_interrupt_handler];得到通用中断处理过程的线性地址
416            call make_interrupt_gate               ;位于 core_utils64.wid
417
418            mov r8, 32
419    .idt1:
420            call mount_idt_entry                  ;位于 core_utils64.wid
421            inc r8
422            cmp r8, 255
423            jle .idt1
424
425            mov rax, UPPER_IDT_LINEAR              ;中断描述符表 IDT 的高端线性地址
426            mov rbx, UPPER_SDA_LINEAR              ;系统数据区 SDA 的高端线性地址
427            mov qword [rbx + 0x0e], rax
428            mov word [rbx + 0x0c], 256 * 16 - 1
429
430            lidt [rbx + 0x0c]                      ;只有在 64 位模式下才能加载 64 位线性地址部分
431
432            ;初始化 8259 中断控制器，包括重新设置中断向量号
433            call init_8259
434
435            ;创建并安装 16 个 8259 中断处理过程的中断门，向量 0x20--0x2f
436            lea rax, [r9 + general_8259ints_handler] ;得到通用 8259 中断处理过程的线性地址
437            call make_interrupt_gate               ;位于 core_utils64.wid
438
439            mov r8, 0x20
440    .8259:
441            call mount_idt_entry                  ;位于 core_utils64.wid
442            inc r8
443            cmp r8, 0x2f
444            jle .8259
445
446            sti                                    ;开放硬件中断
447
448            ;在 64 位模式下显示的第一条信息!
449            mov r15, [rel position]
450            lea rbx, [r15 + welcome]
```

```
451          call put_string64                    ;位于 core_utils64.wid
452          ;---------------------------------------------------------------
453          ;安装系统服务所需要的代码段和栈段描述符
454          sub rsp, 16                           ;开辟 16 字节的空间操作 GDT 和 GDTR
455          sgdt [rsp]
456          xor rbx, rbx
457          mov bx, [rsp]                         ;得到 GDT 的界限值
458          inc bx                                ;得到 GDT 的长度（字节数）
459          add rbx, [rsp + 2]
460          ;以下，处理器不支持从 64 位立即数到内存之间的传送!!!
461          mov dword [rbx], 0x0000ffff
462          mov dword [rbx + 4], 0x00cf9200       ;数据段描述符，DPL=00
463          mov dword [rbx + 8], 0                ;保留的描述符槽位
464          mov dword [rbx + 12], 0
465          mov dword [rbx + 16], 0x0000ffff      ;数据段描述符，DPL=11
466          mov dword [rbx + 20], 0x00cff200
467          mov dword [rbx + 24], 0x0000ffff      ;代码段描述符，DPL=11
468          mov dword [rbx + 28], 0x00aff800
469
470          ;安装任务状态段 TSS 的描述符
471          mov rcx, 104                          ;TSS 的标准长度
472          call core_memory_allocate
473          mov [rel tss_ptr], r13
474          mov rax, r13
475          call make_tss_descriptor
476          mov qword [rbx + 32], rsi             ;TSS 描述符的低 64 位
477          mov qword [rbx + 40], rdi             ;TSS 描述符的高 64 位
478
479          add word [rsp], 48                    ;4 个段描述符和 1 个 TSS 描述符的总字节数
480          lgdt [rsp]
481          add rsp, 16                           ;恢复栈平衡
482
483          mov cx, 0x0040                        ;TSS 描述符的选择子
484          ltr cx
485
486          ;为快速系统调用 SYSCALL 和 SYSRET 准备参数
487          mov ecx, 0x0c0000080                  ;指定型号专属寄存器 IA32_EFER
488          rdmsr
489          bts eax, 0                            ;设置 SCE 位，允许 SYSCALL 指令
490          wrmsr
491
492          mov ecx, 0xc0000081                   ;STAR
493          mov edx, (RESVD_DESC_SEL << 16) | CORE_CODE64_SEL
494          xor eax, eax
495          wrmsr
```

```
496
497        mov ecx, 0xc0000082                    ;LSTAR
498        mov rax, [rel position]
499        lea rax, [rax + syscall_procedure]    ;只用 EAX 部分
500        mov rdx, rax
501        shr rdx, 32                           ;使用 EDX 部分
502        wrmsr
503
504        mov ecx, 0xc0000084                    ;FMASK
505        xor edx, edx
506        mov eax, 0x00047700                   ;要求 TF=IF=DF=AC=0; IOPL=00
507        wrmsr
508
509        ;以下初始化高级可编程中断控制器 APIC。在计算机启动后，BIOS 已经对 LAPIC 和 IOAPIC 做
510        ;了初始化并创建了相关的高级配置和电源管理接口（ACPI）表项。可以从中获取多处理器和
511        ;APIC 信息。英特尔架构的个人计算机（IA-PC）从 1MB 物理内存中搜索获取；启用可扩展固件
512        ;接口（EFI 或者叫 UEFI）的计算机需使用 EFI 传递的 EFI 系统表指针定位相关表格并从中获
513        ;取多处理器和 APIC 信息。为简单起见，我们采用前一种传统的方式。请注意虚拟机的配置！
514
515        ;ACPI 申领的内存区域已经保存在我们的系统数据区（SDA），以下将其读出。此内存区可能
516        ;位于分页系统尚未映射的部分，故以下先将这部分内存进行一一映射（线性地址=物理地址）
517        cmp word [SDA_PHY_ADDR + 0x16], 0
518        jz .acpi_err                          ;不正确的 ACPI 数据，可能不支持 ACPI
519        mov rsi, SDA_PHY_ADDR + 0x18          ;系统数据区：地址范围描述结构的起始地址
520   .looking:
521        cmp dword [rsi + 16], 3               ;3:ACPI 申领的内存（AddressRangeACPI）
522        jz .looked
523        add rsi, 32                           ;32:每个地址范围描述结构的长度
524        loop .looking
525
526   .acpi_err:
527        mov r15, [rel position]
528        lea rbx, [r15 + acpi_error]
529        call put_string64                     ;位于 core_utils64_mp.wid
530        cli
531        hlt
532
533   .looked:
534        mov rbx, [rsi]                         ;ACPI 申领的起始物理地址
535        mov rcx, [rsi + 8]                     ;ACPI 申领的内存数量，以字节计
536        add rcx, rbx                           ;ACPI 申领的内存上边界
537        mov rdx, 0xffff_ffff_ffff_f000         ;用于生成页地址的掩码
538   .maping:
539        mov r13, rbx                           ;R13:本次映射的线性地址
540        mov rax, rbx
```

```
541             and rax, rdx
542             or rax, 0x07                          ;RAX:本次映射的物理地址及属性
543             call mapping_laddr_to_page
544             add rbx, 0x1000
545             cmp rbx, rcx
546             jle .maping
547
548             ;从物理地址 0x60000 开始，搜索根系统描述指针结构（RSDP）
549             mov rbx, 0x60000
550             mov rcx, 'RSD PTR '                   ;结构的起始标记（注意尾部的空格）
551     .searc:
552             cmp qword [rbx], rcx
553             je .finda
554             add rbx, 16                           ;结构的标记总是位于 16 字节边界处
555             cmp rbx, 0xffff0                       ;低端 1MB 物理内存的上边界
556             jl .searc
557             jmp .acpi_err                         ;未找到 RSDP，报错停机处理。
558
559     .finda:
560             ;RSDT 和 XSDT 都指向 MADT，但 RSDT 给出的是 32 位物理地址，而 XDST 给出 64 位物理地址
561             ;只有 VCPI 2.0 及更高版本才有 XSDT。典型地，VBox 支持 ACPI 2.0 而 Bochs 仅支持 1.0
562             cmp byte [rbx + 15], 2                 ;检测 ACPI 的版本是否为 2
563             jne .acpi_1
564             mov rbx, [rbx + 24]                    ;得到扩展的系统描述表（XSDT）的物理地址
565
566             ;以下，开始在 XSDT 中遍历搜索多 APIC 描述表（MADT）
567             xor rdi, rdi
568             mov edi, [rbx + 4]                     ;获得 XSDT 的长度（以字节计）
569             add rdi, rbx                           ;计算 XSDT 上边界的物理位置
570             add rbx, 36                            ;XSDT 尾部数组的物理位置
571     .madt0:
572             mov r11, [rbx]
573             cmp dword [r11], 'APIC'                ;MADT 表的标记
574             je .findm
575             add rbx, 8                             ;下一个元素
576             cmp rbx, rdi
577             jl .madt0
578             jmp .acpi_err                         ;未找到 MADT，报错停机处理。
579
580             ;以下按 VCPI 1.0 处理，开始在 RSDT 中遍历搜索多 APIC 描述表（MADT）
581     .acpi_1:
582             mov ebx, [rbx + 16]                       ;得到根系统描述表（RSDT）的物理地址
583             ;以下，开始在 RSDT 中遍历搜索多 APIC 描述表（MADT）
584             mov edi, [ebx + 4]                        ;获得 RSDT 的长度（以字节计）
585             add edi, ebx                              ;计算 RSDT 末端的物理位置
```

```
586          add ebx, 36                          ;RSDT 尾部数组的物理位置
587          xor r11, r11
588  .madt1:
589          mov r11d, [ebx]
590          cmp dword [r11], 'APIC'              ;MADT 表的标记
591          je .findm
592          add ebx, 4                           ;下一个元素
593          cmp ebx, edi
594          jl .madt1
595          jmp .acpi_err                        ;未找到 MADT，报错停机处理。
596
597  .findm:
598          ;此时，R11 是 MADT 的物理地址
599          mov edx, [r11 + 36]                  ;预置的 LAPIC 物理地址
600          mov [rel lapic_addr], edx
601
602          ;以下开始遍历系统中的逻辑处理器（其 LAPID ID）和 I/O APIC。
603          mov r15, [rel position]              ;为访问 cpu_list 准备线性地址
604          lea r15, [r15 + cpu_list]
605
606          xor rdi, rdi
607          mov edi, [r11 + 4]                    ;EDI:MADT 的长度，以字节计
608          add rdi, r11                          ;RDI:MADT 尾部边界的物理地址
609          add r11, 44                           ;R11:指向 MADT 尾部的中断控制器结构列表
610  .enumd:
611          cmp byte [r11], 0                     ;列表项类型：Processor Local APIC
612          je .l_apic
613          cmp byte [r11], 1                     ;列表项类型：I/O APIC
614          je .ioapic
615          jmp .m_end
616  .l_apic:
617          cmp dword [r11 + 4], 0                ;Local APIC Flags
618          jz .m_end
619          mov al, [r11 + 3]                     ;local APIC ID
620          mov [r15], al                         ;保存 local APIC ID 到 cpu_list
621          inc r15
622          inc byte [rel num_cpus]               ;可用的 CPU 数量递增
623          jmp .m_end
624  .ioapic:
625          mov al, [r11 + 2]                     ;取出 I/O APIC ID
626          mov [rel ioapic_id], al               ;保存 I/O APIC ID
627          mov eax, [r11 + 4]                     ;取出 I/O APIC 物理地址
628          mov [rel ioapic_addr], eax             ;保存 I/O APIC 物理地址
629  .m_end:
630          xor rax, rax
```

```
631            mov al, [r11 + 1]
632            add r11, rax                       ;计算下一个中断控制器结构列表项的地址
633            cmp r11, rdi
634            jl .enumd
635
636            ;将 Local APIC 的物理地址映射到预定义的线性地址 LAPIC_START_ADDR
637            mov r13, LAPIC_START_ADDR          ;在 global_defs.wid 中定义
638            xor rax, rax
639            mov eax, [rel lapic_addr]          ;取出 LAPIC 的物理地址
640            or eax, 0x1f                       ;PCD=PWT=U/S=R/W=P=1，强不可缓存
641            call mapping_laddr_to_page
642
643            ;将 I/O APIC 的物理地址映射到预定义的线性地址 IOAPIC_START_ADDR
644            mov r13, IOAPIC_START_ADDR         ;在 global_defs.wid 中定义
645            xor rax, rax
646            mov eax, [rel ioapic_addr]         ;取出 I/O APIC 的物理地址
647            or eax, 0x1f                       ;PCD=PWT=U/S=R/W=P=1，强不可缓存
648            call mapping_laddr_to_page
649
650            ;以下测量当前处理器在 1 毫秒的时间里经历多少时钟周期，作为后续的定时基准。
651            mov rsi, LAPIC_START_ADDR          ;Local APIC 的线性地址
652
653            mov dword [rsi + 0x320], 0x10000 ;定时器的本地向量表入口寄存器。单次击发模式
654            mov dword [rsi + 0x3e0], 0x0b      ;定时器的分频配置寄存器：1 分频（不分频）
655
656            mov al, 0x0b                       ;RTC 寄存器 B
657            or al, 0x80                        ;阻断 NMI
658            out 0x70, al
659            mov al, 0x52                       ;设置寄存器 B，开放周期性中断，开放更
660            out 0x71, al                       ;新结束后中断，BCD 码，24 小时制
661
662            mov al, 0x8a                       ;CMOS 寄存器 A
663            out 0x70, al
664            ;in al, 0x71
665            mov al, 0x2d                       ;32kHz，125ms 的周期性中断
666            out 0x71, al                       ;写回 CMOS 寄存器 A
667
668            mov al, 0x8c
669            out 0x70, al
670            in al, 0x71                        ;读寄存器 C
671  .w0:
672            in al, 0x71                        ;读寄存器 C
673            bt rax, 6                          ;更新周期结束中断已发生？
674            jnc .w0
675            mov dword [rsi + 0x380], 0xffff_ffff  ;定时器初始计数寄存器：置初值并开始计数
```

```
676    .w1:
677          in al, 0x71                              ;读寄存器 C
678          bt rax, 6                                ;更新周期结束中断已发生?
679          jnc .w1
680          mov edx, [rsi + 0x390]                   ;定时器当前计数寄存器:读当前计数值
681
682          mov eax, 0xffff_ffff
683          sub eax, edx
684          xor edx, edx
685          mov ebx, 125                             ;125 毫秒
686          div ebx                                  ;EAX=当前处理器在 1ms 内的时钟数
687
688          mov [rel clocks_1ms], eax                ;登记起来用于其他定时的场合
689
690          mov al, 0x0b                             ;RTC 寄存器 B
691          or al, 0x80                              ;阻断 NMI
692          out 0x70, al
693          mov al, 0x12                             ;设置寄存器 B,只允许更新周期结束中断
694          out 0x71, al
695
696          ;以下安装用于任务切换的中断处理过程
697          mov r9, [rel position]
698          lea rax, [r9 + rtm_interrupt_handle]     ;得到中断处理过程的线性地址
699          call make_interrupt_gate                 ;位于 core_utils64.wid
700
701          cli
702
703          mov r8, 0x28                             ;任务切换使用的中断向量
704          call mount_idt_entry                     ;位于 core_utils64.wid
705
706          ;设置和时钟中断相关的硬件
707          mov al, 0x0b                             ;RTC 寄存器 B
708          or al, 0x80                              ;阻断 NMI
709          out 0x70, al
710          mov al, 0x12                             ;设置寄存器 B,禁止周期性中断,开放更
711          out 0x71, al                             ;新结束后中断,BCD 码,24 小时制
712
713          in al, 0xa1                              ;读 8259 从片的 IMR 寄存器
714          and al, 0xfe                             ;清除 bit 0(此位连接 RTC)
715          out 0xa1, al                             ;写回此寄存器
716
717          sti
718
719          mov al, 0x0c
720          out 0x70, al
```

```
721        in al, 0x71                              ;读 RTC 寄存器 C，复位未决的中断状态
722
723        ;计算机启动后，默认使用经由 LINT0 的虚拟线模式。
724        ;LVT LINT0 寄存器的默认值：0x700，不屏蔽 LINT0，ExtINT 投递模式
725        ;LVT LINT1 寄存器的默认值：0x400，不屏蔽 LINT1，NMI 投递模式
726
727
728        ;如果不使用 8259A PIC，直接使用 I/O APIC，则应当屏蔽 LVT LINT0 或者 8259A PIC 的输入。
729        ;以下两种方式可以选择一种即可。建议选择第二种，即，屏蔽 8259A 的全部中断输入。
730        ;mov rsi, LAPIC_START_ADDR
731        ;mov dword [rsi + 0x350], 0x10000         ;屏蔽 LINT0 的中断信号
732
733        mov al, 0xff                             ;屏蔽所有发往 8259A 主芯片的中断信号
734        out 0x21, al                             ;多处理器环境下不再使用 8259 芯片
735
736
737        mov rdi, IOAPIC_START_ADDR               ;I/O APIC 的线性地址
738
739        ;根据图纸可知,若选择 RTC 定时器,需要设置 I/O APIC 的 I/O 重定向表寄存器 8( IOREDTBL8 )
740        ;mov dword [rdi], 0x20                    ;对应 RTC。
741        ;mov dword [rdi + 0x10], 0x00000028       ;不屏蔽；物理模式；固定模式；向量 0x28
742        ;mov dword [rdi], 0x21
743        ;mov dword [rdi + 0x10], 0x00000000       ;Local APIC ID: 0
744
745        ;如果想加快任务切换速度，可选择 8254 定时器。对应 I/O APIC 的 IOREDTBL2
746        ;mov dword [rdi], 0x14                    ;对应 8254 定时器。
747        ;mov dword [rdi + 0x10], 0x00000028       ;不屏蔽；物理模式；固定模式；向量 0x28
748        ;mov dword [rdi], 0x15
749        ;mov dword [rdi + 0x10], 0x00000000       ;Local APIC ID: 0
750
751
752        ;也可以使用 Local APIC 内部的定时器，更加灵活。
753        mov eax, [rel clocks_1ms]
754        mov ebx, 55
755        mul ebx
756        mov rsi, LAPIC_START_ADDR                ;Local APIC 的线性地址
757        mov dword [rsi + 0x3e0], 0x0b            ;1 分频（不分频）
758        mov dword [rsi + 0x320], 0x20028        ;周期性模式；固定模式；中断向量：0x28
759        mov dword [rsi + 0x380], eax            ;初始计数值
760
761        ;以下开始创建系统外壳任务（进程）
762        mov r8, 50
763        call create_process
764
765        mov rbx, [rel pcb_ptr]                   ;得到外壳任务 PCB 的线性地址
```

```
766         mov rax, [rbx + 56]                    ;从 PCB 中取出 CR3
767         mov cr3, rax                           ;切换到新进程的地址空间
768
769         mov [rel cur_pcb], rbx                 ;设置当前任务的 PCB。
770         mov qword [rbx + 16], 1                ;设置任务状态为"忙"。
771
772         mov rax, [rbx + 32]                    ;从 PCB 中取出 RSP0
773         mov rdx, [rel tss_ptr]                 ;得到 TSS 的线性地址
774         mov [rdx + 4], rax                     ;在 TSS 中填写 RSP0
775
776         push qword [rbx + 208]                 ;用户程序的 SS
777         push qword [rbx + 120]                 ;用户程序的 RSP
778         pushfq
779         push qword [rbx + 200]                 ;用户程序的 CS
780         push qword [rbx + 192]                 ;用户程序的 RIP
781
782         iretq                                  ;返回当前任务的私有空间执行
783
784 ;~~~~~~~~~~~~~~~~~~~~~~~~~~~~~~~~~~~~~~~~~~~~~~~~~~~~~~~~~~~~~~~~~~~~~~~~~~~~~~~~~~~
785 core_end:
786
```

5.5 获取 ACPI 申领的物理内存地址范围

在本章的前面我们刚刚讲过高级的配置和电源接口 ACPI，不同的计算机系统在硬件上千差万别，各不相同，那么，ACPI 通过表格来描述系统信息、特性，以及控制这些特性的方法。这些表格列出了主板上的设备，也列出了系统性能数据，如可以支持的电源管理状态。对于我们来说，关心的是每个处理器的 APIC ID，以及 I/O APIC 的 ID，如果计算机的固件 BIOS 支持 ACPI，它将检测这些处理器并创建相关的表格，我们就可以从表格中获得这些信息。那么，ACPI 的表格在哪里呢，如何找到我们需要的表格呢？

5.5.1 ACPI 的数据结构和表

首先，ACPI 的表格是层次化的。最开始，最顶层，是一个数据结构，叫作根系统描述指针结构 RSDP，根系统描述指针结构保存了根系统描述表 RSDT 的物理地址。即，根系统描述指针结构是指向根系统描述表 RSDT 的。

在根系统描述表 RSDT 中保存了其他表的物理地址。即，通过根系统描述表 RSDT 可以找到其他 ACPI 表。不过，在 ACPI 1.0 版本的时候，也正是 32 位计算机的时代，表中的地址都是 32 位的。

到了 64 位的时代，可以使用 64 位的物理地址，因此推出了 ACPI 2.0 版本。此时，为了保持对 32 位系统的兼容性，保留了根系统描述表 RSDT，以及它所指向的表，但是新增了扩展的系统描述表 XSDT。在根系统描述指针结构 RSDP 中，用 64 位的地址指向扩展的系统描述表 XSDT，而且 XSDT 也使用 64 位的物理地址指向其他 ACPI 表。

如果 BIOS 支持 ACPI 2.0，它不但要创建 RSDT，也应当创建 XSDT，并在 XSDT 中使用 64 位物理地址来指向其他 ACPI 表。同时，XSDT 在根系统描述指针结构中保存的物理地址也是 64 位的。这就是说，32 位系统可以使用 RSDT 并访问它指向的表，64 位系统可以使用 XSDT 并访问它指向的表。注意，当前系统的 BIOS 固件所支持和使用的 ACPI 版本就保存在根系统描述指针结构中，通过它可以知道 XSDT 是否存在。

显然，为了访问 ACPI 表，需要先找到根系统描述指针结构。那么，根系统描述指针结构的位置在哪里呢？ACPI 规范指定了这个位置，它位于 1MB 物理内存之中。正因如此，这个数据结构在实模式下就可能访问。但是，根系统描述表 RSDT 和扩展的系统描述表 XSDT，以及其他相关联的表就不一定了，它们可能位于处理器地址空间的高端，只能在保护模式或者 IA-32e 模式下访问。无论如何，它们都位于一个为 ACPI 保留的内存区域之中，传统上，这个内存区域叫作 ACPI 申领的内存（ACPI reclaim memory）。

ACPI 申领的内存占据处理器地址空间（内存地址空间）的一部分，是由 ACPI 使用的地址范围，操作系统可以在读取 ACPI 表之后利用这段内存空间。但是，它可能位于地址空间的高端，只能在保护模式或者 IA-32e 模式下访问。更麻烦的是，开启分页后，要想访问这部分内存空间，还必须先进行地址映射，从虚拟地址空间里分配一段线性地址，将它映射为这一段物理地址，这就必须知道 ACPI 申领的物理地址范围。

5.5.2　E820 功能调用和内存地址范围结构

ACPI 申领的内存是一段物理地址范围。那么，这个物理地址范围到底是哪个具体的范围呢？对于不同的计算机系统来说，这个物理地址范围不是固定的。原因很简单，可用的物理内存空间本来就不是连续的，而是因为各种历史的、现实的原因被分割成不同的部分，由不同的设备占用，比如 BIOS 和 BIOS 保留的内存（包括 BIOS 数据区）、芯片组和 PCI 设备映射的内存、Local APIC 和 I/O APIC 映射的内存、系统 BIOS 在高端的映射、为其他特殊功能而保留的内存空间，等等。

显然，可用的物理内存并不是连续的，整个地址空间被分割成不同的部分。尤其是不同的计算机系统具有不同的硬件配置，物理内存的布局也是不同的。那么，如何知道物理内存的布局呢？如何知道 ACPI 申领的内存位于哪个地址范围呢？

物理内存的布局谁最清楚呢？系统固件 BIOS 最清楚。为什么 BIOS 最清楚呢？BIOS 用来初始化硬件，BIOS 里面的初始化代码是计算机厂商在研制每种型号的计算机时，根据具体的硬件配备定制的。因此，最好的办法就是由 BIOS 提供一个编程接口，用来返回整个系统的内存布局情况。

为了返回物理内存布局或者说内存的地址映射情况，需要使用 BIOS 功能调用。查询内存布局的功能调用是用 0x15 号软中断实现的。和其他 BIOS 功能调用一样，0x15 号软中断也是一个总的入口，用来提供多种服务，所以需要用 EAX 指定功能号，其中 0xe820 号功能用来查询系统地址映射情况。为了方便，人们称之为 E820 功能。

问题在于内存的映射情况通常都比较复杂，需要多次用 0x15 号软中断来返回，每次都用一个数据结构来返回一个地址范围，这个数据结构叫作地址范围描述结构，其基本长度是 20 字节。

在这个数据结构内，偏移 0 处保存着物理基地址的低 32 位和高 32 位。实际上可以认为保存着一个 64 位的基地址，但是在实模式和保护模式下不能访问 64 位的数据，所以只能按高、低 32 位来处理。

从偏移为 8 的地方开始，保存的是这段内存的长度，以字节计。长度数据是 64 位的，但是在实模式和保护模式下不能访问 64 位的数据，所以只能按高、低 32 位来处理。

从偏移为 16 的地方开始，保存的是这段地址范围的内存类型，这个字段的长度是一个双字，用数值来代表不同的内存类型。比如，1 代表操作系统可以使用和分配的内存；2 代表已被系统使用或占用的内存，不能由操作系统使用和分配；3 代表 ACPI 申领的内存，可以由操作系统在读取 ACPI 表之后使用和分配。

还有其他更多的内存类型，这里不再一一介绍，可以看看 ACPI 规范。按照 ACPI 规范的要求，凡是与 ACPI 兼容的系统，都必须提供 0xe820 功能调用。

5.5.3　查询和保存物理地址映射数据

我们知道，通过 0x15 号软中断的 0xe820 号功能可以查询地址映射情况。在发出这个软中断之前，要将寄存器 EAX 设置为 0xe802，这是功能码。

EBX 是持续标记。首次使用 E820 功能时清零，然后由 BIOS 设置并用于后续的 E820 功能调用。程序的职责是在每次执行完 E820 功能调用后检查 EBX 的值，若其为 0，意味着这是返回的最后一个地址范围数据。

ES:DI 指定地址范围描述结构的逻辑段地址和段内偏移量，BIOS 用这个结构返回地址映射数据。

ECX 指定地址范围描述结构的长度，以字节计。目前，BIOS 所支持的最小尺寸为 20 字节，将来可能会有所扩展。

EDX 用来指定一个签名，必须是字符串"PAMS"的编码。它是"物理地址映射结构"的英文缩写，其英文是 Physical Address Mapping Structure。

准备好上述参数后就可执行 0x15 号软中断。如果在执行的过程中没有出现错误，标志寄存器的进位标志 CF 被清零；否则设置 CF 标志，同时用 EAX 返回字符串"PAMS"的编码，EBX 返回一个持续标记。

内存布局的检测是在内核加载器程序 c03_ldr.asm 里完成的。当初我们讲解内核加载器程序时跳过了这一部分功能，现在就来补上。

来看内核加载器程序 c03_ldr.asm，它的第 120～137 行用来获取当前系统的物理内存布局信息。在此之前我们刚刚检测处理器是否支持 IA-32e 模式，也已经显示了处理器的商标信息。在这个时候，处理器还没有进入保护模式，还在实地址模式下工作，可以执行 BIOS 功能调用。

执行 0x15 号中断的 E820 功能需要用到段寄存器 ES。为了不破坏 ES 的原始内容，第 120 行压栈保存它。

另外，我们目前只是返回地址映射信息，而不是立即使用这些信息，所以只需要将它们保存起来就可以了。

地址映射信息是保存在系统数据区中的。看一下第 3 章的图 3-4，从 0x7e00 开始是系统数据区，一直延伸到 0x9000，长度是四千多字节。

再看一下第 3 章的图 3-5，这是系统数据区的细节。在系统数据区内，保存着处理器物理地址宽度、处理器线性地址宽度等信息。从偏移为 0x18 的地方开始，保存着所有的地址范围描述结构。即，保存着地址范围描述结构的列表。地址范围描述结构的数量则保存在偏移为 0x16 的地方。

回到内核加载器程序，系统数据区的物理地址是 SDA_PHY_ADDR。第 122～123 行将这个物理地址右移 4 位，形成逻辑段地址，并传送到段寄存器 ES。

第 124 行，将地址范围描述结构的数量初始化为 0；第 125 行将 EBX 清零，这是 E820 功能调用的要求。

查询到的地址范围数据保存在系统数据区，我们刚才说了，是从偏移为 18 的地方开始保存的。第 126 行，我们将 18 传送到寄存器 DI，这也是 E820 功能调用的要求。

接下来的第 127～135 行是一个循环，在循环体中，首先将 EAX 设置为 0xe820，将 ECX 设置为地址范围描述结构的长度。最小长度是 20，但我们指定的是 32，也算是多多益善吧。按要求，EDX 必须填写为字符串"PAMS"。准备好之后，执行 0x15 号软中断。

这个软中断一次只返回一个地址范围数据。为了连续返回更多的地址范围数据，需要多次执行。为此，我们先把 32 加到 DI 上，以指向下一个地址范围描述结构，然后递增地址范围描述结构的数量；接下来判断 EBX 是否为 0。如果为 0，表明这已经是返回的最后一个地址范围数据；如果非零，可以转到标号.mlookup 处重新执行 0x15 号软中断，返回下一个地址范围数据。

返回了所有的地址范围数据后，第 137 行的 pop 指令恢复段寄存器 ES，然后继续往下执行。下面的内容和以前是一样的，不再赘述。

5.5.4　准备映射 ACPI 申领的内存

在所有已经保存的物理地址范围映射数据里，我们最关心的只是 ACPI 申领的物理地址范围，所以需要从中找到 ACPI 申领的物理地址范围，这个工作在是本章的内核初始化期间完成的。

现在我们转到内核程序 c05_core.asm。

和往常一样，进入内核后，我们先把内核从低端映射到高端，然后初始化中断系统，包括安装所有的中断门；紧接着，为快速系统调用服务准备参数。那么，截止到这里，内核初始化代码和以前相比都是一样的，没有做任何修改。

以上，都是第 509 行之前所做的工作。但是，从现在开始，我们准备初始化高级可编程中断控制器 APIC，包括 Local APIC 和 I/O APIC。说是初始化，其实我们也没有做太多的设置，毕竟在计算机启动后它们已经处于默认的工作状态，除非必要，通常不需要做太多的修改。

由于 ACPI 申领的物理地址范围已经保存在系统数据区 SDA，我们现在的工作就是访问系统数据区，从中取得这个地址范围。首先，我们需要知道 0x15 号软中断的 E820 功能是否返回了可用的地址范围数据。为此，第 517 行用 cmp 指令判断地址范围描述结构的数量是否为 0。这个数量信息保存在系统数据区内偏移为 0x16 的位置，在这条指令中使用的有效地址是 SDA_PHY_ADDR + 0x16。注意，这是个物理地址，此处可以使用物理地址吗？

实际上，这是个线性地址，只不过这个线性地址等于物理地址。系统数据区位于低端 1MB 物理内存，在内核加载器里初始化分页系统时，已经对低端 2MB 物理内存做过一对一的映射，这部分内存的线性地址和物理地址相同。

正常情况下，除非 BIOS 不支持 ACPI，否则地址范围描述结构的数量不会是 0。如果是 0，系统就不能再往下执行，只能转到标号.acpi_err 处显示错误信息并且停机。我们以前也调用过例程 put_string64 来显示信息，所以这个显示错误信息的过程就不解释了。

如果地址范围描述结构的数量大于 0，那么，我们就可以从中找出内存类型为 3 的地址范围信息。在前面我们说过，类型 3 是 ACPI 申领的内存。

首先，第 519 行，将地址范围描述结构列表的起始线性地址传送到 RSI。在 64 位模式下，我们用 SDA_PHY_ADDR + 0x18 作为线性地址，其原理我们刚才已经说过了。

接下来是一个循环，首先判断当前地址范围的内存类型，如果是 3，就意味着查找成功，转到标号.looked 处做进一步的处理；如果不是，则将 RSI 加上 32，指向下一个地址范围描述结构，并转到标号.looking 处接着查找。

5.5.5　映射 ACPI 申领的内存

尽管我们已经获取了 ACPI 申领的物理地址范围，但也可能还是无法访问这一段内存空间。为什么呢？原因很简单，开启分页后，不能使用物理地址来访问内存而只能使用线性地址。因此，我们必须分配与这段物理地址对应的线性地址，并安装相应的分页系统表项，以确保当前分页系统能够进行地址转换。为了方便，我们可以直接用 ACPI 申领的这段物理地址范围作为对应的线性地址范围。如此一来，我们就可以将物理地址作为线性地址来访问 ACPI 申领的内存，并且处理器的页部件也将输出一模一样的物理地址。

回顾一下，在公共模块 core_utils64.wid 中，例程 mapping_laddr_to_page 用来建立线性地址到物理页的映射。我们以前用过这个例程，也讲过这个例程，该例程要求输入一个线性地址和一个物理地址，然后在分页系统里建立它们之间的映射关系。

我们知道，在分页系统中，最低的层级是页表，每个页表项对应一个物理页面，这就是为什么这个例程需要提供一个页面的物理地址。换句话说，用这个例程将线性地址 x 映射到页面的物理地址 y，实际上是映射了一个完整的页面，这个页面起始于物理地址 y。

因此，反过来，被映射的线性地址也就不止 x 一个，实际上是包括 x 在内的一个线性地址范围。这个范围的线性地址都有一个共同点，即，它们只有低 12 位是不同的。

因此，这个例程实际上是在一个线性地址范围和一个物理地址范围之间建立了一一映射。在建立映射的时候，如果 x 和 y 是相同的，那么，映射前的线性地址和分页系统转换后的物理地址相同。

如图 5-8 所示，浅色部分是物理内存，深色部分是 ACPI 申领的内存。ACPI 申领的内存从物理地址 x 开始，一直到物理地址 y。

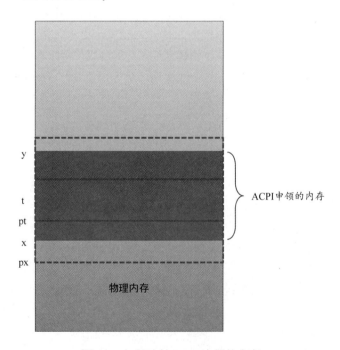

图 5-8　如何映射 ACPI 申领的内存

现在，我们的任务是在分页系统中映射 ACPI 申领的这一部分内存，使这一部分物理内存可以在分页模式下正常访问，同时，也要求访问时使用的线性地址和物理地址相同。

物理地址 x 肯定是位于某个物理页面的，在图 5-8 中，物理地址 x 所在的虚线框（最下面的虚线框）就是物理地址 x 所在的页面。如果将物理地址 x 的低 12 位清零，就是它所在页面的物理地址 px。使用刚才的例程，我们用 x 作为线性地址与 px 建立映射。

接下来，将物理地址 x 加上一个页面的大小，即，加上 4096 或者 0x1000，得到下一个地址 t。这个新地址当然位于一个物理页面内（中间的虚线框），将新地址 t 的低 12 位清零，就是这个页面的起始物理地址 pt。现在，我们用 t 作为线性地址与 pt 建立映射。

映射之后，判断物理地址 t 是否小于 y。如果小于 y，则使用相同的方法继续映射；否则结束整个映射过程。

映射过程结束后，我们不但可以正常访问这一段 ACPI 申领的内存，而且还是用物理地址作为线性地址来访问的，非常方便。

现在来看具体的映射过程。

当程序的执行到达标号.looked，意味着已经找到了 ACPI 申领的物理地址范围。此时寄存器 RSI 正指向一个地址范围描述结构，它包含了这个地址范围的起始物理地址、地址范围的尺寸和内存类型。当然，这个内存类型肯定是 3。

首先，第 534 行，从 RSI 指向的地址范围描述结构中取出这个地址范围的起始物理地址并传送到 RBX。由于是在平坦模型下，而且系统数据区所在的低端 2MB 物理内存已做过特殊映射，由 RSI 提供的物理地址也是线性地址。

接下来，我们再从 RSI+8 的地方取出这个地址范围的长度，以字节计，传送到 RCX。紧接着，将 RBX 的内容加到 RCX，这就得到另一个物理地址，这是这个地址范围的上部边界。

确定了地址范围之后，我们开始执行从线性地址到物理页的映射。与此同时，我们还希望线性地址与映射后的物理地址相同，那就直接将物理地址作为线性地址，并将线性地址的低 12 位清零，作为映射的物理页地址。出于这个目的，我们用 RDX 充当这样一个用于生成页地址的掩码。

映射过程是用一个循环完成的。首先，将 ACPI 申领的起始物理地址传送到 R13 作为线性地址。接着，将这个物理地址传送到 RAX，并用 RDX 中的掩码执行逻辑与操作，于是在 RAX 中得到一个页面的物理地址。后面的 or 指令为这个页地址添加属性值，添加之后即可调用例程 mapping_laddr_to_page 执行映射操作。

映射之后，我们为 RBX 加上 0x1000，即，加上一个页面的大小，这就得到了一个新的物理地址。这里需要判断新地址是否小于等于 RCX 中的地址范围上限。如果小于等于关系成立则转到标号.maping 继续映射，否则结束映射。

5.6　访问 ACPI 的数据结构和表

我们已经在分页系统中映射了 ACPI 申领的内存，映射这一段物理内存的目的是访问其中的 ACPI 表，毕竟在分页模式下不能直接使用物理地址。

既然映射工作已经完成，接下来就可以访问这一段内存，从中获取多处理器和高级可编程中断控制器 APIC 方面的信息。

5.6.1 根系统描述指针结构

ACPI 的表是层次化的，必须先从根系统描述指针结构开始。如表 5-1 所示，在根系统描述指针结构内，一开始是一个签名，长度为 8 字节。这个签名以字符串的形式存在，其内容为"RSD PTR "，请注意尾部还有一个空格。

表 5-1　根系统描述指针结构

字　段	字 节 数	字节偏移	描　　　述
签名	8	0	字符串"RSD PTR "（注意尾部的空格）
检查和	1	8	ACPI 1.0 版的检查和，只是本结构前 20 字节的检查和，包括本字段。这些字节的累加和必须为 0
OEM 标识	6	9	由 OEM 厂商提供的字符串
修订号	1	15	本结构的修订号。0 代表 ACPI 1.0 版。此时，本结构只有前 20 字节，不包括以下斜体部分。只有在此字段为 2 时，才包括以下斜体部分
RSDT 的地址	4	16	RSDT 的 32 位物理地址
本结构的长度	4	20	本结构的长度，以字节计。若修订号为 0（ACPI 1.0）则此字段及下面的字段都不可用
XSDT 的地址	8	24	XSDT 的 64 位物理地址
扩充的检查和	1	32	整个结构的检查和，包括两个检查和字段
保留	3	33	保留

在根系统描述指针结构内偏移为 8 的地方是这个结构的检查和，长度为 1 字节。这是 ACPI 1.0 版的检查和，只是本结构前 20 字节的检查和，包括本字段。这些字节的累加和必须为 0。用累加和来检查内容的有效性，这是一个老传统。

从这个结构内偏移为 9 的位置开始是厂商标识。OEM 是原始设备制造商的意思，所以这个字段就是原始设备制造商的标识，长度为 6 字节，通常是一个字符串。

结构内偏移为 15 的位置是本结构的修订号，长度为 1 字节。0 代表 ACPI 1.0 版。此时，本结构只有前 20 字节，不包括后面的斜体部分。只有在此字段的值为 2 时才包括后面的斜体部分。

在这个结构内偏移为 16 的位置保存着根系统描述表 RSDT 的 32 位物理地址，长度为 4 字节。

在这个结构内偏移为 20 的位置保存着本结构的长度，以字节计，这个字段本身的长度是 4 字节。若本结构的修订号为 0，即 ACPI 1.0，则此字段及下面的字段都不可用。

从这个结构内偏移为 24 的位置开始是扩展的系统描述表 XSDT 的物理地址，这个地址是 64 位的，8 字节。

从这个结构内偏移为 32 的位置开始是扩充的检查和，长度为 1 字节。这是整个结构的检查和，包括两个检查和字段。

从这个结构内偏移为 32 的位置开始是保留的 3 字节。显然，如果修订号为 0，此结构的长度是 20 字节；如果修订号大于 0，则此结构的长度是 36 字节。

5.6.2　搜索根系统描述指针结构

根系统描述指针结构是 ACPI 的基本数据结构，通过它就可以找到其他任何表。但需要注意的是这个结构并不位于 ACPI 申领的内存，而是位于传统的 1MB 物理内存之中。

如何寻找根系统描述指针结构，ACPI 规范说得很清楚。根系统描述指针结构位于两个可能的位置，分别是扩展的 BIOS 数据区 EBDA，或者 0xE0000 和 0xFFFFF 之间的 BIOS 只读内存空间，只需要按照 16 字节边界来搜索一个有效的签名和检查和即可。

回到内核程序 c05_core.asm。

为了方便，我们直接从常规内存的顶端开始搜索。即，从物理地址 0x60000 开始搜索，而不管什么扩展的 BIOS 数据区和 BIOS 只读内存。为此，第 549 行，我们将搜索的起始物理地址 0x60000 传送到 RBX 备用。

接下来，用 RCX 存放根系统描述指针结构的签名 "RSD PTR "。这个字符串共有 8 字节，正好等于 RCX 的长度，RCX 正好可以容纳这个签名。

签名的搜索是用一个循环来完成的。cmp 指令执行比较操作，如果发现这个签名，则转到标号.finda 处做其他处理；如果没有发现这个签名，则将 RBX 加上 16 以指向下一个 16 字节对齐的内存地址并继续比对，但是在此之前需要判断这个新地址是否超出预定的搜索范围。预定搜索范围的上边界是低端 1MB 物理内存的顶端，由于我们是按照 16 字节对齐的地址来搜索的，所以这个上边界应该是物理地址 0xffff0。

如果这个新地址没有超过 0xffff0，则转到标号.searc 处继续寻找签名；否则意味着没有发现根系统描述指针结构。在这种情况下，只能转到标号.acpi_err 处，报错停机处理。

注意，我们只是按照签名来搜索根系统描述指针结构的。但是严格地说，找到签名后还不能确定这个结构是有效的（万一只是碰巧在内存里有这么一串字符），还必须计算检查和是否有效。只有将结构的所有字节累加，其结果为 0 时，才算是有效的。

5.6.3　系统描述表的层次结构和表头格式

在低端 1MB 物理内存中找到了根系统描述指针结构之后，无论这个结构的修订号字段是什么数值，在这个结构中一定会有 RSDT 的物理地址字段，它的内容是根系统描述表 RSDT 的 32 位物理地址，通过它可以找到根系统描述表 RSDT。

但是，如果这个结构的修订号字段的值为 2，则在这个结构内不但有 RSDT 的物理地址字段，还包括 XSDT 的物理地址字段，它的内容是扩展的系统描述表 XSDT 的 64 位物理地址，通过它可以找到扩展的系统描述表 XSDT。

对于程序来说，它应该先检查根系统描述指针结构的修订号。若其为 0，则直接使用 RSDT 字段来访问根系统描述表 RSDT；若其为 1，则应当使用 XSDT 字段来访问扩展的系统描述表 XSDT 而不是 RSDT。

通过根系统描述表 RSDT 可以找到其他系统描述表，因为它包含了其他系统描述表的物理地址，这些地址的宽度是 32 位的。

在 RSDT 所指向的系统描述表中，我们关注的是多 APIC 描述表 MADT，它为操作系统提供了中断控制器方面的信息，比如系统中的所有 Local APIC、I/O APIC 等。由于每个处理器都有自己的 Local APIC，所以，掌握了 Local APIC 的数量和每个 Local APIC 的标识，也就知道系统中有多少个处理器，以及每个处理器的标识。

和 RSDT 一样，扩展的系统描述表 XSDT 也指向其他系统描述表，因为它包含了其他系统描述表的物理地址。不过，这些地址的宽度是 64 位的。同样，XSDT 所指向的系统描述表中也包括多 APIC 描述表 MADT。

除了根系统描述指针结构，包括 RSDT、XSDT 在内的所有其他系统描述表都具有一个相同的表头部分。来看一下所有系统描述表的固定表头部分，如表 5-2 所示。

表 5-2　所有系统描述表的固定表头

字　段	字 节 数	字 节 偏 移	描　述
签名	4	0	一个字符串，用来说明这是个什么表
表的长度	4	4	整个表的长度，包括本表头，以字节计
修订号	1	8	表的修订号。但这个表指的是与上述签名所对应的表
检查和	1	9	整个表，包括本字段，累加和必须为 0
OEM 标识	6	10	由 OEM 厂商提供的字符串
OEM 表标识	8	16	由 OEM 厂商提供的字符串，用来标识特定的数据表
OEM 修订号	4	24	由 OEM 厂商提供的修订号
创建者标识	4	28	厂商创建此表时使用的软件工具的标识
创建者修订号	4	32	厂商创建此表时使用的软件工具的修订号

在任何一个表内，从偏移为 0 的位置开始是一个签名，长度为 4 字节，这是一个字符串，用来说明这是个什么表。

从偏移为 4 的位置开始是表的长度。这个字段的长度为 4 字节，用来记录整个表的长度，包括本表头，以字节计。

从偏移为 8 的位置开始是修订号，长度为 1 字节。这是表的修订号，但这个表指的是与上述签名所对应的表，或者说当前表头所在的表。

从偏移为 9 的位置开始是检查和，占用 1 字节。将整个表内的所有字节（包括本字段）累加起来，结果必须为 0。

从偏移为 10 的位置开始是 OEM 标识，长度为 6 字节。这是由 OEM 厂商提供的字符串。

从偏移为 16 的位置开始是 OEM 表标识，长度为 8 字节。这是由 OEM 厂商提供的字符串，用来标识特定的数据表。

从偏移为 24 的位置开始是 OEM 修订号，长度为 4 字节。这是由 OEM 厂商提供的修订号。

从偏移为 28 的位置开始是创建者标识，长度为 4 字节。这是厂商创建此表时使用的软件工具的标识。

从偏移为 32 的位置开始是创建者修订号，长度为 4 字节，这是厂商创建此表时使用的软件工具的修订号。

5.6.4　扩展的系统描述表 XSDT

回到本章的内核程序 c05_core.asm。

当程序的执行到达标号.finda 时（第 559 行），就意味着已经找到了根系统描述指针结构，而且 RBX 保存着这个结构的物理地址。接下来，需要根据根系统描述指针结构的修订号来决定下一步访问哪个表，是 RSDT，还是 XSDT。

修订号在结构内的偏移是 15，第 562 行检查修订号是否为 2。如果不是 2，意味着只能使用根系统描述表 RSDT，所以我们要通过 jne 指令转到标号.acpi_1 去使用这个表。

相反，如果修订号是 2，意味着存在一个扩展的系统描述表 XSDT，而且我们应当使用 XSDT 而不是 RSDT。此时，jne 指令不会发生转移，而是从结构内偏移为 24 的地方取出 XSDT 的物理地址。

XSDT 的地址是不确定的，但它肯定位于 ACPI 申领的内存，而我们已经在分页系统中映射了 ACPI 申领的内存。所以，只要得到了它的物理地址，就随时可以访问。

接下来，我们要在 XSDT 中遍历搜索多 APIC 描述表 MADT。为此，需要先了解一下 XSDT 的组成，如表 5-3 所示。

表 5-3　XSDT 的成员

字　　段	字 节 数	字 节 偏 移	描　　　述
签名	4	0	"XSDT"
表的长度	4	4	整个表的长度，以字节计
修订号	1	8	1
检查和	1	9	整个表（包括本字段）的累加和必须为 0
OEM 标识	6	10	由 OEM 厂商提供的字符串
OEM 表标识	8	16	制造商产品标识
OEM 修订号	4	24	由 OEM 厂商提供的修订号
创建者标识	4	28	软件工具的厂商标识
创建者修订号	4	32	创建此表的工具的修订号
其他表的入口	$8 \times n$	36	n 个连续存放的 64 位物理地址，每个物理地址都指向一个系统描述表

扩展的系统描述表 XSDT 包括我们以前说过的表头，也就是它的前 9 个字段。签名部分是 "XSDT"，表明当前表是扩展的系统描述表。修订号是 1。表头的其他部分没有什么好说的，我们不太关心。

表头之后，是其他表的入口，这一部分内容在表内的偏移是 36。从这里开始，是 n 个连续存放的 64 位物理地址，每个物理地址都指向一个系统描述表。显然，这实际上是一个数组，数组的元素是 64 位物理地址，数组的长度是 n。在这里，n 是多少，取决于具体的计算机系统。64 位物理地址折合 8 字节，所以这一部分的长度是 $8 \times n$ 字节。

那么，在只有物理地址的情况下，我们怎么知道这些物理地址指向的是什么表呢？答案很简单，每个表都有一个表头，表头内有签名，根据签名就知道它是什么表。比如，扩展的系统描述表的签名是 "XSDT"，多 APIC 描述表的签名是 "APIC"。先用物理地址找到表，再根据表的签名来判断是不是自己要找的那种表。

回到内核程序中，我们已经取得了 XSDT 的物理地址，按理说，应该检查一下这个表的签名是不是"XSDT"，并且要计算检查和，看是不是有效的 XSDT。但为了省事，我们在程序中没有这样做，省略了这些步骤，严格来说这是不应该的。不过，这可以作为练习题由你来添加。

XSDT 的尾部是一个数组，我们需要遍历这个数组，逐一取出每个物理地址，检查这个地址所指向的表的表头，根据表的签名来寻找我们要访问的表。

5.6.5 通过 XSDT 搜索多 APIC 描述表 MADT

通过扩展的系统描述表 XSDT 可以找到其他系统表。再通过分析表头的签名，就可以找到我们需要的表。在本书中我们关注的表是多 APIC 描述表 MADT，它保存了与高级可编程中断控制器 APIC 有关的信息，比如说处理器的数量和标识信息。多 APIC 描述表的签名是字符串"APIC"，我们只需要找到有这样一个签名的表即可。

为了访问 XSDT 末尾的地址数组，需要计算它的起始物理地址。同时，为了防止在访问的时候越界，还要知道这个数组末尾的物理地址，这个地址实际也是 XSDT 表的末端地址。

回到本章的内核程序中，第 564 行，访问根系统描述指针结构，从偏移为 24 的位置取出扩展的系统描述表 XSDT 的物理地址，保存到 RBX。

在扩展的系统描述表 XSDT 中，数组起始于表内偏移为 36 的位置，所以，第 570 行用来计算数组自身的物理地址。它是用 RBX 加上 36，结果保存在 RBX 中。

但是，在此之前，我们是先计算数组末端的物理地址。这个地址是用表的物理地址加上表的长度得到的。第 568 行，从表内偏移为 4 的位置取出整个表的长度，以字节计。表长度字段是一个双字，不能直接使用 RDI，而只能先用第 567 行将 RDI 清零，再将表的长度保存到它的低 32 位 EDI，最后再将 RDI 和 RBX 相加，就在 RDI 中得到了 XSDT 尾部边界（数组末端）的物理地址。

接下来，第 571～578 行的循环依次取出数组中的每个物理地址，并访问这个地址上的系统描述表，判断它的签名是否为"APIC"，这是多 APIC 描述表 MADT 的标记。

在每次循环时，RBX 指向数组中的一个元素。用 RBX 作为地址，取出这个数组元素的内容，传送到 R11。此时，R11 是某个系统表的物理地址。实际上，R11 指向某个系统表的表头，而且正指向表头中的签名。

因此，第 573 行的 cmp 指令用 R11 作为地址，取出一个双字，并与字符串"APIC"作比较。如果比较的结果是相等，意味着找到了多 APIC 描述表 MADT，je 指令发生转移，转到标号.findm 去处理 MADT 表。

如果不相等，则我们将 RBX 加 8 以指向下一个数组元素。然后，还要将这个新地址和 RDI 进行比较。RDI 保存了数组末端的地址，如果比较的结果是尚未到达数组末端，则转到标号.madt0 继续循环，继续寻找多 APIC 描述表 MADT。

当然了，如果一直找到数组的末端也没有发现多 APIC 描述表 MADT，则我们无法进一步执行，只能转到标号.acpi_err 处报错停机。

5.6.6 根系统描述表 RSDT

回到前面，如果根系统描述指针结构的修订号不是 2，则只能转到标号.acpi_1 处，通过根系统描述表 RSDT 来寻找多 APIC 描述表 MADT。

在标号.acpi_1 这里，先从根系统描述指针结构内偏移为 16 的位置取出 RSDT 的物理地址。由于地址是 32 位的，所以是传送到 EBX。

如表 5-4 所示，这是根系统描述表 RSDT 的成员。我们说过，所有系统描述表都包括一个固定的表头，根系统描述表 RSDT 也不例外，也包括这个表头。

表 5-4　RSDT 的成员

字　　段	字 节 数	字 节 偏 移	描　　　述
签名	4	0	"RSDT"
表的长度	4	4	整个表的长度，以字节计
修订号	1	8	1
检查和	1	9	整个表（包括本字段）的累加和必须为 0
OEM 标识	6	10	由 OEM 厂商提供的字符串
OEM 表标识	8	16	制造商产品标识
OEM 修订号	4	24	由 OEM 厂商提供的修订号
创建者标识	4	28	软件工具的厂商标识
创建者修订号	4	32	创建此表的工具的修订号
其他表的入口	$4 \times n$	36	n 个连续存放的 32 位物理地址，每个物理地址都指向一个系统描述表

表头内的签名是"RSDT"，表明当前表是根系统描述表。修订号是 1。表头的其他部分没有什么好说的，我们不太关心。

表头之后，是其他表的入口，这一部分内容在表内的偏移是 36。从这里开始，是 n 个连续存放的 32 位物理地址，每个物理地址都指向一个系统描述表。显然，这实际上是一个数组，数组的元素是 32 位物理地址，数组的长度是 n。在这里，n 是多少，取决于具体的计算机系统。32 位物理地址折合 4 字节，所以这一部分的长度是 $4 \times n$ 字节。

和前面一样，我们从这个数组中取出每个物理地址，再通过这个地址找到它指向的表，最后根据表的签名来判断是不是自己要找的那种表。

回到本章的内核程序中，我们已经取得了 RSDT 的物理地址，按理说，应该检查一下这个表的签名是不是"RSDT"，并且要计算检查和，看是不是有效的 RSDT。但为了省事，我们在程序中没有这样做，省略了这些步骤，严格来说这是不应该的。不过，这可以作为练习题由你来添加。

RSDT 的尾部是一个数组，我们需要遍历这个数组，逐一取出每个物理地址，检查这个地址所指向的表的表头，根据表的签名来寻找我们所需要的访问的表。

5.6.7　通过 RSDT 搜索多 APIC 描述表 MADT

为了访问 RSDT 末尾的地址数组，需要计算它的起始物理地址。同时，为了防止在访问的时候越界，还要知道这个数组末尾的物理地址，这个地址实际也是 RSDT 表的末端地址。

回到本章的内核程序中，我们已经从根系统描述指针结构中偏移为 16 的位置取出了根系统描述表 RSDT 的物理地址，保存到 EBX。接下来，我们先计算数组末端的物理地址，这个地址是用表的物理地址加上表的长度得到的。第 584 行，我们先从表内偏移为 4 的位置取出整个表的长度，以字节计。表长度字段是一个双字，所以使用了 32 位的 EDI。

第 585 行，我们将表的物理地址和表的长度相加，就在 EDI 中得到了数组末端的物理地址，实际上也是 RSDT 末端的物理地址。

在根系统描述表 RSDT 中，数组起始于表内偏移为 36 的位置，所以，第 586 行，将表的物理地址和 36 相加，就得到了数组的起始物理地址，位于 EBX。

第 588～595 行的循环依次取出数组中的每个物理地址，并访问这个地址上的系统描述表，判断它的签名是否为"APIC"，这是多 APIC 描述表 MADT 的标记。

在前面，如果通过扩展的系统描述表 XSDT 里找到多 APIC 描述表 MADT，程序的执行会到达标号.findm。此时，R11 是 MADT 的物理地址。现在，我们是通过根系统描述表 RSDT 来寻找多 APIC 描述表 MADT，而且如果找到了 MADT，程序的执行也将到达标号.findm。在到达这里之前，R11 必须保存着多 APIC 描述表的物理地址。

正因如此，在进入循环之前，我们先将 R11 清零，为后续的操作做准备。在每次循环时，EBX 指向数组中的一个元素。第 589 行，用 EBX 作为地址，取出这个数组元素的内容。数组的元素是 32 位的物理地址，所以要传送到 R11 的低 32 位 R11D。此时，R11D 是某个系统表的物理地址。实际上，R11D 指向某个系统表的表头，而且正指向表头中的签名。

因此，第 590 行的 cmp 指令用 R11 作为地址取出一个双字，并与文本"APIC"的编码作比较。现在是 64 位模式，使用 64 位线性地址，所以要使用 R11，其高 32 位是全零，低 32 位是系统描述表的物理地址。当然，也可以直接使用 32 位的 R11D，就像在上一条指令中可以使用 32 位的 EBX 一样。如果在指令中使用 32 位的地址，那么，它将被扩展为一个 64 位的线性地址。

言归正传，如果比较的结果是相等，意味着找到了多 APIC 描述表 MADT，je 指令发生转移，转到标号.findm 去处理 MADT 表。此时，R11 就是 MADT 的物理地址。

如果不相等，则我们将 EBX 加 4 以指向下一个数组元素。然后，还要将这个新地址和 EDI 进行比较。EDI 保存了数组末端的地址，如果比较的结果是尚未到达数组末端，则转到标号.madt1 继续循环，继续寻找多 APIC 描述表 MADT。

当然了，如果找到数组末端也没有发现多 APIC 描述表 MADT，则我们无法进一步执行，只能转到标号.acpi_err 处报错停机。

5.6.8　多 APIC 描述表 MADT 的格式

无论是通过根系统描述表 RSDT 还是通过扩展的系统描述表 XSDT，只要是找到了多 APIC 描述表 MADT，程序的执行都会到达标号.findm 这里。此时，R11 保存了 MADT 的物理地址。接下来，我们要通过 MADT 获取 Local APIC 和 I/O APIC 的信息。但是在此之前，我们必须先了解 MADT 的格式，如表 5-5 所示。

表 5-5　MADT 的成员

字　　段	字 节 数	字 节 偏 移	描　　述
签名	4	0	字符串"APIC"
表的长度	4	4	整个 MADT 的长度，以字节计
修订号	1	8	当前的修订号为 5

（续表）

字　　段	字 节 数	字 节 偏 移	描　　述
检查和	1	9	整个表，包括本字段，累加和必须为 0
OEM 标识	6	10	由 OEM 厂商提供的字符串
OEM 表标识	8	16	制造商产品标识
OEM 修订号	4	24	由 OEM 厂商提供的修订号
创建者标识	4	28	软件工具的厂商标识
创建者修订号	4	32	创建此表的工具的修订号
内置中断控制器的地址	4	36	供每个处理器访问其内置中断控制器的 32 位物理地址
标志	4	40	中断控制器标志
中断控制器结构列表	—	44	一系列的中断控制器结构。注意，结构的长度各不相同

和其他系统描述表一样，MADT 也包含表头。其中，签名是"APIC"，可以用来识别这个表。检查和字段的数值用来确保整个表累加之后的结果为零。如果不为零，意味着这个表是无效的。表头的其他部分没有什么好说的，我们不太关注。

在表内偏移为 36 的位置是内置中断控制器的地址。这是供每个处理器访问其内置中断控制器的 32 位物理地址。对于 x86 的个人计算机来说，它实际上就是 Local APIC 的 32 位物理地址。我们知道，所有处理器都有自己的 Local APIC，而且它们的物理地址相同。

在表内偏移为 40 的位置是一个标志，长度为 4 字节，或者说是一个双字。这个双字目前只使用了位 0，这一位叫作 PCAT_COMPAT。为 1 时，表明系统中除了有 I/O APIC，还有两个8259A 芯片。但是，如果使用 I/O APIC，则必须屏蔽掉 8259A 的中断信号。位 1 到位 31 是保留的，没有使用。

在表内偏移为 44 的位置是中断控制器结构列表。从这里开始是一系列的中断控制器结构。注意，结构的长度各不相同。

中断控制器结构分为很多种，长度也各不相同，比如有用于描述 Local APIC 的中断控制器结构；有描述 I/O APIC 的中断控制器结构，等等。在所有中断控制器结构内，偏移为 0 的地方都是类型字段，通过这个字段的值可以区分和识别不同的中断控制器结构；偏移为 1 的地方是长度字段，通过这个字段，再结合当前结构的地址，就可以计算出下一个结构的地址。

在本书中，只用到两种类型的中断控制器结构，一种是描述 Local APIC 的中断控制器结构，一种是描述 I/O APIC 的中断控制器结构。

先来看 Local APIC 结构，如表 5-6 所示。这种结构的类型字段为 0，意味着它是一个 LocalAPIC 中断控制器结构。

表 5-6　Local APIC 结构

字　　段	字 节 数	字 节 偏 移	描　　述
类型	1	0	0
长度	1	1	8
处理器 UID	1	2	由流行的操作系统使用
APIC　ID	1	3	处理器的 Local　APIC　ID

（续表）

字　　段	字　节　数	字　节　偏　移	描　　述
标志	4	4	Local　APIC 的标志 位 0：此位是 1 表明处理器可以使用；若此位是 0 且位 1 被置位，表明硬件支持操作系统在运行时启用此处理器 位 1：此位的功能与位 0 相关。若位 0 是 1，此位被保留且必须为 0；若位 0 是 0 且此位是 1，系统硬件支持操作系统在运行时启用此处理器 位 2～31：保留

结构内偏移为 1 的位置是长度字段，当前结构的长度是 8 字节。

结构内偏移为 2 的位置是处理器 UID，这个字段由流行的操作系统使用，我们的这个小系统不需要使用。

结构内偏移为 3 的位置是 APIC ID 字段，这是处理器的 Local APIC ID。这个字段的值对我们来说很重要，这正是我们当前需要获取的信息。

结构内偏移为 4 的位置是一个标志，长度是 4 字节，32 位，其各位的含义如下。

位 0：此位是 1 表明处理器可以使用；若此位是 0 且位 1 被置位，表明硬件支持操作系统在运行时启用此处理器。

位 1：此位的功能与位 0 相关。若位 0 是 1，此位被保留且必须为 0；若位 0 是 0 且此位是 1，系统硬件支持操作系统在运行时启用此处理器。

位 2～31：保留。

再来看 I/O APIC 结构，如表 5-7 所示。这种结构的类型字段为 1，意味着它是一个 I/O APIC 结构。

表 5-7　I/O APIC 结构

字　　段	字　节　数	字　节　偏　移	描　　述
类型	1	0	1
长度	1	1	12
I/O　APIC　ID	1	2	I/O　APIC　ID
保留	1	3	0
I/O　APIC 地址	4	4	访问此 I/O　APIC 的 32 位物理地址。每个 I/O　APIC 有唯一的地址
全局中断基准	4	8	指定本中断控制器的中断输入起始于哪一个全局系统中断号

结构内偏移为 1 的位置是长度字段，当前结构的长度是 12 字节。

结构内偏移为 2 的位置是 I/O APIC ID 字段，保存了 I/O APIC 的 ID 或者说标识。这个字段的值对我们来说很重要，这正是我们当前需要获取的信息。

结构内偏移为 3 的位置是保留的，长度为 1 字节。

结构内偏移为 4 的位置是 I/O APIC 地址，它是访问此 I/O APIC 的 32 位物理地址。每个 I/O APIC 有唯一的地址。这个字段的值对我们来说也很重要，也是我们当前需要获取的信息。

注意，在一个系统中可以存在多个 I/O APIC，它们都有自己唯一的 APIC ID，也有自己唯一的物理地址。

结构内偏移为 8 的位置是全局中断基准，用来指定本中断控制器的中断输入起始于哪一个全局系统中断号。如果系统中有多个 I/O APIC，则每个 I/O APIC 只用来处理某个范围内的中断向量，因为它的中断输入引脚是有限的。比如，第一个 I/O APIC 处理 32 到 55 号中断；第二个 I/O APIC 处理器 56 到 79 号中断，等等，以此类推。

5.6.9　准备遍历中断控制器结构列表

从现在开始，我们要遍历所有中断控制器结构，从中找到类型为 0 的 Local APIC 结构，以及类型为 1 的 I/O APIC 结构，并取出相关信息。

为了遍历所有中断控制器结构，需要知道第一个中断控制器结构的物理地址，以及最后一个中断控制器结构在哪里结束，这个位置也是整个 MADT 的结束位置。

如果 MADT 起始于物理地址 a，那么，第一个中断控制器结构的物理地址为 a+44，毕竟这第一个结构位于表内偏移为 44 的位置。如果 MADT 表的长度是 L，那么，最后一个中断控制器结构结束于物理地址 a+L，实际上这也是 MADT 结束的物理地址。

接下来，我们开始执行遍历过程。先找到第一个中断控制器结构，判断它的类型是不是 0 或者 1。如果是，从中提取相关信息。然后，用这个结构的物理地址加上这个结构的长度，就得到下一个中断控制器结构的物理地址，后面依次类推。

每当我们得到下一个中断控制器结构的物理地址时，还必须判断它是否小于 MADT 的结束地址 a+L。如果小于，则下一个中断控制器结构是存在的；如果大于等于，表明不存在下一个中断控制器结构，整个遍历过程可以结束。

回到本章的内核程序中，第 600 行，我们先从 MADT 内偏移为 36 的位置取得 Local APIC 的物理地址，并保存到标号 lapic_addr 处。这个标号位于内核程序的第 18 行，专门用来保存 Local APIC 的物理地址。注意，在指令中使用了 RIP 相对寻址方式，这非常方便。

接下来，我们开始遍历 MADT 表内的中断控制器结构列表，这是为了获取每个处理器的 Local APIC ID，以及系统中的 I/O APIC 信息。所有处理器的 Local APIC ID 都保存在一个数组中，这个数组是从标号 cpu_list 定义的，这个标号在当前内核程序的第 17 行。注意，在一个物理封装内包含 256 个以上的处理器是可能的，但是需要使用 x2APIC 架构，我们目前还接触不到，我们默认使用的是 xAPIC 架构，所以，只定义 256 字节就足够了。

为了访问数组的每个元素，需要获得数组的起始线性地址。第 603～604 行，我们从标号 position 这里取得内核加载的起始线性地址，再用 lea 指令加上这个数组相对于内核程序起始处的偏移量 cpu_list，就是这个数组自身的线性地址，保存在 R15 中。

第 606～608 行，先在 RDI 中得到 MADT 的长度，这个长度是从 MADT 内偏移为 4 的地方取出的；然后，将 MADT 的起始物理地址与它的长度相加，在 RDI 中得到 MADT 尾部边界的物理地址，或者说末端物理地址。

R11 原先保存着 MADT 的起始物理地址，第 609 行为它加上 44，令它指向 MADT 尾部的中断控制器结构列表，因为这个列表起始于 MADT 内偏移为 44 的位置。

5.6.10　从中断控制器结构内提取处理器和 APIC 信息

第 610～634 行是一个带有分支的大循环，用来从中断控制器结构中提取相关信息。在循环开始前，R11 是指向第一个中断控制器结构的，而且正指向这个结构内偏移为 0 的类型字段。因此，我们首先判断这个类型字段的值是否为 0。即，是否为 Local APIC 结构。

如果是，转到.l_apic 执行，去提取 Local APIC ID 信息；否则，判断它是否为 I/O APIC 结构。I/O APIC 结构的类型值为 1。如果是，转到.ioapic 执行，提取 I/O APIC ID 和地址信息。

如果既不是 Local APIC 结构，也不是 I/O APIC 结构，则只能转到标号.m_end 这里执行。在这里，我们从当前中断控制器结构内偏移为 1 的位置取出当前结构的长度，将它加到 R11。这得到了什么？这得到了下一个中断控制器结构的起始物理地址。

但是，在这个地址处，真的是一个中断控制器结构吗？不见得。我们必须判断它是否超出了 MADT 的末端地址。这个末端地址在 RDI 中，所以要用 R11 和 RDI 比较。如果没有超出这个末端地址，则转到标号.enumd 处继续循环。否则，意味着已经遍历了所有的中断控制器结构，可以退出遍历过程，继续往后执行。

回到前面，如果当前的中断控制器结构是一个 Local APIC 结构，则，转到标号.l_apic 处执行。在这里，还要判断结构内的标志，看它是不是一个可以使用的处理器。如果此处理器不可用，则转到标号.m_end 处，继续遍历下一个中断控制器结构。

如果此处理器可用，则我们从结构内偏移为 3 的位置取出这个处理器的 Local APIC ID 保存到 AL 中，它也是处理器的 ID。接着，再将它保存到我们在内核中定义的数组里那个由 R15 指向的元素。保存之后，再将 R15 递增，使它指向数组的下一个元素。

紧接着，我们递增可用的处理器数量。这个数量信息保存在标号 num_cpus 处，这个标号位于内核程序的第 16 行。顺便说一下，在这条 inc 指令中使用了 RIP 相对寻址方式。

处理完 Local APIC 之后，第 623 行的 jmp 指令转到标号.m_end 处，继续遍历下一个中断控制器结构。

再回到前面，如果当前正在处理的中断控制器结构是 I/O APIC 结构，则转到标号.ioapic 处执行。在这里，我们从结构内偏移为 2 的地方取出 I/O APIC ID，保存到标号 ioapic_id 处，这个标号是在内核程序的第 21 行定义的。接着，我们从结构内偏移为 4 的位置取出当前 I/O APIC 的物理地址，保存到标号 ioapic_addr 处，这个标号是在内核程序的第 20 行定义的。

需要注意的是，在一个计算机系统中可以有多个 I/O APIC，所以，在 MADT 内也可能有多个 I/O APIC 类型的中断控制器结构。但是在我们的内核程序里，显而易见的是，如果存在多个 I/O APIC，则只有最后一个 I/O APIC 的 ID 和物理地址会被保存，前面保存的都被最后一个覆盖，因为我们是用相同的位置来保存每个 I/O APIC 的信息的。即，都保存在标号 ioapic_id 和 ioapic_addr 这里。严格来说这是不行的，我们应当定义数组并保存所有可能存在的 I/O APIC 的信息。

那为什么不用一个数组来保存所有 I/O APIC 的信息呢？我们是为了省事。在 x86 的个人计算机系统中不存在多个 I/O APIC，而是只使用一个 I/O APIC。换句话说，在 MADT 内的中断控制器结构列表中只有一个 I/O APIC 结构，所以我们简化了程序。

保存了 I/O APIC ID 和它的物理地址之后，程序的执行很自然地顺次到达标号.m_end 这里，继续遍历后面的中断控制器结构。

5.7　映射 APIC 地址

我们已经从 ACPI 的系统描述表中获取了相关信息，比如 Local APIC ID、I/O APIC ID、Local APIC 和 I/O APIC 的物理地址。当然了，也不是非得通过访问 ACPI 的系统描述表才能获得这些信息，但这种方式无疑最方便。为了生成这个配置信息，BIOS 需要进行一系列的初始化和检测工作，比如对所有逻辑处理器执行一个完整的初始化流程，如果我们自己来做的话无疑是非常烦琐的。

Local APIC 和 I/O APIC 的物理地址用来访问它们内部的寄存器，这些寄存器被映射到一个 4KB 的物理地址范围，叫作 APIC 寄存器空间。举个例子来说，假定 Local APIC 的物理地址是 0xfee0 0000，那么，物理地址 0xfee0 0020 对应于 Local APIC ID 寄存器；0xfee0 0030 对应 Local APIC 版本寄存器；0xfee0 00b0 对应 EOI 寄存器，如此等等。

现在，我们再次遇到了和以前相同的问题。即，在分页模式下不能使用物理地址而只能使用线性地址。因此，为了访问 APIC 寄存器空间，必须在虚拟内存空间里分配和映射对应的线性地址。

在本书中，我们为 Local APIC 指定的起始线性地址为 0xffff_ff7f_ffff_e000，并在全局定义文件 global_defs.wid 里将其定义为常量 LAPIC_START_ADDR，从这个线性地址开始的 4KB 线性地址空间用来映射和访问对应的 Local APIC 寄存器空间。我们为 I/O APIC 指定的起始线性地址为 0xffff_ff7f_ffff_d000，并在全局定义文件 global_defs.wid 里将其定义为常量 IOAPIC_START_ADDR，从这个线性地址开始的 4KB 线性地址空间用来映射和访问对应的 I/O APIC 寄存器空间。

那么，为什么会选择这两个线性地址呢？它们位于虚拟地址空间中的什么地方呢？在上一章里，创建任务时需要分配一个物理页作为新任务的 4 级头表，并分配一个临时的线性地址来初始化这个页。常量 NEW_PML4_LINEAR 被定义为数值 0xffff_ff7f_ffff_f000，它用来映射新任务 4 级头表的线性地址。这个线性地址位于虚拟地址空间的高端，是我们可以访问的最后一个 4KB 虚拟内存空间的起始线性地址。如果不理解这一点，说明你已经忘了前面的内容，建议回到上一章再重新温习一下。

再来看，Local APIC 的物理地址是以 e000 结尾的，I/O APIC 的物理地址是以 d000 结尾的，这三个地址是相邻的，而且彼此都相差 4KB。通过以上描述，你就可以理解这两个地址的空间位置。当然了，我们也可以选取和使用其他线性地址，但是将这几个地址选在虚拟地址空间的高端可以避免地址冲突，有利于维护可用线性地址范围的连续性。

回到内核程序 c05_core.asm，我们先将 Local APIC 的物理地址映射到预定义的线性地址 LAPIC_START_ADDR。

映射工作依然是用例程 mapping_laddr_to_page 来完成的，第 637～641 行，用 R13 传递被映射的线性地址 LAPIC_START_ADDR；用 RAX 传递被映射的物理地址，它是用 RIP 相对寻址方式从标号 lapic_addr 处取出的，这是 Local APIC 的物理地址。

注意，被映射的物理地址范围必须是强不可缓存的。即，访问这些物理内存时处理器并不使用缓存机制，否则将无法被地址译码部件映射到 Local APIC 或者 I/O APIC。

高速缓存的话题非常复杂，我们以后再说，现在只需要知道高速缓存的控制是非常灵活的，而且是分层次的。比如在每个分页结构的表项中都有 PCD 和 PWT 位，这两位就用来控制与该表项相关的那些页面的高速缓存特性。PCD 是页级高速缓存禁止位，为 0 时开启页一级的高速缓存；为 1 时禁止页一级的高速缓存。PWT 是页级通写位，决定了页一级的高速缓存写入策略。比如，可以只写入高速缓存，也可以既写入高速缓存，同时又写入内存。

在分页结构的表项中，物理地址的低 12 位被用作属性位，我们用第 640 行的这条指令添加属性值 0x1f。它的含义是，PCD=PWT=U/S=R/W=P=1。只要 PCD 位是 1，就是强不可缓存。

第 644～648 行用来映射 I/O APIC 的线性地址和物理地址，方法是一样的，就不再多说了。

5.8　测量 Local APIC 定时器

在计算机系统中，定时器是非常重要的，它可以按指定的时间间隔发出中断信号，这样就可以用中断处理程序来完成特定的工作，比如发起任务和线程的切换。

在《x86 汇编语言：从实模式到保护模式》一书里，我们采用实时时钟芯片 RTC 发出的中断信号，但它的缺点是精度不高，这个精度指的是定时信号出现的周期。如果定时信号每秒出现一次，它的精度就是 1 秒。我们知道，RTC 芯片的精度可以达到微秒级。RTC 的中断信号同时发往 I/O APIC 和 8259A 的从片，如果当前使用的是 I/O APIC，则由 I/O APIC 将中断投递到处理器；否则，由 8259A 将中断转发到处理器。

另一个比较传统的定时器芯片是主板芯片组中的 8253 或者 8254 可编程定时器，它的精度可以达到几百个纳秒，这一路的中断信号也同时发往 I/O APIC 和 8259A 的主片。

如果想要进一步提高精度，还可以使用主板芯片组中的高精度事件定时器 HPET，它的精度是几十个纳秒。HPET 是一组定时器，而不是一个。这些定时器可以通过编程来指定如何发送中断信号，中断信号既可以通过指定的线路发送到 I/O APIC 和 8259，还可以用中断消息直接发送到处理器。

以上所说的这些定时器数量有限，在单处理器环境下是够用的，但是在多处理器环境下，每个处理器可能需要周期性不同的中断信号，它们就无能为力了。因此，在每个处理器的 Local APIC 中还内置了一个定时器，叫作 Local APIC Timer。因为它是内置于每个处理器内部的，而且精度也很高，用起来非常方便。

5.8.1　Local APIC 定时器

在 Local APIC Timer 内部有三个寄存器，分别是分频配置寄存器、初始计数寄存器和当前计数寄存器。分频配置寄存器的物理地址是 Local APIC 的起始地址加上 0x3e0；初始计数寄存器的物理地址是 Local APIC 的起始地址加上 0x380；当前计数寄存器的物理地址是 Local APIC 的起始地址加上 0x390。这三个寄存器的默认初始值都是 0。

Local APIC Timer 有三种工作模式，分别是单次击发模式（One-shot mode）、周期性模式（Periodic mode）和 TSC 截止期限模式（TSC-Deadline mode）。

在单次击发模式下，一旦为初始计数寄存器写入一个计数值，这个初始计数值就被复制到当前计数寄存器，并立即开始向下计数。计数值到 0 的时候，产生一个定时器中断信号。

在周期性模式下，和单次击发模式一样，一旦为初始计数寄存器写入一个计数值，这个初始计数值就被复制到当前计数寄存器，并立即开始向下计数。但是，和单次击发模式不同的是，如果向下计数到 0，则不但要产生一个定时器中断信号，还会重复以上过程。即，还要自动重新将计数值从初始计数寄存器复制到当前计数寄存器，并重新开始向下计数。

无论什么时候重新设置了初始计数寄存器的内容，都将用新的计数值重新计数。初始计数寄存器是可读可写的，当前计数寄存器是只读的。无论是在单次击发模式，还是在周期性模式，如果写入初始计数寄存器的值为 0，则定时器将停止计数。

最后一种模式，TSC 截止期限模式，只有部分处理器才会支持，我们就不讲了。如果感兴趣的话，可以自行阅读相关资料。

5.8.2　Local APIC 定时器的精度

我们已经知道 Local APIC 定时器的单次击发模式和周期性模式都是向下计数的，计数到 0 则产生中断信号。但是你有没有想过，这个向下计数的速度是多少呢？它取决于什么呢？

这个计数速度等于处理器的总线时钟频率或者核心的晶振频率除以分频配置寄存器指定的分频值。比如说，如果指定的是 1 分频，则在每个时钟周期，或者说，在每个时钟脉冲到达时，都将向下计数一次。再比如，如果指定的是 2 分频，则，每两个时钟周期，或者每两个时钟脉冲，都将向下计数一次。分频配置寄存器是 32 位的，但只使用了位 0、位 1 和位 3（你没看错，是位 3 而不是位 2）。如果这三位都是 0，表明是 2 分频的。

问题在于总线时钟或者核心晶振的频率不是固定的，无法确定，毕竟不同的系统、不同的处理器都工作在不同的时钟频率下。所以，在不同的处理器上，这个向下计数的速度也各不相同。

正因如此，在使用 Local APIC 定时器之前，必须先确定它的精度。即，先测量它在单位时间内所经历的时钟周期数。举个例子来说，我们为初始计数寄存器设定一个计数初值，此时，定时器开始计数。单位时间之后，比如在 1 纳秒、1 微秒、1 毫秒或者 1 秒之后，从当前计数寄存器中读取当前的计数值。然后，用计数初值减去当前计数值，结果就是单位时间内所经历的时钟周期数。

在书中，Local APIC 定时器主要用于任务和线程切换，对定时器精度的要求不高，达到毫秒级别就可以了。所以，我们是测量 1 毫秒内的时钟周期数。在实际用的时候，如果定时 50 毫秒，就用这个周期数乘以 50；如果定时 100 毫秒，就乘以 100，非常方便。

但是，这里还有另一个问题。为了测量 Local APIC 定时器，我们需要另一个外部的定时器来提供时间基准。

如果需要较高的测量精度，人们一般会选择 8253/8254，或者 HPET，还没看到有人选择 CMOS RTC。由于我们一直在用 CMOS RTC，就选择 CMOS RTC 吧，对于毫秒一级的测量精度来说，用它是没有问题的。

5.8.3 APIC 定时器的本地向量表寄存器及其设置

在本章一开始我们就介绍过 Local APIC 的本地向量表，它实际上是 Local APIC 内部的一组寄存器，可用来指定如何将本地中断投递到处理器。这些本地中断源包括 APIC 定时器、机器检查错误计数器、LINT0、LINT1、APIC 内部错误、性能监控计数器、温度传感器。

刚才说过，本地向量表由若干寄存器组成，每个寄存器都是 32 位的，分别对应一个本地中断源，指定了它的中断号、投递状态、投递模式、引脚电平、触发模式、是否被屏蔽等。

Local APIC 定时器的本地向量表寄存器如图 5-9 所示，也就是图中的 Timer，其物理地址是 Local APIC 的物理地址 APICBASE 加上 0x320。

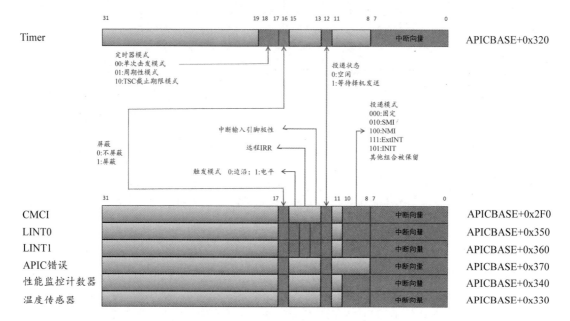

图 5-9 Local APIC 的本地向量表寄存器

该寄存器的位 0～7 用来指定定时器中断的向量号。

位 12 是投递状态，是只读的，由 Local APIC 根据中断消息的投递状态来设置。

位 16 是屏蔽位，如果为 0 则不屏蔽定时器中断，如果为 1 则屏蔽定时器中断。

位 17 和 18 用来设定定时器模式。00 是单次击发模式，01 是周期性模式，10 是 TSC 截止期限模式。

其他剩余的比特是保留的，没有使用。

我们目前只关注 APIC 定时器的本地向量表寄存器，其他向量表寄存器先放在一边，需要的时候再做说明。

映射了 Local APIC 和 I/O APIC 的物理地址之后，我们就可以在分页模式下用对应的线性地址来访问它们的寄存器空间。我们的目标是测量 Local APIC 定时器在 1 毫秒的时间里经历多少个时钟周期，将来无论是执行任务切换，还是用于其他目的，都可以用这个测量数据作为时间基准。

回到内核程序 c05_core.asm。

为了测量 Local APIC 定时器，需要先设定它的本地向量表寄存器和分频配置寄存器，第 651～654 行就用来做这个工作。

首先，将 Local APIC 的线性地址 LAPIC_START_ADDR 传送到 RSI；接着设置 Local APIC 定时器的本地向量表寄存器。我们说过，这个寄存器在 APIC 寄存器空间内的偏移是 0x320，设置的数值是 0x10000。对照一下刚才讲的内容可知，这是设置了单次击发模式，中断处于屏蔽状态。我们只是让定时器计数，在 1 毫秒之后读取计数值，但不希望它产生中断。既然如此，我们也就不需要设置中断向量，或者也可以认为中断向量被设置为 0。

接下来，我们设置定时器的分频配置寄存器，这个寄存器在 APIC 寄存器空间内的偏移是 0x3e0，设置的数值是 0x0b。数值 0b 意味着 1 分频，或者说不分频。

5.8.4　设置 CMOS RTC 以测量 Local APIC 定时器

设置了分频配置寄存器和 Local APIC 定时器的本地中断向量表寄存器之后，只需要向初始计数寄存器写入一个数值，Local APIC 定时器就可以随时开始按单次击发模式计数。

我们的目标是测量 Local APIC 定时器在单位时间内经历的时钟周期数，因此，在计数时需要一个绝对时间作为参照。因为我们熟悉实时时钟电路 CMOS RTC，所以，这个绝对时间就由它来提供。

我们在《x86 汇编语言：从实模式到保护模式》一书里学过 CMOS RTC 电路，它可以发出三种中断信号，分别是周期性中断信号；更新周期结束中断和闹钟中断。我们今天用的是周期性中断信号。CMOS 的寄存器 B 用来设置 RTC 的工作方式，它的位 6 是周期性中断允许位 PIE。要开启周期性中断，必须设置此位。在本章的内核程序中，第 656～660 行用来设置 CMOS RTC 的寄存器 B，开放周期性中断。

我们使用 CMOS RTC 的动机是为测量 Local APIC 定时器提供一个外部的绝对时间作为基准。在 CMOS RTC 中，寄存器 A 可用来选择输入频率和周期性中断发生的时间间隔。在表 5-8 中给出了所有可以选择的时间间隔。

表 5-8　CMOS RTC 寄存器 A 各位的含义

比　特　位	功　　　能
6～4	时基选择。这 3 位控制外部输入频率的选择。系统将其初始化到 010，为 RTC 选择一个 32.768kHz 的时钟频率
3～0	速率选择（Rate Select, RS）。选择分频电路的分节点。此处的选择决定了周期性中断信号发生的时间间隔。若选择 0000，表示不产生周期性中断信号。注意，这是时基为 32.768kHz 的情况，使用其他时基时的速率请参考相关资料。 0000：从不触发中断 0001：3.90625 ms 0010：7.8125 ms 0011：122.070 μs 0100：244.141 μs 0101：488.281 μs

（续表）

比　特　位	功　　能
3～0	0110：976.5625 μs 0111：1.953125 ms 1000：3.90625 ms 1001：7.8125 ms 1010：5.625 ms 1011：1.25 ms 1100：62.5 ms 1101：125 ms 1110：250 ms 1111：500 ms

我们的目标是测量 Local APIC 定时器在单位时间内经历的时钟周期数，我们从实际需求出发，决定把这个单位时间的长度定为 1 毫秒。但是，因为以下两个因素，我们不能在寄存器 A 中指定这个时间间隔。

首先，寄存器 A 中原本就不存在 1 毫秒的时间间隔，最接近的也只是 1.25 毫秒；其次，定时器电路都有一个启动过程，这个过程需要一定的时间，叫启动时间。对于这种毫秒级的定时器来说，如果指定的时间间隔为 1 毫秒，则它也包含了启动时间，真正用于计数的时间就少了很多。

因此，我们应当选择一个较长的时间，如此一来，启动时间的占比会小一点，可以提高我们的测量精度。但是，这个时间也不能太长，太长的话测量时间也会变得很长，对测量精度的影响也不那么显著。比如，要是你选择 500 毫秒，也就是 0.5 秒，定时器的启动时间占比很小，可以忽略不计，但测量精度和 125 毫秒相比相差不大，却需要用好几倍的测量时间，纯属浪费。

我们选择的时间间隔是 125 毫秒，等测量结束后，再将测量结果除以 125，就得到了 1 毫秒时间间隔的测量结果。

在内核程序中，第 662～666 行访问 CMOS 的寄存器 A，选择 125 毫秒的时间间隔。即，周期性中断每 125 毫秒发生一次。

5.8.5　测量 Local APIC 定时器在 1ms 内经历的时钟周期数

现在，CMOS RTC 已经可以按 125 毫秒的时间间隔发生周期性中断。由于我们已经安装了通用的中断处理过程，这个中断是可以得到处理的。但是，这只是一个通用的中断处理过程，只有一条中断返回指令，实际上什么也没有做。

没有关系，我们要做的工作并不是在中断处理过程内进行的。相反，我们只是观察周期性中断是否发生。如果已经观察到两次连续的中断，我们就可以知道这两个中断之间的时间长度是 125 毫秒。

我们知道，CMOS 的寄存器 C 可用来判别中断类型，它的位 6 是周期性中断标志，为 1 说明已经发生了周期性中断。对寄存器 C 的读操作使得所有比特复位清零。

回到内核程序中，首先，第 668～670 行读一下寄存器 C。不管以前有没有发生过周期性中断，这个读操作都将复位寄存器 C，并允许发生下一个周期性中断。

紧接着，这是一个循环，不停地读寄存器 C，并用 bt 指令检测它的位 6，观察是否发生了周期性中断。如果没有发生，则转到标号.w0 处继续下一轮循环，继续读寄存器 C 并再次检测，直到发生了周期性中断。

一旦检测到周期性中断的发生，处理器离开循环，执行第 675 行。这条指令设置 Local APIC 定时器的初始计数寄存器，写入初始计数值 0xffff ffff。一旦写入这个寄存器，定时器立即开始向下计数。

在 Local APIC 定时器向下计数的同时，处理器继续执行。这是一个循环，不停地读寄存器 C，并用 bt 指令检测它的位 6，观察是否又一次发生了周期性中断。如果没有发生，则转到标号.w1 处继续下一轮循环，继续读寄存器 C 并再次检测，直到发生了周期性中断。

当周期性中断再次发生时，说明距离上一次中断已经过去 125 毫秒。此时，处理器离开循环，执行第 680 行，读取 Local APIC 定时器的当前计数寄存器，并将当前计数值传送到 EDX。

现在，我们将初始计数值 0xffff ffff 传送到 EAX，再从 EAX 中减去刚刚读出来的当前计数值，就在 EAX 中得到时钟周期数。因为这是 125 毫秒所经历的时钟周期数，所以，还必须除以 125，才得到 1 毫秒的时钟周期数。

在这里，要做 64 位的除法，被除数由 EDX 和 EAX 联合提供，实际上被除数在 EAX，只需要将 EDX 清零即可。除数由 EBX 提供，我们将 125 传送到 EBX。div 指令执行除法操作，相除之后的商在 EAX 中。

最后，第 688 行将除法的结果，即，Local APIC 定时器在 1 毫秒内经历的时钟周期数保存起来用于后续的定时操作。指令中采用了 RIP 相对寻址方式，标号 clocks_1ms 位于当前的内核程序中的第 23 行。

第 690～694 行恢复 CMOS 的寄存器 B，关闭周期性中断，只允许更新周期结束中断。

5.9　使用 Local APIC 定时器中断切换任务

继续来看内核程序 c05_core.asm。

在测量了 Local APIC 定时器之后，和上一章一样，我们构造一个中断门，这个门对应的是任务切换的中断处理过程 rtm_interrupt_handle。

中断门构造之后，第 703～704 行，将它作为 0x28 号中断安装在中断描述符表内。因为我们是用 CMOS RTC 的更新周期结束中断来执行任务切换的，这个中断是输入 8259 从片的 0 号引脚，我们在前面初始化 8259 时，指派的中断号是 0x28。

接下来，第 707～721 行，我们设置 CMOS RTC 的寄存器 B，并清除 8259 芯片引脚 0 的屏蔽状态，再读一下 CMOS RTC 的寄存器 C，使之能够继续发出中断信号。

接下来，和从前一样，可以创建任务并执行任务切换。在上一章里我们是用外部中断信号来完成任务切换的，但既然 Local APIC 内部有自己的定时器，而且精度也很高，那本章就默认使用这个定时器来产生用于任务切换的中断信号。不过在此之前，我们必须先关闭或者阻断经由 8259 和 I/O APIC 来的外部中断信号，以免产生混乱。

5.9.1 多处理器系统的虚拟线模式

前面讲过，在开机之后，所有处理器通过 APIC 仲裁机制选出自举处理器 BSP，其他处理器都自动成为应用处理器 AP。自举处理器 BSP 执行 BIOS 自举代码；所有应用处理器 AP 都处于停机状态，并等待一个让它启动的中断消息。因此，在开机之后，除非做进一步的设置和初始化，否则，整个系统只有自举处理器 BSP 在工作，类似于单处理器系统。

那么，在这种情况下，多处理器系统是如何处理中断的呢？

如图 5-10 所示，它给出了多处理器系统的中断模型。在这幅图中，所有 AP 都用灰色来表示，表明它们处于非活动状态。

系统启动后，I/O APIC 处于工作状态，但它内部的 I/O 重定向表寄存器需要编程才能向处理器发送中断消息。因此，在默认状态下，可以认为 I/O APIC 还不能正常工作，在这幅图中也用灰色来表示。

至此，在这幅图中，中断信号既发往 8259 芯片，也发往 I/O APIC，但 I/O APIC 是不理会这些中断的。因此，中断信号由 8259 芯片发送到所有处理器的 LINT0 引脚。

在多处理器系统中，除非经过设置，否则，系统的默认状态是只有自举处理器 BSP 在工作，所有应用处理器 AP 都处于停机状态，类似于单处理器系统。尽管中断信号被发送到每个处理器的 LINT0 引脚，但只有自举处理器 BSP 才会响应并进行处理。典型地，这种中断模型叫作虚拟线模式。

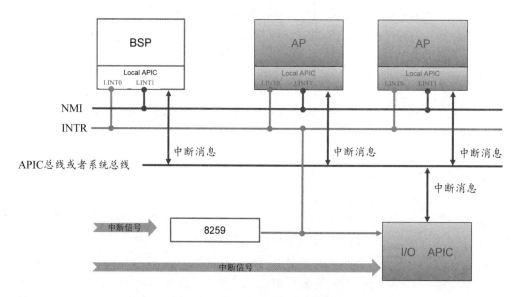

图 5-10　多处理器系统的中断模型

5.9.2 中断输入引脚 LINT0 的本地向量表寄存器

我们的系统当前工作在虚拟线模式，因为当前只有自举处理器在工作，正在执行当前程序的处理器是自举处理器。此时，CMOS RTC 的更新周期结束中断 1 秒发生一次，被送往 8259

和 I/O APIC，但只有 8259 将它发送到所有处理器的 LINT0 引脚。不过，也只有当前正在工作的自举处理器会响应和处理这个中断。

我们知道，LINT0 引脚有一个对应的本地向量表寄存器，这个寄存器是可编程的，用于指定从中断引脚 LINT0 来的中断信号是否允许被发送到处理器，以及如何发送到处理器。再来看一下这个寄存器的详细情况，如图 5-9 所示，它的物理地址是 Local APIC 的起始物理地址 APICBASE 加上 0x350。

这个寄存器是 32 位的，低 8 位是中断向量，用来为 LINT0 引脚的中断指定一个中断号或者说中断向量。中断号的值应当在 32 和 255 之间，0 到 31 是处理器内部异常、预定义和保留的向量，对 Local APIC 来说是非法的。

位 8 到位 10 这三位用来指定中断的投递模式。000 是固定模式，采用此模式时，使用中断向量字段指定的向量号投递。

010 是 SMI 模式。SMI 是系统管理模式中断，此中断使处理器进入系统管理模式。使用这种投递模式时，中断向量字段是不用的，但应当设置为 0。

100 是 NMI 模式，也就是将此中断作为不可屏蔽中断 NMI 发送给处理器。不可屏蔽中断 NMI 的向量号是 2，所以中断向量字段被忽略。

111 是 ExtINT 模式，即，外部中断模式。这种模式将导致处理器产生一个中断应答的总线周期，就好像中断来自一个外部的 8259 或者类似于 8259 的中断控制器，而且要求外部的中断控制器提供中断向量。也就是说，在这种模式下，中断向量字段是不使用的。在一个系统中，APIC 架构仅仅支持一个 ExtINT 类型的中断源；同时，只有一个处理器可以拥有配置为 ExtINT 投递模式的本地向量表入口。机器检查错误计数器 CMCI、温度传感器和性能监控计数器对应的本地向量表寄存器不允许配置为 ExtINT 投递模式。

101 是 INIT 模式，即，初始化模式，用来投递一个请求初始化的消息给处理器核心，这将导致处理器执行一个初始化过程。在这种投递模式下，中断向量字段是不使用的，而且应当设置为 00。机器检查错误计数器 CMCI、温度传感器和性能监控计数器对应的本地向量表寄存器不允许配置为 INIT 投递模式。

110 是保留的，不被任何本地向量表寄存器支持。

本地向量表寄存器的位 12 是投递状态，它是只读的，由处理器设置。0 意味着没有中断消息需要投递，或者上一个中断消息已经成功投递并被处理器接收；1 表明中断消息已经投递，但是处理器核心还没有接收。

位 13 是中断输入引脚极性，0 代表高电平；1 代表低电平。

位 14 是远程 IRR 标志。远程 IRR 标志只适用于固定模式或者电平触发的中断。此位是只读的，由处理器设置。当 Local APIC 接受一个中断并进行服务时设置此标志；从处理器收到一个中断结束命令 EOI 时复位此标志。对于边沿触发的中断或者使用其他投递模式的中断，该标志是未定义的。

位 15 是触发模式。只适用于 LINT0 和 LINT1，为 0 表明是边沿敏感的，为 1 表明是电平敏感的。同时，这个标志仅适用于固定投递模式。如果投递模式为 NMI、SMI 或者 INIT，触发模式总是边沿敏感的；若投递模式为 ExtINT，触发模式总是电平敏感的。APIC 定时器和 APIC

错误中断始终被视为边沿敏感的。若 Local APIC 不和 I/O APIC 一起使用，并且选择的是固定投递模式，奔腾 4、至强和 P6 家族的处理器将始终采用电平触发，即使我们在这里选择的是边沿触发。LINT1 的本地向量表寄存器不支持电平触发，因此，它的这一位始终应当设置为 0，即，边沿敏感的。

位 16 是屏蔽位，为 0 表示允许接受中断，为 1 则禁止接受中断。系统复位时，此标志被置 1，只有软件才能清除。

现在，我们有一个想法：既然现在是虚拟线模式，任务切换的中断信号是送往自举处理器的 LINT0 引脚的，那么，我们屏蔽掉 LINT0 的本地向量表寄存器，中断就不会被投递到处理器，任务切换就不会再发生了。说得没错，确实如此。

回到内核程序 c05_core.asm。

计算机启动后默认使用经由 LINT0 的虚拟线模式，所以截至目前，我们的系统实际上工作在这种模式下。在这种模式下，LVT LINT0 寄存器的默认值是 0x700，意思是不屏蔽 LINT0，采用 ExtINT 投递模式；LVT LINT1 寄存器的默认值是 0x400，意思是不屏蔽 LINT1，采用 NMI 投递模式。这两个值是在计算机启动时由 BIOS 设置的，而不是我们设置的。

要屏蔽 LINT0 的中断，只需要将其本地向量表寄存器的位 16 设置为 1 即可，第 730～731 行就用来做这个工作。第一条指令将 Local APIC 的线性地址传送到 RSI，第二条指令访问 APIC 寄存器空间内偏移为 0x350 的寄存器，它就是 LINT0 的本地向量表寄存器。数值 0x10000 的位 16 为 1，屏蔽 LINT0 的中断信号。这两条指令是被注释掉的，如果去掉这两条指令前的分号，恢复这两条指令的执行，则外部来的定时器中断被屏蔽，任务切换过程也就无法进行，在与此书配套的视频里演示和验证了这一点。

如图 5-10 所示，除设置 LINT0 的本地向量表寄存器，禁止它向处理器投递中断外，还可以屏蔽掉 8259 主片的所有中断输入，这样它就不会有中断信号发往自举处理器。在本章的内核程序中选择的是这种方法，所以第 730～731 行被注释掉，不起作用。

第 733～734 行，这两条指令屏蔽 8259 主片的所有输入。在 8259 主片中，中断屏蔽寄存器的端口号是 0x21，将它的所有比特置 1 就屏蔽了所有中断输入。既然屏蔽了 8259 的所有中断输入，那就只能依靠 I/O APIC 来投递中断。

5.9.3　设置 Local APIC 定时器

在本章中，我们是用 Local APIC 内部的定时器提供的定时信号来完成任务切换的，所以必须对这个定时器进行设置。

首先，第 753 行的指令用 RIP 相对寻址方式从标号 clocks_1ms 这里取出 Local APIC 定时器在 1 毫秒的时间里所经历的时钟周期数。

然后，第 754～755 的这两条指令将这个时钟周期数乘以 55，结果就是 55 毫秒内所经历的时钟周期数。换句话说，我们希望每 55 毫秒发生一次中断。在这里用 EAX 乘以 EBX，结果在 EDX 和 EAX 上。实际上这个结果不大，只使用 EAX 的值即可。

后面的指令用来设置 Local APIC 定时器，让它周期性地产生中断。首先，第 756 行用来将 Local APIC 的线性地址 LAPIC_START_ADDR 传送到 RSI；第 757 行设置 Local APIC 的分频配置寄存器。这个寄存器在 Local APIC 寄存器空间内的偏移是 0x3e0，设定的数值是 0x0b，意味着 1 分频，或者说不分频。

第 758 行设置 Local APIC 定时器的本地向量表寄存器，它在 Local APIC 寄存器空间内的偏移是 0x320，写入的数值是 0x20028，意味着将定时器设置为周期性模式，将投递模式设置为固定模式；将中断向量设置为 0x28。

第 759 行设置 Local APIC 定时器的初始计数寄存器，它在 Local APIC 寄存器空间内的偏移是 0x380，初始计数值来自 EAX，EAX 的当前值是 Local APIC 定时器在 55 毫秒内所经历的时钟周期数。

最后，第 762～782 行和上一章一样，调用例程 create_process 创建系统外壳任务，并进入外壳任务中执行。外壳任务还会创建其他用户任务。

一旦设置了初始计数寄存器，Local APIC 定时器立即开始向下计数。计数到零时产生一个中断信号并自动重新开始计数。因此，中断是周期性发生的。

使用 Local APIC 定时器的好处是可以方便地设置定时时间。比如说，要想让定时器每隔 3 秒发生一次中断，或者说，任务切换每隔 3 秒进行一次，可以把第 754 行的乘数改成 3000，即，3000 毫秒。

如图 5-11 所示，本章用到了第 3 章的主引导程序和内核加载器程序。本章有自己的内核程序，但这个内核程序调度和管理的任务是由第 4 章的外壳程序和用户程序创建的，所以还需要使用第 4 章的外壳程序和用户程序。

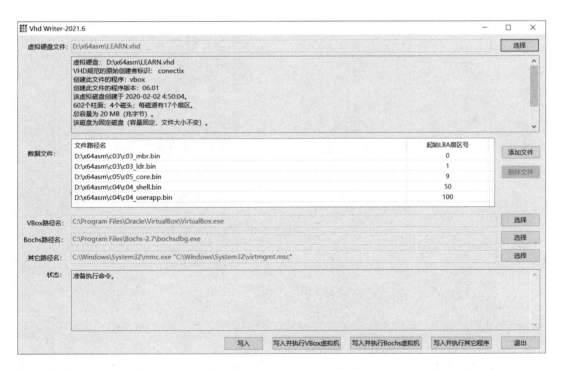

图 5-11　向虚拟硬盘写入本章用到的程序

　　按图 5-11 所示将所有编译后的文件写入虚拟硬盘后，就可以启动虚拟机观察执行效果了。实际的执行效果与上一章类似，只是任务切换的速度可能不同。

5.10　使用经由 I/O APIC 的中断执行任务切换

　　我们已经认识了虚拟线模式的第一种形式，即，硬件中断都发送到 8259，并由 8259 发送到处理器的 LINT0 引脚。

　　虚拟线模式的另一种形式是将 8259 芯片的中断输出传送到 I/O APIC，同时，对 I/O APIC 的 I/O 重定向表寄存器编程，使之用中断消息将中断投递到处理器。

　　如图 5-12 所示，在 x86 的个人计算机中有两片 8259 芯片，通过级连，可接受 15 路中断输入。比如说，8253/8254 定时器连接在 8259 主片的 0 号引脚；CMOS RTC 连接在 8259 从片的 0 号引脚。

　　进入多处理器时代后，主板上的芯片组内除了集成两个传统的 8259 模块，还集成了一个 I/O APIC，这个 I/O APIC 可以接受 24 路硬件中断输入。引入 I/O APIC 之后，原来那些连接到 8259 芯片的中断输入也都同时输入 I/O APIC。比如，8253/8254 不但保持到 8259 主片 0 号引脚的输入，还同时输入到 I/O APIC 的 2 号引脚；再比如，CMOS RTC 不但保持到 8259 从片 0 号引脚的输入，还同时输入到 I/O APIC 的 8 号引脚。

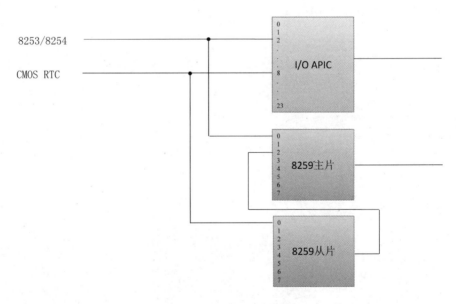

图 5-12　多处理器的中断系统

　　虚拟线模式的第二种形式需要屏蔽掉 8259 芯片的所有输入，或者将 LINT0 的本地向量表寄存器设置为屏蔽状态，然后允许 I/O APIC 以中断消息的形式将硬件中断投递到目标处理器。

　　截至目前，我们对 I/O APIC 的认识还是非常粗浅的、非常笼统的。不要着急，我们现在就深入 I/O APIC 内部，来看一下它的构造和功能。

5.10.1　I/O APIC 概述

如图 5-13 所示，从编程的角度来看，I/O APIC 内部有很多寄存器。但是，可以直接访问的只有两个，其他寄存器只能通过这两个寄存器间接访问。

这两个寄存器都是 32 位的，一个是索引寄存器，它在 I/O APIC 寄存器空间内的偏移为 0，所以它的物理地址就是 I/O APIC 的起始物理地址 IOAPICBASE；另一个是数据寄存器，它在 I/O APIC 寄存器空间内的偏移为 0x10，所以它的物理地址是 IOAPICBASE 加上 0x10。

索引寄存器和数据寄存器用来间接访问 I/O APIC 内部的其他寄存器。I/O APIC 内部的其他寄存器都有一个唯一的编号，或者叫索引号。索引寄存器用来指定要访问的那个寄存器的索引号，读写操作则是通过数据寄存器进行的。

举个例子来说，如果我们要访问索引号为 02 的寄存器，那么，要先把索引号 2 写入索引寄存器；接着，再从数据寄存器把数据读出或者写入，但读出或者写入的是实际上是索引号为 2 的寄存器。

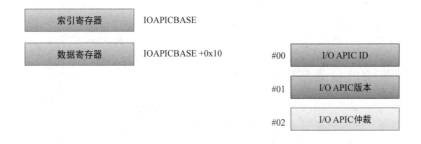
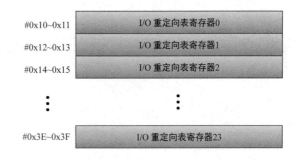

图 5-13　I/O APIC 及其内部的寄存器

在 I/O APIC 内部，索引号为 0 的寄存器是 I/O APIC ID，宽度是 32 位的，用来保存当前这个 I/O APIC 的标识。这个标识是当前 I/O APIC 设备的物理名字，对每个 I/O APIC 来说都是唯一的，和系统中的其他 APIC 设备相互区分，包括 Local APIC。在能够投递消息之前，该寄存器必须分配一个有效的 ID。

索引号为 1 的寄存器是 I/O APIC 版本，宽度是 32 位的，保存了当前这个 I/O APIC 的版本号。

索引号为 2 的寄存器是 I/O APIC 仲裁，宽度是 32 位的，在多处理器和多个 I/O APIC 的环境中，它的数值决定了谁有权占用总线来发送中断消息。这个寄存器也是只读的，所以我们只是介绍一下它的功能。

I/O APIC 仲裁寄存器保存的是 I/O APIC 仲裁 ID。每当 I/O APIC ID 寄存器被写入时，也将用这个 ID 写入 I/O APIC 仲裁寄存器。因此，I/O APIC 的仲裁 ID 和 I/O APIC ID 在一开始是相同的。

I/O APIC 仲裁 ID 代表了 I/O APIC 的总线仲裁优先级，只有在总线仲裁中获胜的 APIC 设备才有权使用总线投递中断消息。为公平起见，通常使用轮流的优先权方案来仲裁总线的使用权。在这种方案中，仲裁 ID 分为若干个等级，仲裁 ID 为 0 意味着具有最低的仲裁优先权；仲裁 ID 的数值越大，仲裁优先权越高。

每个 I/O APIC 的仲裁 ID 都是动态变化的，一开始来自它的 I/O APIC ID，因此，初始的仲裁优先级取决于它的 I/O APIC ID，然后随着每轮仲裁而递增。在上一轮获胜的 I/O APIC 被重置为最低的优先权，所以它的 I/O APIC 仲裁 ID 会被清零。

除以上寄存器外，还有至少 24 个 I/O 重定向表寄存器，它们分别是 I/O 重定向表寄存器 0～23。由于每个寄存器都是 64 位的，而且分成两个 32 位来访问，所以每个寄存器占用两个索引号。I/O 重定向表寄存器 0 占用的索引号是 0x10 和 0x11；I/O 重定向表寄存器 1 占用的索引号是 0x12 和 0x13……I/O 重定向表寄存器 23 占用的索引号是 0x3e 和 0x3f。

5.10.2　I/O APIC 的 I/O 重定向表寄存器

每当 I/O APIC 的某个中断引脚出现中断信号时，就用它对应的 I/O 重定向表寄存器来决定是否将中断投递到处理器，投递到哪个或者哪些处理器，以及如何投递。

现在，我们来看一下 I/O 重定向表寄存器的格式，如图 5-14 所示。由于我们刚刚学过 Local APIC 的本地重定向表寄存器，所以，很容易发现它们之间有很多共同之处。

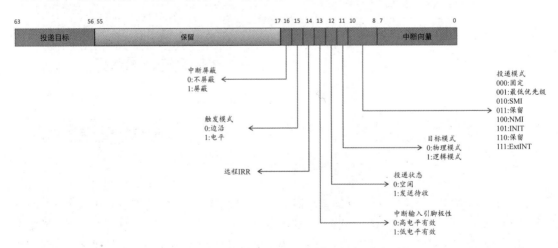

图 5-14　I/O 重定向表寄存器示意图

I/O APIC 的主要工作是将中断消息投递给处理器，可以是一个处理器，也可以是一组处理器，这就是所谓的投递目标。I/O 重定向表寄存器的位 11 是目标模式，用来指定目标处理器以何种形式给出。0 是物理模式，即，直接用目标处理器的 Local APIC ID 来指定。此时，投递目标字段用来指定目标处理器的 Local APIC ID。1 是逻辑模式，即，用一个 8 位的消息目标地址来指定一组处理器，这个消息目标地址可以看成一个位模式或者说掩码。此时，投递目标字段应当填写为消息目标地址。那么，如何使用逻辑模式来指定一组处理器呢？这个话题先放一放，后面再说。

位 0 到位 7 用来指定中断向量，但有些投递模式不使用这个字段。

位 8 到位 10 是投递模式。固定模式和最低优先级模式使用中断向量字段。最低优先级模式我们后面再解释。SMI 模式意味着将当前中断作为系统管理中断投递到处理器，应当采用边沿触发模式，中断向量字段不使用，但必须为零；NMI 模式意味着将当前中断以不可屏蔽中断 NMI 投递到处理器，应当采用边沿触发模式，中断向量字段不使用，但必须为零；INIT 模式意味着给处理器投递一个要求它初始化自己的中断信号。不管触发模式如何设置，它都采用边沿触发；ExtINT 模式用来通知处理器，此中断来自一个外部的类 8259 的中断控制器，需要一个总线应答周期，中断向量字段不使用，中断向量由中断控制器提供。ExtINT 投递模式使用边沿触发模式。

位 12 是投递状态，这一位只读的，由 I/O APIC 设置，对当前寄存器的读写不影响此位。此位是 0 表明没有中断消息需要投递；1 表明总线繁忙，中断消息未投递出去，或者目标处理器尚未接收。

中断输入引脚极性、远程 IRR、触发模式和中断屏蔽在前面都已经讲过了，没有什么好说的。

5.10.3　用 I/O APIC 投递的中断实施任务切换

如果使用经由 I/O APIC 的虚拟线模式，经由 8259 的中断信号必须屏蔽，不然的话就会有两次中断。我们知道，从外部来的硬件中断同时发往 8259 和 I/O APIC，所以会有两路中断到达处理器，一路是通过 8259 和 LINT0 引脚到达处理器；另一路是通过 I/O APIC 产生一个中断消息到达处理器。

在内核程序 c05_core.asm 里，我们已经设置了 LINT0 的本地向量表寄存器，禁止它向自举处理器 BSP 投递中断，而且也屏蔽了 8259 主片的所有中断输入，这样它就不会有中断信号发往自举处理器。

接下来，我们还要注释掉第 753～759 行，使这些指令无效。即，不使用 Local APIC 定时器产生的中断信号执行任务切换。在这种情况下，只能依靠 I/O APIC 来投递中断。

计算机启动后，I/O APIC 是处于工作状态的，但它不能投递中断消息，因为它内部的所有 I/O 重定向表寄存器都还是默认值，中断屏蔽位都是 1，即，不允许向处理器投递中断消息。

我们说过，CMOS RTC 每秒一次的中断信号不但送到 8259 芯片，也送到 I/O APIC 的 8 号引脚，这个引脚对应的 I/O 重定向表寄存器是 IOREDTBL8，其低 32 位的索引号是 0x20，高 32 位的索引号是 0x21。

回到内核程序中，将第 740～743 行前面的分号去掉，恢复这些指令，这些指令用来设置 I/O APIC 的 I/O 重定向表寄存器 8；再将第 753～759 行的指令注释掉，使之无效。

第 737 行在 RDI 中保存 I/O APIC 的线性地址 IOAPIC_START_ADDR。

第 740～741 行设置 I/O 重定向表寄存器 IOREDTBL8 的低 32 位，索引号 0x20，写入的数值为 0x0000 0028。对照一下 I/O 重定向寄存器的格式，它的含义是不屏蔽中断，目标模式为物理模式；投递模式为固定模式；中断向量为 0x28。

第 742～743 行设置 I/O 重定向表寄存器 IOREDTBL8 的高 32 位，索引号 0x21，写入的数值为 0。对照一下 I/O 重定向寄存器的格式可知，由于目标模式为物理模式，所以目标处理器的 Local APIC ID 为 0。为什么会是 0 呢？

根据我们的经验，一般来说，自举处理器 BSP 的 Local APIC ID 都是 0。所以，我们直接将这里的 Local APIC ID 设置为 0。但是，这样做是不可靠的，毕竟在理论上自举处理器的 Local APIC ID 可能并不是 0。因此，如果代码不能工作，你可以读一下当前处理器的 Local APIC ID，并将它编码到这个 I/O 重定向寄存器的高 32 位。

转到内核程序第 77 行，来看例程 rtm_interrupt_handle。

这个定时器中断的处理过程用于任务切换，和上一章相比大体上没有变化，但做了局部的修改。首先，因为我们不再使用 8259 芯片，所以，针对它的中断结束命令 EOI 不需要发送。即，第 82～84 行已经被注释掉。

由于我们现在是用 Local APIC 和 I/O APIC 处理中断的，所以，中断结束命令 EOI 需要发送到 Local APIC。必要的时候，Local APIC 再将它发送到 I/O APIC。

中断结束命令是发送到 Local APIC 的 EOI 寄存器的，它在 Local APIC 寄存器空间内的偏移是 0xb0。因此，在例程中的第 93～94 行，我们先用 R8 保存 Local APIC 的线性地址 LAPIC_START_ADDR，然后将 R8 加上 0xb0，就得到了 EOI 寄存器的地址。最后，我们向 EOI 寄存器写入数值 0 即可。

现在，你可以重新编译内核程序，并在虚拟机上观察运行效果。

在内核程序 c05_core.asm 里，被注释掉的第 746～749 行是采用 8253/8254 定时器中断执行任务切换。

在个人计算机中，8253/8254 芯片内有三个独立的计数器。其中，计数器 0 在开机之后被初始化为 55 毫秒产生一次中断，或者说，每秒发生 18.2 次中断，我们可以利用这个中断信号执行任务切换。这个中断信号不但送到 8259 芯片，也送到 I/O APIC 的 2 号引脚，这个引脚对应的 I/O 重定向表寄存器是 IOREDTBL2，其低 32 位的索引号是 0x14；高 32 位的索引号是 0x15。

如果决定采用 8253/8254 定时器中断执行任务切换，就注释掉第 740～743 行，毕竟我们不再使用 CMOS RTC 的中断信号执行任务切换，需要让 I/O 重定向寄存器 8 保持它原来的状态，即，不允许投递中断。

然后，去掉第 746～749 行前面的分号，让这一部分指令重新变成有效的。这部分指令用来设置 I/O APIC 的 2 号 I/O 重定向表寄存器，让它投递 8253/8254 的中断给处理器。除此之外还要注释掉第 753～759 行的指令，确保它们不起作用。

修改完成后，重新编译内核程序，然后观察执行效果。

5.11 逻辑目标模式下的中断目标判别机制

在讲 I/O 重定向表寄存器的时候我们说过，这个寄存器包含了中断的投递目标、目标模式，以及投递模式。

投递目标字段指定了消息目标地址（Message Destination Address，MDA）。APIC 中断发出之后，收到中断消息的每个 Local APIC 都通过检查投递目标、目标模式，以及消息的类型来决定它是否应当处理这个中断。

目标模式可以是物理的或者逻辑的。在物理目标模式下，Local APIC 将 MDA 和自己的 Local APIC ID 作比较。如果一致，表明中断是发给自己的，它将接受这个中断。如果 MDA 的值是 0xFF，即，所有比特都是 1，表明这是一个广播中断，所有 Local APIC 都将接受这个中断。

在逻辑目标模式下，所有 Local APIC 使用两个寄存器来确定中断是不是发给它的。这两个寄存器分别是逻辑目标寄存器 LDR 和目标格式寄存器 DFR。

逻辑目标寄存器 LDR 在 Local APIC 寄存器空间内的偏移是 0xD0，所以它的物理地址是 Local APIC 的起始物理地址 LAPICBASE 加上 0xD0。这个寄存器是 32 位的，低 24 位没有使用，高 8 位用来保存 Local APIC 的逻辑 ID，或者叫逻辑 APIC ID。

逻辑 APIC ID 和 Local APIC ID 是不同的，而且没有任何关联。逻辑 APIC ID 只用于筛选中断消息。每个 Local APIC 都有自己的逻辑目标寄存器，也都有自己的逻辑 APIC ID。

在逻辑目标模式下，Local APIC 将中断消息的 MDA 和这里的逻辑 APIC ID 进行比较。但是如何比较才算是匹配，取决于另一个寄存器，它就是目标格式寄存器 DFR。

目标格式寄存器 DFR 在 Local APIC 寄存器空间内的偏移是 0xE0，所以它的物理地址是 Local APIC 的起始物理地址 LAPICBASE 加上 0xE0。这个寄存器是 32 位的，低 28 位没有使用，高 4 位用来指定一个模式，0000 是扁平模式；1111 是集群模式。

在扁平模式下，Local APIC 直接将逻辑 APIC ID 和中断消息中的 MDA 做逻辑与操作，结果不为零，表明这个消息是发给自己的。

在集群模式下，逻辑目标寄存器的逻辑 APIC ID 分为两部分，高 4 位是集群 ID，低 4 位是成员 ID。同时，中断消息里的 MDA 也是由这两部分组成的。

在判别的时候，将 MDA 的集群 ID 和逻辑目标寄存器的集群 ID 进行比较，如果匹配，则按照扁平模式的方法比较 MDA 的成员 ID 和逻辑目标寄存器的成员 ID。如果也能够匹配，说明这个 Local APIC 是中断消息的目标。

无论是在物理模式下，还是在逻辑模式下，如果 MDA 的值是 0xFF，所有 Local APIC 都会接受这个中断。

5.12　APIC 中断的优先级及其相关的寄存器

每个经由 Local APIC 发往处理器的中断都有一个优先级，优先级高的中断将优先获得处理。APIC 中断的优先级是基于中断向量的。中断向量是一个 8 比特的值（所以只允许最多 256 个中断），其中，高 4 位的值被用作中断优先权类。如此一来，就产生了 15 个中断优先权类，1 是最低的，15 为最高。之所以没有 0，是因为 0 到 15 的向量号只用于处理器内部异常，是非法的 APIC 中断。

实际上，可用的中断优先权类只有 14 个，从 2 到 15。原因是 16 到 31 的中断向量也被处理器保留了，不能用于 APIC 中断。

如果中断向量的高 4 位保持不变，即，在中断优先权类相同的情况下，中断向量的低 4 位形成了 16 个相对优先级。因此，每个中断向量由两部分组成：高 4 位是中断优先权类，而低 4 位是同一优先权类下的等级。

显然，将中断向量除以 16，商就是它的中断优先权类；或者，每个中断优先权类包含了 16 个连续的中断向量。比如，中断向量 32～47 的中断优先权类都是 2，但它们的相对优先级是递增的。

不管中断的优先级是多少，只要处理器空闲，它们都可以得到处理。但是有时候，我们可能想临时阻塞低优先级的中断，防止它们被投递给处理器。这就需要设定一个优先级的阈值，只有优先级超过这个阈值的中断才会被投递到处理器。

任务优先权寄存器 TPR 用来设定优先级的阈值，它在 Local APIC 寄存器空间内的偏移为 0x80。这个寄存器是 32 位的，位 4 到位 7 是任务优先权类 TP；位 0 到位 3 是任务优先权子类 TPS。

在这里，所谓的"任务"是一个泛指，可以是在流行的操作系统上定义的任务、进程、线程、程序或者子程序。

讲的时候，听起来很复杂，但是在实际应用的时候很简单，只需要在这个寄存器的低 8 位写入一个中断向量即可，数值上小于这个向量的中断都不会被投递到处理器。

在每个 Local APIC 中，还有一个寄存器叫作处理器优先权寄存器 PPR，它是只读的，由它所在的处理器负责写入，用来记录这个处理器的当前优先级。

处理器优先权寄存器 PPR 在 Local APIC 寄存器空间内的偏移为 0xA0。这个寄存器是 32 位的，位 4 到位 7 是处理器优先权类 PP；位 0 到位 3 是处理器优先权子类 PPS。

既然是处理器的当前优先级，那么，它必然等于当前正在处理的那个中断的优先级。如果当前并未处理中断，则当前优先级被设置为中断优先级的阈值，处理器优先权类 PP 来自任务优先权寄存器的任务优先权类 TP。

5.13　APIC 中断的接受机制

中断发生时，如果是固定投递模式或者最低优先级模式的中断，Local APIC 接受这个中断，并把它们放在由两个寄存器组成的队列中等待进一步的处理。

这两个寄存器都是 256 位的，而且是只读的，由 Local APIC 负责填写，它们分别是中断请求寄存器 IRR，用来记录中断请求；以及正在服务寄存器 ISR，用来记录正在被处理器服务的中断。

中断请求寄存器 IRR 的长度是 256 位的，从位 0 开始，每位对应一个中断向量。这个寄存器用来记录那些已经被 Local APIC 接收，但还没有投递到处理器的中断请求。

由于 APIC 中断的优先级是基于中断向量的，所以，比特的编号越大，它对应的那个中断的优先级越高，这是显而易见的。

正在服务寄存器 ISR 的长度是 256 位的，从位 0 开始，每位对应一个中断向量。这个寄存器用来记录那些已经被投递到处理器，并且依然正在被服务的中断。

当一个系统中断被接受之后，它在 IRR 中对应的比特被置位。此后，当处理器核心请求为一个新的中断提供服务时，Local APIC 将 IRR 中那个优先级最高的被置位比特清零，并将它在 ISR

中的对应比特置"1"。然后，这一位所对应的中断被投递到处理器核心接受服务。

中断处理结束后，一般要写中断结束命令 EOI，表明我们完成了中断处理。此时，Local APIC 将 ISR 中优先级最高的被置位比特清零。

当处理器正在为某个中断提供服务时出现了另一个优先级更高的中断，高优先级的中断会立即投递到处理器，而不用等待当前的中断处理完成。此时，当前正在执行的中断服务会被打断，以便处理优先级更高的中断。更高优先级的中断处理完成后，被打断的中断处理过程恢复执行。在这个过程中，对 IRR 和 ISR 的操作依照前面的描述进行。

中断发生时，如果它的投递模式为 NMI、SMI、INIT、ExtINT、SIPI，或者是电平触发的 INIT，将直接投递到处理器而不经过 IRR 和 ISR。

与中断接受有关的另一个寄存器是触发模式寄存器 TMR，这个寄存器也是 256 位的，而且也是只读的，用来指示中断的触发模式。在使用中断请求寄存器 IRR 接受了一个中断之后，如果它是边沿触发的，它在 TMR 中的对应比特被清零；如果它是电平触发的，它在 TMR 中的对应比特被置位。

5.14　最低优先级模式的中断处理

在前面讲 I/O APIC 的 I/O 重定向表寄存器时，投递模式中包含了最低优先级。当时我们说这个话题以后再说，那么现在就来讲一讲什么是最低优先级模式。注意，只有在目标模式为逻辑模式的情况下，投递模式才能选择最低优先级模式。

在逻辑目标模式下，投递目标字段会选出若干个符合条件的 Local APIC。接下来，这些被选出来的 Local APIC 通过系统总线或者 APIC 总线选出一个优先级最低的来接受中断请求。如何裁决优先级最低的 Local APIC，不同的处理器有不同的方案。

比如，对基于 INTEL Xeon 处理器的系统来说，由芯片组的总线控制器从一组可能的目标中选择一个 Local APIC 来接收中断。再比如，对基于 P6 处理器家族的系统来说，需要使用仲裁优先权寄存器来执行裁决。

仲裁优先权寄存器 APR 在 Local APIC 寄存器空间内的偏移是 0x90，长度是 32 位，位 4 到位 7 是仲裁优先权类 AP，它用来在多个处理器核心之间裁决谁可以接受最低优先级的中断请求；位 0 到位 3 是仲裁优先权子类 APS。

我们已经学过任务优先权寄存器 TPR。如果中断请求寄存器 IRR 中最高被置位比特所对应的中断向量是 IRRV，正在服务寄存器 ISR 中最高被置位比特所对应的中断向量是 ISRV，仲裁优先权寄存器的内容按照以下规则设置：

```
如果 TPR[7:4] ≥ IRRV[7:4]，并且 TPR[7:4] > ISRV[7:4]，那么
APR[7:0] ← TPR[7:0]
```

否则

```
APR[7:4] ← 取 TPR[7:4]、ISRV[7:4]和 IRRV[7:4]中的最大值
APR[3:0] ← 0
```

第6章　多处理器环境下的多任务管理和调度

多处理器是本书的重点内容之一。经过上一章的铺垫，终于能够在本章发挥多处理器的优势，让多个处理器同时执行。

在本章里，我们会对所有处理器进行初始化，并显示处理器的数量信息。初始化工作完成后，系统首先创建外壳任务，外壳任务又创建另外 8 个任务。这 8 个任务是用同一个用户程序创建的，做相同的工作，都是从 1 加到 100000 并显示累加过程。因此，在这里统共有 9 个任务。

如图 6-1 所示，这台用于演示多处理器多任务切换的虚拟机有 4 个处理器，刚才创建的那 9 个任务轮流在 4 个处理器上执行，而 4 个处理器是同时执行的。换句话说，同一时间总是有 4 个任务在同时执行。

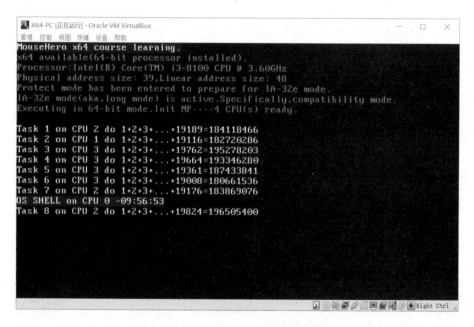

图 6-1　本章的多处理器多任务执行效果

如图中所示，屏幕上显示了每个任务的编号，比如 Task 1、Task 2 等；还显示了每个任务当前所在的那个处理器的编号，比如"on CPU 0"表明那个任务正在 0 号处理器上执行；"on CPU1"表明那个任务正在 1 号处理器上执行。每个任务都是轮流在不同的处理器上执行的，同时还显示了每个任务正在进行的累加过程。当然，这些动态的内容从图片上是看不出来的，需要在虚拟机上才能观察到。

6.1　本章代码清单

本章继续沿用第 3 章的主引导程序 c03_mbr.asm 和内核加载器程序 c03_ldr.asm，但本章有自己的内核程序 c06_core.asm、外壳程序 c06_shell.asm 和用户程序 c06_userapp.asm，现将这三个程序列印如下。

```
1  ;c06_core.asm:多处理器多任务内核，李忠，2022-04-23
2
3  %define __MP__
4
5  %include "..\common\global_defs.wid"
6
7  ;===============================================================================
8  section core_header                          ;内核程序头部
9    length      dd core_end                    ;#0：内核程序的总长度（字节数）
10   init_entry  dd init                        ;#4：内核入口点
11   position    dq 0                           ;#8：内核加载的虚拟（线性）地址
12
13 ;===============================================================================
14 section core_data                            ;内核数据段
15   acpi_error   db "ACPI is not supported or data error.", 0x0d, 0x0a, 0
16
17   num_cpus    db 0                           ;逻辑处理器数量
18   cpu_list    times 256 db 0                 ;Local APIC ID 的列表
19   lapic_addr  dd 0                           ;Local APIC 的物理地址
20
21   ioapic_addr dd 0                           ;I/O APIC 的物理地址
22   ioapic_id   db 0                           ;I/O APIC ID
23
24   ack_cpus    db 0                           ;处理器初始化应答计数
25
26   clocks_1ms  dd 0                           ;处理器在 1ms 内经历的时钟数
27
28   welcome     db "Executing in 64-bit mode.Init MP", 249, 0
29   cpu_init_ok db " CPU(s) ready.", 0x0d, 0x0a, 0
30
31   buffer      times 256 db 0
32
33   sys_entry   dq get_screen_row
34               dq get_cmos_time
35               dq put_cstringxy64
36               dq create_process
37               dq get_current_pid
38               dq terminate_process
39               dq get_cpu_number
40   pcb_ptr     dq 0                           ;进程控制块 PCB 首节点的线性地址
41
42 ;===============================================================================
43 section core_code                            ;内核代码段
44
45 %include "..\common\core_utils64.wid"        ;引入内核用到的例程
```

```
46  %include "..\common\user_static64.lib"
47          bits 64
48
49  ;~~~~~~~~~~~~~~~~~~~~~~~~~~~~~~~~~~~~~~~~~~~~~~~~~~~~~~~~~~~~~~~~~~~~~~~~~~~~~~~~~~~~~~~
50  _ap_string     db 249, 0
51
52  ap_to_core_entry:                           ;应用处理器（AP）进入内核的入口点
53          ;启用 GDT 的高端线性地址并加载 IDTR
54          mov rax, UPPER_SDA_LINEAR
55          lgdt [rax + 2]                      ;只有在 64 位模式下才能加载 64 位线性地址部分
56          lidt [rax + 0x0c]                   ;只有在 64 位模式下才能加载 64 位线性地址部分
57
58          ;为当前处理器创建 64 位模式下的专属栈
59          mov rcx, 4096
60          call core_memory_allocate
61          mov rsp, r14
62
63          ;创建当前处理器的专属存储区（含 TSS），并安装 TSS 描述符到 GDT
64          mov rcx, 256                        ;专属数据区的长度，含 TSS。
65          call core_memory_allocate
66          lea rax, [r13 + 128]                ;TSS 开始于专属数据区内偏移为 128 的地方
67          call make_tss_descriptor
68
69          mov r15, UPPER_SDA_LINEAR           ;系统数据区的高端线性地址（低端亦可）
70
71          mov r8, [r15 + 4]                   ;R8=GDT 的线性地址
72          movzx rcx, word [r15 + 2]           ;RCX=GDT 的界限值
73          mov [r8 + rcx + 1], rsi             ;TSS 描述符的低 64 位
74          mov [r8 + rcx + 9], rdi             ;TSS 描述符的高 64 位
75
76          add word [r15 + 2], 16
77          lgdt [r15 + 2]                      ;重新加载 GDTR
78
79          shr cx, 3                           ;除以 8（消除余数），得到索引号
80          inc cx                              ;索引号递增
81          shl cx, 3                           ;将索引号移到正确位置
82
83          ltr cx                              ;为当前处理器加载任务寄存器 TR
84
85          ;将处理器专属数据区首地址保存到当前处理器的型号专属寄存器 IA32_KERNEL_GS_BASE
86          mov ecx, 0xc000_0102                ;IA32_KERNEL_GS_BASE
87          mov rax, r13                        ;只用 EAX
88          mov rdx, r13
89          shr rdx, 32                         ;只用 EDX
90          wrmsr
```

```
91
92              ;为快速系统调用 SYSCALL 和 SYSRET 准备参数
93              mov ecx, 0x0c0000080                    ;指定型号专属寄存器 IA32_EFER
94              rdmsr
95              bts eax, 0                              ;设置 SCE 位，允许 SYSCALL 指令
96              wrmsr
97
98              mov ecx, 0xc0000081                     ;STAR
99              mov edx, (RESVD_DESC_SEL << 16) | CORE_CODE64_SEL
100             xor eax, eax
101             wrmsr
102
103             mov ecx, 0xc0000082                     ;LSTAR
104             mov rax, [rel position]
105             lea rax, [rax + syscall_procedure]      ;只用 EAX 部分
106             mov rdx, rax
107             shr rdx, 32                             ;使用 EDX 部分
108             wrmsr
109
110             mov ecx, 0xc0000084                     ;FMASK
111             xor edx, edx
112             mov eax, 0x00047700                     ;要求 TF=IF=DF=AC=0；IOPL=00
113             wrmsr
114
115             mov r15, [rel position]
116             lea rbx, [r15 + _ap_string]
117             call put_string64                       ;位于 core_utils64.wid
118
119             swapgs                                  ;准备用 GS 操作当前处理器的专属数据
120             mov qword [gs:8], 0                      ;没有正在执行的任务
121             xor rax, rax
122             mov al, byte [rel ack_cpus]
123             mov [gs:16], rax                        ;设置当前处理器的编号
124             mov [gs:24], rsp                        ;保存当前处理器的固有栈指针
125             swapgs
126
127             inc byte [rel ack_cpus]                 ;递增应答计数值
128
129             mov byte [AP_START_UP_ADDR + lock_var], 0   ;释放自旋锁
130
131             mov rsi, LAPIC_START_ADDR               ;Local APIC 的线性地址
132             bts dword [rsi + 0xf0], 8               ;设置 SVR 寄存器，允许 LAPIC
133
134             sti                                     ;开放中断
135
```

```
136    .do_idle:
137          hlt
138          jmp .do_idle
139
140  ;~~~~~~~~~~~~~~~~~~~~~~~~~~~~~~~~~~~~~~~~~~~~~~~~~~~~~~~~~~~~~~~~~~~~~~~~~~~~~~~~~
141  general_interrupt_handler:                    ;通用中断处理过程
142          iretq
143
144  ;~~~~~~~~~~~~~~~~~~~~~~~~~~~~~~~~~~~~~~~~~~~~~~~~~~~~~~~~~~~~~~~~~~~~~~~~~~~~~~~~~
145  general_exception_handler:                    ;通用异常处理过程
146                                                ;在 24 行 0 列显示红底白字的错误信息
147          mov r15, [rel position]
148          lea rbx, [r15 + exceptm]
149          mov dh, 24
150          mov dl, 0
151          mov r9b, 0x4f
152          call put_cstringxy64                  ;位于 core_utils64.wid
153
154          cli
155          hlt                                   ;停机且不接受外部硬件中断
156
157    exceptm       db "A exception raised,halt.", 0   ;发生异常时的错误信息
158
159  ;~~~~~~~~~~~~~~~~~~~~~~~~~~~~~~~~~~~~~~~~~~~~~~~~~~~~~~~~~~~~~~~~~~~~~~~~~~~~~~~~~
160  search_for_a_ready_task:                      ;查找一个就绪的任务并将其置为忙
161                                                ;返回：R11=就绪任务的 PCB 线性地址
162          ;此例程通常是在中断处理过程内调用，默认中断是关闭状态。
163          push rax
164          push rbx
165          push rcx
166
167          mov rcx, 1                            ;RCX=任务的"忙"状态
168
169          swapgs
170          mov rbx, [gs:8]                        ;取得当前任务的 PCB 线性地址
171          swapgs
172          mov r11, rbx
173          cmp rbx, 0                             ;处理器当前未在执行任务?
174          jne .again
175          mov rbx, [rel pcb_ptr]                 ;是的。从链表首节点开始搜索。
176          mov r11, rbx
177    .again:
178          mov r11, [r11 + 280]                   ;取得下一个节点
179          xor rax, rax
180          lock cmpxchg [r11 + 16], rcx           ;开发无锁算法的挑战并不是完全
```

```
181             ;消除竞争，它可以归结为将代码的关键部分减少到由 CPU 本身提供的单个原子操作。
182             jz .retrn
183             cmp r11, rbx                    ;是否转一圈回到当前节点？
184             je .fmiss                       ;是。未找到就绪任务（节点）
185             jmp .again
186
187     .fmiss:
188             xor r11, r11
189     .retrn:
190             pop rcx
191             pop rbx
192             pop rax
193             ret
194
195     ;~~~~~~~~~~~~~~~~~~~~~~~~~~~~~~~~~~~~~~~~~~~~~~~~~~~~~~~~~~~~~~~~~~~~~~~~~~~~~~~~
196     resume_execute_a_task:                  ;恢复执行一个任务
197                                             ;传入：R11=指定任务的 PCB 线性地址
198             ;此例程在中断处理过程内调用，默认中断是关闭状态。
199             mov eax, [rel clocks_1ms]       ;以下计算新任务运行时间
200             mov ebx, [r11 + 240]            ;为任务指定的时间片
201             mul ebx
202
203             mov rsi, LAPIC_START_ADDR       ;Local APIC 的线性地址
204             mov dword [rsi + 0x3e0], 0x0b   ;1 分频
205             mov dword [rsi + 0x320], 0xfd   ;单次击发模式，Fixed，中断号 0xfd
206
207             mov rbx, [r11 + 56]
208             mov cr3, rbx                    ;切换地址空间
209
210             swapgs
211             mov [gs:8], r11                 ;将新任务设置为当前任务
212             ;mov qword [r11 + 16], 1        ;置任务状态为忙
213             mov rbx, [r11 + 32]             ;取 PCB 中的 RSP0
214             mov [gs:128 + 4], rbx           ;置 TSS 的 RSP0
215             swapgs
216
217             mov rcx, [r11 + 80]
218             mov rdx, [r11 + 88]
219             mov rdi, [r11 + 104]
220             mov rbp, [r11 + 112]
221             mov rsp, [r11 + 120]
222             mov r8, [r11 + 128]
223             mov r9, [r11 + 136]
224             mov r10, [r11 + 144]
225             mov r12, [r11 + 160]
```

```
226        mov r13, [r11 + 168]
227        mov r14, [r11 + 176]
228        mov r15, [r11 + 184]
229        push qword [r11 + 208]              ;SS
230        push qword [r11 + 120]              ;RSP
231        push qword [r11 + 232]              ;RFLAGS
232        push qword [r11 + 200]              ;CS
233        push qword [r11 + 192]              ;RIP
234
235        mov dword [rsi + 0x380], eax        ;开始计时
236
237        mov rax, [r11 + 64]
238        mov rbx, [r11 + 72]
239        mov rsi, [r11 + 96]
240        mov r11, [r11 + 152]
241
242        iretq                              ;转入新任务的空间执行
243
244 ;~~~~~~~~~~~~~~~~~~~~~~~~~~~~~~~~~~~~~~~~~~~~~~~~~~~~~~~~~~~~~~~~~~~~~~~~~~~~~~~~~~~
245 time_slice_out_handler:                    ;时间片到期中断的处理过程
246        push rax
247        push rbx
248        push r11
249
250        mov r11, LAPIC_START_ADDR          ;给 Local APIC 发送中断结束命令 EOI
251        mov dword [r11 + 0xb0], 0
252
253        call search_for_a_ready_task
254        or r11, r11
255        jz .return                         ;未找到就绪的任务
256
257        swapgs
258        mov rax, qword [gs:8]              ;当前任务的 PCB 线性地址
259        swapgs
260
261        ;保存当前任务的状态以便将来恢复执行。
262        mov rbx, cr3                       ;保存原任务的分页系统
263        mov qword [rax + 56], rbx
264        ;mov [rax + 64], rax               ;不需设置，将来恢复执行时从栈中弹出
265        ;mov [rax + 72], rbx               ;不需设置，将来恢复执行时从栈中弹出
266        mov [rax + 80], rcx
267        mov [rax + 88], rdx
268        mov [rax + 96], rsi
269        mov [rax + 104], rdi
270        mov [rax + 112], rbp
```

```
271          mov [rax + 120], rsp
272          mov [rax + 128], r8
273          mov [rax + 136], r9
274          mov [rax + 144], r10
275          ;mov [rax + 152], r11                    ;不需设置，将来恢复执行时从栈中弹出
276          mov [rax + 160], r12
277          mov [rax + 168], r13
278          mov [rax + 176], r14
279          mov [rax + 184], r15
280          mov rbx, [rel position]
281          lea rbx, [rbx + .return]                 ;将来恢复执行时，是从中断返回也~
282          mov [rax + 192], rbx                     ;RIP 域为中断返回点
283          mov [rax + 200], cs
284          mov [rax + 208], ss
285          pushfq
286          pop qword [rax + 232]
287
288          mov qword [rax + 16], 0                  ;置任务状态为就绪
289
290          jmp resume_execute_a_task               ;恢复并执行新任务
291
292    .return:
293          pop r11
294          pop rbx
295          pop rax
296          iretq
297
298 ;~~~~~~~~~~~~~~~~~~~~~~~~~~~~~~~~~~~~~~~~~~~~~~~~~~~~~~~~~~~~~~~~~~~~~~~~~~~~~~~~~~~~
299 ;新任务创建后，将广播新任务创建消息给所有处理器，所有处理器执行此中断服务例程。
300 new_task_notify_handler:                          ;任务认领中断的处理过程
301          push rsi
302          push r11
303
304          mov rsi, LAPIC_START_ADDR               ;Local APIC 的线性地址
305          mov dword [rsi + 0xb0], 0               ;发送 EOI
306
307          swapgs
308          cmp qword [gs:8], 0                      ;当前处理器没有任务执行吗?
309          swapgs
310          jne .return                             ;是的（忙）。不打扰了 :)
311
312          call search_for_a_ready_task
313          or r11, r11
314          jz .return                              ;未找到就绪的任务
315
```

```
316          swapgs
317          add rsp, 16                         ;去掉进入例程时压入的两个参数
318          mov qword [gs:24], rsp              ;保存固有栈当前指针以便将来返回
319          swapgs
320
321          jmp resume_execute_a_task          ;恢复并执行新任务
322
323    .return:
324          pop r11
325          pop rsi
326
327          iretq
328
329  ;~~~~~~~~~~~~~~~~~~~~~~~~~~~~~~~~~~~~~~~~~~~~~~~~~~~~~~~~~~~~~~~~~~~~~~~~~~~~~
330    _append_lock   dq 0
331
332  append_to_pcb_link:                        ;在PCB链上追加任务控制块
333                                             ;输入：R11=PCB线性基地址
334          push rax
335          push rbx
336
337          pushfq                             ;-->A
338          cli
339          SET_SPIN_LOCK rax, qword [rel _append_lock]
340
341          mov rbx, [rel pcb_ptr]             ;取得链表首节点的线性地址
342          or rbx, rbx
343          jnz .not_empty                     ;链表非空，转.not_empty
344          mov [r11], r11                     ;唯一的节点：前驱是自己
345          mov [r11 + 280], r11               ;后继也是自己
346          mov [rel pcb_ptr], r11             ;这是头节点
347          jmp .return
348
349    .not_empty:
350          mov rax, [rbx]                     ;取得头节点的前驱节点的线性地址
351          ;此处，RBX=头节点；RAX=头节点的前驱节点；R11=追加的节点
352          mov [rax + 280], r11               ;前驱节点的后继是追加的节点
353          mov [r11 + 280], rbx               ;追加的节点的后继是头节点
354          mov [r11], rax                     ;追加的节点的前驱是头节点的前驱
355          mov [rbx], r11                     ;头节点的前驱是追加的节点
356
357    .return:
358          mov qword [rel _append_lock], 0    ;释放锁
359          popfq                              ;A
360
```

```
361         pop rbx
362         pop rax
363
364         ret
365
366 ;~~~~~~~~~~~~~~~~~~~~~~~~~~~~~~~~~~~~~~~~~~~~~~~~~~~~~~~~~~~~~~~~~~~~~~~~~~
367 get_current_pid:                         ;返回当前任务（进程）的标识
368         pushfq
369         cli
370         swapgs
371         mov rax, [gs:8]
372         mov rax, [rax + 8]
373         swapgs
374         popfq
375
376         ret
377
378 ;~~~~~~~~~~~~~~~~~~~~~~~~~~~~~~~~~~~~~~~~~~~~~~~~~~~~~~~~~~~~~~~~~~~~~~~~~~
379 terminate_process:                       ;终止当前任务
380         mov rsi, LAPIC_START_ADDR        ;Local APIC 的线性地址
381         mov dword [rsi + 0x320], 0x00010000  ;屏蔽定时器中断
382
383         cli
384
385         swapgs
386         mov rax, [gs:8]                   ;定位到当前任务的 PCB 节点
387         mov qword [rax + 16], 2          ;状态=终止
388         mov qword [gs:0], 0
389         mov rsp, [gs:24]                 ;切换到处理器的固有栈
390         swapgs
391
392         call search_for_a_ready_task
393         or r11, r11
394         jz .sleep                        ;未找到就绪的任务
395
396         jmp resume_execute_a_task        ;恢复并执行新任务
397
398   .sleep:
399         iretq                            ;回到不执行任务的日子:)
400
401 ;~~~~~~~~~~~~~~~~~~~~~~~~~~~~~~~~~~~~~~~~~~~~~~~~~~~~~~~~~~~~~~~~~~~~~~~~~~
402 create_process:                          ;创建新的任务
403                                          ;输入：R8=程序的起始逻辑扇区号
404         push rax
405         push rbx
```

```
406        push rcx
407        push rdx
408        push rsi
409        push rdi
410        push rbp
411        push r8
412        push r9
413        push r10
414        push r11
415        push r12
416        push r13
417        push r14
418        push r15
419
420        ;首先在地址空间的高端（内核）创建任务控制块 PCB
421        mov rcx, 512                        ;任务控制块 PCB 的尺寸
422        call core_memory_allocate          ;在虚拟地址空间的高端（内核）分配内存
423
424        mov r11, r13                        ;以下，R11 专用于保存 PCB 线性地址
425
426        mov qword [r11 + 24], USER_ALLOC_START   ;填写 PCB 的下一次可分配线性地址域
427
428        ;从当前活动的 4 级头表复制并创建新任务的 4 级头表。
429        call copy_current_pml4
430        mov [r11 + 56], rax                ;填写 PCB 的 CR3 域，默认 PCD=PWT=0
431
432        ;以下，切换到新任务的地址空间，并清空其 4 级头表的前半部分。不过没有关系，
433        ;我们正在地址空间的高端执行，可正常执行内核代码并访问内核数据，毕竟所有
434        ;任务的高端（全局）部分都相同。同时，当前使用的栈是位于地址空间高端的栈。
435
436        mov r15, cr3                        ;保存控制寄存器 CR3 的值
437        mov cr3, rax                        ;切换到新 4 级头表映射的新地址空间
438
439        ;清空当前 4 级头表的前半部分（对应于任务的局部地址空间）
440        mov rax, 0xffff_ffff_ffff_f000     ;当前活动 4 级头表自身的线性地址
441        mov rcx, 256
442 .clsp:
443        mov qword [rax], 0
444        add rax, 8
445        loop .clsp
446
447        mov rax, cr3                        ;刷新 TLB
448        mov cr3, rax
449
450        mov rcx, 4096 * 16                  ;为 TSS 的 RSP0 开辟栈空间
```

```
451          call core_memory_allocate              ;必须在内核的空间中开辟
452          mov [r11 + 32], r14                     ;填写 PCB 中的 RSP0 域的值
453
454          mov rcx, 4096 * 16                      ;为用户程序开辟栈空间
455          call user_memory_allocate
456          mov [r11 + 120], r14                    ;用户程序执行时的 RSP。
457
458          mov qword [r11 + 16], 0                 ;任务状态=就绪
459
460          ;以下开始加载用户程序
461          mov rcx, 512                            ;在私有空间开辟一个缓冲区
462          call user_memory_allocate
463          mov rbx, r13
464          mov rax, r8                             ;用户程序起始扇区号
465          call read_hard_disk_0
466
467          mov [r13 + 16], r13                     ;在程序中填写它自己的起始线性地址
468          mov r14, r13
469          add r14, [r13 + 8]
470          mov [r11 + 192], r14                    ;在 PCB 中登记程序的入口点线性地址
471
472          ;以下判断整个程序有多大
473          mov rcx, [r13]                          ;程序尺寸
474          test rcx, 0x1ff                         ;能够被 512 整除吗？
475          jz .y512
476          shr rcx, 9                              ;不能？凑整。
477          shl rcx, 9
478          add rcx, 512
479   .y512:
480          sub rcx, 512                            ;减去已经读的一个扇区长度
481          jz .rdok
482          call user_memory_allocate
483          ;mov rbx, r13
484          shr rcx, 9                              ;除以 512，还需要读的扇区数
485          inc rax                                 ;起始扇区号
486   .b1:
487          call read_hard_disk_0
488          inc rax
489          loop .b1                                ;循环读，直到读完整个用户程序
490
491   .rdok:
492          mov qword [r11 + 200], USER_CODE64_SEL  ;新任务的代码段选择子
493          mov qword [r11 + 208], USER_STACK64_SEL ;新任务的栈段选择子
494
495          pushfq
```

```
496            pop qword [r11 + 232]
497
498            mov qword [r11 + 240], SUGG_PREEM_SLICE      ;推荐的任务执行时间片
499
500            call generate_process_id
501            mov [r11 + 8], rax                    ;记录当前任务的标识
502
503            call append_to_pcb_link               ;将 PCB 添加到进程控制块链表尾部
504
505            mov cr3, r15                          ;切换到原任务的地址空间
506
507            mov rsi, LAPIC_START_ADDR             ;Local APIC 的线性地址
508            mov dword [rsi + 0x310], 0
509            mov dword [rsi + 0x300], 0x000840fe   ;向所有处理器发送任务认领中断
510
511            pop r15
512            pop r14
513            pop r13
514            pop r12
515            pop r11
516            pop r10
517            pop r9
518            pop r8
519            pop rbp
520            pop rdi
521            pop rsi
522            pop rdx
523            pop rcx
524            pop rbx
525            pop rax
526
527            ret
528 ;~~~~~~~~~~~~~~~~~~~~~~~~~~~~~~~~~~~~~~~~~~~~~~~~~~~~~~~~~~~~~~~~~~~~~~~~~~~~~~~~~~~~
529 syscall_procedure:                            ;系统调用的处理过程
530          ;RCX 和 R11 由处理器使用，保存 RIP 和 RFLAGS 的内容；进入时中断是禁止状态
531            swapgs                              ;切换 GS 到当前处理器的数据区
532            mov [gs:0], rsp                     ;临时保存当前的 3 特权级栈指针
533            mov rsp, [gs:128+4]                 ;使用 TSS 的 RSP0 作为安全栈指针
534            push qword [gs:0]
535            swapgs
536            sti                                 ;准备工作全部完成，中断和任务切换无虞
537
538            push r15
539            mov r15, [rel position]
540            add r15, [r15 + rax * 8 + sys_entry] ;得到指定的那个系统调用功能的线性地址
```

```
541          call r15
542          pop r15
543
544          cli
545          pop rsp                              ;恢复原先的 3 特权级栈指针
546          o64 sysret
547 ;~~~~~~~~~~~~~~~~~~~~~~~~~~~~~~~~~~~~~~~~~~~~~~~~~~~~~~~~~~~~~~~~~~~~~~~~~~~~~~~~~~~~~~~~~
548 init:    ;初始化内核的工作环境
549
550          ;将 GDT 的线性地址映射到虚拟内存高端的相同位置。
551          ;处理器不支持 64 位立即数到内存地址的操作，所以用两条指令完成。
552          mov rax, UPPER_GDT_LINEAR            ;GDT 的高端线性地址
553          mov qword [SDA_PHY_ADDR + 4], rax    ;注意：必须是扩高地址
554
555          lgdt [SDA_PHY_ADDR + 2]              ;只有在 64 位模式下才能加载 64 位线性地址部分
556
557          ;将栈映射到高端，否则，压栈时依然压在低端，并和低端的内容冲突。
558          ;64 位模式下不支持源操作数为 64 位立即数的加法操作。
559          mov rax, 0xffff800000000000          ;或者加上 UPPER_LINEAR_START
560          add rsp, rax                         ;栈指针必须转换为高端地址且必须是扩高地址
561
562          ;准备让处理器从虚拟地址空间的高端开始执行（现在依然在低端执行）
563          mov rax, 0xffff800000000000          ;或者使用常量 UPPER_LINEAR_START
564          add [rel position], rax              ;内核程序的起始位置数据也必须转换成扩高地址
565
566          ;内核的起始地址 + 标号.to_upper 的汇编地址 = 标号.to_upper 所在位置的运行时扩高地址
567          mov rax, [rel position]
568          add rax, .to_upper
569          jmp rax                              ;绝对间接近转移,从此在高端执行后面的指令
570
571   .to_upper:
572          ;初始化中断描述符表 IDT,并为 32 个异常及 224 个中断安装门描述符
573
574          ;为 32 个异常创建通用处理过程的中断门
575          mov r9, [rel position]
576          lea rax, [r9 + general_exception_handler];得到通用异常处理过程的线性地址
577          call make_interrupt_gate             ;位于 core_utils64_mp.wid
578
579          xor r8, r8
580   .idt0:
581          call mount_idt_entry                 ;位于 core_utils64_mp.wid
582          inc r8
583          cmp r8, 31
584          jle .idt0
585
```

```
586                 ;创建并安装对应于其他中断的通用处理过程的中断门
587                 lea rax, [r9 + general_interrupt_handler];得到通用中断处理过程的线性地址
588                 call make_interrupt_gate              ;位于 core_utils64_mp.wid
589
590                 mov r8, 32
591        .idt1:
592                 call mount_idt_entry                  ;位于 core_utils64_mp.wid
593                 inc r8
594                 cmp r8, 255
595                 jle .idt1
596
597                 mov rax, UPPER_IDT_LINEAR             ;中断描述符表 IDT 的高端线性地址
598                 mov rbx, UPPER_SDA_LINEAR             ;系统数据区 SDA 的高端线性地址
599                 mov qword [rbx + 0x0e], rax
600                 mov word [rbx + 0x0c], 256 * 16 - 1
601
602                 lidt [rbx + 0x0c]                     ;只有在 64 位模式下才能加载 64 位线性地址部分
603
604                 mov al, 0xff                          ;屏蔽所有发往 8259A 主芯片的中断信号
605                 out 0x21, al                          ;多处理器环境下不再使用 8259 芯片
606
607                 ;在 64 位模式下显示的第一条信息！
608                 mov r15, [rel position]
609                 lea rbx, [r15 + welcome]
610                 call put_string64                     ;位于 core_utils64_mp.wid
611
612                 ;安装系统服务（SYSCALL/SYSRET）所需要的代码段和栈段描述符
613                 mov r15, UPPER_SDA_LINEAR             ;系统数据区 SDA 的线性地址
614                 xor rbx, rbx
615                 mov bx, [r15 + 2]                     ;BX=GDT 的界限值
616                 inc bx                                ;BX=GDT 的长度
617                 add rbx, [r15 + 4]                    ;RBX=新描述符的追加位置
618
619                 mov dword [rbx], 0x0000ffff           ;64 位模式下不支持 64 位立即数传送
620                 mov dword [rbx + 4], 0x00cf9200       ;数据段描述符，DPL=00
621                 mov dword [rbx + 8], 0                ;保留的描述符槽位
622                 mov dword [rbx + 12], 0
623                 mov dword [rbx + 16], 0x0000ffff      ;数据段描述符，DPL=11
624                 mov dword [rbx + 20], 0x00cff200
625                 mov dword [rbx + 24], 0x0000ffff      ;代码段描述符，DPL=11
626                 mov dword [rbx + 28], 0x00aff800
627
628                 ;我们为每个逻辑处理器都准备一个专属数据区，它是由每个处理器的 GS 所指向的。
629                 ;为当前处理器（BSP）准备专属数据区，设置 GS 并安装任务状态段 TSS 的描述符
630                 mov rcx, 256                          ;专属数据区的长度，含 TSS。
```

```
631          call core_memory_allocate
632          mov qword [r13 + 8], 0              ;提前将"当前任务的 PCB 指针域"清零
633          mov qword [r13 + 16], 0             ;将当前处理器的编号设置为#0
634          mov [r13 + 24], rsp                 ;设置当前处理器的专属栈
635          lea rax, [r13 + 128]                ;TSS 开始于专属数据区内偏移为 128 的地方
636          call make_tss_descriptor
637          mov qword [rbx + 32], rsi           ;TSS 描述符的低 64 位
638          mov qword [rbx + 40], rdi           ;TSS 描述符的高 64 位
639
640          add word [r15 + 2], 48              ;4 个段描述符和 1 个 TSS 描述符的总字节数
641          lgdt [r15 + 2]
642
643          mov cx, 0x0040                      ;TSS 描述符的选择子
644          ltr cx
645
646     ;将处理器专属数据区首地址保存到当前处理器的型号专属寄存器 IA32_KERNEL_GS_BASE
647          mov ecx, 0xc000_0102               ;IA32_KERNEL_GS_BASE
648          mov rax, r13                        ;只用 EAX
649          mov rdx, r13
650          shr rdx, 32                         ;只用 EDX
651          wrmsr
652
653     ;为快速系统调用 SYSCALL 和 SYSRET 准备参数
654          mov ecx, 0x0c0000080               ;指定型号专属寄存器 IA32_EFER
655          rdmsr
656          bts eax, 0                          ;设置 SCE 位，允许 SYSCALL 指令
657          wrmsr
658
659          mov ecx, 0xc0000081                ;STAR
660          mov edx, (RESVD_DESC_SEL << 16) | CORE_CODE64_SEL
661          xor eax, eax
662          wrmsr
663
664          mov ecx, 0xc0000082                ;LSTAR
665          mov rax, [rel position]
666          lea rax, [rax + syscall_procedure]  ;只用 EAX 部分
667          mov rdx, rax
668          shr rdx, 32                         ;使用 EDX 部分
669          wrmsr
670
671          mov ecx, 0xc0000084                ;FMASK
672          xor edx, edx
673          mov eax, 0x00047700                ;要求 TF=IF=DF=AC=0；IOPL=00
674          wrmsr
675
```

```
676          ;以下初始化高级可编程中断控制器 APIC。在计算机启动后，BIOS 已经对 LAPIC 和 IOAPIC 做了
677          ;初始化并创建了相关的高级配置和电源管理接口（ACPI）表项。可以从中获取多处理器和
678          ;APIC 信息。INTEL 架构的个人计算机（IA-PC）从 1MB 物理内存中搜索获取；启用可扩展固件
679          ;接口（EFI 或者叫 UEFI）的计算机需使用 EFI 传递的 EFI 系统表指针定位相关表格并从中获取
680          ;多处理器和 APIC 信息。为简单起见，我们采用前一种传统的方式。请注意虚拟机的配置！
681
682          ;ACPI 申领的内存区域已经保存在我们的系统数据区（SDA），以下将其读出。此内存区可能
683          ;位于分页系统尚未映射的部分，故以下先将这部分内存进行一一映射（线性地址=物理地址）
684          cmp word [SDA_PHY_ADDR + 0x16], 0
685          jz .acpi_err                          ;不正确的 ACPI 数据，可能不支持 ACPI
686          mov rsi, SDA_PHY_ADDR + 0x18          ;系统数据区：地址范围描述结构的起始地址
687   .looking:
688          cmp dword [rsi + 16], 3               ;3:ACPI 申领的内存（AddressRangeACPI）
689          jz .looked
690          add rsi, 32                           ;32:每个地址范围描述结构的长度
691          loop .looking
692
693   .acpi_err:
694          mov r15, [rel position]
695          lea rbx, [r15 + acpi_error]
696          call put_string64                     ;位于 core_utils64_mp.wid
697          cli
698          hlt
699
700   .looked:
701          mov rbx, [rsi]                        ;ACPI 申领的起始物理地址
702          mov rcx, [rsi + 8]                    ;ACPI 申领的内存数量，以字节计
703          add rcx, rbx                          ;ACPI 申领的内存上边界
704          mov rdx, 0xffff_ffff_ffff_f000        ;用于生成页地址的掩码
705   .maping:
706          mov r13, rbx                          ;R13:本次映射的线性地址
707          mov rax, rbx
708          and rax, rdx
709          or rax, 0x07                          ;RAX:本次映射的物理地址及属性
710          call mapping_laddr_to_page
711          add rbx, 0x1000
712          cmp rbx, rcx
713          jle .maping
714
715          ;从物理地址 0x60000 开始，搜索根系统描述指针结构（RSDP）
716          mov rbx, 0x60000
717          mov rcx, 'RSD PTR '                   ;结构的起始标记（注意尾部的空格）
718   .searc:
719          cmp qword [rbx], rcx
720          je .finda
```

```
721        add rbx, 16                          ;结构的标记总是位于 16 字节边界处
722        cmp rbx, 0xffff0                     ;低端 1MB 物理内存的上边界
723        jl .searc
724        jmp .acpi_err                        ;未找到 RSDP，报错停机处理。
725
726    .finda:
727        ;RSDT 和 XSDT 都指向 MADT，但 RSDT 给出的是 32 位物理地址，而 XDST 给出 64 位物理地址。
728        ;只有 VCPI 2.0 及更高版本才有 XSDT。典型地，VBox 支持 ACPI 2.0 而 Bochs 仅支持 1.0
729        cmp byte [rbx + 15], 2               ;检测 ACPI 的版本是否为 2
730        jne .vcpi_1
731        mov rbx, [rbx + 24]                  ;得到扩展的系统描述表（XSDT）的物理地址
732
733        ;以下，开始在 XSDT 中遍历搜索多 APIC 描述表（MADT）
734        xor rdi, rdi
735        mov edi, [rbx + 4]                   ;获得 XSDT 的长度（以字节计）
736        add rdi, rbx                         ;计算 XSDT 上边界的物理位置
737        add rbx, 36                          ;XSDT 尾部数组的物理位置
738    .madt0:
739        mov r11, [rbx]
740        cmp dword [r11], 'APIC'              ;MADT 表的标记
741        je .findm
742        add rbx, 8                           ;下一个元素
743        cmp rbx, rdi
744        jl .madt0
745        jmp .acpi_err                        ;未找到 MADT，报错停机处理。
746
747        ;以下按 VCPI 1.0 处理，开始在 RSDT 中遍历搜索多 APIC 描述表（MADT）
748    .vcpi_1:
749        mov ebx, [rbx + 16]                  ;得到根系统描述表（RSDT）的物理地址
750        ;以下，开始在 RSDT 中遍历搜索多 APIC 描述表（MADT）
751        mov edi, [ebx + 4]                   ;获得 RSDT 的长度（以字节计）
752        add edi, ebx                         ;计算 RSDT 上边界的物理位置
753        add ebx, 36                          ;RSDT 尾部数组的物理位置
754        xor r11, r11
755    .madt1:
756        mov r11d, [ebx]
757        cmp dword [r11], 'APIC'              ;MADT 表的标记
758        je .findm
759        add ebx, 4                           ;下一个元素
760        cmp ebx, edi
761        jl .madt1
762        jmp .acpi_err                        ;未找到 MADT，报错停机处理。
763
764    .findm:
765        ;此时，R11 是 MADT 的物理地址
```

```
766          mov edx, [r11 + 36]                        ;预置的 LAPIC 物理地址
767          mov [rel lapic_addr], edx
768
769          ;以下开始遍历系统中的逻辑处理器（其 LAPID ID）和 I/O APIC。
770          mov r15, [rel position]                    ;为访问 cpu_list 准备线性地址
771          lea r15, [r15 + cpu_list]
772
773          xor rdi, rdi
774          mov edi, [r11 + 4]                         ;EDI:MADT 的长度，以字节计
775          add rdi, r11                               ;RDI:MADT 上部边界的物理地址
776          add r11, 44                                ;R11:指向 MADT 尾部的中断控制器结构列表
777  .enumd:
778          cmp byte [r11], 0                          ;列表项类型：Processor Local APIC
779          je .l_apic
780          cmp byte [r11], 1                          ;列表项类型：I/O APIC
781          je .ioapic
782          jmp .m_end
783  .l_apic:
784          cmp dword [r11 + 4], 0                     ;Local APIC Flags
785          jz .m_end
786          mov al, [r11 + 3]                          ;local APIC ID
787          mov [r15], al                              ;保存 local APIC ID 到 cpu_list
788          inc r15
789          inc byte [rel num_cpus]                    ;可用的 CPU 数量递增
790          jmp .m_end
791  .ioapic:
792          mov al, [r11 + 2]                          ;取出 I/O APIC ID
793          mov [rel ioapic_id], al                    ;保存 I/O APIC ID
794          mov eax, [r11 + 4]                         ;取出 I/O APIC 物理地址
795          mov [rel ioapic_addr], eax                 ;保存 I/O APIC 物理地址
796   .m_end:
797          xor rax, rax
798          mov al, [r11 + 1]
799          add r11, rax                               ;计算下一个中断控制器结构列表项的地址
800          cmp r11, rdi
801          jl .enumd
802
803          ;将 Local APIC 的物理地址映射到预定义的线性地址 LAPIC_START_ADDR
804          mov r13, LAPIC_START_ADDR                  ;在 global_defs.wid 中定义
805          xor rax, rax
806          mov eax, [rel lapic_addr]                  ;取出 LAPIC 的物理地址
807          or eax, 0x1f                               ;PCD=PWT=U/S=R/W=P=1，强不可缓存
808          call mapping_laddr_to_page
809
810          ;将 I/O APIC 的物理地址映射到预定义的线性地址 IOAPIC_START_ADDR
```

```
811          mov r13, IOAPIC_START_ADDR                  ;在 global_defs.wid 中定义
812          xor rax, rax
813          mov eax, [rel ioapic_addr]                  ;取出 I/O APIC 的物理地址
814          or eax, 0x1f                                ;PCD=PWT=U/S=R/W=P=1, 强不可缓存
815          call mapping_laddr_to_page
816
817          ;以下测量当前处理器在 1 毫秒的时间里经历多少时钟周期，作为后续的定时基准。
818          mov rsi, LAPIC_START_ADDR                    ;Local APIC 的线性地址
819
820          mov dword [rsi + 0x320], 0x10000             ;定时器的本地向量表入口寄存器。
821                                                       ;单次击发（one shot）模式
822          mov dword [rsi + 0x3e0], 0x0b               ;定时器的分频配置寄存器: 1 分频（不分频）
823
824          mov al, 0x0b                                 ;RTC 寄存器 B
825          or al, 0x80                                  ;阻断 NMI
826          out 0x70, al
827          mov al, 0x52                                 ;设置寄存器 B，开放周期性中断，开放更
828          out 0x71, al                                 ;新结束后中断，BCD 码，24 小时制
829
830          mov al, 0x8a                                 ;CMOS 寄存器 A
831          out 0x70, al
832          ;in al, 0x71
833          mov al, 0x2d                                 ;32kHz，125ms 的周期性中断
834          out 0x71, al                                 ;写回 CMOS 寄存器 A
835
836          mov al, 0x8c
837          out 0x70, al
838          in al, 0x71                                  ;读寄存器 C
839    .w0:
840          in al, 0x71                                  ;读寄存器 C
841          bt rax, 6                                    ;更新周期结束中断已发生?
842          jnc .w0
843          mov dword [rsi + 0x380], 0xffff_ffff         ;定时器初始计数寄存器: 置初值并开始计数
844    .w1:
845          in al, 0x71                                  ;读寄存器 C
846          bt rax, 6                                    ;更新周期结束中断已发生?
847          jnc .w1
848          mov edx, [rsi + 0x390]                       ;定时器当前计数寄存器: 读当前计数值
849
850          mov eax, 0xffff_ffff
851          sub eax, edx
852          xor edx, edx
853          mov ebx, 125                                 ;125 毫秒
854          div ebx                                      ;EAX=当前处理器在 1ms 内的时钟数
855
```

```
856            mov [rel clocks_1ms], eax                    ;登记起来用于其他定时的场合
857
858            mov al, 0x0b                                 ;RTC 寄存器 B
859            or al, 0x80                                  ;阻断 NMI
860            out 0x70, al
861            mov al, 0x12                                 ;设置寄存器 B，只允许更新周期结束中断
862            out 0x71, al
863
864            ;以下安装新任务认领中断的处理过程
865            mov r9, [rel position]
866            lea rax, [r9 + new_task_notify_handler]  ;得到中断处理过程的线性地址
867            call make_interrupt_gate                     ;位于 core_utils64_mp.wid
868
869            cli
870            mov r8, 0xfe
871            call mount_idt_entry                         ;位于 core_utils64_mp.wid
872            sti
873
874            ;以下安装时间片到期中断的处理过程
875            mov r9, [rel position]
876            lea rax, [r9 + time_slice_out_handler]   ;得到中断处理过程的线性地址
877            call make_interrupt_gate                     ;位于 core_utils64_mp.wid
878
879            cli
880            mov r8, 0xfd
881            call mount_idt_entry                         ;位于 core_utils64_mp.wid
882            sti
883
884            ;以下开始初始化应用处理器 AP。先将初始化代码复制到物理内存最低端的选定位置
885            mov rsi, [rel position]
886            lea rsi, [rsi + section.ap_init_block.start]
887            mov rdi, AP_START_UP_ADDR
888            mov rcx, ap_init_tail - ap_init
889            cld
890            repe movsb
891
892            ;所有处理器都应当在初始化期间递增应答计数值
893            inc byte [rel ack_cpus]                      ;BSP 自己的应答计数值
894
895            ;给其他处理器发送 INIT IPI 和 SIPI，命令它们初始化自己
896            mov rsi, LAPIC_START_ADDR                    ;Local APIC 的线性地址
897            mov dword [rsi + 0x310], 0
898            mov dword [rsi + 0x300], 0x000c4500          ;先发送 INIT IPI
899            mov dword [rsi + 0x300], (AP_START_UP_ADDR >> 12) | 0x000c4600;Start up IPI
900            mov dword [rsi + 0x300], (AP_START_UP_ADDR >> 12) | 0x000c4600;Start up IPI
```

```
901
902            mov al, [rel num_cpus]
903     .wcpus:
904            cmp al, [rel ack_cpus]
905            jne .wcpus                          ;等待所有应用处理器的应答
906
907            ;显示已应答的处理器的数量信息
908            mov r15, [rel position]
909
910            xor r8, r8
911            mov r8b, [rel ack_cpus]
912            lea rbx, [r15 + buffer]
913            call bin64_to_dec
914            call put_string64
915
916            lea rbx, [r15 + cpu_init_ok]
917            call put_string64                   ;位于 core_utils64_mp.wid
918
919            ;以下开始创建系统外壳任务（进程）
920            mov r8, 50
921            call create_process
922
923            jmp ap_to_core_entry.do_idle        ;去处理器集结休息区 :)
924
925  ;===========================================================================
926  section ap_init_block vstart=0
927
928            bits 16                             ;应用处理器 AP 从实模式开始执行
929
930  ap_init:                                      ;应用处理器 AP 的初始化代码
931            mov ax, AP_START_UP_ADDR >> 4
932            mov ds, ax
933
934            SET_SPIN_LOCK al, byte [lock_var]   ;自旋直至获得锁
935
936            mov ax, SDA_PHY_ADDR >> 4           ;切换到系统数据区
937            mov ds, ax
938
939            ;加载描述符表寄存器 GDTR
940            lgdt [2]                            ;实模式下只加载 6 字节的内容
941
942            in al, 0x92                         ;南桥芯片内的端口
943            or al, 0000_0010B
944            out 0x92, al                        ;打开 A20
945
```

```
946        cli                                      ;中断机制尚未工作
947
948        mov eax, cr0
949        or eax, 1
950        mov cr0, eax                             ;设置 PE 位
951
952        ;以下进入保护模式... ...
953        jmp 0x0008: AP_START_UP_ADDR + .flush    ;清流水线并串行化处理器
954
955        [bits 32]
956  .flush:
957        mov eax, 0x0010                          ;加载数据段(4GB)选择子
958        mov ss, eax                              ;加载堆栈段(4GB)选择子
959        mov esp, 0x7e00                          ;堆栈指针
960
961        ;令 CR3 寄存器指向 4 级头表（保护模式下的 32 位 CR3）
962        mov eax, PML4_PHY_ADDR                   ;PCD=PWT=0
963        mov cr3, eax
964
965        ;开启物理地址扩展 PAE
966        mov eax, cr4
967        bts eax, 5
968        mov cr4, eax
969
970        ;设置型号专属寄存器 IA32_EFER.LME，允许 IA_32e 模式
971        mov ecx, 0x0c0000080                     ;指定型号专属寄存器 IA32_EFER
972        rdmsr
973        bts eax, 8                               ;设置 LME 位
974        wrmsr
975
976        ;开启分页功能
977        mov eax, cr0
978        bts eax, 31                              ;置位 CR0.PG
979        mov cr0, eax
980
981        ;进入 64 位模式
982        jmp CORE_CODE64_SEL:AP_START_UP_ADDR + .to64
983  .to64:
984
985        bits 64
986
987        ;转入内核中继续初始化（使用高端线性地址）
988        mov rbx, UPPER_CORE_LINEAR + ap_to_core_entry
989        jmp rbx
990
```

```
991    lock_var   db 0
992
993  ap_init_tail:
994
995  ;===============================================================================
996  section core_tail
997  core_end:
```

```
1  ;c06_shell.asm:系统外壳程序,2022-1-19。用于模拟一个操作系统用户接口,比如 Linux 控制台
2
3  ;===============================================================================
4  section shell_header                          ;外壳程序头部
5    length        dq shell_end                  ;#0:  外壳程序的总长度(字节数)
6    entry         dq start                      ;#8:  外壳入口点
7    linear        dq 0                          ;#16: 外壳加载的虚拟(线性)地址
8
9  ;===============================================================================
10 section shell_data                            ;外壳程序数据段
11   shell_msg     times 128 db 0
12
13   msg0          db "OS SHELL on CPU ", 0
14   pcpu          times 32 db 0                 ;处理器编号的文本
15   msg1          db " -", 0
16
17   time_buff     times 32 db 0                 ;当前时间的文本
18
19
20 ;===============================================================================
21 section shell_code                            ;外壳程序代码段
22
23 %include "..\common\user_static64.lib"
24
25 ;~~~~~~~~~~~~~~~~~~~~~~~~~~~~~~~~~~~~~~~~~~~~~~~~~~~~~~~~~~~~~~~~~~~~~~~~~~~~~~~~~~
26          bits 64
27
28 main:
29          ;这里可显示一个界面,比如 Windows 桌面或者 Linux 控制台窗口,用于接收用户
30          ;输入的命令,包括显示磁盘文件、设置系统参数或者运行一个程序。我们的系
31          ;统很简单,所以不提供这些功能。
32
33          ;以下, 模拟按用户的要求运行 8 个程序......
34          mov r8, 100
35          mov rax, 3
36          syscall
37          syscall
38          syscall
39          syscall
40          syscall
41          syscall
42          syscall
43          syscall                               ;用同一个副本创建 8 个任务
44
45          mov rax, 0
```

```
46          syscall                              ;可用显示行，DH=行号
47          mov dl, 0
48          mov r9b, 0x5f
49
50          mov r12, [rel linear]
51   _time:
52          lea rbx, [r12 + time_buff]
53          mov rax, 1
54          syscall
55
56          mov rax, 6                           ;获得当前处理器的编号
57          syscall
58          mov r8, rax
59          lea rbx, [r12 + pcpu]
60          call bin64_to_dec                    ;将处理器的编号转换为字符串
61
62          lea rdi, [r12 + shell_msg]
63          mov byte [rdi], 0
64
65          lea rsi, [r12 + msg0]
66          call string_concatenates             ;字符串连接，和 strcat 相同
67
68          lea rsi, [r12 + pcpu]
69          call string_concatenates             ;字符串连接，和 strcat 相同
70
71          lea rsi, [r12 + msg1]
72          call string_concatenates             ;字符串连接，和 strcat 相同
73
74          lea rsi, [r12 + time_buff]
75          call string_concatenates             ;字符串连接，和 strcat 相同
76
77          mov rbx, rdi
78          mov rax, 2
79          syscall
80
81          jmp _time
82
83  ;~~~~~~~~~~~~~~~~~~~~~~~~~~~~~~~~~~~~~~~~~~~~~~~~~~~~~~~~~~~~~~~~~~~~~~~~~~~~~~~~
84  start:    ;程序的入口点
85          call main
86  ;~~~~~~~~~~~~~~~~~~~~~~~~~~~~~~~~~~~~~~~~~~~~~~~~~~~~~~~~~~~~~~~~~~~~~~~~~~~~~~~~
87  shell_end:
```

```
1  ;c06_userapp.asm:多处理器多任务环境的应用程序,李忠,2022-2-2
2
3  ;===============================================================================
4  section app_header                              ;应用程序头部
5    length        dq app_end                      ;#0:用户程序的总长度(字节数)
6    entry         dq start                        ;#8:用户程序入口点
7    linear        dq 0                            ;#16:用户程序加载的虚拟(线性)地址
8
9  ;===============================================================================
10 section app_data                                ;应用程序数据段
11
12   app_msg       times 128 db 0                   ;应用程序消息缓冲区
13
14   pid_prex      db "Task ", 0                    ;进程标识前缀文本
15   pid           times 32 db 0                    ;进程标识的文本
16
17   ;tid_prex      db " thread ", 0                ;线程标识前缀文本
18   ;tid           times 32 db 0                   ;线程标识的文本
19
20   cpu_prex      db " on CPU ", 0                 ;处理器标识的前缀文本
21   pcpu          times 32 db 0                    ;处理器标识的文本
22
23   delim         db " do 1+2+3+...+", 0           ;分隔文本
24   addend        times 32 db 0                    ;加数的文本
25   equal         db "=", 0                        ;等于号
26   cusum         times 32 db 0                    ;相加结果的文本
27
28 ;===============================================================================
29 section app_code                                ;应用程序代码段
30
31 %include "..\common\user_static64.lib"
32
33 ;~~~~~~~~~~~~~~~~~~~~~~~~~~~~~~~~~~~~~~~~~~~~~~~~~~~~~~~~~~~~~~~~~~~~~~~~~~~~~~~~~~
34         bits 64
35
36 main:
37         mov rax, 0                              ;确定当前程序可以使用的显示行
38         syscall                                 ;可用显示行,DH=行号
39
40         mov dl, 0
41         mov r9b, 0x0f
42
43         mov r12, [rel linear]                   ;当前程序加载的起始线性地址
44
45         mov rax, 4                              ;获得当前程序(进程)的标识
```

```
46          syscall
47          mov r8, rax
48          lea rbx, [r12 + pid]
49          call bin64_to_dec              ;将进程标识转换为字符串
50
51          mov r8, 0                      ;R8 用于存放累加和
52          mov r10, 1                     ;R10 用于提供加数
53      .cusum:
54          add r8, r10
55          lea rbx, [r12 + cusum]
56          call bin64_to_dec              ;本次相加的结果转换为字符串
57
58          xchg r8, r10
59          lea rbx, [r12 + addend]
60          call bin64_to_dec              ;本次的加数转换为字符串
61
62          xchg r8, r10
63
64          mov rax, 6                     ;获得当前处理器的编号
65          syscall
66
67          push r8
68          mov r8, rax
69          lea rbx, [r12 + pcpu]
70          call bin64_to_dec              ;将处理器的编号转换为字符串
71          pop r8
72
73          lea rdi, [r12 + app_msg]
74          mov byte [rdi], 0
75
76          lea rsi, [r12 + pid_prex]
77          call string_concatenates       ;字符串连接，和 strcat 相同
78
79          lea rsi, [r12 + pid]
80          call string_concatenates
81
82          lea rsi, [r12 + cpu_prex]
83          call string_concatenates
84
85          lea rsi, [r12 + pcpu]
86          call string_concatenates
87
88          lea rsi, [r12 + delim]
89          call string_concatenates
90
```

```
 91        lea rsi, [r12 + addend]
 92        call string_concatenates
 93
 94        lea rsi, [r12 + equal]
 95        call string_concatenates
 96
 97        lea rsi, [r12 + cusum]
 98        call string_concatenates
 99
100        mov rax, 2                              ;在指定坐标显示字符串
101        mov rbx, rdi
102        syscall
103
104        inc r10
105        cmp r10, 10000000
106        jle .cusum
107
108        ret
109
110 ;~~~~~~~~~~~~~~~~~~~~~~~~~~~~~~~~~~~~~~~~~~~~~~~~~~~~~~~~~~~~~~~~~~~~~~~
111 start:    ;程序的入口点
112
113        ;这里放置初始化代码，比如初始化全局数据（变量）
114
115        call main
116
117        ;这里放置清理代码
118
119        mov rax, 5                              ;终止任务
120        syscall
121
122 ;~~~~~~~~~~~~~~~~~~~~~~~~~~~~~~~~~~~~~~~~~~~~~~~~~~~~~~~~~~~~~~~~~~~~~~~
123 app_end:
```

6.2 高速缓存

在《x86 汇编语言：从实模式到保护模式》一书中我们讲过，物理内存的缺点是访问速度慢，因为它需要刷新。但是，可以用成本高但速度很快的静态存储器来临时保存经常访问的指令和数据，从而提高软件的运行速度和数据访问速度。这种高速的静态存储器就是高速缓存，为了方便，简称缓存（Cache）。

如图 6-2 所示，这是 x86 处理器内部的缓存布局。在处理器内，执行部件需要执行指令，取指令时使用一级指令缓存，或者叫 L1 指令缓存，它用来容纳最近经常执行的指令。

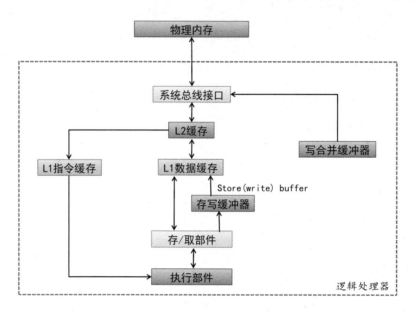

图 6-2　x86 处理器内部的缓存布局

指令执行时需要读写操作数，具体的读写工作由存/取部件来完成，需要使用一级数据缓存，或者叫 L1 数据缓存，它用来容纳最近经常读写的数据。在有些处理器上，L1 指令缓存和 L1 数据缓存是合并在一起的，叫 L1 缓存。

缓存由长度相同的缓存线（Cache Lines）组成，你可以把缓存线看成用来组成缓存的数据单位。内存访问时，如果处理器认为正在读取的内存位置是可以缓存的，它将读取一个完整的缓存线到缓存中，这叫作缓存线填充（Cache line fill）。

缓存线填充时，即使是处理器只访问 1 字节，也将从内存里加载该字节前后的部分以组成一个完整的缓存线。缓存线的尺寸可以用 cpuid 指令获得，通常是 32 字节或者 64 字节。被缓存的数据在内存中的起始地址是按缓存线的尺寸对齐的。举个例子来说，如果缓存线的尺寸是 32 字节，那么被缓存的数据在内存中起始于一个能够被 32 整除的地址。

缓存的内容也是动态变化的。缓存线填充需要淘汰已经存在的缓存线以腾出空间，这个过程叫作缓存线替换（Cache line replacement）。如果缓存线在被替换之前被修改过，则处理器执行一个到系统内存的回写（Writeback）操作。回写操作有助于维持缓存和系统内存之间的一致性。

如果处理器要访问的操作数位于缓存中，则可直接从缓存中读取而不必访问内存，这叫作缓存命中（Cache hit），或者叫读命中（Read hit）。

在处理器写内存时，它首先检查缓存，看这个内存位置是否有对应的缓存线。如果存在，处理器可以直接写入缓存而不是写入内存，这个操作叫作写命中（Write hit）。如果写操作未命中（要写入的内存位置不存在有效的缓存线），处理器执行一个缓存线填充，然后写入缓存线。如果当前的写入策略允许的话，也将写入内存。

在多处理器系统中，IA-32 和 x64 架构的处理器有能力嗅探其他处理器是否访问了内存和缓存。它们用这种嗅探能力来保持其内部缓存与系统内存及其他处理器的缓存的一致性。即，简单地说，如果某个处理器更改了内存中的数据，则所有缓存了这个数据的处理器都会得到通知并更新它们缓存的内容。

在大多数情况下，缓存对软件和程序员来说是透明的，不必意识到它们的存在，它们也不需要明确的软件控制。不过，了解缓存的行为和特点，就可以在编写程序时有意识地按正确的方式组织代码和数据，这对优化软件的性能是有益的。

有关缓存的内容很多，我们还将在需要的时候继续介绍。

再回到图 6-2 中，在 L1 指令缓存和 L1 数据缓存的外围，是 L2 缓存，这个单一的缓存包含了指令和数据。经常使用的指令和数据如果无法用 L1 缓存容纳，则可以用 L2 缓存容纳。L2 的内容和 L1 的内容可以相同，也可以不同。

处理器的执行部件向内存或者缓存写数据时，如果总线正忙于其他内存访问，则为了不影响程序执行的连续性，不造成停顿，可以将数据临时写入存写缓冲器（Store buffer 或者叫 Write buffer），等有机会时再合并写入缓存或者内存。当然，有些处理器可能没有配备存写缓冲器。

在有些处理器上可能还存在写合并缓冲器（Write Combining Buffer）。考虑一下，有些内存区域是不需要缓存的，而且向这些内存区域写数据时，顺序并不重要。一个典型的例子就是显存，显存是不需要缓存的，因为它只用来写入要显示的内容，而且写入之后只用来显示，没有别的用途，谁也不会再管它。

要显示的内容一个一个写入显存非常耗时，而且还会占用系统总线，影响其他处理器部件的内存访问，所以，这些数据可以先保存到写合并缓冲器，等时机合适的时候再一次性写入显存。这就是说，显存的操作对顺序不敏感，反正都是要显示的内容，反正都是先进入写合并缓冲器再予以显示，哪些内容先写哪些内容后写入其实并不重要。

6.3　数据竞争和锁

所谓数据竞争（Data race），是指多个程序在访问共享的资源时，因缺乏必要的保护而导致不可预测的行为，比如程序状态不正常，数据不一致或者错误，等等。数据竞争是伴随着多任务和多线程而出现的，单处理器环境下的数据竞争相对简单，而多处理器环境下的数据竞争则增添了额外的因素。

6.3.1 单处理器环境下的数据竞争

先来看一个简单的例子。假定地址 X 上有一个 64 位的操作数，初值为 0。再假定，程序 A 用 add 指令为它加 2；程序 B 用 add 指令为它加 3。

在单处理器环境下，程序 A 和程序 B 不可能同时执行，程序 A 的 add 指令和程序 B 的 add 指令也不可能同时执行，而只能是轮流执行。即，要么是先执行程序 A 的 add 指令再执行程序 B 的 add 指令；要么是先执行程序 B 的 add 指令再执行程序 A 的 add 指令。因此，在单处理器环境下，总是可以保证程序 A 和程序 B 执行后，地址 X 上的数值是 5。

在单处理器环境中，有些连续的指令需要作为一个整体完整地执行而不能被打断，否则的话就可能出现数据竞争。

这里有一个单处理器多任务环境下的例子。在以下代码片段里，do_divide 是内核提供的一个服务例程，所有任务都可以通过调用门或者快速系统调用来调用它。

```
share_data    dq 9000                      ;全局共享数据


do_divide:                                 ;全局共享数据修改例程
                                           ;输入：R8=除数

        push rax
        push rdx

        xor rdx, rdx                       ;①
        mov rax, [rel share_data]          ;②  RDX:RAX=被除数
        div r8                             ;③  128 位除法，商在 RAX 中
        mov [rel share_data], rax          ;④  更新全局共享数据

        pop rdx
        pop rax

        ret
```

例程 do_divide 很简单，它被用来修改内核中的全局共享数据 share_data。进入这个例程时，需要用 R8 传入一个数值，在例程内将全局共享数据修改为它和 R8 相除的商，R8 是作为除数来用的。

由于全局共享数据是 64 位的，是用伪指令 dq 声明的，所以在例程内使用 128 位的除法。此时，按处理器的要求，被除数在 RDX 和 RAX 中。为此，先用 xor 指令将 RDX 清零，再用 RIP 相对寻址方式将全局共享数据传送到 RAX，这就在 RDX 和 RAX 中生成了被除数。接着，div 指令做除法，商在 RAX 中，其后的 mov 指令用 RIP 相对寻址方式将全局共享数据更新为相除的商。

在多任务的环境中，可能会有多个任务都想修改这个全局共享数据，但它们应该轮流修改，而且应该在前一个任务的基础上修改。比如，全局共享数据的初值是 9000，第一个任务将它除

以 10，变成 900；第二个任务用修改后的数值 900 再除以 30，变成 30。在这种场景下，不管哪个任务先执行，后一个任务都应该在前一个任务的基础上修改和更新全局共享数据，所以，这两个任务执行后，全局共享数据一定是 30。

因此，在多任务环境下，上述例程中的指令①~④必须完整地执行而不能被打断，否则将出现数据竞争，影响数据的一致性。

想象一下，假定任务 A 调用例程 do_divide，而且用 R8 传入 10。进入例程并执行指令②后，在 RAX 中得到被除数 9000。巧的是，在准备执行指令③的时候发生了中断，保护现场并切换到任务 B 执行，任务 B 也调用例程 do_divide，而且用 R8 传入 30。

任务 B 进入例程并执行指令②后，也在 RAX 中得到被除数 9000。如果任务 B 没有被其他任务中断的话，它将用 9000 除以 30，结果是 300，并用这个结果更新全局共享数据。

任务 B 更新之后，又发生了中断，保护现场并切换回任务 A 执行。任务 A 继续从断点执行，用它的被除数 9000 除以 10，结果是 900，并用这个结果更新全局共享数据。

如果反过来，任务 B 先执行，被任务 A 中断，则又是另一种结果。不管怎么说，这里有数据一致性的问题，是存在数据竞争的。

在单处理器环境中，解决数据竞争的方法是禁止中断。这是因为，除非一个程序主动放弃执行，否则，只有中断才能使处理器的执行从一个程序切换到另一个程序。只要禁止了中断，就可以防止从一个程序切换到另一个程序，从而防止数据竞争。

如以下代码片段所示，这是刚才那个例程的改进版，添加了三条指令。进入例程后先用 pushfq 指令压栈保存标志寄存器的内容，其实主要是保存中断标志 IF 的原始状态。紧接着，用 cli 指令关闭中断，而不管原先是什么状态。

```
share_data    dq 9000                      ;全局共享数据

do_divide:                                 ;全局共享数据修改例程
                                           ;输入：R8=除数

        push rax
        push rdx

        pushfq
        cli

        xor rdx, rdx                       ;①
        mov rax, [rel share_data]          ;② RDX:RAX=被除数
        div r8                             ;③ 128 位除法，商在 RAX 中
        mov [rel share_data], rax          ;④ 更新全局共享数据

        popfq

        pop rdx
        pop rax
```

```
        ret
```

接下来，执行①～④这四条关键的指令，这段代码需要完整执行而不能被打断。由于已经关闭了中断，所以这是可以保证的。

做完除法，全局共享数据被修改后，再用 popfq 指令从栈中弹出原先的内容到标志寄存器，而这也将恢复中断标志 IF 原先的状态。

在单处理器环境中，容易引起数据竞争的代码必须排他性地执行。即，当一个任务正在执行这段代码时，不能被其他任务打断，这样就能从根本上杜绝数据竞争。

6.3.2　多处理器环境下的数据竞争

在多处理器环境下，由于多个处理器可以同时工作，多个程序可以在不同的处理器上同时执行，数据竞争的问题开始变得复杂。

来看一个例子，假定地址 X 上有一个 64 位的操作数，初值为 0。在处理器 0 上执行的程序用指令

```
add qword [x], 2
```

将地址 X 上的操作数加 2；在处理器 1 上执行的程序用指令

```
add qword [x], 3
```

将地址 X 上的操作数加 3。

这两个 add 指令的执行都包括以下三个步骤：

1. 用地址 X 访问内存，将操作数取回处理器内部暂存；
2. 将取回的操作数和指令中的另一个操作数相加；
3. 将相加的结果写回内存位置 X。

如果处理器 0 和处理器 1 先后执行这两条指令，则不存在数据竞争。相反，如果两个处理器同时执行各自的 add 指令，其最坏的情况就是交叉访问内存，这将导致数据竞争的问题。

数据竞争是如何产生的呢？如表 6-1 所示，我们可以像播放慢动作一样，按照时间的顺序来推演一下这两条指令的执行过程。

表 6-1　两个处理器的操作过程

时　间	处理器 0 上的操作	处理器 1 上的操作	地址 X 里的内容
t_0	从地址 X 读操作数(0)到处理器内部	(等待总线可用)	0
t_1	将读到的数据加 2	从地址 X 读操作数(0)到处理器内部	0
t_2	结果(2)写回到地址 X	将读到的数据加 3	2
t_3	(执行下一条指令)	结果(3)写回到地址 X	3

在这个表格中，第一列是时间的序列；第二列是处理器 0 上的操作；第三列是处理器 1 上的操作；最后一列是地址 X 在每个时刻的内容。

在 t_0 时刻，处理器 0 上的操作是从地址 X 读操作数到处理器内部暂存。此时，操作数是 0。

虽然是同时执行 add 指令，但由于处理器 0 正在通过总线访问内存，所以它只能等待总线空闲。在这个阶段，地址 X 里的内容依然是 0。

在 t_1 时刻，处理器 0 上的操作是将读到的数据加 2；这个操作不需要占用总线，假定总线是空闲的，所以处理器 1 上的操作是从地址 X 读操作数到处理器内部暂存。在这个阶段，地址 X 里的数据依然是 0。

在 t_2 时刻，处理器 0 上的操作是将结果，也就是 2，写回到地址 X；而处理器 1 上的操作是将读到的数据加 3，得到结果 3。在这个阶段，地址 X 上的数据是 2。

在 t_3 时刻，处理器 0 上正在执行下一条指令，而处理器 1 上执行的操作是将相加的结果，也就是 3，写回到地址 X。在这个阶段，地址 X 上的数据是 3。

到这一步就很清楚了，两个处理器都执行相加操作，地址 X 上的数值应该是 5，但是按照刚才的执行过程，实际是 3。当然，如果两个处理器上的操作换一种交错方式，那就还有一种可能是 2。不管怎么说，这就是数据竞争的典型例子。

最后需要说明的是，此种数据竞争只涉及单条"读—改—写"操作的指令，只需要使用锁定的原子操作（我们马上就要讲到这个概念）即可避免竞争。

我们已经知道，用 cli 指令关闭中断响应就可以避免单处理器上的数据竞争。即，防止在操作共享资源时被同一个处理器上的其他程序打断。但是，在多处理器环境中，多个程序在多个处理器上同时执行。此时，仅仅关闭中断是不够的，关闭中断只能防止同一个处理器上的不同程序同时执行可能引起数据竞争的代码，但不能防止不同处理器上的程序同时执行这段代码。

情况是明摆着的，在多处理器环境下，在同一时间只能允许一个处理器进入会引起数据竞争的代码。那么，如何做到这一点呢？答案是使用锁。

6.3.3　原子操作

原子操作（Atomic operation）是指其结果和状态不受其他程序影响的操作。在单处理器环境下，所有指令都执行原子操作，因为处理器只在每条指令执行完成后才会响应和处理中断。要想保证由多条指令组成的操作序列是原子的，就必须禁止中断，或者使用锁。

在多处理器环境中，指令未必都执行原子操作，因为多个处理器上的指令可能交叉访问内存。因此，处理器使用三种相互依赖的机制执行锁定的原子操作：

1．保证是原子的操作；

2．总线锁定，使用 LOCK#信号和 LOCK 指令前缀；

3．确保可以对缓存的数据结构执行原子操作的缓存一致性协议。

以上，前两种机制用来提供执行原子操作的指令。第三种机制，即，缓存一致性协议，由处理器内部使用，用来保证处理器缓存之间的数据一致性。

以下指令所执行的操作可以保证是原子的操作：

- 读或者写一字节；
- 读或者写一个对齐于 16 位边界的字；
- 读或者写一个对齐于 32 位边界的双字；

对于 INTEL 奔腾及后来的处理器：

- 读或者写一个对齐于 64 位边界的四字；
- 通过 32 位数据总线从内存中访问未缓存的 16 位数据；

对于 P6 家族及后来的处理器：

- 访问未对齐的 16、32 和 64 位数据，但其位于缓存线中。

X86 处理器提供了一个 LOCK#信号，可用来锁定系统总线。"#"表明是低电平有效。一旦锁定，来自其他处理器或者总线代理的总线控制请求都被阻塞，这样就不存在数据竞争，从而实现原子操作。如果需要，软件也可以在某些指令前添加 lock 前缀来实现 LOCK 语义。

在执行以下操作时，当前处理器自动附加 LOCK 语义：

1. 执行具有内存操作数的 xchg 指令时；

2. 硬件任务切换时，要设置 TSS 描述符的 B（忙）标志。为防止两个处理器同时切换到同一个任务，处理器在测试和设置此标志时附加 LOCK 语义；

3. 加载一个段描述符时，处理器要设置已访问位（A 位），如果它是 0 的话。在此期间，处理器附加一个 LOCK 语义，以防止其他处理器也执行此操作；

4. 更新页目录和页表项时，处理器使用锁定周期来设置已访问位（A 位）和脏位（D 位）；

5. 响应中断的时候。产生中断请求之后，中断控制器将使用数据总线发送中断向量给处理器。在此期间，处理器附加一个 LOCK 语义以确保没有其他数据出现在数据总线上。

要想明确地施加 LOCK 语义，软件可以在以下执行"读—改—写"操作的指令前添加 lock 前缀，但前提是它们用于修改内存中的数据。如果 lock 前缀用于其他指令，或者目的操作数是一个寄存器，则产生无效操作码异常#UD。

1. 位测试和修改指令（bts、btr 和 btc）；

2. 交换指令（xadd、cmpxchg 和 cmpxchg8b）；

3. lock 前缀自动赋予 xchg 指令；

4. 以下单操作数的算术和逻辑运算指令：inc、dec、not 和 neg；

5. 以下双操作数的算术和逻辑运算指令：add、adc、sub、sbb、and、or 和 xor。

以上，数据如何对齐不影响总线锁定的完全实施，因为 LOCK 语义会附加许多必要的总线周期以更新整个操作数。当然，如果可能的话，还是建议按以下自然边界来对齐数据以便获得更好的系统性能：

1. 在任何边界上访问字节数据；

2. 在 16 位边界上访问字数据；

3. 在 32 位边界上访问双字数据；

4. 在 64 位边界上访问四字数据。

回顾一下第 6.3.2 节的例子，这个例子是存在数据竞争的。为避免数据竞争，我们可以使用锁定的原子操作。即，为这两个 add 指令添加 lock 前缀，使之具有 LOCK 语义。即，在处理器 0 上执行的程序用指令

```
lock add qword [x], 2
```

将地址 X 上的操作数加 2；在处理器 1 上执行的程序用指令

```
lock add qword [x], 3
```

将地址 X 上的操作数加 3。

假定处理器 0 上的 add 指令先执行。因为它具有 lock 前缀，所以，在指令执行期间将锁定总线，直到指令执行完毕。由于总线是锁定的，处理器 1 上的 add 指令无法执行，因为它也具有 lock 前缀，也要锁定总线，但是不成功。

处理器 0 上的 add 指令执行结束后，地址 X 里的结果是 2。此时，总线是可用的，处理器 1 上的 add 指令开始执行。这个 add 指令从内存里读出操作数 2，加上 3，再写回内存。最终，地址 X 上的结果是 5。

6.3.4　锁和自旋锁

现在我们知道，在多处理器环境中，对于简单的数据竞争，可以使用原子操作指令来解决，包括保证是原子操作的指令和带有 lock 前缀的指令。例子：

```
xchg [rel x], rdx          ;xchg 指令本身就具有 lock 语义，执行原子操作
lock sub [rel x], r11      ;使用 lock 前缀保证原子操作
```

但是，在多处理器环境中，要想保证由多条指令组成的操作序列是原子的，仅靠原子操作指令是无法解决的，还必须使用锁机制。

来看一个我们熟悉的例子，6.3.1 节里的例程 do_divide。前面已经说过，为了避免数据竞争，在这个例程内，每次只允许一个程序进入这段代码执行。解决这个问题的第一步是保存标志寄存器的原始状态并添加清中断指令 cli。

但是，在多处理器系统中，多个处理器同时执行。cli 指令只能防止运行在同一个处理器上的不同程序都进入这一段代码执行，但不能防止不同处理器上的程序同时执行这一段代码。这该怎么办呢？

你应该坐过火车，火车上的洗手间是从里面锁住的，每次只允许一个人进，能够进入洗手间的人是那个成功锁住了厕所的人。因此，我们可以模拟加锁的过程，只有获得锁的程序才能继续往下执行，或者说进入会引起数据竞争的代码执行。

来看一下这个例程的多处理器版本，我们添加了一些指令，用来加锁和解锁。既然是锁，锁在哪里呢？标号 locker 就代表这个锁，但这里实际上用来保存锁的状态。

```
share_data   dq   9000              ;全局共享数据
locker       db   0                 ;锁

do_divide:                          ;全局共享数据修改例程
                                    ;输入：R8=除数

       push rax
       push rdx

       pushfq
       cli
```

```
.spin_lock:
        cmp byte [rel locker], 0        ;锁是释放状态吗？
        je .get_lock                    ;获取锁
        pause
        jmp .spin_lock                  ;继续尝试获取锁
.get_lock:
        mov dl, 1
        xchg [rel locker], dl
        cmp dl, 0                       ;交换前为零？
        jne .spin_lock                  ;已有程序抢先加锁，失败重来

        xor rdx, rdx
        mov rax, [rel share_data]       ;RDX:RAX=被除数
        div r8                          ;128 位除法，商在 RAX 中
        mov [rel share_data], rax       ;更新全局共享数据

        mov byte [rel locker], 0        ;释放锁

        popfq

        pop rdx
        pop rax

        ret
```

在标号 locker 这里用伪指令 db 开辟了一字节的空间，并初始化为 0。我们用 0 表明未加锁，1 表明已经加锁。

任何一个程序，只要调用 do_divide，都会执行到.spin_lock 这里。在这里首先执行 cmp 指令，判断锁的状态是否为 0。如果为 0，表明锁处于释放状态，还没有人为它加锁。这是个好消息，所以 je 指令转到标号.get_lock 去加锁或者说获取锁。如果为 1，表明已有程序加了锁，现在唯一能做的，就是用 jmp 指令转到标号.spin_lock 这里继续观察锁的状态，并再次尝试加锁。

刚才说过，如果发现没有人加锁，则转到标号.get_lock 这里加锁。问题在于，锁能不能加上，还不一定。毕竟，可能有多个处理器都在这里执行，它们都看到锁是自由的，都会来加锁。能不能加上锁，不但要看谁来得早，还得看运气。

在这里，所有处理器上的程序都将 DL 置 1，然后执行 xchg 指令，将 DL 和 locker 里面的数值交换。xchg 是原子操作指令，在它执行时，将锁定总线，这个特点会导致所有处理器只能按顺序轮流执行这条指令。

正因如此，xchg 指令执行后，需要根据 DL 的值，来判断是否成功加锁。如果换回来的值是 0，说明已经成功加锁，jne 指令不发生转移，直接往下执行；相反，如果换回来的值不是 0，说明已经有别的处理器抢先加锁，没办法，只能用 jne 指令返回.spin_lock，继续观察锁的状态，

并再次尝试加锁。

在以上过程中，不管是因为何种原因加锁失败，都必须返回标号.spin_lock 重新观察并尝试加锁。这是一个循环，就像原地打转（请想象一下你在等人的时候原地转来转去的样子），所以称这种状态为自旋，同时将这种锁叫作自旋锁（spin-lock）。

由于只允许成功加锁的处理器或者程序进入这一段代码执行，所以，为了让其他处理器或者程序也能执行，必须在离开这段代码之后释放锁。释放锁很简单，只需要用 mov 指令将锁的状态改成 0 即可，即，改为释放状态。

如果仔细观察，在加锁的代码中有一条 pause 指令，它是做什么的呢？如果没有这条 pause 指令，这段代码也可以正常工作，但既然用了，就一定有用的道理。这还要从处理器的分支预测技术讲起。

6.3.5　分支预测和 PAUSE 指令

指令执行的本质是创建（Create）一些结果和状态，并确定是否会引发异常。指令引退时将按照指令在程序中的编排顺序将指令执行的结果提交（Commit）给软件可见的资源，比如内存、缓存、寄存器等。

现代处理器普遍使用流水线和乱序执行技术（如果一段连续的指令之间不存在依赖关系，则它们可以进入流水线同时执行，后面的指令可能比前面的指令先执行完毕）。

但是，遇到条件分支指令时，必须计算完条件后才能得知分支的方向，这将影响到流水线的使用，因为不知道应该使用哪个分支上的指令来填充流水线。如果选择的分支是正确的，当然可以提高执行效率，改进性能，但如果选择了错误的分支，将需要清空和重新填充流水线（取消那些预测执行的结果，回到预测错误的条件分支上重新执行），代价比较大。

分支预测是处理器预测条件分支的方向，并读取、译码和执行预测方向上的指令，这需要额外的硬件来存储分支历史以进行预测，并保存预测执行发生前的状态，以便将来取消预测执行的结果。

回到第 6.3.4 节的程序中，暂时假定没有这条 pause 指令，我们来分析一下，自旋—等待循环是如何影响流水线和分支预测的。

如果 locker 处于锁定状态，即，它的值为 1，企图加锁的处理器将执行自旋等待循环。经过几轮迭代之后，分支预测部件将预测前往标号.get_lock 的条件分支从不会发生，因此会用 cmp 指令填充流水线并预测执行，直至其他处理器释放锁。

最终，占有锁的处理器将 locker 设置为 0，释放锁。对于其他处理器来说，在这个时候，在这个时间点上，流水线里已经塞满了 cmp 指令，有些已经预测执行，并得出了非零的结果（毕竟是预测执行，在那个时候，locker 还是 1）。这些只是预测执行的指令，还没有最终提交。这意味着，有些 cmp 指令的读操作本应发生在 locker 被写 0 之后，但实际上被预测执行并发生在 locker 被写 0 之前，违反了内存操作的顺序。

一旦发现其他处理器将 locker 修改为 0，执行自旋等待循环的处理器找到那些还没有提交的 cmp 指令，将预测状态置为无效并刷新流水线。毫无疑问，这个代价是非常大的。为避免这种情况，需要使用 pause 指令来改善程序执行的性能。

pause 指令用来提升自旋等待循环的性能。它相当于一个暗示或者说提示，处理器看到这条指令时，就知道当前的代码序列是一个自旋等待循环，它就可以采取措施避免违反内存操作顺序，并因此而提升了处理器的性能。比如，它会导致处理器不再用预测方向上的那些需要读取内存的指令填充流水线并预测执行。正因如此，建议在所有自旋等待循环里插入 pause 指令。

pause 指令的一个附加功能是降低自旋等待循环期间的电力消耗。自旋等待循环执行得极快，致使处理器占用率大大提高并消耗很多电力。插入一个 pause 指令可以大幅度降低电力消耗。

6.3.6　多行宏定义

我们已经非常熟悉常量定义，它将一个符号定义为指定的常量值，然后就可以在程序中的任何位置用这个符号来代替这个常量值。这样做不但增强了程序的可读性，对于日后的维护来说也是十分方便的。作为例子，在全局定义文件 global_defs.wid 里几乎全是常量定义。

如果一个符号被定义为常量值，那么，在程序编译的时候，但凡是在程序中出现了这个符号，都会被替换为指定的常量值，这是我们已经知道的。但是，常量定义只能用来代表常量值，实现简单的替换功能，不够强大。如果想要实现更复杂的替换功能，应该使用宏。

汇编语言里的宏（Macro）应该是借鉴了高级语言，比如 C 语言里的宏，可以为程序设计提供便利。绝大多数汇编语言都支持宏，因此，这些汇编语言称为宏汇编。

宏是预处理指令。什么是预处理呢？就是编译器在编译源程序之前要提前做的一些处理工作。要想说明宏是什么，下面是一个例子：

```
%define tag db 0xaa, 0x55
```

在这里，这个宏是用预处理指令 %define 定义的，%define 用来定义单行的宏。即，宏定义只占一行，而不能使用多行。%define 后面是宏的名字，在这里，宏的名字叫 tag。宏的名字后面是替换列表，或者叫宏体。在这里是 db 0xaa, 0x55。

宏一旦定义，那么，如果程序中出现了宏的名字，则它在编译时被替换为宏定义中的替换列表。因此，如果在程序中出现了 "tag"，则它在编译时被替换为 db 0xaa, 0x55。

注意，宏定义不占用程序的地址空间，它只是一种简化程序编写过程的手段，仅在编译之前有用，在编译之后，宏就消失了。

单行宏定义可以带有参数，比如我们可以定义一个带参数的宏 wvrmb：

```
%define wvrmb(m,b) mov byte [0xb8000 + m], b
```

宏 wvrmb 带有两个参数 m 和 b，用来代表宏在使用时实际传入的内容。注意，参数是用一对圆括号括起来的，而且宏的名字和圆括号之间没有空白，是连在一起的。如果有空白，则圆括号属于替换列表而不是参数。在替换列表中也出现了 m 和 b，在编译时，它们将用实际传入的参数来代替（替换）。

因此，如下例所示，如果程序中出现了 wvrmb，而且传入的是 0x02 和字符 h，则这个宏在编译时被替换为 mov byte [0xb8000 + 0x02], 'h'。

```
wvrmb(0x02,'h')         ;将被替换为 mov byte [0xb8000 + 0x02], 'h'
```

单行的宏有局限性，要实现复杂的需求，可以使用多行的宏定义。多行的宏定义具有以下形式：

```
%macro   宏名字   参数个数
宏的具体内容
%endmacro
```

首先是具有固定拼写的预处理器指令%macro，后面是宏的名字，以及参数的数量。多行宏的定义以%endmacro 结束，中间是替换列表，也就是宏的具体内容，可以是一行或者多行。

举个例子，如果我们定义了下面这样一个宏：

```
%macro  wvrms 3                          ;偏移量，字符，颜色
    mov byte [0xb8000 + %1], %2
    mov byte [0xb8000 + %1 + 1], %3
%endmacro
```

在这里，宏的名字是 wvrms，有 3 个参数。%macro 和%endmacro 之间的两行是替换列表。替换列表中有%1、%2、%3，这些是什么意思呢？

在定义这个宏的时候，已经声明有 3 个参数，那么，在替换列表中用到参数时，传入的参数按顺序分别用%1、%2 和%3 来表示。

一旦定义，宏 wvrms 在程序中可以这样使用：

```
wvrms 0x02, 'h', 0x07
```

在编译时将被替换为：

```
mov byte [0xb8000 + 0x02], 'h'
mov byte [0xb8000 + 0x02 + 1], 0x07
```

讲了这么多，是为了让你能够看懂全局定义文件 global_defs.wid 里定义的一个多处理器环境下的自旋锁加锁宏 SET_SPIN_LOCK。这个宏需要两个参数：寄存器的名字，以及一个对应宽度的锁变量。

由于在宏的定义中使用了标号，那么，当宏多次使用并展开后，将出现多个同名的标号并彼此冲突。为此，需要在每个标号前加两个百分号，使之在扩展时被扩展为一个局部的、不会重复的标号。

这个宏定义可以自行分析一下，这里不准备多说。如果非要说些什么的话，那就是这个宏在本书里大量使用，尤其是在内核例程文件 core_utils64.wid 里经常使用，比如在字符串打印例程 put_string64 内部（该文件里的第 24 行）就使用了这个宏：

```
SET_SPIN_LOCK rcx, qword [rel _prn_str_locker]
```

在程序编译时，它会被扩展为下面这个样子，但是扩展之后的标号可能跟这里不太一样。这是正常的，为了保证标号是局部的，需要在前面加一个点；为了保证标号是唯一的，可能会添加数字。

```
.0spin_lock:
```

```
        cmp qword [rel _prn_str_locker], 0      ;锁是释放状态吗？
        je .0get_lock                           ;获取锁
        pause
        jmp .0spin_lock                         ;继续尝试获取锁
.0get_lock:
        mov rcx, 1
        xchg rcx, qword [rel _prn_str_locker]
        cmp rcx, 0                              ;交换前为零？
        jne .0spin_lock                         ;已有程序抢先加锁，失败重来
```

6.3.7　锁在内核例程中的应用

现在我们转到内核例程文件 core_utils64.wid。

刚才说过，在例程 put_string64 内部使用了自旋锁加锁宏 SET_SPIN_LOCK。在单处理器模式下，任务是轮流执行的。当一个任务正在打印字符串的时候，因中断而发生了任务切换，切换到另一个任务执行，而这个新任务恰好也要打印字符串，那么，这两个任务的打印操作就会发生冲突，所打印的内容就可能交错出现在屏幕上。

为了防止这种情况的发生，需要使用 cli 指令。不过，在此之前需要用 pushfq 指令保存标志寄存器的状态，实际上主要是为了保存中断标志 IF 的状态。字符串打印完成后，再用 popfq 指令从栈中恢复标志寄存器的内容，同时也恢复了中断标志。即，如果原先是禁止中断的，现在继续禁止；如果原先是允许中断的，现在继续允许。

在多处理器环境下，多个任务可以在不同的处理器上同时执行。当一个任务正在某个处理器上执行并打印字符串时，它可以用 cli 指令防止那个处理器再执行其他任务，但它并不能阻止其他处理器执行任务。因此，如果其他处理器上的任务也在打印字符串，该怎么办呢？该如何避免冲突呢？

很简单，来自多个处理器的任务都可以进入例程 put_string64 执行，但同一时间只允许一个处理器上的例程执行字符串的打印操作。这就需要一个锁机制，只有获得锁的任务才能继续执行字符串打印代码，于是我们就用宏 SET_SPIN_LOCK 尝试加自旋锁。

这个自旋锁的实现需要一个寄存器和一个锁变量。使用哪个寄存器呢？在当前例程的后面用到了 RCX，正好可以在例程的开始部分先用于自旋锁。锁变量是就近定义的，它位于第 13 行，也就是标号 _prn_str_locker 这里。

不管是哪个处理器，只要加锁成功，就可以进入第 27 行之后的代码完成打印工作。打印完成后，需要释放锁。释放锁很简单，就是将锁变量清零（第 37 行）。

注意，无论是锁变量，还是加锁和解锁，这些东西只在多处理器环境下才有用，在单处理器环境下则是累赘。正因如此，我们将这些东西用条件包含指令包裹起来。在单处理器环境下，内核文件不需要定义宏 __MP__，所以锁变量及加锁和解锁指令都不会被包含到内核文件里。相反，在多处理器环境下，需要在内核文件里定义宏 __MP__，这将确保锁变量及加锁和解锁指令会被包含到内核文件。

转到本章的内核程序 c06_core.asm，在这个文件内的第 3 行定义了宏 __MP__，所以上述锁

变量及加锁和解锁指令都将被包含进内核程序并参与编译。

除了 put_string64，内核例程文件 core_utils64.wid 里的其他一些例程也需要使用锁来解决多处理器下的数据竞争。

转到内核例程文件 core_utils64.wid。

例程 put_cstringxy64 也用来打印字符串，在本书中，由于各程序打印时的坐标位置不同，互不干扰，原则上不需要加锁和互斥，但我们还是为它加了锁。此例程在字符串打印前加锁，打印后解锁，锁变量是位于第 146 行的_prnxy_locker。

例程 make_call_gate、make_interrupt_gate、make_trap_gate、make_tss_descriptor、mount_idt_entry 实际上也需要考虑数据竞争的问题。但是在本章中，它们只在内核初始化期间调用，所以不需要考虑数据竞争的问题。

在本章里，8259 芯片是不使用的，所以例程 init_8259 是不使用的。

例程 read_hard_disk_0 用来读硬盘，所有任务都可能会使用它。但读硬盘是一个连贯的过程，如果多个程序同时来读硬盘，同时来设置参数，结果是不可想象的。所以同一时间只允许一个任务操作，加锁是必需的。此例程在操作硬盘前加锁，在将数据全部读出后解锁，锁变量是位于第 309 行的_read_hdd_locker。

例程 allocate_a_4k_page 用来分配一个 4KB 的页，这是虚拟内存管理的基础例程。不管是在任何时候，只要涉及内存分配，就必然要调用此例程在物理内存中搜索和分配空闲的物理页。尽管这个例程很简单，只是通过搜索页映射位串来寻找一个物理页，但是请想象一下，页映射位串是共享的，只有一个。如果多个任务都来分配内存，它们极有可能尝试锁定同一个为 0 的比特，都将它置 1，并认为自己拥有该比特对应的物理页，这就很糟糕了。

和往常一样，解决之道是加锁，在这里放置一个自旋锁。但是，锁的问题是会降低执行效率。如果数据竞争的规模很小，可能不需要锁，只需要一个锁定的原子操作就可以解决问题。在这里，数据竞争只局限于这条 bts 指令，只要防止多个处理器同时执行这条指令就可以了，就可以避免数据竞争。为此，需要在 bts 指令前添加 lock 前缀。当一个处理器执行此指令时，它将锁定总线，而其他处理器因无法锁定总线而只能等待。

接下来，例程 lin_to_lin_of_pml4e、lin_to_lin_of_pml4e、lin_to_lin_of_pdpte、lin_to_lin_of_pdte 和 lin_to_lin_of_pte 都不涉及内存操作，不存在数据竞争，所以也不需要使用锁。

例程 setup_paging_for_laddr 为指定的线性地址安装分页系统表项，涉及分页系统表项的修改，就不允许多个处理器同时进行，所以需要加锁。此例程在开始访问分页系统表项前加锁，访问结束后解锁，锁变量是位于第 475 行的_spaging_locker。

例程 mapping_laddr_to_page 建立线性地址到物理页的映射，也涉及分页系统表项的修改，就不允许多个处理器同时进行，所以也需要加锁。此例程在开始访问分页系统表项前加锁，访问结束后解锁，锁变量是位于第 578 行的_mapping_locker。

例程 core_memory_allocate 用来在虚拟地址空间的高端（内核）分配内存。由于要更新下一次分配时可用的起始线性地址_core_next_linear，而且这个更新过程是一个读、修改和写回的过程，为防止多个处理器之间互相干扰，需要在线性地址的计算和更新前加锁，更新之后再解锁。锁变量是位于第 678 行的_core_alloc_locker。这个例程的剩余部分不需要考虑加锁的问题，因为这一部分调用了 setup_paging_for_laddr，而这个例程的内部本身是加锁的。

例程 user_memory_allocate 用来在用户任务的私有空间（低端）分配内存，这个例程只与每个任务相关，不涉及共享的数据，因此是不需要加锁的。在这个例程内调用了另一个例程 setup_paging_for_laddr，在 setup_paging_for_laddr 内部是加锁的。

例程 copy_current_pml4 用来创建新的 4 级头表，并复制当前 4 级头表的内容。这个例程需要用一个固定的高端线性地址映射并访问新分配的 4 级头表，因此，想象一下，如果来自多个处理器的任务都在创建新任务，而且同时执行当前例程来分配和初始化新任务的 4 级头表，则它们会用相同的线性地址来映射和访问不同的 4 级头表，必然会出问题。正因如此，此例程内部需要加锁，锁变量是位于第 767 行的 _copy_locker。

例程 get_cmos_time 用来从 CMOS 中获取当前时间。在多处理器环境下，多个处理器同时调用此例程，可能彼此干扰端口的状态设置，所以需要加锁。在例程中，锁变量是位于第 815 行的 _cmos_locker。

例程 generate_process_id 用来生成唯一的任务标识；例程 get_screen_row 用来获得下一个可用的屏幕坐标符。这两个例程的工作原理我们已经在第 4 章里讲过了，你可以结合本章的内容，再翻到第 4 章回顾一下，相信会有更新的理解。

在文件最后还有几个小的例程，我们现在先不讲，用的时候再予以讲解。

6.3.8　互斥锁的一般原理

在内核例程文件 core_utils64.wid 里，有很多地方并不适合用自旋锁，而应该用互斥锁。原因很简单，自旋锁是以消耗处理器时间为代价的，当一个处理器持有锁的时候，其他处理器只能自旋等待，而不能做别的事。短时间还行，时间长的话，就显得特别浪费，浪费了本可以去做其他事情的处理器时间。

对自旋锁的一个改进是，如果加锁失败，则应当执行以下操作：

1．执行保护任务或者线程状态的代码，保存当前任务或者线程的状态以便将来恢复执行。然后，将当前任务或者线程的执行状态设置为阻塞 / 休眠；

2．如果系统中有其他等待执行的任务或者线程，转去执行这个任务或者线程；如果没有，执行停机指令。

下一次，当任务或者线程又恢复执行时，将继续尝试加锁。当然，它们也可以只在锁被释放时唤醒。用以上方法改进的自旋锁就是互斥锁（Mutex-lock）。

互斥锁的特点是：尝试加锁时，如果加锁失败，当前任务或者线程会被阻塞。我们这个系统比较简单，阻塞这个状态可以用"就绪"来代替。

再回到例程 put_string64，打印字符串不是一个短时间能完成的事情，所以，自旋等待是不应该的，这里不应该使用自旋锁，而应该使用互斥锁。就像你去坐火车，如果买了票之后发现火车快开了，你可以在候车室原地等待，在候车室里转来转去，这就是自旋。但是如果火车还有几个小时才开，你可以回家睡一觉，这就是休眠阻塞。

尽管在这里应该使用互斥锁，但是，为简单起见，我们并没有实现互斥锁，也就没有使用它。互斥锁的原理并不复杂，在本书的后面将实现这种锁。

6.4　内核的初始化

回到本章的内核程序 c06_core.asm。

和往常一样，进入内核程序之后要先初始化内核的工作环境。第 552～569 行，首先将 GDT 的线性地址映射到虚拟内存高端的相同位置；将栈映射到高端；通过一个远转移，让处理器从虚拟地址空间的高端开始执行。

接下来，第 571～602 行，初始化中断描述符表 IDT，并为 32 个异常及 224 个中断安装门描述符。这里面包括为 32 个异常创建通用处理过程的中断门，创建并安装对应于其他中断的通用处理过程的中断门。最后，用 lidt 指令加载中断描述符表寄存器 IDTR。截止到这里，以上代码和上一章相比完全相同，没有任何修改。

在上一章里，加载了中断描述符表寄存器 IDTR 之后还要初始化 8259 芯片，设置 8259 主片和从片的中断向量，并安装对应于 8259 的 16 个中断门。本章不再使用来自 8259 芯片的中断信号，所以删除了这些指令，第 604～605 行直接屏蔽 8259 芯片的所有输入，不让它们发送到处理器，所以也就不需要做那些设置工作了。

接下来是打印一条信息，并开始安装系统服务（syscall/sysret）所需要的代码段和栈段描述符。在这个过程中需要更新全局描述符表 GDT 的内容，更新之后，还要重新计算 GDT 的长度并重新加载全局描述符表寄存器 GDTR。

更新全局描述符表 GDT 需要获取 GDT 的位置和长度信息。在上一章里，GDT 的地址和长度信息是用 sgdt 指令获取的，并临时保存在栈中。在 GDT 中添加了新的描述符之后，还会修改栈中的 GDT 界限值，并重新加载 GDTR。但是，这一章是直接从系统数据区 SDA 中获取 GDT 的界限值，毕竟在 SDA 中本来就保存着 GDT 的界限值和基地址。在 GDT 中添加新的描述符之后，就可以更新 SDA 中的界限值部分，并重新加载 GDTR。

系统数据区的线性地址是 UPPER_SDA_LINEAR，第 613～617 行，我们用这个地址取出 GDT 的界限值，加一后就是 GDT 的长度，再加上 GDT 的基地址，结果就是用来安装新描述符的线性地址。尽管是从系统数据区获取 GDT 的基地址和界限值并计算新描述符的安装位置，但是，所安装的描述符和上一章相同，描述符的安装过程（第 619～626）也和上一章相同，这些描述符用于快速系统调用。

6.4.1　处理器专属存储区（每 CPU 数据区）

截至现在，我们一直在单处理器环境下工作，并对此习以为常。由于只有一个处理器，我们不需要考虑处理器的分配和调度问题，处理器的管理非常简单。但是在多处理器环境下，处理器的管理就复杂多了。

我们知道，当一个任务在处理器上执行时，需要记录其任务控制块 PCB 的线性地址。如此一来，当任务切换时，就可以通过这个地址找到该任务的任务控制块 PCB，保存该任务的状态以便将来恢复。

在单处理器环境下，由于只有一个处理器，只需要记录正在这个处理器上执行的当前任务即可，比较简单；在多处理器环境中，所有处理器是同时执行的，它们同时执行不同的任务，需要记录每个处理器正在执行的任务。

除记录每个处理器当前正在执行的任务外，实际上，出于管理的需要，还需要记录与每个处理器相关的其他数据。比如说，我们可以为每个处理器分配一个编号，通过让每个任务打印它所在的处理器的编号，就知道它在哪一个处理器上运行。

为了记录与每个处理器有关的信息，需要为每个处理器都分配一块专属的内存区。这个内存区可以叫处理器专属存储区，也可以叫每 CPU 数据区。但是每 CPU 数据区这个术语不太符合中文的表达习惯，所以还是叫处理器专属存储区吧。

在处理器专属存储区里，目前只需要保存当前任务的 3 特权级栈指针、当前任务的 PCB 线性地址、处理器编号、本处理器的固有栈。保存这些东西有什么用，在本章后面用到的时候再讲。需要注意的是，在处理器专属存储区中还包含了任务状态段 TSS。我们知道，在 64 位模式下，任务状态段不再用于任务切换，而只用来保存特权级转移时的栈指针。比如说，从 3 特权级进入 0 特权级时，需要切换栈，处理器从 TSS 中选取一个 0 特权级的栈指针。

在单处理器环境下，整个系统中可以只有一个 TSS。但是，这样做的代价是，为了让每个任务在实施特权级之间的控制转移时切换到自己的栈，而不会干扰其他任务的栈，TSS 中的栈指针必须由当前任务提供。具体的做法是，当一个任务因任务切换而成为当前正在执行的任务时，它有义务填写 TSS 中的栈指针域。

但是，在多处理器环境下，考虑到所有处理器都是同时工作的，如果来自多个处理器的任务都同时修改同一个 TSS 中的栈指针，必然发生冲突。为了防止冲突，不可能让它们指向并使用同一个 TSS，而只能为每个处理器都准备一个它自己的 TSS。既然每个处理器都有自己的专属存储区，也都有自己的 TSS，为了方便，我们自然要将 TSS 合并到处理器专属存储区。如图 6-3 所示，TSS 位于处理器专属存储区内，偏移为 128 的地方。由于 TSS 的基本长度是 104 字节，所以，处理器专属存储区的长度定义为 256 字节就足够了。

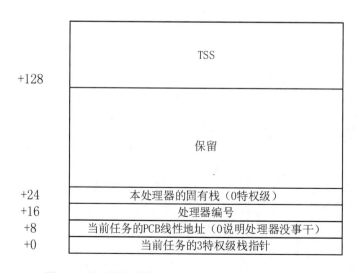

图 6-3　处理器专属存储区（每 CPU 数据区）布局图

6.4.2　为自举处理器 BSP 分配专属存储区

我们知道，在开机后，只有自举处理器 BSP 才会执行 BIOS 和操作系统自举代码。因此，正在执行当前代码的处理器就是自举处理器 BSP。既然如此，我们先为自举处理器 BSP 准备一个专属的存储区。

来看内核程序 c06_core.asm。

为了给自举处理器准备专属存储区，我们调用例程 core_memory_allocate 在内核空间分配 256 字节的内存（第 630~631 行）。之所以要在内核空间分配，是因为专属存储区是由内核使用的，用来对处理器进行管理，必须位于全局空间才能被内核访问到。

接下来，第 632 行将专属存储区内偏移为 8 的四字清零。这个域是当前任务的 PCB 指针域，由于我们当前还在初始化内核阶段，不存在任务，所以将这个域清零。

第 633 行将专属存储区内的处理器编号域设置为 0。正在执行当前程序的是自举处理器，我们将自举处理器的编号指定为 0。

在处理器的专属存储区内，偏移为 24 的域是本处理器的固有栈。这是什么意思呢？每个处理器都需要初始化才能正常工作，在初始化过程中，需要一个栈。举个例子，就拿当前正在工作的是自举处理器 BSP 来说，从执行主引导程序开始，到进入内核，再执行到当前位置，一直是离不开栈的，这个栈就是当前处理器的固有栈。而对于应用处理器 AP 来说，也需要执行初始化操作，也应当有它们自己的固有栈。

每个处理器都有它自己的固有栈，当它执行某个任务时，使用任务提供的栈；当它不执行任务时，切换到它的固有栈。

在 64 位模式下，强制使用平坦模型，段的基地址强制为 0，所以，处理器专属存储区中的固有栈实际上是用来指定一个栈指针的。

对于当前正在执行的自举处理器 BSP 来说，固有栈就是当前正在使用的栈，因此，只需要将栈指针 RSP 的当前值填写到处理器专属存储区中即可，这就是第 634 行的工作。这里有个问题，自举处理器当前正在使用的栈是什么时候创建的呢？它的基地址是多少呢？请你思考一下。

接下来，第 635 行，我们用处理器专属存储区的起始线性地址加上 128，就得到任务状态段 TSS 的起始线性地址。然后，调用 make_tss_descriptor 生成这个 TSS 的描述符。我们知道，对每个处理器来说，它的 TSS 是由任务寄存器 TR 指向的，必须先在全局描述符表 GDT 中安装 TSS 描述符并用它的选择子加载 TR。

TSS 描述符创建之后，第 637~638 行将它安装到全局描述符表 GDT 中。至此，我们在进入内核之后一共安装了 5 个描述符，如图 6-4 所示，包括 4 个段描述符和 1 个 64 位的 TSS 描述符，GDT 的尺寸增加了 48 字节，所以要用第 640 行的 add 指令将系统数据区 SDA 中的 GDT 界限值加上 48。

安装 TSS 描述符之后，第 641 行的 lgdt 指令从系统数据区 SDA 中取得 GDT 的界限值和基地址，加载到全局描述符表寄存器 GDTR。此后，处理器就可以使用这些描述符。

刚才安装的那个 TSS 描述符，它的选择子是 0x40，第 644 行，我们用它加载自举处理器 BSP 的任务寄存器 TR。从此以后，自举处理器 BSP 就使用这个 TSS。

自举处理器BSP的64位的TSS描述符	+0x40，选择子：0x0040(RPL=0)
64位模式的代码段选择子，DPL=3	+0x38，选择子：0x003B(RPL=3)
栈/数据段描述符，DPL=3	+0x30，选择子：0x0033(RPL=3)
保留	+0x28，选择子：0x002B(RPL=3)
栈/数据段描述符，DPL=0	+0x20，选择子：0x0020(RPL=0)
64位模式的代码段描述符，DPL=0	+0x18，选择子：0x0018(RPL=0)
保护模式的数据段描述符，DPL=0	+0x10，选择子：0x0010
保护模式的代码段描述符，DPL=0	+0x08，选择子：0x0008
空描述符	+0x00，选择子：0x0000

图 6-4　安装 BSP 的 TSS 描述符后的 GDT 布局

6.4.3　处理器专属存储区的访问

在多处理器系统中，每个处理器都应当配备一个专属存储区。但是，处理器如何找到它自己的专属存储区呢？答案是可以使用段寄存器。

先来回顾一下我们讲过的内容。

在 64 位模式下，强制使用平坦模型，分段功能被禁止，但不是完全禁止，段部件还起作用。

在 64 位模式下，段寄存器 CS 的基地址部分被忽略并视为 0，段界限及很多属性都被忽略并不再检查，但是要检查有效地址是否为扩高形式。

在 64 位模式下，段超越前缀 CS:不起作用，其效果和没加一样。

在 64 位模式下，段寄存器 DS、ES 和 SS 不再使用。因此，相关的指令，比如 lds 和 pop es 等，不再有效，使用这些段寄存器作为段超越前缀也不起作用。如果访问内存时使用了这些段寄存器，则按段的基地址为 0 来对待，而且不检查段界限和属性，只检查生成的虚拟地址是否符合扩高形式。

在 64 位模式下，段寄存器 FS 和 GS 依然是可以使用的，它们的段基地址部分依然用于地址计算，而不是直接看成 0。这两个段寄存器如此特殊的原因是需要用它们指向每个处理器各自的专属存储区或者内核数据结构。既然这两个段寄存器依然可用，它们的段基地址部分自然会被扩展到 64 位。

但是，问题在于，对于这两个段寄存器，常规的段寄存器加载指令，比如

```
mov fs, ax
```

或者

```
pop gs
```

等等，只能操作段基地址的低 32 位[①]，高 32 位被自动清零。只有用特殊的方法才能加载全部的 64 位段基地址。

---

① 由于在 64 位模式下强制使用平坦内存模型，所以 x64 架构的处理器也就没有改变段寄存器的构造，它的段基地址部分还停留在 32 位时代的长度。

第一种方法：由于段寄存器 FS 和 GS 的基地址部分已经被物理地映射到两个型号专属寄存器，0 特权级的软件可以用 wrmsr 指令通过写入这两个型号专属寄存器间接加载 FS 和 GS 的段基地址。注意，写入的 64 位段基地址必须符合扩高形式，否则将引发一般保护异常#GP。

第二种方法在任何特权级下都可使用，那就是使用 wrfsbase 和 wrgsbase 指令。但是，并非所有处理器都支持这两个指令，而且需要将控制寄存器 CR4 的位 16 置 1 才能真正使这两条指令可用。

在 64 位模式下，段超越前缀 FS:和 GS:是有效的，例如

```
mov rax, gs:[mydata]
```

使用这两个段寄存器访问内存时，不检查界限值和属性，但是要检查生成的线性地址是否符合扩高形式。

仅对于段寄存器 GS：由于段寄存器 FS 和 GS 在用户态也可以使用，操作系统内核不能假定只有自己在使用它们，不能自始至终都用它们指向处理器专属存储区或者内核数据结构而不管别人是否会用到这两个段寄存器，这样做是不安全的。正因如此，在处理器内部增加了一个型号专属寄存器 IA32_KERNEL_GS_BASE（编号 0xC0000102），并使之专门指向本处理器的专属存储区或者内核数据结构。当操作系统内核需要用段寄存器 GS 访问本处理器的专属存储区或者内核数据结构时，用它和段寄存器 GS 进行交换，这样就可以用 GS 来访问了。访问结束后，再交换回来（恢复 GS 的原值）。为此，处理器还新增了一条指令：swapgs。

指令 swapgs 用来交换型号专属寄存器 IA32_KERNEL_GS_BASE 和段寄存器 GS 的 64 位段基地址部分的值。如何用这条指令执行交换操作并访问处理器专属存储区，本章正好涉及了这些内容，后面将详细介绍。

回到内核程序 c06_core.asm。

既然我们已经为自举处理器 BSP 分配了专属存储区，那么，就应该用自举处理器 BSP 自己的型号专属寄存器 IA32_KERNEL_GS_BASE 指向这个数据区。将来要访问这个数据区时，用 swapgs 指令和段寄存器 GS 进行交换就可以了。

第 647 行，我们先用 ECX 指定型号专属寄存器 IA32_KERNEL_GS_BASE，它的地址是 0xc000_0102。

在上面为自举处理器 BSP 分配专属数据区时，分配的线性地址在 R13 中，但 wrmsr 指令要求用 EAX 和 EDX 提供写入到型号专属寄存器里的 64 位的数据，其中，EAX 提供低 32 位，EDX 提供高 32 位。于是第 648～650 行的这三条指令将 R13 中的线性地址安排到 EAX 和 EDX。最后，wrmsr 执行写入操作。

6.5　多处理器系统的初始化

继续来看内核程序 c06_core.asm。

在用自举处理器内部的型号专属寄存器 IA32_KERNEL_GS_BASE 指向该处理器的专属存储区之后，接下来，第 654～674 行，我们为快速系统调用 syscall/sysret 准备参数，实际上是写入相关的型号专属寄存器。这些代码和上一章完全相同，就不再讲了。

第 684～801 行是访问 ACPI 的表格，从中获取 Local APIC 和 I/O APIC 的数量及地址信息。这一部分很长，但是和上一章完全相同。既然上一章里已经讲了，这一章就不再多说。

接下来，第 804～862 行，和往常一样，我们先将 Local APIC 的物理地址映射到预定义的线性地址 LAPIC_START_ADDR，再将 I/O APIC 的物理地址映射到预定义的线性地址 IOAPIC_START_ADDR，然后测量当前处理器在 1 毫秒的时间里经历多少时钟周期，作为后续的定时基准。这些内容也和上一章完全相同，都是在上一章里讲过的，这一章就不多说了。

接下来，我们要对多处理器系统进行初始化，为实现多处理器多任务做必要的准备工作，这些是本章新增加的内容。在开始分析代码前，我们介绍多处理器系统的初始化协议算法，先对多处理器系统的初始化过程有一个全面的了解。实际上，在加电复位后，基本输入输出系统 BIOS 就是按照这个协议算法来执行的。

6.5.1 多处理器系统的初始化协议算法

在多处理器系统加电或者复位后，系统中的处理器执行多处理器初始化协议算法，使每个处理器都得到初始化。这些初始化操作包括：

1．基于系统拓扑，每个逻辑处理器都被赋予一个唯一的 APIC ID，对于支持 x2APIC 的系统来说，这个 ID 是 32 位的；否则，这个 ID 是 8 位的；

2．每个逻辑处理器都会分配一个基于其 APIC ID 的仲裁优先权；

3．每个逻辑处理器都和系统中的其他逻辑处理器一起同时开始执行内置的自测；

4．自测完成后，所有逻辑处理器使用一个硬件定义的选择机制选出一个自举处理器 BSP，其他逻辑处理器都成为应用处理器 AP。此后，自举处理器 BSP 开始从物理地址 0xffff fff0 取得并执行 BIOS 自举代码；

5．作为自举处理器 BSP 所执行的自举代码的一部分，还要创建 ACPI 表和（或）MP 表。接下来，进入保护模式并映射 Local APIC 的地址空间，读取自己的初始 APIC ID 并添加到这些表中的相关部分；

6．在自举过程的末尾，自举处理器 BSP 使用一个变量来保存处理器的数量，并将其设置为 1。然后广播一个 INIT-SIPI-SIPI 序列的消息给系统中的所有应用处理器 AP。按照规范，SIPI 消息包含了应用处理器初始化代码的地址，接到消息的应用处理器被唤醒并从这个地址开始执行；

7．应用处理器初始化代码的第一个动作是设置一个由所有应用处理器竞争的锁，只有获得该锁的应用处理器才能继续执行后面的初始化代码；未获得锁的处理器继续尝试直至最终获得该锁；

8．作为应用处理器初始化代码的一部分，获得锁的应用处理器读取自己的 APIC ID，并将其添加到相关的 ACPI 表和（或）MP 表。然后，将上述变量中的处理器数量加一。初始化过程结束后，应用处理器释放锁，执行一个 cli 指令并停机；

9．一旦所有应用处理器都依次获得锁并执行了初始化代码，自举处理器 BSP 就可以从上述变量中获得处理器的总数，然后执行操作系统自举和启动代码。与此同时，应用处理器保持停机状态，只响应 INIT、NMI、SMI 消息。

在 INTEL 公司的文档中，实际上还列出了典型的 BSP 初始化序列，以及典型的 AP 初始化序列，实际上是对我们刚才讲的内容做了细化，这里就不多说了，讲太细实际上没有必要。

需要注意的是，以上初始化过程是对基本输入输出系统 BIOS 的要求。一方面，在多处理器的计算机系统中，它的基本输入输出系统 BIOS 必须包含多处理器的初始化代码，以便在加电或者复位后执行上述初始化操作。为 BIOS 编写程序的工程师应当按照上述初始化序列编写代码，实现指定的功能。

另一方面，也正是因为 BIOS 执行了上述初始化操作，我们才能在程序中访问 ACPI 表，从中获取处理器和 I/O APIC 的相关信息。

总之，在开机之后，自举处理器和应用处理器已经执行过 BIOS 初始化代码，已经执行过一次初始化过程。但是，这些标准的初始化过程通常无法满足我们对处理器状态的要求。因此，在接下来的课时里，我们还将做进一步的设置，必要时，还必须要求应用处理器重新执行初始化过程。

6.5.2　本章的多处理器多任务调度方案

我们已经知道，处理器加电或者复位之后，将通过仲裁选出自举处理器 BSP 和应用处理器 AP。然后，应用处理器 AP 都处于停机状态，自举处理器 BSP 开始执行 BIOS 固件代码，这些固件代码用来初始化 BSP 和所有的 AP，创建 ACPI 表格和 MP 表格。

离开 BIOS 之后，自举处理器 BSP 继续加载和执行主引导程序并进入内核，在这个过程中要完成更多的初始化和设置工作。包括进入保护模式，再进入 64 位模式、开启分页、初始化中断系统、创建 GDT、创建 IDT、创建 TSS、分配本处理器的专属存储区，等等。

完成以上设置工作后，BSP 还要用处理器间中断 IPI 唤醒所有的应用处理器 AP，要求它们执行预定的 AP 初始化代码。AP 初始化代码的工作是设置应用处理器 AP，包括进入 64 位模式、开启分页、加载全局描述符表寄存器 GDTR、加载中断描述符表寄存器 IDTR、创建 TSS 并加载任务寄存器 TR、分配本处理器的专属存储区，等等。完成了初始化和设置工作后，AP 初始化代码的末尾是执行停机指令，让应用处理器 AP 停机，因为它暂时没有事情可做。如果需要它执行任务，可以用中断消息唤醒。

接下来，自举处理器 BSP 将创建外壳任务。外壳任务创建后，BSP 向所有处理器（包括它自己）发送任务认领中断。此时，所有处理器，包括 BSP 自己和所有 AP，都从任务链表中寻找一个就绪的任务并加以执行。由于当前只有一个外壳任务，所以，实际上是所有处理器都在竞争这一个任务的执行权，就看哪个处理器运气好。

如果自举处理器 BSP 没有抢到外壳任务的执行权，它在中断返回后继续执行内核初始化代码，在内核初始化代码的尾部是停机指令，将使 BSP 进入停机状态。至此，自举处理器的执行状态就和那些处于停机状态的应用处理器完全一样了。而且，从现在开始，所有处理器都是靠中断消息来驱动的。

不管是哪个处理器抢到了外壳任务的执行权，外壳任务都会创建更多的任务，而每个任务也可以创建别的任务。每创建一个任务，都将向所有处理器广播新任务认领中断，所有处理器都开始寻找就绪任务并加以执行。

同时，在每个处理器认领并开始执行一个任务时，会用当前处理器的 APIC 定时器设置一个指定的时间间隔，比如 50 毫秒或者 1 秒。到达指定的时间间隔后，APIC 定时器将给当前处理器发一个时间片到期的中断信号。利用此中断信号，处理器可以执行任务的轮转和切换。即，保存当前任务并寻找下一个就绪任务并加以执行。

总结一下，在本章里，任务创建和执行的总方针是：

✓ BSP 创建外壳任务并将其设置为就绪，然后广播新任务认领中断；

✓ 外壳任务会创建其他任务并广播新任务认领中断；

✓ 其他任务也会创建新任务并广播新任务认领中断；

✓ 所有任务在执行时会设定时间片，定时器会发出时间片到期中断给当前处理器。

先来看任务认领中断的处理流程。如图 6-5 所示，接收到任务认领中断后，所有处理器都检查自己是否正忙着执行任务。如果正忙着执行任务，则执行中断返回，继续执行原先的任务。

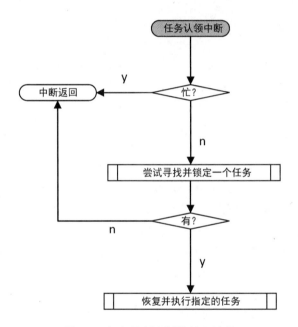

图 6-5　任务认领中断的处理过程

如果处理器不忙，即，原先是停机状态，则尝试寻找并锁定一个任务。如果找不到状态为就绪的任务，则中断返回，继续停机。

如果成功找到了这样的任务，则恢复并执行这个新任务。在实际开始执行新任务之前会重新为定时器设置一个时间片。

再来看时间片到期中断的处理流程。如图 6-6 所示，如果一个处理器发生了时间片到期中断，被中断的处理器尝试寻找并锁定一个任务。如果找不到状态为就绪的任务，则中断返回，继续执行原先的任务。

如果成功找到了这样的任务，则先保存当前任务的状态，然后恢复并执行指定的任务。在实际开始执行新任务之前会重新为定时器设置一个时间片。

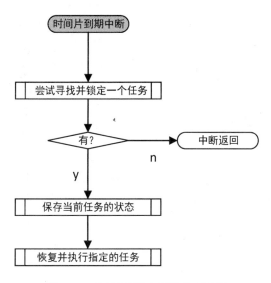

图 6-6　时间片到期中断的处理过程

6.5.3　中断命令寄存器 ICR

回到内核程序 c06_core.asm。

接着前面的初始化过程，第 865～872 行，安装新任务认领中断的处理过程。新任务认领中断的服务例程是 new_task_notify_handler，位于本程序的前面，将来用的时候再做具体分析，现在只是生成它的中断门，并安装在中断描述符表中。

在基于 APIC 的中断系统中，中断的优先级取决于中断向量的数值。中断向量在数值上越大的，优先级越高。由于我们希望新任务中断能够及时得到处理，所以在安装这个中断门时，为它指定了一个数值上很大的中断向量 0xFE。

接下来，第 875～882 行用于安装时间片到期中断的处理过程。时间片到期中断的服务例程是 time_slice_out_handler，位于本程序的前面，将来用的时候再做具体分析，现在只是生成它的中断门，并安装在中断描述符表中。

如果时间片到期，处理器必须及时处理，因此在安装这个中断门时，为它指定了一个数值上很大的中断向量 0xFD，仅次于新任务认领中断。

到目前为止，自举处理器 BSP 和系统内核基本上完成了初始化，下一步就是初始化所有应用处理器 AP。此时此刻，所有应用处理器都处于停机状态，要初始化它们，自举处理器必须给它们发送特定的中断消息。如何发送呢？这需要用到 Local APIC 内部的中断命令寄存器。

在 Local APIC 内部，有一个 64 位的寄存器，叫作中断命令寄存器（Interrupt Command Register，ICR）。由于它是每个处理器都有的，运行在任何一个处理器上的软件都可以用它向其他处理器发送处理器间中断（Inter-Processor Interrupt，IPI）。

如图 6-7 所示，这是中断命令寄存器的格式。其中，大部分字段的含义我们以前都讲过，不需要详细说明。

这个寄存器的低 8 位用来设置中断向量，但有些投递模式不需要这个字段；位 8 到位 10 是投递模式。尤其注意 Start Up 投递模式，以前没讲过，但马上就要用它初始化应用处理器 AP。

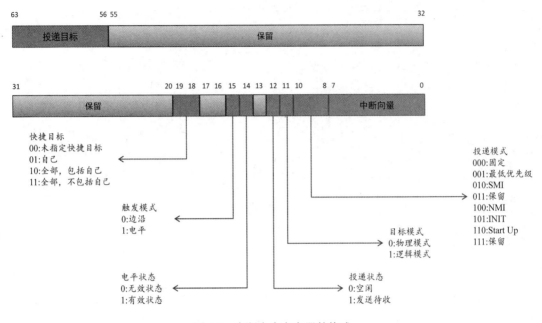

图 6-7　中断命令寄存器的格式

位 18 和 19 是快捷目标，即，用简洁的方法指向中断消息的投递目标。这个字段适用于广播消息。如果这个字段的比特模式为 00，表明未指定快捷目标，此时，目标处理器由目标模式和投递目标字段指定；01 表明是投递给自己；10 表明是投递给所有处理器，包括自己；11 表明是投递给除自己外的所有处理器。

中断命令寄存器 ICR 的长度是 64 位的，但是分成两个 32 位来访问。高 32 位的地址是 Local APIC 的基地址加上 0x310；低 32 位的地址是 Local APIC 的基地址加上 0x300。无论何时，只要 ICR 的低双字被写入，都将导致立即发送 IPI 消息。

除投递状态字段外，中断命令寄存器的其他字段都是可读可写的。投递状态字段是只读的。

回到正题。要初始化应用处理器 AP，必须按照 INIT-SIPI-SIPI 的顺序向它们发送中断消息。INIT 是初始化请求，将导致所有目标处理器执行一个初始化过程。初始化之后，每个处理器的 Local APIC 都将被复位，除 APIC ID 和仲裁 ID 寄存器不受影响外，处理器的状态和加电或者硬件复位之后一样，这种状态也叫作"等待 SIPI"状态。

Start Up 简称 SIPI 消息，用来促使所有目标处理器执行一个启动过程，它的中断向量字段决定了启动代码的物理地址。如果这个字段的值是十六进制的 XY，则启动代码的物理地址是 0x000XY000。显然，这个物理地址位于 1MB 物理内存中，且位于一个 4KB 的页内，比如 0x000BD000。

6.5.4　本章的 AP 初始化代码简介

现在我们知道，要初始化应用处理器 AP，必须通过处理器间中断消息让所有应用处理器执行 AP 初始化代码。在本书中，AP 初始化代码是由内核提供的，包含在内核中，内核被加载到哪里，它的内存位置也会跟着变化。但是，多处理器的初始化协议规定，AP 初始化代码必须位于低端 1MB 物理内存。不过没有关系，我们可以将内核中的 AP 初始化代码复制到低端 1MB 物理内存，这样就符合要求了。

但是如此一来，我们在 AP 初始化代码中访问内核数据，调用内核功能，就变得很困难了。因为 AP 初始化代码虽然在内核中，但它要复制到低端 1MB 物理内存执行，就必须按照独立的浮动代码来编写和执行，与内核代码是分离的，无关的，耦合度非常低，很难直接访问内核数据，也很难直接调用内核功能。

正因如此，在本章中，内核中的 AP 初始化代码分为两个部分，第一个部分位于内核程序的末尾，起始于段定义 section ap_init_block，结束于标号 ap_init_tail。在初始化应用处理器 AP 之前，要先将这一部分代码复制到低端 1MB，让应用处理器执行。这一部分是浮动代码，不访问内核数据，也不调用内核功能，只做基本的初始化，让处理器从实地址模式进入保护模式，然后，跳转到 AP 初始化代码的第二部分。

AP 初始化代码的第二个部分位于内核程序的前面，从标号 ap_to_core_entry 开始。它是内核的组成部分，因此可以像内核的其他模块一样，随意访问内核数据，随意调用内核功能。这部分初始化代码的功能是让应用处理器进入内核执行，完成更多的初始化，并最终使之能够像自举处理器一样胜任 64 位任务的执行。

刚才我们说过，AP 初始化代码的第一部分需要复制到低端 1MB 物理内存。那么，究竟是复制到哪个位置呢？

回到第 3 章，看一下图 3-4 的系统内存布局，这个位置实际上已经预留了，它就是物理地址 0xf000。这个位置是内核加载器和多处理器初始化代码共用的一段内存空间，地址范围从 0xf000 到 0x10000，长度是 4KB。内核加载器用完之后，这块内存就没有用了，正好用来初始化应用处理器。

为了方便引用这一块内存，在全局定义文件 global_defs.wid 中，我们将这个物理地址定义为常量 AP_START_UP_ADDR，它就代表应用处理器（AP）启动代码的物理地址。

6.5.5　将 AP 初始化代码传送到指定位置

前面说过，AP 初始化代码的第一部分需要复制到低端 1MB 物理内存。由于 AP 初始化代码位于内核中，它的线性地址是内核的起始线性地址加上 AP 初始化代码在内核程序中的偏移。

AP 初始化代码的第一部分被安置在一个独立的段 ap_init_block 内。之所以要定义一个独立的段，是因为我们可以用 vstart 子句让段内标号所代表的汇编地址都相对于段的起始处，毕竟这是一段独立的、可浮动的代码，段内标号所代表的汇编地址不能是相对于内核程序的起始处，而只能是相对于 AP 初始化代码自身起始处的偏移。

回到内核程序中，第 885～886 行，我们先通过 RIP 相对寻址方式，得到内核的起始线性地址，再将它加上 AP 初始化代码第一部分在内核中的偏移量，就得到了 AP 初始化代码自身的线性地址。注意表达式 section.ap_init_block.start，在《x86 汇编语言：从实模式到保护模式》一书中讲过这种表达式。表达式

section.*段名称*.start

用来得到指定的段相对于整个程序起始处的偏移量，以字节计。

在这里，表达式 section.ap_init_block.start 得到段 ap_init_block，或者说 AP 初始化代码在内核程序中的起始汇编地址。

复制的目标位置是低端 1MB 以内的物理地址 AP_START_UP_ADDR。这虽然是一个物理地址，但是在前面，在内核加载器初始化分页系统的时候，已经将低端 2MB 字节物理内存做了一一映射，线性地址等于物理地址。所以这个物理地址在这里用作线性地址。

复制工作是用 movsb 指令完成的，它要求用 RSI 指向源位置，RDI 指向目标位置，还因为带有重复前缀 repe，所以需要用 RCX 指定重复的次数，或者说复制的字节数。复制的字节数等于标号 ap_init_tail 减去标号 ap_init。ap_init_tail 是 AP 初始化代码的最后一个标号，ap_init 是 AP 初始化代码的起始标号，所以相减的结果就是它们之间的代码长度。像往常一样，cld 指令设置传送方向为从低地址往高地址传送。一旦执行 repe movsb，就开始复制直到完成。

复制完 AP 初始化代码后，就可以让所有应用处理器 AP 执行这段代码以完成各自的初始化工作。应用处理器的初始化过程与当前执行过程是同步进行的，自举处理器需要确保所有应用处理器都正常初始化并有能力执行任务。那么，自举处理器如何知道所有应用处理器都完成了初始化呢？

答案是设置一个应答计数，初值为 0。然后，要求每个处理器都在初始化过程的末尾将它加一。通过比较已应答的处理器的数量和处理器的总数，就可以知道是否所有处理器都完成了初始化。

为此，我们在内核程序的数据区，也就是标号 ack_cpus 这里（第 24 行）开辟了一字节的空间，用来统计应答计数，其初值为 0。同时我们知道，num_cpus 这里保存了处理器的总数。通过比较 ack_cpus 和 num_cpus 里保存的值，就可以知道是否所有处理器都完成了初始化。

在内核程序中，第 893 行的 inc 指令将应答计数值加一，作为自举处理器 BSP 自己的应答；然后，每个应用处理器 AP 都在初始化过程的末尾将它加一作为应答。

6.5.6　向所有应用处理器广播 SIPI 消息

现如今我们已经将 AP 初始化代码复制到低端 1MB 物理内存。复制完 AP 初始化代码后，就可以让所有应用处理器 AP 执行这段代码以完成各自的初始化工作，但这需要给它们发送处理器间中断消息，告诉它们"你可以开始了！"。

继续来看内核程序 c06_core.asm。

第 896～898 行，先用 RSI 保存 Local APIC 的线性基地址 LAPIC_START_ADDR。接着访问中断命令寄存器 ICR 的高 32 位，将其清零，其线性地址为 rsi+0x310；再访问中断命令寄存

器 ICR 的低 32 位，将其设置为 0x000c4500，其线性地址为 rsi+0x300。我们在前面说过，向 ICR 的低 32 位写入，将导致 Local APIC 立即发送这条中断消息。没关系，它发它的，我们来分析一下这个中断消息的含义。

我们将中断消息与中断命令寄存器的格式进行对照，显然，快捷目标字段是 11，消息是发给除自己外的所有处理器。当前处理器是自举处理器，当然就是发给所有应用处理器了；投递模式字段是 101，表明是 INIT 消息。

发送了 INIT 消息之后，还要发送 Start Up 消息。消息的高 32 位不用动，还是 0，低 32 位来自表达式(AP_START_UP_ADDR >> 12) | 0x000c4600。其中，"">>"" 是 NASM 编译器支持的运算符，执行比特右移操作；竖线 "|" 是逻辑或的意思，执行逻辑或操作。所以，这个表达式的意思是将常量 AP_START_UP_ADDR 右移 12 次，再和 0x000c4600 做逻辑或。这个表达式的值是多少，请自己计算一下。

计算之后，我们将这个中断消息与中断命令寄存器的格式进行对照，显然，快捷目标字段也是 11，消息是发给除自己之外的所有处理器。当前处理器是自举处理器，当然就是发给所有应用处理器了。投递模式是 110，表明是 Start Up 消息。注意，这个消息中的中断向量字段用来计算 AP 初始化代码的物理地址，它应该是多少呢？如果 AP 初始化代码的入口地址是十六进制的 XY000，则中断向量字段的值就是 XY，所以只需要将这个入口地址右移 12 比特即可。

在程序中，常量 AP_START_UP_ADDR 是 AP 初始化代码的物理地址，而且是 4KB 对齐的，低 12 位都是 0。将它右移 12 次，挤掉低 12 个 0 比特，就是中断向量字段的值，我们用逻辑或将它加到 0x000c4600，生成中断消息的低 32 位，并写入中断命令寄存器 ICR 的低 32 位，并直接导致消息的立即发送。

注意，这个表达式不是在指令执行时计算的，而是在程序编译时由编译器计算的，其结果是一个常量，在当前指令中是一个立即数。

为可靠起见，INTEL 建议 SIPI 消息要发送两次，这只需要一条相同的指令即可。

6.6　应用处理器 AP 的初始化过程

一旦收到 Start Up 消息，应用处理器 AP 就开始从指定的物理地址执行启动代码。启动代码就是 AP 初始化代码，在内核程序中，段 ap_init_block 包含了它的第一部分。

回到内核程序 c06_core.asm。

由于在接收 Start Up 消息前已经接收了 INIT 消息，所以处理器在执行启动代码时尚处于实地址模式，类似于一台 8086 电脑。正因如此，启动代码要用 bits 16 编译成 16 位代码。

启动代码是由全部应用处理器同时执行的。这倒无所谓，关键是在启动代码的执行过程里需要执行栈操作，而且需要访问共享数据。由于很难在同一个程序里为不同的处理器提供独立的栈空间，所以必须防止所有处理器同时执行启动代码，以免它们在执行栈操作和访问共享数据时互相干扰。正因如此，在启动代码中使用自旋锁就是必然的。锁变量 lock_var 是在启动代码的后面定义的（第 991 行），是启动代码的一部分。它前面是一条 jmp 指令，把锁变量放在这里是很安全的。

锁代码是用宏 SET_SPIN_LOCK 引入的，这个宏我们讲过。在宏代码中，需要访问锁变量，而且默认是用段寄存器 DS。由于现在是在实地址模式下，要用逻辑段地址和段内偏移量访问内存，所以在加锁之前需要先在 DS 里设置好逻辑段地址。第 931~932 行，我们将 AP 启动代码的物理地址 AP_START_UP_ADDR 右移 4 次，转换为逻辑段地址，传送到 DS，这样就可以访问到锁变量了。

从现在开始，每次只有一个处理器能进入下面的代码执行。

6.6.1 进入保护模式

接下来需要加载全局描述符表寄存器 GDTR 并进入保护模式。全局描述符表 GDT 及所有描述符都已经由自举处理器 BSP 设置好了，应用处理器 AP 只需要用它们自己的 GDTR 指向这个表即可。全局描述符表的界限值和基地址位于系统数据区 SDA，所以，要加载 GDTR，先得让段寄存器 DS 指向系统数据区 SDA。

为此，第 936~937 行，我们先将系统数据区 SDA 的物理地址 SDA_PHY_ADDR 右移 4 位，转换为逻辑段地址，再传送到段寄存器 DS，就可以访问系统数据区了。

在系统数据区内偏移为 2 的地方，分别是全局描述符表 GDT 的界限值和基地址。我们用 lgdt 指令从这里加载 6 字节的内容到 GDTR。实模式下只加载 6 字节的内容，界限值 2 字节，基地址 4 字节。

接下来，第 942~953 行用来进入保护模式。jmp 指令清流水线并串行化处理器，并且从新的代码段开始执行。新代码段的选择子是 0x0008，它是 4GB 代码段的选择子，段的基地址为 0，长度为 4GB。

跳转的目标位置是下一条指令，即，标号.flush 这里。由于目标段的基地址为 0，下一条指令在这个段内的偏移量是多少呢？如何计算呢？

很简单，由于在当前段的定义中有 vstart=0 子句，所以段内标号.flush 所代表的数值是它相对于当前段的起始处的距离，或者说是相对于 AP 初始化代码起始处的距离，以字节计。这个距离加上 AP 初始化代码的物理地址 AP_START_UP_ADDR，就是标号.flush 这里的物理地址。这是物理内存低端 1MB 以内的一个地址，由于低端 2MB 内存已经做过特殊映射，物理地址等于线性地址，所以这个物理地址也是它在基地址为 0 的段内的偏移量。

由于目标段描述符的 D 位是 1，所以，默认操作尺寸是 32 位的。因此，后面的代码必须用 bits 32 来编译。

6.6.2 进入 64 位模式

进入保护模式后，第 957~959 行先设置栈段和栈指针。栈段的选择子是 0x0010，选择的是保护模式下的数据段描述符，这个段的基地址为 0，在这里作为栈段来用。栈指针是 0x7e00，由于还没有开启分页，再加上栈段的基地址为 0，所以这个栈指针也是栈顶的物理地址。栈是从物理地址 7e00 向下推进的。显然，栈操作会破坏主引导程序，但这又有什么关系呢？主引导程序早就已经执行过了。

接下来的代码开启当前处理器的分页功能并进入 IA-32e 模式。当初，在我们初始化自举处理器和内核的时候，已经在内存里预分配了内核 4 级头表、内核的第一个页目录指针表、内核的第一个页目录表、内核的第一个页表。和当初刚进入内核执行，设置自举处理器 BSP 的时候一样，现在也只需要用当前处理器的 CR3 寄存器指向 4 级头表，开启物理地址扩展，允许 IA-32e 模式，再开启分页功能，就激活并进入了 IA-32e 模式。

这个时候，当前处理器已经结束 AP 初始化代码第一部分的执行，需要用一个跳转指令进入 AP 初始化代码的第二部分执行。第二部分属于内核，位于内核中，所以是跳转到内核里继续执行。内核的代码是 64 位的，所以，我们还应该借助这个跳转操作使当前处理器从 IA-32e 的兼容模式进入 64 位模式。

要想改变处理器的工作模式，就得刷新段寄存器 CS 及其描述符高速缓存器。要做到这一点就只能使用远转移指令，比如我们可以这样实施跳转：

```
jmp CORE_CODE64_SEL:UPPER_CORE_LINEAR + ap_to_core_entry
```

AP 初始化代码的第二部分属于内核，起始于标号 ap_to_core_entry（内核程序的第 52 行），这个位置是从 AP 初始化代码的第一部分进入内核的入口点的。

跳转指令的段选择子是 CORE_CODE64_SEL，也即 0x18，实际上选择的是 64 位模式的代码段描述符。64 位模式强制使用平坦模型，所以这个段的基地址也是 0。如此一来，目标位置在这个段内的偏移量就等于它的线性地址。那么，目标位置的线性地址如何计算呢？很简单，用内核的起始线性地址加上目标位置在内核中的偏移量。

尽管内核的起始线性地址保存在内核数据区中的标号 position 处（本章内核程序里的第 11 行），但这个位置无法从 AP 初始化代码的第一部分访问，因为要访问它，需要知道内核的起始地址，而我们当前就是要得到内核的起始地址。

好在我们曾经定义了常量 UPPER_CORE_LINEAR，它就是内核的起始线性地址。这个常量被定义为虚拟内存空间高端的线性地址 UPPER_LINEAR_START 加上内核的物理地址 CORE_PHY_ADDR。

因此，在上述指令中，目标位置的线性地址就是 UPPER_CORE_LINEAR 加上目标位置在内核中的偏移量 ap_to_core_entry。标号 ap_to_core_entry 所代表的值就是它相对于内核起始处的距离，以字节计。

表面上来看，这条远转移指令可以实现我们的目标，但实际上并非如此。转移的目标位置（AP 初始化代码的第二部分）位于线性地址空间的高端（因为它在内核里，而内核已经被映射到高端），所以 UPPER_CORE_LINEAR + ap_to_core_entry 的结果是一个高端的线性地址，而且是一个 64 位的扩高地址。

问题在于，执行这条指令时，处理器正工作在 IA-32e 的兼容模式下，在这种模式下不支持具有 64 位有效地址的远转移指令。实际上，还轮不到处理器来执行，早在编译这条指令的时候，编译器就直接将表达式 UPPER_CORE_LINEAR + ap_to_core_entry 的值截成 32 位，因为它别无选择（你在前面第 955 行指定的是 bits 32）。

这意味着什么？这意味着，我们刚才讲了一大堆，等于没讲。为今之计，就不要想一步登天了，只能是分两步进行，第一步先进入 64 位模式；第二步再进入内核继续执行。

首先，第 982 行，通过远转移刷新段寄存器 CS 及其描述符高速缓存器，进入 64 位模式执行。转移目标是下一条指令的线性地址，这个地址是用当前 AP 初始化代码的物理地址 AP_START_UP_ADDR 加上下一条指令的标号.to64（所代表的段内偏移量）得到的。这是物理内存低端 1MB 以内的一个地址，由于低端 2MB 内存已经做过特殊映射，物理地址等于线性地址，所以这个物理地址也是它在基地址为 0 的段内的偏移量。

进入 64 位模式后，就必须执行 64 位代码。第 985 行的伪指令指示编译器将后面的汇编语言代码编译成 64 位机器指令。

接下来我们要进入 AP 初始化代码的第二部分执行，它位于内核中。原则上需要使用一个段间转移，但现在是工作在 64 位模式下，在 64 位模式下强制使用平坦模型，不再分段。请想象一下，内核的代码和数据与我们当前正在执行的代码位于同一个段中，所以使用一个 64 位的间接转移就行了。目标位置和当前正在执行的位置同处一个段内，目标位置在段内的绝对地址是 UPPER_CORE_LINEAR + ap_to_core_entry。我们用 RBX 存放这个绝对地址，再执行第 989 行的间接绝对转移指令，就跳到内核执行了。

6.6.3　为每个应用处理器创建必要的数据结构

继续来看内核程序 c06_core.asm。

在内核程序的前面，从标号 ap_to_core_entry 这里开始，是 AP 初始化代码的第二部分。与内核的其他代码一样，AP 初始化代码的第二部分也是用 bits 64 编译的，生成的是 64 代码（注意第 48 行的伪指令）。

当初，在使用 jmp 指令转到 AP 初始化代码的第二部分时，段内偏移量是用高端线性地址指定的，因此，转到这里之后，应用处理器 AP 是在虚拟地址空间的高端执行的。

由于内核已经被映射到虚拟地址空间的高端，所以，全局描述符表 GDT 的中断描述符表 IDT 也都被映射到高端。为了让处理器用高端线性地址访问这两个表，必须重新加载全局描述符表寄存器 GDTR 和中断描述符表寄存器 IDTR，使它们的地址部分变成高端线性地址。我们知道，在系统数据区里保存着全局描述符表 GDT 和中断描述符表 IDT 的基地址。在自举处理器 BSP 与内核的初始化期间，随着内核被映射到虚拟内存空间的高端，这两个基地址已经修改为 GDT 和 IDT 被映射到虚拟内存空间高端之后的线性地址。和自举处理器 BSP 一样，应用处理器 AP 在进入 64 位模式后，也需要用这两个表的高端线性地址重新加载全局描述符表寄存器 GDTR 和中断描述符表寄存器 IDTR。

由于现在是在地址空间的高端执行，所以，要访问系统数据区 SDA，就应当使用它的高端线性地址 UPPER_SDA_LINEAR。第 54 行的这条指令将它传送到 RAX。

紧接着，lgdt 和 lidt 指令访问系统数据区，加载当前处理器的 GDTR 和 IDTR。在 64 位模式下，将加载 10 字节，包括 2 字节的界限值和 8 字节的基地址。加载之后，处理器就可以用 64 位高端线性地址访问 GDT 和 IDT 了。

接下来，我们为当前处理器创建 64 位模式下的专属栈。在处理器执行任务期间，它使用一个由任务提供的 0 特权级栈。在不执行任务的时候，它也可能执行栈操作，这就需要为它准备一个专属栈。

在这里，调用例程 core_memory_allocate 在内核空间分配一块 4KB 的区域作为当前处理器的专属栈。分配之后，由 R14 返回这个栈的栈顶位置，并立即传送到 RSP。此时，当前处理器就切换到专属栈。

下面，创建当前处理器的专属存储区（含 TSS），并安装 TSS 描述符到 GDT。这个操作和我们当初为自举处理器 BSP 分配专属存储区是一样的。

首先，调用例程 core_memory_allocate 在内核中分配一块 256 字节的空间作为当前处理器的专属存储区，这个存储区包含了任务状态段 TSS。TSS 位于专属存储区内偏移为 128 的地方，第 66 行的 lea 指令得到它的线性地址。接着，调用例程 make_tss_descriptor 创建这个 TSS 的描述符。

再往下，第 69~74 行，从系统数据区 SDA 中得到全局描述符表 GDT 的线性地址和界限值，然后在 GDT 中安装刚才创建的 TSS 描述符。结合系统数据区的布局图（第 3 章里的图 3-5），这一段代码还是很容易理解的。

安装之后，第 76 行的 add 更新系统数据区中的 GDT 界限值，然后 lgdt 指令用这个新的界限值及 GDT 的线性地址重新加载 GDTR。

接下来，第 79~81 行的这三条指令用 GDT 的界限值生成 TSS 描述符的选择子。CX 是安装 TSS 描述符之前的 GDT 界限值，右移 3 次相当于除以 8，得到安装 TSS 描述符之前的最后一个描述符的索引号。将它加一，就是新安装的 TSS 描述符的索引号。将这个索引号左移 3 次，留出请求特权级 RPL 和表指示器位 TI，就是 TSS 描述符的选择子。然后，第 83 行的 ltr 指令加载当前处理器的任务寄存器 TR，令它指向自己的 TSS。

为了保证当前处理器可以访问到它的专属存储区，必须将专属存储区的首地址保存到当前处理器的型号专属寄存器 IA32_KERNEL_GS_BASE，这就是第 86~90 行的工作。在初始化自举处理器 BSP 的时候，也是这么做的，代码也完全相同，所以不再多说。

再往下，我们为快速系统调用 syscall 和 sysret 准备参数。在自举处理器和内核的初始化期间曾经执行过这个过程，代码也完全一样，这里不再多讲。

至此，对处理器硬件方面的初始化就基本完成了。

6.6.4　对称多处理器系统的实现

截至现在，已经基本完成了应用处理器 AP 的初始化工作，已经将所有处理器设置为预定的架构状态。接下来，我们对前面的初始化过程做一个总结。

在多处理器系统中，每个逻辑处理器都有自己独立的架构状态部分，包括独立的通用寄存器、指令指针寄存器、段寄存器、标志寄存器、控制寄存器、系统表寄存器等，可独立地执行程序。即使是执行相同的程序，也会有各自独立的执行状态。

在我们的系统中，所有处理器共同组成一个对称多处理器系统，这个系统具有以下特点：

1. 具有两个以上的处理器且它们具有可比的性能；

2．这些处理器共享内存；

3．这些处理器共享 I/O 设备；

4．所有处理器可以执行相同的功能，因此说是对称的；

5．整个系统由一个统一的操作系统控制，该操作系统对这些处理器及其相关的任务或者说进程、文件等之间的交互和协作进行管理。

在本章中，对所有处理器的初始化都是符合以上特征的。首先，在对称多处理器系统中只有一个操作系统内核，也只有一个全局描述符表 GDT 和一个中断描述符表 IDT。经过初始化，所有处理器的 GDTR 都指向同一个 GDT；所有处理器的 IDTR 都指向同一个 IDT。

每个处理器都有自己独立的专属存储区，在专属存储区内偏移为 128 的地方是任务状态段 TSS。换句话说，每个处理器都有自己的 TSS。

每个处理器都用自己的型号专属寄存器 IA32_KERNEL_GS_BASE 指向自己的专属存储区；也都用自己的任务寄存器 TR 指向自己的 TSS。

在刚刚完成初始化的时候，所有处理器的 CR3 都指向同一套内核分页系统。这意味着它们访问的是相同的地址空间，拥有同一个内核，可同时在内核态执行。

经过刚才的初始化，所有处理器都指向同一个快速系统调用（syscall/sysret）入口。因此，任何任务或者线程都可以在任何处理器上通过快速系统调用从同一个入口进入内核服务。

如图 6-8 所示，这是所有处理器都完成初始化之后的 GDT 布局。从图中可以看出，在自举处理器 BSP 的 64 位 TSS 描述符之后，是所有应用处理器 AP 的 64 位 TSS 描述符。

应用处理器APn的64位的TSS描述符	
⋮	
应用处理器AP1的64位的TSS描述符	
应用处理器AP0的64位的TSS描述符	
自举处理器BSP的64位的TSS描述符	+0x40，选择子：0x0040（RPL=0）
64位模式的代码段选择子，DPL=3	+0x38，选择子：0x003B（RPL=3）
栈/数据段描述符，DPL=3	+0x30，选择子：0x0033（RPL=3）
保留	+0x28，选择子：0x002B（RPL=3）
栈/数据段描述符，DPL=0	+0x20，选择子：0x0020（RPL=0）
64位模式的代码段描述符，DPL=0	+0x18，选择子：0x0018（RPL=0）
保护模式的数据段描述符，DPL=0	+0x10，选择子：0x0010
保护模式的代码段描述符，DPL=0	+0x08，选择子：0x0008
空描述符	+0x00，选择子：0x0000

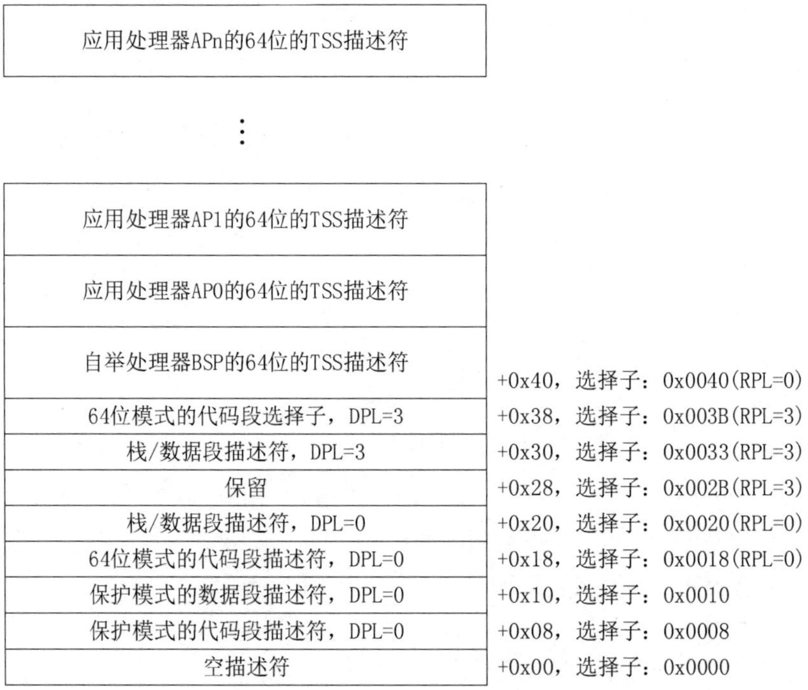

图 6-8　所有处理器都完成初始化之后的 GDT 布局

6.6.5　用 SWAPGS 指令访问专属存储区

截至目前，对处理器硬件方面的初始化已经基本完成。接下来要在屏幕上打印一串文本，报告当前的初始化进程。要打印的字符串来自标号 _ap_string，就在这段 AP 初始化代码的上面，也就是第 50 行。这是一个 0 终止的字符串，但是字符串的内容很奇怪，就一个数字 249。

实际上，这是一个字符的编码。我们知道，ASCII 字符集有 128 个字符。后来经过扩充，加入了制表符、希腊字母及其他一些特殊符号，总数达到了 256 个。在网上搜索一下扩展的 ASCII 码表，编码为 249 的字符是一个居中加粗的圆点。

回到程序中，由于每个应用处理器 AP 都会依次执行这一段代码，所以，它们都将在屏幕上打印一个圆点。如此一来，就可以形象地展示每个处理器的初始化。

实际上，第一个圆点是由自举处理器 BSP 打印的。回忆一下，在刚进入 64 位模式的时候（本章内核程序的第 608～610 行），自举处理器曾经打印过一条信息，打印的文本位于标号 welcome。在这串文本中，"Executing in 64-bit mode" 表明自举处理器正在 64 位模式下执行，"Init MP" 的意思是初始化多处理器系统。后面的 249 是字符编码，就是我们刚才讲的圆点。

因此，是自举处理器先打印一个圆点，然后，在执行 AP 初始化代码时，每个应用处理器 AP 也都各自打印一个圆点。

打印了圆点之后，要对当前处理器的专属存储区做一个简单的初始化。当前处理器的专属存储区是由当前处理器的型号专属寄存器 IA32_KERNEL_GS_BASE 指向的。为了简单快捷地访问自己的专属存储区，可以将型号专属寄存器 IA32_KERNEL_GS_BASE 的内容交换到段寄存器 GS，然后用 GS 来访问。为此，需要使用 swapgs 指令。

swapgs 指令很简单，没有操作数。这条指令只能在 64 位模式下执行，而且是一个特权指令，只能在 0 特权级下执行。该指令的工作很简单，执行这条指令的处理器将它的型号专属寄存器 IA32_KERNEL_GS_BASE 和它的段寄存器 GS 互换内容。

一旦执行了 swapgs 指令，段寄存器 GS 就指向当前处理器的专属存储区。在专属存储区内偏移为 8 的地方是当前任务的 PCB 线性地址。由于当前处理器正在初始化自己，并未执行任务，所以要将这个字段的值设置为 0（第 120 行）。注意，在指令中使用了段超越前缀 "gs:"，所以是访问段寄存器 GS 所指向的段，这个段实际上就是处理器专属存储区所在的段。

在处理器专属存储区内偏移为 16 的位置是本处理器的编号，这是我们自己为每个处理器指定的序号。在内核程序中，第 121～123 行用来设置这个编号。显然，这个编号来自处理器应答记数值 ack_cpus。这样做是可以理解的，自举处理器 BSP 将自己的编号设置为 0（回忆一下它是在什么时候设置的），而且将这个应答计数值设置为 1（回忆一下这又是在什么时候设置的）。在应用处理器 AP 初始化期间，每个处理器都将这个应答记数值取出作为自己的编号，同时再将它加一，以便后续的处理器也用相同的方法为自己编号。显然，将处理器应答记数的当前值设置为当前处理器的编号，这是特意设计的。

在处理器专属存储区内偏移为 24 的位置是本处理器的固有栈指针。在程序中，当前处理器的固有栈指针来自栈指针 RSP 的当前值。这很容易理解，RSP 的值本身就是固有栈指针，是我们在前面分配内存并加以设置的。

处理器专属存储区设置完成后，还需要再用 swapgs 指令做一次交换。交换后，型号专属寄存器 IA32_KERNEL_GS_BASE 依然指向处理器专属存储区，段寄存器 GS 依然是它原来的值。这很重要，由于段寄存器 GS 在 64 位模式下依然有效，依然可以具有非 0 的段基地址，所以在程序中很可能会使用它。因此，在访问处理器专属存储区时，将它和型号专属寄存器 IA32_KERNEL_GS_BASE 交换，等于先保存它原来的内容，再用它访问处理器专属存储区。访问结束之后，再恢复它原来的内容。

6.6.6　开启 Local APIC 并进入停机待命状态

继续来看内核程序 c06_core.asm。

对处理器专属存储区做了简单的初始化之后，接下来，第 127 行，将处理器应答计数值加一。注意，所有应用处理器都会依次执行这段初始化代码，所以都会依次将这个计数值加一。

这里是 AP 初始化代码的末尾，不管是哪个应用处理器正在此处执行，它都应该释放自旋锁以允许别的处理器进入这段代码执行。

AP 初始化代码的物理地址是 AP_START_UP_ADDR，锁变量 lock_var 是在 AP 初始化代码内部声明的，这个标号在数值上等于它到 AP 初始化代码起始处的距离。因此，锁变量自身的物理地址是 AP_START_UP_ADDR + lock_var。现在是在 64 位模式下，段的基地址为 0，而且低端 2MB 物理内存是一一映射的，这段内存的线性地址和分页系统转换后的物理地址相同。因此锁变量的物理地址可作为线性地址来用。第 129 行访问锁变量，将它设置为 0，释放自旋锁。

第 131～132 行从软件上开启当前处理器的 Local APIC。要从硬件上开启 Local APIC，需要设置它所在的处理器上的型号专属寄存器 IA32_APIC_BASE。这是一个 64 位的寄存器，它的位 8 是 BSP 标志。如果它是 1，表明这个处理器是自举处理器 BSP；否则是一个应用处理器 AP。

位 11 是 APIC 全局允许/禁止位。如果此位是 0 表明禁止 Local APIC，相当于这个处理器没有 Local APIC。一般来说，计算机用户可以在加电开机后使用 BIOS 设置功能来指定是否开启 APIC 功能。每次加电复位后，基本输入输出系统 BIOS 就会根据你的选择来设置这一位以开启或者关闭 Local APIC。因此，这一位是 Local APIC 的硬件开关。

从位 12 开始的部分保存着省略了低 12 位的 Local APIC 的物理基地址，省略的原因是这个地址必须是 4KB 对齐的，低 12 比特都是"0"，不必保存在这里。因此，在这一部分内容的后面加 12 比特"0"，才是 Local APIC 的物理基地址。这一部分的宽度取决于处理器的物理地址宽度，通常是 24 位。即，从位 12 到位 35。

我们知道，在开机后，Local APIC 的默认物理基地址是 0xFEE0_0000。但是，如果这个地址和其他硬件冲突，你可以通过修改这里的 APIC 基地址来重新指定 Local APIC 的物理基地址，但是这仅适用于 INTEL 奔腾 4、至强和 P6 家族的处理器。

除了一个硬件开关，Local APIC 还有一个软件开关，它位于 Local APIC 内部的伪中断向量寄存器（Spurious-Interrupt Vector Register:SVR）里。这个寄存器的位 8 是 APIC 的软件允许/禁止位，用于通过软件来临时允许或者禁止 Local APIC。为 0 禁止 APIC；为 1 允许 APIC。

一般来说，我们已经在开机的 BIOS 设置里打开了 Local APIC 硬件开关，现在只需要在程序中打开 Local APIC 的软开关。在内核程序里，第 131 行，先指定 Local APIC 的线性地址 LAPIC_START_ADDR 到 RSI。伪中断向量寄存器的地址是 Local APIC 的线性地址加上 0xf0，第 132 行的 bts 指令将该寄存器的位 8 置 1，允许 Local APIC。

你可能会问，我记得自举处理器 BSP 没有这样操作过。是的，因为不需要。自举处理器肩负着系统启动和初始化的重任，基本输入输出系统 BIOS 会加以设置。不过，为可靠起见，主动设置一下也是可以的。

在 AP 初始化程序的末尾，我们先开放中断，然后让当前处理器执行一个停机并等待被唤醒的循环（第 134～128 行）。停机是因为当前处理器此时无事可做，但是它可以被中断消息唤醒以执行特定的工作，包括执行任务或者线程。中断返回后，这条 jmp 指令转到循环的起始处继续停机休眠。

6.7　由自举处理器 BSP 继续完成剩余的内核初始化工作

回顾一下前面所讲的内容，在内核初始化流程的结尾，自举处理器 BSP 向所有应用处理器 AP 广播 Start Up 消息，要求它们初始化自己。在应用处理器 AP 初始化的同时，自举处理器也将继续执行自己的内核初始化流程，现在我们回到这个流程。

6.7.1　等待所有应用处理器完成初始化

回到内核程序 c06_core.asm。

在广播 Start Up 消息给所有应用处理器之后，第 902～905 行，自举处理器 BSP 开始等待所有处理器的应答。前面说过，处理器的应答计数值保存在 ack_cpus 这里，它是递增的，由每个应用处理器逐次加一。

处理器的总数保存在 num_cpus 这里，我们用一个循环不停地将处理器的总数和处理器的应答计数值进行比较，什么时候它们相等了，说明所有应用处理器都完成了初始化。

完成了初始化的应用处理器进入停机状态，等待唤醒，而自举处理器 BSP 则离开循环继续执行并显示已应答的处理器数量。已应答的处理器数量保存在标号 ack_cpus 处，需要将它取出并转换成字符串才能打印显示。还记得吗，在用户程序例程库 user_static64.lib 里有一个我们用过的例程 bin64_to_dec，可用来将二进制数转换为十进制字符串。

这是供用户程序使用的工具文件，但是内核程序也能用，只不过需要先用预处理器指令 %include 包含进来（第 46 行）。

在内核程序中，首先用 RIP 相对寻址方式从标号 position 这里取得内核的起始线性地址，再用 R8 存放已应答的处理器数量。数字转字符串需要一个缓冲区存放转换后的字符串，这个缓冲区是在标号 buffer 这里定义的，位于内核数据区（第 31 行）。标号 buffer 代表的数值是它相对于内核起始处的距离，所以，第 912 行的 lea 指令用内核的起始线性地址加上标号 buffer 代表的数值，就是缓冲区自身的线性地址。

接下来，第 913～914 行，我们先调用例程 bin64_to_dec 将数字转换为字符串，再调用例程

put_string64 打印转换后的字符串。

光打印数字是不行的，得告诉屏幕前的人打印的数字是什么意思。所以还必须打印一个说明，这是第 916～917 行的工作。打印的文本来自标号 cpu_init_ok，它位于内核程序里的第 29 行。

以上的打印效果可参见图 6-1。在我的虚拟机上有 4 个处理器，所以打印的内容是"4 CPU(s) ready."。

6.7.2　创建系统外壳任务并为其指定时间片

继续来看内核程序 c06_core.asm。

在内核初始化过程的末尾，像往常一样，自举处理器开始创建系统外壳任务。这是第 920～921 行的工作。

例程 create_process 和上一章基本相同，所做的工作无非就是创建任务控制块 PCB、创建任务的分页系统（这等于创建了新任务的虚拟地址空间），以及从硬盘上加载用户程序。在这个例程内部，从一开始的第 404 行，一直到第 496 行，这一部分的内容和上一章完全相同，不用多讲。但是，从第 498 行开始就和上一章不太相同了。

第 498 行用来在 PCB 中填写任务执行的时间片长度。在单处理器多任务的系统中，任务切换是由一个外部的定时器中断强制实施的。注意，在单处理器多任务系统中只需要一个定时器就可以了，毕竟只有一个处理器嘛。

在多处理器多任务的系统中，多个处理器同时工作，可以同时执行不同的任务，不过系统中依然可以只有一个定时器，在这种情况下，周期性的定时器中断信号要同时广播到所有处理器。所以，在同一时间，所有处理器都会执行任务切换。

显然，这样做并不合适，也不合理。任务切换并不是一个简单的事情，毕竟每个任务都是不同的。有的任务很重要，执行的时间必须要长一点；有的任务比较普通，执行的时间可以短一点；有的任务很紧急，必须有更多的执行机会，有的任务不那么紧急，少执行几次没有关系。

正因如此，首先，每个处理器都应当使用自己独立的定时器。这很容易实现，因为每个处理器的 Local APIC 都有一个定时器，可以用它提供独立的定时信号。

其次，应当根据每个任务的具体情况，为它指定一个时间片。即，规定每当它获得处理器之后，可以持续执行多长时间。

在本章中，任务控制块 PCB 和上一章基本相同，只不过增加了一个字段。如图 6-9 所示，在 PCB 内偏移为 240 的地方，现在是任务抢占的时间片，它决定了任务的执行时间长度，以毫秒为单位。

回到程序中，我们可以为不同的任务指定不同的时间片，我们的系统是具有这个能力的。但为了简单方便起见，没有必要为每个任务指定不同的时间片，所以统一处理，让它们都执行相同的时间片。为了方便，在全局定义文件 global_defs.wid 里定义了一个常量 SUGG_PREEM_SLICE，它就是推荐（默认）的时间片长度。默认是 55 毫秒，但你可以修改这个数值。

下一个（后继）PCB节点的线性地址	+280
为后续课程保留	
任务抢占的时间片（毫秒）	+240
RFLAGS	+232
GS.Base	+224
FS.Base	+216
SS	+208
CS	+200
RIP	+192
R15	+184
R14	+176
R13	+168
R12	+160
R11	+152
R10	+144
R9	+136
R8	+128
RSP	+120
RBP	+112
RDI	+104
RSI	+96
RDX	+88
RCX	+80
RBX	+72
RAX	+64
CR3	+56
RSP2	+48
RSP1	+40
RSP0	+32
下一次内存分配时可用的起始线性地址	+24
任务状态（0：就绪；1：忙；2：终止）	+16
任务（进程）标识	+8
上一个（前驱）PCB节点的线性地址	+0

图 6-9　本章使用的任务控制块 PCB

6.7.3　广播新任务认领消息并进入预定状态

和往常一样，在新任务创建工作的末尾要调用例程 append_to_pcb_link 将新任务的任务控制块 PCB 添加到 PCB 链表的尾端（第 503 行）。

例程 append_to_pcb_link 和上一章相比基本上没有变化，只不过针对多处理器做了一点修改。请想象一下，如果来自多个处理器的任务都在创建新任务，而且同时执行当前例程，在链表尾部添加任务控制块 PCB，会如何呢？其结局很可能是互相破坏。

为避免任务之间的竞争和冲突，需要在修改任务控制块链表前先加锁，锁变量是就近声明的_append_lock（第 332 行）。在例程内，第 337～339 行设置中断的状态并加锁。例程中间的部分用来操作链表，这部分内容和上一章是完全相同的，不再多讲。链表操作完成后，第 358～

359 行恢复中断的状态并释放锁。

回到任务创建例程 create_process，新任务创建之后，由哪个处理器来执行呢？所有处理器都是平等的，毕竟这是一个对称多处理器系统，还真不好指定。不过没有关系，新任务位于任务控制块链表中，它迟早会被某个处理器执行的。

现在的问题是，新任务已经创建，我们需要广播一个中断消息，让所有处理器都知道创建了一个新任务。由于这是一个广播消息，所有处理器都会收到这个消息。如果某个处理器正好无事可做，它就可以认领并执行这个新任务。

新任务认领的中断消息是用第 507～509 的这三条指令广播的，代码很简单，我们也不是第一次广播中断消息，就不用多说了。唯一需要解释的是消息本身，这个消息的低 32 位是 0x0008 40fe，将它与中断命令寄存器的格式做一个对比就知道，快捷目标字段是 10，消息发往所有处理器，包括自己；投递模式字段为 000，即固定模式。此时，中断向量由消息的最低 8 位指定，在这里是 1111 1110，即，十六进制的 0xFE。前面说过，0xFE 是我们为任务认领中断指定的中断向量。

回到程序中，由于中断消息是广播给所有处理器的，包括当前处理器自己，所以当前处理器也可能会在广播完这条中断消息后被中断，从而转去执行中断服务例程。从中断返回后，才继续执行当前例程内的剩余代码，并最终通过 ret 指令返回到调用者。注意，对自举处理器 BSP 来说，它第一次从这个例程返回时，是返回哪里呢？当然是返回到内核程序里的第 923 行。原因很简单，它第一次调用 create_process 是为了创建外壳任务。

第 923 行的 jmp 指令似乎很奇怪，但实际上并不奇怪，它就是一个段内近转移，只不过标号分为两个部分。这条指令跳转到标号 ap_to_core_entry 下面的子标号 do_idle，我们先找到标号 ap_to_core_entry（第 52 行）；再找它下面的子标号 do_idle（第 136 行）。

在标号.do_idle 这里是一个停机并等待中断消息的循环，这是所有处理器的集结区或者叫休息区，任何处理器，当它无事可做，就转到这里停机休息，并随时被中断消息唤醒。

6.8　多处理器多任务的管理和调度

创建了外壳任务之后，外壳任务也将创建其他一些任务，这个过程和上一章是完全相同的。在一个多处理器多任务的系统中，任务的数量通常会比处理器的数量要多，所以必须对处理器和任务进行调度，既要保证所有处理器都不能闲着，也要保证所有任务都能获得执行的机会。在本章中，我们采用一种最简单的方法来实现这个目标。

6.8.1　新任务认领中断的处理过程

无论什么时候创建了新任务，都会广播新任务认领的中断消息。广播的目标是系统中的所有处理器，包括发送这个中断消息的处理器自己。无论每个处理器当时在做什么，接到这个中断消息之后，就转去执行中断处理过程。新任务认领中断的处理过程位于内核程序 c06_core.asm 里的第 300 行，名字叫 new_task_notify_handler。新任务创建后，将广播新任务创建消息给所有处理器，所有处理器执行此中断服务例程。

进入例程后，先向 Local APIC 发送中断结束命令 EOI。EOI 寄存器的地址是 Local APIC 的基地址加上 0xB0。由于每个处理器都执行此例程，所以是每个处理器都向自己的 Local APIC 发送中断结束命令。

只有那些不忙的处理器，或者说，在被中断之前未执行任务的处理器，才有资格认领并执行新任务。所以，接下来，需要看一下当前处理器在被中断之前是否正在执行任务。如何看呢？在当前处理器的专属存储区中偏移为 8 的位置保存着当前任务的 PCB 线性地址，0 说明处理器并非正在执行任务。

在程序中，先用 swapgs 指令让段寄存器 ES 指向当前处理器的专属存储区。接着，判断专属存储区内偏移为 8 的地方是否为 0。判断之后再用 swapgs 指令还原 GS 的值，毕竟下面是一条条件转移指令，在转移之前还原，只需要这一条 swapgs 指令，如果在转移之后还原，两个转移分支都各自需要一条 swapgs 指令。

根据刚才判断的结果，如果处理器专属存储区内偏移为 8 的地方不是 0，说明当前处理器在被中断之前正在执行任务，就不打扰了，jne 指令转到标号.return 处执行 iretq 指令从中断返回，继续执行它原先的任务。

如果处理器专属存储区内偏移为 8 的地方是 0，说明处理器原先是空闲的，处于停机状态，或者正在执行不太重要的程序。此时，jne 指令不发生转移，而是往下执行，调用例程 search_for_a_ready_task 从任务链表中搜索一个就绪状态的任务。如果能够找到一个状态为就绪的任务，则 R11 返回该任务的 PCB 线性地址，否则 R11 的值为 0。通过第 313 行的 or 指令就可以知道是否找到一个就绪任务，它用来影响标志寄存器的状态。

如果没有找到就绪任务，第 314 行的 jz 指令转到标号.return 处，执行 iretq 指令从中断返回，继续做它原来的事情（如果原先是空闲的，继续停机；如果原先在执行某段代码则继续执行那段代码）。

相反，如果找到了一个状态为就绪的任务，则转去执行新任务。第 321 行的 jmp 指令转到例程 resume_execute_a_task 恢复并执行新任务。

注意，jmp 指令是一去不回头的，但现在是一个中断服务例程，中断是应该返回的。没有关系，中断的返回只和栈有关，在栈中保存着中断返回的地址。无论什么时候，也不管处理器在哪里执行，只要它切换回当前正在使用的这个栈，就可以用中断返回指令从这一次的任务认领中断返回。正因如此，我们需要在这条 jmp 指令之前保存中断的返回地址。返回地址保存在处理器专属存储区，所以要先用 swapgs 指令让段寄存器 GS 指向专属存储区。

接下来，将 RSP 的当前值加上 16。这是什么意思呢？我们是要让栈指针指向中断返回地址，但是在进入中断服务例程后，还压入了 RSI 和 R11（第 301～302 行），所以需要减去两个四字数据，让栈指针指向中断返回地址。

调整了栈指针之后，第 318 行，将 RSP 的当前值写入处理器专属存储区内偏移为 24 的地方，这个位置就是用来保存处理器的固有栈指针的。

最后，再执行一次 swapgs 指令，恢复段寄存器 GS 的原值。此时，就可以执行 jmp 指令，恢复并执行新任务。那么，通过这条 jmp 指令转去执行新任务之后，究竟什么时候才能从本次的新任务认领中断返回呢？

答案是不知道，只知道不会很快。毕竟，这条 jmp 指令是去执行新任务的，在执行的过程中还会因任务切换而执行更多任务。只有在将来的某个时候，处理器没有事做了，没有任务执行了，空闲了，才会从这一次的任务认领中断返回。

事实上，在本章中，唯一的机会是在某个任务终止的时候。在任务终止时，需要调用例程 terminate_process 来做一些例行的工作。既然任务已经终止，它所在的这个处理器也不能再使用这个任务的栈，只能切换到该处理器的固有栈。对这个问题的更多解释请参阅本章的 6.8.10 节"任务的终止"。

6.8.2 在任务链表中查找就绪任务

在新任务认领中断的处理过程中需要寻找一个状态为就绪的任务并加以执行，搜索过程是用例程 search_for_a_ready_task 来完成的，它位于内核程序 c06_core.asm 的第 160 行，此例程查找一个就绪状态的任务并将其状态设置为忙。例程返回时，用 R11 返回此就绪任务的 PCB 线性地址。实际上，不仅是在新任务认领中断发生时需要调用这个例程，在其他时候也需要调用这个例程。

我们知道，与任务相关的信息保存在任务控制块 PCB 中，从某种意义上说 PCB 就代表一个任务。为了对任务进行管理，需要将所有任务的 PCB 组织起来，形成一个链表，这就是任务链表。通过遍历任务链表，就可以找到每个任务并对其进行管理。

如图 6-10 所示，在整个系统中，任务是统一管理的，所以只有一个任务链表。任务链表实际上也是任务控制块 PCB 的链表。

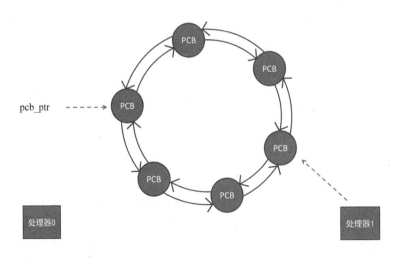

图 6-10　任务控制块 PCB 链表示意图

这是一个双向的循环链表，每个节点都有一个前驱节点，也都有一个后继节点，从任何一个 PCB 节点都可以遍历前后的所有节点。尽管是一个循环链表，但这个链表有一个首节点或者说头节点，它是由 pcb_ptr 指向的。

这是一个多处理器系统，每个处理器有三个从任务链表中选择一个任务并加以执行的机会。

第一个机会是当它收到新任务认领的中断消息时，如果正好无事可做，就从任务链表中寻找一个就绪的任务加以执行；

第二个机会是当前正在执行的任务用完了时间片，需要从任务链表中寻找一个新的就绪任务加以执行；

第三个机会是当前正在执行的任务终止执行。此时，需要重新从任务链表中寻找一个新的就绪任务加以执行。

不管是以上哪一种情形，都需要从任务链表中搜索一个就绪的任务，这就需要调用当前的这个 search_for_a_ready_task 例程。进入例程后，需要先检查处理器原先是否在执行任务。如图 6-10 所示，如果处理器原先不是在执行任务，比如处理器 0 原先未执行任务，则它应该从链表头部，即 pcb_ptr 指向的这个节点开始向后搜索，直至找到一个就绪任务。如果转一圈又回到了头节点，说明不存在就绪任务。如果处理器原先正在执行某个任务，比如处理器 1 原先正在执行某个任务，则它只能从这个任务的 PCB 开始向后搜索，直至找到一个就绪任务。如果转一圈又回到了这个节点，说明不存在就绪任务。

在程序中，不管是哪个处理器，只要进入这个例程执行，都先用第 169～171 行的这三条指令访问自己的专属存储区，从偏移为 8 的位置取出当前任务的 PCB 线性地址。和往常一样，比较关键的地方是，这两个 swapgs 指令之间不能有中断发生。

想象一下，执行完第一个 swapgs 指令之后，发生了中断，当前处理器转去执行中断服务例程，以及相关的其他程序。其他程序也执行 swapgs 指令，会怎样呢？肯定是在其他程序内无法用 GS 访问处理器专属存储区，因为换到 GS 中的地址并不是处理器专属存储区的地址。

不过没有关系，例程 search_for_a_ready_task 通常是在中断处理过程内调用的，默认中断是关闭状态。即使不是在中断处理过程内调用的，只要确保在关闭中断的情况下调用这个例程，也是不会出问题的。总之，这两个 swapgs 是配对的，换回来，再换回去，中间不能发生中断。

刚才已经取得了 PCB 的线性地址，我们将它从 RBX 传送到 R11。第 173 行，我们用这条 cmp 指令判断这个线性地址是否为 0。

如果处理器原先正在执行任务，则取得的 PCB 线性地址不为 0。根据上面所说的，它直接从当前的 PCB 节点开始向后搜索。即，第 174 行的 jne 指令转到标号.again 处，从 R11 所指向的节点开始向后搜索。

如果处理器原先未执行任务，则取得的 PCB 线性地址为 0。根据上面所说的，应当从链表首节点开始搜索就绪任务。即，第 174 行的 jne 指令不发生转移，继续执行第 175 行，将链表首节点的线性地址从 pcb_ptr 这里传送到 RBX，再从 RBX 传送到 R11，然后也进入标号.again 后的代码执行，从 R11 所指向的节点开始向后搜索。

6.8.3　用 CMPXCHG 指令以无锁方式操作链表节点

继续来看例程 search_for_a_ready_task。

执行到标号.again 时，如果当前处理器原先并不是在执行任务，则 R11 指向头节点；如果当前处理器原先正在执行某个任务，则 R11 指向这个任务的节点。无论如何，从标号.again 开始，要从 R11 指向的 PCB 节点开始向后搜索一个就绪任务。

在任务控制块 PCB 内偏移为 280 的地方是下一个 PCB 节点的线性地址。因此，可以从这个位置取得下一个 PCB 节点的线性地址，或者说得到下一个任务的 PCB。

在任务控制块 PCB 内偏移为 16 的地方是任务的状态。如果这个字段的值为 0，说明这是一个就绪任务。我们就是要寻找这样的任务，只需要将这个字段的值设置为 1，即，设置为忙，就可以执行这个任务了。

但是，请想一想，在多处理器环境下，很可能多个处理器都在执行当前例程，而且有可能多个处理器都在同一时间发现了同一个就绪的任务。此时，它们都将把这个任务的状态设置为忙，都以为只有自己发现了这个就绪任务，都以为是自己将这个任务的状态设置为忙的。

显然，这里需要一把锁。在系统中，只有一个任务链表。对这个链表，每个处理器都有各自独立的遍历过程。但是，只有获得锁的处理器才能检查节点状态，并在节点的状态为就绪时将其修改为忙，然后释放锁。如此一来，同一时间只有一个处理器执行 PCB 节点的判断和处理工作，避免了数据竞争。

但是，我们说过，锁的代价太大，能不使用尽量不要使用，如果利用单个的原子操作指令就可避免数据竞争，就最好不过了。比如在这里，使用带 lock 前缀的 cmpxchg 指令就可以避免使用锁。cmpxchg 是比较并交换指令，它的格式为

```
cmpxchg r/m, r
```

从表面上看，该指令有两个操作数。目的操作数可以是寄存器，也可以是内存，所以用 *r/m* 来表示；源操作数只能是寄存器，用 *r* 表示。在这里，目的操作数和源操作数在长度上必须一致，比如都是 8 位、16 位、32 位或者 64 位。

实际上，cmpxchg 指令需要三个操作数。除了目的操作数和源操作数，还有一个未指明的隐含操作数。这个操作数与目的操作数和源操作数的长度有关。如果目的操作数和源操作数的长度是 8 位的，第三个操作数是 AL；如果目的操作数和源操作数的长度是 16 位的，第三个操作数是 AX；如果目的操作数和源操作数的长度是 32 位的，第三个操作数是 EAX；如果目的操作数和源操作数的长度是 64 位的，第三个操作数是 RAX。

cmpxchg 指令根据目的操作数和源操作数的实际尺寸，用 AL/AX/EAX/RAX 和目的操作数比较。如果相等，将源操作数传送到目的操作数并将 ZF 标志置位；否则，目的操作数传送至 AL/AX/EAX/RAX 并将 ZF 标志清零。注意，只在 64 位模式下才能使用 RAX。

我们以指令

```
cmpxchg dx, cx
```

为例，对于这条指令来说，第三个操作数是 AX。假定 AX 的内容为 2，DX 的内容为 5，CX 的内容为 8，那么，要用 AX 和目的操作数 DX 比较。因为它们的内容不相等，所以，要将目的操作数的值，也就是 5，传送到 AX，并将 ZF 标志清零。因此，该指令执行后 AX 为 5，DX 为 5，CX 为 8。

请思考一下，如果 AX 的内容为 2，DX 的内容为 2，CX 的内容为 8，则上述指令执行后 ZF 标志是什么状态，AX、DX 和 CX 的值各为多少？

在程序中，我们是用第 180 行的 cmpxchg 指令来寻找就绪状态的任务并将它的状态设置为忙的，同时还能消除数据竞争。目的操作数部分是 R11+16，指向 PCB 内偏移为 16 的地方，这里保存的是任务状态；源操作数是 RCX。我们早在第 167 行就将 RCX 设置为 1 了，表示任务

的忙状态。至于 RAX，也已经提前用 xor 指令清零。

现在，这条指令实际上就是将任务的状态和 RAX 相比较。由于 RAX 是零，所以是判断任务的状态是否为就绪。如果为就绪，就将 RCX 传送到 R11+16 处。由于 RCX 是 1，所以是将任务状态设置为忙。此时，零标志 ZF 被置位。由于 ZF 标志为 1，第 182 行的 jz 指令转到标号.retrn 处，用 ret 指令返回到调用者，而且 R11 是新任务的线性地址。

相反，如果 R11+16 处的值不为 0，即，这并不是一个就绪任务，则它与 RAX 不相等。此时，将 R11+16 处的任务状态值传送到 RAX，同时零标志 ZF 清零。由于 ZF 为 0，第 182 行的 jz 指令不发生转移，继续执行后面的 cmp 指令，这条指令用来判断是否沿链表转了一圈又回到了原来的节点。此时，RBX 指向遍历前的原始节点；R11 指向当前正在处理的节点。

如果判断的结果是转了一圈又回到了原来的节点，说明系统中不存在就绪任务，第 184 行的 je 指令转到.fmiss 处将 R11 清零，然后往下执行，并用 ret 指令返回调用者；相反，如果还没有转回原始节点，则第 185 行的 jmp 指令转到标号.again 处，取得下一个节点并重新按上述过程处理。

注意，cmpxchg 并不是原子操作指令。在多处理器环境下，必须为它添加 lock 前缀使它在执行时封锁总线。即，执行锁定的原子操作。

最后，无论是否找到就绪任务，例程 search_for_a_ready_task 都将返回。只不过，如果找到了就绪任务，R11 是该任务的 PCB 的线性地址；否则 R11 为 0。

6.8.4　为新任务指定时间片

回到新任务认领中断的处理过程 new_task_notify_handler。在这个例程内调用了另外两个例程，一个是 search_for_a_ready_task，我们刚才已经讲过了；现在来讲讲另外一个例程 resume_execute_a_task。

例程 resume_execute_a_task 用来恢复执行一个任务，它位于内核程序 c06_core.asm 的第 196 行。进入例程时，要用 R11 传入新任务的 PCB 线性地址。

在本章中，每个任务都只能执行一段时间，这就是为该任务分配的时间片。时间片是一个时间长度，需要转换为定时器的计数值。在新任务开始执行的同时，用这个计数值设置定时器，并开始向下计数。计数值为零时，说明指定的时间片已经用完，定时器发出一个中断信号，中断当前任务的执行，切换到另一个任务执行。

在每个处理器的 Local APIC 里，都有一个定时器，叫作 APIC 定时器。新任务在哪个处理器上执行，就使用哪个处理器的 APIC 定时器。

为了设置时间片，需要先从标号 clocks_1ms 这里取得 APIC 定时器在 1 毫秒的时间里经历多少个时钟周期，这个数值是我们在很早以前测定的。在每个任务控制块 PCB 中偏移为 240 的地方，是为这个任务指定的时间片长度，以毫秒计。因此，第 199 行，从新任务的任务控制块 PCB 中取得为本任务指定的时间片长度，传送到 EBX。

接下来，第 200～201 行用 mul 指令做乘法。这是 32 位的乘法，是用 EAX 乘以 EBX，得到指定时间片内所经历的时钟周期数，高 32 位在 EDX，低 32 位在 EAX。不过，这个乘积通常不大，EDX 为零，所以只用 EAX 即可。

相乘的结果应该用来设置 APIC 定时器的初始计数寄存器，但这个寄存器一旦设置就立即开始计数，而现在还不是计数的时候，所以先放在一边。

接下来，我们设置 APIC 定时器的工作模式。首先设置分频配置寄存器，其地址为 Local APIC 的基地址加上 0x3e0。回顾一下分频配置寄存器，0x0b 是 1 分频的意思。即，设置为 1 分频或者说不分频。

第 205 行设置 Local APIC 的本地向量表寄存器，它是 APIC 定时信号通向处理器的专用通道，其地址为 Local APIC 的基地址加上 0x320。我们向这个寄存器写入 0xfd，这是什么意思呢？对照一下 APIC 定时器的向量表寄存器，这是指定了单次击发模式；不屏蔽中断信号；中断向量是 0xfd。回忆一下，在内核初始化期间，我们将 0xfd 指定为时间片到期中断的向量号。因此，在这里，时间片用完之后，或者说，定时器向下计数到 0 时，发出一个中断信号，这就是时间片到期中断。

6.8.5 恢复任务的状态并开始执行

设置了 Local APIC 的本地向量表寄存器之后，下面将恢复任务之前的状态并使之开始执行。如果这个任务是新创建的，以前没有执行过，也将恢复它在创建时设定的初始执行状态并从指定的入口开始执行。

在程序中，首先，第 207～208 行的这两条指令切换到新任务的地址空间。在任务控制块 PCB 内偏移为 56 的地方是 CR3 域，保存着 4 级头表的物理地址。因此，这两条指令从新任务的 PCB 中取出 4 级头表的物理地址，传送到当前处理器的 CR3，这就切换到新任务的地址空间。

接下来的第 210～215 行在当前处理器的专属存储区内记录与新任务有关的信息，但需要首先用 swapgs 指令让段寄存器 GS 指向当前处理器的专属存储区。

在处理器专属存储区内偏移为 8 的地方用来保存当前任务的 PCB 线性地址，所以要填写为新任务的 PCB 线性地址。

在任务控制块 PCB 内偏移为 16 的地方是任务状态，第 212 行将它设置为忙。这条指令实际上是不需要的，当初在任务链表中寻找就绪任务时，就已经在找到这个任务之后将其设置为忙，所以这里直接注释掉这条指令。

在多处理器环境中，每个处理器都有自己的任务状态段 TSS，用于提供特权级转移时的栈指针。比如，通过调用门从 3 特权级转移到 0 特权级时，处理器自动从 TSS 内偏移为 4 的地方取出并使用 0 特权级的栈指针 RSP0。在我们的系统中，每个处理器的 TSS 被包含在它自己的专属存储区内偏移为 128 的地方。因此，要访问当前处理器的 TSS，只需要用专属存储区的地址加上 128 即可。

在任务控制块 PCB 内偏移为 32 的地方是 0 特权级栈指针 RSP0。第 213 行从新任务的 PCB 中取出 0 特权级的栈指针，第 214 行将它传送到当前处理器的 TSS 中。至此，处理器专属存储区设置完毕，swapgs 指令换回段寄存器 GS 的原始内容。

接下来，第 217～228 行用来从任务控制块 PCB 中恢复通用寄存器的内容。

和从前一样，进入新任务执行的方法是构造一个中断栈帧，然后执行中断返回指令。第 229～233 行就是用新任务的入口地址和新任务的 3 特权级栈构造一个中断栈帧。

第 235 行设置 APIC 定时器的初始计数寄存器，它的地址是 Local APIC 的基地址加上 0x380。

初始计数值在 EAX 中，是在当前例程的前面计算的。这个寄存器的特点是，一旦设置，APIC
定时器就立即开始计数。换句话说，从现在就开始，从这条指令执行之后就开始计算新任务的
运行时间了。

例程最后的几条指令用来恢复通用寄存器 RAX、RBX、RSI、R11，然后执行 iretq 指令，
进入新任务执行。

6.8.6 时间片到期中断的处理过程

例程 resume_execute_a_task 用来恢复执行一个任务，由于在任务开始执行时设置了时间片，
所以，当时间片耗尽时，定时器将发出一个中断给正在执行这个任务的处理器。此时，处理器
转去执行时间片到期的中断服务例程。

时间片到期中断的服务例程是 time_slice_out_handler，位于内核程序 c06_core.asm 里的第 245
行。任何一个处理器，当它正在执行某个任务时发生时间片到期中断，就执行这个服务例程。

进入例程后，先用第 250～251 这两条指令给当前处理器的 Local APIC 发送一个中断结束
命令 EOI。命令是发送给 EOI 寄存器的，它的地址为 Local APIC 的基地址加上 0xb0。

时间片到期意味着分配给当前任务的执行时间已经用完了，需要把它所在的处理器让给其
他任务。但是，这需要先调用例程 search_for_a_ready_task 从任务链表中寻找一个就绪任务。如
果没有找到状态为就绪的任务，则 R11 返回零。在这种情况下，无法执行任务切换，只能用 jz
指令转到标号.return 执行，在这里执行中断返回，继续执行原来的任务。

如果找到了状态为就绪的任务，就可以切换到这个新任务执行，但前提是必须先保存当前
任务的状态以便将来恢复执行。任务的状态是保存在它的任务控制块 PCB 中的，在处理器的专
属存储区内，保存着它正在执行的那个任务的 PCB 线性地址。

首先，执行 swapgs 指令，使段寄存器 GS 指向当前处理器的专属存储区。在处理器专属存
储区内偏移为 8 的位置是当前任务的 PCB 线性地址，第 258 行的指令将它取出并传送到寄存器
RAX。最后，配对的 swapgs 指令还原段寄存器 GS 的原始内容。

接下来，保存当前任务的状态以便下次执行时恢复。主要是保存控制寄存器 CR3 和通用寄
存器的内容。

注意，下一次任务恢复执行时，是从哪里执行呢？当然是继续执行当前这个中断服务例程，
并返回到当初被中断的位置。因此，恢复执行时，指令指针寄存器 RIP 的值是标号.return 所在
位置的线性地址。在程序中，第 280～281 行用来计算这个地址，其计算方法是：先从标号 position
这里得到内核加载的起始线性地址，再加上标号.return 在内核程序中的偏移量，或者说它到内
核程序起始处的距离。

当前任务的状态保存完毕，直接用 jmp 指令转到例程 resume_execute_a_task 恢复新任务的
状态并开始执行。由于我们刚讲完这个例程，这里就不再重复了。

注意，这是一条 jmp 指令，是不再返回的。但是，这是一个中断服务例程，它是应当从中
断返回的。不要担心，尽管从表面上来看，执行这条 jmp 指令后，本次的中断处理过程无法返
回，但实际上它一定会返回，返回的时机是任务在下一次恢复执行时。届时它会从标号.return
这里接着执行，回到上一次被中断的地方。请想一想，这是什么原因呢？

6.8.7　处理器专属存储区的必要性

在我们这个简单的系统中，第一个被创建的任务是系统外壳任务，而且它也是第一个被执行的任务。这个任务由哪个处理器执行，是不确定的。原因很简单，在系统外壳任务创建后，要广播新任务认领的中断消息。所有处理器都来认领任务，但是谁能成功，里面有机会的成分，要看谁的速度快，谁的运气好。

在本章，外壳任务对应的程序是 c06_shell.asm，其入口点在标号 start（第 84 行），从这里进入后调用了例程 main（第 28 行）。

在例程 main 内，使用系统调用 syscall 创建了 8 个用户任务。这 8 个任务是用同一个用户程序创建的，这个用户程序在硬盘上的起始逻辑扇区号是 100。系统调用的 3 号功能用来创建任务，我们在上一章里已经讲过。

快速系统调用我们并不陌生，执行 syscall 指令时，将进入内核中执行。快速系统调用在内核中对应的例程是 syscall_procedure，它在本章中做了一些修改，所以和从前相比有些许不同。

回忆一下快速系统调用，它是专门为了从 3 特权级进入 0 特权级而设计的，按道理来说，特权级改变了就需要切换栈。传统上，栈的切换既包括段寄存器 SS 的改变，也包括栈指针寄存器 RSP 的改变。

但是，在 64 位模式下强制使用平坦内存模式，段寄存器 SS 是不使用的。不过，段寄存器 SS 的 RPL 字段必须与当前特权级一致。因此，通过快速系统调用进入内核时，处理器自动将段寄存器 SS 的 RPL 字段清零；将来返回时，再将 SS 的 RPL 字段设置为 3。

至于栈指针的切换，很遗憾，通过快速系统调用进入内核时，处理器既不会保存原来的 3 特权级栈指针，也不会自动使用 0 特权级的栈指针。换句话说，栈指针的保存和切换不是自动完成的，需要我们自己切换。因此，在进入例程 syscall_procedure 后还在使用 3 特权级的栈指针。

在切换到新栈之前，不能执行任何栈操作。原因很简单，既然进入内核之后还要使用旧栈，那又何必切换栈呢？干脆一直使用旧栈好了。

要想在切换到新栈之前不执行栈操作，首先要保证不使用那些执行栈操作的指令，比如压栈指令和出栈指令；其次是不能发生中断。原因很简单，中断发生时，要使用栈来保护现场。好在我们早就对快速系统调用做了设置，让它在进入内核时，禁止中断。

要切换到新栈，必须先找个位置将旧的栈指针保存起来；然后取得 0 特权级的栈指针并传送到栈指针寄存器 RSP。这难不难呢？

想象一下，这是一个多处理器的系统，每个处理器都在执行不同的任务，这些任务可能会在同一时间都通过快速系统调用进入当前例程。换句话说，会有多个处理器都在执行当前例程。如果没有处理器专属存储区，那么，我们必须想办法区分每个处理器并为它们各自找一个独立的位置存放旧栈指针，这是一件比较困难的事情；同时，还必须从当前处理器的任务状态段 TSS 中取出 0 特权级的栈指针。由于没有处理器专属存储区，我们只能通过任务寄存器 TR 找到当前处理器的 TSS。

以上工作不是几条或者十几条指令能够完成的，必然会用到一些寄存器。在进入系统调用之前，这些寄存器都是有用的，有内容的，现在你要使用它们，就必须先保存它们原先的内容。往哪里保存呢？除了压栈，没有别的位置，但是，在切换到新栈之前，压栈操作也是不允许的。

显然，最好的办法就是为每个处理器配备一个专属存储区，并且保留段寄存器 FS 和 GS 的功能。在必要时，让段寄存器，比如 GS，指向这个存储区以方便地访问其中的数据。

转到本章的内核程序 c06_core.asm。

第 531 行，进入快速系统调用例程后，先用 swapgs 指令让段寄存器 GS 指向当前处理器的专属存储区。

在处理器专属存储区内，偏移为 0 的位置用来保存 3 特权级的栈指针。因此，第 532 行将 RSP 的当前值保存在这个位置。

在处理器专属存储区内偏移为 128 的位置是任务状态段 TSS。在 TSS 内，偏移为 4 的位置用来保存 0 特权级的栈指针。第 533 行访问当前处理器的专属存储区，从它的 TSS 部分取出 0 特权级的栈指针，传送到 RSP，这就完成了栈切换。

完成栈切换之后，第 534 行，将旧栈的栈指针压入新栈中。然后，用配对的 swapgs 指令恢复段寄存器 GS 的原始内容；sti 指令开放中断。

总结一下，以上这段代码充分展示了处理器专属存储区的必要性，不用说也非常方便，不需要使用栈，也不会破坏任何寄存器的内容。

和往常一样，第 538～542 行的作用是根据功能号，转入指定的入口执行，完成既定的系统调用功能。

完成指定的功能后，和往常一样，需要切换到 3 特权级的旧栈。此时，需要先用第 544 行的 cli 指令禁止中断。

接着，第 545 行从栈中将旧栈的栈指针弹出到 RSP。这条指令很有趣，它在执行时需要使用 RSP，但弹出目标也是 RSP。此指令执行时，用 RSP 的当前值执行栈操作，再将栈中的数据弹出到 RSP，这就改变了 RSP。

最后，sysret 指令返回到用户态。

6.8.8　外壳任务的执行流程

继续来看系统外壳程序 c06_shell.asm。

在创建了 8 个任务之后，这些任务可能已经开始在其他处理器上执行。和前面几章一样，外壳任务的工作很简单，就是不停地显示当前时间。但是在这一章里，还要显示它在哪个处理器上执行。

第 45～48 行通过系统调用的 0 号功能获取一个可用的屏幕坐标行，外壳任务就在这一行上显示自己的信息。我们以前也是这样做的。

从标号_time 开始，到 jmp _time，是一个无限循环。在每次循环中，首先获取当前的系统时间，然后获取当前处理器的编号。当前处理器就是当前正在执行这一段代码的处理器。在多处理器多任务系统中，任务的本次执行和下一次执行可能位于不同的处理器上。

当前处理器的编号是通过功能号为 6 的系统调用获取的。如表 6-2 所示，本章为系统调用增加了一个功能号 6，用来获取当前处理器的编号。

表 6-2　经本章扩充之后的系统调用功能表

功能号	功 能 说 明	参　　数
0	返回下一个可用的屏幕行坐标	返回：DH=行坐标
1	返回当前时间	参数：RBX=存放时间字符串的缓冲区线性地址
2	在指定的坐标位置打印字符串	参数：RBX=字符串的线性地址 DH:DL=屏幕行、列坐标 R9B=颜色属性
3	创建任务（进程）	参数：R8=起始逻辑扇区号
4	返回当前进程的标识	返回：RAX=进程标识
5	终止当前进程	—
6	获取当前处理器的编号	返回：RAX=当前处理器编号（仅低 8 位）

回到内核程序 c06_core.asm 里的第 33 行。

在内核中，与该功能号对应的例程是 get_cpu_number，它位于内核工具文件中。

再转到内核工具文件 core_utils64.wid 里的第 923 行，例程 get_cpu_number 就从这里开始，它非常简单。

在例程中，首先保存标志寄存器的内容并用 cli 指令清中断。关闭中断原因是后面有一对 swapgs 指令，在它们之间不能处理中断，免得转去执行那些可能也包含 swapgs 指令的程序，这将引起混乱并出错。

获取处理器编号很简单，在处理器专属存储区内偏移为 16 的地方，保存着本处理器的编号，直接取出即可（第 928 行）。请想一想，为什么这段代码不需要加锁？

回到外壳程序 c06_shell.asm。

得到了当前处理器的编号之后，第 58～79 行用来连接几个小的字符串，形成一个大的字符串，并在屏幕上予以显示。首先连接文本"OS SHELL on CPU "，然后连接转换为文本的处理器编号、一个横线，最后连接当前时间的文本。

字符串的连接是调用例程 string_concatenates 完成的，这个例程我们以前讲过，这里不再多说。字符串连接之后，再使用系统调用的 2 号功能显示在屏幕上。

6.8.9　用户任务的执行流程

如果系统中有多个处理器，那么，在外壳任务执行的同时，它创建的用户任务也在执行。在本章中，用户任务应对的程序是 c06_userapp.asm。

用户程序的入口点在标号 start（第 111 行），从这里进入后调用了例程 main（第 36 行）。

第 37～38 行通过系统调用的 0 号功能获取一个可用的屏幕行坐标，当前的用户任务就在这一行上显示自己的信息。接下来，第 45～49 行通过系统调用的 4 号功能获得当前任务的标识并转换为字符串。

再往下是一个循环，用来从一加到一千万并显示相加的过程。这个过程和以前是一样的，只不过显示的内容里多了一个处理器编号。即，显示当前任务是在哪个处理器上执行的。字符串的连接过程请自行按程序的执行流程分析一下，这里不再赘述。

6.8.10　任务的终止

继续来看用户程序 c06_userapp.asm。

累加工作完成后，从例程 main 返回。即，返回到第 119 行。在这里，通过系统调用的 5 号功能终止当前任务的执行。

系统调用的 5 号功能对应着内核例程 terminate_process，这和上一章是相同的。不同之处在于这个例程在本章中做了修改，你可以将它和上一章里的这个例程做一下对比就知道多了什么。

转到内核程序 c06_core.asm。

例程 terminate_process 开始于第 379 行。由于正在终止当前任务，也就没有必要保存和恢复寄存器，所以你没有看到位于例程开始处的那些熟悉的 push 指令。

进入例程后，先用第 380～381 行的这两条指令设置 APIC 定时器的本地向量表入口寄存器，使之处于被屏蔽状态，不能向当前处理器发送时间片到期中断。那么，为什么要这么做呢？

这个例程属于正在执行的任务，而且当然是在某个处理器上执行的。与此同时，该任务所在的处理器的 APIC 定时器正在计数，并将在计数到零时产生时间片到期中断。时间片到期中断将使当前执行流程转到时间片到期中断的处理过程，而不能继续执行终止当前任务的操作。你可能问，为什么不关闭定时器呢？定时器不需要关闭，因为它工作在单次击发模式，本次计数到零将自动停止。

接下来，我们用 cli 指令关闭中断。关闭中断的原因是下面有一对 swapgs 指令，在这一对 swapgs 指令之间不能因中断而转去执行其他程序或者其他任务。如果在其他程序或者任务中也执行了 swapgs 指令，就会出现错误。

终止当前任务时，需要对当前任务的状态进行设置，而且要修改处理器专属存储区里的相关信息。和往常一样，首先执行 swapgs 指令，使段寄存器 GS 指向当前处理器的专属存储区。

在处理器的专属存储区内偏移为 8 的地方用来保存当前任务的 PCB 线性地址；偏移为 16 的位置用来保存任务状态。因此，第 386 行从当前处理器的专属存储区内偏移为 8 的地方取出当前任务的 PCB 线性地址；紧接着，第 387 行访问当前任务的 PCB，将 PCB 内偏移为 16 处的任务状态字段修改为 2，即，将任务的状态修改为终止。

在处理器专属存储区内偏移为 0 的地方用于临时保存 3 特权级栈指针，第 388 行将它清零。

在处理器专属存储区内偏移为 24 的地方是处理器的固有栈指针，第 389 行用当前处理器的固有栈指针设置 RSP。即，切换到当前处理器的固有栈。

当前任务就是当前处理器正在执行的任务。这个任务终止了，当前处理器该干什么呢？当然是找一个新任务执行。所以，接下来调用例程 search_for_a_ready_task 寻找一个新的就绪任务。

如果没有找到，怎么办呢？只能回到最近一次未执行任务时的状态，通常是上一次停机时的状态。对自举处理器来说，可能是上一次停机时的状态，但也可能是创建系统外壳任务后未能成功认领外壳任务后的状态。

无论如何，处理器状态的变化是中断促成的，要返回最近一次未执行任务时的状态，只需要执行中断返回指令 iretq 即可，但必须使用处理器的固有栈。处理器不执行任务时，用的是自己的固有栈，所以返回信息位于这个栈中。

相反，在当前任务终止后，能够找到一个新的任务来执行，那就用这条 jmp 指令转到例程 resume_execute_a_task 恢复并执行新任务。

6.9　程序的编译和执行

到这里，本章的程序就全部讲完了，系统的执行逻辑也已经理清楚了。接下来就可以在虚拟机上观察执行效果了。

先编译本章的三个程序，然后参照图 6-11 将编译后的文件写入虚拟硬盘。包括第 3 章的主引导程序和内核加载器程序，以及本章的内核文件、外壳文件和用户程序文件。

准备好程序文件后，就可以单击"写入并执行 VBox 虚拟机"来运行这些程序并观察执行的效果了。执行的效果如本章开头的图 6-1 所示。

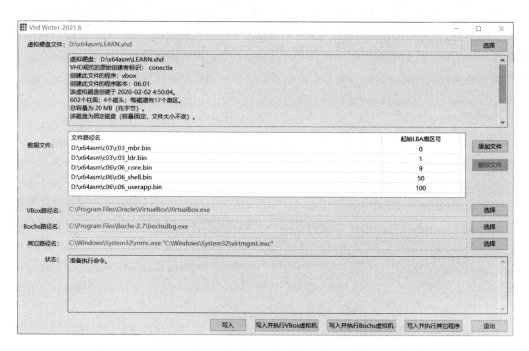

图 6-11　将本章的程序写入虚拟硬盘

哪些任务先执行，哪些任务后执行，可以从它们所显示的文本的顺序看出。这里有个问题：为什么外壳任务先创建，倒是后创建的用户任务先执行并显示文本？请思考一下。

思考题：

在处理器专属存储区内偏移为 8 的地方是当前正在执行的任务的 PCB 线性地址，我们用它来判断当前处理器是否正在执行任务。同时，新任务认领中断发生时，只有那些空闲的处理器才有资格认领并执行新任务。在本章里，任务终止时，并未将这个位置清零，这造成什么问题？为什么在本章里没有显现？要纠正这个问题，应如何修改程序？

第7章 多处理器环境下的多线程管理和调度

在上一章里我们介绍了多处理器环境下的多任务管理和切换，但实际上流行的操作系统不但支持多任务，还支持多线程的管理和调度。

在本章里，我们将学习如何创建多个任务，并在任务内创建多个线程，并把这些线程调度到不同的处理器上并行执行。总体上，本章的目标是：

1．了解线程的本质和特点；

2．创建线程。在汇编语言里我们是把一个例程创建为线程，但需要使用一些技巧来保证例程返回指令 ret 执行时能转去执行线程结束代码。在 C 语言里，线程函数就是一个普通的函数，但它既可以创建为线程，也可以作为普通的函数来调用。通过本章的学习你就可以明白其中的原理；

3．了解多处理器环境下的线程调度和切换。

7.1 任务（进程）和线程

对"任务"这个概念我们并不陌生，毕竟我们一直在创建任务，调度任务的执行。本书里所谓的任务（Task），其实更普遍的叫法是进程（Process）。无论如何，从我们一直以来的经验看，任务是一个动态的概念，是运行中的程序。每个任务都有自己独立的地址空间，有自己独立的运行状态，还有它可以访问的相关资源，包括可以访问的内存空间、设备、数据结构、磁盘文件等。

每个任务必然包括一个代码执行流，毕竟任务的目标是通过执行自己的代码来完成特定功能的。在代码执行的过程中将改变执行环境，比如改变寄存器的内容、改变外部设备的状态等。

对于有些任务来说，它在逻辑上比较适合拆分成多个同时执行的部分，这样就可以在多处理器环境中加快执行速度，提高执行效率，这些并行执行的部分叫作这个任务的线程。

线程（Thread）是组成一个任务或者进程的并行执行单位。即，一个任务可以包含多个并行执行的线程。在这种情况下，任务就成了一个容器，在这个容器内包含多个可并行执行的线程，每个线程都有自己的执行状态。但是，所有线程共用进程的地址空间，共享进程的所有资源。

相比于进程，使用多线程具有下面这些优势：

1．在任务内创建线程比创建一个新任务更快，花的时间更少；有研究表明，在 UNIX 中创建一个线程要比创建进程快 10 倍。

2．终止一个线程比终止一个进程更快，花费的时间更少；

3．进程内的线程切换比进程切换更快，花费的时间更少；

4．线程间的通信比进程间的通信更方便，效率更高，不需要内核的介入。

在本章，我们将创建多个任务，同时在每个任务内创建多个线程，这些线程可以在多个处理器上同时执行。

如图 7-1 所示，在本章里，我们一共创建了 4 个任务和 10 个线程。"OS SHELL"是外壳任务，它只有一个线程，这个线程用来显示当前时间。

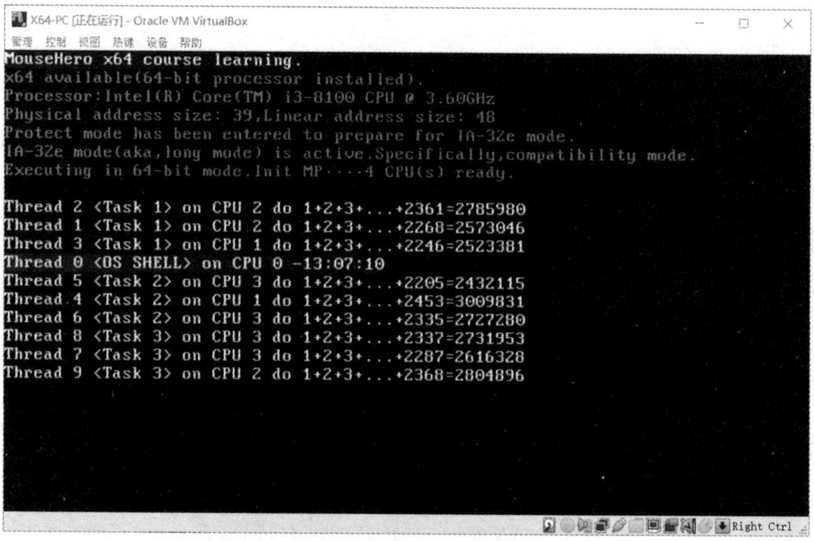

图 7-1　本章的多处理器多线程执行效果

其余 3 个任务是用相同的程序创建的，而且这 3 个任务又各自创建了 3 个线程，所以又会创建 9 个线程。所有线程都完成相同的工作，那就是从 1 加到 10000 并显示累加过程。

所图 7-1 所示，高亮部分的每行代表一个线程。以最后一行为例，"Thread 9"是这个线程的标识；"Task 3"是该线程所属的任务的标识。因为只有 4 个处理器，所以同一时间只能并行执行 4 个线程，有些线程正在执行，而有些线程在等待执行，这从静态的图片上看不出来。无论如何，如果该线程正在执行，"on CPU 2"表明该线程正在 2 号处理器上执行。

7.2　本章代码清单

本章继续沿用第 3 章的主引导程序 c03_mbr.asm 和内核加载器程序 c03_ldr.asm，但本章有自己的内核程序 c07_core.asm 和外壳程序 c07_shell.asm，以及用户程序 c07_userapp.asm。

```
1  ;c07_core.asm:多处理器多线程内核，李忠，2022-10-29
2
3  %define  __MP__
4
5  %include "..\common\global_defs.wid"
6
7  ;===============================================================================
8  section core_header                          ;内核程序头部
9    length      dd core_end                    ;#0：内核程序的总长度（字节数）
10   init_entry  dd init                        ;#4：内核入口点
11   position    dq 0                           ;#8：内核加载的虚拟（线性）地址
12
13 ;===============================================================================
14 section core_data                            ;内核数据段
15   acpi_error    db "ACPI is not supported or data error.", 0x0d, 0x0a, 0
16
17   num_cpus    db 0                           ;逻辑处理器数量
18   cpu_list    times 256 db 0                 ;Local APIC ID 的列表
19   lapic_addr  dd 0                           ;Local APIC 的物理地址
20
21   ioapic_addr dd 0                           ;I/O APIC 的物理地址
22   ioapic_id   db 0                           ;I/O APIC ID
23
24   ack_cpus    db 0                           ;处理器初始化应答计数
25
26   clocks_1ms  dd 0                           ;处理器在 1ms 内经历的时钟数
27
28   welcome     db "Executing in 64-bit mode.Init MP", 249, 0
29   cpu_init_ok db " CPU(s) ready.", 0x0d, 0x0a, 0
30
31   buffer      times 256 db 0
32
33   sys_entry   dq get_screen_row              ;#0
34               dq get_cmos_time               ;#1
35               dq put_cstringxy64             ;#2
36               dq create_process              ;#3
37               dq get_current_pid             ;#4
38               dq terminate_process           ;#5
39               dq get_cpu_number              ;#6
40               dq create_thread               ;#7
41               dq get_current_tid             ;#8
42               dq thread_exit                 ;#9
43               dq memory_allocate             ;#10
44   pcb_ptr     dq 0                           ;进程控制块 PCB 首节点的线性地址
45
```

```
46  ;================================================================
47  section core_code                              ;内核代码段
48
49  %include "..\common\core_utils64.wid"          ;引入内核用到的例程
50  %include "..\common\user_static64.lib"
51          bits 64
52
53  ;~~~~~~~~~~~~~~~~~~~~~~~~~~~~~~~~~~~~~~~~~~~~~~~~~~~~~~~~~~~~~~~~~~~~
54    _ap_string      db 249, 0
55
56  ap_to_core_entry:                              ;应用处理器（AP）进入内核的入口点
57          ;启用 GDT 的高端线性地址并加载 IDTR
58          mov rax, UPPER_SDA_LINEAR
59          lgdt [rax + 2]                         ;只有在 64 位模式下才能加载 64 位线性地址部分
60          lidt [rax + 0x0c]                      ;只有在 64 位模式下才能加载 64 位线性地址部分
61
62          ;为当前处理器创建 64 位模式下的专属栈
63          mov rcx, 4096
64          call core_memory_allocate
65          mov rsp, r14
66
67          ;创建当前处理器的专属存储区（含 TSS），并安装 TSS 描述符到 GDT
68          mov rcx, 256                           ;专属数据区的长度，含 TSS。
69          call core_memory_allocate
70          lea rax, [r13 + 128]                   ;TSS 开始于专属数据区内偏移为 128 的地方
71          call make_tss_descriptor
72
73          mov r15, UPPER_SDA_LINEAR              ;系统数据区的高端线性地址（低端亦可）
74
75          mov r8, [r15 + 4]                      ;R8=GDT 的线性地址
76          movzx rcx, word [r15 + 2]             ;RCX=GDT 的界限值
77          mov [r8 + rcx + 1], rsi               ;TSS 描述符的低 64 位
78          mov [r8 + rcx + 9], rdi               ;TSS 描述符的高 64 位
79
80          add word [r15 + 2], 16
81          lgdt [r15 + 2]                         ;重新加载 GDTR
82
83          shr cx, 3                              ;除以 8（消除余数），得到索引号
84          inc cx                                 ;索引号递增
85          shl cx, 3                              ;将索引号移到正确位置
86
87          ltr cx                                 ;为当前处理器加载任务寄存器 TR
88
89          ;将处理器专属数据区首地址保存到当前处理器的型号专属寄存器 IA32_KERNEL_GS_BASE
90          mov ecx, 0xc000_0102                   ;IA32_KERNEL_GS_BASE
```

```
91          mov rax, r13                        ;只用 EAX
92          mov rdx, r13
93          shr rdx, 32                         ;只用 EDX
94          wrmsr
95
96          ;为快速系统调用 SYSCALL 和 SYSRET 准备参数
97          mov ecx, 0x0c0000080                ;指定型号专属寄存器 IA32_EFER
98          rdmsr
99          bts eax, 0                          ;设置 SCE 位，允许 SYSCALL 指令
100         wrmsr
101
102         mov ecx, 0xc0000081                 ;STAR
103         mov edx, (RESVD_DESC_SEL << 16) | CORE_CODE64_SEL
104         xor eax, eax
105         wrmsr
106
107         mov ecx, 0xc0000082                 ;LSTAR
108         mov rax, [rel position]
109         lea rax, [rax + syscall_procedure]  ;只用 EAX 部分
110         mov rdx, rax
111         shr rdx, 32                         ;使用 EDX 部分
112         wrmsr
113
114         mov ecx, 0xc0000084                 ;FMASK
115         xor edx, edx
116         mov eax, 0x00047700                 ;要求 TF=IF=DF=AC=0；IOPL=00
117         wrmsr
118
119         mov r15, [rel position]
120         lea rbx, [r15 + _ap_string]
121         call put_string64                  ;位于 core_utils64_mp.wid
122
123         swapgs                             ;准备用 GS 操作当前处理器的专属数据
124         mov qword [gs:8], 0                ;没有正在执行的任务
125         xor rax, rax
126         mov al, byte [rel ack_cpus]
127         mov [gs:16], rax                   ;设置当前处理器的编号
128         mov [gs:24], rsp                   ;保存当前处理器的固有栈指针
129         swapgs
130
131         inc byte [rel ack_cpus]            ;递增应答计数值
132
133         mov byte [AP_START_UP_ADDR + lock_var], 0;释放自旋锁
134
135         mov rsi, LAPIC_START_ADDR          ;Local APIC 的线性地址
```

```
136         bts dword [rsi + 0xf0], 8              ;设置 SVR 寄存器，允许 LAPIC
137
138         sti                                    ;开放中断
139
140   .do_idle:
141         hlt
142         jmp .do_idle
143
144 ;~~~~~~~~~~~~~~~~~~~~~~~~~~~~~~~~~~~~~~~~~~~~~~~~~~~~~~~~~~~~~~~~~~~~~~~~~~~~~~~~~
145 general_interrupt_handler:                     ;通用中断处理过程
146         iretq
147
148 ;~~~~~~~~~~~~~~~~~~~~~~~~~~~~~~~~~~~~~~~~~~~~~~~~~~~~~~~~~~~~~~~~~~~~~~~~~~~~~~~~~
149 general_exception_handler:                     ;通用异常处理过程
150                                                ;在 24 行 0 列显示红底白字的错误信息
151         mov r15, [rel position]
152         lea rbx, [r15 + exceptm]
153         mov dh, 24
154         mov dl, 0
155         mov r9b, 0x4f
156         call put_cstringxy64                   ;位于 core_utils64_mp.wid
157
158         cli
159         hlt                                    ;停机且不接受外部硬件中断
160
161   exceptm     db "A exception raised,halt.", 0    ;发生异常时的错误信息
162
163 ;~~~~~~~~~~~~~~~~~~~~~~~~~~~~~~~~~~~~~~~~~~~~~~~~~~~~~~~~~~~~~~~~~~~~~~~~~~~~~~~~~
164 search_for_a_ready_thread:                     ;查找一个就绪的线程并将其置为忙
165                                                ;返回：R11=就绪线程所属任务的 PCB 线性地址
166                                                ;      R12=就绪线程的 TCB 线性地址
167         ;此例程通常是在中断处理过程内调用的，默认中断是关闭状态。
168         push rax
169         push rbx
170         push rcx
171
172         mov rcx, 1                             ;RCX=线程的"忙"状态
173
174         swapgs
175         mov rbx, [gs:8]                        ;取得当前任务的 PCB 线性地址
176         mov r12, [gs:32]                       ;取得当前线程的 TCB 线性地址
177         swapgs
178         mov r11, rbx
179         cmp r11, 0                             ;处理器当前未在执行任务？
180         jne .nextt
```

```
181        mov rbx, [rel pcb_ptr]              ;是的。从 PCB 链表首节点及其第一个 TCB 开始搜索。
182        mov r11, rbx
183        mov r12, [r11 + 272]               ;PCB 链表首节点的第一个 TCB 节点
184   .nextt:                                 ;这一部分遍历指定任务的 TCB 链表
185        cmp r12, 0                          ;正位于当前 PCB 的 TCB 链表末尾?
186        je .nextp                           ;转去切换到 PCB 链表的下一个节点。
187        xor rax, rax
188        lock cmpxchg [r12 + 16], rcx
189        jz .retrn
190        mov r12, [r12 + 280]               ;取得下一个 TCB 节点
191        jmp .nextt
192   .nextp:                                 ;这一部分控制任务链表的遍历
193        mov r11, [r11 + 280]               ;取得下一个 PCB 节点
194        cmp r11, rbx                        ;是否转一圈回到初始 PCB 节点?
195        je .fmiss                           ;是。即，未找到就绪线程 ( 节点 )
196        mov r12, [r11 + 272]               ;不是。从新的 PCB 中提取 TCB 链表首节点
197        jmp .nextt
198   .fmiss:                                 ;看来系统中不存在就绪线程
199        xor r11, r11
200        xor r12, r12
201   .retrn:
202        pop rcx
203        pop rbx
204        pop rax
205
206        ret
207
208 ;~~~~~~~~~~~~~~~~~~~~~~~~~~~~~~~~~~~~~~~~~~~~~~~~~~~~~~~~~~~~~~~~~~~~~~~~~~~~~~~~
209 resume_execute_a_thread:                   ;恢复执行一个线程
210                                            ;传入: R11=线程所属的任务的 PCB 线性地址
211                                            ;      R12=线程的 TCB 线性地址
212        ;此例程在中断处理过程内调用，默认中断是关闭状态。
213        mov eax, [rel clocks_1ms]          ;以下计算新线程运行时间
214        mov ebx, [r12 + 240]               ;为线程指定的时间片
215        mul ebx
216
217        mov rsi, LAPIC_START_ADDR           ;Local APIC 的线性地址
218        mov dword [rsi + 0x3e0], 0x0b       ;1 分频
219        mov dword [rsi + 0x320], 0xfd       ;单次击发模式, Fixed, 中断号 0xfd
220
221        mov rbx, [r11 + 56]
222        mov cr3, rbx                        ;切换地址空间
223
224        swapgs
225        mov [gs:8], r11                     ;将新线程所属的任务设置为当前任务
```

```
226          mov [gs:32], r12                          ;将新线程设置为当前线程
227          mov rbx, [r12 + 32]                       ;取 TCB 中的 RSP0
228          mov [gs:128 + 4], rbx                     ;置 TSS 的 RSP0
229          swapgs
230
231          mov rcx, [r12 + 80]
232          mov rdx, [r12 + 88]
233          mov rdi, [r12 + 104]
234          mov rbp, [r12 + 112]
235          mov rsp, [r12 + 120]
236          mov r8, [r12 + 128]
237          mov r9, [r12 + 136]
238          mov r10, [r12 + 144]
239
240          mov r13, [r12 + 168]
241          mov r14, [r12 + 176]
242          mov r15, [r12 + 184]
243          push qword [r12 + 208]                    ;SS
244          push qword [r12 + 120]                    ;RSP
245          push qword [r12 + 232]                    ;RFLAGS
246          push qword [r12 + 200]                    ;CS
247          push qword [r12 + 192]                    ;RIP
248
249          mov dword [rsi + 0x380], eax              ;开始计时
250
251          mov rax, [r12 + 64]
252          mov rbx, [r12 + 72]
253          mov rsi, [r12 + 96]
254          mov r11, [r12 + 152]
255          mov r12, [r12 + 160]
256
257          iretq                                     ;转入新线程执行
258
259  ;~~~~~~~~~~~~~~~~~~~~~~~~~~~~~~~~~~~~~~~~~~~~~~~~~~~~~~~~~~~~~~~~~~~~~~~~~~~~~~~~~~~~~
260  time_slice_out_handler:                           ;时间片到期中断的处理过程
261          push rax
262          push rbx
263          push r11
264          push r12
265          push r13
266
267          mov r11, LAPIC_START_ADDR                  ;给 Local APIC 发送中断结束命令 EOI
268          mov dword [r11 + 0xb0], 0
269
270          call search_for_a_ready_thread
```

```
271        or r11, r11
272        jz .return                              ;未找到就绪的线程
273
274        swapgs
275        mov rax, qword [gs:8]                    ;当前任务的 PCB 线性地址
276        mov rbx, qword [gs:32]                   ;当前线程的 TCB 线性地址
277        swapgs
278
279        ;保存当前任务和线程的状态以便将来恢复执行。
280        mov r13, cr3                             ;保存原任务的分页系统
281        mov qword [rax + 56], r13
282        ;RAX 和 RBX 不需要保存，将来恢复执行时从栈中弹出
283        mov [rbx + 80], rcx
284        mov [rbx + 88], rdx
285        mov [rbx + 96], rsi
286        mov [rbx + 104], rdi
287        mov [rbx + 112], rbp
288        mov [rbx + 120], rsp
289        mov [rbx + 128], r8
290        mov [rbx + 136], r9
291        mov [rbx + 144], r10
292        ;r11、R12 和 R13 不需要设置，将来恢复执行时从栈中弹出
293        mov [rbx + 176], r14
294        mov [rbx + 184], r15
295        mov r13, [rel position]
296        lea r13, [r13 + .return]                 ;将来恢复执行时，是从中断返回也~
297        mov [rbx + 192], r13                     ;RIP 域为中断返回点
298        mov [rbx + 200], cs
299        mov [rbx + 208], ss
300        pushfq
301        pop qword [rbx + 232]
302
303        mov qword [rbx + 16], 0                   ;置线程状态为就绪
304
305        jmp resume_execute_a_thread              ;恢复并执行新线程
306
307  .return:
308        pop r13
309        pop r12
310        pop r11
311        pop rbx
312        pop rax
313        iretq
314
315  ;~~~~~~~~~~~~~~~~~~~~~~~~~~~~~~~~~~~~~~~~~~~~~~~~~~~~~~~~~~~~~~~~~~~~~~~~~~~~~~~
```

```
316  ;新任务/线程创建后，将广播新任务/线程创建消息给所有处理器，所有处理器执行此中断服务例程。
317  new_task_notify_handler:                    ;任务/线程认领中断的处理过程
318         push rsi
319         push r11
320         push r12
321
322         mov rsi, LAPIC_START_ADDR             ;Local APIC 的线性地址
323         mov dword [rsi + 0xb0], 0             ;发送 EOI
324
325         swapgs
326         cmp qword [gs:8], 0                   ;当前处理器没有任务执行吗？
327         swapgs
328         jne .return                          ;是的（忙）。不打扰了 :)
329
330         call search_for_a_ready_thread
331         or r11, r11
332         jz .return                           ;未找到就绪的任务
333
334         swapgs
335         add rsp, 24                           ;去掉进入例程时压入的三个参数
336         mov qword [gs:24], rsp                ;保存固有栈当前指针以便将来返回
337         swapgs
338
339         jmp resume_execute_a_thread          ;恢复并执行新线程
340
341   .return:
342         pop r12
343         pop r11
344         pop rsi
345
346         iretq
347
348  ;~~~~~~~~~~~~~~~~~~~~~~~~~~~~~~~~~~~~~~~~~~~~~~~~~~~~~~~~~~~~~~~~~~~~~~~~~~~~~~~~~~~~
349   _append_lock  dq 0
350
351  append_to_pcb_link:                          ;在 PCB 链上追加任务控制块
352                                               ;输入：R11=PCB 线性基地址
353         push rax
354         push rbx
355
356         pushfq                                ;-->A
357         cli
358         SET_SPIN_LOCK rax, qword [rel _append_lock]
359
360         mov rbx, [rel pcb_ptr]                ;取得链表首节点的线性地址
```

```
361         or rbx, rbx
362         jnz .not_empty                      ;链表非空, 转.not_empty
363         mov [r11], r11                      ;唯一的节点: 前驱是自己
364         mov [r11 + 280], r11                ;后继也是自己
365         mov [rel pcb_ptr], r11              ;这是头节点
366         jmp .return
367
368   .not_empty:
369         mov rax, [rbx]                      ;取得头节点的前驱节点的线性地址
370         ;此处, RBX=头节点; RAX=头节点的前驱节点; R11=追加的节点
371         mov [rax + 280], r11                ;前驱节点的后继是追加的节点
372         mov [r11 + 280], rbx                ;追加的节点的后继是头节点
373         mov [r11], rax                      ;追加的节点的前驱是头节点的前驱
374         mov [rbx], r11                      ;头节点的前驱是追加的节点
375
376   .return:
377         mov qword [rel _append_lock], 0     ;释放锁
378         popfq                               ;A
379
380         pop rbx
381         pop rax
382
383         ret
384
385 ;~~~~~~~~~~~~~~~~~~~~~~~~~~~~~~~~~~~~~~~~~~~~~~~~~~~~~~~~~~~~~~~~~~~~~~~~~~~~~~
386 get_current_tid:                             ;返回当前线程的标识
387         pushfq
388         cli
389         swapgs
390         mov rax, [gs:32]
391         mov rax, [rax + 8]
392         swapgs
393         popfq
394
395         ret
396
397 ;~~~~~~~~~~~~~~~~~~~~~~~~~~~~~~~~~~~~~~~~~~~~~~~~~~~~~~~~~~~~~~~~~~~~~~~~~~~~~~
398 get_current_pid:                             ;返回当前任务（进程）的标识
399         pushfq
400         cli
401         swapgs
402         mov rax, [gs:8]
403         mov rax, [rax + 8]
404         swapgs
405         popfq
```

```
406
407          ret
408
409 ;~~~~~~~~~~~~~~~~~~~~~~~~~~~~~~~~~~~~~~~~~~~~~~~~~~~~~~~~~~~~~~~~~~~~~~~~~~~~~
410 thread_exit:                                ;线程终止退出
411                                             ;输入：RDX=返回码
412          cli
413
414          swapgs
415          mov rbx, [gs:32]                   ;取出当前线程的 TCB 线性地址
416          mov rsp, [gs:24]                   ;切换到处理器的固有栈
417          swapgs
418
419          mov qword [rbx + 16], 2            ;线程状态：终止
420          mov [rbx + 24], rdx                ;返回代码
421
422          call search_for_a_ready_thread
423          or r11, r11
424          jz .sleep                          ;未找到就绪的线程
425
426          jmp resume_execute_a_thread        ;恢复并执行新线程
427
428   .sleep:
429          iretq                              ;回到不执行线程的日子:)
430
431 ;~~~~~~~~~~~~~~~~~~~~~~~~~~~~~~~~~~~~~~~~~~~~~~~~~~~~~~~~~~~~~~~~~~~~~~~~~~~~~
432 terminate_process:                          ;终止当前任务
433          mov rsi, LAPIC_START_ADDR          ;Local APIC 的线性地址
434          mov dword [rsi + 0x320], 0x00010000 ;屏蔽定时器中断
435
436          cli
437
438          swapgs
439          mov rax, [gs:8]                    ;定位到当前任务的 PCB 节点
440          mov qword [rax + 16], 2            ;任务状态=终止
441          mov rax, [gs:32]                   ;定位到当前线程的 TCB 节点
442          mov qword [rax + 16], 2            ;线程状态=终止
443          mov qword [gs:0], 0
444          mov rsp, [gs:24]                   ;切换到处理器的固有栈
445          swapgs
446
447          call search_for_a_ready_thread
448          or r11, r11
449          jz .sleep                          ;未找到就绪的任务
450
```

```
451         jmp resume_execute_a_thread          ;恢复并执行新任务
452
453   .sleep:
454         iretq                                ;回到不执行任务的日子:)
455
456   ;~~~~~~~~~~~~~~~~~~~~~~~~~~~~~~~~~~~~~~~~~~~~~~~~~~~~~~~~~~~~~~~~~~~~~~~~~~~~~~~
457   create_thread:                             ;创建一个线程
458                                              ;输入: RSI=线程入口的线性地址
459                                              ;      RDI=传递给线程的参数
460                                              ;输出: RDX=线程标识
461         push rax
462         push rbx
463         push rcx
464         push r11
465         push r12
466         push r13
467         push r14
468
469         ;先创建线程控制块 TCB
470         mov rcx, 512                         ;线程控制块 TCB 的尺寸
471         call core_memory_allocate            ;必须在内核的空间中开辟
472
473         mov rbx, r13                         ;以下, RBX 专用于保存 TCB 线性地址
474
475         call generate_thread_id
476         mov [rbx + 8], rax                   ;记录当前线程的标识
477         mov rdx, rax                         ;用于返回线程标识
478
479         mov qword [rbx + 16], 0              ;线程状态=就绪
480
481         mov rcx, 4096 * 16                   ;为 TSS 的 RSP0 开辟栈空间
482         call core_memory_allocate            ;必须是在内核的空间中开辟
483         mov [rbx + 32], r14                  ;填写 TCB 中的 RSP0 域的值
484
485         pushfq
486         cli
487         swapgs
488         mov r11, [gs:8]                      ;获取当前任务的 PCB 线性地址
489         mov r12, [gs:32]                     ;获取当前线程的 TCB 线性地址
490         swapgs
491         popfq
492
493         mov rcx, 4096 * 16                   ;为线程开辟栈空间
494         call user_memory_allocate
495         sub r14, 32                          ;在栈中开辟 32 字节的空间
```

```
496        mov [rbx + 120], r14                      ;线程执行时的 RSP。
497
498        lea rcx, [r14 + 8]                        ;得到线程返回地址
499        mov [r14], rcx
500        ;以下填写指令 MOV RAX, 9 的机器代码
501        mov byte [rcx], 0xb8
502        mov byte [rcx + 1], 0x09
503        mov byte [rcx + 2], 0x00
504        mov byte [rcx + 3], 0x00
505        mov byte [rcx + 4], 0x00
506        ;以下填写指令 XOR RDX, RDX 的机器代码
507        mov byte [rcx + 5], 0x48
508        mov byte [rcx + 6], 0x31
509        mov byte [rcx + 7], 0xd2
510        ;以下填写指令 SYSCALL 的机器代码
511        mov byte [rcx + 8], 0x0f
512        mov byte [rcx + 9], 0x05
513
514        mov qword [rbx + 192], rsi                ;线程入口点（RIP）
515
516        mov qword [rbx + 200], USER_CODE64_SEL    ;线程的代码段选择子
517        mov qword [rbx + 208], USER_STACK64_SEL   ;线程的栈段选择子
518
519        pushfq
520        pop qword [rbx + 232]                     ;线程执行时的标志寄存器
521
522        mov qword [rbx + 240], SUGG_PREEM_SLICE   ;推荐的线程执行时间片
523
524        mov qword [rbx + 280], 0                  ;下一个 TCB 的线性地址，0=无
525
526    .again:
527        xor rax, rax
528        lock cmpxchg [r12 + 280], rbx             ;如果节点的后继为 0，则新节点为其后继
529        jz .linkd
530        mov r12, [r12 + 280]
531        jmp .again
532    .linkd:
533        mov rcx, LAPIC_START_ADDR                 ;Local APIC 的线性地址
534        mov dword [rcx + 0x310], 0
535        mov dword [rcx + 0x300], 0x000840fe       ;向所有处理器发送线程认领中断
536
537        pop r14
538        pop r13
539        pop r12
540        pop r11
```

```
541          pop rcx
542          pop rbx
543          pop rax
544
545          ret
546
547 ;~~~~~~~~~~~~~~~~~~~~~~~~~~~~~~~~~~~~~~~~~~~~~~~~~~~~~~~~~~~~~~~~~~~~~~~~~~~~~~~~~
548 create_process:                           ;创建新的任务及其主线程
549                                           ;输入：R8=程序的起始逻辑扇区号
550          push rax
551          push rbx
552          push rcx
553          push rdx
554          push rsi
555          push rdi
556          push rbp
557          push r8
558          push r9
559          push r10
560          push r11
561          push r12
562          push r13
563          push r14
564          push r15
565
566          ;首先在地址空间的高端（内核）创建任务控制块 PCB
567          mov rcx, 512                      ;任务控制块 PCB 的尺寸
568          call core_memory_allocate         ;在虚拟地址空间的高端（内核）分配内存
569          mov r11, r13                      ;以下，R11 专用于保存 PCB 线性地址
570
571          call core_memory_allocate         ;为线程控制块 TCB 分配内存
572          mov r12, r13                      ;以下，R12 专用于保存 TCB 线性地址
573
574          mov qword [r11 + 272], r12        ;在 PCB 中登记第一个 TCB
575
576          mov qword [r11 + 24], USER_ALLOC_START    ;填写 PCB 的下一次可分配线性地址域
577
578          ;从当前活动的 4 级头表复制并创建新任务的 4 级头表。
579          call copy_current_pml4
580          mov [r11 + 56], rax               ;填写 PCB 的 CR3 域，默认 PCD=PWT=0
581
582          ;以下，切换到新任务的地址空间，并清空其 4 级头表的前半部分。不过没有关系，
583          ;我们正在地址空间的高端执行，可正常执行内核代码并访问内核数据，毕竟所有
584          ;任务的高端（全局）部分都相同。同时，当前使用的栈是位于地址空间高端的栈。
585
```

```
586        mov r15, cr3                          ;保存控制寄存器 CR3 的值
587        mov cr3, rax                          ;切换到新 4 级头表映射的新地址空间
588
589     ;清空当前 4 级头表的前半部分（对应于任务的局部地址空间）
590        mov rax, 0xffff_ffff_ffff_f000        ;当前活动 4 级头表自身的线性地址
591        mov rcx, 256
592   .clsp:
593        mov qword [rax], 0
594        add rax, 8
595        loop .clsp
596
597        mov rax, cr3                          ;刷新 TLB
598        mov cr3, rax
599
600        mov rcx, 4096 * 16                    ;为 TSS 的 RSP0 开辟栈空间
601        call core_memory_allocate            ;必须在内核的空间中开辟
602        mov [r12 + 32], r14                   ;填写 TCB 中的 RSP0 域的值
603
604        mov rcx, 4096 * 16                    ;为主线程开辟栈空间
605        call user_memory_allocate
606        mov [r12 + 120], r14                  ;主线程执行时的 RSP。
607
608        mov qword [r11 + 16], 0               ;任务状态=运行
609        mov qword [r12 + 16], 0               ;线程状态=就绪
610
611     ;以下开始加载用户程序
612        mov rcx, 512                          ;在私有空间开辟一个缓冲区
613        call user_memory_allocate
614        mov rbx, r13
615        mov rax, r8                           ;用户程序起始扇区号
616        call read_hard_disk_0
617
618        mov [r13 + 16], r13                   ;在程序中填写它自己的起始线性地址
619        mov r14, r13
620        add r14, [r13 + 8]
621        mov [r12 + 192], r14                  ;在 TCB 中登记程序的入口点线性地址
622
623     ;以下判断整个程序有多大
624        mov rcx, [r13]                        ;程序尺寸
625        test rcx, 0x1ff                       ;能够被 512 整除吗？
626        jz .y512
627        shr rcx, 9                            ;不能？凑整。
628        shl rcx, 9
629        add rcx, 512
630   .y512:
```

```
631            sub rcx, 512                              ;减去已经读的一个扇区长度
632            jz .rdok
633            call user_memory_allocate
634            ;mov rbx, r13
635            shr rcx, 9                                ;除以 512，还需要读的扇区数
636            inc rax                                   ;起始扇区号
637    .b1:
638            call read_hard_disk_0
639            inc rax
640            loop .b1                                  ;循环读，直到读完整个用户程序
641
642    .rdok:
643            mov qword [r12 + 200], USER_CODE64_SEL    ;主线程的代码段选择子
644            mov qword [r12 + 208], USER_STACK64_SEL   ;主线程的栈段选择子
645
646            pushfq
647            pop qword [r12 + 232]
648
649            mov qword [r12 + 240], SUGG_PREEM_SLICE   ;推荐的线程执行时间片
650
651            call generate_process_id
652            mov [r11 + 8], rax                        ;记录新任务的标识
653
654            call generate_thread_id
655            mov [r12 + 8], rax                        ;记录主线程的标识
656
657            mov qword [r12 + 280], 0                  ;下一个 TCB 的线性地址（0=无）
658
659            call append_to_pcb_link                   ;将 PCB 添加到进程控制块链表尾部
660
661            mov cr3, r15                              ;切换到原任务的地址空间
662
663            mov rsi, LAPIC_START_ADDR                 ;Local APIC 的线性地址
664            mov dword [rsi + 0x310], 0
665            mov dword [rsi + 0x300], 0x000840fe       ;向所有处理器发送任务/线程认领中断
666
667            pop r15
668            pop r14
669            pop r13
670            pop r12
671            pop r11
672            pop r10
673            pop r9
674            pop r8
675            pop rbp
```

```
676            pop rdi
677            pop rsi
678            pop rdx
679            pop rcx
680            pop rbx
681            pop rax
682
683            ret
684  ;~~~~~~~~~~~~~~~~~~~~~~~~~~~~~~~~~~~~~~~~~~~~~~~~~~~~~~~~~~~~~~~~~~~~~~
685  syscall_procedure:                        ;系统调用的处理过程
686            ;RCX 和 R11 由处理器使用，保存 RIP 和 RFLAGS 的内容；进入时中断是禁止状态
687            swapgs                            ;切换 GS 到当前处理器的数据区
688            mov [gs:0], rsp                   ;临时保存当前的 3 特权级栈指针
689            mov rsp, [gs:128+4]               ;使用 TSS 的 RSP0 作为安全栈指针
690            push qword [gs:0]
691            swapgs
692            sti                               ;准备工作全部完成，中断和任务切换无虞
693
694            push r15
695            mov r15, [rel position]
696            add r15, [r15 + rax * 8 + sys_entry]   ;得到指定的那个系统调用功能的线性地址
697            call r15
698            pop r15
699
700            cli
701            pop rsp                           ;恢复原先的 3 特权级栈指针
702            o64 sysret
703  ;~~~~~~~~~~~~~~~~~~~~~~~~~~~~~~~~~~~~~~~~~~~~~~~~~~~~~~~~~~~~~~~~~~~~~~
704  init:    ;初始化内核的工作环境
705
706            ;将 GDT 的线性地址映射到虚拟内存高端的相同位置。
707            ;处理器不支持 64 位立即数到内存地址的操作，所以用两条指令完成。
708            mov rax, UPPER_GDT_LINEAR         ;GDT 的高端线性地址
709            mov qword [SDA_PHY_ADDR + 4], rax  ;注意：必须是扩高地址
710
711            lgdt [SDA_PHY_ADDR + 2]           ;只有在 64 位模式下才能加载 64 位线性地址部分
712
713            ;将栈映射到高端，否则，压栈时依然压在低端，并和低端的内容冲突。
714            ;64 位模式下不支持源操作数为 64 位立即数的加法操作。
715            mov rax, 0xffff800000000000       ;或者加上 UPPER_LINEAR_START
716            add rsp, rax                      ;栈指针必须转换为高端地址且必须是扩高地址
717
718            ;准备让处理器从虚拟地址空间的高端开始执行（现在依然在低端执行）
719            mov rax, 0xffff800000000000       ;或者使用常量 UPPER_LINEAR_START
720            add [rel position], rax           ;内核程序的起始位置数据也必须转换成扩高地址
```

```
721
722         ;内核的起始地址 + 标号.to_upper 的汇编地址 = 标号.to_upper 所在位置的运行时扩高地址
723         mov rax, [rel position]
724         add rax, .to_upper
725         jmp rax                                    ;绝对间接近转移,从此在高端执行后面的指令
726
727  .to_upper:
728         ;初始化中断描述符表 IDT, 并为 32 个异常及 224 个中断安装门描述符
729
730         ;为 32 个异常创建通用处理过程的中断门
731         mov r9, [rel position]
732         lea rax, [r9 + general_exception_handler];得到通用异常处理过程的线性地址
733         call make_interrupt_gate                   ;位于 core_utils64_mp.wid
734
735         xor r8, r8
736  .idt0:
737         call mount_idt_entry                       ;位于 core_utils64_mp.wid
738         inc r8
739         cmp r8, 31
740         jle .idt0
741
742         ;创建并安装对应于其他中断的通用处理过程的中断门
743         lea rax, [r9 + general_interrupt_handler];得到通用中断处理过程的线性地址
744         call make_interrupt_gate                   ;位于 core_utils64_mp.wid
745
746         mov r8, 32
747  .idt1:
748         call mount_idt_entry                       ;位于 core_utils64_mp.wid
749         inc r8
750         cmp r8, 255
751         jle .idt1
752
753         mov rax, UPPER_IDT_LINEAR                   ;中断描述符表 IDT 的高端线性地址
754         mov rbx, UPPER_SDA_LINEAR                   ;系统数据区 SDA 的高端线性地址
755         mov qword [rbx + 0x0e], rax
756         mov word [rbx + 0x0c], 256*16-1
757
758         lidt [rbx + 0x0c]                           ;只有在 64 位模式下才能加载 64 位线性地址部分
759
760         mov al, 0xff                               ;屏蔽所有发往 8259A 主芯片的中断信号
761         out 0x21, al                               ;多处理器环境下不再使用 8259 芯片
762
763         ;在 64 位模式下显示的第一条信息!
764         mov r15, [rel position]
765         lea rbx, [r15 + welcome]
```

```
766          call put_string64                            ;位于 core_utils64_mp.wid
767
768     ;安装系统服务（SYSCALL/SYSRET）所需要的代码段和栈段描述符
769          mov r15, UPPER_SDA_LINEAR                     ;系统数据区 SDA 的线性地址
770          xor rbx, rbx
771          mov bx, [r15 + 2]                             ;BX=GDT 的界限值
772          inc bx                                        ;BX=GDT 的长度
773          add rbx, [r15 + 4]                            ;RBX=新描述符的追加位置
774
775          mov dword [rbx], 0x0000ffff                   ;64 位模式下不支持 64 位立即数传送
776          mov dword [rbx + 4], 0x00cf9200               ;数据段描述符，DPL=00
777          mov dword [rbx + 8], 0                        ;保留的描述符槽位
778          mov dword [rbx + 12], 0
779          mov dword [rbx + 16], 0x0000ffff             ;数据段描述符，DPL=11
780          mov dword [rbx + 20], 0x00cff200
781          mov dword [rbx + 24], 0x0000ffff             ;代码段描述符，DPL=11
782          mov dword [rbx + 28], 0x00aff800
783
784     ;我们为每个逻辑处理器都准备一个专属数据区，它是由每个处理器的 GS 所指向的。
785     ;为当前处理器（BSP）准备专属数据区，设置 GS 并安装任务状态段 TSS 的描述符
786          mov rcx, 256                                  ;专属数据区的长度，含 TSS。
787          call core_memory_allocate
788          mov qword [r13 + 8], 0                        ;提前将"当前任务的 PCB 指针域"清零
789          mov qword [r13 + 16], 0                       ;将当前处理器的编号设置为#0
790          mov [r13 + 24], rsp                           ;设置当前处理器的专属栈
791          lea rax, [r13 + 128]                          ;TSS 开始于专属数据区内偏移为 128 的地方
792          call make_tss_descriptor
793          mov qword [rbx + 32], rsi                     ;TSS 描述符的低 64 位
794          mov qword [rbx + 40], rdi                     ;TSS 描述符的高 64 位
795
796          add word [r15 + 2], 48                        ;4 个段描述符和 1 个 TSS 描述符的总字节数
797          lgdt [r15 + 2]
798
799          mov cx, 0x0040                                ;TSS 描述符的选择子
800          ltr cx
801
802     ;将处理器专属数据区首地址保存到当前处理器的型号专属寄存器 IA32_KERNEL_GS_BASE
803          mov ecx, 0xc000_0102                          ;IA32_KERNEL_GS_BASE
804          mov rax, r13                                  ;只用 EAX
805          mov rdx, r13
806          shr rdx, 32                                   ;只用 EDX
807          wrmsr
808
809     ;为快速系统调用 SYSCALL 和 SYSRET 准备参数
810          mov ecx, 0x0c000080                           ;指定型号专属寄存器 IA32_EFER
```

```
811         rdmsr
812         bts eax, 0                              ;设置 SCE 位，允许 SYSCALL 指令
813         wrmsr
814
815         mov ecx, 0xc0000081                     ;STAR
816         mov edx, (RESVD_DESC_SEL << 16) | CORE_CODE64_SEL
817         xor eax, eax
818         wrmsr
819
820         mov ecx, 0xc0000082                     ;LSTAR
821         mov rax, [rel position]
822         lea rax, [rax + syscall_procedure]      ;只用 EAX 部分
823         mov rdx, rax
824         shr rdx, 32                             ;使用 EDX 部分
825         wrmsr
826
827         mov ecx, 0xc0000084                     ;FMASK
828         xor edx, edx
829         mov eax, 0x00047700                     ;要求 TF=IF=DF=AC=0; IOPL=00
830         wrmsr
831
832         ;以下初始化高级可编程中断控制器 APIC。在计算机启动后，BIOS 已经对 LAPIC 和 IOAPIC 做
833         ;了初始化并创建了相关的高级配置和电源管理接口（ACPI）表项。可以从中获取多处理器和
834         ;APIC 信息。英特尔架构的个人计算机（IA-PC）从 1MB 物理内存中搜索获取；启用可扩展固件
835         ;接口（EFI 或者叫 UEFI）的计算机需使用 EFI 传递的 EFI 系统表指针定位相关表格并从中获
836         ;取多处理器和 APIC 信息。为简单起见，我们采用前一种传统的方式。请注意虚拟机的配置！
837
838         ;ACPI 申领的内存区域已经保存在我们的系统数据区（SDA），以下将其读出。此内存区可能
839         ;位于分页系统尚未映射的部分，故以下先将这部分内存进行一一映射（线性地址=物理地址）
840         cmp word [SDA_PHY_ADDR + 0x16], 0
841         jz .acpi_err                            ;不正确的 ACPI 数据，可能不支持 ACPI
842         mov rsi, SDA_PHY_ADDR + 0x18            ;系统数据区：地址范围描述结构的起始地址
843 .looking:
844         cmp dword [rsi + 16], 3                 ;3:ACPI 申领的内存（AddressRangeACPI）
845         jz .looked
846         add rsi, 32                             ;32:每个地址范围描述结构的长度
847         loop .looking
848
849 .acpi_err:
850         mov r15, [rel position]
851         lea rbx, [r15 + acpi_error]
852         call put_string64                       ;位于 core_utils64_mp.wid
853         cli
854         hlt
855
```

```
856    .looked:
857            mov rbx, [rsi]                          ;ACPI 申领的起始物理地址
858            mov rcx, [rsi + 8]                      ;ACPI 申领的内存数量，以字节计
859            add rcx, rbx                            ;ACPI 申领的内存上边界
860            mov rdx, 0xffff_ffff_ffff_f000          ;用于生成页地址的掩码
861    .maping:
862            mov r13, rbx                            ;R13:本次映射的线性地址
863            mov rax, rbx
864            and rax, rdx
865            or rax, 0x07                            ;RAX:本次映射的物理地址及属性
866            call mapping_laddr_to_page
867            add rbx, 0x1000
868            cmp rbx, rcx
869            jle .maping
870
871            ;从物理地址 0x60000 开始，搜索根系统描述指针结构（RSDP）
872            mov rbx, 0x60000
873            mov rcx, 'RSD PTR '                     ;结构的起始标记（注意尾部的空格）
874    .searc:
875            cmp qword [rbx], rcx
876            je .finda
877            add rbx, 16                             ;结构的标记总是位于 16 字节边界处
878            cmp rbx, 0xffff0                        ;低端 1MB 物理内存的上边界
879            jl .searc
880            jmp .acpi_err                           ;未找到 RSDP，报错停机处理。
881
882    .finda:
883            ;RSDT 和 XSDT 都指向 MADT，但 RSDT 给出的是 32 位物理地址，而 XDST 给出 64 位物理地址。
884            ;只有 VCPI 2.0 及更高版本才有 XSDT。典型地，VBox 支持 ACPI 2.0 而 Bochs 仅支持 1.0
885            cmp byte [rbx + 15], 2                  ;检测 ACPI 的版本是否为 2
886            jne .vcpi_1
887            mov rbx, [rbx + 24]                     ;得到扩展的系统描述表（XSDT）的物理地址
888
889            ;以下，开始在 XSDT 中遍历搜索多 APIC 描述表（MADT）
890            xor rdi, rdi
891            mov edi, [rbx + 4]                      ;获得 XSDT 的长度（以字节计）
892            add rdi, rbx                            ;计算 XSDT 上边界的物理位置
893            add rbx, 36                             ;XSDT 尾部数组的物理位置
894    .madt0:
895            mov r11, [rbx]
896            cmp dword [r11], 'APIC'                 ;MADT 表的标记
897            je .findm
898            add rbx, 8                              ;下一个元素
899            cmp rbx, rdi
900            jl .madt0
```

```
901         jmp .acpi_err                           ;未找到 MADT，报错停机处理。
902
903         ;以下按 VCPI 1.0 处理，开始在 RSDT 中遍历搜索多 APIC 描述表（MADT）
904 .vcpi_1:
905         mov ebx, [rbx + 16]                     ;得到根系统描述表（RSDT）的物理地址
906         ;以下，开始在 RSDT 中遍历搜索多 APIC 描述表（MADT）
907         mov edi, [ebx + 4]                      ;获得 RSDT 的长度（以字节计）
908         add edi, ebx                            ;计算 RSDT 上边界的物理位置
909         add ebx, 36                             ;RSDT 尾部数组的物理位置
910         xor r11, r11
911 .madt1:
912         mov r11d, [ebx]
913         cmp dword [r11], 'APIC'                 ;MADT 表的标记
914         je .findm
915         add ebx, 4                              ;下一个元素
916         cmp ebx, edi
917         jl .madt1
918         jmp .acpi_err                           ;未找到 MADT，报错停机处理。
919
920 .findm:
921         ;此时，R11 是 MADT 的物理地址
922         mov edx, [r11 + 36]                     ;预置的 LAPIC 物理地址
923         mov [rel lapic_addr], edx
924
925         ;以下开始遍历系统中的逻辑处理器（其 LAPID ID）和 I/O APIC。
926         mov r15, [rel position]                 ;为访问 cpu_list 准备线性地址
927         lea r15, [r15 + cpu_list]
928
929         xor rdi, rdi
930         mov edi, [r11 + 4]                      ;EDI:MADT 的长度，以字节计
931         add rdi, r11                            ;RDI:MADT 上部边界的物理地址
932         add r11, 44                             ;R11:指向 MADT 尾部的中断控制器结构列表
933 .enumd:
934         cmp byte [r11], 0                       ;列表项类型：Processor Local APIC
935         je .l_apic
936         cmp byte [r11], 1                       ;列表项类型：I/O APIC
937         je .ioapic
938         jmp .m_end
939 .l_apic:
940         cmp dword [r11 + 4], 0                  ;Local APIC Flags
941         jz .m_end
942         mov al, [r11 + 3]                       ;local APIC ID
943         mov [r15], al                           ;保存 local APIC ID 到 cpu_list
944         inc r15
945         inc byte [rel num_cpus]                 ;可用的 CPU 数量递增
```

```
946              jmp .m_end
947      .ioapic:
948              mov al, [r11 + 2]                    ;取出 I/O APIC ID
949              mov [rel ioapic_id], al              ;保存 I/O APIC ID
950              mov eax, [r11 + 4]                   ;取出 I/O APIC 物理地址
951              mov [rel ioapic_addr], eax           ;保存 I/O APIC 物理地址
952       .m_end:
953              xor rax, rax
954              mov al, [r11 + 1]
955              add r11, rax                         ;计算下一个中断控制器结构列表项的地址
956              cmp r11, rdi
957              jl .enumd
958
959              ;将 Local APIC 的物理地址映射到预定义的线性地址 LAPIC_START_ADDR
960              mov r13, LAPIC_START_ADDR            ;在 global_defs.wid 中定义
961              xor rax, rax
962              mov eax, [rel lapic_addr]            ;取出 LAPIC 的物理地址
963              or eax, 0x1f                         ;PCD=PWT=U/S=R/W=P=1，强不可缓存
964              call mapping_laddr_to_page
965
966              ;将 I/O APIC 的物理地址映射到预定义的线性地址 IOAPIC_START_ADDR
967              mov r13, IOAPIC_START_ADDR           ;在 global_defs.wid 中定义
968              xor rax, rax
969              mov eax, [rel ioapic_addr]           ;取出 I/O APIC 的物理地址
970              or eax, 0x1f                         ;PCD=PWT=U/S=R/W=P=1，强不可缓存
971              call mapping_laddr_to_page
972
973              ;以下测量当前处理器在 1 毫秒的时间里经历多少时钟周期，作为后续的定时基准。
974              mov rsi, LAPIC_START_ADDR            ;Local APIC 的线性地址
975
976              mov dword [rsi + 0x320], 0x10000     ;定时器的本地向量表入口寄存器。单次击发模式
977              mov dword [rsi + 0x3e0], 0x0b        ;定时器的分频配置寄存器：1 分频（不分频）
978
979              mov al, 0x0b                         ;RTC 寄存器 B
980              or al, 0x80                          ;阻断 NMI
981              out 0x70, al
982              mov al, 0x52                         ;设置寄存器 B，开放周期性中断，开放更
983              out 0x71, al                         ;新结束后中断，BCD 码，24 小时制
984
985              mov al, 0x8a                         ;CMOS 寄存器 A
986              out 0x70, al
987              ;in al, 0x71
988              mov al, 0x2d                         ;32kHz，125ms 的周期性中断
989              out 0x71, al                         ;写回 CMOS 寄存器 A
990
```

```
991          mov al, 0x8c
992          out 0x70, al
993          in al, 0x71                               ;读寄存器 C
994    .w0:
995          in al, 0x71                               ;读寄存器 C
996          bt rax, 6                                 ;更新周期结束中断已发生?
997          jnc .w0
998          mov dword [rsi + 0x380], 0xffff_ffff      ;定时器初始计数寄存器: 置初值并开始计数
999    .w1:
1000         in al, 0x71                               ;读寄存器 C
1001         bt rax, 6                                 ;更新周期结束中断已发生?
1002         jnc .w1
1003         mov edx, [rsi + 0x390]                    ;定时器当前计数寄存器: 读当前计数值
1004
1005         mov eax, 0xffff_ffff
1006         sub eax, edx
1007         xor edx, edx
1008         mov ebx, 125                              ;125 毫秒
1009         div ebx                                   ;EAX=当前处理器在 1ms 内的时钟数
1010
1011         mov [rel clocks_1ms], eax                 ;登记起来用于其他定时的场合
1012
1013         mov al, 0x0b                              ;RTC 寄存器 B
1014         or al, 0x80                               ;阻断 NMI
1015         out 0x70, al
1016         mov al, 0x12                              ;设置寄存器 B, 只允许更新周期结束中断
1017         out 0x71, al
1018
1019         ;以下安装新任务认领中断的处理过程
1020         mov r9, [rel position]
1021         lea rax, [r9 + new_task_notify_handler]   ;得到中断处理过程的线性地址
1022         call make_interrupt_gate                  ;位于 core_utils64_mp.wid
1023
1024         cli
1025         mov r8, 0xfe
1026         call mount_idt_entry                      ;位于 core_utils64_mp.wid
1027         sti
1028
1029         ;以下安装时间片到期中断的处理过程
1030         mov r9, [rel position]
1031         lea rax, [r9 + time_slice_out_handler]    ;得到中断处理过程的线性地址
1032         call make_interrupt_gate                  ;位于 core_utils64_mp.wid
1033
1034         cli
1035         mov r8, 0xfd
```

```
1036            call mount_idt_entry                      ;位于 core_utils64_mp.wid
1037            sti
1038
1039            ;以下开始初始化应用处理器 AP。先将初始化代码复制到物理内存最低端的选定位置
1040            mov rsi, [rel position]
1041            lea rsi, [rsi + section.ap_init_block.start]
1042            mov rdi, AP_START_UP_ADDR
1043            mov rcx, ap_init_tail - ap_init
1044            cld
1045            repe movsb
1046
1047            ;所有处理器都应当在初始化期间递增应答计数值
1048            inc byte [rel ack_cpus]                    ;BSP 自己的应答计数值
1049
1050            ;给其他处理器发送 INIT IPI 和 SIPI，命令它们初始化自己
1051            mov rsi, LAPIC_START_ADDR                 ;Local APIC 的线性地址
1052            mov dword [rsi + 0x310], 0
1053            mov dword [rsi + 0x300], 0x000c4500        ;先发送 INIT IPI
1054            mov dword [rsi + 0x300], (AP_START_UP_ADDR >> 12) | 0x000c4600;Start up IPI
1055            mov dword [rsi + 0x300], (AP_START_UP_ADDR >> 12) | 0x000c4600;Start up IPI
1056
1057            mov al, [rel num_cpus]
1058     .wcpus:
1059            cmp al, [rel ack_cpus]
1060            jne .wcpus                                 ;等待所有应用处理器的应答
1061
1062            ;显示已应答的处理器的数量信息
1063            mov r15, [rel position]
1064
1065            xor r8, r8
1066            mov r8b, [rel ack_cpus]
1067            lea rbx, [r15 + buffer]
1068            call bin64_to_dec
1069            call put_string64
1070
1071            lea rbx, [r15 + cpu_init_ok]
1072            call put_string64                          ;位于 core_utils64_mp.wid
1073
1074            ;以下开始创建系统外壳任务（进程）
1075            mov r8, 50
1076            call create_process
1077
1078            jmp ap_to_core_entry.do_idle               ;去处理器集结休息区 :)
1079
1080 ;================================================================================
```

```
1081  section ap_init_block vstart=0
1082
1083          bits 16                                    ;应用处理器 AP 从实模式开始执行
1084
1085  ap_init:                                           ;应用处理器 AP 的初始化代码
1086          mov ax, AP_START_UP_ADDR >> 4
1087          mov ds, ax
1088
1089          SET_SPIN_LOCK al, byte [lock_var]          ;自旋直至获得锁
1090
1091          mov ax, SDA_PHY_ADDR >> 4                  ;切换到系统数据区
1092          mov ds, ax
1093
1094          ;加载描述符表寄存器 GDTR
1095          lgdt [2]                                   ;实模式下只加载 6 字节的内容
1096
1097          in al, 0x92                                ;南桥芯片内的端口
1098          or al, 0000_0010B
1099          out 0x92, al                               ;打开 A20
1100
1101          cli                                        ;中断机制尚未工作
1102
1103          mov eax, cr0
1104          or eax, 1
1105          mov cr0, eax                               ;设置 PE 位
1106
1107          ;以下进入保护模式……
1108          jmp 0x0008: AP_START_UP_ADDR + .flush      ;清流水线并串行化处理器
1109
1110          [bits 32]
1111  .flush:
1112          mov eax, 0x0010                            ;加载数据段(4GB)选择子
1113          mov ss, eax                                ;加载堆栈段（4GB）选择子
1114          mov esp, 0x7e00                            ;堆栈指针
1115
1116          ;令 CR3 寄存器指向 4 级头表（保护模式下的 32 位 CR3）
1117          mov eax, PML4_PHY_ADDR                     ;PCD=PWT=0
1118          mov cr3, eax
1119
1120          ;开启物理地址扩展 PAE
1121          mov eax, cr4
1122          bts eax, 5
1123          mov cr4, eax
1124
1125          ;设置型号专属寄存器 IA32_EFER.LME，允许 IA_32e 模式
```

```
1126        mov ecx, 0x0c0000080              ;指定型号专属寄存器 IA32_EFER
1127        rdmsr
1128        bts eax, 8                        ;设置 LME 位
1129        wrmsr
1130
1131        ;开启分页功能
1132        mov eax, cr0
1133        bts eax, 31                       ;置位 CR0.PG
1134        mov cr0, eax
1135
1136        ;进入 64 位模式
1137        jmp CORE_CODE64_SEL:AP_START_UP_ADDR + .to64
1138  .to64:
1139
1140        bits 64
1141
1142        ;转入内核中继续初始化（使用高端线性地址）
1143        mov rbx, UPPER_CORE_LINEAR + ap_to_core_entry
1144        jmp rbx
1145
1146  lock_var   db 0
1147
1148 ap_init_tail:
1149
1150 ;===============================================================================
1151 section core_tail
1152 core_end:
```

```
1  ;c07_shell.asm:系统外壳程序, 李忠, 2022-10-29
2  ;此程序用于模拟一个操作系统用户接口, 比如 Linux 控制台
3
4  ;================================================================================
5  section shell_header                          ;外壳程序头部
6    length        dq shell_end                  ;#0: 外壳程序的总长度 (字节数)
7    entry         dq start                      ;#8: 外壳入口点
8    linear        dq 0                          ;#16: 外壳加载的虚拟 (线性) 地址
9
10 ;================================================================================
11 section shell_data                            ;外壳程序数据段
12   shell_msg     times 128 db 0
13
14   msg0          db "Thread ", 0
15   tid           times 32 db 0                 ;线程 ID 的文本
16   msg1          db " <OS SHELL> on CPU ", 0
17   pcpu          times 32 db 0                 ;处理器编号的文本
18   msg2          db " -", 0
19
20   time_buff     times 32 db 0                 ;当前时间的文本
21
22
23 ;================================================================================
24 section shell_code                            ;外壳程序代码段
25
26 %include "..\common\user_static64.lib"
27
28 ;~~~~~~~~~~~~~~~~~~~~~~~~~~~~~~~~~~~~~~~~~~~~~~~~~~~~~~~~~~~~~~~~~~~~~~~~~~~~~~~~~~~
29          bits 64
30
31 main:
32          ;这里可显示一个界面, 比如 Windows 桌面或者 Linux 控制台窗口, 用于接收用户
33          ;输入的命令, 包括显示磁盘文件、设置系统参数或者运行一个程序。我们的系
34          ;统很简单, 所以不提供这些功能。
35
36          ;以下, 模拟按用户的要求运行 3 个程序......
37          mov r8, 100
38          mov rax, 3
39          syscall
40          syscall
41          syscall                              ;用同一个副本创建 3 个任务
42
43          mov rax, 0
44          syscall                              ;可用显示行, DH=行号
45          mov dl, 0
```

```
46          mov r9b, 0x5f
47
48          mov r12, [rel linear]
49  _time:
50          lea rbx, [r12 + time_buff]
51          mov rax, 1
52          syscall
53
54          mov rax, 6                              ;获得当前处理器的编号
55          syscall
56          mov r8, rax
57          lea rbx, [r12 + pcpu]
58          call bin64_to_dec                       ;将处理器的编号转换为字符串
59
60          mov rax, 8                              ;返回当前线程的标识
61          syscall
62          mov r8, rax
63          lea rbx, [r12 + tid]
64          call bin64_to_dec                       ;将线程标识转换为字符串
65
66          lea rdi, [r12 + shell_msg]
67          mov byte [rdi], 0
68
69          lea rsi, [r12 + msg0]
70          call string_concatenates                ;字符串连接，和 strcat 相同
71
72          lea rsi, [r12 + tid]
73          call string_concatenates                ;字符串连接，和 strcat 相同
74
75          lea rsi, [r12 + msg1]
76          call string_concatenates                ;字符串连接，和 strcat 相同
77
78          lea rsi, [r12 + pcpu]
79          call string_concatenates                ;字符串连接，和 strcat 相同
80
81          lea rsi, [r12 + msg2]
82          call string_concatenates                ;字符串连接，和 strcat 相同
83
84          lea rsi, [r12 + time_buff]
85          call string_concatenates                ;字符串连接，和 strcat 相同
86
87          mov rbx, rdi
88          mov rax, 2
89          syscall
90
```

```
91        jmp _time
92
93 ;~~~~~~~~~~~~~~~~~~~~~~~~~~~~~~~~~~~~~~~~~~~~~~~~~~~~~~~~~~~~~~~~~~~~~~~~~~~~~~~~~
94 start:    ;程序的入口点
95        call main
96 ;~~~~~~~~~~~~~~~~~~~~~~~~~~~~~~~~~~~~~~~~~~~~~~~~~~~~~~~~~~~~~~~~~~~~~~~~~~~~~~~~~
97 shell_end:
```

```
1  ;c07_userapp.asm:多线程应用程序，李忠，2022-10-29
2
3  ;================================================================
4  section app_header                          ;应用程序头部
5    length      dq app_end                    ;#0：用户程序的总长度（字节数）
6    entry       dq start                      ;#8：用户程序入口点
7    linear      dq 0                          ;#16：用户程序加载的虚拟（线性）地址
8
9  ;================================================================
10 section app_data                            ;应用程序数据段
11
12   tid_prex    db "Thread ", 0               ;线程标识前缀文本
13   pid_prex    db " <Task ", 0               ;进程标识前缀文本
14   cpu_prex    db "> on CPU ", 0             ;处理器标识的前缀文本
15   delim       db " do 1+2+3+...+", 0        ;分隔文本
16   equal       db "=", 0                      ;等于号
17
18 ;================================================================
19 section app_code                            ;应用程序代码段
20
21 %include "..\common\user_static64.lib"
22
23 ;~~~~~~~~~~~~~~~~~~~~~~~~~~~~~~~~~~~~~~~~~~~~~~~~~~~~~~~~~~~~~~~~~~~~
24         bits 64
25
26 thread_procedure:
27         mov rbp, rsp                        ;RBP 访问栈中数据，高级语言中的局部变量。
28         sub rsp, 56
29
30         mov rax, 10                         ;分配内存
31         mov rdx, 288                        ;288 字节
32         syscall
33         mov [rbp-8], r13                    ;RBP-8->总字符串缓冲区的线性地址
34
35         add r13, 128
36         mov [rbp-16], r13                   ;RBP-16->用来保存线程标识的文本
37
38         add r13, 32
39         mov [rbp-24], r13                   ;RBP-24->用来保存任务标识的文本
40
41         add r13, 32
42         mov [rbp-32], r13                   ;RBP-32->用来保存处理器编号的文本
43
44         add r13, 32
45         mov [rbp-40], r13                   ;RBP-40->用来保存加数的文本
```

```
46
47          add r13, 32
48          mov [rbp-48], r13                        ;RBP-48->用来保存累加和的文本
49
50          mov rax, 8                               ;获得当前线程的标识
51          syscall
52          mov r8, rax
53          mov rbx, [rbp-16]
54          call bin64_to_dec                        ;将线程标识转换为字符串
55
56          mov rax, 4                               ;获得当前任务（进程）的标识
57          syscall
58          mov r8, rax
59          mov rbx, [rbp-24]
60          call bin64_to_dec                        ;将进程标识转换为字符串
61
62          mov r12, [rel linear]                    ;当前程序加载的起始线性地址
63
64          mov rax, 0                               ;确定当前程序可以使用的显示行
65          syscall                                  ;可用显示行，DH=行号
66
67          mov dl, 0
68          mov r9b, 0x0f
69
70          mov r8, 0                                ;R8 用于存放累加和
71          mov r10, 1                               ;R10 用于提供加数
72  .cusum:
73          add r8, r10
74          mov rbx, [rbp-48]
75          call bin64_to_dec                        ;本次相加的结果转换为字符串
76
77          xchg r8, r10
78          mov rbx, [rbp-40]
79          call bin64_to_dec                        ;本次的加数转换为字符串
80
81          xchg r8, r10
82
83          mov rax, 6                               ;获得当前处理器的编号
84          syscall
85
86          push r8
87          mov r8, rax
88          mov rbx, [rbp-32]
89          call bin64_to_dec                        ;将处理器的编号转换为字符串
90          pop r8
```

```
91
92          mov rdi, [rbp-8]
93          mov byte [rdi], 0
94
95          lea rsi, [r12 + tid_prex]
96          call string_concatenates                    ;字符串连接, 和 strcat 相同
97
98          mov rsi, [rbp-16]
99          call string_concatenates
100
101         lea rsi, [r12 + pid_prex]
102         call string_concatenates                    ;字符串连接, 和 strcat 相同
103
104         mov rsi, [rbp-24]
105         call string_concatenates
106
107         lea rsi, [r12 + cpu_prex]
108         call string_concatenates
109
110         mov rsi, [rbp-32]
111         call string_concatenates
112
113         lea rsi, [r12 + delim]
114         call string_concatenates
115
116         mov rsi, [rbp-40]
117         call string_concatenates
118
119         lea rsi, [r12 + equal]
120         call string_concatenates
121
122         mov rsi, [rbp-48]
123         call string_concatenates
124
125         mov rax, 2                                   ;在指定坐标显示字符串
126         mov rbx, rdi
127         syscall
128
129         inc r10
130         cmp r10, 10000;000
131         jle .cusum
132
133         mov rsp, rbp                                 ;栈平衡到返回位置
134         ret
135
```

```
136  ;~~~~~~~~~~~~~~~~~~~~~~~~~~~~~~~~~~~~~~~~~~~~~~~~~~~~~~~~~~~~~~~~~~~~
137  main:
138          mov rsi, [rel linear]                ;当前程序加载的起始线性地址
139
140          lea rsi, [rsi + thread_procedure]    ;线程例程的线性地址
141          mov rax, 7                           ;创建线程
142          syscall                              ;创建第一个线程
143          syscall                              ;创建第二个线程
144
145          call thread_procedure                ;普通的例程调用（可返回）
146
147          ret
148  ;~~~~~~~~~~~~~~~~~~~~~~~~~~~~~~~~~~~~~~~~~~~~~~~~~~~~~~~~~~~~~~~~~~~~
149  start:   ;程序的入口点
150
151          ;这里放置初始化代码，比如初始化全局数据（变量）
152
153          call main
154
155          ;这里放置清理代码
156
157          mov rax, 5                           ;终止任务
158          syscall
159
160  ;~~~~~~~~~~~~~~~~~~~~~~~~~~~~~~~~~~~~~~~~~~~~~~~~~~~~~~~~~~~~~~~~~~~~
161  app_end:
```

7.3　本章的任务控制块 PCB 和线程控制块 TCB

在一个多线程的系统中，任务只是一个容器，操作系统调度的基本单位是线程，但线程是隶属于任务的。线程执行时，需要依赖任务所提供的环境，比如地址空间和任务内的公共资源。

为了对任务进行管理，我们需要使用任务控制块 PCB。同样，为了对线程进行管理，也需要一个数据结构，用来记录与线程有关的信息，这就是线程控制块 TCB。

由于任务只是一个容器，所以线程一定是属于某个任务的，而且每个任务都至少有一个线程。如图 7-2 所示，和往常一样，为了对任务进行管理，我们将所有任务的任务控制块 PCB 连接起来，形成一个双向的循环链表。为了记录一个任务都有哪些线程，需要从任务控制块 PCB 开始，按照线程创建的先后顺序将它们的线程控制块 TCB 连接起来，形成一个 TCB 链表。如此一来，我们可以通过 PCB 链表找到每个任务；同时，对于任何一个任务，也可以知道它有哪些线程。

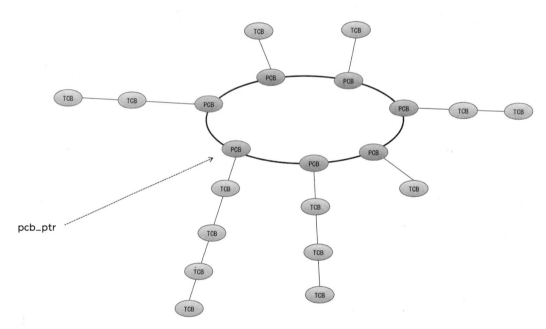

图 7-2　任务控制块 PCB 和线程控制块 TCB 链表

由于引入了线程，任务控制块 PCB 的结构和功能也跟着做了修改。如图 7-3 所示，这是我们为多线程环境设计的任务控制块 PCB。

可以看出，任务控制块还是原来那么大，这是为了与从前保持一致。但是，里面的大部分内容都没有用了，被看成保留的部分。这部分内容在以前是用来保存任务状态的，即用来保存各个寄存器的内容。毕竟在引入多线程以前，每个任务只有一个执行流，而任务控制块用来在任务切换时保存任务状态或者恢复任务的状态。

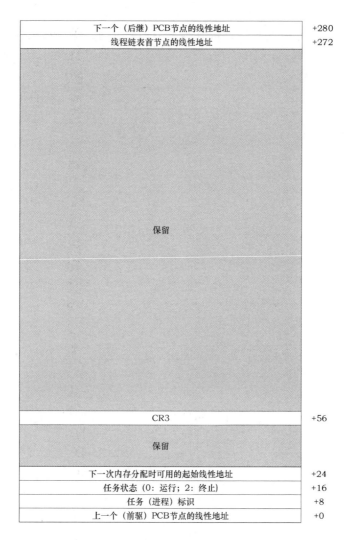

下一个（后继）PCB节点的线性地址	+280
线程链表首节点的线性地址	+272
保留	
CR3	+56
保留	
下一次内存分配时可用的起始线性地址	+24
任务状态（0：运行；2：终止）	+16
任务（进程）标识	+8
上一个（前驱）PCB节点的线性地址	+0

图 7-3　多线程环境下的任务控制块 PCB

在引入线程之后，任务只是个容器，用来包含多个线程，而每个线程也都有它们自己的执行状态。所以，任务控制块 PCB 不能再用来保存任务状态，而需要用每个线程自己的线程控制块 TCB 来保存它们各自的状态。

在任务控制块 PCB 内，和往常一样，偏移为 0 的地方是上一个 PCB 节点的线性地址。

偏移为 8 的地方是任务标识。

偏移为 16 的地方是任务状态。因为操作系统调度的基本单位已经变成线程，而任务只是一个容器，所以任务状态已经简化为两种：运行态和终止态。运行态表明任务是有效的，它至少还有一个线程正在执行；终止态表明任务已经无效，它的所有线程都不再参与调度。

偏移为 24 的地方用于任务运行时的动态内存分配，用来登记下一次内存分配时可用的起始线性地址。

偏移为 56 的地方是 CR3 域，它决定了当前任务的地址空间。

由于引入了多线程，在任务控制块 PCB 中添加了一个字段，即，线程链表首节点的线性地址，它指向任务的第一个线程控制块 TCB。

和从前一样，偏移为 280 的地方是下一个 PCB 节点的线性地址。

下一个（后继）TCB节点的线性地址	+280
保留	
线程抢占的时间片（ms）	+240
RFLAGS	+232
GS	+224
FS	+216
SS	+208
CS	+200
RIP	+192
R15	+184
R14	+176
R13	+168
R12	+160
R11	+152
R10	+144
R9	+136
R8	+128
RSP	+120
RBP	+112
RDI	+104
RSI	+96
RDX	+88
RCX	+80
RBX	+72
RAX	+64
保留	+56
RSP2	+48
RSP1	+40
RSP0	+32
退出（终止）代码	+24
线程状态（0：就绪；1：忙；2：终止）	+16
线程标识	+8
保留	+0

图 7-4　线程控制块 TCB

看完了新版的任务控制块 PCB，再来看一下线程控制块 TCB，如图 7-4 所示。

在线程控制块内偏移为 8 的地方是线程标识，用来唯一地标识一个线程。

偏移为 16 的地方是以数字指示的线程状态。0 是就绪状态，可以随时被执行；1 是忙的状态，即，正在执行；2 是终止状态。

偏移为 24 的位置是终止代码。当线程终止时，可以有一个终止代码，它可以是线程终止的原因，也可以是线程执行的结果。具体的功能由程序的设计者决定。

偏移为 280 的地方是下一个 TCB 节点的线性地址，用来将当前任务的所有线程串联在一起。

线程控制块 TCB 中的剩余部分用来保存线程状态，包括通用寄存器的快照、线程抢占的时间片、特权级转移时所用的三个栈指针等。可以看出，这部分内容在线程控制块内的偏移量与它们当初在任务控制块内的偏移量是一致的，这样做可以确保我们在修改本章的内核程序时尽量复用上一章的代码，也不会在阅读和理解上形成断层。

7.4　任务及其主线程的创建

本章的内核程序是 c07_core.asm，与上一章的内核程序相比肯定是有变化的，毕竟要添加多线程方面的内容。具体有哪些变化，我们会随着讲解的深入逐一说明。没有特别强调或者说明的，意味着那些内容和上一章相同，在本章里没有修改。

和从前一样，内核的执行是从标号 init 这里开始的，从这里开始初始化内核及所有处理器。这部分内容和从前是一模一样的，没有修改。

像往常一样，在内核初始化过程的末尾调用例程 create_process 创建外壳任务，而这个例程和上一章是不一样的，针对多线程环境做了一些修改。

例程 create_process 起始于本章内核程序 c07_core.asm 的第 548 行。进入例程后，首先要为任务控制块 PCB 分配内存，这和从前是一样的。和从前不一样的是，接下来，还要为线程控制块 TCB 分配内存。那么，这个线程控制块对应于哪个线程呢？

在多线程的系统中，任务只是一个容器。正因如此，每个任务至少包含一个线程，不然任务就无法执行。从另一个角度来说，在每个任务控制块 PCB 的下面都至少有一个线程控制块 TCB。

我们知道，每个任务都有一个入口点，处理器从这里进入任务执行。既然每个任务都至少有一个线程，那么很自然地，从这个入口点开始的执行流程就应当创建为一个线程。显然，这也是每个任务的第一个线程，也叫主线程。

主线程是每个任务的第一个线程，是在创建任务的同时创建的。显然，在任务控制块 PCB 下面的第一个 TCB 就是主线程的 TCB。主线程在执行的过程中可以根据需要创建该任务的其他线程，而其他线程也可以再创建新的线程。

既然每个任务都有一个主线程，而且是用任务的入口点创建的，那么在创建一个任务时，还必须为它创建主线程，所以要在内核程序 c07_core.asm 的第 571 行为主线程的线程控制块 TCB 分配内存。

为了方便，从现在开始，R11 专用于保存 PCB 的线性地址，而 R12 专用于保存 TCB 的线性地址。

主线程是新任务的第一个线程，因此，第 574 行将这个线程控制块 TCB 的线性地址登记在任务控制块 PCB 中偏移为 272 的位置。

第 576～598 行都和从前一样，无非是在任务控制块 PCB 中登记下一次内存分配时的起始线性地址；创建新任务的 4 级头表并用它的物理地址填写任务控制块 PCB 的 CR3 域；切换到新任务的地址空间；清空新任务 4 级头表的前半部分。

第 600～606 行为新任务分配特权级转移时所使用的栈，以及新任务自己的栈。由于任务只是一个容器，这两个栈实际上是分配给新任务的主线程的，所以要登记在线程控制块 TCB 中。

第 608～609 行在任务控制块 PCB 中设置新任务的状态为忙（运行）；在线程控制块中设置主线程的状态为就绪。

第 612～640 行从磁盘上加载用户程序，并在线程控制块（而不是任务控制块）中登记执行时的入口地址。在多线程系统中，这个入口地址不再是新任务的入口地址，毕竟任务只是容器。所以，这个入口地址实际上是主线程的入口地址，所以要登记在线程控制块 TCB 中。将来，主线程就是从这个地址开始执行的。

程序加载之后，要登记主线程的代码段选择子和栈段选择子，以及标志寄存器的默认值和推荐的线程执行时间片，这是第 642～649 行的工作。这些信息以前是登记在任务控制块 PCB 内的，现在是登记在线程控制块 TCB 内的，是由主线程来用的。

第 651～652 行生成并登记新任务的标识，这和从前是一样的。

第 654～655 行是本章新增的，用来生成并登记线程的标识。和任务一样，每个线程也都有一个标识，用来在系统中唯一地识别一个线程。

例程 generate_thread_id 位于内核工具文件 core_utils64.wid 里的第 905 行，用来生成一个线程标识。线程标识是从 0 开始的，在例程的上面，第 903 行，用伪指令 dq 开辟了一个 4 字的空间，并初始化为 0，这就是最初的线程标识，可通过标号 _thread_id 引用。

生成线程标识的过程很简单，首先从标号 _thread_id 这里取出一个值作为线程标识，然后将这个标号处的值加一。在多线程环境下，可能会有多个线程在同一时间都来生成线程标识，它们可能会互相干扰，导致生成相同的线程标识。解决这个问题的根本方法是加锁和解锁，但由于这个例程非常简单，像往常一样，只使用我们熟悉的 xadd 指令就可以避免数据竞争。作为习题，请你自行解释第 908 行的指令是如何避免数据竞争的。

回到内核程序中，接下来，我们将线程控制块 TCB 内偏移为 280 的地方清零。这个地方保存着下一个线程控制块 TCB 的线性地址，将其清零意味着这是线程控制块链表中的最后一个节点。

回到内核程序 c07_core.asm。

第 659 行，我们将新任务的任务控制块 PCB 添加到任务控制块链表中，为此需要调用例程 append_to_pcb_link。这个例程和从前一样，没有改变。

末尾的第 663～665 行用来向所有处理器广播新线程认领中断。这三行代码和从前是一样的，没有改变。但是，在上一章里，它们的作用是发送新任务认领中断，而在这里是发送新线程认领中断。代码一样，但含义不同。

从以上描述可以看出，在创建新任务及其主线程的过程中，有些内容依然填写在任务控制块 PCB 中，而有些信息则需要填写在线程控制块 TCB 中。因此，需要结合任务控制块 PCB 和线程控制块 TCB 的格式来阅读这一部分代码。

7.5 线程的调度和切换

线程在创建之后并不是立即执行的，相反，它是在某个不确定的时间点由某个不确定的处理器来执行的，这就涉及线程的调度和切换。

在流行的操作系统里，线程的调度还是比较复杂的，要考虑诸多因素，比如处理器的数量、线程的优先级，同时还要兼顾公平性。所谓线程的优先级，是指一个线程优先执行的级别。一般来说，优先级高的线程优先执行。

对于我们这个小小的系统来说，最主要的目的就是演示多个线程如何在多个处理器上轮流执行，所以只需要考虑线程调度的公平性就行，不需要考虑其他复杂的因素。

7.5.1 新线程认领中断的处理过程

例程 create_process 用来创建一个新任务及其主线程，在例程的末尾还要向所有处理器广播新线程认领中断。此时，所有处理器都将执行新线程认领中断的处理过程。

新线程认领中断的处理过程还是上一章的 new_task_notify_handler，名字没有改，从名字上看是新任务通知的处理过程，而不是新线程通知的处理过程。名字是无所谓的，你就当它既可用于任务，也可用于线程。

和从前一样，进入例程后先向当前处理器的 Local APIC 发送一个中断结束命令 EOI，然后访问当前处理器的专属存储区，判断当前处理器是否正在执行任务。

你可能觉得奇怪，在多线程的系统中，操作系统调度的基本单位不是线程吗？这里应该判断处理器是否正在执行线程才对。话是没有错，但是在多线程的系统中，任务只是一个容器，线程是在任务提供的环境中执行的，离不开任务这个大环境，而且需要使用任务提供的地址空间和相关的资源。正因如此，我们依然需要在处理器专属存储区中保留当前任务的 PCB 线性地址。通过它，我们可以知道当前处理器正在执行哪个任务，同时，还需要通过它来访问这个任务内的相关资源。

同时，由于任务执行的主体是线程，所以还必须在处理器专属存储区内增加一个新的字段，用来指示当前处理器正在执行的线程。如图 7-5 所示，这个字段位于处理器专属存储区内偏移为 32 的地方，即，当前线程的 TCB 线性地址。

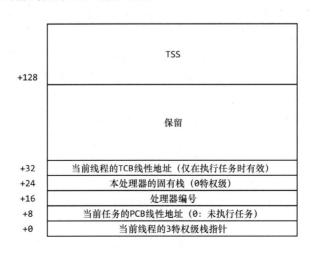

图 7-5 本章的处理器专属存储区布局图

注意，图中的 PCB 线性地址字段和 TCB 线性地址字段是互相关联的。如果 PCB 线性地址字段为零，说明当前处理器并非正在执行任务，那它当然也不可能正在执行线程，毕竟线程属于任务，所以 PCB 线性地址字段为零时，TCB 线性地址字段是没有意义的。

相反，如果 PCB 线性地址字段不为零，说明当前处理器正在执行任务，而且也必然正在执行线程，毕竟任务只是容器，执行任务就是执行任务内的某个线程。所以，PCB 线性地址字段不为零时，TCB 线性地址字段是有意义的，而且也具有非零值。

回到程序中，基于刚才的描述，我们只需要判断当前处理器是否正在执行任务，就可以知道它是否正在执行线程，这实际上是一样的。

如果当前处理器正在执行某个任务，则它应当从中断返回，继续执行原来的任务。否则就调用例程 search_for_a_ready_thread 寻找一个就绪状态的线程。如果没有找到这样的线程，就从中断返回，回到中断前的状态；否则就转入例程 resume_execute_a_thread 恢复并执行刚才找到的线程。

就像我们以前说过的，通过本次中断去执行新的线程后，可能需要很久才能从中断返回，而且不知道是在什么时候返回，只知道是在处理器没有线程执行时才会返回。无论如何，中断返回时，处理器需要从栈中得到返回地址。执行线程时，用的是线程的栈，而在平时，包括在处理中断时，处理器用的是它自己的固有栈，所以现在实际上用的就是处理器的固有栈，返回地址就压在当前栈中，只需要将它的位置保存在当前处理器的专属存储区。

为此，第 334～337 行，在恢复并执行新线程前恢复正确的栈指针。由于在进入例程时压入了三个寄存器，这里只需要将 rsp 减去三个 8 字节，共减去 24 字节，然后把结果保存到当前处理器的专属存储区。

7.5.2　查找处于就绪状态的线程

刚才我们讲的是新线程认领中断的处理过程，在这个过程中需要寻找一个状态为就绪的线程并加以执行，搜索过程是用例程 search_for_a_ready_thread 来完成的，这个例程位于当前内核程序 c07_core.asm 的第 164 行，用来查找一个就绪状态的线程并将其状态设置为忙。例程返回时，用 R11 返回此就绪线程所属任务的 PCB 线性地址；用 R12 返回此就绪线程的 TCB 线性地址。

如果仔细观察，你会发现这个例程和上一章的 search_for_a_ready_task 很像，我们已经把例程名字中的"task"改成了"thread"，返回的参数也从一个变成了两个，例程的代码也和以前有所不同。对任何一个处理器来说，只在以下三种情况下才会执行这个例程：

1．在新任务认领中断发生时，如果处理器正好无事可做，就从系统中寻找一个就绪的线程加以执行；

2．正在执行的线程用完了时间片，需要从系统中寻找一个新的就绪线程加以执行；

3．正在执行的线程终止执行。此时，需要重新从系统中寻找一个新的就绪线程加以执行。

如图 7-2 所示，我们将所有任务的任务控制块 PCB 连接起来，形成一个双向的循环链表，每个节点都有一个前驱节点，也都有一个后继节点，从任何一个 PCB 节点都可以遍历前后的所有节点。这个链表有一个首节点或者说头节点，它是由 pcb_ptr 指向的。同时，每个任务控制块 PCB 都带有一个单向链表，通过这个链表可以找到该任务所有线程的线程控制块 TCB。

对于当前（正在执行搜索代码的）处理器来说，如果它原先并未执行线程，则它应该从链表头部，即，从 pcb_ptr 指向的节点开始搜索。

具体的过程是，对于每个 PCB，要遍历它下面的所有 TCB，看有没有就绪线程。如果有，则返回这个 PCB 和 TCB 的线性地址；如果没有，再按顺序切换到下一个 PCB 并搜索它下面的所有 TCB。就这样一直向后搜索，直至找到一个就绪线程。如果转一圈又回到了头节点，说明不存在就绪线程。

对于当前（正在执行搜索代码的）处理器来说，如果它原先正在执行某个线程，则它只能从这个线程的 TCB 开始向后搜索，看有没有就绪线程。如果有，则返回这个 TCB 和它所属的 PCB 的线性地址；如果没有，再按顺序切换到下一个 PCB 并搜索它下面的所有 TCB，就这样一直向后搜索，直至找到一个就绪线程。如果转一圈又回到了原先的 PCB 节点，说明不存在就绪线程。

基本原理都已经说清楚了，现在回到内核程序中。不管是哪个处理器，只要进入这个例程执行，都会首先取得当前任务的 PCB 线性地址和当前线程的 TCB 线性地址（第 174～177 行）。

接下来，第 179 行判断当前处理器原先是否正在执行任务。如果处理器原先正在执行任务，则我们应该从刚才取得的线程控制块 TCB 开始向后搜索；如果处理器原先并未执行任务，则必须从 PCB 链表的首节点及它的第一个 TCB 开始向后搜索，所以要用 R11 指向任务链表首节点，用 R12 指向 PCB 链表首节点的第一个 TCB 节点。

无论如何，当程序的执行到达标号.nextt 时，R11 指向任务控制块 PCB，R12 指向该任务的某一个线程的线程控制块 TCB。

接下来的工作是遍历 PCB 链表及每个 PCB 下面的 TCB 链表。对于每次遍历，我们需要判断指定的线程控制块是否有效（第 185 行）。如果无效，意味着我们正位于当前 PCB 的 TCB 链表末尾，需要转到标号.nextp 处，切换到 PCB 链表的下一个节点，或者说切换到下一个任务控制块 PCB。否则，第 187～188 行完成线程状态的判断和设置工作。第 189～191 行，如果某个线程控制块 TCB 的状态是就绪，就将它设置为忙，并转到标号.retn 处，用 R11 返回任务控制块的线性地址，用 R12 返回线程控制块的线性地址。相反，如果线程控制块 TCB 的状态为忙，则取得下一个 TCB 节点，再转到前面继续判断。

刚才说了，如果到达 PCB 的 TCB 链表末尾，需要转到标号.nextp 处，切换到 PCB 链表的下一个节点，或者说切换到下一个任务控制块 PCB。每当我们得到下一个 PCB 时，要判断是否转一圈回到初始 PCB 节点。如果是，则说明找不到就绪状态的线程，系统中不存在这样的线程，只能转到标号.fmiss 处，在这里，将 R11 和 R12 都清零，然后返回到当前例程的调用者。相反，如果还没有回到初始的 PCB 节点，则从新的 PCB 中提取 TCB 链表首节点，然后转到标号.nextt 处，遍历该任务的所有线程。

7.5.3　恢复并执行指定的线程

在上述新任务认领中断的处理过程中，先调用例程 search_for_a_ready_thread 寻找一个就绪线程。如果找到了一个就绪线程，就将调用例程 resume_execute_a_thread 恢复并执行这个线程。

例程 resume_execute_a_thread 位于本章内核程序 c07_core.asm 的第 209 行，用来恢复执行

一个线程。进入例程时，要用 R11 传入线程所属的任务的 PCB 线性地址；用 R12 传入线程的 TCB 线性地址。

如果仔细观察，这个例程在本质上就是上一章的 resume_execute_a_task，只不过在这一章 里把例程名字中的"task"改成了"thread"，同时多了一个参数 R12，至于例程的代码，和从前 相比只有一些细微的变化。正因如此，我们可能不会讲得太细，毕竟这些内容你都熟悉，也都 能够理解。

和从前一样，我们首先为新线程指定时间片。唯一与从前不同的是，为线程指定的时间 片存放在线程控制块 TCB 内，而不是任务控制块 PCB 内，请参考线程控制块 TCB 的格式。

接下来，我们设置 APIC 定时器的分频配置寄存器。和从前一样，将其设置为 1 分频或者 说不分频。第 219 行设置 Local APIC 的本地向量表寄存器，为 APIC 定时器指定单次击发模式； 不屏蔽定时器中断，而且中断向量是 0xfd。和从前一样，0xfd 是我们为时间片到期中断指定的 向量号。

准备工作完成后，就可以恢复新线程的原始状态并使之开始执行。如果这个线程是新创建 的，以前没有执行过，也将恢复它在创建时设定的初始执行状态并从指定的入口开始执行。

我们知道，每个线程都有自己独立的执行流程和执行状态，但是线程从属于任务，一个任 务的所有线程共用任务的地址空间。因此，要想让处理器找到并执行此线程，并在线程执行时 能够访问它自己的数据，必须首先切换到该线程所属的那个任务的地址空间。

在程序中，第 221～222 行切换到新线程所属的那个任务的地址空间。

接下来，第 225～226 行在当前处理器的专属存储区内记录与新线程有关的信息，包括新 线程所属的那个任务的 PCB 线性地址，以及新线程的 TCB 线性地址。这实际上是将新线程所 属的任务设置为当前任务，将新线程设置为当前线程。第 227～228 行从新线程的 TCB 中取出 0 特权级的栈指针并传送到当前处理器的 TSS 中。以上操作涉及处理器专属存储区的访问，所 以要用 swapgs 指令来切换段寄存器 GS 的内容。

接下来，第 231～242 行用来从线程控制块 TCB 中恢复通用寄存器的内容。

和从前一样，进入新线程执行的方法是构造一个中断栈帧，然后执行中断返回指令。第 243～247 行就是用新线程的入口地址和新线程的 3 特权级栈构造一个中断栈帧。

第 249 行设置 APIC 定时器的初始计数寄存器。一旦设置，APIC 定时器就立即开始计数。 换句话说，从现在就开始，从这条指令执行之后开始，就计算新线程的运行时间。

最后的 iretq 指令从栈中弹出我们刚才压入的内容到段寄存器 SS、栈指针寄存器 RSP、标 志寄存器 RFLAGS、段寄存器 CS 和指令指针寄存器 RIP，并导致处理器进入新线程执行。

7.5.4　时间片到期中断的处理过程

因为在线程开始执行时设置了时间片，所以当时间片耗尽时，定时器将发出一个中断给正 在执行这个线程的处理器。此时，处理器转去执行时间片到期的中断服务例程。

时间片到期中断的服务例程是 time_slice_out_handler，这个例程在上一章里就已经存在。 在上一章里它用于任务执行时的时间片到期处理，而在本章用于线程执行时的时间片到期处理。 任何一个处理器，当它正在执行某个线程时发生时间片到期中断，就执行这个服务例程。

进入例程后，先给当前处理器的 Local APIC 发送一个中断结束命令 EOI。命令是发送给 EOI 寄存器的，它的地址为 Local APIC 的基地址加上 0xb0。

时间片到期意味着分配给当前线程的执行时间已经用完，需要把它所在的处理器让给其他线程。但是，这需要先调用例程 search_for_a_ready_thread 从系统中寻找一个就绪线程。

如果没有找到状态为就绪的线程，则 R11 返回零。在这种情况下，无法执行线程切换，只能用 jz 指令转到标号.return 执行，在这里执行中断返回，继续执行原来的线程。

如果找到了状态为就绪的线程，就可以切换到这个新线程执行，但前提是必须先保存当前线程的状态以便将来恢复执行。

线程的状态是保存在它的线程控制块 TCB 中的，在处理器的专属存储区内，保存着它正在执行的那个线程的 TCB 线性地址。第 274～277 行访问当前处理器的专属存储区，从中取出当前线程所属任务的 PCB 线性地址和当前线程的 TCB 线性地址，为访问其中的数据做准备。

接下来保存当前任务和线程的状态以便下次执行时恢复，主要是保存控制寄存器 CR3 和通用寄存器的内容。CR3 的内容保存在由 RAX 指向的任务控制块 PCB 中；通用寄存器的内容保存在由 RBX 指向的线程控制块 TCB 中。

注意，下一次，当这个线程又恢复执行时，从哪里执行呢？当然是从当前的中断服务例程返回，返回点位于标号.return 这里。因此，恢复执行时，指令指针寄存器 RIP 的值是标号.return 所在位置的线性地址。这个地址是这样计算的：先从标号 position 这里得到内核加载的起始线性地址（第 295 行），再加上标号.return 在内核程序中的偏移量，或者说它到内核程序起始处的距离（第 296 行）。

当前线程的状态保存完毕，直接用 jmp 指令转到例程 resume_execute_a_thread 恢复新线程的状态并开始执行。由于我们刚讲完这个例程，这里就不再重复。

注意，这条 jmp 指令转去执行新线程，而本次的中断处理过程何时返回呢？很简单，我们刚才已经保存了旧线程的状态，旧线程下次恢复执行时，是从标号.return 这里重新开始执行的，回到上一次被中断的地方。

7.6   系统外壳任务及其主线程的执行

在系统中，第一个被创建的任务是系统外壳任务。创建这个任务的同时还创建了它的第一个线程，或者说主线程，而且它也是第一个被执行的线程。

这个线程由哪个处理器执行，是不确定的。原因很简单，在系统外壳任务创建后要广播新线程认领的中断消息。所有处理器都来认领线程，但是谁能成功，这里面有机会的成分，要看谁的速度快，谁的运气好。

外壳任务对应的程序是 c07_shell.asm，现在来看这个程序。

外壳任务是从标号 start 开始执行的，这是它的入口点。在多线程的系统中，任务只是一个容器，真正执行的是线程。所以，在创建外壳任务的同时还将创建它的主线程，而且主线程的入口点就是任务的入口点。换句话说，外壳任务执行时，实际上是它的主线程开始执行，而且它的主线程是从标号 start 开始执行的，在这里调用例程 main。

在例程 main 内，使用系统调用指令 syscall 创建了 3 个用户任务。这 3 个任务是用同一个用户程序创建的，起始逻辑扇区号是 100。在创建这 3 个任务的同时也将创建它们的主线程，而且它们也将开始执行，然而这是另一回事，与当前的外壳任务没有关系。

创建 3 个用户任务之后，外壳任务继续做自己的事情。外壳任务的工作很简单，就是不停地显示当前时间，同时还要显示它在哪个处理器上执行，以及当前的线程标识。

和以前一样，外壳任务首先通过系统调用的 0 号功能获取一个可用的屏幕坐标行，外壳任务就在这一行上显示自己的信息。

从标号 _time 开始，到指令 jmp _time，这部分是一个无限循环。在每次循环中，首先获取当前的系统时间，然后获取当前处理器的编号。当前处理器就是当前正在执行这一段代码的处理器。在多处理器多任务系统中，任务的本次执行和下一次执行可能位于不同的处理器上。

和上一章不同的是，在显示的信息中增加了一个当前线程的标识。第 60～64 行用来获取当前线程的标识并转换为字符串。

如表 7-1 所示，本章为系统调用增加了几个新的功能。其中，功能号 8 用来获取当前线程的标识。在内核程序 c07_core.asm 里，与该功能号对应的例程是 get_current_tid，它位于第 386 行。

表 7-1　本章的系统调用功能表

功能号	功 能 说 明	参　　数
0	返回下一个可用的屏幕行坐标	返回：DH=行坐标
1	返回当前时间	参数：RBX=存放时间字符串的缓冲区线性地址
2	在指定的坐标位置打印字符串	参数：RBX=字符串的线性地址 DH:DL=屏幕行、列坐标 R9B=颜色属性
3	创建任务（进程）	参数：R8=起始逻辑扇区号
4	返回当前进程的标识	返回：RAX=进程标识
5	终止当前进程	—
6	获取当前处理器的编号	返回：RAX=当前处理器编号（仅低 8 位）
7	创建一个线程	参数：RSI=线程入口的线性地址 RDI=传递给线程的参数 返回：RDX=线程标识
8	返回当前线程的标识	返回：RAX=线程标识
9	终止（结束）当前线程	参数：RDX=返回码
10	用户空间的内存分配	参数：RDX=请求分配的字节数 返回：R13=所分配内存的起始线性地址

现在我们转到内核程序 c07_core.asm 来看这个例程。在例程中，首先保存标志寄存器的内容并用 cli 指令清中断。关闭中断原因是后面有一对 swapgs 指令，在它们之间不能处理中断，免得转去执行那些可能也包含 swapgs 指令的程序，这将引起混乱并出错。

第 390 行从当前处理器的专属存储区内偏移为 32 的地方取得当前线程的 TCB 线性地址；第 391 行从这个线程控制块 TCB 内偏移为 8 的地方取出当前线程的标识。

回到外壳程序 c07_shell.asm。

接下来，第 66～89 行用来连接几个小的字符串，形成一个大的字符串，并在屏幕上予以显示。这个字符串的多数子串都和上一章相同，本章只是多了一个线程标识的子串。

字符串的链接是调用例程 string_concatenates 完成的。这个例程我们以前讲过，这里不再多说。字符串连接之后，再使用系统调用的 2 号功能显示在屏幕上，外壳任务的显示效果如图 7-1 所示，首先是线程标识，然后是任务的名字 "OS SHELL"，接着是它在哪个处理器上执行，最后是当前时间。

7.7　将例程创建为线程

前面说过，在本章的外壳任务中另外创建了 3 个用户任务，在内核中，创建这 3 个用户任务的同时也将创建它们的主线程。这 3 个用户任务是用同一个程序 c07_userapp.asm 创建的，我们来看这个程序。

程序 c07_userapp.asm 是从标号 start 开始执行的，这里是它的入口点，也是用户任务主线程的入口点。对于每个用户任务来说，它们的主线程开始执行后，都调用例程 main，例程 main 的主要工作是创建两个新的线程。

7.7.1　将例程创建为线程

对很多人来说，线程很神秘。然而，它又是如此普通，以至于你可能不知道的是，一个普普通通的例程，在执行时可能就是一个线程。因此，可以将一个普通的例程创建为一个线程。在本章的用户程序中，例程 thread_procedure 就是作为线程来执行的。这个例程稍微有点长，但它是一个普普通通的例程，而且可以作为线程来执行。

有两种方法可以创建一个线程。第一种方法是创建一个任务，在创建任务的同时也将创建它的主线程；第二种方法是在一个线程内部创建其他线程。此时，需要使用系统调用的 7 号功能，它是本章新增的。

系统调用的 7 号功能用来创建一个线程，它需要用 RSI 传入线程入口的线性地址。线程从指定的入口地址开始执行，或者换句话说，从这个入口地址开始的执行流程就是被创建的线程。

线程就像一个例程，在执行时可能需要使用从外部传入的参数。线程的参数是用 RDI 传入的，它可以是一个简单参数，比如一个整数；也可以是一个指向数据结构的地址。是否需要参数，以及参数如何使用，由线程的编写者决定。

如果用系统调用的 7 号功能来创建线程，则线程创建后系统调用立即返回，而且用 RDX 返回该线程的标识。与此同时，被创建的线程可能也已经开始执行，这取决于它何时被调度。

继续来看用户程序 c07_userapp.asm。

我们要使用系统调用的 7 号功能将例程 thread_procedure 创建为线程，这就得先得到这个例程的线性地址。为此，先用第 138 行的 RIP 相对寻址方式从标号 linear 处取得当前程序加载的起始线性地址并传送到 RSI（请思考一下，这个地址数据是在什么时候由谁填写的），然后用第 140 行的 lea 指令加上标号 thread_procedure 代表的汇编地址，即，加上该标号到当前程序起始处的距离，就在 RSI 中得到例程 thread_procedure 的线性地址。

准备工作完成后，第 141～143 行执行系统调用的 7 号功能。由于 syscall 指令执行了两次，所以是用同一个例程创建了两个线程。

7.7.2　创建线程控制块 TCB 和线程私有的栈

在内核中，系统调用的 7 号功能对应于例程 create_thread，用来创建一个线程。让我们回到本章的内核程序 c07_core.asm，这个例程是从第 457 行开始的。

进入例程后的第一件事是创建一个线程控制块 TCB，所以在内核里申请了一段 512 字节的空间。

接下来调用例程 generate_thread_id 生成一个线程标识，并填写在线程控制块 TCB 中偏移为 8 的地方。当前例程返回时，要用 RDX 返回这个线程标识，所以还必须将它复制一份到 RDX 以便将来返回。

第 479 行将线程控制块 TCB 内偏移为 16 的线程状态域设置为 0，即，线程的初始状态为就绪。

在线程内执行时，如果发生 3 特权级到 0 特权级之间的控制转移（比如通过系统调用进入内核），就必须切换栈，为此需要为每个线程都配备一个 0 特权级栈指针。第 481～483 行，在内核空间分配一段内存作为栈空间，并将其顶端的线性地址作为栈指针填写到线程控制块 TCB 的 RSP0 域。

在程序代码执行时，栈是非常必要的基础设施。由于线程是独立的执行流，每个线程也都需要自己独立的栈空间，这是很容易理解的。但是，线程是属于任务的，所以线程的栈空间只能在该线程所属的那个任务的地址空间里分配。

和任务的私有部分一样，线程也是运行在 3 特权级的用户空间的。在任何时候，栈段的特权级别和当前特权级必须一致。所以，线程使用的栈也自然是 3 特权级的栈，在分配栈空间时，自然也必须在任务的局部空间分配。

在任务的局部空间分配内存时，需要调用例程 user_memory_allocate，但必须传入任务控制块 PCB 的线性地址。回忆一下，这是因为每个任务都有自己独立的地址空间，所以要在任务控制块 PCB 中保存下一次内存分配时所使用的起始线性地址。正因如此，首先需要得到当前任务的 PCB 线性地址。我们当前正在创建线程，那么这个线程是谁请求创建的呢？是当前任务里面那个当前正在执行的线程。所以，第 485～492 行，我们从当前处理器的专属存储区内取出当前任务的 PCB 线性地址保存到 R11；再取出当前线程的 TCB 线性地址保存到 R12。像往常一样，在两个 swapgs 指令之间要防止当前处理器发生中断。

得到当前任务的 PCB 之后，第 493～496 行调用例程 user_memory_allocate 分配内存作为新线程的栈空间。

7.7.3　例程返回和结束线程的区别

在本章的用户程序 c07_userapp.asm 中，例程 thread_procedure 用来创建一个线程。一个例程，当它作为一个线程来执行时，就和从前不一样了。

普通的例程是为了被调用而存在的，即，它包含过程返回指令 ret/retf，可以返回到调用者。

但是当一个例程作为线程执行时，它不应该有过程返回指令。原因很简单，处理器在执行过程返回指令时，要从栈中获取返回地址。但是，线程并不是因为它被调用而执行的，所以也就没有返回这一说，更不会在栈中压入一个返回地址。在这种情况下执行过程返回指令，就一定会出现问题。

那么，当一个线程完成了自己的工作之后，它应该如何结束呢？由于线程是一个独立的、可调度的执行单位，当它完成自己的工作后，需要主动向内核请求退出线程调度，即，不再参与线程调度，同时由内核释放它占用的资源。

在本章中，为了终止或者结束当前线程，需要使用系统调用的 9 号功能，这个功能也是本章新增加的，它结束当前线程的执行，并将其标记为终止，使其不再参与线程调度，同时回收它占用的系统资源。

退出线程时，可以用 RDX 指定一个返回码。返回码的具体数值及它的含义是由线程代码的编写者来指定的。比如说，返回码为 0 意味着线程是在完成工作后正常退出的。

回到用户程序中，既然例程 thread_procedure 用来创建一个线程，它就不应该在线程结束时执行 ret 指令，这会导致严重问题。所以例程末尾的 ret 指令应该去掉，换成我们刚才所说的系统调用，就像这样：

```
mov rax, 9
xor rdx, rdx
syscall
```

在这里，先用 RAX 指定功能号 9，要求结束线程，然后用 RDX 指定返回码。由于是正常结束线程，所以返回码为 0。最后用 syscall 指令执行系统调用。注意，这个系统调用是结束线程的，所以它不会返回，是一去不复返的。

问题在于，例程 thread_procedure 的末尾并不是这三行，而是一条 ret 指令。不是说不能使用过程返回指令吗？这又是怎么一回事呢？

7.7.4 如何用 RET 指令结束线程

我们讲过，如果一个例程要用 call 指令调用，则它应该用 ret 指令返回；如果它是作为线程执行的，则不能使用 ret 指令，必须用系统调用来结束执行。但是，在实际的编程工作中，为了方便，我们希望一个例程既能够用来创建一个线程，又能够被当成一个普通的例程用 call 指令调用。

这样做有两个动机。

第一，在进入多线程时代之后，我们希望一些老程序中包含的例程可以不加修改地作为线程来并行执行，这其实就是兼容性，新系统需要兼容老程序，既节省工作量，也避免出问题。

第二，在现实的编程工作中，我们确实有这样的需求，我们希望一些例程既能用 call 指令调用，又能够作为线程来执行。在高级语言，比如 C 语言中，用来创建线程的函数都可以作为函数调用，这是很正常的。

在本章的用户程序 c07_userapp.asm 里，例程 thread_procedure 也具有这样的特点，用户任务的主线程不但用它创建了两个线程（第 138～143 行），还用 call 指令调用了它（第 145 行）。

这有点不可思议，但更不可思议的是，例程 thread_procedure 是以 ret 指令结束的。如此一来，它当然就可以作为一个普通的例程用 call 指令调用。此时，ret 指令可以像往常一样，用来返回到调用者。但与此同时也意味着，如果将这个例程作为线程来执行，这个 ret 指令必须能够终止线程。这是可能的吗？通常来说，这是不可能的，毕竟，ret 指令有它自己固定的功能，它如何执行也是固定的，处理器不可能改变 ret 指令的功能，处理器不可能为线程作出妥协。

既然如此，我们就得自己想办法，就得利用 ret 指令执行的特点，哪怕是绕个弯儿，也要间接达到我们的目的。

回顾一下 ret 指令是如何执行的。ret 指令通常出现在一个例程中，用来返回到该例程的调用者。用 call 指令调用例程时，处理器会在栈中压入一个返回地址。正常情况下，当 ret 指令执行时，栈指针寄存器 RSP 正指向栈中的返回地址。此时，处理器自动从栈中弹出这个地址到指令寄存器 RIP，从而实现控制转移。显然，当例程作为线程执行时，栈中缺少这样一个返回地址。

不过，我们可以想象一下，在一个例程作为线程执行前，我们构造一段用来结束线程的代码，并将这段代码的首地址压入栈中，会有怎样的效果呢？

此时，栈中的返回地址是我们人为设置的，是线程结束代码的地址。在例程中执行 ret 指令一样会发生控制转移，只不过会转去执行我们指定的线程结束代码。如此一来，不就可以让一个例程在不做任何修改的情况下，既能够用 call 指令调用，又能够作为线程执行了吗？说得不错，这确实是一个完美的解决方案，也是我们这一章采用的方案。

7.7.5　在栈中构造结束线程的栈帧

现在我们已经知道，如果例程是用 call 指令调用的，例程执行时将使用调用者提供的栈，call 指令会在栈中压入一个返回地址，ret 指令会用这个地址返回到调用者；如果例程是作为线程执行的，必须为它配备独立的栈，而且我们需要手工在栈中压入线程结束代码的地址。ret 指令执行时，会用这个地址转到线程结束代码执行。

回到内核程序 c07_core.asm，继续来看线程创建例程 create_thread。

刚才说了，当一个例程作为线程执行时，它用的是自己独立的栈。所以，在线程创建时还要为它创建一个独立的栈。第 493～494 行调用例程 user_memory_allocate 在当前任务自己的局部空间里分配内存，作为新线程的栈。

完成内存分配后，用 R14 返回下一次内存分配时所使用的线性地址。由于我们分配的是栈空间，所以 R14 指向完成内存分配后的栈顶位置，如图 7-6 所示。在这幅图中，栈是从高地址往低地址方向推进的。

内存分配之后，第 495 行用 sub 指令将 R14 减去 32。即，向下挪动栈顶位置，在栈中开辟 32 字节的空间。保留这段空间有大用处，马上就会揭晓。

相减之后的 R14 指向线程开始执行时的栈顶位置，这个位置以下的空间由线程在执行时使用。为此，第 496 行将 R14 写入线程控制块 TCB 中偏移为 120 的地方，这里保存着线程开始执行时的 RSP。线程开始执行时，将从这里恢复栈指针到 RSP。

在线程完成工作后，执行 ret 指令时，栈必须是平衡的。即，栈指针寄存器 RSP 必须依然指向线程开始执行时的栈顶位置，并且从这里弹出一个地址到指令指针寄存器 RIP 并完成控制

转移。由于这是一个线程的返回，不是普通例程的返回，所以不是返回到例程的调用者，而是
转去执行线程结束代码。

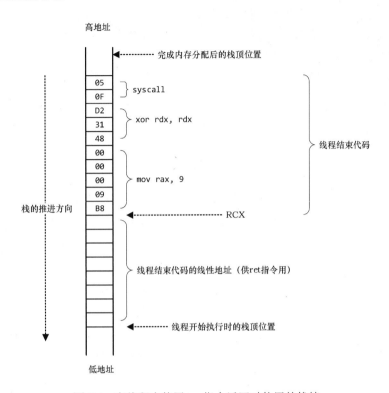

图 7-6　在线程内使用 ret 指令返回时使用的栈帧

这就是说，我们必须在线程开始执行时的栈顶位置以上填写线程结束代码的线性地址，这
个地址是 64 位的，一共占用 8 字节。线程结束代码在哪里呢？在这 8 字节以上是线程结束代码。
为此，我们用第 498 行的 lea 指令得到线程结束代码的起始线性地址。由于 R14 指向线程开始
执行时的栈顶位置，在距离这个位置 8 字节的地方是线程结束代码，所以线程结束代码的起始
线性地址是 R14+8，我们将这个结果传送到 RCX。如图 7-6 所示，RCX 指向线程结束代码的起
始位置。

由于我们已经得到了线程结束代码的线性地址，在 RCX 中，现在就可以将它写入线程开
始执行时的栈顶位置以上（由 R14 指向），这是第 499 行的工作。

接下来，我们就从 RCX 指向的这个位置开始写入线程结束代码。我们在前面已经介绍过
线程结束代码，实际上就三条指令，分别是：

```
mov rax, 9      ;这条指令用来指定系统调用的功能号，9 号功能是结束线程
                ;这条指令的机器码是 b8 09 00 00 00
xor rdx, rdx    ;用来指定线程结束代码，这条指令的机器码是 48 31 d2
syscall         ;用来执行系统调用，它的机器码是 0f 05
```

在内核程序中，第 501～512 行从 RCX 指向的位置开始，依次填写以上三条指令的机器码。

将来线程执行时，如果遇到 ret 指令，就从这里弹出线程结束代码的地址到指令指针寄存器 RIP，转到这里执行这三条用来结束线程的指令。现在唯一问题是，你可能会很惊讶：只有代码段才能被执行，线程结束代码位于栈中，它可以执行吗？

当然可以，这是没有问题的。在 64 位模式下强制使用平坦内存模式，所有段都是同一个段，所有段的基地址都是 0。线程结束代码虽然位于栈中，但它也可以认为是在代码段中，毕竟栈段和代码段是同一个段。

7.7.6 将 TCB 添加到当前任务的 TCB 链表

回到内核程序 c07_core.asm 继续创建线程。

第 514 行，将线程的入口点保存到线程控制块 TCB 中偏移为 192 的地方。入口点的线性地址是用 RSI 传入的，这是线程将来执行时，指令指针寄存器 RIP 的初始值。

第 516～522 行是在线程控制块 TCB 中填写线程的代码段选择子、线程的栈段选择子、线程执行时的标志寄存器映像、推荐的线程执行时间片。至此，线程控制块 TCB 填写完毕。

新线程是由当前任务创建的，归当前任务所有，所以，要将它的线程控制块 TCB 添加到该任务的 TCB 链表尾部。即，它是 TCB 链表的最后一个节点。既然是最后一个节点，该 TCB 内偏移为 280 的下一个 TCB 线性地址域必须设置为 0 以表明它是链表中的最后一个节点，这是第 524 行的工作。

既然是在当前任务的 TCB 链表尾部添加新节点，那么，按道理来说，我们需要先访问当前任务的任务控制块 PCB，从中找到 TCB 链表的首节点，再遍历 TCB 链表，找到链表的尾节点。

但是，当前正在执行的线程也是属于当前任务的，也必然位于当前任务的 TCB 链表中。我们可以直接从当前线程的 TCB 开始向后遍历，直至到达 TCB 链表的尾部。当前线程的 TCB 线性地址我们已经在前面得到，位于 R12 中，我们用一个循环从当前线程的 TCB 节点开始向后遍历。

在每轮循环中，我们先用 xor 指令将 RAX 清零，然后用 cmpxchg 指令判断当前 TCB 节点是否存在后继。如果 R12+280 的地方为零，说明不存在后继，这条 cmpxchg 指令将 RBX 的值写入 R12+280 的地方，同时标志寄存器的零标志 ZF 置位。此时意味着我们已经成功地将新线程的 TCB 添加到 TCB 链表尾部，而这条 jz 指令也将导致处理器转到标号.linked 处执行。

如果 R12+280 的地方非零，说明这不是 TCB 链表上的最后一个节点。此时，处理器将R12+280 处的值写入 RAX，并将标志寄存器的零标志 ZF 清零。所以，这条 jz 指令不会发生转移，而是顺序执行第 530 行的 mov 指令，取得下一个 TCB 节点的线性地址，并转到标号.again处继续下一轮循环，处理下一个 TCB 节点。

需要说明的是，在整个系统中可能有多个处理器在同时执行处理 TCB 链表的代码。比如说，有的处理器正在创建任务，需要向 PCB 链表中添加新的 PCB；有的处理器正在创建线程，需要向 TCB 链表中添加新的 TCB；有的处理器正在搜索状态为就绪的 TCB 节点；等等。

在整个系统中，PCB 链表和 TCB 链表是共享的，当一个处理器正在处理链表上的某个节点时，其他处理器不应该使用或者处理这个节点。要做到这一点，就必须在 cmpxchg 指令前添加 lock 前缀，使得在此指令执行期间，被操作的内存区域是锁定的，访问这个内存区域的其他处理器都被阻塞。

一旦将 TCB 添加到 TCB 链表中，就可以像往常一样向所有处理器广播新线程认领中断（第 533~535 行）。如果某个处理器正好无事可做，它就可以认领并执行这个新线程。

7.8　线程的执行

线程创建完毕之后，我们跟随系统调用的返回转到用户程序 c07_userapp.asm。

在用户任务的主线程内，我们用例程 thread_procedure 创建了两个新的线程，这实际上是将这个例程作为线程执行。

在新线程被创建并开始执行的同时，主线程也继续往下执行。非常有趣的是，主线程可以用 call 指令调用例程 thread_procedure（第 145 行）。此时，例程是作为主线程的一部分执行的，这与它作为线程执行是不同的。

7.8.1　动态内存分配

现在，我们将注意力转到例程 thread_procedure。这个例程稍微有点长，它的工作是显示从 1 到 10000 的累加过程。当然，是 10000 还是 1000000 或者别的数字，是可以在这里修改的，这都不是重点。

和往常一样，需要将数字转换为字符串才能在屏幕上显示。转换时，需要使用一个存储区域，或者叫缓冲区，来存储转换后的字符串。由于每个线程都执行自己独立的累加过程，在同一时刻，每个线程正在累加的数字和它转换后的字符串都不一样，它们不能共用同一个缓冲区，否则将引起冲突。换句话说，我们不能再像往常一样，用伪指令 db 来预先开辟一个固定的缓冲区供所有线程共享，而只能为每个线程都准备一个独立的缓冲区。那么，如何为每个线程都准备一个独立的缓冲区呢？

有高级语言编程经验的人可能会想到，最好的办法是使用动态内存分配。此时，线程所需要的内存不是预留的，而是根据需要动态分配的，就像高级语言里面的动态内存分配。

在本章里，我们为系统调用增加了一个 10 号功能，用来执行用户空间的内存分配。请求此系统调用服务时，要用 RDX 指定请求分配的字节数；系统调用返回时，用 R13 返回所分配内存的起始线性地址。

转到本章的内核程序 c07_core.asm，从它的第 43 行可以看出，系统调用的 10 号功能对应的例程是 memory_allocate。但是，这个例程并不在内核程序里，而位于内核公共例程文件 core_utils64.wid 中。

现在我们转到内核公共例程文件 core_utils64.wid 并定位到第 934 行。

这个例程非常简单，它首先访问当前处理器的专属存储区，从中取得当前任务的 PCB 线性地址到 R11 中。

接着，调用例程 user_memory_allocate，在当前任务的局部地址空间里分配内存。我们知道，这个例程需要用 R11 传入任务控制块 PCB 的线性地址，用 RCX 传入要求分配的字节数。

最后，ret 指令返回到调用者。

7.8.2 在栈中保存所有缓冲区的线性地址

前面说到，由于每个线程都执行各自独立的累加过程，在同一时间，每个线程正在累加的数字及中间结果都不相同，所以要使用各自独立的缓冲区来完成数字到字符串的转换工作。

在累加的过程中，除了要显示正在累加的数字，以及当前的累加结果，还要显示当前线程的标识、当前线程所属的那个任务的标识，以及它在哪个处理器上执行，即，还要显示当前处理器的编号。这些标识和编号都是数字，同样要使用缓冲区来保存转换后的字符串。因此，我们需要在线程中使用以下几个缓冲区：

1. 线程标识文本的缓冲区，用来存放线程标识的文本；
2. 任务标识文本的缓冲区，用来存放任务标识的文本；
3. 处理器编号文本的缓冲区，用来存放处理器编号的文本；
4. 加数文本的缓冲区，用来存放当前正在累加的数字的文本；
5. 累加和文本的缓冲区，用来存放当前的累加和的文本；
6. 总字符串的缓冲区，用来将以上文本连接起来，生成一个总的字符串并予以显示。

以上 6 个缓冲区是每个线程都需要用动态内存分配来创建的，但是为了方便，我们不需要使用系统调用来分配 6 次，而只需要分配一次，然后将分配来的内存切割成 6 个部分使用就可以了。

如图 7-7 所示，我们一次性分配 288 字节，其中第一部分是总字符串的缓冲区，长度是 128 字节；第二部分是线程标识文本的缓冲区，长度是 32 字节；第三部分是任务标识文本的缓冲区，长度是 32 字节；第四部分是处理器编号文本的缓冲区，长度是 32 字节；第五部分是加数文本的缓冲区，长度是 32 字节；最后一部分是累加和文本的缓冲区，长度是 32 字节。

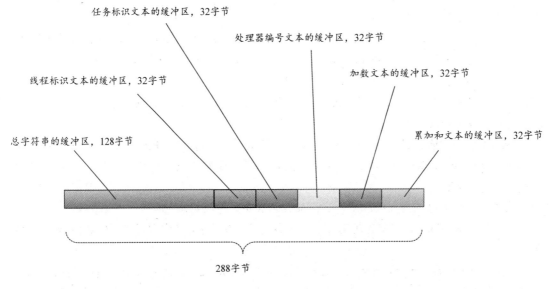

图 7-7　缓冲区的组成示意图

内存分配之后的问题在于如何保存这些缓冲区的地址，以便在后面通过这些地址来访问它们。实际上，最好的办法是将它们保存到每个线程自己的栈中。

回到程序 c07_userapp.asm，如果 thread_procedure 是作为例程来调用的，它用的是调用者的栈。进入例程后，栈指针寄存器 RSP 正指向 call 指令压入的例程返回地址。

如果 thread_procedure 是作为线程来执行的，它使用自己的私有栈。线程开始执行时，栈指针寄存器 RSP 正指向线程结束代码的地址。

显然，如图 7-8 所示，在一开始的时候，栈指针寄存器 RSP 总是指向例程返回地址或者线程结束代码的地址。

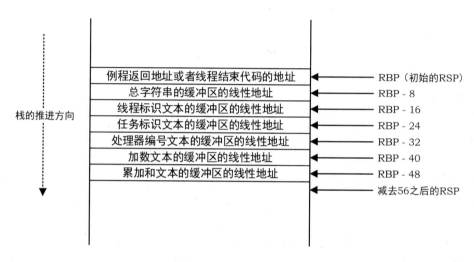

图 7-8　在栈中压入的缓冲区地址示意图

为了保存缓冲区的线性地址，在程序中，我们将 RSP 的初始值复制到 RBP。所以，在图 7-8 中，RBP 指向例程返回地址或者线程结束代码的地址。为清楚起见，我们还特意标注"初始的 RSP"。

复制之后，再将 RSP 减去 56。减去 56 之后的 RSP 指向图中所示的位置，从这里开始向下的空间用来执行正常的栈操作，而中间的这一部分空间用来保存各个缓冲区的线性地址。即，用来保存指向各个缓冲区的指针。

接下来，我们通过系统调用的 10 号功能，动态分配一个 288 字节的内存空间。这段内存空间的首地址是用 R13 返回的，它也是总字符串缓冲区的线性地址，我们将它保存到栈中 RBP-8 的位置。

再往下，我们将 R13 加上 128，得到线程标识文本的缓冲区的线性地址。我们将它保存到栈中 RBP-16 的位置。

使用相同的方法，我们依次得到其他缓冲区的线性地址，并将它们都写入栈中。RBP-24 的位置是任务标识文本的缓冲区的线性地址；RBP-32 的位置是处理器编号文本的缓冲区的线性地址；RBP-40 的位置是加数文本的缓冲区的线性地址；RBP-48 的位置是累加和文本的缓冲区的线性地址。

7.8.3　字符串的生成、连接和打印

继续来看用户程序 c07_userapp.asm。

我们已经为所有缓冲区都分配了内存，并在栈中保存了它们的地址。接下来，我们用系统调用的 8 号功能获得当前线程的标识并转换为字符串，保存这个字符串的缓冲区的地址是从栈中 RBP-16 的位置取得的。

再往下，我们用系统调用的 4 号功能获得当前任务的标识并转换为字符串，保存这个字符串的缓冲区的地址是从栈中 RBP-24 的位置取得的。

接下来，我们用系统调用的 0 号功能获取一个可用的屏幕行坐标，当前线程就在这一行上显示自己的信息。

第 70～131 行是一个从 1 累加到 10000 的循环，所以是循环 10000 次。在每轮循环中，首先用 add 指令完成累加，然后将本次累加的结果转换为字符串。保存这个字符串的缓冲区的地址是从栈中 RBP-48 的位置取得的。

接下来，将本轮循环中的加数也转换为字符串。保存这个字符串的缓冲区的地址是从栈中 RBP-40 的位置取得的。

再往下，用系统调用的 6 号功能获取当前处理器的编号，即，当前正在执行这段代码的处理器的编号。获取之后，再转换为字符串。保存这个字符串的缓冲区的地址是从栈中 RBP-32 的位置取得的。

至此，所有字符串都已经准备完毕，可以将它们连接起来形成一个完整的字符串。字符串的连接工作依然是用例程 string_concatenates 完成的。字符串连接的代码很长，这里就不再详细说明，请自行分析一下具体的连接过程，以及都连接了哪些字符串。注意，有些字符串是预定义的。比如说在标号 tid_prex 处用伪指令 db 定义的字符串"Thread "就是预定义的。这些字符串是当前任务的所有线程共享的，所有线程都要用到这些字符串，所有线程都可以看见它并访问它们。这些字符串的内容是固定的，所有线程都只是获取它们的内容，而不会改变它们，所以不存在数据竞争的问题。

字符串连接之后，我们用系统调用的 2 号功能在指定的坐标位置显示这个字符串，并在未完成累加过程时继续下一轮循环。

7.9　线程的结束和任务的终止

继续来看用户程序 c07_userapp.asm。

累加和打印的过程结束后，第 133 行将 RSP 还原到刚开始的位置，即，使得 RSP 依然像当初（刚进入这个例程的时候）一样指向例程返回地址或者线程结束代码的地址。例程的最后是一条 ret 指令，如果当前执行流是作为主线程的一个例程调用的，这条 ret 指令将返回到调用者；如果当前执行流是一个线程，则这条 ret 指令转到线程结束代码执行。

实际上，以上两种情况在本章里都存在。首先，第 145 行是在主线程内用 call 指令调用例程 thread_procedure，这是普通的例程调用，并将返回到调用者，返回点在第 147 行。

第 147 行是一条 ret 指令，这条 ret 指令继续返回，返回点在第 157 行。在这里，用系统调用的 5 号功能执行系统调用，终止当前任务。系统调用的 5 号功能在内核程序中对应的例程是 terminate_process，用于终止当前任务。这个例程以前就有，但是在本章做了一些修改。

现在我们转到内核程序 c07_core.asm，例程 terminate_process 起始于第 432 行。

和往常一样，我们先设置 APIC 定时器的本地向量表入口寄存器，使之处于被屏蔽状态，不能向当前处理器发送时间片到期中断，其原因已经在上一章里解释过。

接下来，从当前处理器的专属存储区里取得当前任务的 PCB 线性地址，然后，将任务的状态设置为 2，即，设置为终止。终止任务实际上也是结束当前线程，毕竟任务只是一个容器，终止当前任务的工作是由当前线程执行的。因此，要从当前处理器的专属存储区内取得当前线程的 TCB 线性地址，并将线程的状态设置为 2，即设置为终止。

终止一个任务时，应当对这个任务及它的线程做些什么呢？这里有两种方案或者说选择。第一种是，终止一个任务，也将终止该任务的所有线程；第二种是，终止一个任务，只是将任务设置为终止状态，并将当前线程终止，但该任务的其他线程还可以执行，直至结束。

在这里，我们选择的实际上是第二种。但是，作为一个课后作业，我希望你有能力将我们这个系统设计成能够按第一种方案工作。

设置当前任务和当前线程的状态之后，我们从当前处理器的专属存储区内取出当前处理器的固有栈指针，并切换到当前处理器的固有栈。然后，像往常一样，从系统中寻找另一个就绪状态的线程，并切换到该线程执行。如果找不到这样的线程，则用 iretq 指令返回到处理器执行线程前的代码。

回到用户程序 c07_userapp.asm。

在本章里，除了作为一个普通的例程在主线程里调用，例程 thread_procedure 还被作为线程执行。在这种情况下，它末尾的 ret 指令执行后，将转到线程结束代码执行。线程结束代码是在线程创建时在栈中写入的三条指令，用来执行功能号为 9 的系统调用，从而结束当前线程的执行。

再转到内核程序 c07_core.asm。

系统调用的 9 号功能在内核程序中对应的例程是 thread_exit，这个例程起始于内核程序里的第 410 行。

在这个例程中，首先是从当前处理器的专属存储区内取出当前线程的 TCB 线性地址供后面使用；然后从当前处理器的专属存储区内取出当前处理器的固有栈指针，并切换到当前处理器的固有栈。毕竟，当前线程一结束，就不能再使用当前线程的栈。

栈切换之后，第 419 行将当前线程的状态设置为 2，即，设置为终止。然后，从系统中寻找另一个就绪状态的线程，并切换到该线程执行。如果找不到这样的线程，则用 iretq 指令返回到处理器执行线程前的代码。

我们刚才忘了说，线程结束时，还要用第 420 行的指令设置线程结束代码。线程结束代码用 RDX 传入，可直接写入线程控制块 TCB 内偏移为 24 的位置。

7.10　程序的编译和执行

到这里，本章的程序就全部讲完，系统的执行逻辑也已经理清楚。接下来就可以在虚拟机上观察执行效果。

先编译本章的三个程序，然后参照图 7-9 将编译后的文件写入虚拟硬盘。包括第 3 章的主引导程序和内核加载器程序，以及本章的内核文件、外壳文件和用户程序文件。

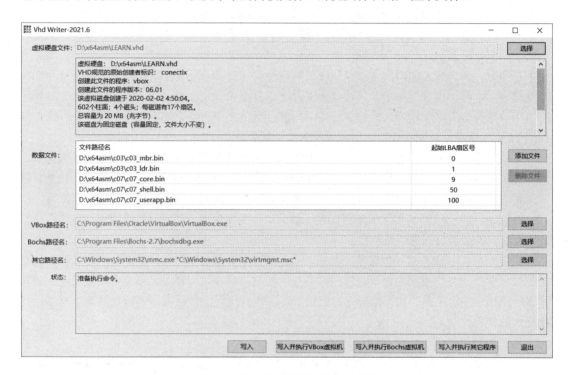

图 7-9　将本章的程序写入虚拟硬盘

准备好程序文件后，就可以单击"写入并执行 VBox 虚拟机"来运行这些程序并观察执行的效果。执行的效果如本章开头的图 7-1 所示。

思考题：

在处理器专属存储区内，偏移为 8 的地方是当前正在执行的任务的 PCB 线性地址；偏移为 32 的地方是当前正在执行的线程的 TCB 线性地址。我们用这两个位置来判断当前处理器是否正在执行线程。同时，新任务/线程认领中断发生时，只有那些空闲的处理器才有资格认领并执行新任务/线程。在本章里，任务或者线程终止时，并未将这两个位置清零，这会造成什么问题？为什么在本章里没有显现？要纠正这个问题，应如何修改程序？

第 8 章　数据竞争和互斥锁

在上一章里我们认识了多线程，也认识了数据竞争。进入多线程的世界之后，如果所有线程都是完全独立的，倒也无话可说，只管享受多线程带来的好处就行了，但这种情况很少见，更多的情况是多个线程需要共享一些数据。当多个线程都在同一时间访问同一个数据，并且至少有一个是写操作的时候，访问冲突就发生了，我们称之为数据竞争。

解决数据竞争的根本方法是避免来自不同处理器的、针对相同内存位置的读–改–写操作互相交叉。如果读–改–写过程很简单，比如只涉及单条指令，那么最简单的办法就是使用 lock 前缀，使之执行锁定的原子操作。

如果读–改–写操作需要很多步骤，无法用单条指令完成，那么，要避免数据竞争，就要避免来自不同处理器的、针对相同内存位置的操作互相交叉，即，每次只允许一个处理器执行一个完整的读–改–写操作。要做到这一点，就必须使用锁，比如互斥锁。

在这一章里，我们首先介绍线程休眠的方法，即，线程主动让自己停止执行，在指定的时间之后再恢复执行。接下来，我们用一个实例来演示数据竞争是如何产生的，然后介绍如何用锁定的原子操作和互斥锁来避免数据竞争。

8.1　本章代码清单

本章继续沿用第 3 章的主引导程序 c03_mbr.asm 和内核加载器程序 c03_ldr.asm，但本章有自己的内核程序和用户程序。

文件 c08_core.asm 是本章的内核程序。

文件 c08_shell.asm 是本章的外壳程序。

文件 c08_userapp0.asm 是本章的第一个用户程序，用来演示线程休眠和数据竞争。

文件 c08_userapp1.asm 是本章的第二个用户程序，用来演示如何用锁定的原子操作避免数据竞争。

文件 c08_userapp2.asm 是本章的第三个用户程序，用来演示如何用互斥锁避免数据竞争。

文件 c08_userapp3.asm 是本章的最后一个用户程序，用来说明互斥锁如何使用才能提升程序的性能。

```
1  ;c08_core.asm: 多处理器多线程内核，李忠，2022-11-27
2
3  %define __MP__
4
5  %include "..\common\global_defs.wid"
6
7  ;===============================================================
8  section core_header                         ;内核程序头部
9    length      dd core_end                   ;#0: 内核程序的总长度（字节数）
10   init_entry  dd init                       ;#4: 内核入口点
11   position    dq 0                          ;#8: 内核加载的虚拟（线性）地址
12
13 ;===============================================================
14 section core_data                           ;内核数据段
15   acpi_error    db "ACPI is not supported or data error.", 0x0d, 0x0a, 0
16
17   num_cpus    db 0                          ;逻辑处理器数量
18   cpu_list    times 256 db 0                ;Local APIC ID 的列表
19   lapic_addr  dd 0                          ;Local APIC 的物理地址
20
21   ioapic_addr dd 0                          ;I/O APIC 的物理地址
22   ioapic_id   db 0                          ;I/O APIC ID
23
24   ack_cpus    db 0                          ;处理器初始化应答计数
25
26   clocks_1ms  dd 0                          ;处理器在 1ms 内经历的时钟数
27
28   welcome     db "Executing in 64-bit mode.Init MP", 249, 0
29   cpu_init_ok db " CPU(s) ready.", 0x0d, 0x0a, 0
30
31   buffer      times 256 db 0
32
33   sys_entry   dq get_screen_row             ;#0  获取一个可用的屏幕行坐标
34               dq get_cmos_time              ;#1  获取 CMOS 时间
35               dq put_cstringxy64            ;#2  在指定坐标打印字符串
36               dq create_process             ;#3  创建任务
37               dq get_current_pid            ;#4  获取当前任务的标识
38               dq terminate_process          ;#5  终止当前任务
39               dq get_cpu_number             ;#6  获取当前 CPU 的标识
40               dq create_thread              ;#7  创建线程
41               dq get_current_tid            ;#8  获取当前线程的标识
42               dq thread_exit                ;#9  退出当前线程
43               dq memory_allocate            ;#10 用户空间内存分配
44               dq waiting_for_a_thread       ;#11 等待指定的线程
45               dq init_mutex                 ;#12 初始化互斥锁
```

```
46              dq acquire_mutex                ;#13 获取互斥锁
47              dq release_mutex                ;#14 释放互斥锁
48              dq thread_sleep                 ;#15 线程休眠
49
50  pcb_ptr     dq 0                            ;进程控制块 PCB 首节点的线性地址
51
52 ;==============================================================================
53 section core_code                            ;内核代码段
54
55 %include "..\common\core_utils64.wid"        ;引入内核用到的例程
56 %include "..\common\user_static64.lib"
57
58       bits 64
59
60 ;~~~~~~~~~~~~~~~~~~~~~~~~~~~~~~~~~~~~~~~~~~~~~~~~~~~~~~~~~~~~~~~~~~~~~~~~~~~~~~~~~
61  _ap_string    db 249, 0
62
63 ap_to_core_entry:                            ;应用处理器（AP）进入内核的入口点
64       ;启用 GDT 的高端线性地址并加载 IDTR
65       mov rax, UPPER_SDA_LINEAR
66       lgdt [rax + 2]                         ;只有在 64 位模式下才能加载 64 位线性地址部分
67       lidt [rax + 0x0c]                      ;只有在 64 位模式下才能加载 64 位线性地址部分
68
69       ;为当前处理器创建 64 位模式下的专属栈
70       mov rcx, 4096
71       call core_memory_allocate
72       mov rsp, r14
73
74       ;创建当前处理器的专属存储区（含 TSS），并安装 TSS 描述符到 GDT
75       mov rcx, 256                           ;专属数据区的长度，含 TSS。
76       call core_memory_allocate
77       lea rax, [r13 + 128]                   ;TSS 开始于专属数据区内偏移为 128 的地方
78       call make_tss_descriptor
79
80       mov r15, UPPER_SDA_LINEAR              ;系统数据区的高端线性地址（低端亦可）
81
82       mov r8, [r15 + 4]                      ;R8=GDT 的线性地址
83       movzx rcx, word [r15 + 2]             ;RCX=GDT 的界限值
84       mov [r8 + rcx + 1], rsi                ;TSS 描述符的低 64 位
85       mov [r8 + rcx + 9], rdi                ;TSS 描述符的高 64 位
86
87       add word [r15 + 2], 16
88       lgdt [r15 + 2]                         ;重新加载 GDTR
89
90       shr cx, 3                              ;除以 8（消除余数），得到索引号
```

```
91          inc cx                                      ;索引号递增
92          shl cx, 3                                   ;将索引号移到正确位置
93
94          ltr cx                                      ;为当前处理器加载任务寄存器 TR
95
96          ;将处理器专属数据区首地址保存到当前处理器的型号专属寄存器 IA32_KERNEL_GS_BASE
97          mov ecx, 0xc000_0102                        ;IA32_KERNEL_GS_BASE
98          mov rax, r13                                ;只用 EAX
99          mov rdx, r13
100         shr rdx, 32                                 ;只用 EDX
101         wrmsr
102
103         ;为快速系统调用 SYSCALL 和 SYSRET 准备参数
104         mov ecx, 0x0c0000080                        ;指定型号专属寄存器 IA32_EFER
105         rdmsr
106         bts eax, 0                                  ;设置 SCE 位，允许 SYSCALL 指令
107         wrmsr
108
109         mov ecx, 0xc0000081                         ;STAR
110         mov edx, (RESVD_DESC_SEL << 16) | CORE_CODE64_SEL
111         xor eax, eax
112         wrmsr
113
114         mov ecx, 0xc0000082                         ;LSTAR
115         mov rax, [rel position]
116         lea rax, [rax + syscall_procedure]          ;只用 EAX 部分
117         mov rdx, rax
118         shr rdx, 32                                 ;使用 EDX 部分
119         wrmsr
120
121         mov ecx, 0xc0000084                         ;FMASK
122         xor edx, edx
123         mov eax, 0x00047700                         ;要求 TF=IF=DF=AC=0；IOPL=00
124         wrmsr
125
126         mov r15, [rel position]
127         lea rbx, [r15 + _ap_string]
128         call put_string64                           ;位于 core_utils64_mp.wid
129
130         swapgs                                      ;准备用 GS 操作当前处理器的专属数据
131         mov qword [gs:8], 0                         ;没有正在执行的任务
132         xor rax, rax
133         mov al, byte [rel ack_cpus]
134         mov [gs:16], rax                            ;设置当前处理器的编号
135         mov [gs:24], rsp                            ;保存当前处理器的固有栈指针
```

```
136         swapgs
137
138         inc byte [rel ack_cpus]                 ;递增应答计数值
139
140         mov byte [AP_START_UP_ADDR + lock_var], 0;释放自旋锁
141
142         mov rsi, LAPIC_START_ADDR               ;Local APIC 的线性地址
143         bts dword [rsi + 0xf0], 8               ;设置 SVR 寄存器，允许 LAPIC
144
145         sti                                     ;开放中断
146
147   .do_idle:
148         hlt
149         jmp .do_idle
150
151 ;~~~~~~~~~~~~~~~~~~~~~~~~~~~~~~~~~~~~~~~~~~~~~~~~~~~~~~~~~~~~~~~~~~~~~
152 general_interrupt_handler:                      ;通用中断处理过程
153         iretq
154
155 ;~~~~~~~~~~~~~~~~~~~~~~~~~~~~~~~~~~~~~~~~~~~~~~~~~~~~~~~~~~~~~~~~~~~~~
156 general_exception_handler:                      ;通用异常处理过程
157                                                 ;在 24 行 0 列显示红底白字的错误信息
158         mov r15, [rel position]
159         lea rbx, [r15 + exceptm]
160         mov dh, 24
161         mov dl, 0
162         mov r9b, 0x4f
163         call put_cstringxy64                    ;位于 core_utils64_mp.wid
164
165         cli
166         hlt                                     ;停机且不接受外部硬件中断
167
168   exceptm     db "A exception raised,halt.", 0   ;发生异常时的错误信息
169
170 ;~~~~~~~~~~~~~~~~~~~~~~~~~~~~~~~~~~~~~~~~~~~~~~~~~~~~~~~~~~~~~~~~~~~~~
171 handle_waiting_thread:                          ;处理等待其他线程的线程
172                                                 ;输入：R11=线程控制块 TCB 的线性地址
173         push rbx
174         push rdx
175         push r11
176
177         mov rbx, r11
178
179         mov rdx, [r11 + 56]                     ;被等待的线程的标识
180         call search_for_thread_id
```

```
181         or r11, r11                         ;线程已经被清理了吗？
182         jz .set_th
183         cmp qword [r11 + 16], 2             ;线程是终止状态吗？
184         jne .return                         ;不是。返回（继续等待）
185   .set_th:
186         mov qword [rbx + 16], 0             ;将线程设置为就绪状态
187
188         mov r11, LAPIC_START_ADDR           ;Local APIC 的线性地址
189         mov dword [r11 + 0x310], 0
190         mov dword [r11 + 0x300], 0x000840fe ;向所有处理器发送线程认领中断
191   .return:
192         pop r11
193         pop rdx
194         pop rbx
195
196         ret
197
198 ;~~~~~~~~~~~~~~~~~~~~~~~~~~~~~~~~~~~~~~~~~~~~~~~~~~~~~~~~~~~~~~~~~~~~~~~~~~~~~~
199 handle_waiting_flag:                        ;处理等待标志的线程
200                                             ;输入：R11=线程控制块 TCB 的线性地址
201         push rax
202         push rbx
203         push rcx
204
205         mov rax, 0
206         mov rbx, [r11 + 56]                 ;被等待的标志的线性地址
207         mov rcx, 1
208         lock cmpxchg [rbx], rcx
209         jnz .return
210
211         mov qword [r11 + 16], 0             ;将线程设置为就绪状态
212
213         mov rbx, LAPIC_START_ADDR           ;Local APIC 的线性地址
214         mov dword [rbx + 0x310], 0
215         mov dword [rbx + 0x300], 0x000840fe ;向所有处理器发送线程认领中断
216
217   .return:
218         pop rcx
219         pop rbx
220         pop rax
221
222         ret
223
224 ;~~~~~~~~~~~~~~~~~~~~~~~~~~~~~~~~~~~~~~~~~~~~~~~~~~~~~~~~~~~~~~~~~~~~~~~~~~~~~~
225 handle_waiting_sleep:                       ;处理睡眠中的线程
```

```
226                                                   ;输入：R11=线程控制块 TCB 的线性地址
227          push rax
228
229          dec qword [r11 + 56]
230          cmp qword [r11 + 56], 0
231          jnz .return
232
233          mov qword [r11 + 16], 0                   ;将线程设置为就绪状态
234
235          mov rax, LAPIC_START_ADDR                 ;Local APIC 的线性地址
236          mov dword [rax + 0x310], 0
237          mov dword [rax + 0x300], 0x000840fe       ;向所有处理器发送线程认领中断
238
239    .return:
240          pop rax
241
242          ret
243
244  ;~~~~~~~~~~~~~~~~~~~~~~~~~~~~~~~~~~~~~~~~~~~~~~~~~~~~~~~~~~~~~~~~~~~~~~~~~~~~~~~~~~~~~~~~~~
245  system_management_handler:                        ;系统管理中断的处理过程
246
247          push rbx
248          push r11
249
250          mov rbx, [rel pcb_ptr]                     ;取得链表首节点的线性地址
251          or rbx, rbx
252          jz .return                                 ;系统中尚不存在任务
253    .nextp:
254          mov r11, [rbx + 272]
255          or r11, r11
256          jz .return                                 ;任务尚未创建线程
257    .nextt:
258          cmp qword [r11 + 16], 3                    ;正在休眠并等待其他线程？
259          jne .next0                                 ;不是，转去 .b0 继续处理此 TCB
260          ;处理等待其他线程终止的线程并决定其是否唤醒
261          call handle_waiting_thread
262          jmp .gnext
263    .next0:
264          ;处理等待某个信号的线程并决定其是否唤醒
265          cmp qword [r11 + 16], 5
266          jne .next1
267          call handle_waiting_flag
268          jmp .gnext
269    .next1:
270          ;处理休眠的线程并决定其是否唤醒
```

```
271            cmp qword [r11 + 16], 4
272            jne .next2
273            call handle_waiting_sleep
274            jmp .gnext
275    .next2:
276    .gnext:
277            mov r11, [r11 + 280]                    ;否。处理下一个 TCB 节点
278            cmp r11, 0                              ;到达 TCB 链表尾部？
279            jne .nextt                              ;否。
280
281            mov rbx, [rbx + 280]                    ;下一个 PCB 节点
282            cmp rbx, [rel pcb_ptr]                  ;转一圈又回到 PCB 首节点？
283            jne .nextp                              ;否。转 .nextp 处理下一个 PCB
284
285    .return:
286            mov r11, LAPIC_START_ADDR               ;给 Local APIC 发送中断结束命令 EOI
287            mov dword [r11 + 0xb0], 0
288
289    mov rbx, UPPER_TEXT_VIDEO
290    not byte [rbx]
291
292            pop r11
293            pop rbx
294
295            iretq
296
297    ;~~~~~~~~~~~~~~~~~~~~~~~~~~~~~~~~~~~~~~~~~~~~~~~~~~~~~~~~~~~~~~~~~~~~~~~~~~~~~~~~~~~~~~
298    search_for_a_ready_thread:                      ;查找一个就绪的线程并将其置为忙
299                                                    ;返回：R11=就绪线程所属任务的 PCB 线性地址
300                                                    ;      R12=就绪线程的 TCB 线性地址
301            ;此例程通常在中断处理过程内调用，默认中断是关闭状态。
302            push rax
303            push rbx
304            push rcx
305
306            mov rcx, 1                              ;RCX=线程的"忙"状态
307
308            swapgs
309            mov rbx, [gs:8]                         ;取得当前任务的 PCB 线性地址
310            mov r12, [gs:32]                        ;取得当前线程的 TCB 线性地址
311            swapgs
312            mov r11, rbx
313            cmp r11, 0                              ;处理器当前未在执行任务？
314            jne .nextt
315            mov rbx, [rel pcb_ptr]                  ;是的。从 PCB 链表首节点及其第一个 TCB 开始搜索。
```

```
316          mov r11, rbx
317          mov r12, [r11 + 272]          ;PCB 链表首节点的第一个 TCB 节点
318    .nextt:                             ;这一部分遍历指定任务的 TCB 链表
319          cmp r12, 0                    ;正位于当前 PCB 的 TCB 链表末尾?
320          je .nextp                     ;转去切换到 PCB 链表的下一个节点。
321          xor rax, rax
322          lock cmpxchg [r12 + 16], rcx
323          jz .retrn
324          mov r12, [r12 + 280]          ;取得下一个 TCB 节点
325          jmp .nextt
326    .nextp:                             ;这一部分控制任务链表的遍历
327          mov r11, [r11 + 280]          ;取得下一个 PCB 节点
328          cmp r11, rbx                  ;是否转一圈回到初始 PCB 节点?
329          je .fmiss                     ;是。即，未找到就绪线程（节点）
330          mov r12, [r11 + 272]          ;不是。从新的 PCB 中提取 TCB 链表首节点
331          jmp .nextt
332    .fmiss:                             ;看来系统中不存在就绪线程
333          xor r11, r11
334          xor r12, r12
335    .retrn:
336          pop rcx
337          pop rbx
338          pop rax
339
340          ret
341
342  ;~~~~~~~~~~~~~~~~~~~~~~~~~~~~~~~~~~~~~~~~~~~~~~~~~~~~~~~~~~~~~~~~~~~~~~~~~~~~~~~~~~~
343  resume_execute_a_thread:                ;恢复执行一个线程
344                                          ;传入: R11=线程所属的任务的 PCB 线性地址
345                                          ;      R12=线程的 TCB 线性地址
346          ;此例程在中断处理过程内调用，默认中断是关闭状态。
347          mov eax, [rel clocks_1ms]       ;以下计算新线程运行时间
348          mov ebx, [r12 + 240]            ;为线程指定的时间片
349          mul ebx
350
351          mov rsi, LAPIC_START_ADDR       ;Local APIC 的线性地址
352          mov dword [rsi + 0x3e0], 0x0b   ;1 分频
353          mov dword [rsi + 0x320], 0xfd   ;单次击发模式，Fixed，中断号 0xfd
354
355          mov rbx, [r11 + 56]
356          mov cr3, rbx                    ;切换地址空间
357
358          swapgs
359          mov [gs:8], r11                 ;将新线程所属的任务设置为当前任务
360          mov [gs:32], r12                ;将新线程设置为当前线程
```

```
361          mov rbx, [r12 + 32]                    ;取 TCB 中的 RSP0
362          mov [gs:128 + 4], rbx                  ;置 TSS 的 RSP0
363          swapgs
364
365          mov rcx, [r12 + 80]
366          mov rdx, [r12 + 88]
367          mov rdi, [r12 + 104]
368          mov rbp, [r12 + 112]
369          mov rsp, [r12 + 120]
370          mov r8, [r12 + 128]
371          mov r9, [r12 + 136]
372          mov r10, [r12 + 144]
373
374          mov r13, [r12 + 168]
375          mov r14, [r12 + 176]
376          mov r15, [r12 + 184]
377          push qword [r12 + 208]                 ;SS
378          push qword [r12 + 120]                 ;RSP
379          push qword [r12 + 232]                 ;RFLAGS
380          push qword [r12 + 200]                 ;CS
381          push qword [r12 + 192]                 ;RIP
382
383          mov dword [rsi + 0x380], eax           ;开始计时
384
385          mov rax, [r12 + 64]
386          mov rbx, [r12 + 72]
387          mov rsi, [r12 + 96]
388          mov r11, [r12 + 152]
389          mov r12, [r12 + 160]
390
391          iretq                                  ;转入新线程执行
392
393 ;~~~~~~~~~~~~~~~~~~~~~~~~~~~~~~~~~~~~~~~~~~~~~~~~~~~~~~~~~~~~~~~~~~~~~~~~~~~~~~~~~~~~~~~
394 time_slice_out_handler:                         ;时间片到期中断的处理过程
395          push rax
396          push rbx
397          push r11
398          push r12
399          push r13
400
401          mov r11, LAPIC_START_ADDR              ;给 Local APIC 发送中断结束命令 EOI
402          mov dword [r11 + 0xb0], 0
403
404          call search_for_a_ready_thread
405          or r11, r11
```

```
406            jz .return                          ;未找到就绪的线程
407
408            swapgs
409            mov rax, qword [gs:8]                ;当前任务的 PCB 线性地址
410            mov rbx, qword [gs:32]               ;当前线程的 TCB 线性地址
411            swapgs
412
413            ;保存当前任务和线程的状态以便将来恢复执行。
414            mov r13, cr3                         ;保存原任务的分页系统
415            mov qword [rax + 56], r13
416            ;RAX 和 RBX 不需要保存，将来恢复执行时从栈中弹出
417            mov [rbx + 80], rcx
418            mov [rbx + 88], rdx
419            mov [rbx + 96], rsi
420            mov [rbx + 104], rdi
421            mov [rbx + 112], rbp
422            mov [rbx + 120], rsp
423            mov [rbx + 128], r8
424            mov [rbx + 136], r9
425            mov [rbx + 144], r10
426            ;r11、R12 和 R13 不需要设置，将来恢复执行时从栈中弹出
427            mov [rbx + 176], r14
428            mov [rbx + 184], r15
429            mov r13, [rel position]
430            lea r13, [r13 + .return]             ;将来恢复执行时，是从中断返回的~
431            mov [rbx + 192], r13                 ;RIP 域为中断返回点
432            mov [rbx + 200], cs
433            mov [rbx + 208], ss
434            pushfq
435            pop qword [rbx + 232]
436
437            mov qword [rbx + 16], 0              ;置线程状态为就绪
438
439            jmp resume_execute_a_thread          ;恢复并执行新线程
440
441     .return:
442            pop r13
443            pop r12
444            pop r11
445            pop rbx
446            pop rax
447
448            iretq
449
450  ;~~~~~~~~~~~~~~~~~~~~~~~~~~~~~~~~~~~~~~~~~~~~~~~~~~~~~~~~~~~~~~~~~~~~~~~~~~~~~~~
```

```
451  ;新任务/线程创建后，将广播新任务/线程创建消息给所有处理器，所有处理器执行此中断服务例程。
452  new_task_notify_handler:                    ;任务/线程认领中断的处理过程
453         push rsi
454         push r11
455         push r12
456
457         mov rsi, LAPIC_START_ADDR            ;Local APIC 的线性地址
458         mov dword [rsi + 0xb0], 0            ;发送 EOI
459
460         swapgs
461         cmp qword [gs:8], 0                  ;当前处理器没有任务执行吗？
462         swapgs
463         jne .return                         ;是的（忙）。不打扰了 :)
464
465         call search_for_a_ready_thread
466         or r11, r11
467         jz .return                          ;未找到就绪的任务
468
469         swapgs
470         add rsp, 24                         ;去掉进入例程时压入的三个参数
471         mov qword [gs:24], rsp              ;保存固有栈当前指针以便将来返回
472         swapgs
473
474         jmp resume_execute_a_thread         ;恢复并执行新线程
475
476    .return:
477         pop r12
478         pop r11
479         pop rsi
480
481         iretq
482
483  ;~~~~~~~~~~~~~~~~~~~~~~~~~~~~~~~~~~~~~~~~~~~~~~~~~~~~~~~~~~~~~~~~~~~~~~~~~~~~
484    _append_lock  dq 0
485
486  append_to_pcb_link:                         ;在 PCB 链上追加任务控制块
487                                              ;输入：R11=PCB 线性基地址
488         push rax
489         push rbx
490
491         pushfq                              ;-->A
492         cli
493         SET_SPIN_LOCK rax, qword [rel _append_lock]
494
495         mov rbx, [rel pcb_ptr]             ;取得链表首节点的线性地址
```

```
496          or rbx, rbx
497          jnz .not_empty                       ;链表非空，转.not_empty
498          mov [r11], r11                       ;唯一的节点：前驱是自己
499          mov [r11 + 280], r11                 ;后继也是自己
500          mov [rel pcb_ptr], r11               ;这是头节点
501          jmp .return
502
503   .not_empty:
504          mov rax, [rbx]                        ;取得头节点的前驱节点的线性地址
505          ;此处，RBX=头节点；RAX=头节点的前驱节点；R11=追加的节点
506          mov [rax + 280], r11                 ;前驱节点的后继是追加的节点
507          mov [r11 + 280], rbx                 ;追加的节点的后继是头节点
508          mov [r11], rax                        ;追加的节点的前驱是头节点的前驱
509          mov [rbx], r11                        ;头节点的前驱是追加的节点
510
511   .return:
512          mov qword [rel _append_lock], 0      ;释放锁
513          popfq                                 ;A
514
515          pop rbx
516          pop rax
517
518          ret
519
520   ;~~~~~~~~~~~~~~~~~~~~~~~~~~~~~~~~~~~~~~~~~~~~~~~~~~~~~~~~~~~~~~~~~~~~~~~~~~~~~~~
521   get_current_tid:                             ;返回当前线程的标识
522          pushfq
523          cli
524          swapgs
525          mov rax, [gs:32]
526          mov rax, [rax + 8]
527          swapgs
528          popfq
529
530          ret
531
532   ;~~~~~~~~~~~~~~~~~~~~~~~~~~~~~~~~~~~~~~~~~~~~~~~~~~~~~~~~~~~~~~~~~~~~~~~~~~~~~~~
533   get_current_pid:                             ;返回当前任务（进程）的标识
534          pushfq
535          cli
536          swapgs
537          mov rax, [gs:8]
538          mov rax, [rax + 8]
539          swapgs
540          popfq
```

```
541
542          ret
543
544  ;~~~~~~~~~~~~~~~~~~~~~~~~~~~~~~~~~~~~~~~~~~~~~~~~~~~~~~~~~~~~~~~~~
545  search_for_thread_id:                    ;查找指定标识的线程
546                                           ;输入：RDX=线程标识
547                                           ;输出：R11=线程的 TCB 线性地址
548          push rbx
549
550          mov rbx, [rel pcb_ptr]            ;取得链表首节点的线性地址
551    .nextp:
552          mov r11, [rbx + 272]
553
554    .nextt:
555          cmp [r11 + 8], rdx                ;找到指定的线程了吗？
556          je .found                        ;是的。转.found
557          mov r11, [r11 + 280]             ;否。处理下一个 TCB 节点
558          cmp r11, 0                        ;到达 TCB 链表尾部？
559          jne .nextt                       ;否。
560
561          mov rbx, [rbx + 280]             ;下一个 PCB 节点
562          cmp rbx, [rel pcb_ptr]           ;转一圈又回到 PCB 首节点？
563          jne .nextp                       ;否。转.nextp 处理下一个 PCB
564
565          xor r11, r11                     ;R11=0 表明不存在指定的线程
566    .found:
567          pop rbx
568
569          ret
570
571  ;~~~~~~~~~~~~~~~~~~~~~~~~~~~~~~~~~~~~~~~~~~~~~~~~~~~~~~~~~~~~~~~~~
572  waiting_for_a_thread:                    ;等待指定的线程结束
573                                           ;输入：RDX=线程标识
574          push rax
575          push rbx
576          push r11
577          push r12
578          push r13
579
580          call search_for_thread_id
581          or r11, r11                       ;线程已经被清理了吗？
582          jz .return
583          cmp qword [r11 + 16], 2           ;线程是终止状态吗？
584          je .return
585
```

```
586              ;被等待的线程还在运行，只能休眠并等待通知
587              cli
588
589              mov rax, LAPIC_START_ADDR                 ;Local APIC 的线性地址
590              mov dword [rax + 0x320], 0x00010000       ;屏蔽定时器中断
591
592              swapgs
593              mov rax, qword [gs:8]                     ;当前任务的 PCB 线性地址
594              mov rbx, qword [gs:32]                    ;当前线程的 TCB 线性地址
595              swapgs
596
597              ;保存当前任务和线程的状态以便将来恢复执行。
598              mov r13, cr3                              ;保存原任务的分页系统
599              mov qword [rax + 56], r13
600              ;RAX 和 RBX 不需要保存，将来恢复执行时从栈中弹出
601              mov [rbx + 80], rcx
602              mov [rbx + 88], rdx
603              mov [rbx + 96], rsi
604              mov [rbx + 104], rdi
605              mov [rbx + 112], rbp
606              mov [rbx + 120], rsp
607              mov [rbx + 128], r8
608              mov [rbx + 136], r9
609              mov [rbx + 144], r10
610              ;r11、R12 和 R13 不需要设置，将来恢复执行时从栈中弹出
611              mov [rbx + 176], r14
612              mov [rbx + 184], r15
613              mov r13, [rel position]
614              lea r13, [r13 + .return]                  ;将来恢复执行时，是从例程调用返回的
615              mov [rbx + 192], r13                      ;RIP 域为中断返回点
616              mov [rbx + 200], cs
617              mov [rbx + 208], ss
618              pushfq
619              pop qword [rbx + 232]
620
621              mov qword [rbx + 16], 3                   ;置线程状态为"休眠并等待指定线程结束"
622              mov qword [rbx + 56], rdx                 ;设置被等待的线程标识
623
624              call search_for_a_ready_thread
625              or r11, r11
626              jz .sleep                                 ;未找到就绪的任务
627
628              jmp resume_execute_a_thread               ;恢复并执行新线程
629
630      .sleep:
```

```
631            swapgs
632            mov qword [gs:0], 0                  ;当前处理器无有效 3 特权级栈指针
633            mov qword [gs:8], 0                  ;当前处理器未在执行任务
634            mov qword [gs:32], 0                 ;当前处理器未在执行线程
635            mov rsp, [gs:24]                     ;切换到处理器的固有栈
636            swapgs
637
638            iretq
639     .return:
640            pop r13
641            pop r12
642            pop r11
643            pop rbx
644            pop rax
645
646            ret
647
648   ;~~~~~~~~~~~~~~~~~~~~~~~~~~~~~~~~~~~~~~~~~~~~~~~~~~~~~~~~~~~~~~~~~~~~~~~~~~~~~~
649   init_mutex:                                   ;初始化互斥锁
650                                                 ;输入：无
651                                                 ;输出：RDX=互斥锁变量线性地址
652            push rcx
653            push r13
654            push r14
655            mov rcx, 8
656            call core_memory_allocate            ;必须在内核的空间中开辟
657            mov qword [r13], 0                    ;初始化互斥锁的状态（未加锁）
658            mov rdx, r13
659            pop r14
660            pop r13
661            pop rcx
662
663            ret
664
665   ;~~~~~~~~~~~~~~~~~~~~~~~~~~~~~~~~~~~~~~~~~~~~~~~~~~~~~~~~~~~~~~~~~~~~~~~~~~~~~~
666   acquire_mutex:                                ;获取互斥锁
667                                                 ;输入：RDX=互斥锁变量线性地址
668            push rax
669            push rbx
670            push r11
671            push r12
672            push r13
673
674            mov r11, 1
675            mov rax, 0
```

```
676        lock cmpxchg [rdx], r11
677        jz .return
678
679        ;未获得互斥锁，只能阻塞当前线程。
680        cli
681
682        mov rax, LAPIC_START_ADDR              ;Local APIC 的线性地址
683        mov dword [rax + 0x320], 0x00010000    ;屏蔽定时器中断
684
685        swapgs
686        mov rax, qword [gs:8]                  ;当前任务的 PCB 线性地址
687        mov rbx, qword [gs:32]                 ;当前线程的 TCB 线性地址
688        swapgs
689
690        ;保存当前任务和线程的状态以便将来恢复执行。恢复时已获得互斥锁
691        mov r13, cr3                           ;保存原任务的分页系统
692        mov qword [rax + 56], r13
693        ;RAX 和 RBX 不需要保存，将来恢复执行时从栈中弹出
694        mov [rbx + 80], rcx
695        mov [rbx + 88], rdx
696        mov [rbx + 96], rsi
697        mov [rbx + 104], rdi
698        mov [rbx + 112], rbp
699        mov [rbx + 120], rsp
700        mov [rbx + 128], r8
701        mov [rbx + 136], r9
702        mov [rbx + 144], r10
703        ;r11、R12 和 R13 不需要设置，将来恢复执行时从栈中弹出
704        mov [rbx + 176], r14
705        mov [rbx + 184], r15
706        mov r13, [rel position]
707        lea r13, [r13 + .return]               ;将来恢复执行时已获得互斥锁
708        mov [rbx + 192], r13                   ;RIP 域为中断返回点
709        mov [rbx + 200], cs
710        mov [rbx + 208], ss
711        pushfq
712        pop qword [rbx + 232]
713
714        mov qword [rbx + 56], rdx              ;设置被等待的数据的线性地址
715        mov qword [rbx + 16], 5                ;置线程状态为"休眠并等待某个信号清零"
716
717        call search_for_a_ready_thread
718        or r11, r11
719        jz .sleep                              ;未找到就绪的任务
720
```

```
721            jmp resume_execute_a_thread          ;恢复并执行新线程
722
723    .sleep:
724            swapgs
725            mov qword [gs:0], 0                   ;当前处理器无有效 3 特权级栈指针
726            mov qword [gs:8], 0                   ;当前处理器未在执行任务
727            mov qword [gs:32], 0                  ;当前处理器未在执行线程
728            mov rsp, [gs:24]                      ;切换到处理器的固有栈
729            swapgs
730
731            iretq
732
733    .return:
734            pop r13
735            pop r12
736            pop r11
737            pop rbx
738            pop rax
739
740            ret
741
742 ;~~~~~~~~~~~~~~~~~~~~~~~~~~~~~~~~~~~~~~~~~~~~~~~~~~~~~~~~~~~~~~~~~~~~~~~~~~
743 release_mutex:                                   ;释放互斥锁
744                                                  ;输入：RDX=互斥锁变量线性地址
745            push rax
746            xor rax, rax
747            xchg [rdx], rax
748            pop rax
749
750            ret
751
752 ;~~~~~~~~~~~~~~~~~~~~~~~~~~~~~~~~~~~~~~~~~~~~~~~~~~~~~~~~~~~~~~~~~~~~~~~~~~
753 thread_sleep:                                    ;线程休眠
754                                                  ;输入：RDX=以 55ms 为单位的时间长度
755            push rax
756            push rbx
757            push r11
758            push r12
759            push r13
760
761            cmp rdx, 0
762            je .return
763
764            ;休眠就意味着阻塞当前线程。
765            cli
```

```
766
767         mov rax, LAPIC_START_ADDR                    ;Local APIC 的线性地址
768         mov dword [rax + 0x320], 0x00010000          ;屏蔽定时器中断
769
770         swapgs
771         mov rax, qword [gs:8]                         ;当前任务的 PCB 线性地址
772         mov rbx, qword [gs:32]                        ;当前线程的 TCB 线性地址
773         swapgs
774
775         ;保存当前任务和线程的状态以便将来恢复执行。
776         mov r13, cr3                                  ;保存原任务的分页系统
777         mov qword [rax + 56], r13
778         ;RAX 和 RBX 不需要保存，将来恢复执行时从栈中弹出
779         mov [rbx + 80], rcx
780         mov [rbx + 88], rdx
781         mov [rbx + 96], rsi
782         mov [rbx + 104], rdi
783         mov [rbx + 112], rbp
784         mov [rbx + 120], rsp
785         mov [rbx + 128], r8
786         mov [rbx + 136], r9
787         mov [rbx + 144], r10
788         ;r11、R12 和 R13 不需要设置，将来恢复执行时从栈中弹出
789         mov [rbx + 176], r14
790         mov [rbx + 184], r15
791         mov r13, [rel position]
792         lea r13, [r13 + .return]                      ;将来恢复执行时，重新尝试加锁
793         mov [rbx + 192], r13                          ;RIP 域为中断返回点
794         mov [rbx + 200], cs
795         mov [rbx + 208], ss
796         pushfq
797         pop qword [rbx + 232]
798
799         mov qword [rbx + 56], rdx                     ;设置以 55ms 为单位的时间长度
800         mov qword [rbx + 16], 4                       ;置线程状态为"休眠指定时间长度"
801
802         call search_for_a_ready_thread
803         or r11, r11
804         jz .sleep                                     ;未找到就绪的任务
805
806         jmp resume_execute_a_thread                   ;恢复并执行新线程
807
808 .sleep:
809         swapgs
810         mov qword [gs:0], 0                           ;当前处理器无有效 3 特权级栈指针
```

```
811        mov qword [gs:8], 0                ;当前处理器未在执行任务
812        mov qword [gs:32], 0               ;当前处理器未在执行线程
813        mov rsp, [gs:24]                   ;切换到处理器的固有栈
814        swapgs
815
816        iretq
817
818   .return:
819  mov rbx, UPPER_TEXT_VIDEO
820  not byte [rbx + 2]
821        pop r13
822        pop r12
823        pop r11
824        pop rbx
825        pop rax
826
827        ret
828
829  ;~~~~~~~~~~~~~~~~~~~~~~~~~~~~~~~~~~~~~~~~~~~~~~~~~~~~~~~~~~~~~~~~~~~~~~~~~~~~~~~~~~~~
830  thread_exit:                             ;线程终止退出
831                                           ;输入：RDX=返回码
832        mov rsi, LAPIC_START_ADDR          ;Local APIC 的线性地址
833        mov dword [rsi + 0x320], 0x00010000  ;屏蔽定时器中断
834
835        cli
836
837        swapgs
838        mov rbx, [gs:32]                    ;取出当前线程的 TCB 线性地址
839        mov rsp, [gs:24]                    ;切换到处理器的固有栈
840
841        mov qword [gs:0], 0                 ;当前处理器无有效 3 特权级栈指针
842        mov qword [gs:8], 0                 ;当前处理器未在执行任务
843        mov qword [gs:32], 0               ;当前处理器未在执行线程
844        swapgs
845
846        mov qword [rbx + 16], 2             ;线程状态：终止
847        mov [rbx + 24], rdx                 ;返回代码
848
849        call search_for_a_ready_thread
850        or r11, r11
851        jz .sleep                           ;未找到就绪的线程
852
853        jmp resume_execute_a_thread         ;恢复并执行新线程
854
855   .sleep:
```

```
856          iretq                               ;回到不执行线程的日子:)

857

858  ;~~~~~~~~~~~~~~~~~~~~~~~~~~~~~~~~~~~~~~~~~~~~~~~~~~~~~~~~~~~~~~~~~~~~~~~~~~~~~~~
859  terminate_process:                          ;终止当前任务
860          mov rsi, LAPIC_START_ADDR           ;Local APIC 的线性地址
861          mov dword [rsi + 0x320], 0x00010000  ;屏蔽定时器中断

862

863          cli

864

865          swapgs
866          mov rax, [gs:8]                     ;定位到当前任务的 PCB 节点
867          mov qword [rax + 16], 2             ;任务状态=终止
868          mov rax, [gs:32]                    ;定位到当前线程的 TCB 节点
869          mov qword [rax + 16], 2             ;线程状态=终止
870          mov qword [gs:0], 0
871          mov rsp, [gs:24]                    ;切换到处理器的固有栈

872

873          mov qword [gs:0], 0                 ;当前处理器无有效 3 特权级栈指针
874          mov qword [gs:8], 0                 ;当前处理器未在执行任务
875          mov qword [gs:32], 0                ;当前处理器未在执行线程
876          swapgs

877

878          call search_for_a_ready_thread
879          or r11, r11
880          jz .sleep                           ;未找到就绪的任务

881

882          jmp resume_execute_a_thread         ;恢复并执行新任务

883

884    .sleep:
885          iretq                               ;回到不执行任务的日子:)

886

887  ;~~~~~~~~~~~~~~~~~~~~~~~~~~~~~~~~~~~~~~~~~~~~~~~~~~~~~~~~~~~~~~~~~~~~~~~~~~~~~~~
888  create_thread:                              ;创建一个线程
889                                              ;输入: RSI=线程入口的线性地址
890                                              ;      RDI=传递给线程的参数
891                                              ;输出: RDX=线程标识
892          push rax
893          push rbx
894          push rcx
895          push r11
896          push r12
897          push r13
898          push r14

899

900          ;先创建线程控制块 TCB
```

```
901          mov rcx, 512                        ;线程控制块 TCB 的尺寸
902          call core_memory_allocate           ;必须在内核的空间中开辟
903
904          mov rbx, r13                         ;以下，RBX 专用于保存 TCB 线性地址
905
906          call generate_thread_id
907          mov [rbx + 8], rax                   ;记录当前线程的标识
908          mov rdx, rax                         ;用于返回线程标识
909
910          mov qword [rbx + 16], 0              ;线程状态=就绪
911
912          mov rcx, 4096 * 16                   ;为 TSS 的 RSP0 开辟栈空间
913          call core_memory_allocate            ;必须在内核的空间中开辟
914          mov [rbx + 32], r14                  ;填写 TCB 中的 RSP0 域的值
915
916          pushfq
917          cli
918          swapgs
919          mov r11, [gs:8]                       ;获取当前任务的 PCB 线性地址
920          mov r12, [gs:32]                      ;获取当前线程的 TCB 线性地址
921          swapgs
922          popfq
923
924          mov rcx, 4096 * 16                   ;为线程开辟栈空间
925          call user_memory_allocate
926          sub r14, 32                          ;在栈中开辟 32 字节的空间
927          mov [rbx + 120], r14                 ;线程执行时的 RSP
928
929          lea rcx, [r14 + 8]                    ;得到线程返回地址
930          mov [r14], rcx
931          ;以下填写指令 MOV RAX, 9 的机器代码
932          mov byte [rcx], 0xb8
933          mov byte [rcx + 1], 0x09
934          mov byte [rcx + 2], 0x00
935          mov byte [rcx + 3], 0x00
936          mov byte [rcx + 4], 0x00
937          ;以下填写指令 XOR RDX, RDX 的机器代码
938          mov byte [rcx + 5], 0x48
939          mov byte [rcx + 6], 0x31
940          mov byte [rcx + 7], 0xd2
941          ;以下填写指令 SYSCALL 的机器代码
942          mov byte [rcx + 8], 0x0f
943          mov byte [rcx + 9], 0x05
944
945          mov qword [rbx + 192], rsi           ;线程入口点（RIP）
```

```
946
947          mov qword [rbx + 200], USER_CODE64_SEL      ;线程的代码段选择子
948          mov qword [rbx + 208], USER_STACK64_SEL     ;线程的栈段选择子
949
950          pushfq
951          pop qword [rbx + 232]                       ;线程执行时的标志寄存器
952
953          mov qword [rbx + 240], SUGG_PREEM_SLICE     ;推荐的线程执行时间片
954
955          mov qword [rbx + 280], 0                    ;下一个 TCB 的线性地址，0=无
956
957   .again:
958          xor rax, rax
959          lock cmpxchg [r12 + 280], rbx               ;如果节点的后继为 0，则新节点为其后继
960          jz .linkd
961          mov r12, [r12 + 280]
962          jmp .again
963   .linkd:
964          mov rcx, LAPIC_START_ADDR                   ;Local APIC 的线性地址
965          mov dword [rcx + 0x310], 0
966          mov dword [rcx + 0x300], 0x000840fe         ;向所有处理器发送线程认领中断
967
968          pop r14
969          pop r13
970          pop r12
971          pop r11
972          pop rcx
973          pop rbx
974          pop rax
975
976          ret
977
978   ;~~~~~~~~~~~~~~~~~~~~~~~~~~~~~~~~~~~~~~~~~~~~~~~~~~~~~~~~~~~~~~~~~~~~~~~~~~
979   create_process:                                   ;创建新的任务及其主线程
980                                                      ;输入：R8=程序的起始逻辑扇区号
981          push rax
982          push rbx
983          push rcx
984          push rdx
985          push rsi
986          push rdi
987          push rbp
988          push r8
989          push r9
990          push r10
```

```
991          push r11
992          push r12
993          push r13
994          push r14
995          push r15
996
997          ;首先在地址空间的高端（内核）创建任务控制块 PCB
998          mov rcx, 512                          ;任务控制块 PCB 的尺寸
999          call core_memory_allocate            ;在虚拟地址空间的高端（内核）分配内存
1000         mov r11, r13                          ;以下，R11 专用于保存 PCB 线性地址
1001
1002         call core_memory_allocate            ;为线程控制块 TCB 分配内存
1003         mov r12, r13                          ;以下，R12 专用于保存 TCB 线性地址
1004
1005         mov qword [r11 + 272], r12            ;在 PCB 中登记第一个 TCB
1006
1007         mov qword [r11 + 24], USER_ALLOC_START   ;填写 PCB 的下一次可分配线性地址域
1008
1009         ;从当前活动的 4 级头表复制并创建新任务的 4 级头表。
1010         call copy_current_pml4
1011         mov [r11 + 56], rax                   ;填写 PCB 的 CR3 域，默认 PCD=PWT=0
1012
1013         ;以下，切换到新任务的地址空间，并清空其 4 级头表的前半部分。不过没有关系，
1014         ;我们正在地址空间的高端执行，可正常执行内核代码并访问内核数据，毕竟所有
1015         ;任务的高端（全局）部分都相同。同时，当前使用的栈是位于地址空间高端的栈。
1016
1017         mov r15, cr3                          ;保存控制寄存器 CR3 的值
1018         mov cr3, rax                          ;切换到新 4 级头表映射的新地址空间
1019
1020         ;清空当前 4 级头表的前半部分（对应于任务的局部地址空间）
1021         mov rax, 0xffff_ffff_ffff_f000       ;当前活动 4 级头表自身的线性地址
1022         mov rcx, 256
1023 .clsp:
1024         mov qword [rax], 0
1025         add rax, 8
1026         loop .clsp
1027
1028         mov rax, cr3                          ;刷新 TLB
1029         mov cr3, rax
1030
1031         mov rcx, 4096 * 16                    ;为 TSS 的 RSP0 开辟栈空间
1032         call core_memory_allocate            ;必须在内核的空间中开辟
1033         mov [r12 + 32], r14                   ;填写 TCB 中的 RSP0 域的值
1034
1035         mov rcx, 4096 * 16                    ;为主线程开辟栈空间
```

```
1036        call user_memory_allocate
1037        mov [r12 + 120], r14                    ;主线程执行时的 RSP。
1038
1039        mov qword [r11 + 16], 0                 ;任务状态=运行
1040        mov qword [r12 + 16], 0                 ;线程状态=就绪
1041
1042        ;以下开始加载用户程序
1043        mov rcx, 512                            ;在私有空间开辟一个缓冲区
1044        call user_memory_allocate
1045        mov rbx, r13
1046        mov rax, r8                             ;用户程序起始扇区号
1047        call read_hard_disk_0
1048
1049        mov [r13 + 16], r13                     ;在程序中填写它自己的起始线性地址
1050        mov r14, r13
1051        add r14, [r13 + 8]
1052        mov [r12 + 192], r14                    ;在 TCB 中登记程序的入口点线性地址
1053
1054        ;以下判断整个程序有多大
1055        mov rcx, [r13]                          ;程序尺寸
1056        test rcx, 0x1ff                         ;能够被 512 整除吗?
1057        jz .y512
1058        shr rcx, 9                              ;不能? 凑整。
1059        shl rcx, 9
1060        add rcx, 512
1061  .y512:
1062        sub rcx, 512                            ;减去已经读的一个扇区长度
1063        jz .rdok
1064        call user_memory_allocate
1065        ;mov rbx, r13
1066        shr rcx, 9                              ;除以 512, 还需要读的扇区数
1067        inc rax                                 ;起始扇区号
1068  .b1:
1069        call read_hard_disk_0
1070        inc rax
1071        loop .b1                                ;循环读, 直到读完整个用户程序
1072
1073  .rdok:
1074        mov qword [r12 + 200], USER_CODE64_SEL  ;主线程的代码段选择子
1075        mov qword [r12 + 208], USER_STACK64_SEL ;主线程的栈段选择子
1076
1077        pushfq
1078        pop qword [r12 + 232]
1079
1080        mov qword [r12 + 240], SUGG_PREEM_SLICE ;推荐的线程执行时间片
```

```
1081
1082         call generate_process_id
1083         mov [r11 + 8], rax                    ;记录新任务的标识
1084
1085         call generate_thread_id
1086         mov [r12 + 8], rax                    ;记录主线程的标识
1087
1088         mov qword [r12 + 280], 0              ;下一个 TCB 的线性地址（0=无）
1089
1090         call append_to_pcb_link              ;将 PCB 添加到进程控制块链表尾部
1091
1092         mov cr3, r15                          ;切换到原任务的地址空间
1093
1094         mov rsi, LAPIC_START_ADDR            ;Local APIC 的线性地址
1095         mov dword [rsi + 0x310], 0
1096         mov dword [rsi + 0x300], 0x000840fe  ;向所有处理器发送任务/线程认领中断
1097
1098         pop r15
1099         pop r14
1100         pop r13
1101         pop r12
1102         pop r11
1103         pop r10
1104         pop r9
1105         pop r8
1106         pop rbp
1107         pop rdi
1108         pop rsi
1109         pop rdx
1110         pop rcx
1111         pop rbx
1112         pop rax
1113
1114         ret
1115
1116 ;~~~~~~~~~~~~~~~~~~~~~~~~~~~~~~~~~~~~~~~~~~~~~~~~~~~~~~~~~~~~~~~~~~~~~~~~~~~~~~~~~~~
1117 syscall_procedure:                          ;系统调用的处理过程
1118         ;RCX 和 R11 由处理器使用，保存 RIP 和 RFLAGS 的内容；进入时中断是禁止状态
1119         swapgs                               ;切换 GS 到当前处理器的数据区
1120         mov [gs:0], rsp                       ;临时保存当前的 3 特权级栈指针
1121         mov rsp, [gs:128+4]                   ;使用 TSS 的 RSP0 作为安全栈指针
1122         push qword [gs:0]
1123         swapgs
1124         sti                                  ;准备工作全部完成，中断和任务切换无虞
1125
```

```
1126        push rcx
1127        mov rcx, [rel position]
1128        add rcx, [rcx + rax * 8 + sys_entry]    ;得到指定的那个系统调用功能的线性地址
1129        call rcx
1130        pop rcx
1131
1132        cli
1133        pop rsp                                  ;恢复原先的 3 特权级栈指针
1134
1135        o64 sysret
1136
1137 ;~~~~~~~~~~~~~~~~~~~~~~~~~~~~~~~~~~~~~~~~~~~~~~~~~~~~~~~~~~~~~~~~~~~~~~~~~~~~~~~~~~~~~
1138 init:     ;初始化内核的工作环境
1139
1140        ;将 GDT 的线性地址映射到虚拟内存高端的相同位置。
1141        ;处理器不支持 64 位立即数到内存地址的操作，所以用两条指令完成。
1142        mov rax, UPPER_GDT_LINEAR               ;GDT 的高端线性地址
1143        mov qword [SDA_PHY_ADDR + 4], rax       ;注意：必须是扩高地址
1144
1145        lgdt [SDA_PHY_ADDR + 2]                 ;只有在 64 位模式下才能加载 64 位线性地址部分
1146
1147        ;将栈映射到高端，否则，压栈时依然压在低端，并和低端的内容冲突。
1148        ;64 位模式下不支持源操作数为 64 位立即数的加法操作。
1149        mov rax, 0xffff800000000000             ;或者加上 UPPER_LINEAR_START
1150        add rsp, rax                            ;栈指针必须转换为高端地址且必须是扩高地址
1151
1152        ;准备让处理器从虚拟地址空间的高端开始执行（现在依然在低端执行）
1153        mov rax, 0xffff800000000000             ;或者使用常量 UPPER_LINEAR_START
1154        add [rel position], rax                 ;内核程序的起始位置数据也必须转换成扩高地址
1155
1156        ;内核的起始地址+标号.to_upper 的汇编地址=标号.to_upper 所在位置的运行时扩高地址
1157        mov rax, [rel position]
1158        add rax, .to_upper
1159        jmp rax                                 ;绝对间接近转移, 从此在高端执行后面的指令
1160
1161 .to_upper:
1162        ;初始化中断描述符表 IDT，并为 32 个异常及 224 个中断安装门描述符
1163
1164        ;为 32 个异常创建通用处理过程的中断门
1165        mov r9, [rel position]
1166        lea rax, [r9 + general_exception_handler];得到通用异常处理过程的线性地址
1167        call make_interrupt_gate                ;位于 core_utils64_mp.wid
1168
1169        xor r8, r8
1170 .idt0:
```

```
1171              call mount_idt_entry                        ;位于 core_utils64_mp.wid
1172              inc r8
1173              cmp r8, 31
1174              jle .idt0
1175
1176              ;创建并安装对应于其他中断的通用处理过程的中断门
1177              lea rax, [r9 + general_interrupt_handler];得到通用中断处理过程的线性地址
1178              call make_interrupt_gate                   ;位于 core_utils64_mp.wid
1179
1180              mov r8, 32
1181      .idt1:
1182              call mount_idt_entry                        ;位于 core_utils64_mp.wid
1183              inc r8
1184              cmp r8, 255
1185              jle .idt1
1186
1187              mov rax, UPPER_IDT_LINEAR                   ;中断描述符表 IDT 的高端线性地址
1188              mov rbx, UPPER_SDA_LINEAR                   ;系统数据区 SDA 的高端线性地址
1189              mov qword [rbx + 0x0e], rax
1190              mov word [rbx + 0x0c], 256 * 16 - 1
1191
1192              lidt [rbx + 0x0c]                ;只有在 64 位模式下才能加载 64 位线性地址部分
1193
1194              mov al, 0xff                               ;屏蔽所有发往 8259A 主芯片的中断信号
1195              out 0x21, al                               ;多处理器环境下不再使用 8259 芯片
1196
1197              ;在 64 位模式下显示的第一条信息!
1198              mov r15, [rel position]
1199              lea rbx, [r15 + welcome]
1200              call put_string64                          ;位于 core_utils64_mp.wid
1201
1202              ;安装系统服务（SYSCALL/SYSRET）所需要的代码段和栈段描述符
1203              mov r15, UPPER_SDA_LINEAR                   ;系统数据区 SDA 的线性地址
1204              xor rbx, rbx
1205              mov bx, [r15 + 2]                          ;BX=GDT 的界限值
1206              inc bx                                     ;BX=GDT 的长度
1207              add rbx, [r15 + 4]                         ;RBX=新描述符的追加位置
1208
1209              mov dword [rbx], 0x0000ffff                ;64 位模式下不支持 64 位立即数传送
1210              mov dword [rbx + 4], 0x00cf9200            ;数据段描述符，DPL=00
1211              mov dword [rbx + 8], 0                     ;保留的描述符槽位
1212              mov dword [rbx + 12], 0
1213              mov dword [rbx + 16], 0x0000ffff          ;数据段描述符，DPL=11
1214              mov dword [rbx + 20], 0x00cff200
1215              mov dword [rbx + 24], 0x0000ffff          ;代码段描述符，DPL=11
```

```
1216        mov dword [rbx + 28], 0x00aff800
1217
1218        ;我们为每个逻辑处理器都准备一个专属数据区，它是由每个处理器的 GS 所指向的。
1219        ;为当前处理器（BSP）准备专属数据区，设置 GS 并安装任务状态段 TSS 的描述符
1220        mov rcx, 256                          ;专属数据区的长度，含 TSS。
1221        call core_memory_allocate
1222        mov qword [r13 + 8], 0                ;提前将"当前任务的 PCB 指针域"清零
1223        mov qword [r13 + 16], 0               ;将当前处理器的编号设置为#0
1224        mov [r13 + 24], rsp                   ;设置当前处理器的专属栈
1225        lea rax, [r13 + 128]                  ;TSS 开始于专属数据区内偏移为 128 的地方
1226        call make_tss_descriptor
1227        mov qword [rbx + 32], rsi             ;TSS 描述符的低 64 位
1228        mov qword [rbx + 40], rdi             ;TSS 描述符的高 64 位
1229
1230        add word [r15 + 2], 48                ;4 个段描述符和 1 个 TSS 描述符的总字节数
1231        lgdt [r15 + 2]
1232
1233        mov cx, 0x0040                        ;TSS 描述符的选择子
1234        ltr cx
1235
1236        ;将处理器专属数据区首地址保存到当前处理器的型号专属寄存器 IA32_KERNEL_GS_BASE
1237        mov ecx, 0xc000_0102                  ;IA32_KERNEL_GS_BASE
1238        mov rax, r13                          ;只用 EAX
1239        mov rdx, r13
1240        shr rdx, 32                           ;只用 EDX
1241        wrmsr
1242
1243        ;为快速系统调用 SYSCALL 和 SYSRET 准备参数
1244        mov ecx, 0x0c0000080                  ;指定型号专属寄存器 IA32_EFER
1245        rdmsr
1246        bts eax, 0                            ;设置 SCE 位，允许 SYSCALL 指令
1247        wrmsr
1248
1249        mov ecx, 0xc0000081                   ;STAR
1250        mov edx, (RESVD_DESC_SEL << 16) | CORE_CODE64_SEL
1251        xor eax, eax
1252        wrmsr
1253
1254        mov ecx, 0xc0000082                   ;LSTAR
1255        mov rax, [rel position]
1256        lea rax, [rax + syscall_procedure]    ;只用 EAX 部分
1257        mov rdx, rax
1258        shr rdx, 32                           ;使用 EDX 部分
1259        wrmsr
1260
```

```
1261        mov ecx, 0xc0000084                    ;FMASK
1262        xor edx, edx
1263        mov eax, 0x00047700                    ;要求 TF=IF=DF=AC=0；IOPL=00
1264        wrmsr
1265
1266        ;以下初始化高级可编程中断控制器 APIC。在计算机启动后，BIOS 已经对 LAPIC 和 IOAPIC
1267        ;做了初始化并创建了相关的高级配置和电源管理接口（ACPI）表项。可以从中获取多处理
1268        ;器和 APIC 信息。INTEL 架构的个人计算机（IA-PC）从 1MB 物理内存中搜索获取；启用可
1269        ;扩展固件接口（EFI 或者叫 UEFI）的计算机需使用 EFI 传递的 EFI 系统表指针定位相关表
1270        ;格并从中获取多处理器和 APIC 信息。为简单起见，我们采用前一种传统的方式。请注意虚
1271        ;拟机的配置！
1272
1273        ;ACPI 申领的内存区域已经保存在我们的系统数据区（SDA），以下将其读出。此内存区可能
1274        ;位于分页系统尚未映射的部分，故以下先将这部分内存进行——映射（线性地址=物理地址）
1275        cmp word [SDA_PHY_ADDR + 0x16], 0
1276        jz .acpi_err                           ;不正确的 ACPI 数据，可能不支持 ACPI
1277        mov rsi, SDA_PHY_ADDR + 0x18           ;系统数据区：地址范围描述结构的起始地址
1278    .looking:
1279        cmp dword [rsi + 16], 3                 ;3:ACPI 申领的内存（AddressRangeACPI）
1280        jz .looked
1281        add rsi, 32                            ;32:每个地址范围描述结构的长度
1282        loop .looking
1283
1284    .acpi_err:
1285        mov r15, [rel position]
1286        lea rbx, [r15 + acpi_error]
1287        call put_string64                      ;位于 core_utils64_mp.wid
1288        cli
1289        hlt
1290
1291    .looked:
1292        mov rbx, [rsi]                          ;ACPI 申领的起始物理地址
1293        mov rcx, [rsi + 8]                      ;ACPI 申领的内存数量，以字节计
1294        add rcx, rbx                            ;ACPI 申领的内存上边界
1295        mov rdx, 0xffff_ffff_ffff_f000         ;用于生成页地址的掩码
1296    .maping:
1297        mov r13, rbx                           ;R13:本次映射的线性地址
1298        mov rax, rbx
1299        and rax, rdx
1300        or rax, 0x07                           ;RAX:本次映射的物理地址及属性
1301        call mapping_laddr_to_page
1302        add rbx, 0x1000
1303        cmp rbx, rcx
1304        jle .maping
1305
```

```
1306            ;从物理地址 0x60000 开始，搜索根系统描述指针结构（RSDP）
1307            mov rbx, 0x60000
1308            mov rcx, 'RSD PTR '                  ;结构的起始标记（注意尾部的空格）
1309    .searc:
1310            cmp qword [rbx], rcx
1311            je .finda
1312            add rbx, 16                          ;结构的标记总是位于 16 字节边界处
1313            cmp rbx, 0xffff0                     ;低端 1MB 物理内存的上边界
1314            jl .searc
1315            jmp .acpi_err                        ;未找到 RSDP，报错停机处理
1316
1317    .finda:
1318            ;RSDT 和 XSDT 都指向 MADT，但 RSDT 给出的是 32 位物理地址，而 XDST 给出 64 位物理地址。
1319            ;只有 VCPI 2.0 及更高版本才有 XSDT。典型地，VBox 支持 ACPI 2.0 而 Bochs 仅支持 1.0
1320            cmp byte [rbx + 15], 2               ;检测 ACPI 的版本是否为 2
1321            jne .vcpi_1
1322            mov rbx, [rbx + 24]                  ;得到扩展的系统描述表（XSDT）的物理地址
1323
1324            ;以下，开始在 XSDT 中遍历搜索多 APIC 描述表（MADT）
1325            xor rdi, rdi
1326            mov edi, [rbx + 4]                   ;获得 XSDT 的长度（以字节计）
1327            add rdi, rbx                         ;计算 XSDT 上边界的物理位置
1328            add rbx, 36                          ;XSDT 尾部数组的物理位置
1329    .madt0:
1330            mov r11, [rbx]
1331            cmp dword [r11], 'APIC'              ;MADT 表的标记
1332            je .findm
1333            add rbx, 8                           ;下一个元素
1334            cmp rbx, rdi
1335            jl .madt0
1336            jmp .acpi_err                        ;未找到 MADT，报错停机处理
1337
1338            ;以下按 VCPI 1.0 处理，开始在 RSDT 中遍历搜索多 APIC 描述表（MADT）
1339    .vcpi_1:
1340            mov ebx, [rbx + 16]                  ;得到根系统描述表（RSDT）的物理地址
1341            ;以下，开始在 RSDT 中遍历搜索多 APIC 描述表（MADT）
1342            mov edi, [ebx + 4]                   ;获得 RSDT 的长度（以字节计）
1343            add edi, ebx                         ;计算 RSDT 上边界的物理位置
1344            add ebx, 36                          ;RSDT 尾部数组的物理位置
1345            xor r11, r11
1346    .madt1:
1347            mov r11d, [ebx]
1348            cmp dword [r11], 'APIC'              ;MADT 表的标记
1349            je .findm
1350            add ebx, 4                           ;下一个元素
```

```
1351        cmp ebx, edi
1352        jl .madt1
1353        jmp .acpi_err                        ;未找到 MADT，报错停机处理
1354
1355    .findm:
1356        ;此时，R11 是 MADT 的物理地址
1357        mov edx, [r11 + 36]                  ;预置的 LAPIC 物理地址
1358        mov [rel lapic_addr], edx
1359
1360        ;以下开始遍历系统中的逻辑处理器（其 LAPID ID）和 I/O APIC。
1361        mov r15, [rel position]              ;为访问 cpu_list 准备线性地址
1362        lea r15, [r15 + cpu_list]
1363
1364        xor rdi, rdi
1365        mov edi, [r11 + 4]                    ;EDI:MADT 的长度，以字节计
1366        add rdi, r11                          ;RDI:MADT 上部边界的物理地址
1367        add r11, 44                           ;R11:指向 MADT 尾部的中断控制器结构列表
1368    .enumd:
1369        cmp byte [r11], 0                    ;列表项类型：Processor Local APIC
1370        je .l_apic
1371        cmp byte [r11], 1                    ;列表项类型：I/O APIC
1372        je .ioapic
1373        jmp .m_end
1374    .l_apic:
1375        cmp dword [r11 + 4], 0               ;Local APIC Flags
1376        jz .m_end
1377        mov al, [r11 + 3]                    ;local APIC ID
1378        mov [r15], al                        ;保存 local APIC ID 到 cpu_list
1379        inc r15
1380        inc byte [rel num_cpus]              ;可用的 CPU 数量递增
1381        jmp .m_end
1382    .ioapic:
1383        mov al, [r11 + 2]                    ;取出 I/O APIC ID
1384        mov [rel ioapic_id], al              ;保存 I/O APIC ID
1385        mov eax, [r11 + 4]                    ;取出 I/O APIC 物理地址
1386        mov [rel ioapic_addr], eax            ;保存 I/O APIC 物理地址
1387    .m_end:
1388        xor rax, rax
1389        mov al, [r11 + 1]
1390        add r11, rax                          ;计算下一个中断控制器结构列表项的地址
1391        cmp r11, rdi
1392        jl .enumd
1393
1394        ;将 Local APIC 的物理地址映射到预定义的线性地址 LAPIC_START_ADDR
1395        mov r13, LAPIC_START_ADDR            ;在 global_defs.wid 中定义
```

```
1396            xor rax, rax
1397            mov eax, [rel lapic_addr]                ;取出 LAPIC 的物理地址
1398            or eax, 0x1f                             ;PCD=PWT=U/S=R/W=P=1，强不可缓存
1399            call mapping_laddr_to_page
1400
1401            ;将 I/O APIC 的物理地址映射到预定义的线性地址 IOAPIC_START_ADDR
1402            mov r13, IOAPIC_START_ADDR               ;在 global_defs.wid 中定义
1403            xor rax, rax
1404            mov eax, [rel ioapic_addr]               ;取出 I/O APIC 的物理地址
1405            or eax, 0x1f                             ;PCD=PWT=U/S=R/W=P=1，强不可缓存
1406            call mapping_laddr_to_page
1407
1408            ;以下测量当前处理器在 1ms 的时间里经历多少时钟周期，作为后续的定时基准。
1409            mov rsi, LAPIC_START_ADDR                ;Local APIC 的线性地址
1410
1411            mov dword [rsi + 0x320], 0x10000     ;定时器的本地向量表入口寄存器。单次击发模式
1412            mov dword [rsi + 0x3e0], 0x0b        ;定时器的分频配置寄存器：1 分频（不分频）
1413
1414            mov al, 0x0b                             ;RTC 寄存器 B
1415            or al, 0x80                              ;阻断 NMI
1416            out 0x70, al
1417            mov al, 0x52                             ;设置寄存器 B，开放周期性中断，开放更
1418            out 0x71, al                             ;新结束后中断，BCD 码，24 小时制
1419
1420            mov al, 0x8a                             ;CMOS 寄存器 A
1421            out 0x70, al
1422            ;in al, 0x71
1423            mov al, 0x2d                             ;32kHz，125ms 的周期性中断
1424            out 0x71, al                             ;写回 CMOS 寄存器 A
1425
1426            mov al, 0x8c
1427            out 0x70, al
1428            in al, 0x71                              ;读寄存器 C
1429    .w0:
1430            in al, 0x71                              ;读寄存器 C
1431            bt rax, 6                                ;更新周期结束中断已发生？
1432            jnc .w0
1433            mov dword [rsi + 0x380], 0xffff_ffff ;定时器初始计数寄存器：置初值并开始计数
1434    .w1:
1435            in al, 0x71                              ;读寄存器 C
1436            bt rax, 6                                ;更新周期结束中断已发生？
1437            jnc .w1
1438            mov edx, [rsi + 0x390]                   ;定时器当前计数寄存器：读当前计数值
1439
1440            mov eax, 0xffff_ffff
```

```
1441        sub eax, edx
1442        xor edx, edx
1443        mov ebx, 125                          ;125ms
1444        div ebx                               ;EAX=当前处理器在 1ms 内的时钟数
1445
1446        mov [rel clocks_1ms], eax             ;登记起来用于其他定时的场合
1447
1448        mov al, 0x0b                          ;RTC 寄存器 B
1449        or al, 0x80                           ;阻断 NMI
1450        out 0x70, al
1451        mov al, 0x12                          ;设置寄存器 B，只允许更新周期结束中断
1452        out 0x71, al
1453
1454        ;以下安装新任务认领中断的处理过程
1455        mov r9, [rel position]
1456        lea rax, [r9 + new_task_notify_handler]   ;得到中断处理过程的线性地址
1457        call make_interrupt_gate              ;位于 core_utils64_mp.wid
1458
1459        cli
1460        mov r8, 0xfe
1461        call mount_idt_entry                  ;位于 core_utils64_mp.wid
1462        sti
1463
1464        ;以下安装时间片到期中断的处理过程
1465        mov r9, [rel position]
1466        lea rax, [r9 + time_slice_out_handler]    ;得到中断处理过程的线性地址
1467        call make_interrupt_gate              ;位于 core_utils64_mp.wid
1468
1469        cli
1470        mov r8, 0xfd
1471        call mount_idt_entry                  ;位于 core_utils64_mp.wid
1472        sti
1473
1474        ;以下安装系统管理中断的处理过程
1475        mov r9, [rel position]
1476        lea rax, [r9 + system_management_handler]
1477        call make_interrupt_gate              ;位于 core_utils64_mp.wid
1478
1479        cli
1480        mov r8, 0xfc
1481        call mount_idt_entry                  ;位于 core_utils64_mp.wid
1482        sti
1483
1484        ;以下开始初始化应用处理器 AP。先将初始化代码复制到物理内存最低端的选定位置
1485        mov rsi, [rel position]
```

```
1486        lea rsi, [rsi + section.ap_init_block.start]
1487        mov rdi, AP_START_UP_ADDR
1488        mov rcx, ap_init_tail - ap_init
1489        cld
1490        repe movsb
1491
1492        ;所有处理器都应当在初始化期间递增应答计数值
1493        inc byte [rel ack_cpus]                    ;BSP 自己的应答计数值
1494
1495        ;给其他处理器发送 INIT IPI 和 SIPI, 命令它们初始化自己
1496        mov rsi, LAPIC_START_ADDR                  ;Local APIC 的线性地址
1497        mov dword [rsi + 0x310], 0
1498        mov dword [rsi + 0x300], 0x000c4500    ;先发送 INIT IPI
1499
1500        ;以下发送两次 Start up IPI
1501        mov dword [rsi + 0x300], (AP_START_UP_ADDR >> 12) | 0x000c4600
1502        mov dword [rsi + 0x300], (AP_START_UP_ADDR >> 12) | 0x000c4600
1503
1504        mov al, [rel num_cpus]
1505 .wcpus:
1506        cmp al, [rel ack_cpus]
1507        jne .wcpus                                 ;等待所有应用处理器的应答
1508
1509        ;显示已应答的处理器的数量信息
1510        mov r15, [rel position]
1511
1512        xor r8, r8
1513        mov r8b, [rel ack_cpus]
1514        lea rbx, [r15 + buffer]
1515        call bin64_to_dec
1516        call put_string64
1517
1518        lea rbx, [r15 + cpu_init_ok]
1519        call put_string64                          ;位于 core_utils64_mp.wid
1520
1521        mov rdi, IOAPIC_START_ADDR                 ;I/O APIC 的线性地址
1522
1523        ;8254 定时器。对应 I/O APIC 的 IOREDTBL2
1524        mov dword [rdi], 0x14                       ;对应 8254 定时器。
1525        mov dword [rdi + 0x10], 0x000000fc         ;不屏蔽; 物理模式; 固定模式; 向量 0xfc
1526        mov dword [rdi], 0x15
1527        mov dword [rdi + 0x10], 0x00000000         ;Local APIC ID: 0
1528
1529        ;以下开始创建系统外壳任务（进程）
1530        mov r8, 50
```

```
1531            call create_process
1532
1533            jmp ap_to_core_entry.do_idle           ;去处理器集结休息区 :)
1534
1535  ;================================================================================
1536  section ap_init_block vstart=0
1537
1538            bits 16                                 ;应用处理器 AP 从实模式开始执行
1539
1540  ap_init:                                          ;应用处理器 AP 的初始化代码
1541            mov ax, AP_START_UP_ADDR >> 4
1542            mov ds, ax
1543
1544            SET_SPIN_LOCK al, byte [lock_var]       ;自旋直至获得锁
1545
1546            mov ax, SDA_PHY_ADDR >> 4               ;切换到系统数据区
1547            mov ds, ax
1548
1549            ;加载描述符表寄存器 GDTR
1550            lgdt [2]                                ;实模式下只加载 6 字节的内容
1551
1552            in al, 0x92                             ;南桥芯片内的端口
1553            or al, 0000_0010B
1554            out 0x92, al                            ;打开 A20
1555
1556            cli                                     ;中断机制尚未工作
1557
1558            mov eax, cr0
1559            or eax, 1
1560            mov cr0, eax                            ;设置 PE 位
1561
1562            ;以下进入保护模式
1563            jmp 0x0008: AP_START_UP_ADDR + .flush   ;清流水线并串行化处理器
1564
1565            [bits 32]
1566  .flush:
1567            mov eax, 0x0010                         ;加载数据段(4GB)选择子
1568            mov ss, eax                             ;加载堆栈段(4GB)选择子
1569            mov esp, 0x7e00                         ;堆栈指针
1570
1571            ;令 CR3 寄存器指向 4 级头表（保护模式下的 32 位 CR3）
1572            mov eax, PML4_PHY_ADDR                  ;PCD=PWT=0
1573            mov cr3, eax
1574
1575            ;开启物理地址扩展 PAE
```

```
1576        mov eax, cr4
1577        bts eax, 5
1578        mov cr4, eax
1579
1580        ;设置型号专属寄存器 IA32_EFER.LME，允许 IA_32e 模式
1581        mov ecx, 0x0c0000080                    ;指定型号专属寄存器 IA32_EFER
1582        rdmsr
1583        bts eax, 8                              ;设置 LME 位
1584        wrmsr
1585
1586        ;开启分页功能
1587        mov eax, cr0
1588        bts eax, 31                             ;置位 CR0.PG
1589        mov cr0, eax
1590
1591        ;进入 64 位模式
1592        jmp CORE_CODE64_SEL:AP_START_UP_ADDR + .to64
1593   .to64:
1594
1595        bits 64
1596
1597        ;转入内核中继续初始化（使用高端线性地址）
1598        mov rbx, UPPER_CORE_LINEAR + ap_to_core_entry
1599        jmp rbx
1600
1601   lock_var  db 0
1602
1603 ap_init_tail:
1604
1605 ;===============================================================================
1606 section core_tail
1607 core_end:
```

```
1  ;c08_shell: 系统外壳程序，李忠，2022-11-27
2  ;用于模拟一个操作系统用户接口，比如 Linux 控制台
3
4  ;================================================================
5  section shell_header                        ;外壳程序头部
6    length        dq shell_end                ;#0: 外壳程序的总长度（字节数）
7    entry         dq start                    ;#8: 外壳入口点
8    linear        dq 0                        ;#16: 外壳加载的虚拟（线性）地址
9
10 ;================================================================
11 section shell_data                          ;外壳程序数据段
12   shell_msg     times 128 db 0
13
14   msg0          db "Thread ", 0
15   tid           times 32 db 0               ;线程 ID 的文本
16   msg1          db " <OS SHELL> on CPU ", 0
17   pcpu          times 32 db 0               ;处理器编号的文本
18   msg2          db " -", 0
19
20   time_buff     times 32 db 0               ;当前时间的文本
21
22
23 ;================================================================
24 section shell_code                          ;外壳程序代码段
25
26 %include "..\common\user_static64.lib"
27
28 ;~~~~~~~~~~~~~~~~~~~~~~~~~~~~~~~~~~~~~~~~~~~~~~~~~~~~~~~~~~~~~~~~~~~~
29         bits 64
30
31 main:
32         ;这里可显示一个界面，比如 Windows 桌面或者 Linux 控制台窗口，用于接收用户
33         ;输入的命令，包括显示磁盘文件、设置系统参数或者运行一个程序。我们的系统很
34         ;简单，所以不提供这些功能。
35
36         ;以下，模拟按用户的要求运行 3 个程序......
37         mov r8, 100
38         mov rax, 3
39         syscall
40         ;syscall
41         ;syscall                            ;用同一个副本创建 3 个任务
42
43         mov rax, 0
44         syscall                             ;可用显示行，DH=行号
45         mov dl, 0
```

```
46          mov r9b, 0x5f
47
48          mov r12, [rel linear]
49  _time:
50          lea rbx, [r12 + time_buff]
51          mov rax, 1
52          syscall
53
54          mov rax, 6                          ;获得当前处理器的编号
55          syscall
56          mov r8, rax
57          lea rbx, [r12 + pcpu]
58          call bin64_to_dec                   ;将处理器的编号转换为字符串
59
60          mov rax, 8                          ;返回当前线程的标识
61          syscall
62          mov r8, rax
63          lea rbx, [r12 + tid]
64          call bin64_to_dec                   ;将线程标识转换为字符串
65
66          lea rdi, [r12 + shell_msg]
67          mov byte [rdi], 0
68
69          lea rsi, [r12 + msg0]
70          call string_concatenates            ;字符串连接，和 strcat 相同
71
72          lea rsi, [r12 + tid]
73          call string_concatenates            ;字符串连接，和 strcat 相同
74
75          lea rsi, [r12 + msg1]
76          call string_concatenates            ;字符串连接，和 strcat 相同
77
78          lea rsi, [r12 + pcpu]
79          call string_concatenates            ;字符串连接，和 strcat 相同
80
81          lea rsi, [r12 + msg2]
82          call string_concatenates            ;字符串连接，和 strcat 相同
83
84          lea rsi, [r12 + time_buff]
85          call string_concatenates            ;字符串连接，和 strcat 相同
86
87          mov rbx, rdi
88          mov rax, 2
89          syscall
90
```

```
91              ;以下 5 行是本章新增的代码
92              push rdx                            ;在前面用来保存屏幕坐标数据
93              mov rax, 15                         ;当前线程休眠
94              mov rdx, 10                         ;休眠时间为 10 个 55ms，即 550ms
95              syscall
96              pop rdx
97
98              jmp _time
99
100 ;~~~~~~~~~~~~~~~~~~~~~~~~~~~~~~~~~~~~~~~~~~~~~~~~~~~~~~~~~~~~~~~~~~~~~~~~~
101 start:      ;程序的入口点
102              call main
103
104 ;~~~~~~~~~~~~~~~~~~~~~~~~~~~~~~~~~~~~~~~~~~~~~~~~~~~~~~~~~~~~~~~~~~~~~~~~~
105 shell_end:
```

```
1  ;应用程序，李忠，2022-11-27
2  ;文件：c08_userapp0.asm
3  ;演示数据竞争所引发的数据一致性问题
4
5  ;===============================================================================
6  section app_header                              ;应用程序头部
7    length        dq app_end                      ;#0：用户程序的总长度（字节数）
8    entry         dq start                        ;#8：用户程序入口点
9    linear        dq 0                            ;#16：用户程序加载的虚拟（线性）地址
10
11 ;===============================================================================
12 section app_data                                ;应用程序数据段
13
14   tid_prex      db "Thread ", 0
15   thrd_msg      db " has completed the calculation.", 0
16   share_d       dq 0
17
18 ;===============================================================================
19 section app_code                                ;应用程序代码段
20
21 %include "..\common\user_static64.lib"
22
23 ;~~~~~~~~~~~~~~~~~~~~~~~~~~~~~~~~~~~~~~~~~~~~~~~~~~~~~~~~~~~~~~~~~~~~~~~~~~~~~~~~~~~
24        bits 64
25
26 thread_procedure1:
27        mov rbp, rsp                             ;RBP 访问栈中数据，高级语言中的局部变量。
28        sub rsp, 32
29
30        mov rax, 10                              ;分配内存
31        mov rdx, 160                             ;160 字节
32        syscall
33        mov [rbp-8], r13                         ;RBP-8->总字符串缓冲区的线性地址
34
35        add r13, 128
36        mov [rbp-16], r13                        ;RBP-16->用来保存线程标识的文本
37
38        mov rax, 8                               ;获得当前线程的标识
39        syscall
40        mov r8, rax
41        mov rbx, [rbp-16]
42        call bin64_to_dec                        ;将线程标识转换为字符串
43
44        mov rcx, 500000000
45   .plus_one:
```

```
46          inc qword [rel share_d]
47          loop .plus_one
48
49          mov r12, [rel linear]              ;当前程序加载的起始线性地址
50
51          mov rdi, [rbp-8]                   ;总字符串缓冲区的线性地址
52          mov byte [rdi], 0
53
54          lea rsi, [r12 + tid_prex]
55          call string_concatenates          ;字符串连接，和 strcat 相同
56
57          mov rsi, [rbp-16]
58          call string_concatenates
59
60          lea rsi, [r12 + thrd_msg]
61          call string_concatenates          ;字符串连接，和 strcat 相同
62
63          mov rax, 0                         ;确定当前线程可以使用的显示行
64          syscall                            ;可用显示行, DH=行号
65
66          mov dl, 0
67          mov r9b, 0x0f
68
69          mov rax, 2                         ;在指定坐标显示字符串
70          mov rbx, rdi
71          syscall
72
73          mov rsp, rbp                       ;栈平衡到返回位置
74          ret
75
76 ;~~~~~~~~~~~~~~~~~~~~~~~~~~~~~~~~~~~~~~~~~~~~~~~~~~~~~~~~~~~~~~~~~~~~~~~~~~~~~
77 thread_procedure2:
78          mov rbp, rsp                       ;RBP 访问栈中数据，高级语言中的局部变量。
79          sub rsp, 32
80
81          mov rax, 10                        ;分配内存
82          mov rdx, 160                       ;160 字节
83          syscall
84          mov [rbp-8], r13                   ;RBP-8->总字符串缓冲区的线性地址
85
86          add r13, 128
87          mov [rbp-16], r13                  ;RBP-16->用来保存线程标识的文本
88
89          mov rax, 8                         ;获得当前线程的标识
90          syscall
```

```
91          mov r8, rax
92          mov rbx, [rbp-16]
93          call bin64_to_dec                  ;将线程标识转换为字符串
94
95          mov rcx, 500000000
96    .minus_one:
97          dec qword [rel share_d]
98          loop .minus_one
99
100         mov r12, [rel linear]              ;当前程序加载的起始线性地址
101
102         mov rdi, [rbp-8]                   ;总字符串缓冲区的线性地址
103         mov byte [rdi], 0
104
105         lea rsi, [r12 + tid_prex]
106         call string_concatenates          ;字符串连接，和 strcat 相同
107
108         mov rsi, [rbp-16]
109         call string_concatenates
110
111         lea rsi, [r12 + thrd_msg]
112         call string_concatenates          ;字符串连接，和 strcat 相同
113
114         mov rax, 0                         ;确定当前线程可以使用的显示行
115         syscall                            ;可用显示行，DH=行号
116
117         mov dl, 0
118         mov r9b, 0x0f
119
120         mov rax, 2                         ;在指定坐标显示字符串
121         mov rbx, rdi
122         syscall
123
124         mov rsp, rbp                       ;栈平衡到返回位置
125         ret
126
127  ;~~~~~~~~~~~~~~~~~~~~~~~~~~~~~~~~~~~~~~~~~~~~~~~~~~~~~~~~~~~~~~~~~~~~~~~~~~~~~~~~~~~~~~
128  main:
129         mov rdi, [rel linear]              ;当前程序加载的起始线性地址
130
131         mov rax, 7                         ;创建线程
132
133         lea rsi, [rdi + thread_procedure1] ;线程例程的线性地址
134         syscall                            ;创建第一个线程
135         mov [rel .thrd_1], rdx             ;保存线程 1 的标识
```

```
136
137        lea rsi, [rdi + thread_procedure2]        ;线程例程的线性地址
138        syscall                                   ;创建第二个线程
139        mov [rel .thrd_2], rdx                    ;保存线程 2 的标识
140
141        mov rax, 11
142        mov rdx, [rel .thrd_1]
143        syscall                                   ;等待线程 1 结束
144
145        mov rdx, [rel .thrd_2]
146        syscall                                   ;等待线程 2 结束
147
148        mov r12, [rel linear]                     ;当前程序加载的起始线性地址
149
150        lea rdi, [r12 + .main_buf]                ;总字符串缓冲区的线性地址
151        mov byte [rdi], 0
152
153        lea rsi, [r12 + .main_msg]
154        call string_concatenates                  ;字符串连接，和 strcat 相同
155
156        mov r8, [rel share_d]
157        lea rbx, [r12 + .main_dat]
158        call bin64_to_dec                         ;将共享变量的值转换为字符串
159
160        mov rsi, rbx
161        call string_concatenates                  ;字符串连接，和 strcat 相同
162
163        mov rax, 0                                 ;确定当前线程可以使用的显示行
164        syscall                                    ;可用显示行，DH=行号
165
166        mov dl, 0                                  ;列坐标
167        mov r9b, 0x0f                              ;文本颜色
168
169        mov rax, 2                                 ;在指定坐标显示字符串
170        mov rbx, rdi
171        syscall
172
173        ret
174
175  .thrd_1      dq 0                                ;线程 1 的标识
176  .thrd_2      dq 0                                ;线程 2 的标识
177
178  .main_msg db "The result after calculation by two threads is:", 0
179  .main_dat times 32 db 0
180  .main_buf times 128 db 0
```

```
181
182  ;~~~~~~~~~~~~~~~~~~~~~~~~~~~~~~~~~~~~~~~~~~~~~~~~~~~~~~~~~~~~~~~~~~~~~~~~~~~~~~~~
183  start:   ;程序的入口点
184
185           ;这里放置初始化代码，比如初始化全局数据（变量）
186
187           call main
188
189           ;这里放置清理代码
190
191           mov rax, 5                          ;终止任务
192           syscall
193
194  ;~~~~~~~~~~~~~~~~~~~~~~~~~~~~~~~~~~~~~~~~~~~~~~~~~~~~~~~~~~~~~~~~~~~~~~~~~~~~~~~~
195  app_end:
```

```
1  ;应用程序，李忠，2022-11-27
2  ;文件: c08_userapp1.asm
3  ;演示数据竞争和锁定的原子操作
4
5  ;=================================================================
6  section app_header                              ;应用程序头部
7    length        dq app_end                      ;#0: 用户程序的总长度（字节数）
8    entry         dq start                        ;#8: 用户程序入口点
9    linear        dq 0                            ;#16: 用户程序加载的虚拟（线性）地址
10
11 ;=================================================================
12 section app_data                                ;应用程序数据段
13
14   tid_prex      db "Thread ", 0
15   thrd_msg      db " has completed the calculation.", 0
16   share_d       dq 0
17
18 ;=================================================================
19 section app_code                                ;应用程序代码段
20
21 %include "..\common\user_static64.lib"
22
23 ;~~~~~~~~~~~~~~~~~~~~~~~~~~~~~~~~~~~~~~~~~~~~~~~~~~~~~~~~~~~~~~~~~~~~
24         bits 64
25
26 thread_procedure1:
27         mov rbp, rsp                            ;RBP 访问栈中数据，高级语言中的局部变量。
28         sub rsp, 32
29
30         mov rax, 10                             ;分配内存
31         mov rdx, 160                            ;160 字节
32         syscall
33         mov [rbp-8], r13                        ;RBP-8->总字符串缓冲区的线性地址
34
35         add r13, 128
36         mov [rbp-16], r13                       ;RBP-16->用来保存线程标识的文本
37
38         mov rax, 8                              ;获得当前线程的标识
39         syscall
40         mov r8, rax
41         mov rbx, [rbp-16]
42         call bin64_to_dec                       ;将线程标识转换为字符串
43
44         mov rcx, 500000000
45   .plus_one:
```

```
46          lock inc qword [rel share_d]
47          loop .plus_one
48
49          mov r12, [rel linear]                  ;当前程序加载的起始线性地址
50
51          mov rdi, [rbp-8]                        ;总字符串缓冲区的线性地址
52          mov byte [rdi], 0
53
54          lea rsi, [r12 + tid_prex]
55          call string_concatenates               ;字符串连接，和 strcat 相同
56
57          mov rsi, [rbp-16]
58          call string_concatenates
59
60          lea rsi, [r12 + thrd_msg]
61          call string_concatenates               ;字符串连接，和 strcat 相同
62
63          mov rax, 0                             ;确定当前线程可以使用的显示行
64          syscall                                ;可用显示行，DH=行号
65
66          mov dl, 0
67          mov r9b, 0x0f
68
69          mov rax, 2                             ;在指定坐标显示字符串
70          mov rbx, rdi
71          syscall
72
73          mov rsp, rbp                           ;栈平衡到返回位置
74          ret
75
76 ;~~~~~~~~~~~~~~~~~~~~~~~~~~~~~~~~~~~~~~~~~~~~~~~~~~~~~~~~~~~~~~~~~~~~~~~~~~~~~~~~~~~
77 thread_procedure2:
78          mov rbp, rsp                           ;RBP 访问栈中数据，高级语言中的局部变量。
79          sub rsp, 32
80
81          mov rax, 10                            ;分配内存
82          mov rdx, 160                           ;160 字节
83          syscall
84          mov [rbp-8], r13                        ;RBP-8->总字符串缓冲区的线性地址
85
86          add r13, 128
87          mov [rbp-16], r13                       ;RBP-16->用来保存线程标识的文本
88
89          mov rax, 8                             ;获得当前线程的标识
90          syscall
```

```
91          mov r8, rax
92          mov rbx, [rbp-16]
93          call bin64_to_dec              ;将线程标识转换为字符串
94
95          mov rcx, 500000000
96  .minus_one:
97          lock dec qword [rel share_d]
98          loop .minus_one
99
100         mov r12, [rel linear]          ;当前程序加载的起始线性地址
101
102         mov rdi, [rbp-8]               ;总字符串缓冲区的线性地址
103         mov byte [rdi], 0
104
105         lea rsi, [r12 + tid_prex]
106         call string_concatenates       ;字符串连接，和 strcat 相同
107
108         mov rsi, [rbp-16]
109         call string_concatenates
110
111         lea rsi, [r12 + thrd_msg]
112         call string_concatenates       ;字符串连接，和 strcat 相同
113
114         mov rax, 0                     ;确定当前线程可以使用的显示行
115         syscall                        ;可用显示行，DH=行号
116
117         mov dl, 0
118         mov r9b, 0x0f
119
120         mov rax, 2                     ;在指定坐标显示字符串
121         mov rbx, rdi
122         syscall
123
124         mov rsp, rbp                   ;栈平衡到返回位置
125         ret
126
127 ;~~~~~~~~~~~~~~~~~~~~~~~~~~~~~~~~~~~~~~~~~~~~~~~~~~~~~~~~~~~~~~~~~~~~~~~~~~~~~
128 main:
129         mov rdi, [rel linear]          ;当前程序加载的起始线性地址
130
131         mov rax, 7                     ;创建线程
132
133         lea rsi, [rdi + thread_procedure1]  ;线程例程的线性地址
134         syscall                        ;创建第一个线程
135         mov [rel .thrd_1], rdx         ;保存线程 1 的标识
```

```
136
137         lea rsi, [rdi + thread_procedure2]      ;线程例程的线性地址
138         syscall                                  ;创建第二个线程
139         mov [rel .thrd_2], rdx                   ;保存线程 2 的标识
140
141         mov rax, 11
142         mov rdx, [rel .thrd_1]
143         syscall                                  ;等待线程 1 结束
144
145         mov rdx, [rel .thrd_2]
146         syscall                                  ;等待线程 2 结束
147
148         mov r12, [rel linear]                    ;当前程序加载的起始线性地址
149
150         lea rdi, [r12 + .main_buf]               ;总字符串缓冲区的线性地址
151         mov byte [rdi], 0
152
153         lea rsi, [r12 + .main_msg]
154         call string_concatenates                 ;字符串连接，和 strcat 相同
155
156         mov r8, [rel share_d]
157         lea rbx, [r12 + .main_dat]
158         call bin64_to_dec                        ;将共享变量的值转换为字符串
159
160         mov rsi, rbx
161         call string_concatenates                 ;字符串连接，和 strcat 相同
162
163         mov rax, 0                               ;确定当前线程可以使用的显示行
164         syscall                                  ;可用显示行，DH=行号
165
166         mov dl, 0                                ;列坐标
167         mov r9b, 0x0f                            ;文本颜色
168
169         mov rax, 2                               ;在指定坐标显示字符串
170         mov rbx, rdi
171         syscall
172
173         ret
174
175 .thrd_1      dq 0                                ;线程 1 的标识
176 .thrd_2      dq 0                                ;线程 2 的标识
177
178 .main_msg db "The result after calculation by two threads is:", 0
179 .main_dat times 32 db 0
180 .main_buf times 128 db 0
```

```
181
182  ;~~~~~~~~~~~~~~~~~~~~~~~~~~~~~~~~~~~~~~~~~~~~~~~~~~~~~~~~~~~~~~~~~~~~~~~~~~~~~~~~~~~~
183  start:    ;程序的入口点
184
185           ;这里放置初始化代码，比如初始化全局数据（变量）
186
187           call main
188
189           ;这里放置清理代码
190
191           mov rax, 5                          ;终止任务
192           syscall
193
194  ;~~~~~~~~~~~~~~~~~~~~~~~~~~~~~~~~~~~~~~~~~~~~~~~~~~~~~~~~~~~~~~~~~~~~~~~~~~~~~~~~~~~~
195  app_end:
```

```
1  ;应用程序，李忠，2023-01-03
2  ;文件：c08_userapp2.asm
3  ;演示数据竞争和互斥锁
4
5  ;===============================================================================
6  section app_header                          ;应用程序头部
7    length        dq app_end                  ;#0：用户程序的总长度（字节数）
8    entry         dq start                    ;#8：用户程序入口点
9    linear        dq 0                        ;#16：用户程序加载的虚拟（线性）地址
10
11 ;===============================================================================
12 section app_data                            ;应用程序数据段
13
14   tid_prex      db "Thread ", 0
15   thrd_msg      db " has completed the calculation.", 0
16   share_d       dq 0
17   mutex_ptr     dq 0                         ;互斥锁的指针（线性地址）
18
19 ;===============================================================================
20 section app_code                            ;应用程序代码段
21
22 %include "..\common\user_static64.lib"
23
24 ;~~~~~~~~~~~~~~~~~~~~~~~~~~~~~~~~~~~~~~~~~~~~~~~~~~~~~~~~~~~~~~~~~~~~~~~~~~~~~~~~~~~
25         bits 64
26
27 thread_procedure1:
28         mov rbp, rsp                        ;RBP 访问栈中数据，高级语言中的局部变量。
29         sub rsp, 32
30
31         mov rax, 10                         ;分配内存
32         mov rdx, 160                        ;160 字节
33         syscall
34         mov [rbp-8], r13                    ;RBP-8->总字符串缓冲区的线性地址
35
36         add r13, 128
37         mov [rbp-16], r13                   ;RBP-16->用来保存线程标识的文本
38
39         mov rax, 8                          ;获得当前线程的标识
40         syscall
41         mov r8, rax
42         mov rbx, [rbp-16]
43         call bin64_to_dec                   ;将线程标识转换为字符串
44
45         mov rdx, [rel mutex_ptr]            ;互斥锁的线性地址
```

```
46          mov rcx, 500000000
47  .plus_one:
48          push rcx                            ;处理器执行 SYSCALL 要使用 RCX
49          mov rax, 13                         ;获取互斥锁
50          syscall
51          inc qword [rel share_d]
52          mov rax, 14                         ;释放互斥锁
53          syscall
54          pop rcx
55          loop .plus_one
56
57          mov r12, [rel linear]               ;当前程序加载的起始线性地址
58
59          mov rdi, [rbp-8]                    ;总字符串缓冲区的线性地址
60          mov byte [rdi], 0
61
62          lea rsi, [r12 + tid_prex]
63          call string_concatenates            ;字符串连接，和 strcat 相同
64
65          mov rsi, [rbp-16]
66          call string_concatenates
67
68          lea rsi, [r12 + thrd_msg]
69          call string_concatenates            ;字符串连接，和 strcat 相同
70
71          mov rax, 0                          ;确定当前线程可以使用的显示行
72          syscall                             ;可用显示行, DH=行号
73
74          mov dl, 0
75          mov r9b, 0x0f
76
77          mov rax, 2                          ;在指定坐标显示字符串
78          mov rbx, rdi
79          syscall
80
81          mov rsp, rbp                        ;栈平衡到返回位置
82
83          ret
84
85  ;~~~~~~~~~~~~~~~~~~~~~~~~~~~~~~~~~~~~~~~~~~~~~~~~~~~~~~~~~~~~~~~~~~~~~~~~~~~~~~~
86  thread_procedure2:
87          mov rbp, rsp                        ;RBP 访问栈中数据，高级语言中的局部变量。
88          sub rsp, 32
89
90          mov rax, 10                         ;分配内存
```

```
 91        mov rdx, 160                          ;160 字节
 92        syscall
 93        mov [rbp-8], r13                      ;RBP-8->总字符串缓冲区的线性地址
 94
 95        add r13, 128
 96        mov [rbp-16], r13                     ;RBP-16->用来保存线程标识的文本
 97
 98        mov rax, 8                            ;获得当前线程的标识
 99        syscall
100        mov r8, rax
101        mov rbx, [rbp-16]
102        call bin64_to_dec                     ;将线程标识转换为字符串
103
104        mov rdx, [rel mutex_ptr]              ;互斥锁的线性地址
105        mov rcx, 500000000
106    .minus_one:
107        push rcx
108        mov rax, 13                           ;获取互斥锁
109        syscall
110        dec qword [rel share_d]
111        mov rax, 14                           ;释放互斥锁
112        syscall
113        pop rcx
114        loop .minus_one
115
116        mov r12, [rel linear]                 ;当前程序加载的起始线性地址
117
118        mov rdi, [rbp-8]                      ;总字符串缓冲区的线性地址
119        mov byte [rdi], 0
120
121        lea rsi, [r12 + tid_prex]
122        call string_concatenates              ;字符串连接，和 strcat 相同
123
124        mov rsi, [rbp-16]
125        call string_concatenates
126
127        lea rsi, [r12 + thrd_msg]
128        call string_concatenates              ;字符串连接，和 strcat 相同
129
130        mov rax, 0                            ;确定当前线程可以使用的显示行
131        syscall                               ;可用显示行，DH=行号
132
133        mov dl, 0
134        mov r9b, 0x0f
135
```

```
136         mov rax, 2                              ;在指定坐标显示字符串
137         mov rbx, rdi
138         syscall
139
140         mov rsp, rbp                            ;栈平衡到返回位置
141
142         ret
143
```

;~~~~~~

```
145 main:
146         mov rax, 12                             ;初始化互斥锁变量
147         syscall
148         mov [rel mutex_ptr], rdx                ;保存互斥锁的线性地址
149
150         mov rdi, [rel linear]                   ;当前程序加载的起始线性地址
151
152         mov rax, 7                              ;创建线程
153
154         lea rsi, [rdi + thread_procedure1]      ;线程例程的线性地址
155         syscall                                 ;创建第一个线程
156         mov [rel .thrd_1], rdx                  ;保存线程 1 的标识
157
158         lea rsi, [rdi + thread_procedure2]      ;线程例程的线性地址
159         syscall                                 ;创建第二个线程
160         mov [rel .thrd_2], rdx                  ;保存线程 2 的标识
161
162         mov rax, 11
163         mov rdx, [rel .thrd_1]
164         syscall                                 ;等待线程 1 结束
165
166         mov rdx, [rel .thrd_2]
167         syscall                                 ;等待线程 2 结束
168
169         mov r12, [rel linear]                   ;当前程序加载的起始线性地址
170
171         lea rdi, [r12 + .main_buf]              ;总字符串缓冲区的线性地址
172         mov byte [rdi], 0
173
174         lea rsi, [r12 + .main_msg]
175         call string_concatenates               ;字符串连接，和 strcat 相同
176
177         mov r8, [rel share_d]
178         lea rbx, [r12 + .main_dat]
179         call bin64_to_dec                       ;将共享变量的值转换为字符串
180
```

```
181            mov rsi, rbx
182            call string_concatenates        ;字符串连接，和 strcat 相同
183
184            mov rax, 0                       ;确定当前线程可以使用的显示行
185            syscall                          ;可用显示行，DH=行号
186
187            mov dl, 0                        ;列坐标
188            mov r9b, 0x0f                    ;文本颜色
189
190            mov rax, 2                       ;在指定坐标显示字符串
191            mov rbx, rdi
192            syscall
193
194            ret
195
196    .thrd_1        dq 0                      ;线程 1 的标识
197    .thrd_2        dq 0                      ;线程 2 的标识
198
199    .main_msg db "The result after calculation by two threads is:", 0
200    .main_dat times 32 db 0
201    .main_buf times 128 db 0
202
203 ;~~~~~~~~~~~~~~~~~~~~~~~~~~~~~~~~~~~~~~~~~~~~~~~~~~~~~~~~~~~~~~~~~~~~~~~~~~~~~~~~~~~~
204 start:    ;程序的入口点
205
206            ;这里放置初始化代码，比如初始化全局数据（变量）
207
208            call main
209
210            ;这里放置清理代码
211
212            mov rax, 5                       ;终止任务
213            syscall
214
215 ;~~~~~~~~~~~~~~~~~~~~~~~~~~~~~~~~~~~~~~~~~~~~~~~~~~~~~~~~~~~~~~~~~~~~~~~~~~~~~~~~~~~~
216 app_end:
```

```
1  ;应用程序，李忠，2023-01-03
2  ;文件：c08_userapp3.asm
3  ;演示互斥锁的应用策略
4
5  ;===========================================================================
6  section app_header                          ;应用程序头部
7    length        dq app_end                  ;#0: 用户程序的总长度（字节数）
8    entry         dq start                    ;#8: 用户程序入口点
9    linear        dq 0                        ;#16: 用户程序加载的虚拟（线性）地址
10
11 ;===========================================================================
12 section app_data                            ;应用程序数据段
13
14   tid_prex      db "Thread ", 0
15   thrd_msg      db " has completed the calculation.", 0
16   share_d       dq 0
17   mutex_ptr     dq 0                         ;互斥锁的指针（线性地址）
18
19 ;===========================================================================
20 section app_code                            ;应用程序代码段
21
22 %include "..\common\user_static64.lib"
23
24 ;~~~~~~~~~~~~~~~~~~~~~~~~~~~~~~~~~~~~~~~~~~~~~~~~~~~~~~~~~~~~~~~~~~~~~~~~~~~~~~~
25        bits 64
26
27 thread_procedure1:
28        mov rbp, rsp                         ;RBP 访问栈中数据，高级语言中的局部变量。
29        sub rsp, 32
30
31        mov rax, 10                          ;分配内存
32        mov rdx, 160                         ;160 字节
33        syscall
34        mov [rbp-8], r13                     ;RBP-8->总字符串缓冲区的线性地址
35
36        add r13, 128
37        mov [rbp-16], r13                    ;RBP-16->用来保存线程标识的文本
38
39        mov rax, 8                           ;获得当前线程的标识
40        syscall
41        mov r8, rax
42        mov rbx, [rbp-16]
43        call bin64_to_dec                    ;将线程标识转换为字符串
44
45        mov rdx, [rel mutex_ptr]             ;互斥锁的线性地址
```

```
46          mov rax, 13                        ;获取互斥锁
47          syscall
48
49          mov rcx, 500000000
50  .plus_one:
51          inc qword [rel share_d]
52          loop .plus_one
53
54          mov rax, 14                        ;释放互斥锁
55          syscall
56
57          mov r12, [rel linear]              ;当前程序加载的起始线性地址
58
59          mov rdi, [rbp-8]                   ;总字符串缓冲区的线性地址
60          mov byte [rdi], 0
61
62          lea rsi, [r12 + tid_prex]
63          call string_concatenates           ;字符串连接，和 strcat 相同
64
65          mov rsi, [rbp-16]
66          call string_concatenates
67
68          lea rsi, [r12 + thrd_msg]
69          call string_concatenates           ;字符串连接，和 strcat 相同
70
71          mov rax, 0                         ;确定当前线程可以使用的显示行
72          syscall                            ;可用显示行，DH=行号
73
74          mov dl, 0
75          mov r9b, 0x0f
76
77          mov rax, 2                         ;在指定坐标显示字符串
78          mov rbx, rdi
79          syscall
80
81          mov rsp, rbp                       ;栈平衡到返回位置
82
83          ret
84
85  ;~~~~~~~~~~~~~~~~~~~~~~~~~~~~~~~~~~~~~~~~~~~~~~~~~~~~~~~~~~~~~~~~~~~~~~~~~~~~~~
86  thread_procedure2:
87          mov rbp, rsp                       ;RBP 访问栈中数据，高级语言中的局部变量。
88          sub rsp, 32
89
90          mov rax, 10                        ;分配内存
```

```
91          mov rdx, 160                        ;160 字节
92          syscall
93          mov [rbp-8], r13                     ;RBP-8->总字符串缓冲区的线性地址
94
95          add r13, 128
96          mov [rbp-16], r13                    ;RBP-16->用来保存线程标识的文本
97
98          mov rax, 8                           ;获得当前线程的标识
99          syscall
100         mov r8, rax
101         mov rbx, [rbp-16]
102         call bin64_to_dec                    ;将线程标识转换为字符串
103
104         mov rdx, [rel mutex_ptr]             ;互斥锁的线性地址
105         mov rax, 13                          ;获取互斥锁
106         syscall
107
108         mov rcx, 500000000
109     .minus_one:
110         dec qword [rel share_d]
111         loop .minus_one
112
113         mov rax, 14                          ;释放互斥锁
114         syscall
115
116         mov r12, [rel linear]                ;当前程序加载的起始线性地址
117
118         mov rdi, [rbp-8]                      ;总字符串缓冲区的线性地址
119         mov byte [rdi], 0
120
121         lea rsi, [r12 + tid_prex]
122         call string_concatenates             ;字符串连接，和 strcat 相同
123
124         mov rsi, [rbp-16]
125         call string_concatenates
126
127         lea rsi, [r12 + thrd_msg]
128         call string_concatenates             ;字符串连接，和 strcat 相同
129
130         mov rax, 0                           ;确定当前线程可以使用的显示行
131         syscall                              ;可用显示行，DH=行号
132
133         mov dl, 0
134         mov r9b, 0x0f
135
```

```
136             mov rax, 2                          ;在指定坐标显示字符串
137             mov rbx, rdi
138             syscall
139
140             mov rsp, rbp                        ;栈平衡到返回位置
141
142             ret
143
144 ;~~~~~~~~~~~~~~~~~~~~~~~~~~~~~~~~~~~~~~~~~~~~~~~~~~~~~~~~~~~~~~~~~~~~~~~~~~
145 main:
146             mov rax, 12                         ;初始化互斥锁变量
147             syscall
148             mov [rel mutex_ptr], rdx            ;保存互斥锁的线性地址
149
150             mov rdi, [rel linear]               ;当前程序加载的起始线性地址
151
152             mov rax, 7                          ;创建线程
153
154             lea rsi, [rdi + thread_procedure1]  ;线程例程的线性地址
155             syscall                             ;创建第一个线程
156             mov [rel .thrd_1], rdx              ;保存线程 1 的标识
157
158             lea rsi, [rdi + thread_procedure2]  ;线程例程的线性地址
159             syscall                             ;创建第二个线程
160             mov [rel .thrd_2], rdx              ;保存线程 2 的标识
161
162             mov rax, 11
163             mov rdx, [rel .thrd_1]
164             syscall                             ;等待线程 1 结束
165
166             mov rdx, [rel .thrd_2]
167             syscall                             ;等待线程 2 结束
168
169             mov r12, [rel linear]               ;当前程序加载的起始线性地址
170
171             lea rdi, [r12 + .main_buf]          ;总字符串缓冲区的线性地址
172             mov byte [rdi], 0
173
174             lea rsi, [r12 + .main_msg]
175             call string_concatenates           ;字符串连接，和 strcat 相同
176
177             mov r8, [rel share_d]
178             lea rbx, [r12 + .main_dat]
179             call bin64_to_dec                   ;将共享变量的值转换为字符串
180
```

```
181            mov rsi, rbx
182            call string_concatenates                    ;字符串连接，和 strcat 相同
183
184            mov rax, 0                                   ;确定当前线程可以使用的显示行
185            syscall                                      ;可用显示行，DH=行号
186
187            mov dl, 0                                     ;列坐标
188            mov r9b, 0x0f                                 ;文本颜色
189
190            mov rax, 2                                    ;在指定坐标显示字符串
191            mov rbx, rdi
192            syscall
193
194            ret
195
196    .thrd_1        dq 0                                  ;线程 1 的标识
197    .thrd_2        dq 0                                  ;线程 2 的标识
198
199    .main_msg db "The result after calculation by two threads is:", 0
200    .main_dat times 32 db 0
201    .main_buf times 128 db 0
202
203 ;~~~~~~~~~~~~~~~~~~~~~~~~~~~~~~~~~~~~~~~~~~~~~~~~~~~~~~~~~~~~~~~~~~~~~~~~~~~~~~~~~~~~
204 start:    ;程序的入口点
205
206            ;这里放置初始化代码，比如初始化全局数据（变量）
207
208            call main
209
210            ;这里放置清理代码
211
212            mov rax, 5                                    ;终止任务
213            syscall
214
215 ;~~~~~~~~~~~~~~~~~~~~~~~~~~~~~~~~~~~~~~~~~~~~~~~~~~~~~~~~~~~~~~~~~~~~~~~~~~~~~~~~~~~~
216 app_end:
```

8.2　线程的休眠和唤醒

有些同学具有使用高级语言编写多线程的经验，他们知道，如果一个线程没有什么要紧的事情可做，或者需要等待某个事件，它可以进入睡眠状态。线程的睡眠状态也叫阻塞状态，被阻塞了，无法动弹。

当一个线程进入了睡眠或者说阻塞状态，这意味着什么呢？这意味着，这个线程没有被执行，没有任何处理器正在执行这个线程。

那么，如何让线程进入睡眠或者说阻塞状态呢？一般来说，如果一个线程想让自己进入睡眠状态，它可以执行一个系统调用。进入系统调用后，内核将这个线程的状态保存起来，并把当前处理器让给其他线程。

当一个线程通过系统调用进入睡眠状态时，还必须指定睡眠的时间长度。时间一到，线程就可以恢复执行。比如说，一个线程要休眠 5 秒，那么 5 秒一到，就可以重新恢复执行。

那么如何监测线程的休眠时间，并在必要时恢复它的执行呢？处理器没有这个能力，但它能够执行指令，而且可以响应中断，这就足够了。怎么就足够了呢？很简单，我们可以设置外部的定时器，使之每隔一段时间，比如每隔 1 毫秒发出一个中断信号。同时，我们编写一段中断处理过程，中断发生时，处理器执行中断处理过程，中断处理过程内检查线程的休眠时间是否到期。如果已经到期，则将这个线程的状态设置为就绪，这样它就可以参与线程调度，并在此后的某个时间被调度执行。

8.2.1　执行线程休眠的系统调用

来看本章的外壳程序 c08_shell.asm。

本章的外壳程序和上一章相比没有太大变化，唯一的变化是增加了休眠功能。和从前一样，外壳程序的任务是不断地显示当前时间，这是用一个无限循环来实现的。由于显示的时间只精确到秒，而循环的速度非常快，所以，这会增加处理器的负担，并毫无疑问地增加处理器的功耗。为此，本章的修改是新增了 5 行指令（第 92～96 行），使得在每轮循环的末尾，当前线程休眠 550ms 的时间。

在这里，线程是通过系统调用主动请求休眠的。如表 8-1 所示，在本章中，我们为系统调用增加了若干功能，其中 15 号功能是休眠（阻塞）当前线程直至指定时间长度。

表 8-1　本章所用的系统调用功能表

功能号	功 能 说 明	参　　数
0	返回下一个可用的屏幕行坐标	返回：DH=行坐标
1	返回当前时间	参数：RBX=存放时间字符串的缓冲区线性地址
2	在指定的坐标位置打印字符串	参数：RBX=字符串的线性地址 DH:DL=屏幕行、列坐标 R9B=颜色属性
3	创建任务（进程）	参数：R8=起始逻辑扇区号

（续表）

功能号	功 能 说 明	参　　数
4	返回当前进程的标识	返回：RAX=进程标识
5	终止当前进程	—
6	获取当前处理器的编号	返回：RAX=当前处理器编号（仅低 8 位）
7	创建一个线程	参数：RSI=线程入口的线性地址 　　　RDI=传递给线程的参数 返回：RDX=线程标识
8	返回当前线程的标识	返回：RAX=线程标识
9	终止（结束）当前线程	参数：RDX=返回码
10	用户空间的内存分配	参数：RDX=请求分配的字节数 返回：R13=所分配内存的起始线性地址
11	等待指定的线程结束	参数：RDX=线程标识
12	初始化（创建）一个互斥锁	返回：RDX=互斥锁的线性地址
13	阻塞当前线程直至锁定互斥锁	参数：RDX=互斥锁的线性地址
14	释放互斥锁	参数：RDX=互斥锁的线性地址
15	休眠（阻塞）当前线程直至指定时间长度	参数：RDX=以 55ms 为单位的时间长度

　　上面说过，我们需要设置一个定时器，当定时中断发生时，在中断处理过程内判断是否到达指定的休眠时间。通常来说，我们需要选用一个高精度的定时器，即，时间间隔要足够短，比如 100 纳秒。

　　在计算机内，确实有这样的高精度定时器，但需要额外的设置。我们不想引入额外的复杂性，我们只需要使用现有的定时器即可，哪怕精度低一点也能说明问题。

　　回顾一下我们前面曾经讲过的知识，在计算机系统中，8253/8254 芯片内有三个独立的计数器。其中，计数器 0 在开机之后被初始化为 55 毫秒产生一次中断，或者说，每秒发生 18.2 次中断。这个中断信号不但送到 8259 芯片，也送到 I/O APIC 的 2 号引脚，然后通过 I/O APIC 发往指定的处理器。

　　我们用的是一个精度较低的定时器，每 55 毫秒发生一次中断，因此，为了方便，我们要求线程的休眠时间必须以 55 毫秒为单位。进入系统调用时，必须用 RDX 指定线程休眠的时间长度，而且必须是以 55 毫秒为单位的时间长度。比如说，如果 RDX 是 2，则休眠的时间长度是 110 毫秒。

　　回到系统外壳程序，外壳程序循环显示当前时间，精确到秒。由于是精确到秒，不需要过于频繁地显示，一秒显示一次即可。不过也可以半秒显示一次。为此，可以在每次循环的末尾使当前线程休眠半秒。

　　休眠是通过系统调用的 15 号功能完成的，但需要用 RDX 传入以 55 毫秒为单位的休眠时间。半秒就是 500 毫秒，大约为 10 个 55 毫秒，所以我们用 RDX 传入 10。由于 RDX 保存的是当前线程所分配的屏幕行坐标，所以需要在执行系统调用的前后予以保存和恢复。

　　现在，我们随着系统调用的执行进入内核程序 c08_core.asm。

系统调用的功能号 15 对应的例程是 thread_sleep，它起始于本章内核程序里的第 753 行，用于执行线程休眠。

进入例程后，首先判断 RDX 是否为 0，也就是判断线程的休眠时间是否为零。线程的休眠时间为 0 意味着不会进入休眠状态，可直接返回。但是，线程想休眠，但休眠的时间长度为零，它真的会做这样无聊而没有意义的事情吗？

会不会是一个方面，作为程序员必须考虑的事情是，如果线程真的这样做了，真的传入一个为 0 的参数，应该怎么办？

很简单，直接转到标号.return 处，用 ret 指令返回即可。注意，第 819～820 行是为了调试程序而添加的，可以删除。not 指令用来反转屏幕左上角第二个字符的编码，这样会产生一个动态效果。

相反，如果休眠的时间长度非零，那么就真的要休眠了。首先要屏蔽中断，免得当前线程的执行被切走。然后，屏蔽 Local APIC 的定时器中断，实际上是屏蔽了时间片到期中断。这是必要的，当前线程休眠后，势必要让当前处理器执行其他线程，如果没有其他线程，则处理器进入停机状态。但这个时候定时器还在工作，如果在停机之后发生时间片到期中断，则将执行线程切换。因为当前处理器处于停机状态，并未执行任务，所以无法在两个线程之间切换。

8.2.2　保存和修改休眠线程的状态

屏蔽时间片到期中断后，接下来要保存当前任务和线程的状态以便将来恢复执行，这是第 770～797 行的工作。这部分内容很简单也很熟悉，类似于线程切换时保存旧线程的状态，实在是不需要多说。需要注意的是，将来线程恢复执行时，是从标号.return 这里开始执行的。

保存线程的基本状态后，第 799 行，还要将休眠的时间填写在线程控制块 TCB 内偏移为 56 的位置；第 800 行，还要将它的执行状态改成 4，即，置线程状态为"休眠指定时间长度"。

如图 8-1 所示，这是本章使用的新版线程控制块 TCB，在线程控制块内偏移为 16 的位置是线程状态。在上一章里，线程只有三种状态，而在本章中，我们为线程新增了三种状态。在线程控制块内偏移为 56 的位置原先是保留的，在这一章用上了，但它的内容和含义取决于线程状态。

如果线程的状态是 3，即，等待指定的线程结束，那么 TCB 内偏移为 56 的位置是目标线程的标识；如果线程的状态是 4，即，休眠（阻塞）一段时间，那么 TCB 内偏移为 56 的位置是以 55 毫秒为单位的时间长度；如果线程的状态是 5，即，等待某个信号清零，那么 TCB 内偏移为 56 的位置是信号量的线性地址。

回到程序中，在保存线程的状态时，我们将线程的执行状态设置为 4，此时，TCB 内偏移为 56 的位置要设置以 55 毫秒为单位的时间长度。

接下来，我们从系统中搜索一个状态为就绪的线程。如果不存在这样的线程，则转到标号.sleep 处，在这里要像往常一样切换到处理器的固有栈，然后用 iretq 指令使处理器进入停机循环。需要指出的是，进入停机循环前的准备工作除了切换到处理器的固有栈，还包括两个重要的动作，即，将处理器专属存储区内的 PCB 线性地址域和 TCB 线性地址域都清零。这两个域在处理器专属存储区内的偏移分别是 8 和 32，我们应该非常熟悉。修改这两个域实际上与上一章的代码缺陷有关。在上一章里，线程和任务结束时，并未将处理器专属存储区中的 PCB 线性地址域和 TCB 线性地址域清零，以至于处理器停机休眠后，线程调度程序仍然以为处理器正在执行线程。因此，这样的处理器即使无事可做，也不会响应新线程认领中断。

下一个（后继）TCB 节点的线性地址	+280
保留	
线程抢占的时间片（ms）	+240
RFLAGS	+232
GS	+224
FS	+216
SS	+208
CS	+200
RIP	+192
R15	+184
R14	+176
R13	+168
R12	+160
R11	+152
R10	+144
R9	+136
R8	+128
RSP	+120
RBP	+112
RDI	+104
RSI	+96
RDX	+88
RCX	+80
RBX	+72
RAX	+64
被等待的目标线程标识/以55ms为单位的休眠时间/信号量的线性地址	+56
RSP2	+48
RSP1	+40
RSP0	+32
退出（终止）代码	+24
线程状态①	+16
线程标识	+8
保留	+0

①线程状态：0-就绪；1-忙；2-终止；3-等待指定的线程结束；4-休眠（阻塞）一段时间；5-等待某个信号清零

图 8-1　本章使用的线程控制块 TCB

在本章里，用户任务的主线程会创建两个新的线程，而且主线程需要等待另外两个线程结束才能继续执行。在等待期间，系统将主线程设置为休眠（阻塞）状态，并周期性地监视被等待的线程，一旦发现其状态为"结束"，则将主线程的状态设置为"就绪"，并广播新线程认领中断，这样它就在适当的时候被调度执行。但是，因为上述代码缺陷，从休眠转为就绪的线程无法恢复执行。为此，我们要在例程 thread_sleep 中加入清除以上两个域的指令（第 810～812 行）。第 810 行是清除 3 特权级的栈指针域，有没有都可以，关系不大。除此之外，还要修改原来的 thread_exit 和 terminate_process 例程，为它们添加这些代码。这两处修改分别位于第 841～843 行、第 873～875 行。

如果在线程休眠时找到了就绪的新线程，则转到例程 resume_execute_a_thread 恢复并执行新线程。至此，线程休眠的工作就完成了。剩下的事情就是仰仗内核在休眠时间到达后唤醒这个线程。

8.2.3　安装系统管理中断

当一个线程休眠时，实际上是将它的状态保存起来，并将它的执行状态设置为 4。休眠之后，线程不再继续执行，而是让出处理器给其他线程，或者让处理器进入停机循环。

那么，线程何时被唤醒，何时恢复执行呢？这需要由内核通过一个中断来定期监视休眠时间是否到期。换句话说，需要安装一个新的中断，我们称之为系统管理中断。顾名思义，它用来进行系统的管理工作。

系统管理中断是在内核初始化的时候安装的。来看本章的内核程序 c08_core.asm。

在本章里，内核的初始化过程和上一章基本相同，但有两处修改。首先是添加了安装系统管理中断的代码（第 1475～1482 行）。这部分代码创建系统管理中断的中断门并把它安装在中断描述符表中。通过代码可以看出，我们为该中断指定的向量号是 0xfc，对应的中断处理过程是 system_management_handler，以后再详细说明。

光有中断门、中断向量和中断处理过程是不够的，还必须有中断源来发出中断信号。本章使用的中断源是 8254 定时器/计数器，通过 I/O APIC 发往 CPU 0。为此，在内核初始化代码的末尾还新增了一些代码（第 1521～1527 行）。

显然，这部分代码用来设置 I/O APIC。8254 定时器的中断信号是发送到 I/O APIC 的 2 号引脚的，需要设置这个引脚的 I/O 重定向表寄存器，其高低 32 位的索引号分别是 0x14 和 0x15。

低 32 位的值是 0x0000 00fc，对照 I/O 重定向表寄存器的格式可知，它的含义是不屏蔽该引脚来的中断；目标模式是物理模式；投递模式是采用固定模式；中断向量是 0xfc。

高 32 位的值是 0，因为是采用物理模式，所以这是指定将中断消息发送到 APIC ID 为 0 的处理器，也就是发送到自举处理器 BSP。

经过以上设置之后，8254 芯片就会每隔 55 毫秒向自举处理器 BSP 发送一次中断。

8.2.4　系统管理中断的处理过程

当一个线程休眠时，实际上是将它的状态保存起来，并不再继续执行，然后让出处理器给其他线程，或者让处理器进入停机循环。

但是，线程何时恢复执行是由内核进行管理的。当然，还有很多别的事务也需要由内核进行管理。内核需要每隔一段时间扫视一下整个系统，看看有没有什么需要处理的事务，所以就引入了系统管理中断。这个中断是我们自己定义的，中断号是 0xfc。

继续来看本章的内核程序 c08_core.asm。

系统管理中断的处理过程是 system_management_handler，起始于第 245 行。对我们这个系统来说，系统管理的工作很简单，就是对任务和线程进行处理，比如，定期监视线程休眠的时间是否到期，如果到期，就修改线程的状态，使之可以执行。为此，系统管理的主要工作就是遍历整个任务链表，对那些特殊的任务和线程进行处理。

进入例程后，先压栈保存 RBX 和 R11，因为在例程内部要使用这两个寄存器。然后，从标号 pcb_ptr 这里取得任务链表首节点的线性地址。

接下来判断链表中是否有任务，即，任务链表是否为空。有可能在中断发生时，整个系统中还没有任务，所以必须判断这种情况。如果链表为空，则直接转到标号.return 那里中断返回。

如果链表非空，则下面是一个循环，用来遍历系统中的每个任务，以及每个任务下面的所有线程。所以，这需要内外两个循环。外循环遍历每个任务，内循环遍历任务内的所有线程。

外循环从标号.nextp 开始，中间是循环体。每轮循环结束时，要取得链表中的下一个任务节点，但必须判断是否已经遍历了所有任务的节点。任务链表是双向循环链表，所以只需要判断是否又回到第一个节点即可。如果判断的结果是还没有遍历完所有任务的节点，则转到标号.nextp 处执行下一轮循环。

外循环遍历所有任务，内循环遍历任务内的每个线程。在任务控制块 PCB 内偏移为 272 的位置指向该任务的线程控制块链表的首节点。因此，对于每轮外循环，在执行内循环之前，先从当前正在处理的任务控制块 PCB 内偏移为 272 的位置得到该任务的线程链表首地址，它实际上也是线程控制块链表首节点的线性地址。

接下来，需要根据线程链表是否为空，即，根据这个线性地址是否为 0，判断该任务是否已经创建线程。在任务创建期间可能会发生系统管理中断，但该任务可能还没有来得及创建线程，所以线程控制块链表可能为空。如果线程控制块链表为空，则直接转到标号.return 那里中断返回。否则，从标号.nextt 开始是内循环的循环体，对线程控制块进行处理，也就是根据线程的状态进行不同的处理。比如，如果线程的状态是正在休眠，则判断它是否应该唤醒。如果应该唤醒，则将它的状态改成就绪，这样它就可以被调度执行。

在内循环的尾部，要取得线程控制块链表的下一个节点。如果下一个线程控制块的线性地址非 0，则直接转到标号.nextt 处，在下一轮循环中对它进行处理。否则，如果下一个线程控制块的线性地址为 0，意味着到达了链表的尾部。

像往常一样，在中断处理过程的尾部，需要向中断控制器发送中断结束命令 EOI，这是第 286～287 行的工作。

第 289～290 行是在程序调试期间添加的，用来产生一个动态的效果，这两条指令反转屏幕左上角第一个字符的编码，这样我们就能在屏幕上看到这个中断的发生了。

8.2.5　唤醒休眠的线程

我们已经了解了系统管理中断的总体处理过程，在这个处理过程中，要根据线程的状态来执行不同的操作。线程的状态是用数值来表示的，以下简称状态数值。

首先判断线程的状态数值是否为 3，如果不是 3，转到标号.next0。数值 3 是什么状态，我们在后面才会涉及，现在先不管它。

在标号.next0，接着判断线程的状态数值是否为 5，如果不是 5，转到标号.next1。至于 5 是什么状态，我们在后面才会涉及，现在先不管它。

在标号.next1 处，判断线程的状态数值是否为 4。正如我们以前讲过的，状态为 4，表明这个线程正在休眠。此时，需要调用例程 handle_waiting_sleep 来处理休眠的线程。

例程 handle_waiting_sleep 起始于本章内核程序 c08_core.asm 的第 225 行，用来处理休眠中的线程。进入时，要求用 R11 传入线程控制块的线性地址。

我们知道，在线程休眠时，线程控制块 TCB 内偏移为 56 的位置保存着以 55 毫秒为单位的休眠时间。系统管理中断每 55 毫秒发生一次，因此，进入例程后的第一件事就是先将这个休眠时间减一。紧接着，要判断减一后的结果是否为 0。如果非零，表明还没有到达指定的时间，转到标号.return 处直接返回。

相反，如果减一后的结果为零，表明休眠时间已到，可以唤醒。唤醒的方法非常简单，就是将线程的状态修改为 0，即，修改为就绪状态，这样它就可以参与线程调度。注意，我们不是让线程立即开始执行，而是允许它参与线程调度。至于这个线程在什么时候被调度执行，这就不知道了，但通常会很快。

线程状态修改完毕，第 235～237 行用来向所有处理器发送线程认领中断。现在的问题是，在这里，为什么要发送线程认领中断呢？

原因很简单，这是为了防止因所有处理器都处于停机状态而造成被唤醒之后的线程无法执行。如果系统中没有线程可以执行，则所有处理器都进入停机循环状态。此时，要让新线程开始执行，就必须用新线程认领中断唤醒它们。

休眠线程处理完毕，程序的执行返回到第 274 行，处理下一个线程。所有线程处理完毕，发送中断结束命令 EOI，然后从系统管理中断返回。

8.3　数据竞争的实例

本章和上一章一样，进入内核后，将创建系统外壳任务及它的主线程，而这个主线程先是用系统调用创建一个用户任务，然后进入一个循环来不停地显示当前时间，每显示一次时间还要休眠 550 毫秒。

尽管外壳任务的主线程只创建一个用户任务，但本章却提供了 4 个用户程序，分别用来说明不同的问题。没有关系，在系统启动前，我们会先选择用哪个用户程序来创建用户任务，会提前将它写入虚拟硬盘的指定位置。这几个用户程序是：

用户程序 c08_userapp0.asm，用来演示数据竞争及其引发的数据一致性问题；

用户程序 c08_userapp1.asm，用来演示如何用锁定的原子操作解决数据竞争；

用户程序 c08_userapp2.asm，用来演示如何用互斥锁解决数据竞争；

用户程序 c08_userapp3.asm，用来说明互斥锁的应用策略和方法。

8.3.1　在两个同时执行的线程内访问共享数据

现在，我们先来看用户程序 c08_userapp0.asm。

这个程序用来创建用户任务以演示数据竞争。这个用户任务创建后，它的主线程开始从标号 start 执行，然后调用例程 main。在例程 main 内又创建了另外两个线程，并将线程的标识保存到标号 .thrd_1 和 .thrd_2 处。这两个标号在例程 main 的后面，这是一个处理器执行不到的位置。放在这里挺好，毕竟它是例程 main 自己使用的标号，别的例程和线程不会使用。

首先来看第一个线程（以下简称线程 1），它是用例程 thread_procedure1 创建的，该例程起始于当前用户程序的第 26 行。

线程开始执行后，调整自己的栈指针，在栈中开辟一些空间，在这里是开辟 32 字节的空间，折合 4 个四字。线程 1 需要组装一个字符串并在屏幕上显示，而字符串的组装工作需要在动态分配来的内存里完成，并且需要用栈来保存所分配内存的线性地址。

首先，通过 10 号系统调用，在当前任务的虚拟地址空间里分配 160 字节。它的前 128 字节用来保存最终生成的总字符，所以系统调用返回的线性地址其实也是总字符串的起始线性地址，我们把它保存在栈中 RBP-8 的位置，如图 8-2 所示。

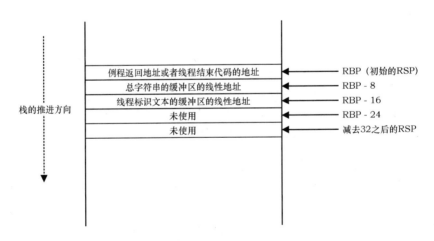

图 8-2　线程 1 的栈帧

在分配来的 160 字节中，前 128 字节用来保存最终的总字符串，后 32 字节用来保存线程标识的文本。因此，我们将所分配内存的首地址加上 128，得到一个新的线性地址，用来保存线程标识的文本。如图 8-2 所示，我们将这个线性地址保存在栈中 RBP-16 的位置。

接着，第 38～42 行，我们通过系统调用得到当前线程的标识，并转换为字符串，然后保存到刚才所分配的内存位置。

现在，我们来到了一个非常特殊的部分，这里是一个简单的循环，反复用 inc 指令将标号

share_d 处的四字数据加一。加多少次呢？加 5 亿次。之所以选这么大个数字，是因为处理器非常快，所以我们要让它多花一点时间才能观察到效果。

标号 share_d 处的四字数据在用户任务刚创建时被初始化为 0，任务内的所有线程都可以访问这个数据，所以它是共享数据。

一旦完成 5 亿次加一操作，接下来就是显示一行文本，以表明该线程已经完成了计算操作，这无非是调用我们熟悉的例程 string_concatenates 将几个字符串连接起来，然后通过系统调用将字符串显示在屏幕上。字符串连接的过程我们就不细说了，它是将两个预定义的字符串"Thread"和"has completed the calculation."，以及线程标识的文本连接在一起生成的。假定这个线程分配到的线程标识是 1，则打印的内容是

`Thread 1 has completed the calculation.`

完成计算并打印上述文本后，线程 1 就终止了。

再来看第二个线程（线程 2），它是用例程 thread_procedure2 创建的，该例程起始于当前用户程序的第 77 行。线程 2 和线程 1 几乎是一样的，都是分配内存、获得线程标识、执行一个循环，最后是字符串的连接和显示。唯一的不同是，它的这个循环用来执行 5 亿次的减一操作，因为它在循环中用的是 dec 指令。假定这个线程分配到的线程标识是 2，则打印的内容是

`Thread 2 has completed the calculation.`

完成计算并打印上述文本后，线程 2 就终止了。

共享数据 share_d 的初值为 0，一个线程对它做 5 亿次加一操作，另一个线程对它做 5 亿次减一操作，最终不依然为 0 吗？不要着急，我的朋友，我们过一会儿再说。

以上两个线程是由用户程序 c08_userapp0.asm 的主线程创建的，在创建之后就将开始执行。与此同时，主线程也继续往下执行。

在主线程里，接下来的工作是等待以上两个新线程结束执行，等待线程结束的工作是通过功能号为 11 的系统调用来完成的。在程序中，第 141～143 行用来等待第一个线程结束。第一个线程结束后，系统调用才会返回，不然是不会返回的。第一个线程结束，系统调用返回后，第 145～146 行又等待第二个线程结束。系统调用返回后，说明第二个线程也结束了。

线程的等待顺序并不重要，也可以先等待第 2 个线程结束之后，再等待第 1 个线程结束，这都无所谓。不管先等待哪个线程，都只能在被等待的线程结束后才能返回，然后等待下一个线程。

8.3.2 线程等待

在本章新增了几个系统调用，其中 11 号系统调用是等待指定的线程结束。执行系统调用时，要求用 RDX 传入被等待的那个线程的标识。

来看本章的内核程序 c08_core.asm。

在本章里，与 11 号系统调用对应的例程是 waiting_for_a_thread，它起始于本章内核程序的第 572 行，用来等待指定的线程结束。

这个例程的工作很简单，等待一个线程嘛，自然要先用线程标识查找被等待的那个线程，

返回它的线程控制块 TCB 的线性地址，这是第 580 行的工作。

线程的查找工作是调用例程 search_for_thread_id 完成的，该例程起始于本章内核程序的第 545 行，用来查找指定标识的线程。

这个例程和系统管理中断的代码很相似，也是用内外两个循环，外循环遍历系统中的每个任务，内循环遍历各个任务内的每个线程。

对于每个线程，第 555 行判断它的标识是否和 RDX 一致。如果一致，说明找到了指定的线程，第 556 行的 je 指令跳出循环，转到标号.found 处返回，R11 保存着线程控制块的线性地址。如果内外循环都执行结束还没有找到指定线程，说明这个线程不存在，或者已经在结束后被清理掉了。此时，将 R11 清零再返回。

再回到例程 waiting_for_a_thread，如果 R11 返回的是 0，说明未找到指定的线程，它可能不存在、已经被清理，或者已经结束。此时，第 582 行的 jz 指令转到标号.return 处返回并继续执行当前线程；否则，第 583 行判断线程是否已经终止。如果线程已经终止，则下面的 je 指令转到标号.return 处返回并继续执行当前线程（我们就是为了等待指定的线程终止，它已经终止了还等什么）。如果被等待的线程还没有终止，接下来就需要保存当前线程的状态，并从系统中查找一个可以执行的就绪线程并切换到这个线程，如果找不到，就让当前处理器进入停机循环。

无论如何，线程 A 等待一个尚未终止的线程 B，实际上就是线程 A 不再执行（进入休眠状态，让执行它的处理器去干别的事），等线程 B 终止之后再恢复执行线程 A。那么，处于等待状态的线程什么时候被唤醒呢？这同样是在每 55 毫秒发生一次的系统管理中断里处理的，后面会讲到。

既然已经找到了被等待的线程且这个线程尚未终止，第 589～590 行屏蔽当前处理器的定时器中断，这是因为当前线程马上就要进入休眠状态，不能让时间片到期中断打扰。

接下来，第 592～619 行，我们保存当前任务的状态到它的线程控制块 TCB 中以便结束休眠后恢复执行。将来恢复执行时，返回点是在标号.return 处。这很好理解，当初是调用当前例程来等待另一个线程的，以全局的观点来看，进入例程后会因等待而阻塞，进入休眠状态，而例程返回就意味着等待结束。

第 621 行，将当前线程的状态设置为"休眠并等待指定的线程结束"；第 622 行在当前线程的 TCB 中设置被等待的那个线程的标识。

当前线程休眠后，当前处理器就空出来了。这是不行的，得让它做事。第 624 行，我们调用例程 search_for_a_ready_thread 寻找一个处于就绪状态的线程，并通过判断 R11 的返回值来判断是否找到。如果找到，就调用 resume_execute_a_thread 来执行新线程；如果没有找到，转到标号.sleep 这里设置处理器的状态并进入它最原始的状态，实际上是进入一个停机循环，我们以前讲过的，这里不再多说。

8.3.3　唤醒处于等待状态的线程

当一个线程因等待其他线程而休眠后，如果被等待的线程结束，则应当唤醒那个处于等待状态的线程。但是，如何知道被等待的线程已经结束呢？这确实是个问题，但很容易解决，因为我们有系统管理中断。

系统管理中断是周期性发生的，我们前面已经讲过，在这个中断的处理过程中会遍历系统内的所有线程，并根据它的状态做出相应的处理。

继续来看内核程序 c08_core.asm 并转到例程 system_management_handler。

在系统管理中断的处理过程中，其中的一个环节是判断某个线程是否正在休眠并等待另一个线程（第 258 行），即，线程的状态是否为 3。如果不是，第 259 行的 je 指令转去做其他判断和处理；如果是，则调用例程 handle_waiting_thread 来处理这个线程，并决定是否将其唤醒。

例程 handle_waiting_thread 起始于当前程序的第 171 行，用来处理正在休眠并等待另一个线程的线程。

在例程中，先从休眠线程的 TCB 中偏移为 56 的位置取出被等待的那个线程的线程标识，然后调用例程 search_for_thread_id 来寻找指定的线程。例程返回后，如果 R11 的值为零，表明被等待的线程已经因终止而被清理掉了，可以转到标号.set_th 处，将处于等待状态的那个线程的状态设置为 0，即，设置为就绪，这样它就可以在适当的时候被调度执行。

如果被等待的线程是存在的，则需要判断它的状态是否为 2，即，是否结束。如果还没有结束，则处于等待状态的线程还需要继续休眠等待，所以要转到标号.return 处直接返回。如果被等待的线程已经结束，则程序的执行顺次到达标号.set_th 处，和刚才一样，将处于等待状态的那个线程的状态设置为 0，即，设置为就绪，这样它就可以在适当的时候被调度执行。

将处于等待状态的线程设置为就绪后，理论上是不用管了，它自然会在某个时候被调度执行。但是需要防止一种情况，即，所有处理器都处于停机循环。此时，需要向所有处理器广播一个线程认领中断，让它们去竞争新线程的执行权，这是第 188～190 行的工作。

到此，我们就完整地介绍了一个线程如何等待另一个线程的方法，以及如何唤醒处于等待状态的线程。

8.3.4　打印两个线程操作之后的共享数据

回到用户程序 c08_userapp0.asm。

被等待的两个线程结束（终止）之后，主线程继续往下执行，后面的工作是打印共享数据的值。为了生成并存储要打印的字符串，我们需要一个缓冲区。这个缓冲区不是动态分配来的，而是在程序中直接定义的，位于主线程尾部。

首先，我们在标号.main_msg 这里定义了一个内容固定的字符串，它的意思是"两个线程完成计算后的结果"。

共享变量的值是数字，需要转换为数字字符串才能显示，而标号.main_dat 这里用于保存转换后的字符串。

将以上两个字符串连接在一起，就是我们最终要打印的字符串，而从标号.main_buf 这里开始的 128 字节就用于连接和存储这个字符串。

在程序中，第 150～151 行将保存总字符串的缓冲区清空；第 156～158 行取得共享数据并将它转换为字符串；第 160～161 行完成字符串的连接工作；第 163～171 行取得一个可用的屏幕行坐标，并在这个坐标位置处打印连接后的字符串。

现在我们进入实践环节。

首先，按图 8-3 的指示，在虚拟硬盘上写入编译后的程序文件。本章沿用第 3 章的主引导程序和内核加载器程序，但使用了本章自己的内核程序、外壳程序和用户程序，本次上机用的是第一个用户程序 c08_userapp0.asm 编译后的文件。

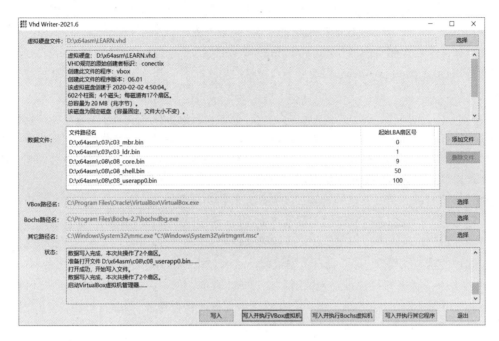

图 8-3　本章第一次上机需写入虚拟硬盘的文件

准备好所有程序文件后，即可单击"写入并执行 VBox 虚拟机"启动虚拟机，本次运行的效果如图 8-4 所示，但显示的计算结果可能与图中不同。

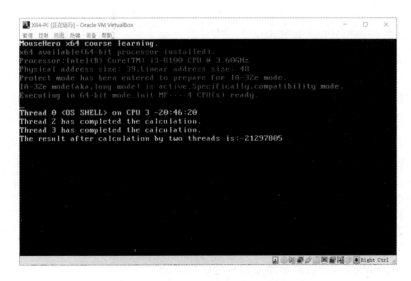

图 8-4　本章第一次上机的运行效果

8.3.5　并发线程的数据竞争过程

在前面我们创建了两个线程，它们在不同的处理器上同时执行，但用来操作同一个数据。第一个线程的工作是将这个共享数据的值不停地用 inc 指令加一，一共加 5 亿次；第二个线程则正好相反，它的工作是将这个共享数据的值不停地用 dec 指令减一，一共减 5 亿次。5 亿次相加和相减，看起来很多，需要很长时间，但对处理器来说是小菜一碟，很快就能完成，我们不用担心。

共享数据的初值为 0，这两个线程对它执行相反的操作，一个反复加一，一个反复减一，而且执行相同的次数，那么最终的结果是多少呢？理论上还是 0，对吧？这只是理论上，从刚才第一次上机的实际运行效果来看，结果并不是零。如果你多试几次，每次的结果还都不一样。

那么，是什么原因导致最终的结果不为 0 呢？是数据竞争。现在我们就来分析一下两个线程之间的数据竞争过程。

表 8-2　inc 和 dec 指令交叉执行的过程

时间序列	处理器 1（执行 inc 指令）	处理器 2（执行 dec 指令）
t0	开始执行 inc 指令，读 shard_d（0）	等待总线空闲
t1	将读出的数值加一（1）	开始执行 dec 指令，读 share_d（0）
t2	将数据写入 share_d（share_d=1）	将读出的数值减一（−1）
t3	执行下一条指令	将数据写入 share_d（share_d=−1）

inc 和 dec 都是典型的读–改–写指令，当它们用于递增或递减内存中的数据时，需要三个步骤：

1．先从内存中读出原值到处理器内部暂存；

2．修改读出的值；

3．将修改之后的值写回内存。

当这两条指令分别在两个处理器上同时执行且访问的是内存里的同一个数据时，它们的读–改–写操作过程可能会有交叉，以至于产生数据竞争。

假定共享数据 share_d 的初值为 0，如表 8-2 所示，inc 和 dec 指令分别在两个处理器上同时执行。

在 t0 时刻，处理器 1 开始执行 inc 指令，它的第一个操作是将共享数据 share_d 的值读入处理器。与此同时，处理器 2 开始执行 dec 指令，由于处理器 1 正在从内存读数据，占用了总线，所以处理器 2 只能等待。

在 t1 时刻，处理器 1 将读出的数据加一，结果为 1；处理器 2 可以使用总线，它也读取共享数据的值到处理器内部，读出的数值为 0。

在 t2 时刻，处理器 1 将加一后的数据写入 share_d，share_d 的当前值为 1；处理器 2 将读出的数值减一，结果为−1。

在 t3 时刻，处理器 1 执行下一条指令；处理器 2 将减一后的数据写入 share_d，share_d 的当前值为−1。

显然，由于两个处理器在执行指令的过程中交错访问共享数据，而且其中至少有一个是写操作，从而造成最终的结果不是预期的 0，而是错误的数值−1，这就是数据竞争。为了避免数据竞争，就必须确保指令执行的原子性。

8.4　使用锁定的原子操作解决数据竞争

知道了数据竞争的成因，就可以有针对性地采取措施解决数据竞争。对于以上这种由单条指令引发的数据竞争来说，很容易让我们想到锁定的原子操作。

是的，在前面的章节里，我们讲过原子操作，也讲过锁定的原子操作。通过为某些指令添加 lock 前缀，可使之执行锁定的原子操作，即，在执行时锁定系统总线直到指令执行完毕。在此期间，其他处理器上的指令若要访问内存，则必须等待总线释放。

不是所有指令都可以添加 lock 前缀，但所幸的是，具有内存操作数的 inc 和 dec 指令可以添加 lock 前缀。既然如此，那我们就采用为这两条指令添加 lock 前缀的方法避免数据竞争吧。

来看用户程序 c08_userapp1.asm。

用户程序 c08_userapp1.asm 是在用户程序 c08_userapp0.asm 的基础上修改而来的，但它们之间只有非常微小的区别。在用户程序 c08_userapp1.asm 里，第 46 行的 inc 指令，以及第 97 行的 dec 指令都添加了 lock 前缀。除此之外，这两个文件在其他方面是完全相同的。

现在进入上机实践环节。首先，按图 8-5 的指示，在虚拟硬盘上写入编译后的程序文件。前四个程序文件都和从前一样，但本次上机用的是第二个用户程序 c08_userapp1.asm 编译后的文件。

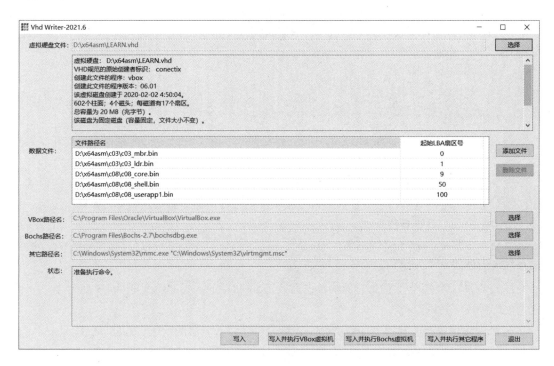

图 8-5　本章第二次上机要写入虚拟硬盘的文件

准备好所有程序文件后，即可单击"写入并执行 VBox 虚拟机"启动虚拟机，本次运行的效果如图 8-6 所示。顺便说一下，由于使用了锁定的原子操作，可以明显感觉到两个线程的计算和运行时间比从前要长。

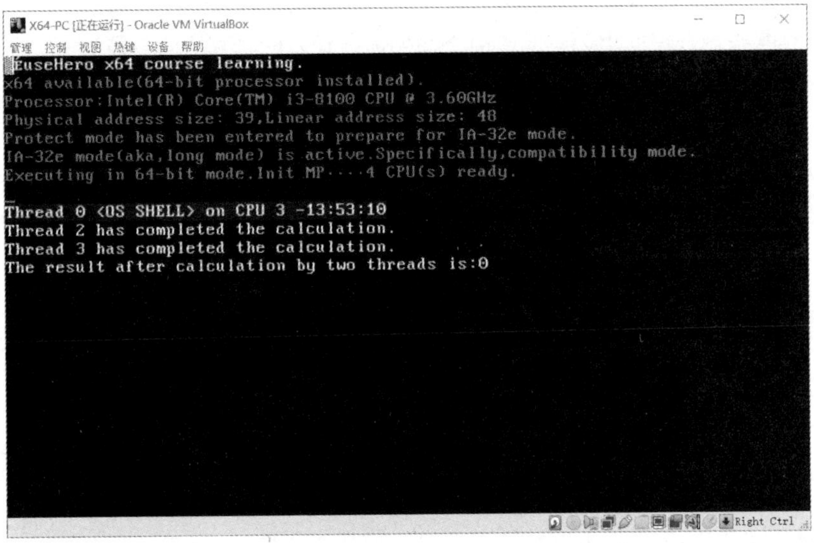

图 8-6　本章第二次上机的执行效果

8.5　使用互斥锁解决数据竞争

在多处理器环境中，对于简单的数据竞争，可以使用原子操作指令来解决，包括保证是原子操作的指令和带有 lock 前缀的指令。但是，要想保证由多条指令组成的操作序列是原子的，仅靠原子操作指令是无法解决的，必须使用锁，比如互斥锁（Mutex）。

8.5.1　互斥锁的创建和初始化

在本章中，用户程序 c08_userapp2.asm 演示了互斥锁的创建的使用过程，它是在用户程序 c08_userapp0.asm 的基础上修改而来。

现在来看用户程序 c08_userapp2.asm。

像往常一样，用户程序从标号 start 开始执行，然后调用例程 main。在例程 main 内首先通过系统调用创建一个互斥锁（第 146～147 行）。

在本章里，如表 8-1 所示，系统调用的 12 号功能用来创建并初始化一个互斥锁，这个系统调用功能是本章新增的。

转到内核程序 c08_core.asm。

在内核程序里，系统调用的 12 号功能对应的例程是第 649 行的 init_mutex，用来创建并初始化一个互斥锁。程序设计领域里的锁，是在内存里创建的数据或者数据结构。所以这个例程的工作很简单，只是分配一块内存，就算是一个锁了，这就是第 655～656 行的工作。我们分配的内存块是 8 字节，也就是一个四字，这只是考虑到 64 位处理器读写四字数据性能最好，而并不是说互斥锁需要这么多字节。对于像我们这样简单的应用来说，一字节就足够了。

创建互斥锁之后，还要将它初始化为 0，这是第 657 行的工作。

注意，锁是在内核空间里创建的，而不能创建在任务的私有空间。请思考一下，这是为什么呢？

回到用户程序 c08_userapp2.asm。

创建互斥锁之后，RDX 返回它的线性地址。在后面还要加锁和解锁，所以必须把这个锁的线性地址保存起来，保存的位置在标号 mutex_ptr 处（第 17 行）。

后面的内容（第 150～201 行）都和 c08_userapp0.asm 一样，无非就是创建两个线程并等待它们结束，然后打印共享变量的值，所以不再赘述。

8.5.2 互斥锁的获取（加锁）

继续来看用户程序 c08_userapp2.asm。

例程 thread_procedure1 用来创建第一个线程，与 c08_userapp0.asm 相比，这个例程变化不大，无非是在 inc 指令的前后添加了加锁和解锁代码。

第 45 行，我们用 RIP 相对寻址方式从标号 mutex_ptr 处取得互斥锁的线性地址，为下面的加锁做准备。

第 49～50 行通过系统调用的 13 号功能获得互斥锁。这是一个同步操作，即，本次系统调用只在加锁成功后才能返回，否则当前线程会被休眠（阻塞）直至获得锁。换句话说，第 51 行的 inc 指令只在加锁成功后才会执行。

如表 8-1 所示，在本章里，我们为系统调用增加了若干功能，其中第 13 号功能用来加锁（获取互斥锁），第 14 号功能用来释放互斥锁。

回到内核程序 c08_core.asm。

与系统调用的 13 号功能对应的例程是 acquire_mutex，它起始于内核程序的第 666 行，用来休眠（阻塞）当前线程直至获得互斥锁。

进入例程后我们直接尝试加锁，这是第 674～676 行的工作。我们这个互斥锁的用法是这样的：它本质上是一个四字数据，如果这个四字数据的值为 0，说明尚未加锁；如果是非零，则意味着已经加锁。

在同一时间，来自多个处理器的多个线程都可能会来加锁，为防止它们彼此干扰，我们使用了带 lock 前缀的 cmpxchg 指令。这样一来，每次只能有一个处理器（线程）执行这条 cmpxchg 指令，并且可以在发现这个锁还未锁定（为 0）时将其锁定（置 1）。请思考一下，如果使用 xchg 指令，这段加锁代码该如何写呢？

言归正传，如果加锁成功，当前线程可以继续执行而不必休眠等待，所以直接用 jz 指令转到标号.return 处，在那里返回到那个尝试加锁的程序。相反，如果加锁不成功，则当前线程必须休眠，等待被唤醒后继续尝试加锁，第 680～712 行用来保存当前线程的状态以便将来恢复执行。

如图 8-1 所示，在本章里，我们为线程新增了一些状态。比如说，线程的状态可以是正在休眠（阻塞）并等待一个信号。特别地，我们用数字 5 来表示"线程正等待互斥锁被释放"。同时，线程控制块 TCB 内偏移为 56 的位置是互斥锁的线性地址。

为此，第 714 行将被等待的那个互斥锁的线性地址填写在线程控制块 TCB 内偏移为 56 的位置；第 715 行将线程的状态设置为"休眠（阻塞）并等待互斥锁释放"。

当前线程休眠后，当前处理器就空出来了。这是不行的，得让它做事。第 717 行，我们调用例程 search_for_a_ready_thread 寻找一个处于就绪状态的线程，并通过判断 R11 的返回值来判断是否找到。如果找到，就调用 resume_execute_a_thread 来执行新线程；如果没有找到，转到标号.sleep 这里设置处理器的状态并进入它最原始的状态，实际上是进入一个停机循环，我们以前讲过的，这里不再多说。

8.5.3　唤醒等待互斥锁的线程

当一个线程因未获得互斥锁而被休眠（阻塞）后，什么时候才能被唤醒呢？这个工作是在系统管理中断的处理过程中完成的。

继续来看内核程序 c08_core.asm。

系统管理中断是周期性发生的，例程 system_management_handler 是它的处理过程，在这个例程内要遍历所有任务及其线程，根据它们的状态做一些例行的处理工作。

在例程 system_management_handler 内，第 265 行判断一个线程是否因未获得互斥锁而被迫休眠。如果是的话，就转到例程 handle_waiting_flag 去做进一步的处理，该例程起始于第 199 行。

在例程 handle_waiting_flag 内，第 205～208 行尝试获得互斥锁（加锁），毕竟这个线程是因为加锁失败而休眠的。

如果加锁失败，很遗憾，只能继续休眠。所以 jnz 指令转到标号.return 处，从那里返回到系统管理中断的处理过程，继续处理下一个线程。

如果加锁成功，很好，第 211 行将这个线程的状态设置为就绪，这样它就存在被调度执行的可能性。为防止所有处理器都在休息，以至于此线程无法执行，第 213～215 行向所有处理器广播新线程认领的中断消息。

8.5.4　互斥锁的释放

转到用户程序 c08_userapp2.asm。

一旦加锁成功，系统调用就返回，返回到第 51 行，将共享变量 share_d 加一，而其他未获得锁的线程将不能执行这条指令，除非当前线程释放互斥锁，这就是第 52～53 行的工作，这两行用系统调用的 14 号功能释放指定的互斥锁。

转到内核程序 c08_core.asm。

在内核程序里，系统调用的 14 号功能对应的例程是第 743 行的 release_mutex，用来释放指定的互斥锁。可以看出，释放互斥锁很简单，只是将代表互斥锁的四字数据清零，就算是释放了这个锁。

再回到用户程序 c08_userapp2.asm。

第 46～55 行是一个由 loop 指令主导的循环，要用 RCX 提供循环的次数。在每轮循环里，还要通过系统调用来加锁和解锁，但处理器在执行系统调用时要用到 RCX。正因如此，要在每轮循环的开始压栈保存 RCX，在循环的末尾恢复 RCX。

例程 thread_procedure1 的剩余部分和 c08_userapp0.asm 相同，没有变化。

例程 thread_procedure2 用来创建第二个线程，它和例程 thread_procedure1 相比只有一点是不同的，那就是把 inc 指令换成了 dec 指令。

8.5.5 使用互斥锁之后的运行效果

现在进入上机实践环节。首先，按图 8-7 的指示，在虚拟硬盘上写入编译后的程序文件。前四个程序文件都和从前一样，但本次上机用的是第三个用户程序 c08_userapp2.asm 编译后的文件。

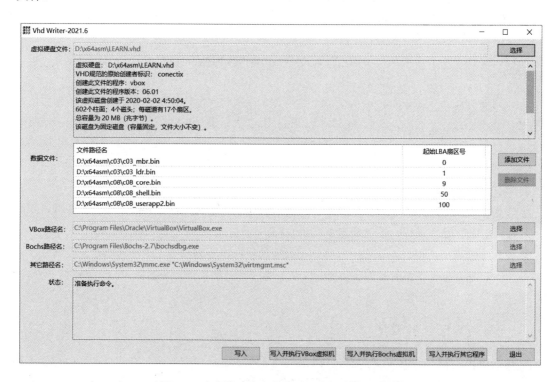

图 8-7　本章第三次上机需写入虚拟硬盘的文件

准备好所有程序文件后，即可单击"写入并执行 VBox 虚拟机"启动虚拟机，本次运行的效果如图 8-8 所示。相比于锁定的原子操作，互斥锁的性能更低，所以使用了互斥锁的程序运行得更慢，在我的机器上用了一分多钟才打印出结果。

图 8-8　本章第三次上机的执行效果

8.6　互斥锁的应用策略

通过前几次的上机过程，我们会对原子操作和锁对程序运行效率的影响有一个非常直观的感受，那就是原子操作的性能优于互斥锁。

使用锁会降低程序的性能，这是基本的事实。因此，如何能够在不使用锁的前提下避免潜在的数据竞争，是非常有价值的探索，甚至要作为一个专题来研究和讨论。

不过，即使是非得使用锁才能解决数据竞争，锁如何应用，有时候也是有讲究的，也是值得仔细斟酌的。

来看用户程序 c08_userapp3.asm。

这个用户程序与上一个用户程序 c08_userapp2.asm 相比在本质上没有区别，只是加锁和解锁的位置不同。原先是围绕每个 inc 和 dec 指令来加锁和解锁的，但现在是针对循环体的加锁和解锁。即，在线程 1 执行 5 亿次的递增循环之前加锁，在递增循环完成之后解锁；在线程 2 执行 5 亿次的递减循环之前加锁，在递减循环完成之后解锁。

现在，按图 8-9 的指示，在虚拟硬盘上写入编译后的程序文件。前四个程序文件都和从前一样，但本次上机用的是第四个用户程序 c08_userapp3.asm 编译后的文件。

准备好所有程序文件后，即可单击"写入并执行 VBox 虚拟机"启动虚拟机，本次运行的效果和上次一样，打印的结果是 0，但程序的执行速度却非常快，和第一次上机的时候不相上下。

最后需要说明的是本章对内核程序中的 syscall_procedure 例程做了一点点修改，原先是用 R15 计算系统调用功能的入口地址的，这使得用户程序不能用 R15 传递参数。这可能不是一个现实的阻碍，因为还有别的很多寄存器可用，但这却是一个逻辑上的缺陷，因为从外部看来，没有理由不允许使用 R15 传递参数，处理器手册上只说 R11 和 RCX 已经被处理器占用。

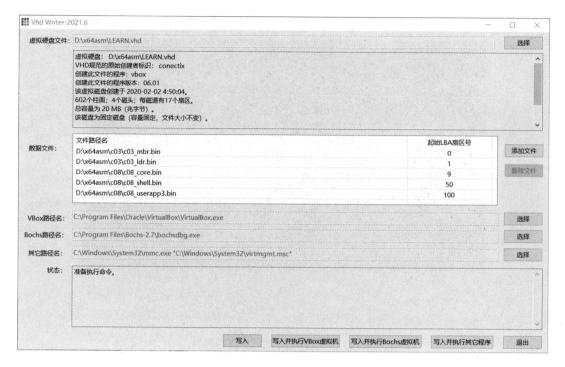

图 8-9　本章第三次上机需写入虚拟硬盘的文件

既然 RCX 和 R11 原本就不能用于传递参数，本章就干脆用 RCX 计算系统调用功能的入口地址。

思考题：

如果我想知道创建两个线程之后一直到它们终止的这段时间有多长（比如以毫秒为单位），该如何修改本章的程序呢？

代 码 索 引